新工科建设之路·计算机专业精品教材

算法设计与分析

——基于计算教学论的解析

编　著　段会川　徐连诚
杜　萍　戚　萌　王金玲

電子工業出版社
Publishing House of Electronics Industry
北京·BEIJING

内 容 简 介

本教材是基于作者所创立的计算教学论编写的，是为实现教学效率显著提升而对计算教学论提出的思想、方法和工具的深广应用。

本教材共 12 章。第 1 章由 Euclid GCD 算法引出算法的定义，并介绍基于可视化的算法学习方法，第 2～5 章分别介绍算法的穷举设计方法、算法复杂度分析、算法的递归设计方法和基于比较的排序算法，第 6～10 章分别介绍分治、动态规划、贪心、回溯和分支限界等经典的算法设计方法，第 11 章介绍 RSA 算法，第 12 章介绍 NP 理论。

本教材可作为高等学校计算机科学与技术专业算法设计与分析课程的教材，也可作为计算机及相关专业研究生和科研、工程或技术人员自学算法设计与分析的参考书。

图书在版编目（CIP）数据

算法设计与分析：基于计算教学论的解析 / 段会川等编著. —北京：电子工业出版社，2022.8

ISBN 978-7-121-44051-9

Ⅰ. ①算… Ⅱ. ①段… Ⅲ. ①电子计算机－算法设计－高等学校－教材 ②电子计算机－算法分析－高等学校－教材 Ⅳ. ①TP301.6

中国版本图书馆 CIP 数据核字（2022）第 136141 号

责任编辑：杜　军　　　　特约编辑：田学清
印　　刷：北京虎彩文化传播有限公司
装　　订：北京虎彩文化传播有限公司
出版发行：电子工业出版社
　　　　　北京市海淀区万寿路 173 信箱　　　　邮编：100036
开　　本：787×1092　　1/16　　印张：27.75　　字数：746 千字
版　　次：2022 年 8 月第 1 版
印　　次：2023 年 9 月第 3 次印刷
定　　价：89.00 元

凡所购买电子工业出版社图书有缺损问题，请向购买书店调换。若书店售缺，请与本社发行部联系，联系及邮购电话：（010）88254888，88258888。

质量投诉请发邮件至 zlts@phei.com.cn，盗版侵权举报请发邮件至 dbqq@phei.com.cn。

本书咨询联系方式：dujun@phei.com.cn。

前　言

《诗》有之：‘高山仰止，景行行止。’
虽不能至，然心向往之。
[西汉]司马迁：《史记·孔子世家》

作者有幸自 1992 年开始于山东师范大学从事计算机科学与技术专业的教学工作。这项工作神圣又责任重大，作者在从教之初即从**如何借用计算机改进教与学**，即如何在给定的课时里传授更广更深知识的角度进行探索和实践。30 年来伴随着计算机技术所带来的教学思维、方法和工具的不断革新，作者秉持钻研，一直期望能求索到可具推广价值和可持续性的收获。从最早文字、图形、图片为主的平面幻灯片，到后来结合视频、动画、计算和手写的立体化幻灯片；从早期 Authorware 为代表的专门 CAI 课件软件，到集学习、研究和工程于一体的 MATLAB 等巨型软件系统，再到功能强大的集成化 Visual Studio.NET 软件研发系统；从早期全课堂视频的精品在线课程，一直到最近短视频主导的混合式线上、线下相融合的慕课式教学模式，作者都进行过尝试。尽管这些方法在一定程度上改进了教与学，但它们还算不上以计算的本质能力解决教学问题，因而尚不足以彰显计算机该有的变革性教与学改进。

2006 年，卡内基·梅隆大学的周以真教授提出的**计算思维**概念，为探索基于计算机的教学改进提供了计算本质层面上的思路。作者意识到以**计算的方式表达和传授知识**应是一个颇有希望的方向，于是从 2011 年便开始在**算法设计与分析**等课程中探索和实践。

实际上，以计算机显著地改进教与学是一个世界性问题。史蒂夫·乔布斯在 2011 年 5 月提到“迄今为止，计算机对学校的影响小得令人吃惊，远不如其在媒体、医学和法律等社会领域中所产生的巨大影响”，这被北京师范大学的权威教育技术专家何克抗教授誉为**“乔布斯之问”**。作者在**算法设计与分析**课程上的计算式教学探索可谓是对解决**“乔布斯之问”**进行的切实和有深度的尝试。

算法设计与分析是计算机科学与技术专业的核心课程，然而该课程的教和学一直以来面临着巨大挑战，因为需要对众多深广和复杂逻辑的算法进行思想表述、抽象的图形化流程演示与伪代码解析，以及具体的实现和实验验证。**算法可视化（Algorithm Visualization，AV）**技术为该课程的教与学改进提供了适宜的方法和工具支持。然而，早期本地软件及浏览器插件式的 AV 已经因技术落后及不具可推广性和可持续性被淘汰，而以 HTML5、CSS3、JavaScript 等新一代纯 Web 技术支持的 AV 设计在 2000 年特别是 2010 年后已经成为主流。然而从目前网络上的有代表性的 AV 设计来看，离显著改进算法教与学的目标还相去甚远。

作者以 AV 为切入点，对运用计算改进算法乃至普适的教与学进行了潜心研究，并于 2021 年提出了**计算教学论（Computational Didactics）学说**。其主要思想是充分发挥计算机对可计算问题远超人类的解决能力，将教学内容中的复杂逻辑性知识，从广度、深度到效率上都以较传统方式长足延伸的计算方式进行表达和解析，且从代价上能够为教学所接受，从理念到应用上具有普适性和可持续性。读者可参考附录 12 对该学说做进一步的了解。

为验证计算教学论在教学实践上的可行性，作者自主研发了**支持计算教学论的算法可视化**（Computational Didactics Algorithm Visualization，**CD-AV**）**工具**，并对基本覆盖算法设计与分析课程算法实例的**30多个经典算法**进行了深度和创新性的CD-AV设计与实现。为使这些CD-AV具可生存性、可持续性、高可用性和可扩展性，作者还为之开发了承载和支持软件系统，即**计算机辅助的算法可视化系统**（Computer Supported Algorithm Visualization System，**CAAIS**）。这些工作使算法教学得到了质的改进，也驱使作者萌生了基于计算教学论的解析撰写一本具有创新性的算法设计与分析教材的想法，本教材就是此想法付诸行动后的成果。

本教材以务实求真的思路体现和自然地融入课程思政，竭力追求成为立足于中文表达和文化的**经典算法教材**，使之既能帮助教师提升**为党育人、为国育才**的教学效率，又能帮助学生提升**为党成器、为国成材**的学习效率。这主要表现在两个方面：**一是全面运用计算教学论进行算法知识的解析**，实现对本科算法知识体系全面、透彻、专业又深入浅出的教学表达和阐述；**二是以"算法国粹"作为每章的最后一节**，内容包括目前唯一的华人图灵奖获得者，现就职于清华大学的姚期智院士的多项算法和计算领域的奠基性成就，以及中国古代杰出的算法成果，相信这些内容会极大地增强读者的民族自豪感，鼓舞读者立志于算法实践应用和研究探索的自信心。

本教材的第一个显著特点是以计算教学论的思想和工具着力揭示算法的精髓、力量、智慧和艺术。首位图灵奖获得者Alan J. Perlis，在为由MIT著名学者著述的号称为**编程魔法书**的**《计算机程序的构造和解释》**所作的序言中写到，**"带着崇敬和赞美，将本书献给活在计算机里的神灵"**（This book is dedicated, in respect and admiration, to the spirit that lives in the computer.）。毋庸置疑，作为本教材主题的算法就是活在计算机里的"神灵"。《计算机程序的构造和解释》是计算机科学教科书中的一座高山，也是作者致力于攀登的学峰之一。Perlis在该书的前言中进一步地激励人们探索基于计算机的创新，**"你所拥有的，也是我认为和希望的，就是智慧：那种看出这一机器比你第一次见到它时做得更多的能力，那种你可以使它发挥出更多潜力的能力。"**（What's in your hands, I think and hope, is intelligence: the ability to see the machine as more than when you were first led up to it, that you can make it more.）作者所探索和提出的计算教学论也算是对Perlis激励格言的一次实践，作者也冀望读者也能从本教材基于计算教学论的算法揭示中受到启发，发现计算机的新潜力、探索计算机的新应用。

本教材中的绝大部分算法都配有线上的CD-AV演示设计，这也是计算教学论最具创造性和实效性的体现，即将知识表达分成两部分，一部分以传统教科书的线下方式表达，另一部分以计算和网络在线方式表达。线上CD-AV丰富的数据实例，图形化、逻辑化的动态算法步骤细致解析及代码跟踪功能，将会使教师和学生均能以远超传统方式的效率和深广度进行算法的教和学。

本教材行文在深入浅出的基础上力求富足的含金量，图表、代码在清秀美观的基础上力求有强度的表达力，版面组织布局在保证条理的前提下力求集约和紧凑。总之，字里行间、图里表中、编码句法、撰页成章，均力求形式美观且精致，内涵丰富且深厚。这些特征也是计算教学论思想的体现，即以客观方式可以清楚表达的内容都以适宜且良好的方式表达，而这些恰当表达必定能够在一定程度上减少教师的相关精力花费，使他们可以更多地关注需要发挥人类智慧和精力才能解决的那些教学成分。

在算法有关的教材中，图灵奖获得者、算法分析先驱D. E. Knuth的鸿篇巨著《计算机程序设计艺术》，以及由T. H. Cormen、C. E. Leiserson、R. L. Rivest（图灵奖获得者）和C. Stein等著名学者撰写的权威教材《算法导论》（第3版）是毫无疑问的两座高峰。两部著作均是本教材撰写的重要参考资源。前者属于学术专著类型，在国内多用作参考文献，鲜有用作教材的。后者被国内外的许多顶级名校选用作算法教材，其深邃的撰写方式也的确适合于这些一流或超一流水平的高校。本教材则更追求平实的撰写风格，因而更适用于国内众多的普通高校，这在我国高等教育已经从精英教育迈向大众化教育的今天无疑具有更为宽广的适应面。

本教材的第二个显著特点是基于现代版 C++编程特征进行算法代码实现及专业化实验。算法的实际代码实现是算法学习落地的保证，然而算法的代码实现却是算法教与学中极其困难的一环，因为过于简单的代码不能有深度地揭示算法的本质，而过于烦琐的代码又不具教学上的可操作性。作者经过大量的尝试和研判，发现由 C++11 及后续 C++14、C++17 等构成的**现代版 C++（Modern C++）的教学化运用**，是解决这一问题的良好途径。现代版 C++的自动数据类型推断 auto、基于范围的 for 循环（range-based for loop）、lambda 表达式支持的匿名函数、列表初始化、伪随机数发生器等功能，结合 C++的泛型编程库，如以模板方式实现的 vector、pair、queue、set 等泛型类和 swap、sort 等泛型函数，以及迭代器等功能，使得能够**以简洁性与伪代码媲美的专业 C++代码描述和实现算法**，而 C++毫无疑问是揭示算法本质和效率的最好语言。这填平了算法思想、伪代码到算法实现及**非平凡实验**间的鸿沟，使算法实现这个算法教与学中的巨大难题得到了理想化的解决。

本教材完整地提供了各算法有一定专业水准的 C++源代码，这些代码还以**彩虹式的高亮显示及动态算法步骤跟踪**的方式有机地集成到了 CD-AV 演示中，这使代码的理解和实验迈向了实践化。这些 C++代码在教材中以附录的形式组织和编排，既从印刷上保证了算法代码该有的良好格式，又解决了代码与文字混排而带来的排版困境。

本教材的第三个显著特点是算法知识层上的非平凡推进。这首先体现在**非平凡算法知识的甄选**上，包括第 1 章中将算法作为与理论和实验方法并列的**第 3 种科学方法**的介绍、**算法的图灵机定义**，第 2 章中**伪随机数生成算法**及其在算法测试中的应用，第 3 章中**多精度整数运算的复杂度**、Euclid GCD 算法复杂度分析中 **Fibonacci 数**的运用、基于 Fibonacci 堆的平摊分析方法介绍、以基于比较的排序算法为例进行的**问题复杂度**解释，第 4 章中**递归栈框架**及**递归转换为循环**的方法介绍，第 7 章中 TSP 问题动态规划算法中**子集索引的子问题**及相关计算的 C++实现，第 8 章中 Dijkstra 算法、Prim 算法及 Huffman 编码算法与第 10 章中 0-1 背包问题和 TSP 问题分支限界算法中**非平凡优先队列**的运用，第 11 章中 RSA 及相关算法的实现阐释，第 12 章中**停机问题**和**希尔伯特第十问题**不可解性介绍，以及 3-CNF-SAT 到 CLIQUE、CLIQUE 到 VERTEX-COVER 和 3-CNF-SAT 到 HAM-CYCLE 的多项式时间归约方法介绍等。其次体现在**非平凡问题实例的求解要求**上。本教材遵循常规教学示例理念，以小规模的教学级问题，也就是俗称的“玩具问题”（toy problem），作为实例解析算法，但强调**算法远不是用来求解小规模的教学级问题的，而是用来求解有实际价值、规模价值或理论价值的非平凡问题的**，这一点在许多习题中均有体现。

第二个和第三个显著特点仍然是计算教学论的内涵体现，它们展现了**计算教学论不单纯是 CD-AV 而是一种深广教学方法论**的特征。

本教材的第四个显著特点是参考文献引用。本教材中凡是讲述或提到前人成果，均给出了直接或间接的参考文献引用。这一方面体现了作者对知识的敬畏和对前人成果的尊重，另一方面也为读者的进一步学习和探索提供了参考资源。

本教材内容共包括 12 章，基本覆盖了教育部高等学校计算机科学与技术教学指导委员会《高等学校计算机科学与技术专业核心课程教学实施方案》中对算法课程所建议的内容。教材始于第 1 章的 Euclid GCD 算法，并由此引出算法的 Knuth 定义和图灵机定义，第 2 章介绍最基础的穷举法，第 3 章介绍算法的渐近复杂度分析方法，第 4 章介绍递归，第 5 章介绍排序算法，第 6～10 章分别介绍经典的分治、动态规划、贪心、回溯和分支限界等算法设计方法，第 11 章介绍具有划时代意义的 RSA 算法，最后结束于第 12 章的 NP 理论及号称千年问题的 P ?= NP问题。

本教材以附录的形式提供了重点讲述的 26 个算法的完整现代版 C++代码。为方便对应，这些算法代码以“附录 n-m”的形式进行编号，其中 n 为章号，m 为算法在章中的序号。

本教材可供普通本科院校计算机科学与技术及相关专业的算法设计与分析课程使用，其前序课程为程序设计和数据结构。本教材的组织结构具有相当的灵活性，可适应于 1 学期 18 周每周 2～4 个课堂学时和 1～2 个实验学时或不设实验学时的教学计划。基本选取内容应涵盖全部 1～12 章的主题，以达到课程知识体系的全覆盖。具体取舍可参考如下建议：“算法国粹”可作为选讲或自学内容；根据学生前序课程及基础情况，可采用前 6 章重后 6 章轻的取舍策略；后 6 章中的第 1～2 节一般为必讲内容，后续的算法实例则可根据课时情况进行取舍；深入的内容，如 3.4 Euclid GCD 算法的复杂度分析、3.5 算法复杂度的平摊分析方法、4.6 栈框架及将递归算法转换为循环算法的方法、12.3 中关于 NP 完全问题的证明等内容，可视情况略讲或不讲。

需要说明的是，尽管本教材以现代版 C++进行算法描述和实现，但只是将掌握基本 C/C++编程作为学生学习的先决条件。本教材中对所涉及的较深的传统 C++和现代版 C++功能都有到位的交代和解释。

本教材有完善和专业的配套 PPT。由于本教材撰写得很详尽，因此可立足于让学生通过仔细阅读本教材和以 CAAIS 辅助的方式开展学习，这一点也是计算教学论理念的一个重要实践体现，即凡是能以某种方式清晰表达的知识都属于仅需少量占用甚至无须占用课堂教学来传授的知识，让课堂教学更多地用于需要教师智慧来传授的知识或解决的学习问题和需求。这也使得本教材特别适宜于目前热门和普遍认可的**混合式线上、线下融合的教学模式**，以及计算机专业领域的教育专家在《计算机教育与可持续竞争力》中所建议的**敏捷教学模式**。

本教材需要 CAAIS 辅助，选用本教材的教师可与作者联系。但这并不是说本教材脱离不了 CAAIS，该系统辅助的是算法演示及相应的练习环节，算法相关的计算理论、设计方法、思想、伪代码、复杂度分析、代码实现等内容，均可在不必依赖 CAAIS 的情况下进行学习。

本教材由段会川教授担任主编，徐连诚教授担任副主编。徐连诚、杜萍、戚萌和王金玲老师分别完成了第 3 章、第 4 章、第 2 章和第 5 章的编著，其余章节由段会川完成。段会川和徐连诚共同进行了全书的通稿工作。

在本教材的编写过程中，山东师范大学信息科学与工程学院的领导和教师同仁给予了热情的关怀和切实的支持，山东德鲁泰信息科技股份有限公司对本教材所涉及的 CAAIS 系统的研发和部署提供了大力支持，电子工业出版社的杜军编辑及其他审稿专家为本教材的编辑出版做了大量专业细致的工作，作者在此一并表示衷心的感谢。

鉴于作者算法知识上有限的广度和深度，不足的文笔功底，本教材中难免存在疏漏、不当、甚至错误之处，恳请广大教师、专家学者和学生给予建议、批评和指正。

作者

2022 年 7 月 1 日于济南

目 录

第1章 算法及其可视化教学支持系统

江畔何人初见月？江月何年初照人？

[唐]张若虚，《春江花月夜》

算法权威著作——《算法导论》[1]的前言以阐明算法具有悠久历史作为开篇：在计算机诞生之前早就有了算法，而在计算机诞生之后，人们创造了更多的算法，算法是计算的核心。这句话深刻地表达了算法作为一种求解问题的科学方法，其历史远比计算机悠久，也就意味着算法思维、思想和方法有着深广的科学内涵，需要以超越程序设计、数据结构乃至计算机的视野来认识、学习和探索。本章首先介绍欧几里得（Euclid）在公元前300年提出的，至今仍具有重要应用的最大公约数（GCD）算法，以使读者在一开始就能以一个颇具代表性的具体算法切实地建立关于算法的初步认识。该算法既简洁易理解，又蕴含智慧不失深奥，是开启算法学习之旅的良好实例。然后介绍算法的专业化定义与描述。最后介绍基于计算教学论[2]的可视化算法教学模式及相应的算法可视化工具和支持系统，该教学模式在广度、深度和效率上都远优于传统的算法教学模式。

1.1 初识算法：Euclid GCD算法

本节将介绍号称人类历史上第一个算法的Euclid GCD算法。为此，首先循着除法定理、整除、约数、GCD、算术基本定理等较为严谨的数学路线，引出直观地求解GCD的因子分解方法，并说明该方法的计算不可行性，然后给出Euclid GCD定理，以及由此带来的高效率的、2300年后的今天还在焕发光芒的Euclid GCD算法。

1.1.1 GCD及因子分解方法

在初等数学中，我们学习过除法定理（证明从略）。

定理1-1（除法定理） 给定任何整数a和任何正整数d，存在唯一整数q和满足$0 \leqslant r < d$的唯一整数r，使$a = qd + r$。

其中，a为被除数，d为除数，$q = \lfloor a/d \rfloor$称为除法的商，r称为除法的余数，r又称为a对d的模运算的结果，记为$r = a \bmod d$。

符号$\lfloor \cdot \rfloor$**为底函数符号**，符号$\lceil \cdot \rceil$**为顶函数符号**。底函数和顶函数是算法领域中常用的两个特别的函数，因而我们在此给出其定义和示例。

定义1-1（底函数） 不大于x的最大整数称为x的底函数，记为$f(x) = \lfloor x \rfloor$。

例如，$\lfloor 2.0 \rfloor = 2$，$\lfloor 2.1 \rfloor = 2$，$\lfloor 2.9 \rfloor = 2$，$\lfloor 3.0 \rfloor = 3$。在一般编程系统中常以floor实现底函数。

定义1-2（顶函数） 不小于x的最小整数称为x的顶函数，记为$f(x) = \lceil x \rceil$。

例如，$\lceil 2.0 \rceil = 2$，$\lceil 2.1 \rceil = 3$，$\lceil 2.9 \rceil = 3$，$\lceil 3.0 \rceil = 3$。在一般编程系统中常以ceil或ceiling

实现顶函数。

定义 1-3（整除与不能整除） 如果除法运算 a/d 的余数 $r=0$，则称 d 整除 a，记为 $d|a$；如果 $r\neq 0$，则称 d 不能整除 a，记为 $d\nmid a$。

定义 1-4（约数） 如果 $d|a$，则称 d 是 a 的约数。

例如，1、2、3、4、6、12 都是 12 的约数。不失一般性，我们设 $a\geqslant 0$，即 $a\in\mathbb{N}=\{0,1,2,\cdots\}$ 为自然数，有关结论也适用于 $a<0$ 的情况。显然，对于任何的 $a>0$，a 有 1 和 a 本身这两个约数，它们称为 a 的平凡约数。由于 $0=0\cdot d+0$，因此任何正整数 d 都是 0 的约数。

定义 1-5（素数与合数） 若 $a>1$ 且只有平凡约数，则称 a 为素数（Prime），也称为质数；若 $a>1$ 且有不平凡的约数，则称 a 为合数（Composite）。

1、0 和负数都不是素数也都不是合数。

定义 1-6（公约数） 如果 $d|a$ 且 $d|b$，则称 d 为 a 和 b 的公约数。

定义 1-7（最大公约数） 称 a 和 b 的公约数中的最大者为 a 和 b 的最大公约数（Greatest Common Divisor，GCD）。

例如，30 有约数 1、2、3、5、6、10、15、30，因而 30 与 12 的 GCD 为 6。

定义 1-8（最大公约数问题） 称求解 GCD 的问题为最大公约数问题。

因为任何正整数 d 都是 0 的约数，所以若 $a>0$，$b=0$，则 a 和 b 的 GCD 就是 a。

算术基本定理，也称为唯一素因子分解定理（证明从略），给了我们一个求解 GCD 的直觉方法。

定理 1-2（算术基本定理，即唯一素因子分解定理） 任何一个大于 1 的自然数 $\mathbb{N}$，或者自身为一个素数，或者可表示为一系列素数（素因子）的积，且这种表示在不考虑素因子次序的情况下是唯一的，即 $\mathbb{N}=p_1^{m_1}p_2^{m_2}\cdots p_n^{m_n}$，其中 $p_1,p_2,\cdots,p_n$ 为素因子，$m_1,m_2,\cdots,m_n$ 为大于或等于 1 的整数。

例如，$12=2^2\times 3^1$，$30=2^1\times 3^1\times 5^1$。

根据定理 1-2，我们可以直觉地构造一种如下所示的求解 GCD 的因子分解方法。

注：我们将它称作“方法”而非“算法”，因为它并不完全具备算法的特性（1.2.2 节将详述算法的特性）。

求解 GCD 的因子分解方法如下。

第 1 步 对给定的正整数 a 和 b 进行唯一因子分解，并将其中的各因子按照从小到大的顺序排列：$a=p_{a1}^{m_{a1}}p_{a2}^{m_{a2}}\cdots p_{an}^{m_{an}}$，$b=p_{b1}^{m_{b1}}p_{b2}^{m_{b2}}\cdots p_{bn}^{m_{bn}}$。

第 2 步 依次对 a 和 b 的因子进行比较，找出公共因子及次数：$q_1^{m_1},q_2^{m_2},\cdots,q_k^{m_k}$。

第 3 步 将各公共因子按次数求积，便可得到 GCD：$\mathrm{GCD}(a,b)=q_1^{m_1}q_2^{m_2}\cdots q_k^{m_k}$。

例如，$98=2\times 7^2$，$56=2^3\times 7$，因而 $\mathrm{GCD}(98,56)=2\times 7=14$。

又如，$168=2^3\times 3\times 7$，$180=2^2\times 3^2\times 5$，因而 $\mathrm{GCD}(168,180)=2^2\times 3=12$。

尽管上述求解 GCD 的因子分解方法中第 1 步的因子分解和第 2 步的因子比较还需要进一步明确为更具体的操作，但我们确信这种具体的操作是存在的，因而方法的正确性没有问题。但问题是第 1 步中整数的因子分解目前尚未找到高效率的算法，如对 1024 个二进制位的整数进行因子分解以目前的计算机性能需要以世纪来衡量的时间，因而实际计算是不可行的。而 Euclid 提出的求解 GCD 的算法是一个高效率，因而是实际计算可行的算法。

1.1.2 Euclid GCD 算法

早在公元前 300 年，著名的古希腊数学家、几何学之父 Euclid 就在其被认为是人类历史上最成功的教科书《几何原本》中，提出了一个高效率求解 GCD 的算法。这也为“在计算机诞生之前早就有了算法”的观点提供了确凿的证据。该算法被称为 Euclid GCD 算法，它是人类历史上最早的算法之一。令人惊叹的是，该算法至今仍然具有很重要的应用，它是 1977 年提出、至今应用广泛的 RSA 算法的重要组成部分，RSA 算法是奠定今天网络安全的最优秀的密码学算法之一。Euclid GCD 算法有时也被形象地称为辗转相除法。

Euclid GCD 算法来自如下的 Euclid GCD 定理（证明从略）。

定理 1-3（Euclid GCD 定理）　对于给定的自然数 $a>0$ 和 $b\geqslant 0$，有：

（1）当 $b=0$ 时，$\mathrm{GCD}(a,0)=a$。（2）当 $b>0$ 时，$\mathrm{GCD}(a,b)=\mathrm{GCD}(b,a \bmod b)$。

有了定理 1-3，我们就可以构造求解 GCD 的 Euclid 算法。我们先将算法理解为“以步骤表示的求解问题的方法”，1.2 节再详细讲述算法的概念和定义。

算法 1-1 用了较为专业的伪代码进行描述，而且顺序标注了行号，以方便解释。伪代码借用了一些 C 语言中的元素，如 while 循环、赋值语句等，但也有更自然的描述，如 $b\neq 0$、以 end while 而不是花括号结束循环体等。1.3.3 节将详细介绍算法的伪代码描述方法。

算法 1-1　Euclid GCD 算法

```
输入：整数 a > 0,b ≥ 0
输出：a 与 b 的 GCD
1. while  b ≠ 0
2.     r = a mod b； a = b； b = r
3. end while
4. return a
```

为了直觉地理解上述算法，我们可以设计一个表格，对给定的数据按照算法的步骤进行推演，如表 1-1 所示。表 1-1 中列出 a 除以 b 的商 $q=\lfloor a/b \rfloor$ 是为了帮助理解，其实 Euclid GCD 算法是不需要计算 a 除以 b 的商的。

表 1-1　Euclid GCD 算法的计算示例

No	a	b	$q=\lfloor a/b \rfloor$	r
1	98	56	1	42
2	56	42	1	14
3	42	14	3	0
4	14	0		

注：用给定输入数据以“手算”表格推演算法的方法，是学习和理解算法很实用且有效的方法。

1.2 算法的定义

本教材致力于讲述算法，因此我们尽早地在本节给出算法的定义。本节将首先阐述算法是一种求解问题的科学方法，是在理论方法和实验方法之外的第三种科学方法；其次给出通俗意义上的算法的克努特定义；最后给出严谨意义上的算法的图灵机定义。

1.2.1 算法是一种求解问题的科学方法

1.1 节中的 Euclid GCD 算法示例了“以步骤表示的求解问题的方法”这个算法特征，尽管该算法不能一下子给出 a 和 b 的 GCD，但是它能够通过一轮计算将求解 a 和 b 的 GCD 问题转化为求解 b 和 $a \bmod b$ 的 GCD 问题，而求解 b 和 $a \bmod b$ 的 GCD 问题是一个比求解 a 和 b 的 GCD 问题规模要小且多数情况下小很多的问题。这里面就蕴含着算法求解问题的最重要思想之一，即问题分解思维。当问题规模小到一定程度，对于 GCD 来说就是小到 $b=0$ 的程度时，即可停止分解过程直接获得解。

算法方法是一种问题的程序化解决方案[3]，这种解决方案本身并不直接是问题的答案，也不直接给出问题的答案，而是获得答案的一些指令及其执行流程。这些指令和流程并不是随意的，而是由严谨的**图灵机**（参见 1.2.3 节）来定义的。这使以算法为核心的计算机科学有别于传统的理论数学，后者主要考虑对某个问题是否有解进行证明，如果有解，则再对解的性质进行研究。

算法已被广泛认可为理论方法和实验方法之外的第三种科学方法。牛顿于 1687 年发现的如式（1-1）所示的万有引力定律，是运用理论方法探索科学的一个典型例子。该理论准确地解释了行星在围绕太阳的椭圆轨道上运行且太阳处在椭圆的一个焦点上等一系列天体运行规律，并成为今天火箭发射、航天探索的科学实践依据。

$$F = G\frac{Mm}{r^2} \tag{1-1}$$

爱因斯坦于 1915 年提出的如式（1-2）所示的广义相对论，是运用理论方法探索科学的另一个典型例子。该理论准确地解释了水星近日点的进动现象，成功地预测了光线在引力场中的弯曲、引力红移及引力波等宇宙现象。

$$\boldsymbol{R}_{\mu\nu} - \frac{1}{2}R\boldsymbol{g}_{\mu\nu} + \boldsymbol{g}_{\mu\nu}\Lambda = \frac{8\pi G}{c^4}\boldsymbol{T}_{\mu\nu} \tag{1-2}$$

2015 年 9 月 14 日引力波的探测发现，是运用实验方法探索科学的一个典型例子。这个探测是由 LIGO 和 Virgo 研究团队，利用在美国路易斯安那州的列文斯顿（Livingston）和华盛顿州的汉福德（Hanford）建造的两个臂长达 4km 的引力波探测器（见图 1-1）联合完成的。

图 1-1 列文斯顿（Livingston）和汉福德（Hanford）的两个引力波探测器[4]

既然算法被赋予了与具有超级智慧的杰出人类才能发现的科学理论方法，以及借助超级精密和规模的仪器装置才能开展的实验研究方法等同的地位，那么它一定有其深刻的内涵，这也正是本教材致力于揭示的内容，这些算法内容远不只是数据结构课程知识的升级版。

人类之所以如此推崇算法，是因为当为一个问题设计了算法后，就可以在不再需要人的智力的情况下机械和自动地演算求解过程，并获得问题最终的求解结果。人类也的确发明了被称为计算机的、可以自动执行算法的机器，它能够以比人工快得多和精确得多的方式执行算法，尤其对于重复性操作不知疲倦、不厌其烦、不出错误。

然而，用“以步骤表示的求解问题的方法”描述算法仅是一种大众化的、非学术性的描述，我们需要对算法进行严谨的定义，以使其成为一种有理性内涵的、揭示问题及其求解的本质特征的科学方法。

1.2.2　算法的克努特定义

公认的通俗意义上的算法定义，是唐纳德·克努特（D. E. Knuth）在其被誉为计算机领域的圣经的著作《计算机程序设计艺术》第 1 卷中的定义[5]。

定义 1-9（算法的克努特定义）　算法是一组有穷规则的集合，这些规则给出了求解特定类型问题的运算序列。它具有 5 个重要特性，即有穷性（Finiteness）、确定性（Definiteness）、有效性（Effectiveness）、输入（Input）和输出（Output）。

下面通过说明这 5 个重要特性对上述定义进行细致解释。

1．有穷性

一个算法必须保证在执行有限个步骤之后结束，不能终止的计算过程不能算作算法。

例如，求圆周率 π 的一种古老方法是用正多边形的边长逼近圆的边长（见图 1-2），这个过程如果不人为地设定一个截止条件，就是一个无穷的过程，而不是一个算法。

注：如果一个计算过程不是有穷的，但满足其他 4 个算法特性，则称其为一个计算方法[5]。

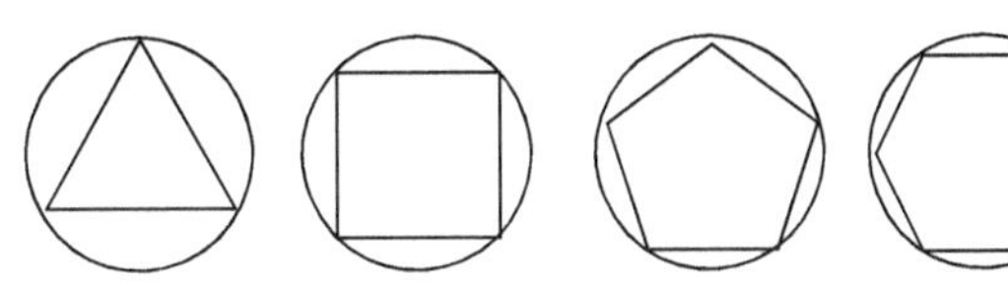

图 1-2　正多边形逼近法求圆周率 π

2．确定性

算法的每个步骤都必须有确切的、无二义性的定义。

“求解 GCD 的因子分解方法”尽管不是一个算法，但是其第 1 步却是一个确定性的步骤。如果不限定 a 和 b 为正整数，则当 a 或 b 为 0 或负数时，“唯一因子分解”就没有定义。如果不限定“各因子按照从小到大的顺序排列”，则因子分解的表达式就不是唯一的。这都会使该步骤具有不确定性。算法 1-1 中的“输入：整数 $\mathrm{a}>0, \mathrm{b} \geqslant 0$”也是确定性的描述，尽管“$\mathrm{a}>0$”仅是为了好理解定义的，并不是必须定义的，但是“$\mathrm{b} \geqslant 0$”是必须定义的，因为如果 $\mathrm{b}<0$，$\mathrm{a} \bmod \mathrm{b}$ 就没有定义，会造成不确定性。

3．有效性

算法中的所有运算或操作必须充分基本，即原则上可以由人用笔和纸在有限的时间里准确地完成。

“求解 GCD 的因子分解方法”的第 1 步和第 2 步尽管具有确定性，但是不具有有效性。因为“对给定的正整数 a 和 b 进行唯一因子分解”和“依次对 a 和 b 的因子进行比较，找出公共因子及次数”都不是基本操作，需要进一步细化。

注：有效性不能教条地理解。例如，RSA 算法中要调用扩展 Euclid GCD 算法，而扩展 Euclid GCD 算法是一个很明确的算法，因而在 RSA 算法的主算法描述中，可以将该算法看作一个基本操作。

4．输入

一个算法可以有 0 个或多个输入，这些输入可以是算法开始之前已经被赋值的状态参数，也可以是运行过程中动态赋值的量。但在绝大多数情况下是算法开始运行时输入的数据。0 输入表示算法自身已确定了初始运行条件。

5．输出

算法必须有 1 个或多个输出，以反应对输入或预置数据计算或处理的结果。没有输出的算法是毫无意义的。

有了克努特关于算法的定义后，我们可以用图 1-3 说明用算法求解问题的基本模式：首先针对给定的问题设计求解算法；然后在计算机里实现算法；最后给在计算机里实现的算法提供具体的输入数据，计算机针对输入数据运行算法，并输出结果。

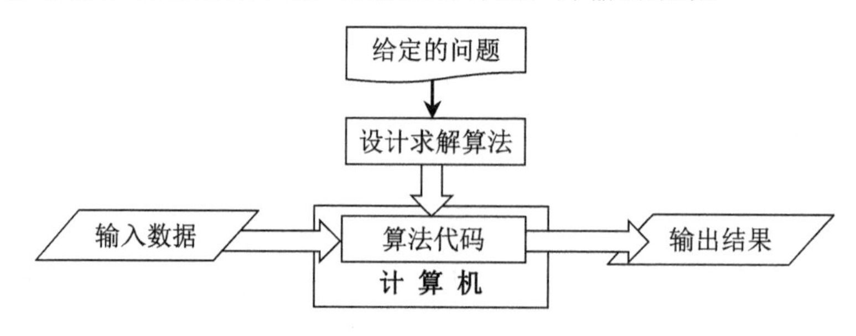

图 1-3　用算法求解问题的基本模式

算法的克努特定义是一个通俗易理解的定义，但是正如克努特自己所说[5]，这个定义并不是一个严谨的数学化定义，因而不能对算法这个概念给出严格的揭示和限定。严谨意义上的算法定义是基于图灵机的定义。

1.2.3　算法的图灵机定义

要严谨地定义算法，首先要定义计算模型。图灵机模型是所有计算模型中最好理解，因而被广泛接受的模型。1936 年 12 月 12 日，艾伦・图灵（Alan M. Turing）在伦敦数学学会作了题为“论可计算数及其在判定性问题中的应用”（*On Computable Numbers, with an Application to the Entscheidungsproblem*）的报告。在该报告中，他提出了一个被称为“通用计算引擎”（Universal Computing Engine）的抽象数学装置，也就是后来人们以他的名字命名的图灵机，12 月 12 日也就成为图灵机的诞生纪念日[6]。为了纪念图灵的这一伟大贡献，人们将他誉为“计算机科学之父”，美国计算机学会（ACM）于 1966 年以他的名字设立了号称计算机界诺贝尔奖的“图灵奖”，以表彰在计算机科学领域中做出奠基性贡献的计算机科学家。

本节将扼要地介绍图灵机及其数学定义，以引出关于算法的严谨定义，但不展开解释。想要深入学习图灵机可阅读专门的计算理论教程，如《计算理论导引》[7]。

图灵机是一个抽象的计算模型，图 1-4（a）所示为图灵机的原理示意图，图 1-4（b）所示为图灵机的艺术化示意图。图灵机包括一个控制器、一个读写头和一个无限长的带子。控制器包含一系列的状态。带子由一系列格子组成，每个格子中可以包含一个字母或空白字符。从图 1-4 中可以看到，强大的计算机的理论模型竟然如此简单，实在令人惊奇。

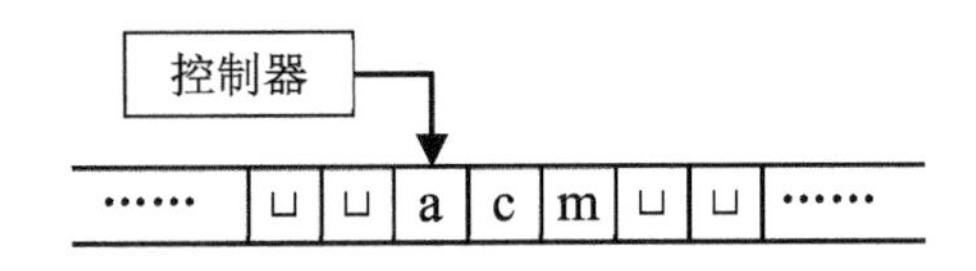

（a）图灵机的原理示意图

（b）图灵机的艺术化示意图[8]

图 1-4　图灵机的示意图

图灵机有如下严谨的形式化定义。

定义 1-10（图灵机）[9]　图灵机是一个 7 元组$(Q,\Sigma,\Gamma,\sqcup,q_0,F,\delta)$，其中：

Q是有穷的状态集。

Σ是有穷的输入字母表。这里的“字母”是广义的，如常用的$\Sigma=\{0,1\}$就是以 0 和 1 作为“字母”的。

Γ是有限的带子字母表，$\Gamma\supset\Sigma$。Γ中除包含不属于Σ的空白字符$\sqcup$以外，还可能包含其他不在Σ中的字母，这些字母是在计算过程中生成的。

$\sqcup$是空白字符，$\sqcup\in\Gamma$，但$\sqcup\notin\Sigma$。

$q_0\in Q$是起始状态。

$F\subseteq Q$是结束状态集，也称为停机状态集。

$\delta:Q\times\Gamma\to Q\times\Gamma\times\{\mathrm{L,R,N}\}$是转移函数。

尽管计算机的理论模型像图 1-4 那样简单，但是其形式化定义却是如此的深奥，因而计算机如此强大也就不足为奇了。

图灵机的核心是转移函数$\delta:Q\times\Gamma\to Q\times\Gamma\times\{\mathrm{L,R,N}\}$，其中 L、R 和 N 分别表示读写头左移、右移和原地不动。例如，$\delta(q,\mathrm{a})=(r,\mathrm{b},\mathrm{L})$表示处于$q$状态的图灵机读到字母 a 后进入状态$r$，读写头写下字母 b 以取代 a 并左移一格。

图灵机的执行过程，也就是计算方式如下。开始时带子上有n个连续的输入字母序列$a_1,a_2,\cdots,a_n$，其余格子中为空白字符，图灵机处于状态q_0，读写头处在含有第 1 个字母a_1的格子中。当计算开始时读写头读取当前格子中的字母a_1，图灵机计算转移函数$\delta(q_0,a_1)$，根据其返回结果改写控制器的状态和第 1 个格子中的内容并移动读写头。此后，图灵机会一直按照转移函数决定的操作一步一步地执行下去，当到达某个结束状态$q_{\mathrm{f}}\in F$时，计算过程结束。此时带子上的字母序列便是计算的输出结果。

注：由于Γ中包含空白字符$\sqcup$，当处于状态q_x的图灵机读到空白字符$\sqcup$时，转移函数$\delta(q_x,\sqcup)$依然有定义，因此仍然可以计算出接下来的操作。如果处于状态q_x的图灵机读到字母 y 时，$\delta(q_x,\mathrm{y})$没有定义，则该次计算失败。如果图灵机的计算永远到达不了结束状态，则这个计算也是失败的。

这个看起来简单普通的计算过程，却是现代计算机的理论基础，蕴含着计算机的强大计算能力，实在出人意料。

图灵机的严谨定义就是算法的严谨定义。

定义 1-11（算法的图灵机定义）　可执行到结束状态的一个图灵机就称作一个算法。

按照这个定义，每设计一个算法就需要设计一个图灵机。对应到现实世界，也就意味着要为每个算法设计一台计算机。这种模式的实际应用显然是不可行的。图灵进一步从理论上解决了这个问题，他证明可以设计一种通用图灵机，它能够模拟执行任何其他图灵机上的计算。这一结论为现代通用计算机奠定了理论基础。

1.3 算法的描述方法

算法既然有严谨的图灵机定义，也就必须有严谨的描述方法。从理论上说，要描述一个算法就应该描述其对应的图灵机，即给出对应的图灵机（定义 1-10）的 7 元组。显然这个意义上的算法描述过于底层和烦琐，我们应该有更高层次的、既便于机器理解又便于人理解的描述方法。这些更高层次的描述也不能随意，应该以遵循算法的克努特定义（定义 1-9）为基本原则。本节将介绍算法的常用描述方法，即自然语言描述方法、流程图描述方法、伪代码描述方法，以及现代版 C++描述方法，并分别说明其适用的范围。

1.3.1 算法的自然语言描述方法

用自然语言描述算法是一种很容易为人所理解的方法，但还是要表达出克努特所列的算法的 5 个特性。下面给出了 Euclid GCD 算法的自然语言描述。

算法 1-2　Euclid GCD 算法的自然语言描述

1. 输入大于或等于 0 但两者不能同时为 0 的整数 a 和 b。
2. 判断 b 是否为 0，如果不为 0，则转第 3 步；否则，转第 4 步。
3. a 对 b 取余数，将结果赋值给 r，b 赋值给 a，r 赋值给 b，转第 2 步。
4. 输出 a，算法结束。

算法 1-2 以序号对算法过程进行步骤化；第 1 步和第 4 步明确给出输入和输出；以严谨的语言描述来表达操作的确定性，如第 1 步的“输入大于或等于 0 但两者不能同时为 0 的整数 a 和 b”；以“a 对 b 取余数，将结果赋值给 r，b 赋值给 a，r 赋值为 b”表达操作的有效性；以“转第 n 步”的方式表达流程。

设计算法的最终目的是用计算机运行算法求解问题，这需要尽量将算法表达为机器可读的形式。显然用自然语言描述的算法到机器可读的距离较大，因此在实践中常用自然语言描述算法的设计思想，而具体的算法描述则多用后面将要介绍的伪代码或程序设计语言来实现。Euclid GCD 算法的基本思想就是 Euclid GCD 定理，因此可以用如下的自然语言描述其基本思想。

算法 1-3　Euclid GCD 算法的思想描述

根据 Euclid GCD 定理，即 $\mathrm{GCD}(a,0)=a$，$\mathrm{GCD}(a,b)=\mathrm{GCD}(b,a \bmod b)$，可以设计一个高效率求解 GCD 的算法，即 Euclid GCD 算法。

注：算法的思想描述主要描述算法最关键的理论和技术，因此不需要太过严谨。

1.3.2 算法的流程图描述方法

流程图是一种直观的算法描述方法，它使用图形化的符号描述算法中的基本操作，使用带箭头的线段表达算法的流程。

图 1-5 所示为 Euclid GCD 算法的流程图，表 1-2 所示为常用的基本流程图符号及其意义。显然，流程图最大的特点是可以非常直观地表达算法的流程，即各基本操作之间的先后关系。但流程图也有明显的短板，即修改很耗时、费力。当算法或其某个部分具有复杂的逻辑时，可使用流程图描述，以帮助直观地设计和理解流程。

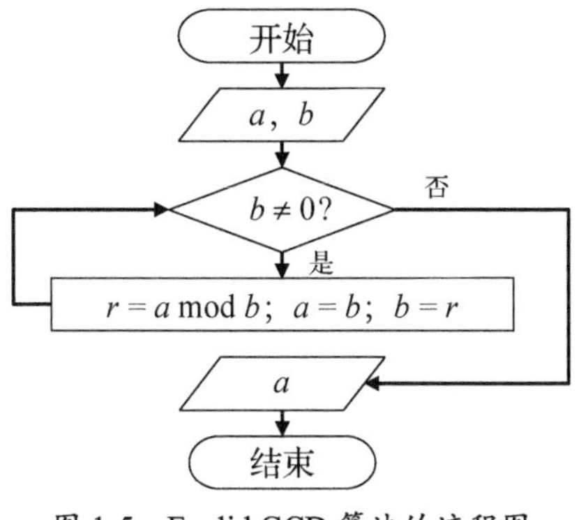

图 1-5　Euclid GCD 算法的流程图

表 1-2　常用的基本流程图符号及其意义[10]

符　号	意　义
	圆角矩形框表示流程的开始和结束
	平行四边形框表示输入、输出操作
	矩形框表示基本运算或操作
	菱形框表示根据条件判断执行不同的分支
	圆形和锥形符号用于页内和页间的连接

1.3.3　算法的伪代码描述方法

描述算法最权威且被普遍采用的方法是伪代码描述方法。

定义 1-12（伪代码）　伪代码是介于自然语言与程序设计语言之间的一种结合文字和符号的算法描述方法。它注重算法本质性思想和技术的描述，忽略程序设计语言中一些烦琐的语法规则与细节，因而是一种既具有严谨性又便于书写和理解的算法描述方法。

算法的伪代码描述方法是一种注重表达算法思想的方法，并不存在一种公认的伪代码标准。为了帮助读者掌握伪代码描述的基本要领，我们将算法的伪代码描述规范总结如下。

1. 说明简化的算法中文或英文名称。
2. 说明算法的输入和输出。
3. 顺序标记行号。
4. 赋值语句：使用=或←进行变量赋值。
5. 变量可以带有下标，如 x_1、y_i。
6. 可以使用方括号表示数组和元素的下标，如 x[1]、y[i]。
7. 必要时可以使用数学符号，如 α、∅ 。
8. 必要时可用由数学公式表示的运算，如 $x=\frac{b}{a^2}$ 。
9. 使用易理解的英文单词描述操作，如交换 a 与 b 的值可描述为 swap(a, b)。
10. 使用直观易理解的符号描述操作，如交换 a 与 b 的值可描述为 a ↔ b 。
11. 使用直观易理解的数学函数，如 sin θ 。
12. 使用//表示注释，如 swap(a, b) //交换 a 和 b 的值。
13. 使用 return 结束算法，必要时返回结果。
14. 使用 if 语句表示分支，可以带有 then、else 和 else if。
15. for 循环：for i = 1 to (down to) n step k //step 为 1 时可省略。
16. 循环还可有 while 循环、do … while 循环、repeat … until 循环等。
17. 使用缩格表示操作的不同层次。
18. 复合语句：
    a）当分支或循环体有一个语句时，可以不用复合语句标识。
    b）可以使用{ … }作为复合语句界定符。
    c）可以使用 begin … end 作为复合语句界定符。
    d）可以使用 end if、end for 和 end while 作为复合语句界定符。

根据上述规范，我们可以将 Euclid GCD 算法重新表达为如算法 1-4 所示的规范化伪代码。

算法 1-4　Euclid GCD 算法的规范化伪代码

输入：整数 a > 0, b ⩾ 0　// a 和 b 不能同时为 0

输出：a 与 b 的 GCD

```
1. while  b ≠ 0
2.        r = a mod b ; a=b; b=r
3. end while
4. output a
```

1.3.4 算法的现代版 C++描述方法

学习和设计算法的重要目的是将问题的求解交给计算机自动化运算和处理，因此从学习的角度来看，只有具体实现了的算法才算是彻底掌握了的算法；从实际应用的角度来看，只有具体实现了的算法才算是真正解决了实际问题、实现了价值的算法。因此，算法实现在学习和设计算法过程中是体现最终成果的一环，是必须完成的任务。

然而算法实现却是算法教与学中的一个巨大难题。一方面，大部分传统算法教科书及课程主要用伪代码描述算法，而对于很多学生来说，伪代码和算法实现之间存在着难以跨越的鸿沟；另一方面，有些教科书及课程采用了 C/C++或 Java 程序设计语言描述算法，这些语言过于基础和烦琐，表达能力过弱，将算法中的核心思想淹没在了过于冗赘的代码中，这给教学过程中的书面和口头表达带来了巨大的负担，在实际的教学运用中是不可行的。

幸运的是，现代版 C++（Modern C++）的诞生恰当地解决了这个问题。现代版 C++指的是 C++1x 标准的 C++及对应的标准函数库，包括 C++11 及后续的补充加强标准 C++14、C++17[11]等。相较传统的 C++98/C++03 标准，C++11 是一个里程碑式的标准。鉴于 C++11 标准的实质性重大改进，它被 C++创立人 Bjarne Stroustrup 描述为“感觉像一个新的语言”[12]。运用现代版 C++的编程功能，如自动数据类型推断 auto、基于范围的 for 循环（range-based for loop）、lambda 表达式支持的匿名函数、列表初始化、伪随机数发生器等，结合 C++的泛型编程功能，如以模板方式实现的 vector、pair、queue、set 等泛型类和 swap、sort 等泛型函数，以及迭代器等功能，能够以简洁性与伪代码相媲美的专业 C++代码描述和实现算法。即使像 TSP 问题的 DP 算法这样以子集索引子问题的算法，也能运用上述现代版 C++编程功能以很简洁的方式描述和实现。这填平了算法思想、伪代码和算法实现之间的鸿沟，使算法实现这个算法教与学中的巨大难题得到了恰当的解决。

算法 1-5 给出了 Euclid GCD 算法的 C++代码。尽管该代码并未展现出现代版 C++的新特征，但是我们也能看出它比较简洁，不影响人们对算法的理解。今后许多算法的 C++描述和实现会用到现代版 C++的重要特征，届时我们会给出相应的介绍。

算法 1-5　Euclid GCD 算法的 C++代码

```
1. int EuclidGCD(int a, int b)
2. {
3.         int r;
4.         while (b) {
5.                 r = a % b; a = b; b = r;
6.         }
7.         return a;
8. }
```

注：本教材着力以现代版 C++描述和实现算法，主要目的是帮助读者高效率地开展算法学习，快速地进行算法实验。现代版 C++对描述规模较小的算法具有优越性，因此特别适用于描述教学性的算法。但是，读者需要知道，描述算法最权威且被普遍采用的方法仍然是伪代码描述方法，且 C++的强大在于它是编写操作系统级大型软件系统的程序设计语言。我们也将在必要的时候给出一些算法的伪代码描述。

1.3.5 设计算法求解问题的基本过程

设计算法求解问题是计算机科学与技术专业领域中的基本任务之一，描述算法仅是其中的一项子任务。设计算法求解问题的基本过程是一个系统化的过程，该过程可分解为如下的 6 个子过程。

1. 问题定义

对要求解的问题进行精确和严谨的定义是设计算法求解问题的良好开端。克努特定义的算法的 5 个特性要求待求解的问题也必须是与这 5 个特性相容的问题。因此，理想的问题定义是形式化水平上的问题定义，即以数学级严谨的语言和严密的逻辑给出问题的表述，这通常需要进行一些符号化定义和公式化描述，还需要对问题输入和问题所涉范围进行严谨约束。问题定义不是一蹴而就的，很多时候需要经过多次推敲，才能从开始的完全非形式化自然语言描述逐步演化到最终严谨的形式化描述。

2. 算法设计思想描述

算法设计思想是算法设计的核心，这里的思想指的是对具体问题设计的算法中采用的关键方法和技术。算法设计是一种人类的智力活动，有些算法设计思想的提出确实需要人类的智慧，如 Euclid GCD 算法、快速排序算法、RSA 算法等。但是大部分算法设计是有章可循、有法可依的。即使前述体现人类智慧的算法设计，其某些环节也遵循了一般性的算法设计方法。讲述这些一般性的算法设计方法是本教材的主体内容，这主要包括穷举法、递归法、分治法、动态规划法、贪心法、回溯法与分支限界法等，它们也被称为算法设计策略或范例。本教材的主要目的就是对这些一般性的算法设计方法及其算法设计实例进行介绍，使读者通过学习成熟的算法设计方法，积累前人成功的算法设计经验，提升自身的算法设计水平，激发自身的算法创造能力。

3. 算法的伪代码描述

算法设计思想提出后，需要以伪代码方式将其表达为严谨的算法。伪代码描述方法前文已详细介绍过，此处不再赘述。

4. 算法的正确性证明

只有正确的算法才是有价值的算法，因此进行算法的正确性证明是表明算法有价值的必要步骤。由于算法以步骤方式求解规模不断增大直到无穷大的问题，而问题的规模又可以用自然数来衡量，因此数学归纳法是算法的正确性证明很自然且很贴切的方法。注意，通过一些输入数据实例在计算机上验证算法程序能否正确执行，不能算作严格意义上的算法正确性证明。算法的正确性证明也是有一定挑战性和难度的过程，本教材一般不讨论算法的正确性证明，直接认可所讲述算法的正确性。感兴趣的读者可参考《算法导论》[1]学习算法的正确性证明思路、技巧和方法。

5. 算法复杂度分析

对于一个正确的算法，其运行效率，即运行所需的时间和空间资源就成为其最关键的衡量指标。运行效率的专业术语为复杂度。算法及其设计方法的多样性也带来了算法复杂度分析方法的多样性。我们将在第 3 章对算法复杂度分析的基本概念和方法进行介绍，并在随后各章的算法讲述中，穿插讲述具体算法的复杂度分析方法。

6. 算法的实现及运行测试

前文已述及，以程序设计语言实现算法，并使之在具体的计算机上运行，以帮助人类解决实际问题是设计算法的根本目的。因此，设计算法的最后一个步骤就是算法的实现，这离不开运行测试环节。尽管运行测试不是证明算法正确性的方法，但却是算法程序可信和健壮运行的保证。因此，应该设计充分的测试数据样例，对算法程序进行全面的测试。运行测试还有一个功能，即对算法的运行效率进行实验分析，这通常是为了比较求解同一问题的不同算法的性能，一般需要在不同分布的较大甚至很大的数据集上进行。

1.4 可视化算法学习的支持工具

算法课程中会介绍很多算法设计实例，算法设计实例通常会有较复杂的逻辑，涉及一些数据结构及其操作，还涉及算法实现。传统教科书式和幻灯片式的图形表达不能对变化的输入进行算法过程演示，并且设计费时、烦琐，这些都给算法的教与学带来许多困难，严重地影响教学效果。为解决这一问题，作者提出了计算教学论[2]（Computational Didactics，CD），并发展了算法可视化（Algorithm Visualization，AV）技术，为本教材中的绝大部分算法创新性地设计了 CD-AV 演示。为使这些 CD-AV 演示具有高可用性，作者还开发了相应的支持和承载系统，即计算机辅助的算法教学系统（Computer Assisted Algorithm Instruction System，CAAIS[13]）。以 CAAIS 支持的 CD-AV 演示辅助高效率和更深、更广的算法学习是本教材的特点，也是作者在算法教与学上的创新举措。本节将扼要地介绍 CAAIS 的基本功能和操作。

1.4.1 CAAIS 的基本界面及其功能

CAAIS 基于 HTML5、CSS3 和 JavaScript6 等 Web 技术设计，因此需要在对这些技术支持最充分的谷歌 Chrome 或微软 Edge 浏览器上运行。目前 CAAIS 支持 Windows、Android 和 macOS 上的 Chrome 和 Edge 浏览器，暂不支持 iOS 系统。

图 1-6 所示为 CAAIS 的基本界面，左侧面板底部有“功能”和“演示”两个选项卡。

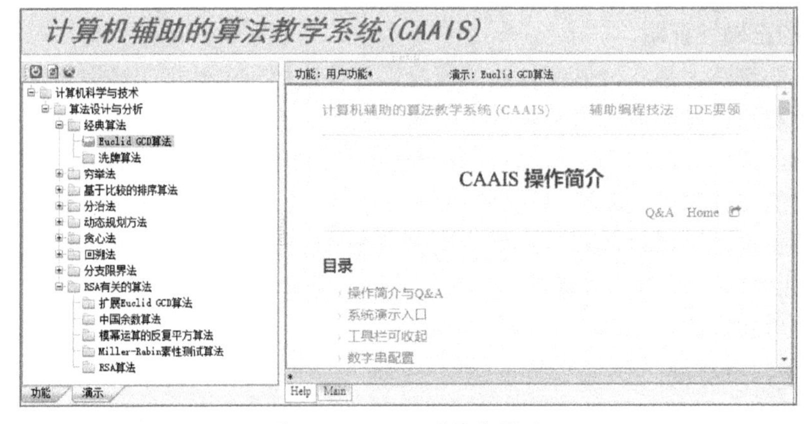

图 1-6
彩图

图 1-6　CAAIS 的基本界面

学生登录系统后，默认显示“演示”选项卡，该选项卡以树形目录列出各算法，双击一个算法即可打开对应的 CD-AV 演示界面。基本界面的右侧面板中是 CAAIS 操作简介，初次使用 CAAIS 的读者应该浏览一下该内容，以掌握系统的基本操作方法。单击“CAAIS 操作简介”标题下面右侧的图标，可以将操作简介显示在单独的浏览器页面中，从而更方便浏览和学习。右侧面板底部有 Help 和 Main 两个选项卡，登录后默认显示的 Help 选项卡中显示 CAAIS 操作简介，单击 Main 选项卡可显示选定功能的界面。

对于普通学生用户，“功能”选项卡中有如图 1-7 所示的功能。单击一项功能，右侧区域将自动切换到 Main 选项卡，并打开该功能对应的界面。图 1-7 中为“查看分数”功能对应的界面，该界面中显示的是用户在进行算法交互练习时所获得的分数。界面顶部的“刷新”按钮用于显示最新的交互操作结果。

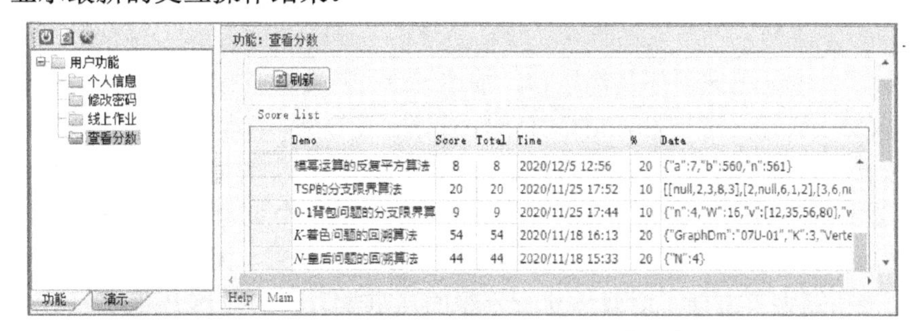

图 1-7
彩图

图 1-7　CAAIS 的“功能”选项卡

1.4.2　算法 CD-AV 演示的基本操作

双击图 1-6 中“演示”选项卡中的一个算法，即可打开该对应的 CD-AV 演示窗口。图 1-8 所示为 Euclid GCD 算法的 CD-AV 演示窗口。该窗口中包括如下的布局和控制设计要素。

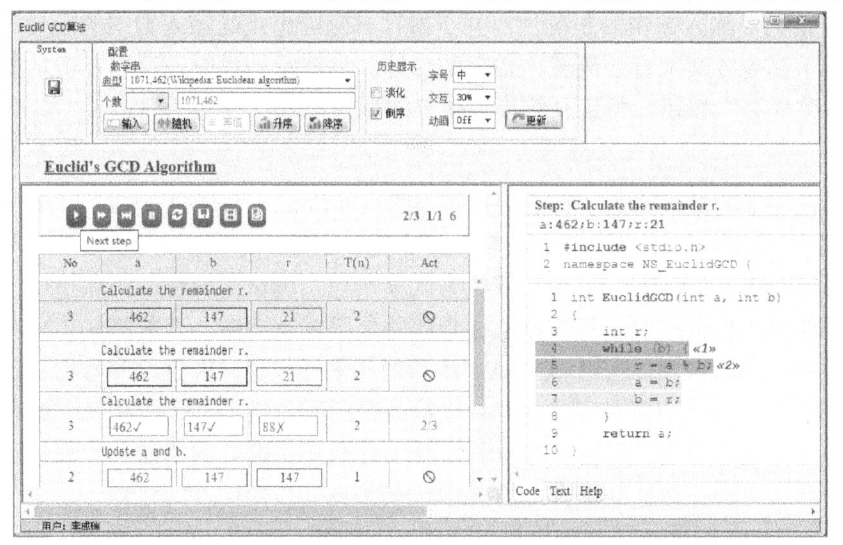

图 1-8
彩图

图 1-8　Euclid GCD 算法的 CD-AV 演示窗口

1．窗口布局

窗口由上方的控制面板、左下方的 CD-AV 演示区和右下方的辅助区三个部分组成。

2．控制面板

控制面板中包括典型预置数据、用户数据输入、演示历史顺序（升序或降序）选择、交互控制及动画设置（Quick、Slow 或 Off）等功能模块。注意，在控制面板中选择、输入了数据或修改了状态后，需要单击“更新”按钮才能将信息传递到 CD-AV 演示区。

3．CD-AV 演示区

CD-AV 演示区顶部为功能按钮面板，其中提供了“单步”(Next step)、“一遍”(Next pass，对某些算法可以一次运行外循环中的一遍或某个大步骤)、“运行所有步骤”（Run to the end)、

“暂停”（Stop）、“重置”（Reset）CD-AV 演示控制按钮，以及“交互得分保存”（Save score）、“CD-AV 幻灯片 pdf 打印”（Print slides）和“代码 pdf 打印”（Print code）辅助功能按钮。注意，CD-AV 演示区中的很多界面元素都提供了鼠标指针悬浮提示（Tooltip）功能，图 1-8 中的 Next step 就是对“单步”按钮的提示说明。功能按钮面板的右侧显示算法在当前输入数据下的总步骤数。

CD-AV 演示区主体区域的顶部是标题行，描述 CD-AV 数据子行中各单元格中的量。标题行下面是当前 CD-AV 行。对于 Euclid GCD 这类算法，CD-AV 行包括一个短语子行和一个数据子行。短语子行提供对算法步骤的简洁文字描述；数据子行提供算法运行过程中变量及数据值的显示、状态变化和交互。CAAIS 中 CD-AV 演示的一个突出的特点是以升序或降序的方式将算法执行的所有步骤（历史）对应的 CD-AV 行记录下来。图 1-8 展示的是默认的降序记录的情况。该功能大大方便了对算法执行步骤的连贯学习。CAAIS 还能够将升序演示的所有步骤以幻灯片的方式输出为 pdf 文档，以方便脱离 CAAIS 进行算法教授和学习。许多算法的 CD-AV 行还包括一个图形子行或图形区，我们将在有关的算法中对其进行说明。

4. 交互操作

CAAIS 提供了根据一定比例对随机选定的算法步骤中数据子行的变量和数据值进行交互操作的功能。如图 1-8 所示。在输入框中输入数据后，单击交互行末的“提交”（Hand in）按钮，系统将自动判断输入数据的正确性，并在本行右侧给出正确输入数据的统计，功能按钮面板的右侧显示迄今各交互行正确输入数据的合计。当演示结束时，可以单击功能按钮面板中的“交互得分保存”按钮，将交互结果以得分的形式记录到数据库中。

5. 辅助区

辅助区中以选项卡的形式给出了算法的代码跟踪页（Code）、算法描述页（Text）和算法 CD-AV 演示帮助页（Help）。有些算法还在辅助区中提供了输入/输出（I/O）页。

代码跟踪页（Code）（见图 1-8）中以彩虹方式展示包括测试函数在内的完整现代版 C++代码，更为重要的是，该页提供了随算法执行步骤的代码跟踪功能。当前算法步骤对应的代码以高亮颜色显示，CAAIS 允许一个 CD-AV 步骤对应多行代码，并且以序号标记代码行的执行次序。CAAIS 将上一个步骤对应的代码行以次高亮的颜色显示。代码跟踪功能是 CAAIS 的又一个重要特征，它将算法的执行步骤与现代版 C++代码关联，将算法的步骤解析落地为具体的代码，为算法逻辑的理解提供有力的支持。

算法描述页（Text）中提供了算法设计思想和方法的图文解释，算法 CD-AV 演示帮助页（Help）中提供了关于 CD-AV 演示的特别设计说明和操作要领提示，如图 1-9 所示。

图 1-9（a）彩图

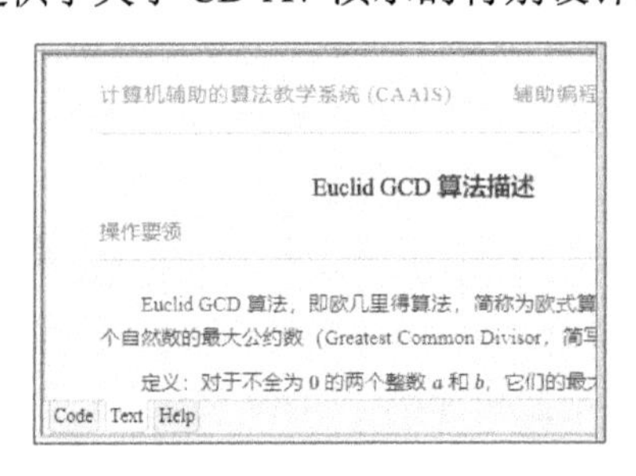

（a）算法描述页（Text）

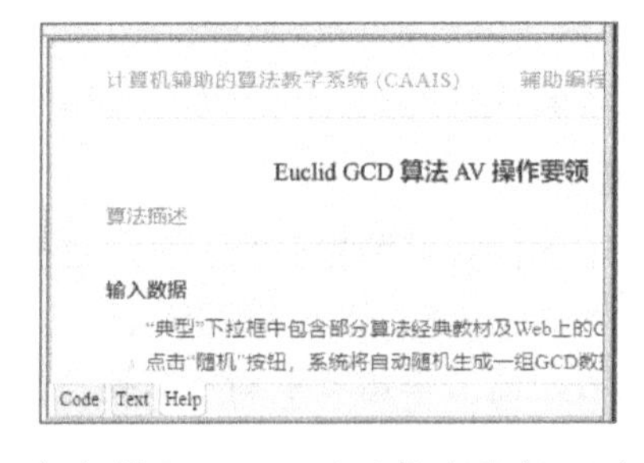

（b）算法 CD-AV 演示帮助页（Help）

图 1-9（b）彩图

图 1-9　算法描述页（Text）与算法 CD-AV 演示帮助页（Help）

1.5　使用现代版 C++进行算法实验

前文已述及，算法实验是进行算法学习和运用必须进行的检验，而要进行算法实验必须选择一种适宜的程序设计语言。1.3.4 节中已经论述过，本教材主要以具有现代版 C++特性和编程元素的代码进行算法描述，因此我们很自然地推荐以 C/C++进行算法实验。当然，原则上进行算法实验可以使用任何程序设计语言，读者尽可选择自己喜欢和熟悉的程序设计语言进行算法实验。本教材选用现代版 C++还有三个独特的理由：一是 C/C++是计算机科学的专业程序设计语言，其对算法机理的揭示能力远强于其他程序设计语言；二是 C/C++是运行效率极高的程序设计语言，这一点对于算法性能测试尤其重要；三是 C++编程系统与传统的 C 语言编程系统完全兼容，这样就可以在不用增加类定义开销的情况下以简洁的代码实现算法，尤其适用于算法的教与学过程。

1.5.1　现代版 C++的算法实验环境建议

“工欲善其事，必先利其器”，这句格言尤其适用于计算机程序设计领域。现代专业编程都是在集成开发环境（Integrated Development Environment，IDE）下进行的，几乎每种程序设计语言都有易学、易用和功能强大的 IDE 支持。对于 C/C++，我们推荐两款 IDE：一款是微软的 Visual Studio（VS）；另一款是 Code::Blocks。下面对它们进行扼要介绍。限于篇幅，本教材不介绍其详细安装过程，读者可参阅网上资源进行安装。

微软的 Visual Studio 为编程提供的强大功能，以及由此带来的极高的编程效率，是其他 IDE 无法匹敌的。如果读者要用 C/C++进行算法实现，强烈建议使用其最新的社区版（免费版）Visual Studio Community 2022，注意在安装时要选择“使用 C++的桌面开发”，安装 Visual C++ 2022 及相关的组件。Visual C++ 2022 处在不断更新的过程中，除功能不断增强以外，还不断增强对最新 C++标准的支持。截至 2022 年 4 月的 17.1.5 版，它已经实现了对绝大部分 C++1x 甚至 C++20 功能的支持。本教材中的所有算法都是在 Visual C++ 2022 上测试通过的，所有算法的源代码都在本教材附录中。

Code::Blocks 是一个开源、免费、跨平台的 C/C++及 Fortran IDE。可以说在 Windows 的开源 C/C++ IDE 中，Code::Blocks 是最好的。Code::Blocks 并不像 Visual C++那样带有一体化设计的内置 C/C++编译器，而需要安装和配置另外的 C/C++编译器。Code::Blocks 默认捆绑了 MinGW，即著名的 Linux 上 Gnu C/C++编译器（gcc）的一个 Windows 移植。最新 Code::Blocks 安装包中的 gcc 支持现代版 C++（包括 C++1x 和 C++20 标准）的几乎所有功能。

这两款 C/C++ IDE 都有强大且丰富的功能，能够使开发者以很高的效率编写专业、健壮、高质量的代码。限于篇幅，本教材不对它们的使用进行详述，读者可参考相关资源进行深入和专业的学习。读者进行算法实验需要特别注意以下两个方面。

1．工程化的编程思维

完成一个编程任务通常需要许多与编程有关的代码文件，对于 C/C++来说，通常会有很多个类型为.h/.hpp 的头文件和类型为.C/.CPP 的源代码文件。现代 IDE 均会将它们组织到一个工程（或项目，即 Project）中，进行工程化管理。Visual Studio 提供了更高层级的解决方案（类型为.sln）管理机制，一个解决方案可包括多个工程，其中 Visual C++的工程文件类型为.vcxproj，Code::Blocks 的工程文件类型为.cbp。注意，工程文件由 IDE 自动维护，编程者只需要学习 IDE 界面提供的创建和管理维护工程的操作，不需要从较原始的意义上操作工程文件。为便于管理工程中的各类文件，通常将它们组织在一个合理的树形文件夹结构中。工程化的编程思维已经成为现代编程基本且必须的要素，读者应好好学习和掌握。

注：在 IDE 运行过程中会自动生成很多文件，如与工程有关的文件，编译生成的目标码文件（.o 或.obj），帮助调试的源映像文件（.map），以及可执行文件（.exe）等。但编程者的工作多在源代码文件中进行，这一点对于学生来说尤其重要。当以电子文档提交编程实验报告时，大部分时候编写的程序应该只需提交源代码文件，不应该包括.o、.obj、.map、.exe 等类型的、不必要且占用大量传输和存储资源的文件。

2．断点调试技术

没有人能够保证自己编写的程序没有错误，查找和定位程序中的错误并进行改正是编程工作的重要组成部分。这项工作被定义了一个专门的名字——程序调试（Debugging）。断点调试技术是现代程序调试的核心技术，它将特定的程序行设置为断点，使程序执行到该断点后停下来，编程者可以通过查看该断点处的变量、数组或对象的值分析程序的行为，从而找出程序中的错误。Visual Studio 和 Code::Blocks 都提供了强大的 GUI 式断点调试功能，对于程序设计人员来说，掌握这些功能对于提升编程能力至关重要，是成长为专业程序设计人员的必要过程。

此外，还应知晓一些 C++资源站，以便随时查阅，学习准确的语言语法和库函数功能、格式、参数及其使用方法，cplusplus[14]和 cppreference[15]就是两个优秀的 C++资源站。

1.5.2　算法的现代版 C++实现方式——以 Euclid GCD 算法为例

为了帮助读者快速、高效率、专业化地进行算法实验，使算法学习能够实质性地落地，本教材提供了各算法的专业化现代版 C++实现代码。同时，本教材也拿出了一定篇幅对算法的现代专业化实现技术和手法进行介绍。本节就对 Euclid GCD 算法的现代版 C++实现进行介绍，其中的内容不单单针对 Euclid GCD 算法，而是一种基本的算法实验编程模式。

Euclid GCD 算法的现代版 C++实现代码参见附录 1-1。该代码给出了本课程算法代码的基本结构：代码由许多个代码块组成，各代码块中的代码行单独按顺序编号；代码块 1 是现代版 C++的头文件引用、前向的函数及类声明、全局变量及对象定义等；代码块 2 通常为算法的核心函数，在有些情况下代码块 2 为核心函数的调用函数，这时代码块 3 就会是算法的核心函数；后续的代码块为算法的辅助函数；最后一个代码块为算法的测试函数。这个基本结构简洁、专业且具有很好的包容性。实践证明，这种结构适用于本教材中的所有算法。

此外，该代码还具有两个重要特征。

1．使用命名空间防止名字冲突

代码块 1 第 2 行“namespace NS_EuclidGCD {”是 C++的命名空间定义，它对应的结束符“}”在单独的代码块 3 中。使用命名空间防止名字冲突是现代编程的重要技术。为使本教材中所有算法的实现均具有可管理性和可重用性，应该将它们组织在一个编程工程中，这时使用命名空间防止名字冲突就很必要。

2．使用预置数据提高程序测试效率

C 语言初学者往往会使用 scanf 函数从键盘输入数据进行程序测试，C++初学者会使用标准输入设备 cin，但这是陈旧且极其低效率的方式。Euclid GCD 程序测试模块使用了二维数组预置多组测试数据，这样不仅不用每次测试运行都手工从键盘输入数据，而且可以使每次的测试运行在多组数据上进行。尽管这看起来是一个很微小的技巧，但是程序从编写出来到测试正确要经历很多遍的反复运行，如果每次都从键盘输入数据，那么将带来巨大的时间浪费。对于涉及较大输入数据量的排序及图算法，从键盘输入数据更是不可取也是不可行的方式，预置数据方式更显优势。

1.6 算法国粹——《九章算术》中的二进制 GCD 算法

求解 GCD 其实还有一个比 Euclid GCD 算法有更高效率的算法，那就是二进制 GCD 算法。本节将首先介绍我国古代数学家在成书于约公元 1 世纪的《九章算术》中提出的二进制 GCD 算法，给出其实例计算演示；然后介绍 Josef Stein 于 1967 年发表的现代版的二进制 GCD 算法。

1.6.1 《九章算术》中的更相减损术——最早的二进制 GCD 算法

《九章算术》是中国古代的数学专著[16]，全书总结了战国、秦、汉时期的数学成就，是我国古代算经十书（汉唐之间出现的十部古算书）中最重要的一部典籍。根据研究，西汉的张苍、耿寿昌曾经做过增补。最后成书最迟在东汉前期，如今流传的大多是在三国时期魏元帝景元四年（263 年）刘徽为《九章算术》所作的注本。

《九章算术》奠定了中国古代数学的基本特点，“算法化”就是其中之一。以现代观点来看，《九章算术》中的“术”就是指算法[17]。

《九章算术》共有九章，计 246 道题。每道题先以例子形式表述，然后以“答曰”给出结果，最后给出方法描述。其第一章“方田”中有一道求 91 和 49 两个数约分的题，其方法称为“约分术”。后来的研究表明，该方法也能用来求最大公约数，其被命名为“更相减损术”。D. E. Knuth 在其《计算机程序设计艺术》中认为这个方法是最早的二进制 GCD 算法[18]。

下面给出《九章算术》中的“约分术”描述。

又有九十一分之四十九。问约之得几何?

答曰：十三分之七。

约分术曰：可半者半之，不可半者，副置分母子之数，以少减多，更相减损，求其等也。以等数约。

这里的“约分术”可用现代语言描述如下：分子和分母如果都是偶数，则将它们同时除以 2；当两者有一个不是偶数时，就将它们列成两列（副置），从大数中减去小数（以少减多），此过程循环进行，直至两数相等，这个相等的数就是分子和分母的约数。

注：《九章算术》中的“术”离严谨意义上的现代算法定义，即算法的克努特定义和图灵机定义，还是有一定距离的，如上面过程最后得到的相等数，应该是原始分子和分母同时循环除以 2 至有一个不是偶数时的分子和分母的约数。但考虑到这些方法发明于远在现代算法定义之前的 1800 多年前，可见我们祖先的数学成就堪称人类计算探索史上的奇迹。

下面以表 1-3 和表 1-4 给出更相减损术的两个示例。其中，表 1-3 中给出的正是《九章算术》中“约分术”的例子。由于 91 和 49 都是奇数，因此并不需要执行“可半者半之”的步骤。表 1-4 中的 420 和 756 都是偶数，因此其第 1 步执行的就是“可半者半之”，由于 210 和

378 仍然是偶数，因此需要再执行一次“可半者半之”的步骤。由表 1-4 可以看出，由更相减损术最后得到的结果 21，是在“可半者半之”步骤执行完成后得到的数，即第 3 步中的 105 和 189 的最大公约数。

表 1-3 更相减损术示例一

No	*a*	*b*	*a*−*b*
1	91	49	42
2	49	42	7
3	42	7	35
4	35	7	28
5	28	7	21
6	21	7	14
7	14	7	7
8	7	7	

表 1-4 更相减损术示例二

No	*a*	*b*	*a*−*b*
1	420	756	—
2	210	378	—
3	105	189	84
4	105	84	21
5	84	21	63
6	63	21	42
7	42	21	21
8	21	21	

1.6.2 现代版的二进制 GCD 算法

现代版的二进制 GCD 算法由 Josef Stein 于 1967 年发表[19, 20]，该算法的基本思想如算法 1-6 所示[21]，其所对应的伪代码如算法 1-7 所示。由此可以看出，其核心就是更相减损术中的方法。

算法 1-6 二进制 GCD 算法的思想描述

对于给定的 a 和 b，如果均为偶数，则循环执行 GCD(a,b) = 2 GCD(a/2, b/2)，因为 2 是 GCD 的因子。此后循环执行如下操作（注意，此后 2 不会是 GCD 的因子）：

如果 a 和 b 中有一个为偶数（至多有一个为偶数），则设其为 a，循环执行 GCD(a,b) = GCD(a/2, b)。

设 b 为两者中的较小者（此时 a 和 b 均为奇数），循环执行 GCD(a,b) = GCD((a-b)/2, b)，直至 a-b=0。

算法 1-7 二进制 GCD 算法

```
输入：正整数 a, b
输出：a, b 的 GCD
1. k = 0
2. while both a and b are even
3.         a = a/2; b = b/2; k++
4. end while
5. while a > 0
6.         if a is even then a = a/2
7.         else if b is even then b = b/2
8.         else t = |a-b|/2
9.         if a < b, then b = t else a = t
10. end while
11. return b << k
```

下面给出二进制 GCD 算法的复杂度分析[22]。算法第 5 步的主循环最多执行 $O(n)$ 次，其中 n 是 a 和 b 中较大者的二进制位数，因为每执行 2 次就会使 a 和 b 之一减半。对任意精度的 a 和 b，每一步中的减法和移位运算要花费 $O(n)$ 的位操作，因此算法的渐近复杂度为 $O(n^2)$，这与 Euclid GCD 算法相同。由于减法和移位运算的代价比求余数运算低，因此可以期望它是一个比 Euclid GCD 算法运行效率更高的算法。事实上，Akhavi 和 Vallée 的精确分析表明，二进制 GCD 算法的位运算量仅是 Euclid GCD 算法的 60%[23]。

表 1-5 和表 1-6 分别给出了与表 1-3 和表 1-4 相同数据的二进制 GCD 算法示例。由此可以看出，即使在如此小的数据上，也展示出了因引入偶数减半而带来的运行效率提高。

表 1-5　二进制 GCD 算法示例一

No	a	b	运　算
1	91	49	$k=0$
2	91	49	$\|a-b\|/2=21$
3	21	49	$\|a-b\|/2=14$
4	21	14	$b/2=7$
5	7	7	$\|a-b\|/2=0$
6	0	7	

表 1-6　二进制 GCD 算法示例二

No	a	b	$a-b$
1	420	756	$k=2$
2	105	189	$\|a-b\|/2=42$
3	105	42	$b/2=21$
4	105	21	$\|a-b\|/2=42$
5	42	21	$a/2=21$
6	21	21	$\|a-b\|/2=0$
7	0	21	

习题

1．找出所用编程系统中的底函数和顶函数，并设计一组实验验证其运算结果，说明为什么所设计的实验能够有效地说明底函数和顶函数的功能。

注 1：鉴于本教材习题涉及传统的问题回答、CD-AV 演示练习、编程实验等多种形式非常不同的类型，为提高学生做作业和教师批改作业的效率，建议以规范化的电子版方式提交作业，即每周每个学生建立一个以“周次-学号-姓名”（如 01-999988880123-陈小明）方式命名的作业文件夹，将需要提交的 Word 作业以“周次-学号-姓名.docx”方式命名并存放到作业文件夹下。Word 作业包括的内容：①传统的问题回答，一般手写后拍照粘贴到 Word 文档中，也可根据任课教师安排直接录入；②CD-AV 演示练习记录，一般对于一组输入数据给出有代表性的 2～4 个步骤的截图，如果是交互练习，则应包括有代表性的交互步骤的截图，一般还应包括每组数据最后结果的截图，对于有 I/O 页的 CD-AV 演示，还应该包括一个有代表性的 I/O 页的截图；③编程实验记录，通常包括两部分内容，一部分是关于编程实验的扼要说明，另一部分是运行结果截图。

注 2：编程的源代码文件应该放到作业文件夹下的 program 文件夹中，若编程问题只有一个源代码文件，则可将其直接复制到 program 文件夹中；若编程问题涉及多个源代码文件，则应将其复制到 program 文件夹下一个合理命名的文件夹中。需要特别注意的是，应仅提交与算法有关的源代码文件，既不要包括编译后的.o、.obj、.exe 等类型的目标码文件，也不要包括编程系统的工程文件及库文件，并且源代码文件要原样提供，既不要改名，也不要复制到.txt 类型的文本文档或 Word 文档中。

注 3：所有有关的截图或图片文件都应粘贴到 Word 文档中，而不要直接复制到作业文件夹中，图片应进行适当的缩放以便于阅读；其他文件，如 Excel 文件，则应复制到作业文件夹中。

注 4：最后将作业文件夹打包为.zip 类型的压缩文件，按任课教师要求的时间发给课代表，由课代表统一打包发给任课教师。

2．给出 200 到 210 之间 11 个数的因子分解式，并将结果表示在 Excel 表格中，同时设计 Excel 表格，给出这 11 个数两两之间的 GCD。

3．用 Excel 表格中的计算实现如表 1-1 所示的 Euclid GCD 算法计算过程，并以 1035 与

759、40902 与 24140、432 与 95256 进行算法实验。

4．举出两个著名的以理论方法解决的科学问题。

5．举出两个著名的以实验方法解决的科学问题。

6．给出算法的克努特定义。

7．试列出现代版 C++的编程特征。

8．给出 Euclid GCD 定理，写出 Euclid GCD 算法的伪代码。

9．在 CAAIS 中用两组数据进行 Euclid GCD 算法的演示练习，熟悉 CAAIS 中的帮助信息查看方式、输入数据选择与输入、升序与降序演示方式、代码跟踪等。

10．在 CAAIS 中用两组数据对 Euclid GCD 算法的 CD-AV 演示进行 30%的交互练习，其中一组数据的两个值要求都大于 2000，并保存结果。

11．编程实现 Euclid GCD 算法，要求输出运算过程中每一步的 a、b 和 r 值，并用第 3 题中的三组数进行测试。

参考文献

[1] CORMEN T H，LEISERSON C E，RIVEST R L，etal. 算法导论[M]. 第 3 版. 殷建平，徐云，王刚，等译. 北京：机械工业出版社，2013.

[2] 段会川，王金玲，徐连诚. 计算教学论——从算法之教学启程[J]. 中国计算机学会通讯，2021，17（3）：62-67.

[3] LEVITIN A. 算法设计与分析基础[M]. 第 3 版. 潘彦，译. 北京：清华大学出版社，2015：7.

[4] LIGO-Caltech[EB/OL]. [2020-12-12]. （链接请扫下方二维码）

[5] KNUTH D E. 计算机程序设计艺术，第 1 卷，基本算法[M]. 第 3 版. 苏运霖，译. 北京：国防工业出版社，2002：4-6.

[6] COFFEY B. Happy 80th Birthday to the Turing Machine![EB/OL]. （2016-12-12）[2020-12-12]. （链接请扫下方二维码）

[7] SIPSER M. 计算理论导引[M]. 第 3 版. 段磊，唐常杰，译. 北京：机械工业出版社，2015.

[8] Wikipedia. Turing Machine[EB/OL]. [2020-12-12]. （链接请扫下方二维码）

[9] Encyclopedia of Mathematics. Turing machine[EB/OL]. [2020-12-12]. （链接请扫下方二维码）

[10] Lucidchart. Flowchart Symbols and Notation[EB/OL]. [2020-12-12].（链接请扫下方二维码）

[11] GRIMM R. The Next Big Thing：C++20[EB/OL].（2019-10-18）[2020-12-12].（链接请扫下方二维码）

[12] STROUSTRUP B. C++11 - the new ISO C++ standard[EB/OL]. [2020-12-12].（链接请扫下方二维码）

[13] 段会川，王金玲，徐连诚. CAAIS[EB/OL].（链接请扫下方二维码）

[14] cplusplus[EB/OL]. [2021-1-5].（链接请扫下方二维码）

[15] cppreference[EB/OL]. [2021-1-5].（链接请扫下方二维码）

[16] 百度百科. 九章算术[EB/OL]. [2021-5-6].（链接请扫下方二维码）

[17] 孙宏安. “约分术”与算法[J]. 高中数学教与学，2004，12：44.

[18] KNUTH D E. 计算机程序设计艺术，第 2 卷，半数值算法[M]. 第 3 版. 苏运霖，译. 北

京：国防工业出版社，2002：309.

[19] STEIN J. Computational problems associated with Racah algebra[J]. Journal of Computational Physics，1967，1（3）：397-405.

[20] KNUTH D E. 计算机程序设计艺术，第 2 卷，半数值算法[M]. 第 3 版. 苏运霖，译. 北京：国防工业出版社，2002：306.

[21] BLACK P E. Binary GCD[EB/OL].（2020-11-2）[2021-5-12].（链接请扫下方二维码）

[22] Wikipedia. Binary GCD algorithm[EB/OL]. [2021-5-12].（链接请扫下方二维码）

[23] AKHAVI A，Vallée B. Average Bit-Complexity of Euclidean Algorithms 1853[C]. Proceedings ICALP'00，Lecture Notes in Computer Science. 2000：373-387.

第 1 章

参考文献链接

第 2 章　算法的穷举设计方法

不积跬步，无以至千里；不积小流，无以成江海。
[战国]荀子，《劝学》

在第 1 章中我们学习了求解 GCD 的方法。直观的求解 GCD 的方法是整数的因子分解方法，但这是一个效率很低的算法。我们也学习了 Euclid GCD 算法，这是一个高效率的 GCD 算法。设计 Euclid GCD 算法及我们今后要学习的一些其他算法，如快速排序算法、RSA 算法等，需要过人的智慧和天赋。那么是否一定要有过人的智慧和天赋才可以设计算法呢？不是的。尽管针对有些问题需要过人的智慧和天赋才能设计出高明的算法，但是算法设计是有方可遵、有法可循的，是普通人经过学习可以掌握并能够用来解决具体问题的。本教材的主要任务就是向读者介绍算法设计领域从理论和实践中凝练出来的重要设计方法，包括穷举法、递归法、分治法、动态规划方法、贪心法、回溯法及分支限界法等。本章将介绍最基本的穷举法，它是所有其他算法设计方法的基础。

2.1　穷举算法设计基础

在计算机科学中，穷举法（Exhaustive Method），也被称为穷举搜索（Exhaustive Search）法或蛮力搜索（Brute-Force Search）法，是一种非常通用的问题求解方法，也是最基本的算法设计方法。其基本过程是生成+测试（Generate and Test）。

（1）生成：指的是系统化地枚举问题所有可能的候选解（Candidate Solution）。“系统化地枚举”指的是枚举过程以一种有规律、可重复的方式进行，即可以让计算机以循环的方式自动地执行；“所有可能的候选解”指的是枚举过程能够穷尽所有的候选解，没有遗漏。

（2）测试：指的是检查验证每个候选解是否满足问题的求解要求。这里需要将问题的求解要求转化为对候选解进行检查验证的条件。

在进一步分析之前，我们要明确计算机科学中的问题（Problem）及问题实例（Instance）。问题指的是一种具有抽象性的任务，它通常是无限个具有某种共同性的具体任务的集合，这种共同性使得这些具体任务具有相同的解决方法，或者说求解这个问题意味着找到求解集合中所有具体任务的一种统一的算法。习惯上常将问题以大写的英文字母 P 或希腊字母 Π 简记。例如，GCD 问题的描述是，给定整数 $a \geqslant 0$，$b \geqslant 0$，且 a、b 不同时为 0，求 a 与 b 的最大公约数。该问题就是关于 $a \geqslant 0$，$b \geqslant 0$，且 a、b 不同时为 0 的所有 GCD 求解任务的集合。这里没有指明 a、b 的具体值，是一个具有抽象性的描述，因此是一个关于 GCD 问题的表述。问题实例指的是上述问题中的一个具体任务，常以大写英文字母 I 简记。例如，“求 105 和 252 的 GCD”就是 GCD 问题的一个实例。又如，排序是一个问题，而“对 35、78、21、63、59 进行排序”就是排序问题的一个实例。为简化表述，今后我们将问题实例对应的具体输入数据称作问题实例。

形式化地说，问题包括两个要素：一个是问题实例的集合；另一个是在该集合上要执行的任务[1]。

上述穷举法的生成+测试过程可以进一步分解为 4 个步骤，即首选（First）、验证（Validate）、输出（Output）和再选（Next），它们以问题实例 *I* 为输入数据，实现如表 2-1 所示的功能。其中，再选步骤必须能判断是否还有下一个候选解，如果没有，则通常返回一个“空候选”（Null Candidate），常以∧表示。首选步骤在问题实例 *I* 没有候选解的特殊情况下也应该返回∧。进一步地，我们可以将上述过程表达为算法 2-1。这里的伪代码可找出问题的所有解，如果只需找出第 1 个解，则在第 4 行后添加 break 即可，此时在输出第一个解后，即终止 while 循环，也就结束了算法。

表 2-1　穷举法的 4 个步骤

步　骤	描　述
C=first (*I*)	产生问题实例 *I* 的第一个候选解 *C*
validate (*I*,*C*)	检查验证候选解 *C* 是否为问题实例 *I* 的解
output (*C*)	如果 *C* 为 *I* 的解，则将其输出
next (*I*,*C*)	从当前候选解 *C* 顺次产生下一个候选解

算法 2-1　穷举法的通用抽象算法

```
输入：问题实例 I
输出：问题的解
1. C ← first( I )
2. while C ≠ ∧
3.    if validate(I,C) then
4.        output(C)
5.    C ← next(I,C)
6. end while
```

尽管纯粹使用穷举法设计的算法通常是运行效率很低的算法，但是它有三个重要特点。

一是穷举法是所有其他算法设计方法的基础，即使一些运行效率高的算法，其局部也通常使用穷举法。

二是穷举法能够对所有可能的候选解进行测试，因此当问题有解时，它总能找到问题的解；当问题没有解时，它也能确切地回答问题没有解。

三是针对很多重要的问题至今没有找到明显优于穷举算法的算法。这一点将在第 12 章中说明。

因此，绝不能因穷举算法运行效率低而认为穷举法不可取。相反，很多问题的局部甚至整个问题的求解都采用了穷举法，算法学习者应该深刻地领会穷举法的精髓，以正确的理解穷举算法。

2.2　穷举算法设计示例

本节将通过对百钱买百鸡、素性测试、顺序搜索和洗牌等较为简单的例子进行穷举算法设计，介绍穷举算法设计方法的具体应用。

2.2.1　百钱买百鸡问题算法设计

本节将先以百钱买百鸡问题作为一个典型例子介绍穷举算法设计方法的实际应用，并给出其改进和复杂度分析方法，然后介绍该问题向更广泛科学问题的泛化。

1. 穷举算法设计方法在百钱买百鸡问题上的应用

公元 5 世纪北魏时期的《张邱建算经》中，有如下的百钱买百鸡问题。

百钱买百鸡问题：

鸡翁一值钱五，鸡母一值钱三，鸡雏三值钱一。百钱买百鸡，翁、母、雏各几何?

严格地说，百钱买百鸡问题只能算作一个算法问题的实例，而不能算作一个算法问题。一个问题要成为算法问题，首先要泛化为一类问题，即将问题抽象为规模以自然数 n 来度量的问题。显然百钱买百鸡问题对应的算法问题应该是 N 钱买 N 鸡问题。

注： 这里使用了大写字母 N，是因为小写字母 n 将被专门用于描述问题的规模，即问题的输入数据所占用的存储空间。也就是说，大写字母 N 用于表示输入的“值”，小写字母 n 用于表示输入的“规模”。

也可以说，百钱买百鸡问题是一个生活问题，而 N 钱买 N 鸡问题才是一个科学问题。或者说，N 钱买 N 鸡问题是从百钱买百鸡这一生活问题中提炼出来的科学问题，它是从生活问题中提炼出科学问题的一个典型例子。根据本教材的主题，这里所说的科学问题指的是科学的算法问题。

从生活问题中提炼出科学问题是大学期间要培养的重要能力之一。这个能力对于计算机科学与技术专业的学生来说尤为重要。

设鸡翁、鸡母、鸡雏只数分别为 x、y、z，则 N 钱买 N 鸡问题就可以用如式（2-1）所示的数学模型来刻画。显然这是一个不定方程组，一般来说会有很多满足条件的解。N 钱买 N 鸡问题也就具体地转化为求满足式（2-1）的整数 x、y、z 的问题。

$$\begin{cases} x+y+z=N \\ 5x+3y+\dfrac{z}{3}=N \end{cases} \tag{2-1}$$

此不定方程组是一个可用穷举算法求解的典型例子。由于 x、y、z 的取值范围都为 1～N，因此将它们分别取遍 1～N 的值，然后对每组 x、y、z 的取值判断是否满足式（2-1），如果满足，则输出一组解。这样我们就可以设计如算法 2-2 所示的朴素穷举算法。

算法 2-2 是体现穷举法生成+测试过程的一个典型例子。其第 1～3 行的 for 循环对所有可能的候选解，即 x,y,z 的可能取值进行系统化的枚举；第 4、5 行的 if 语句对每组候选解进行测试。

算法 2-2 也是一个典型的具备表 2-1 中的 4 个穷举要素的穷举算法。其第 1～3 行的 for 循环中 x,y,z 取初值 1 或 3 的操作对应 first；第 4、5 行的 2 个 if 语句对应 validate；第 6 行的 print 语句对应 output；第 1～3 行的 for 循环中 x,y,z 的增 1 和增 3 机制对应 next。上述算法的运行效率，即复杂度 $T(N)=\frac{1}{3}N^3$。算法复杂度分析将在第 3 章详细讲述，这里我们先对它做如下理解。

算法复杂度：算法复杂度就是算法中基本运算次数关于输入规模的函数。

其中的“基本运算”可以简单地理解为运行次数最多的运算，在这里就是指第 4 行的判断，即比较运算；“输入规模”指的是问题的输入数据所占用的存储空间，这里可以简单地将输入规模理解为 N，但严格地说应该是 N 的二进制位数。

注： 严格地说，基本运算应该是加法和比较运算，除法运算不能算作基本运算，因此算法 2-2 的复杂度要考虑第 5 行中的除法运算的影响。但是本算法可以进一步将 z 循环改进为 1～$\frac{N}{3}$ 的循环以避开除法运算（z/3），因此将复杂度表达为 $T(N)=\frac{1}{3}N^3$ 是没有问题的。

第 3 章中将会介绍算法复杂度分析关注的是渐近复杂度，即当 $N \to \infty$ 时复杂度函数的阶，因此通常不关心常数项和系数。这种阶常用大 O 记法表示。例如，$T(N)=\frac{1}{3}N^3$ 的复杂度就是立方阶的复杂度，记为 $T(N)=O(N^3)$。

注 1：$T(N)=O(N^3)$ 是关于输入值 N 的复杂度表示，而不是关于输入规模的复杂度表示。详见第 3 章的解释。

注 2：实际上 N 钱买 N 鸡问题的输入值除 N 外，还有三种鸡的价值，只是它们是固定的数已经被预置到算法中了，而且算法复杂度也与三种鸡的价值没有关系。

先设计一个朴素的、不考虑运行效率的穷举算法，然后根据问题中的条件对朴素穷举算法进行改进，逐步获取运行效率更高的算法，是一种惯常的算法设计思路。

考虑到鸡翁和鸡母分别值钱五和三，其对应的 x 和 y 的取值范围就分别从原来的 1～N 缩小到 1～$\left\lfloor \frac{N}{5} \right\rfloor$ 和 1～$\left\lfloor \frac{N}{3} \right\rfloor$；再考虑到三种鸡的总数是 N，可将 z 直接用 $N-x-y$ 计算得出，而不再用循环进行遍历。这样就可以将 N 钱买 N 鸡问题的朴素穷举算法，即算法 2-2 改进为算法 2-3。

算法 2-2　N 钱买 N 鸡问题的朴素穷举算法

```
输入：总钱值 N
输出：满足 N 钱买 N 鸡的 x, y, z
1. for x = 1 to N
2.     for y = 1 to N
3.         for z = 3 to N step 3
4.             if x + y + z = N then
5.                 if 5x + 3y + z/3 = N then
6.                     print x, y, z
```

算法 2-3　N 钱买 N 鸡问题的改进穷举算法

```
输入：总钱值 N
输出：满足 N 钱买 N 鸡的 x, y, z
1. for x = 1 to ⌊N/5⌋
2.     for y = 1 to ⌊N/3⌋
3.         z = N − x − y
4.         if z mod 3 = 0 then
5.             if 5x + 3y + z/3 = N then
6.                 print x, y, z
```

显然，算法 2-3 的复杂度改进为 $T(N)=\frac{1}{15}N^2$，它不仅将 N 的指数降低了 1，使复杂度从立方阶降到平方阶，即 $T(N)=O(N^2)$，而且还有很小的系数 $\frac{1}{15}$，因此运行效率的提高是非常显著的。

注：算法 2-3 第 4 行中的 z mod 3 和第 5 行中的 z/3 严格地说也不能算作基本运算，但精细的算法改进同样也可以避开这两个运算。

总体来说，对问题分析得越透彻，将问题中的知识运用到算法中越多和越深，就越能提高算法的运行效率。

2．百钱买百鸡问题向更广泛科学问题的泛化

我们常说大学阶段要培养学生发现和解决问题的能力。接下来，我们就百钱买百鸡问题对从生活问题中提炼出科学问题做进一步的泛化，以使读者对发现和提出科学的算法问题有更深刻的认识，相信这一定会激发读者发现和构造科学问题并设计算法对其进行解决的兴趣

和激情。

对百钱买百鸡问题进行两个层面的泛化。

第一个层面：将三种鸡的价值设为可变的参数化量。

百钱买百鸡问题的泛化——三种鸡价值的参数化：

鸡翁一值钱 a，鸡母一值钱 b，鸡雏一值钱 c。N 钱买 N 鸡，翁、母、雏各几何?

这一泛化问题对应的数学模型为

$$\begin{cases} x+y+z=N \\ ax+by+cz=N \end{cases} \tag{2-2}$$

显然，这一泛化使问题的代表性扩大了很多，其求解算法也将适用于更大范围的问题。

第二个层面：将三种鸡泛化为 k 种鸡，且每种鸡的价值均设为可变的参数化量。

百钱买百鸡问题的泛化——鸡的种类与价值均参数化：

设有 k 种鸡，每种鸡的价值为钱 $a_i(i=1,2,\cdots,k)$，今用 N 钱买 N 鸡，每种鸡可买多少只？

设每种鸡可买 $x_i(i=1,2,\cdots,k)$ 只，则这一泛化问题对应的数学模型为

$$\begin{cases} \sum_{i=1}^{k} x_i = N \\ \sum_{i=1}^{k} a_i x_i = N \end{cases} \tag{2-3}$$

显然，这一泛化进一步增加了问题的科学价值，其求解算法也将具有更广泛的应用及更深刻的科学理论价值。事实上，它已经成为在算法历史上占有重要地位的希尔伯特第十问题的一个特例。限于篇幅，本教材不对希尔伯特第十问题进行介绍，感兴趣的读者可查阅相关资料（如文献[2]和文献[3]）进行了解和学习。

2.2.2 素性测试的试除算法设计

测试一个数 N 是否为素数在密码学中有着重要的应用，这个问题被称作素性测试（Primality Test）。

根据第 1 章中给出的定义，素数是指大于 1 且只有平凡约数的自然数，即除 1 和其本身之外没有其他约数的大于 1 的自然数。根据这个定义我们可以构造一个朴素穷举算法来测试给定的数 N 是否为素数，即用 2～$N-1$ 的数逐一去除 N，如果发现有一个数能整除 N，则 N 为合数，如果 2～$N-1$ 没有能整除 N 的数，则 N 是一个素数。这个算法称为素性测试的试除算法。

显然用素性测试的试除算法测试一个数是否为素数需要执行 $T(N)=N-1$ 次的除法运算，即该算法的复杂度 $T(N)=O(N)$。

注：这里的 $T(N)=O(N)$ 和下文中的 $T(N)=O\left(N^{\frac{1}{2}}\right)$ 是关于输入值的复杂度表示，而不是关于输入规模的复杂度表示。

整除运算的特点使得我们可以对上述算法进行改进。假如 N 能被某个数 $\sqrt{N}\leqslant p\leqslant N-1$ 整除，则一定存在一个数 $2\leqslant q\leqslant\sqrt{N}$，使得 $N=pq$，即如果 N 存在大于或等于 $\sqrt{N}$ 的整除因子 p，则一定存在一个对应的小于或等于 $\sqrt{N}$ 的整除因子 q。因此，没有必要对大于或等于

$\sqrt{N}$ 的所有的数进行试除计算，仅用 2～$\lfloor \sqrt{N} \rfloor$ 范围内的数尝试即可，这样可使除法运算的次数减少到 $T(N)=\lfloor \sqrt{N} \rfloor -1$，即复杂度降阶为 $T(N)=O(\sqrt{N})=O\left(N^{\frac{1}{2}}\right)$。进一步地，由于要测试的素数一定是大于 2 的数，因此我们一定会选择 N 为奇数，这样就可以用 3～$\lfloor \sqrt{N} \rfloor$ 范围内的奇数（注意：不需要用偶数）进行测试使除法运算的次数进一步减半，即使得 $T(N)=\frac{1}{2}\left(\lfloor \sqrt{N} \rfloor -2\right)\approx \frac{1}{2}\lfloor \sqrt{N} \rfloor$，尽管复杂度仍然是 $T(N)=O\left(N^{\frac{1}{2}}\right)$，但实际的运算次数减少了一半。最后的改进对应的伪代码如算法 2-4 所示。

算法 2-4 是又一个体现穷举法生成+测试过程的典型例子。其第 2 行的 for 循环对所有可能的候选解，即全部有可能整除 N 的 i 进行系统化的枚举；第 3 行的 if 语句对每组候选解进行测试。这里测试“整除”使用了模运算结果为 0，即 N mod i = 0 的方法。

算法 2-4 也是一个典型的具备表 2-1 中的 4 个穷举要素的穷举算法。其第 2 行的 for 循环中 i 取初值 3 的操作对应 first；第 3 行的 if 语句对应 validate；第 4、5 行的 ret = false 语句和结束循环的 break 语句对应 output；第 2 行 for 循环中 i 的增 2 机制对应 next。

算法 2-4 第 2 行中的 $\lfloor \sqrt{\mathrm{N}} \rfloor$ 是一个问题。由于不存在简单的、一下得出 $\lfloor \sqrt{\mathrm{N}} \rfloor$ 的值的运算，它并不满足“充分基本”的算法有效性特性，因此需要改进。改进后的算法如算法 2-5 所示。我们用“i * i <= N”的方式避开了开平方运算，同时将 for 循环换成了 while 循环。

算法 2-4　素性测试的试除算法

输入：奇数 N ≥ 3

输出：true 表示 N 为素数，false 表示 N 为合数

```
1. ret = true
2. for i = 3 to ⌊√N⌋ step 2
3.    if N mod i = 0
4.       ret = false
5.       break
6.    end if
7. end for
8. return ret
```

算法 2-5　改进的素性测试的试除算法

输入：奇数 N ≥ 3

输出：true 表示 N 为素数，false 表示 N 为合数

```
1. ret = true
2. i = 3
3. while i * i <= N
4.    if N mod i =0
5.       ret = false
6.       break
7.    end if
8.    i = i + 2
9. end while
10. return ret
```

需要注意的是，这一改进使得当 N 为 3、5、7 时，第 1 次执行第 3 行的 while 循环时会因为 $i*i=3*3=9>N$，即条件不满足，而不执行循环体，即不执行第 4 行的 mod 运算，直接执行第 10 行的返回语句。从复杂度上来说，这 3 种情况均执行了 0 次的基本 mod 运算，但算法显然是正确的。由于算法复杂度考虑的是 $N\to\infty$ 时的渐近复杂度，这 3 种特殊情况又不影响算法的正确性，因此可不必考虑其对复杂度分析的影响。实际上，如果我们将第 3 行中的“i * i”运算看作基本运算，则上述 3 种情况都会执行 1 次基本运算。由于当乘法运算“i * i”和模运算“N mod i”以二进制位运算为基本单位时具有相同量级的复杂度，因此这一基本运算的变化不会影响对算法整体复杂度的分析结果。

显然，素性测试的试除算法的复杂度是与输入值 N 相关的。由前面的分析得到的

$T(N)=\frac{1}{2}\left(\left\lfloor\sqrt{N}\right\rfloor-2\right)$的除法运算（模运算）次数是其最坏情况（Worst Case），因此严格地说这个复杂度应记为$T_{\text{worst}}(N)=O\left(N^{\frac{1}{2}}\right)$；在最好情况（Best Case）下，即当$N$是3的倍数时，算法仅需进行一次 mod 运算便终止，此时的复杂度记为$T_{\text{best}}(N)=O(1)$。这里的$O(1)$来自$O(n^0)$，表示复杂度为常数，与问题的输入规模无关。

这种复杂度与输入值N相关的情况，使我们很自然地想到用平均情况复杂度$T_{\text{average}}(N)$来衡量算法的运行效率。但是推导平均情况复杂度是一个有些复杂的问题，我们在这里仅给出一般性的结论：在绝大部分情况下，算法的平均情况复杂度的阶与最坏情况复杂度的阶是相同的（存在一些例外情况）。素性测试的试除算法就是支持这个结论的一个例子。因此，通常以最坏情况复杂度作为算法的复杂度，如素性测试的试除算法的复杂度就是$T(N)=O\left(N^{\frac{1}{2}}\right)$，无须标注是最坏情况复杂度。

上述素性测试的试除算法具有$T(N)=O\left(N^{\frac{1}{2}}\right)$的复杂度，即$N$的平方根的复杂度，看起来似乎是一个效率很高的算法，但实际不是。这里需要很好地理解算法复杂度分析中“问题规模”的确切含义，它是指问题输入数据所占的存储空间。素性测试的试除算法的输入数据是整数N，因此其所占据的存储空间要以其二进制位数n来衡量。为了找出n与N的关系，我们将2个、3个、4个和n个二进制位对应的二进制数值和十进制数值范围归纳到表2-2中。

表 2-2　二进制位个数及其对应的数值范围

二进制位个数	2	3	4	n
二进制数值范围	10～11	100～111	1000～1111	$\underbrace{100\cdots0}_{n-1个}\sim\underbrace{11\cdots1}_{n个}$
十进制数值范围	$2^1\sim2^2-1$	$2^2\sim2^3-1$	$2^3\sim2^4-1$	$2^{n-1}\sim2^n-1$

注：我们说一个数是n个二进制位的，指的是一个二进制位1后跟n−1位任意0、1串的数，即这个数是最高位必须为1的n个二进制位的数。

从表2-2中可以看出，假如一个数N有n个二进制位，那么有关系$2^{n-1}\leqslant N\leqslant 2^n-1$，用渐近符号表示就是$N=O(2^n)$。因此，以输入规模表示的素性测试的试除算法的复杂度为$T(n)=O\left(\left(2^n\right)^{\frac{1}{2}}\right)=O\left(2^{\frac{n}{2}}\right)=O\left(\left(\sqrt{2}\right)^n\right)$，即算法是一个指数阶的算法。指数阶的算法是计算上不可行的算法，因为问题的输入规模加1会带来翻倍的计算量。我们介绍素性测试的试除算法，也仅是为了介绍穷举算法设计方法，真正进行素性测试要使用多项式复杂度的 Miller-Rabin 素性测试算法，我们将在第11章中详细介绍该算法。

2.2.3　顺序搜索算法设计及 CD-AV 演示

从一个无序的数据序列中查找某个元素，称为顺序搜索（Sequential Search）。由于数据序列是无序的，因此只能一个一个地比对，即只能用穷举法来设计算法。算法 2-6 和算法 2-7 分别给出了顺序搜索算法的思想描述和伪代码。

算法 2-6　顺序搜索算法的思想描述

从一个给定 n 个元素的随机数据序列中查找值为 x 的元素。由于给定的数据序列是随机的，因此只能使用顺序搜索方法，即从第 1 个元素依次搜索到最后的第 n 个元素，如果找到，则返回位置号；如果未找到，则返回一个未找到的标志，如 0 或-1。

算法 2-7　顺序搜索算法

输入：n 个元素的数组 a 和待查找的元素 x
输出：x 在 a 中的位置，0 表示未找到

```
1. for i = 1 to n
2.     if x = a[i] then
3.         return i
4. return 0
```

注：这里所称的顺序搜索也被称为线性搜索（Linear Search），因为搜索的复杂度是一个线性函数。作者认为顺序搜索更能表达这种方法的本质，因此本教材采用了顺序搜索这个名字。

显然，顺序搜索算法也是一个复杂度与输入值有关的算法，其基本运算为第 2 行的比较运算。算法的最好情况是第一个数就是要查找的元素，即 $T_{\text{best}}(n)=O(1)$；算法的最坏情况是最后一个数才是要查找的元素，或者未找到，即 $T_{\text{worst}}(n)=O(n)$。第 3 章将通过推导得出结论：当要查找的元素 x 在有 n 个元素的数据序列中均匀分布时，顺序搜索算法的平均情况复杂度与最坏情况复杂度相同，即 $T_{\text{average}}(n)=O(n)$，也就是说该算法的复杂度 $T(n)=O(n)$。

注：顺序搜索算法是一个比复杂度为 $\log n$ 的二分搜索算法效率低得多的算法，但二分搜索算法要求被搜索的数据序列是有序的，而将一个无序的数据序列排序成数据有序序列，需要执行复杂度为 $O(n\log n)$ 的排序算法。因此，当对无序的数据序列进行很少次数的搜索时，顺序搜索算法是适用的。但在更多情况下需要对数据序列进行频繁的搜索，这时对静态的数据序列预先进行一次复杂度为 $O(n\log n)$ 的排序是值得的。对于数据序列元素动态增减变化的情况，需要有良好的支持动态变化的数据结构和操作，以使数据序列元素保持有序，而搜索也就可以使用二分搜索算法或其他更适用的高效率搜索算法。

CAAIS 中顺序搜索算法的 CD-AV 演示如图 2-1 所示。从图 2-1 中可以看出，该演示遵循数组起始元素序号为 0 的原则，因此当可以找到元素时，返回位置 p 的范围应该为 0～$n-1$；当找不到元素时，返回位置 p 取-1。CAAIS 中提供了 8 组典型数据，同时还能随机生成或人工输入有 5～12 个元素的数据序列及待查找的元素。由于该算法比较简单，CAAIS 中没有提供交互功能。

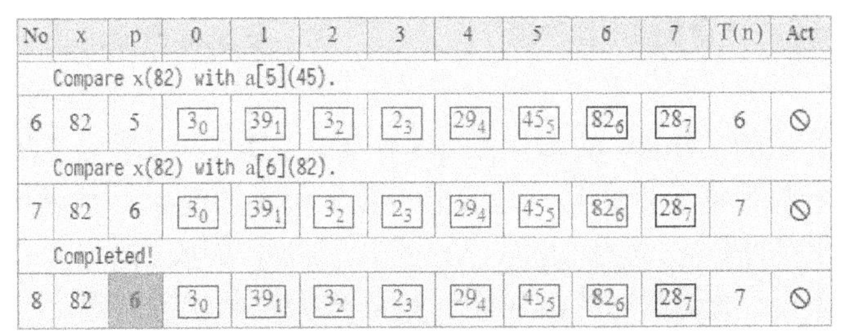

No	x	p	0	1	2	3	4	5	6	7	T(n)	Act
Compare x(82) with a[5](45).												
6	82	5	3_0	39_1	3_2	2_3	29_4	45_5	82_6	28_7	6	⊘
Compare x(82) with a[6](82).												
7	82	6	3_0	39_1	3_2	2_3	29_4	45_5	82_6	28_7	7	⊘
Completed!												
8	82	6	3_0	39_1	3_2	2_3	29_4	45_5	82_6	28_7	7	⊘

图 2-1
彩图

图 2-1　CAAIS 中顺序搜索算法的 CD-AV 演示

2.2.4　洗牌算法设计及 CD-AV 演示

洗牌（Shuffle）问题来自古老的扑克牌游戏。为使分发给不同玩家的扑克牌具有不可预测

性从而实现玩牌的公平，需要将按顺序排列的扑克牌打乱为无序状态，如图 2-2 所示。

图 2-2（a）彩图

（a）洗牌前的有序状态

图 2-2（b）彩图

（b）洗牌后的无序状态

图 2-2　洗牌问题

由于被洗牌的对象可以是任何类型的，如数字、符号、姓名、编码、地址、图片等，因此洗牌问题有着广泛的应用。

作为一个科学的算法问题，洗牌问题可以抽象为将 1～n 顺序排列的自然数打乱为随机的、次序不可预测的序列。从数学上来说，初始的 1～n 的顺序排列（Permutation）和洗牌后 1～n 的随机排列都是 1～n 的 $n!$ 种全排列中的一种，因此，洗牌问题也可以表述为对于给定的 n 个数字，随机地选择一种排列方式。

最早的洗牌算法是 1938 年 R. A. Fisher 和 F. Yates 为人工计算提出来的[4]，该算法被称为 Fisher-Yates 算法。Fisher-Yates 算法的复杂度为 $O(n^2)$，而且需要额外的 $O(n)$ 空间。由 R. Durstenfeld[5]和 D. E. Knuth[6]于 20 世纪 60 年代提出的现代版洗牌算法是更理想的洗牌算法，它具有 $O(n)$ 的复杂度，而且实现了在输入数组中的原位（in-Place）洗牌，因此仅需要交换两个元素用到的 $O(1)$ 的额外空间。算法 2-8、算法 2-9 给出了现代版洗牌算法的思想描述和伪代码。读者可自行分析该算法与穷举算法步骤的对应，此处不再赘述。

算法 2-8　现代版洗牌算法的思想描述

算法以顺序存放着 1～n 自然数的数组 a 为输入，对从 n 递减到 2 的数字个数 i 进行顺序枚举，对于每个 i，获取 1～i 的伪随机数 p，将 a 中第 p 个元素与第 i 个元素交换，即每次枚举完成一个数字的洗牌操作，且这个洗牌操作在当前数组上原位进行。

算法 2-9　现代版洗牌算法

输入：顺序存放着 1～n 自然数的数组 a
输出：a 中数字的一个无序排列

```
1. for i = n down to 2
2.     获取 1～i 的伪随机数 p
3.     swap(a[p], a[i])
4. end for
```

CAAIS 中洗牌算法的 CD-AV 演示如图 2-3 所示。CD-AV 演示允许从 5～13 中选择洗牌的张数，CD-AV 演示的数据子行中动态地显示变量 i 和 p 的变化，并以扑克牌的符号显示数组中扑克牌随洗牌过程的变化，CD-AV 演示还设计了以扑克牌图形形象化地显示洗牌过程的图形子行。图 2-3 给出了洗牌算法的前 3 步，第 0 步为初始状态，第 1 步随机地选择符号为“6”的牌，第 2 步将符号为“6”的牌与最后的符号为“K”的牌进行交换。

注： 图 2-3 中的 i 和 p 都是以 0 为起始值的，因此符号为“K”的牌对应的 i 值为 12，符号为“6”的牌对应的 p 值为 5。本教材及 CAAIS 中的 CD-AV 演示和代码实现遵循计算机中以 0 起始计数的原则，这源于计算机的二进制计数基础，即 n 位二进制数的范围是 n 个 0 到 n 个 1，其十进制数的范围是

0～2^n-1。

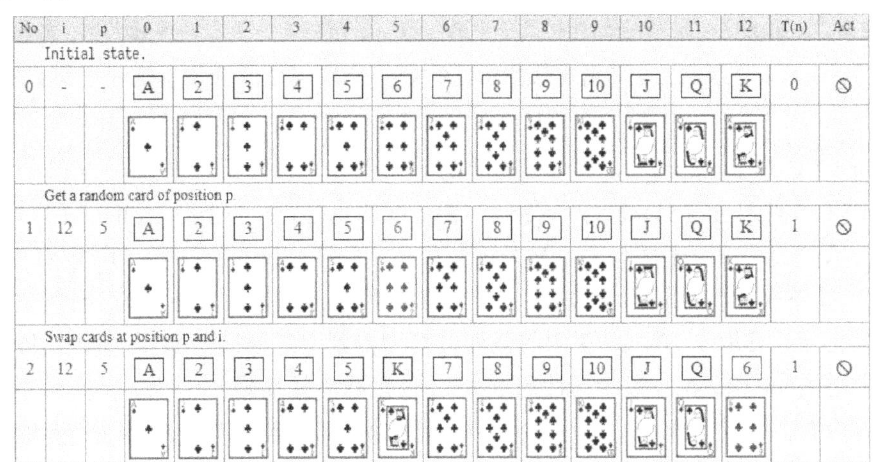

图 2-3
彩图

图 2-3　CAAIS 中洗牌算法的 CD-AV 演示

2.3　伪随机数发生器及其在算法实验中的应用

让计算机以随机的方式生成数据，既可以构造教学所需的变化且不可预测的练习系统，又可以创建复杂的科学和工程模拟系统。然而，计算机生成随机数也是通过某种算法实现的，而算法一定具有确定性，因此计算机生成的随机数只是看起来像随机数，并不是真正意义上的随机数，这种随机数被称为伪随机数（Pseudo Random Number），相应的生成算法被称为伪随机数发生器（Pseudo Random Number Generator，PRNG）。本节将介绍最基本的生成伪随机数的线性同余法，并对传统 C 语言标准库和现代版 C++标准库中的伪随机函数及其应用进行介绍。

2.3.1　生成伪随机数的线性同余法

最基本的生成伪随机数的算法是**线性同余法**（Linear Congruence Method，LCM），相应的伪随机数发生器被称为线性同余发生器（Linear Congruence Generator，LCG），它是一个计算简单但随机性质能够满足一般需要的伪随机数生成算法。

线性同余法源自 D. H. Lehmer 在 1951 年提出的乘性同余法（Multiplicative Congruential Method）[7]。Lehmer 发现一个数字 a 的幂序列 a^n 模 m 的余数，即 $x_n = a^n \bmod m$ 具有较好的随机性质，而且该式可以等价地表示为递推形式，即 $x_{n+1} = ax_n \bmod m$，其中 a 为乘法因子，m 为模数。Lehmer 取 $a=23$、$m=10^8+1$，在 ENIAC 上成功地生成了超过 500 万个 8 位十进制伪随机数。此后 T. E. Hull 和 A. R. Dobell 于 1962 年引入了一个常数项，将 Lehmer 的乘性同余法发展为更加具有一般性的线性同余法[8]，其基本思想如算法 2-10 所示。

算法 2-10　生成伪随机数的线性同余法的思想描述

使用线性同余法生成连续的伪随机数序列：$r_{n+1} = (ar_n + c)(\bmod m)$，$n = 0,1,2,\cdots$。

其中，r_0 为初始的种子；$r_1, r_2, r_3, \cdots$ 为生成的伪随机数序列；m 为模数（$m>0$，$m \in \mathbb{Z}$，$\mathbb{Z}$ 为整数集），a 为乘法因子（$0<a<m$，$a \in \mathbb{Z}$），c 为增量因子（$0 \leqslant c < m$，$c \in \mathbb{Z}$），它们需要仔细选择，以获得性质良好的随机数序列。

注：形如 $y=f(x)=ax+b$（a,b 为常数，且 $a\neq 0$）的函数称为线性函数，线性函数中的自变量 x 与因变量 y 呈线性关系。显然上述生成伪随机数的式子中的 $a\times r_n+c$ 部分是关于 r_n 的线性式子，而 mod m 运算的结果是 0～$m-1$ 的 m 个整数，它将所有的整数划分为 m 个类，称为同余类，这就是线性同余法名字的来历。

例 2-1　令 $m=5$、$a=3$、$c=2$、$r_0=1$，则可以计算得到如下伪随机数序列：$r_1=(3\times1+2)(\bmod 5)=0$，$r_2=(3\times0+2)(\bmod 5)=2$，$r_3=(3\times2+2)(\bmod 5)=3$，$r_4=(3\times3+2)(\bmod 5)=1$[9]。

由于给定 m、a、c 后，LCG 的下一个伪随机数仅由上一个伪随机数决定，因此例 2-1 中得到 $r_4=1=r_0$ 后，接下来的伪随机数就以 1、0、2、3 周期性循环，周期 $p=4$，显然该序列取不到数字 4。实际上，r_0 取 1、0、2、3 中的任何值都会得到上述周期性循环，但当取 $r_0=4$ 时，有 $r_1=(3\times4+2)(\bmod 5)=4$，即序列按周期 $p=1$ 仅以数字 4 循环。

显然，理想的 LCG 是周期为 $p=m$ 的 LCG，因为这时伪随机数序列能够最大限度地取遍模数 m 的 0～m-1 的所有 m 个余数。读者可以验证一下，$m=9$、$a=4$、$c=2$ 就是一组满足 $p=m$ 的参数。然而，我们需要从理论上得出关于 $p=m$ 的参数结论，定理 2-1 给出了这样的结论（证明参见文献[8]）。

定理 2-1（线性同余法的全周期定理）　使用线性同余法生成的伪随机数序列 $r_{n+1}=(ar_n+c)(\bmod m)$ 具有周期 $p=m$，当且仅当满足以下条件时成立：①c 与 m 互素，即 $\mathrm{GCD}(m,c)=1$；②m 的所有素因子 f 满足 $a \bmod f=1$；③如果 m 中含有因子 4，则 $a \bmod 4=1$。

显然，例 2-1 中的参数不满足定理 2-1 中的条件②，因为 $3 \bmod 5=3\neq1$，所以其 $p=4\neq m$。读者可以验证参数组 $m=9$、$a=4$、$c=2$ 满足定理 2-1 中的 3 个条件，其 $p=9=m$。

使用线性同余法生成的伪随机数应用于一般场合是可以的，但在对随机数质量要求更高的场合应该选用更好的伪随机数发生器。这里的随机数质量包括均匀性、独立性、长周期、可快速计算等。日本庆应大学（Keio University）的 M. Matsumoto 和 T. Nishimura 于 1997 年提出的梅森旋转演算法（Mersenne Twister）[10]就是一个远优于 LCG 的伪随机数算法，该算法已经成为常用的伪随机数生成算法。Matsumoto 和 Nishimura 给出了使该算法周期达到 $2^{19937}-1$ 的一个参数组，这一具体算法常简称 MT19937 算法。MT19937 算法已经得到广泛应用，许多程序系统都提供 MT19937 算法的库函数。

需要说明的是，无论是 LCG，还是梅森旋转演算法的伪随机数发生器，都不是密码学安全的，我们将在 2.4 节介绍密码学安全的伪随机数发生器。

2.3.2　传统 C 语言标准库中的伪随机函数及其应用

传统 C 语言标准库中定义了 rand 函数，用于生成 0～RAND_MAX 的伪随机数，并以 void srand(unsigned int seed)函数设置伪随机数的种子。rand 和 srand 函数，以及 RAND_MAX 常量都定义在 stdlib.h 头文件中。

RAND_MAX 默认的值为 32767，rand 默认的伪随机数种子是 1。如果要对每次运行都设置不同的伪随机数种子，则可以使用 NULL 参数的 time 函数，即 srand((unsigned) time(NULL))。其中，time 函数在 time.h 头文件中定义，它返回 1970 年 1 月 1 日 0 时到当前时间的秒数。

传统 C 语言标准库中的 rand 函数通常用线性同余法实现。例如，Microsoft 在其 Visual C++中、BSD 在其 libc 中就分别以表 2-3 中的参数用线性同余法实现了各自的 rand 函数[11]。

需要说明的是，Microsoft 取线性同余式计算结果的高 15 位为伪随机数，这种伪随机数发生器被称为截断式线性同余发生器（Truncated LCG），它比直接以线性同余式计算结果为伪随机数的方法提高了一定的安全性。

表 2-3 传统 C 语言标准函数库中的伪随机函数示例

Microsoft Visual C++中的 rand 函数	BSD libc 中的 rand 函数
$\text{seed}_{n+1} = (214013 \times \text{seed}_n + 2531011)\left(\bmod 2^{31}\right);$ $r_{n+1} = \text{seed}_{n+1} \gg 16;$ $0 \leqslant r_{n+1} \leqslant \text{RAND\_MAX} = 32767$	$\text{seed}_{n+1} = (1103515245 \times \text{seed}_n + 12345)\left(\bmod 2^{31}\right);$ $r_{n+1} = \text{seed}_{n+1};$ $0 \leqslant r_{n+1} \leqslant \text{RAND\_MAX} = 2147483647$

在实践中常需要生成给定$[\text{low}, \text{high}]$范围内的伪随机数，这只要运用求模运算进行简单的变换即可：$t_n = r_n \bmod (\text{high} - \text{low} + 1) + \text{low}$。要获得$[0,a)$（$a>0$，$a \in \mathbb{R}$）范围内的伪随机实数，可以先用$u_n = r_n / \text{RAND_MAX}$获得$[0,1)$范围内的随机实数，再用$v_n = au_n$获得需要的结果。

我们在洗牌算法的实现中就应用了传统 C 语言标准函数库中的伪随机函数 rand，如附录 2-1 所示。我们使用 srand((unsigned)time(NULL))初始化伪随机函数，设计了 int RandIntRange(int low, int high)函数以获得给定范围内的伪随机数，并且在洗牌主算法 Shuffle 的每一轮中调用 RandIntRange 函数以获取随机抽取的牌的位置。

2.3.3 现代版 C++标准库中的伪随机函数及其应用

现代版 C++标准库中提供了远比传统 C++标准库中的 rand 函数专业、质量高、功能强大且丰富的伪随机函数。而且考虑到已经有在未来的 C++标准中去除传统 rand 函数的建议，C++编程者应尽量使用现代版 C++标准库中的伪随机函数。

现代版 C++标准库中的伪随机数功能由如图 2-4 所示的三类对象[12, 13]，即随机数设备、伪随机数引擎和伪随机数分布函数实现，它们都以类的形式定义在<random>头文件中，且均隶属于 std 命名空间。随机数设备用来为伪随机数引擎设置依赖于设备的可变的种子，它产生的数是物理意义上的随机数，因此我们并不称它为“伪随机数设备”。它提供相当于传统 C 语言中 time 函数作为伪随机数发生器种子的功能。伪随机数引擎是核心，它产生不可预测的二进制位。伪随机数分布函数将伪随机数引擎的输出转换为满足分布要求的伪随机数。

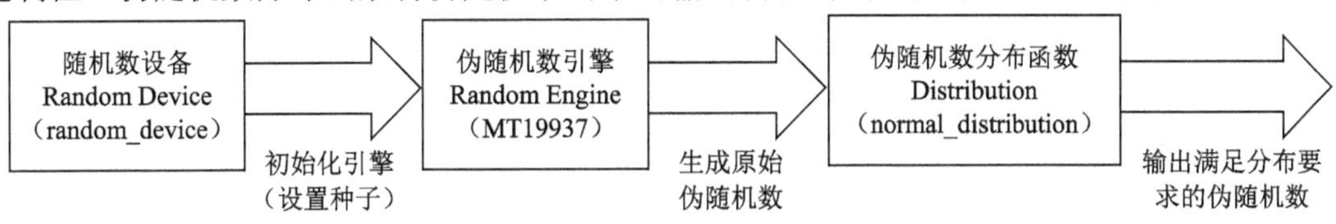

图 2-4 现代版 C++标准库中伪随机数所涉及的三类函数

现代版 C++标准库中提供了线性同余法、梅森旋转演算法及滞后 Fibonacci 法（减进位的线性同余法）三大类伪随机数引擎，如表 2-4 所示[14]。这些引擎以参数化模板类的方式提供，以允许用户通过自己推敲参数建立具体的伪随机数发生器。表 2-4 中还列出了现代版 C++标准库中提供的这些引擎的多个常用实现方式，它们能够满足大部分应用编程需求。现代版 C++标准库中提供了 20 个伪随机数分布函数（参见文献[14]），其中常用的有均匀整数分布函数（uniform_int_distribution）、均匀实数分布函数（uniform_real_distribution）、正态分布函数（normal_distribution）等。

表 2-4　现代版 C++标准库中的伪随机数引擎

引 擎 描 述	引擎模板类	引 擎 实 现
线性同余法	linear_congruential_engine	minstd_rand0、minstd_rand
梅森旋转演算法	mersenne_twister_engine	mt19937、mt19937_64
滞后 Fibonacci 法	subtract_with_carry_engine	ranlux24_base、ranlux48_base

我们在顺序搜索算法的实现（见附录 2-2）中就运用了现代版 C++标准库中所提供的伪随机数功能，如代码块 4 中测试函数 TestSequentialSearch 中的代码所示。其中，第 4 行的 random_device rdev{}声明了一个随机数设备对象 rdev；第 5 行的 default_random_engine e{ rdev() }用 rdev 初始化默认伪随机数引擎对象 e；第 8 行的 uniform_int_distribution<int> rnd{ 1, m }声明了一个 1～m 整数范围内的均匀伪随机数分布函数；第 9 行的 a[i] = rnd(e)通过将 e 传递给 rnd 依次获取 n 个伪随机数；第 10 行用 x = rnd(e)获取待查找的数。第 7 行声明的 m = 3 * n / 2 是一个顺序搜索的测试技巧，用于保证生成的测试数据中平均有 $\frac{2}{3}$ 次是可以找到 x 的情况，有 $\frac{1}{3}$ 次是找不到 x 的情况。构造适宜的测试数据，实现有目的的、针对算法某些特性的测试是算法测试中经常进行的工作。

注：默认随机数引擎 default_random_engine 是一个与现代版 C++标准库的实现有关的伪随机数引擎，它通常是一个轻量级的引擎，一般用于临时性、随意性的场合。在有意义的实际应用场合下，应选择表 2-4“引擎实现”列中的引擎或参数经过特别推敲的引擎，以使生成的伪随机数具有期望的质量且具有确定性，不依赖于 C++系统的实现。

作为自定义引擎的例子，我们利用表 2-3 中 Microsoft Visual C++中的 rand 函数参数以 linear_congruential_engine 引擎模板类构造一个 LCG 引擎。

例 2-2　以 linear_congruential_engine<uint_fast32_t, 214013, 2531011, 2147483648> ms 定义一个 LCG 引擎 ms，用 for (int i = 0; i < 5; i++) printf("%3d:%u\n", i + 1, ms()>>16)输出 5 个数，再与 Microsoft Visual C++中 rand 函数的输出进行比较，将会发现得到的是相同的伪随机数序列：41、18467、6334、26500、19169。

注：LCG 默认的种子为 1。出于要与传统 rand 函数的输出进行比较的考虑，例 2-2 直接输出 ms 的原始数据，没有定义伪随机数分布函数，且保持默认的 1 作为种子。

2.4　算法国粹——图灵奖获得者姚期智院士的伪随机数理论

清华大学理论计算机科学家姚期智院士是 2000 年的图灵奖获得者。图灵奖号称计算机界的诺贝尔奖，姚期智院士是迄今唯一一位获此殊荣的华人。更令人尊敬的是，他于 2004 年 9 月辞去美国普林斯顿大学的终身教职，成为清华大学的全职教授，致力于提升我国理论计算机科学研究水平和开展高层次计算机科学与技术人才培养工作。

ACM 授予姚期智院士图灵奖的颁奖词：谨以此奖嘉誉姚期智先生在计算理论上杰出的基础性贡献，包括基于复杂性的伪随机数理论、密码学和通信复杂性理论[15]。本节将浅显地介绍一下姚期智院士的伪随机数理论，为想要了解或深耕计算机科学理论的读者提供方向。

2.4.1　姚期智院士密码学安全的伪随机数理论

让计算机生成随机数，从轻量级的教学练习到重量级的工程和科学模拟，再到深奥的密码学，都有很多重要的应用。然而，计算机是用确定性的算法生成随机数的，这样的随机数并不是真正意义上的随机数，因此被称为伪随机数，相应的生成算法被称为伪随机数发生器。在 20 世纪 80 年代以前，人们对伪随机数的认知仅停留在经验性的基础上，即用某种随机测试方法测试一个伪随机数发生器的随机性。姚期智院士于 1982 年发表的论文[16]为密码学安全的伪随机数发生器（Cryptographically Secure Pseudo-Random Number Generator，CSPRNG）建立了严谨的理论基础。

2.3 节中介绍了一般意义上的伪随机数生成方法，包括最基本的线性同余法和高级的梅森旋转演算法。然而，这些方法都没有不可被攻破的理论保证，事实上也存在可被攻破的缺陷，因此无法运用到密码学中。

密码学安全的伪随机数发生器应具备三个基本特征[17]：①随机性，看起来与物理系统产生的随机数序列没有区别；②下一个值事先是不可预测的；③即使获得了其已经生成的伪随机数序列，也不能可靠地重新生成。

姚期智院士基于计算复杂度给出了密码学安全的伪随机数发生器的定义[15]，该定义被称为姚测试。下面给出姚测试的非形式化描述[18]，想学习严谨形式化描述的读者可参考文献[16]和文献[18]中的深入描述。

姚测试： 称一个单词序列通过姚测试，假如它不能由运行任何多项式时间随机算法的区分器从一个均匀随机生成的序列中区分开来。

要理解姚测试可先理解下一位测试[19]，下面给出其非形式化描述，想学习严谨的形式化描述的读者可参考文献[19]中的深入描述。

下一位测试： 称一个位序列通过下一位测试，假如一个拥有一定计算能力的攻击者获知其任意位置上连续的 i 位，都不能在多项式时间内以超过 50%的成功概率预测其第 $i+1$ 位。

由于下一位测试是姚测试的特殊情况，因此它是姚测试的充分条件。另外姚期智院士还证明了它也是姚测试的必要条件[16]。也就是说，如果一个伪随机数发生器能够通过下一位测试，那么它也一定能通过所有关于其随机性的多项式统计测试。

基于所提出的理论，姚期智院士还以定理的形式证明，可以运用计算复杂度理论中的稳定单向函数（One-Way Function）构造密码学安全的伪随机数发生器，即他所称的完美伪随机数发生器（Perfect Pseudo-Random Number Generator）。同时他还推论，任何稳定单向函数都可以用来构造计算安全的密码学系统。下面给出单向函数的通俗定义，姚期智院士在其论文中给出了关于稳定单向函数严谨的计算复杂度理论定义。

单向函数： 通俗地说[20]，单向函数 $y=f\left(x\right)$ 指的是对于其定义域内的任何 x，计算 y 是容易的，而由 y 反计算 x 是困难的。这里的“容易”和“困难”是计算复杂度意义上的，即“容易”指的是存在多项式时间算法，而“困难”指的是不存在多项式时间算法。

姚期智院士还基于二次剩余（Quadratic Residue）单向函数，示例了一个密码学安全的伪随机数发生器。

2.4.2　LCG 不是密码学安全的

2.3 节介绍了基于线性同余法的伪随机数发生器，并且指出传统 C 语言标准库中的伪随机函数 rand 就是用 LCG 实现的，然而 LCG 却不是密码学安全的，因此它只能用在非安全关键的场合。本节就说明它的不安全性。

1．LCG 参数的推断方法

LCG 使用算法 2-10 中的式子 $s_{n+1}=(as_n+c)(\bmod m)$ 生成伪随机数。这里用 s 取代了 r，为的是方便接下来介绍直接取 LCG 式子的结果的伪随机数发生器的破解方法。本节将说明在仅获知连续的 3 个伪随机数的情况下，就能推断出 LCG 的参数 m 、 a 和 c 。

关于乘性同余法，即 $s_{n+1}=as_n \bmod m$ ，G. Marsaglia 发现了它的一个缺陷[21]，即使用乘性同余法生成的伪随机数具有晶体结构的内在特征，它们落在为数不多的一些平行的超平面上。这一缺陷可以用来破解 LCG。Marsaglia 的研究非常深奥，下面我们用较为浅显的方式介绍 LCG 的破解方法。

注 1：本节会用到一些基本的模运算规则，这些规则有一定的直观可理解性，读者也可参考第 11 章中的系统化介绍。

注 2：表 2-3 中 BSD libc 中的 rand 函数的 LCG 就适合用这里的方法进行破解。

首先，说明 LCG 生成的伪随机数的差分序列是其对应的乘性同余法的伪随机数序列。

设由 s_0 开始生成了 2 个伪随机数，即 $s_1=(as_0+c)(\bmod m)$， $s_2=(as_1+c)(\bmod m)$，记 $t_0=(s_0-s_1)(\bmod m)$ ， 则 $t_1=(s_1-s_2)(\bmod m)=((as_0+c(\bmod m))-(as_1+c(\bmod m)))(\bmod m)=a(s_0-s_1)(\bmod m)=at_0(\bmod m)$，由此可得 $t_{n+1}=(s_{n+1}-s_{n+2})(\bmod m)=at_n(\bmod m)$，$n=0,1,2,\cdots$。

其次，说明乘性同余法生成的伪随机数序列存在一个简单的破解模 m 的方法。

我们构造一个式子：$\mathcal{M}_i=(t_{i+1}\cdot t_{i-1}-t_i\cdot t_i)(\bmod m)$，$i=1,2,\cdots$。将乘性同余式代入该式得 $\mathcal{M}_i=(at_i(\bmod m)t_{i-1}-at_{i-1}(\bmod m)at_{i-1}(\bmod m))(\bmod m)=0(\bmod m)$。也就是说，$\mathcal{M}_i$ 是乘性同余式中模 m 的倍数。这样，我们就可以先对多组连续的 3 个 t 计算 $\mathcal{M}$，得到 $\mathcal{M}_1,\mathcal{M}_2,\mathcal{M}_3,\cdots$，然后用 Euclid GCD 算法迭代式地求它们的 GCD，当 GCD 稳定时（如连续 3 次的 GCD 结果都相同），便可认为该 GCD 就是所求的 m 。

再次，计算 a。

两个连续的 t 满足下式： $t_{n+1}=at_n(\bmod m)$ 。由于此前已经求得了 m，这个式子中只有 a 是未知量，因此可以先求取 t_n 模 m 的乘法逆元，即 $t_n^{-1}(\bmod m)$，再用 $a=t_n^{-1}t_{n+1}(\bmod m)$ 计算 a。

注 1：模的乘法逆元可以用扩展 Euclid GCD 算法（参见第 11 章）在多项式时间内计算。

注 2：这里得到的 a 可能是 m 与真正 a 的差，需要结合下面得到的 c 对一些 s 进行验证，以确定最后的结果是取 a 还是取 $m-a$ 。

最后，计算 c。

两个连续的 s 满足下式： $s_{n+1}=(as_n+c)(\bmod m)$ 。由此可用 $c=s_{n+1}-as_n(\bmod m)$ 计算 c。

注：这里得到的 c 可能是 m 与真正 c 的差，但由于 c 是 LCG 中的常数项，因此 c 与 $m-c$ 是等价的。

上述破解过程用到的算法主要是 Euclid GCD 算法和扩展 Euclid GCD 算法，它们都是多项式时间的，因此实现了多项式时间的 LCG 破解。

2．截断式 LCG 的穷举破解方法

对于比 LCG 提高了一些安全性的截断式 LCG，在部分参数已知的情况下，人们也找到了根据连续的数据推断后续数据的多项式时间算法[22]，即使在参数全部未知的情况下，也存在一定程度的多项式时间破解算法[23]。这些研究都很深奥，我们在此仅针对表 2-3 中 Microsoft Visual C++中 rand 函数的截断式 LCG 给出一个穷举破解方法。尽管该方法是指数阶的，但由于只需要对 16 位数字进行穷举，因此能够在秒级的时间内完成破解。

下面给出截断式 LCG 的穷举破解算法。

算法 2-11　截断式 LCG 的穷举破解算法

```
1. void CompromiseMSRand3(int r1, int r2, int r3)
2. {
3.      int seed1 = r1 << 16, seed2, seed3, r, r4, r5;
4.      for (int i = 0; i <= 0xFFFF; i++) {
5.          seed2 = (214013LL * seed1++ + 2531011) % (1LL << 31);
6.          r = seed2 >> 16;
7.          if (r == r2) {
8.              seed3 = (214013LL * seed2 + 2531011) % (1LL << 31);
9.              if ((seed3 >> 16) == r3) break;
10.         }
11.     }
12.     srand(seed3); r4 = rand(); r5 = rand();
13.     printf("Compromised: seed3=%d, r4=%d, r5=%d\n", seed3, r4, r5);
14. }
```

说明：该算法假定 LCG 的参数 a、c、m 已知（第 5 行），因为 Microsoft 在其开放的代码中给出了所使用的参数。算法以连续的 3 个随机数 r1、r2、r3 作为输入。首先，将 r1 左移 16 位作为猜测种子的起始值 seed1（第 3 行），对 seed1 的低 16 位从 0 到 0xFFFF 进行穷举（第 4 行）。然后，对于每个猜测的 seed1，用 LCG 式子计算 seed2（第 5 行），并取 seed2 的高 15 位（第 6 行）为 r，判断 r 是否等于已知的第 2 个伪随机数 r2（第 7 行），如果相等，则计算 seed3（第 8 行），并验证它的高 15 位是否与已知的第 3 个伪随机数 r3 相等（第 9 行），如果相等，则表示破解成功，结束穷举过程。最后，置 rand 函数的种子为 seed3，生成两个伪随机数（第 12 行），以进一步验证破解的成功性。

2.4.3　Java JDK 提供的密码学安全的伪随机数发生器

本节将介绍 Java JDK 提供的密码学安全的伪随机数发生器，包括传统的 LCG 和 CSPRNG。

注：本节乃至全书中的 Java 实例都是在 JDK 10 上测试通过的。

1．Java JDK 中的 LCG

Java JDK 在 java.util 包中提供了以 LCG 实现的伪随机函数类 Random，并在 Java 文档的 Random 中对实现细节进行了说明[24]。从其 protected int next(int bits)方法中可以看出，它的 LCG 采用的参数 a 和 c 分别是 0x5DEECE66D 和 0xB。与 Microsoft Visual C++中 rand 函数相同的是，它也采用了截断式 LCG，但细节上有所不同。它先以线性同余式的低 48 位来更新种子 seed，即(seed * 0x5DEECE66DL + 0xBL) & ((1L << 48) - 1)，再通过将 48 位的 seed 右移 48 - bits 位获得其高 bits 位，即(int)(seed >>> (48 - bits))。对于常用的 nextInt ()来说，bits 的值为 32，相应的伪随机数就是将 seed 右移 16 位获得的。

注：“x >>> k”表示 0 填充右移，即不管 x 是正数还是负数，都将右端的 k 位数移出去，并在左

端补 k 个 0。

JDK Random 的另一个特别设计是设置种子函数：void setSeed(long seed)。它并不直接将传进来的 seed 值设为 LCG 的种子，而会进行(seed ^ 0x5DEECE66DL) & ((1L << 48) - 1)运算，即将 seed 值与 LCG 的参数 a，即 0x5DEECE66D，取异或运算再截取后 48 位。这可将简单的种子，如 1、2、3 等，置为较大的数，从而在一定程度上提高随机性。

注：Random(long seed)以构造函数的形式提供了设置种子的功能。

显然，Java JDK 中的 Random 不是密码学安全的，完全可以使用 2.4.2 节中的方法进行破解。

2．Java JDK 中的 CSPRNG

Java JDK 在 java.security 包中提供了密码学安全的伪随机函数类 SecureRandom。SecureRandom 的功能很强大，想深入了解的读者可参考其文档[25]或其他资源进行学习。我们在此仅介绍其三个使用要领。

（1）整数生成测试。

可以用下面的代码测试 SecureRandom 生成的伪随机整数。

```
SecureRandom sr = new SecureRandom(); for (int i = 0; i < 5; i++)    out.format("%d:%d\n", i, sr.nextInt());
```

注 1：生成伪随机整数仅是 CSPRNG 的基本功能，它还有更多可应用于密码学场景的功能，感兴趣的读者可通过其文档进行学习和探索。

注 2：在 Java 代码的开头设有 import static java.lang.System.out;导入语句，将通常代码中的输出 System.out 简化为 out。

（2）种子设置。

SecureRandom 的构造函数会直接使用操作系统提供的某种熵源获取初始的种子，这种种子通常是无法预测的、真正意义上的随机数。

注：SecureRandom 也提供了 setSeed 和 reseed 功能分别用于设置和重设种子。需要注意的是，SecureRandom 是密码学安全的，这就意味着其每次生成的伪随机数序列都是不同的，即使用 setSeed 设置了相同的种子，得到的伪随机数序列也是不同的，因为 setSeed 是用传入的数据补充而不是取代已有的种子。也就是说，SecureRandom 不具备像 Random 那样通过设置相同的种子生成相同伪随机数序列的功能。这种机制可确保 SecureRandom 在任何情况下都不会产生相同的伪随机数序列，极大地增加了分析破解的难度。

（3）算法选择。

java.security 包中通常会提供多种 CSPRNG 算法，可以使用 Security 类的静态方法 getAlgorithms 获得，代码如下。

```
for (String algorithm:Security.getAlgorithms("SecureRandom")) out.println(algorithm);
```

在 Windows 10 系统的 JDK 10 中，我们得到的结果是 DRBG、WINDOWS-PRNG 和 SHA1PRNG。实际上，JDK 10 提供者文档列出了这个结果[26]，该文档中还包括 Solaris、Linux 和 macOS 等系统中的 CSPRNG 算法列表。

DRBG（Deterministic Random Bit Generator，确定性随机位生成器）是一种一次生成一个随机二进制位的伪随机数发生器；WINDOWS-PRNG 是 JDK 10 通过 SunMSCAPI 提供者对 Windows 系统密码学伪随机库中 PRNG 的引用；SHA1PRNG 是基于 SHA1 哈希函数构造的一种 CSPRNG。

使用 SecureRandom 的 getAlgorithm()方法可以获知其默认的 CSPRNG 算法，Windows 10 系统中默认的算法是 DRBG。

除使用 new SecureRandom()用系统默认的算法生成 CSPRNG 对象以外，SecureRandom 还提供了 getInstance 和 getInstanceStrong 两个静态方法用于获得指定算法的 CSPRNG 对象。表 2-5 所示为 getInstance 和 getInstanceStrong 的使用示例。其中，getInstance 使用示例展示了 SHA1PRNG 算法的使用方法。

表 2-5　getInstance 和 getInstanceStrong 的使用示例

getInstance 使用示例	getInstanceStrong 使用示例

try {
　SecureRandom sr = SecureRandom
　　.getInstance("SHA1PRNG");
　for (int i = 0; i < 5; i++)
　　out.format("%d:%d,", i + 1, sr.nextInt());
　out.println(sr.getAlgorithm());
} catch (NoSuchAlgorithmException e) {
　out.println("Exception thrown : " + e);
}
catch (ProviderException e) {
　out.println("Exception thrown : " + e);
}
	try {
	　SecureRandom sr = SecureRandom
	　　.getInstanceStrong();
	　for (int i = 0; i < 5; i++)
	　　out.format("%d:%d,", i + 1, sr.nextInt());
	　out.println(sr.getAlgorithm());
	} catch (NoSuchAlgorithmException e) {
	　out.println("Exception thrown : " + e);
	}
	out.println(Security.getProperty(
	　"securerandom.strongAlgorithms"));

注：由于 getInstance 会引发在 NoSuchAlgorithmException 和 ProviderException 这两个编译时检查的异常（Checked Exception），因此代码必须放在 try ... catch 异常处理块中。

getInstanceStrong 是使用 java.security 配置文件中的 securerandom.strongAlgorithms 属性指定的算法生成 CSPRNG 对象的一种方法。在 Windows 10 系统的 JDK 10 中，java.security 配置文件在 JAVA_HOME 文件夹下的 conf 文件夹中。打开 java.security 配置文件，可以看到其中 securerandom.strongAlgorithms 属性的值为 Windows-PRNG:SunMSCAPI,DRBG:SUN，即包括两个 CSPRNG 算法及提供者，getInstanceStrong 将取第一个算法。Security 类的 getProperty 静态方法可以报告 java.security 配置文件中某个属性的值。在表 2-5 中，getInstanceStrong 使用示例的最后一行给出了报告 securerandom.strongAlgorithms 属性值的语句。

习题

1. 简要说明穷举法的基本思想，给出其抽象伪代码。

2. 将如式（2-2）所示的 N 钱买 N 鸡问题的泛化函数编写为找出所有解的函数，令 $N=100$，a 取 4～10 的整数，$b=a-2$，$c=\frac{1}{b}$，编写上述函数的调用程序给出这个问题的解。

3. 将素性测试的试除算法实现为一个函数，编写该函数的调用程序，求 100～200 范围内的所有素数。

4. 说明为什么素性测试的试除算法是一个指数阶的算法。

5. 在网络上搜索求素数的埃拉托色尼筛选法（the Sieve of Eratosthenes），对其进行算法设计，先说明其中的穷举要素，然后进行编程实现，求 100～200 范围内的所有素数。

6. 针对哥德巴赫猜想，编程调用上题中用埃拉托色尼筛选法求素数的算法，将 6～100 范围内的所有偶数表示成两个素数的和。

7. 在 CAAIS 中练习顺序搜索算法的 CD-AV 演示：（1）选择一组典型数据进行练习；（2）自己设计并输入一组数据（其中数组元素不少于 6 个），进行找到和找不到两次练习。

8. 简要说明所用编程系统中与伪随机数发生器有关的函数，对其进行如下 3 组编程测试：（1）设置种子为 1，输出 5～10 个数；（2）设置一个不是 1 的种子，输出 5～10 个数；（3）设置随时间变化的种子，输出 5～10 个数。

9. 在 CAAIS 中以不少于 8 的个数对洗牌算法的 CD-AV 演示进行 30%的交互练习，并保存结果。

10. 给出 LCG 的数学表达式，说明其达到全周期应满足的条件。

11. 以表 2-3 中 Microsoft Visual C++中 rand 函数的 LCG 参数和公式实现 LCG 算法，并用 Visual C++中的 rand 函数验证可以用相同的种子输出相同的结果。

12. 实现 2.4.2 节中 LCG 参数的推断方法，并以表 2-3 中 BSD libc 中的 rand 函数的 LCG 参数验证所实现的方法。注意：本题需要以扩展 Euclid GCD 算法实现模的乘法逆元的求解，这需要提前学习一下第 11 章中的相关内容。

13. 实现 2.4.2 节中截断式 LCG 的穷举破解方法，并以表 2-3 中 Microsoft Visual C++中的 rand 函数验证破解的成功性。

14. 以 2.4.3 节 Java JDK 伪随机函数类 Random 中的 LCG 参数和方法实现截断式 LCG 算法，并用 Java JDK 伪随机函数类 Random 验证可以用相同的种子输出相同的结果。

15. 实现 Java JDK 伪随机函数类 Random 中截断式 LCG 的穷举破解方法，并以 Java JDK 伪随机函数类 Random 验证破解的成功性。

16. 找出自己的计算机上安装的 JDK 所提供的全部 CSPRNG 算法，给出默认的 CSPRNG 算法。

17. 分别使用 JDK 中 SecureRandom 的 getInstance 和 getInstanceStrong 方法，编程生成 10 个密码学安全的伪随机数。

参考文献

[1] TORNG E. Problems in Computer Science[EB/OL]. [2021-5-20].（链接请扫下方二维码）

[2] 卢昌海. 会下金蛋的鹅——希尔伯特第十问题（上）[EB/OL].（2005-10-26）[2020-12-12]. 中国青年报.（链接请扫下方二维码）

[3] 卢昌海. 会下金蛋的鹅——希尔伯特第十问题（下）[EB/OL].（2005-11-2）[2020-12-20]. 中国青年报.（链接请扫下方二维码）

[4] FISHER R A，YATES F. Statistical Tables for Biological，Agricultural and Medical Research，[M]. London：Oliver & Boyd，1938.

[5] DURSTENFELD R. Algorithm 235：Random permutation[J]. Communications of the ACM，1964，7（7）：420.

[6] KNUTH D E. 计算机程序设计艺术，第 2 卷，半数值算法[M]. 苏运霖，译. 北京：国防工业出版社，2002.

[7] LEHMER D H. Mathematical methods in large-scale computing units[C]. Proc. 2nd Symposium on Large-Scale Digital Calculating Machines，1951：141-146.
[8] HULL T E，DOBELL A R. Random Number Generators[J]. SIAM Review，1962，4（3）：230-254.
[9] MORENO M A. Linear Congruence Generators[EB/OL].（2015-12-2）[2021-1-5].（链接请扫下方二维码）
[10] MATSUMOTO M，NISHIMURA T. Mersenne Twister：A 623-Dimensionally Equidistributed Uniform Pseudo-Random Number Generator[J]. ACM Transactions on Modeling and Computer Simulation，1998，8（1）：3-30.
[11] Rosetta Code. Linear congruential generator[EB/OL]. [2021-1-5].（链接请扫下方二维码）
[12] Fluent C++. How to Generate a Collection of Random Numbers in Modern C++[EB/OL]. [2021-1-5].（链接请扫下方二维码）
[13] BROWN W E. Random Number Generation in C++11[EB/OL]. [2021-1-5].（链接请扫下方二维码）
[14] Pseudo-random number generation[EB/OL]. [2021-1-5].（链接请扫下方二维码）
[15] Yao A C-C. A.M. Turing Award Winner[EB/OL]. [2021-5-15].（链接请扫下方二维码）
[16] YAO A C-C. Theory and applications of trapdoor functions[C]. Proceedings of the 23rd IEEE Symposium on Foundations of Computer Science，1982：80-91.
[17] SHETH M. Cryptographically Secure Pseudo-Random Number Generator（CSPRNG）[EB/OL].（2017-3-29）[2021-5-26].（链接请扫下方二维码）
[18] Wikipedia. Yao's test[EB/OL]. [2021-1-5].（链接请扫下方二维码）
[19] Wikipedia. Next-bit test[EB/OL]. [2021-5-18].（链接请扫下方二维码）
[20] Wikipedia. One-way Function[EB/OL]. [2021-5-20].（链接请扫下方二维码）
[21] MARSAGLIA G. Random Numbers fall mainly in the planes[C]. Proceedings of the National Academy of Sciences，1968，61（1）：25-28.
[22] FRIEZE A M，HASTAD J，KANNAN R，etal. Reconstructing Truncated Integer Variables Satisfying Linear Congruences[J]. SIAM Journal on Computing，1988，17（2）：262-280.
[23] BOYAR J. Inferring sequences produced by a linear congruential generator missing low-order bits[J]. Journal of Cryptology，1989，1（3）：177-184.
[24] Package java.util - Class Random[EB/OL]. [2021-5-29].（链接请扫下方二维码）
[25] Package java.security - Class SecureRandom[EB/OL]. [2021-5-29].（链接请扫下方二维码）
[26] JDK Providers Documentation[EB/OL]. [2021-5-29].（链接请扫下方二维码）

第 2 章

参考文献链接

第 3 章　算法复杂度分析

世之奇伟、瑰怪，非常之观，常在于险远，
而人之所罕至焉，故非有志者不能至也。
[北宋]王安石，《游褒禅山记》

对于一个设计正确的算法，其运行效率就是人们最关心的问题。分析算法的运行效率被冠以一个非常专业的术语——算法复杂度分析（也称为算法复杂性分析，本教材不对这两个术语进行区分，认为它们是完全等同的）。人们常说的算法复杂度分析指的是理论上的渐近复杂度分析，这也是本章和本教材重点讲述的分析方法。本章还会介绍适用于多种操作数据结构的算法复杂度的平摊分析方法，以及具有较强实用性的实验分析方法，还将以基于比较的排序问题为例介绍问题的复杂度。

3.1　算法复杂度分析基础

本节将首先介绍算法复杂度的计量方法，即基本运算次数关于输入规模的函数，它是算法复杂度分析的基础。即使对于给定的输入规模，算法复杂度还会与输入数据的形态有关，因此本节还将介绍算法的最好、最坏和平均情况复杂度。

3.1.1　算法的输入规模及复杂度计量

所谓算法复杂度，是指运行算法所需的资源，也常称为计算复杂度，或简称为复杂度。这里的资源有两种，即时间资源和空间资源，分别对应**时间复杂度**和**空间复杂度**。分析复杂度的基本思维是探求算法运行所需的资源随输入规模的“增长势头”，这个“增长势头”在复杂度理论中用更加专业的“渐近复杂度”来表述。

1．输入规模

输入规模指的是输入数据所占用的存储空间，最基本也是最小的存储空间单位是一个二进制位。算法所涉及的输入数据通常用自然数 n 来描述，我们通过例子来说明这一点。

在顺序搜索问题中，输入数据为 n 个元素的数据序列 $a_1,a_2,\cdots,a_n$ 和待查找的元素 x。对这个问题的求解算法来说，我们关心的复杂度是资源需求随数据序列中元素个数的“增长势头”，由于这个“增长势头”与各个元素的大小没有关系，我们可以假定各个元素占用常数 k 个二进制位，因此所有输入数据所占用的存储空间为 $k(n+1)$ 个二进制位。由此可以看出，常数 k 对于复杂度的“增长势头”没有影响。进一步地，对于考查“增长势头”来说，$n+1$ 的输入规模与 n 的输入规模是相同的，因为 $\lim\limits_{n\to\infty}\dfrac{n+1}{n}=1$。因此可以说顺序搜索问题的输入规模是 n。

在素性测试问题中，输入数据为待测试的正整数 N。这时我们关心的复杂度是资源需求随 N 的“增长势头”，这时输入规模应该是 N 所占据的存储单元数，即 N 的二进制位数 n，而

N 本身是输入数据，不是输入规模。详细的情况已经在 2.2.2 节进行了分析，得出的结论是 $2^{n-1} \leqslant N \leqslant 2^n - 1$，即当 N 以其规模表示时大小应为 2^n。

上述素性测试问题规模的分析同样适用于 N 钱买 N 鸡问题。

2．时间复杂度与空间复杂度的计量

时间复杂度指的是将算法中某个基本运算的执行次数作为输入规模的函数，常记为 $T(n)$。这里的基本运算指的是在给定计算机上运行时间为常数的运算，该运算在不同计算机上的运行时间可能会不同，但是会仅相差常数倍。一个算法中通常有许多基本运算，而用来衡量时间复杂度的基本运算通常是算法中执行次数最多的基本运算。如果不做特别说明，那么今后所说的基本运算都指的是用来衡量算法复杂度的基本运算。

就前面讲述过的算法来说，Euclid GCD 算法（算法 1-1）的基本运算是其第 2 行的 mod 运算，N 钱买 N 鸡问题的改进穷举算法（算法 2-3）的基本运算是其第 4 行的 mod 运算，改进的素性测试的试除算法（算法 2-5）的基本运算是其第 3 行的乘法运算，顺序搜索算法（算法 2-7）的基本运算是其第 2 行的比较运算，洗牌算法（算法 2-9）的基本运算是其第 2 行获取伪随机数的操作或第 3 行的交换操作。

注意：如前所述，严格地说 mod 运算和乘法运算都不能算作基本运算，上述算法的时间复杂度可以理解为以 mod 运算或乘法运算为基本运算时的复杂度，而严格的算法复杂度是将 mod 运算或乘法运算的代价以位运算为基本运算计量后的复杂度。

空间复杂度指的是将算法运行过程中所占用的存储空间作为输入规模的函数，常记为 $S(n)$。这里的存储空间由两部分组成：一是输入数据所占用的存储空间；二是算法运行所额外引入的存储空间。由于输入数据是求解算法必需的，因此算法的空间复杂度主要关注后者。

尽管最基本也是最小的存储空间单位是一个二进制位，但是有些算法涉及一定范围数（如给定字节数的整数或实数）的计算，我们将这些数称为基本数，而将基本数的个数记为空间复杂度。假如每个基本数占 k 个二进制位，如果算法运行过程中最多涉及 m 个基本数，则总的存储空间为 km，由于 k 为常数，因此以 m 表达算法的空间复杂度并不影响空间资源随输入数据的“增长势头”，但这会使空间复杂度的分析得以简化。

注意 1：由于算法每次向存储空间中写入一个数据都会花费一个基本操作，即带来一次基本运算的计次，也就是说时间复杂度中包括造成空间复杂度的操作，而时间复杂度中通常还有许多不会造成空间复杂度的操作，因此算法的空间复杂度是以时间复杂度为上界的，用后面将要介绍的渐近符号表示就是 $S(n)=o(T(n))$。因此，人们在多数情况下关心的是算法的时间复杂度。当解决一个问题的多个算法时间复杂度相同，或者一个算法的空间复杂度过大，有可能导致实际提供所需空间资源困难时，人们才会去关注它们的空间复杂度。因此，在说到算法复杂度时，如果不特别指明，指的就是算法的时间复杂度。

注意 2：根据上述讨论，算法复杂度所揭示的是算法与具体机器无关的本质和客观性质，这种客观性质的揭示是使计算成为一门科学的基石之一。

3.1.2　算法的最好、最坏和平均情况复杂度

一般来说，算法复杂度是与输入实例有关的，即不同的输入实例可能会导致不同的复杂度“增长势头”，这样就会导致算法的最好、最坏和平均情况复杂度。本节将先从抽象的方面对算法的**最好情况**（Best Case）复杂度、**最坏情况**（Worst Case）复杂度和**平均情况**（Average

Case）复杂度进行一般性的介绍，再以顺序搜索算法和素性测试的试除算法为例进行具体的说明。

1．算法的最好、最坏和平均情况复杂度的抽象描述

为便于描述，我们将规模为 n 的问题的所有可能输入实例的集合记为 $\mathbb{I}_n$，而以 $I_n \in \mathbb{I}_n$ 表示 $\mathbb{I}_n$ 中的一个元素，即一个具体的实例。定义了实例 I_n 后，我们就可以用 $T(n, I_n)$ 来同时表达算法复杂度的规模和实例相关性。

算法的最好和最坏情况复杂度分别指的是集合 $\mathbb{I}_n$ 中的最小和最大复杂度，如式（3-1）和式（3-2）所示，通常会在多个实例上取得最好和最坏情况复杂度，即分别有一个实例子集对应最好和最坏情况复杂度。

$$T_{\text{best}}(n) = \min_{I_n \in \mathbb{I}_n} T(n, I_n) \tag{3-1}$$

$$T_{\text{worst}}(n) = \max_{I_n \in \mathbb{I}_n} T(n, I_n) \tag{3-2}$$

算法的平均情况复杂度如式（3-3）所示，其中 $p(I_n)$ 为实例 I_n 发生的概率。如果各个实例均匀发生，则 $p(I_n) = \frac{1}{|\mathbb{I}_n|}$，其中 $|\mathbb{I}_n|$ 为集合 $\mathbb{I}_n$ 的势（Cardinality）。对于有限可数集合来说，集合的势就是集合中元素的个数。

$$T_{\text{average}}(n) = \sum_{I_n \in \mathbb{I}_n} p(I_n) T(n, I_n) \tag{3-3}$$

注意：将集合势的概念，即直觉的“集合大小”，推广到自然数、整数、有理数、实数等无限可数和不可数集合中，带来了数学中的划时代变革，因为这产生了“部分与整体大小相同”这一与直觉相悖但又正确的结论。例如，自然数集合是整数集合的真子集，但它们的势却是相等的。又如，任何开区间的实数集合，如 $(-1, +1)$，是整个实数集合 $\mathbb{R} = (-\infty, +\infty)$ 的真子集，但它们的势也是相等的。对无限集合势的研究催生出了著名的“连续统假说”。感兴趣的读者可参考文献[1]或其他资源进行学习。

注意：在算法复杂度领域中，人们最关注的是算法的最坏和平均情况复杂度，而对最好情况复杂度关注较少，甚至直接忽略。绝大部分算法的平均情况复杂度与最坏情况复杂度相同。

2．顺序搜索算法的最好、最坏和平均情况复杂度

2.2.3 节介绍的无序数据序列的顺序搜索算法（算法 2-7）就是一个典型的体现最好、最坏和平均情况复杂度的算法。该算法的基本运算是第 2 行的比较运算。

最好情况是第 1 个元素就是要找的元素，这时只需进行一次比较，因此有 $T_{\text{best}}(n) = 1 = O(1)$。

当待查找元素 x 可以找到时，最坏情况是最后的第 n 个元素才是要找的元素，此时需要进行 n 次比较，因此有 $T_{\text{worst}}(n) = n = O(n)$。

假如元素 x 一定能够找到，则共有 $i = 1, 2, \cdots, n$ 的 n 种情况，每种情况正好需要 i 次比较，假设 1～n 的每个位置上 x 出现的概率相等，即 $p(I_n) = \frac{1}{n}$，则平均情况复杂度 $T_{\text{average}}(n) = \sum_{i=1}^{n} \frac{1}{n} i = \frac{1}{n} \cdot \frac{1}{2} n(n+1) = \frac{n+1}{2} = O(n)$。在上述前提条件下，顺序搜索算法的平均情况复杂度的阶与最坏情况复杂度的阶是相同的。

当待查找元素 x 找不到时，必须进行 n 次比较，因此有 $T_{\text{notfound}}(n) = n = O(n)$。

进一步假设 x 可能找到也可能找不到，而找到的概率为 p，找不到的概率为 $q=1-p$，再假定找得到的各种情况的概率相同，则这时的平均情况复杂度 $T'_{\text{average}}(n)=pT_{\text{found\_average}}(n)+qT_{\text{notfound}}(n)=\frac{p(n+1)}{2}+(1-p)n=\left(1-\frac{p}{2}\right)n+\frac{p}{2}=O(n)$。这时的平均情况复杂度依然是与最坏情况复杂度同阶的复杂度。

注意：尽管规模为 n 的无序数据序列搜索问题的输入数据从大小上来说是无限的，但是作为算法问题，它仅有 $n+1$ 种情况，即可以找到 x 的 n 种情况加上 1 种找不到的情况，即 $|\mathbb{I}_n|=n+1$。

3．**素性测试的试除算法的最好和最坏情况复杂度**

2.2.2 节介绍的改进的素性测试的试除算法（算法 2-5）也是一个具有最好、最坏和平均情况复杂度的算法。该算法的基本运算是第 3 行的乘法运算（注意：在这里我们抛去不执行循环体的特别小的数的情况）。

显然，最好情况是只执行一次乘法运算，因此有 $T_{\text{best}}(n)=1=O(1)$。

最坏情况是执行全部的 $\frac{1}{2}\left(\lfloor\sqrt{N}\rfloor-2\right)$ 次 mod 运算，因此有 $T_{\text{worst}}(n)=O\left(N^{\frac{1}{2}}\right)=O\left(\left(2^n\right)^{\frac{1}{2}}\right)=O\left(2^{\frac{n}{2}}\right)=O\left(\left(\sqrt{2}\right)^n\right)$。该算法最坏情况复杂度是指数阶的。

这个算法的平均情况复杂度计算非常困难，因为对于一个给定的整数 N，我们目前还找不到其最小素因子的良好表达。

注意：根据 3.1.1 节的讨论，这个问题的输入规模是待测试的 N 的二进制位数 n。根据 2.2.2 节的说明，长度为 n 的二进制数指的是最高的第 $n-1$ 位上数字为 1 的二进制数，因此其数值范围为 $2^{n-1}\leqslant N\leqslant 2^n-1$，即 $|\mathbb{I}_n|=2^{n-1}$。也就是说，平均情况复杂度要考虑这 2^{n-1} 种情况。

4．**具有所有情况复杂度的算法**

对于一小部分算法来说，在给定的输入规模 n 上，算法复杂度是与输入实例无关的，这种情况的算法被称为具有所有情况复杂度的算法。

2.2.4 节介绍的洗牌算法（算法 2-9）和 2.2.1 节介绍的 N 钱买 N 鸡问题的改进穷举算法（算法 2-3）就属于这类算法。这类算法无须讨论最好、最坏和平均情况复杂度，因为它们都相同。

但是对于大部分算法来说，在给定的输入规模 n 上，算法复杂度是与输入实例有关的，于是就有最好、最坏和平均情况复杂度。

3.2　算法复杂度的渐近分析方法

理论上，大部分情况下我们关心的算法性能是当问题规模逐渐增大时算法运行效率的趋势，即算法复杂度的渐近性态。本节将介绍这种渐近性态的分析方法，即算法复杂度的渐近分析方法。

3.2.1 算法的渐近复杂度及其记法

在算法复杂度领域，我们最关心的是当输入规模很大特别是趋于无穷大时算法运行效率的趋势，也就是复杂度函数 $T(n)$的增长趋势，其被称为算法的渐近复杂度（Asymptotic Complexity）。渐近复杂度记法有大 O 记法、大 Ω 记法、大 Θ 记法、小 o 记法、小 ω 记法等。

1．渐近上界——大 O 记法

当 $n \to \infty$ 时，复杂度函数 $T(n)$增长的上限函数被称为 $T(n)$的渐近上界，以大 O 表示。

定义 3-1（大 O 记法） 对于给定的复杂度函数 $T(n)$，如果存在两个正常数 c 和 n_0，以及函数 $\tau(n)$，使得当 $n \geqslant n_0$ 时有 $T(n) \leqslant c\tau(n)$，则称 $T(n) = O(\tau(n))$。

注：复杂度函数 $T(n)$ 是一个关于自然数 n 的、随 n 增加而增长的正值函数。

$T(n) = O(\tau(n))$ 意味着当 n 足够大时，$T(n)$ 的值始终不超过 $\tau(n)$ 的某个常数倍，或者说从函数增长的阶上看，$\tau(n)$ 是 $T(n)$ 的上界。这里的 $\tau(n)$ 通常是一个简单的、仅表示阶的函数。例如，对于 $T(n) = 5n^2 + 7n + 3$，我们会说 $T(n) = O(n^2)$，即取 $\tau(n) = n^2$，而不会说 $T(n) = O(5n^2)$ 或 $T(n) = O(0.5n^2)$，即不会取 $\tau(n) = 5n^2$ 或 $\tau(n) = 0.5n^2$。也就是说，$T(n) = O(\tau(n))$ 中的 $T(n)$ 是一个关于 n 的任意复杂度函数，而 $\tau(n)$ 是一个表示复杂性类的函数。常见的复杂性类有 1（n^0）、$\log n$、n、$n\log n$、n^2、2^n、$n!$ 等。因此，$O(\tau(n))$ 可以看作一个函数集合，而将 $T(n) = O(\tau(n))$ 看作 $T(n) \in O(\tau(n))$ 更有助于理解。

注：算法复杂度分析乃至计算机科学中的对数如无特别说明均指的是以 2 为底的对数。

$T(n) = O(\tau(n))$ 可以用如图 3-1 所示的函数示意图表示。当 $n < n_0$ 时，$T(n)$ 与 $\tau(n)$ 或 $c\tau(n)$ 的大小关系是不确定的；当 $n \geqslant n_0$ 时，$T(n)$ 就再也不会超过 $\tau(n)$ 的某个正常数倍。这里的正常数 c 可能大于 1 也可能小于 1，图 3-1 给出了这两种情况。当 $c > 1$ 且 $n \geqslant n_0$ 时，会出现 $\tau(n) < T(n) \leqslant c\tau(n)$ 的情况，这正体现了 $T(n) = O(\tau(n))$ 指的是 $\tau(n)$ 是 $T(n)$ 阶的上界而不是值的上界的事实。

注意： 定义中的 c 和 n_0 不是唯一的。事实上，当找到了一组使 $T(n) \leqslant c\tau(n)$ 的 c 和 n_0 后，对于任何的 $c' > c$ 和 $n_0' > n_0$ 都会有 $T(n) \leqslant c'\tau(n)$。因此，图 3-1（b）给出的 $c < 1$ 的情况完全可以用 $c = 1$ 取代。

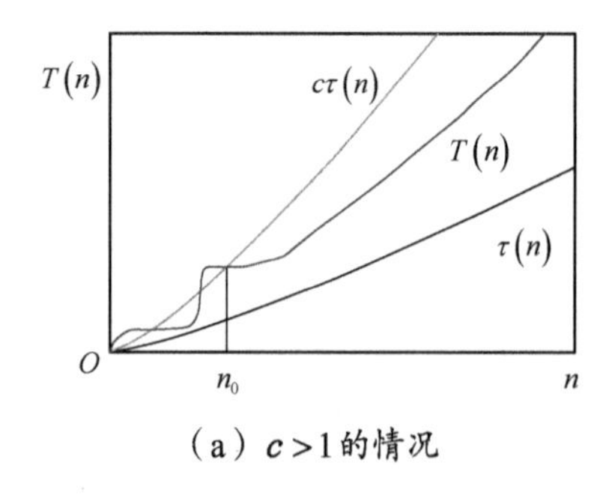

（a）$c > 1$ 的情况

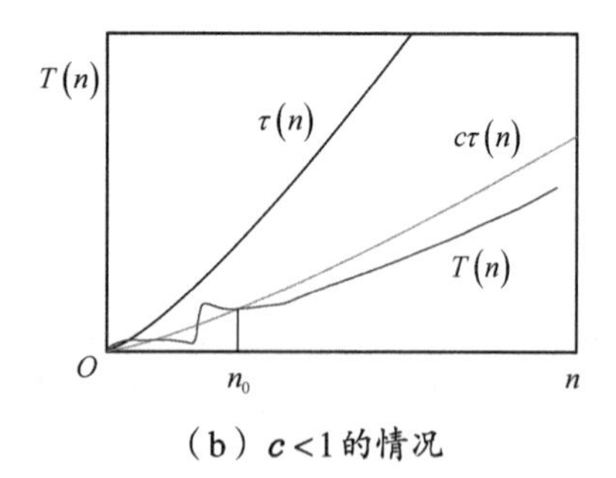

（b）$c < 1$ 的情况

图 3-1 $T(n) = O(\tau(n))$ 的函数示意图

注：大 O 记法及后面要介绍的大 Ω、大 Θ、小 o、小 ω 等记法最早由德国数学家保罗·巴赫曼（Paul

Bachmann）提出，后由同样来自德国的数学家艾德蒙·朗道（Edmund Landau）在数学领域推广使用，因此它们被称为巴赫曼-朗道（Bachmann-Landau）记法。它们广泛地应用于算法复杂度分析始于 D. E. Knuth 的算法著作《计算机程序设计艺术》。大 O 中的“O”可认为来自英文单词“Order”，因此其字面上也具有“阶”的含义。

很自然地，我们可以通过定义来求给定复杂度函数 $T(n)$ 的 $O(\tau(n))$。

例 3-1　设有 $T(n)=3n^2+100n+40$，取 $\tau(n)=n^2$，$c=4$，则有 $T(n)-c\tau(n)=-n^2+100n+40=-(n-50)^2+2540$，显然若取 $n_0=101$，则对于所有的 $n\geqslant n_0$ 有 $T(n)-c\tau(n)<0$，即 $T(n)=O(n^2)$。显然，根据定义求 O 是一种很烦琐的方法。求大 O 较好的方法是使用如定理 3-1 所示的大 O 的极限判定准则（证明从略）。

定理 3-1（大 O 的极限判定准则）　$T(n)=O(\tau(n))$，当且仅当 $0\leqslant\lim\limits_{n\to\infty}\dfrac{T(n)}{\tau(n)}<+\infty$，即 $\lim\limits_{n\to\infty}\dfrac{T(n)}{\tau(n)}\in[0,+\infty)$ 成立。

根据定理 3-1，例 3-1 可以简明地求解如下。

因为 $\lim\limits_{n\to\infty}\dfrac{3n^2+100n+40}{n^2}=3\in[0,+\infty)$，所以 $T(n)=O(n^2)$。

针对 $T(n)=3n^2+100n+40$，显然有 $\lim\limits_{n\to\infty}\dfrac{T(n)}{n^3}=0\in[0,+\infty)$、$\lim\limits_{n\to\infty}\dfrac{T(n)}{n^4}=0\in[0,+\infty)$，即除有 $T(n)=O(n^2)$ 以外，还有 $T(n)=O(n^3)$、$T(n)=O(n^4)$ 等。显然，在这三种情况中，$T(n)=O(n^2)$ 最有意义。这里的 $O(n^2)$ 在数学上被称为 $T(n)$ 最紧的大 O 界，它的特征是 $0<\lim\limits_{n\to\infty}\dfrac{T(n)}{\tau(n)}<+\infty$。另外两种情况在数学上被称为 $T(n)$ 平凡的大 O 界，它们的特征是 $\lim\limits_{n\to\infty}\dfrac{T(n)}{\tau(n)}=0$。

注：在说到 $T(n)$ 的大 O 界时，如果存在使 $0<\lim\limits_{n\to\infty}\dfrac{T(n)}{\tau(n)}<+\infty$ 的最紧的界 $O(\tau(n))$，则指的就是这个最紧的界，而不是那些平凡的界。

如果 $T(n)$ 是一个普适的度为 k 的多项式复杂度函数，即 $T(n)=\sum\limits_{i=0}^{k}a_in^i$，$a_k>0$，则它的阶是 n^k，即 $T(n)=O(n^k)$，因为 $\lim\limits_{n\to\infty}\dfrac{T(n)}{n^k}=a_k\in[0,+\infty)$。

根据大 O 记法的定义可推出如定理 3-2 所示的大 O 的运算规则（证明从略），这些运算规则在今后的算法复杂度分析中将经常用到。

定理 3-2（大 O 的运算规则）

（1）$f(n)\equiv O(f(n))$。

（2）若 $C>0$，则 $O(Cf(n))=O(f(n))$。

（3）$O(f(n))+O(g(n))=O(f(n)+g(n))$。

（4）$O(f(n))+O(g(n))=O(\max(f(n),g(n)))$。

（5）$O(f(n))O(g(n))=O(f(n)g(n))$。

（6）若 $f(n)=O(g(n))$，则 $O(f(n))+O(g(n))=O(g(n))$。

2．渐近下界——大Ω记法

当 $n\to\infty$ 时，复杂度函数 $T(n)$ 增长的下限函数被称为 $T(n)$ 的渐近下界，以大Ω表示。

定义 3-2（大Ω记法） 对于给定的复杂度函数 $T(n)$，如果存在两个正常数 c 和 n_0，以及函数 $\tau(n)$，使得当 $n\geqslant n_0$ 时有 $T(n)\geqslant c\tau(n)$，则称 $T(n)=\Omega(\tau(n))$。

$T(n)=\Omega(\tau(n))$ 意味着当 n 足够大时，$T(n)$ 的值始终大于 $\tau(n)$ 的某个常数倍，即从函数增长的阶上看，$\tau(n)$ 是 $T(n)$ 的下界。与大 O 记法一样，这里的 $\tau(n)$ 也是一个简单的、仅表示阶的函数。

注：大Ω与大 O 是互逆的，即 $T(n)=\Omega(\tau(n))\Leftrightarrow\tau(n)=O(T(n))$。

$T(n)=\Omega(\tau(n))$ 可以用如图 3-2 所示的函数示意图表示。当 $n<n_0$ 时，$T(n)$ 与 $\tau(n)$ 或 $c\tau(n)$ 的大小关系是不确定的；当 $n\geqslant n_0$ 时，$T(n)$ 会一直大于 $\tau(n)$ 的某个正常数倍。这里的正常数 c 可能大于 1 也可能小于 1，图 3-2 给出了这两种情况。当 $c<1$ 且 $n\geqslant n_0$ 时，会出现 $c\tau(n)\leqslant T(n)<\tau(n)$ 的情况，这正体现了 $T(n)=\Omega(\tau(n))$ 指的是 $\tau(n)$ 是 $T(n)$ 阶的下界而不是值的下界的事实。与大 O 情况相仿，这里的 c 和 n_0 也不是唯一的。

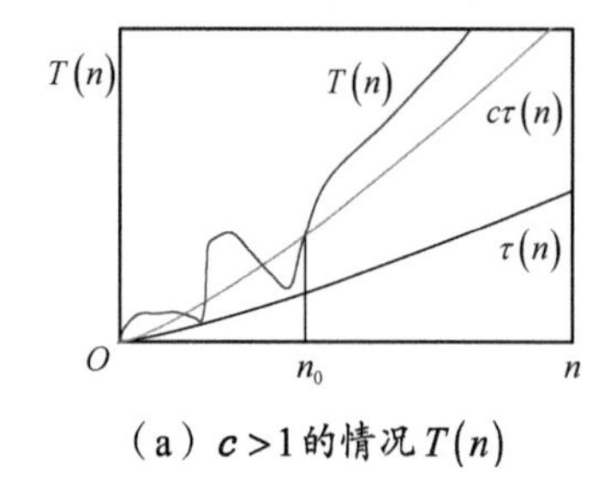

（a）$c>1$ 的情况 $T(n)$

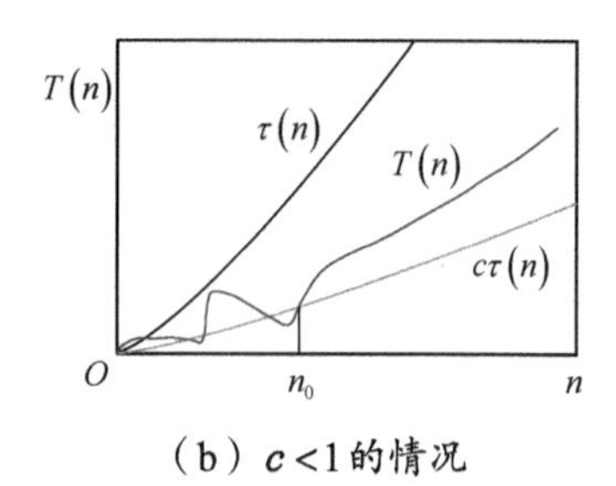

（b）$c<1$ 的情况

图 3-2　$T(n)=\Omega(\tau(n))$ 的函数示意图

与求大 O 类似，求大Ω较好的方法是使用如定理 3-3 所示的大Ω的极限判定准则（证明从略）。

定理 3-3（大Ω的极限判定准则） $T(n)=\Omega(\tau(n))$，当且仅当 $0<\lim\limits_{n\to\infty}\dfrac{T(n)}{\tau(n)}\leqslant+\infty$，即 $\lim\limits_{n\to\infty}\dfrac{T(n)}{\tau(n)}\in(0,+\infty]$ 成立。

仍以例 3-1 中的 $T(n)=3n^2+100n+40$ 为例，$\lim\limits_{n\to\infty}\dfrac{T(n)}{n^2}=3\in(0,+\infty]$，因此有 $T(n)=\Omega(n^2)$。当然，还有 $\lim\limits_{n\to\infty}\dfrac{T(n)}{n}=+\infty\in(0,+\infty]$，因此有 $T(n)=\Omega(n)$。显然 $\Omega(n^2)$ 是一个比 $\Omega(n)$ 更有意

义的界，在数学上它被称为$T(n)$最紧的大Ω界。它的特征是$0<\lim\limits_{n\to\infty}\dfrac{T(n)}{\tau(n)}<+\infty$。$\Omega(n)$在数学上被称为$T(n)$平凡的大$\Omega$界，它的特征是$\lim\limits_{n\to\infty}\dfrac{T(n)}{\tau(n)}=+\infty$。

注：在说到$T(n)$的大Ω界时，如果存在使$0<\lim\limits_{n\to\infty}\dfrac{T(n)}{\tau(n)}<+\infty$的最紧的界$\Omega(\tau(n))$，则指的就是这个最紧的界，而不是那些平凡的界。

3．渐近同阶——大Θ记法

当$n\to\infty$时，与复杂度函数$T(n)$具有相同增长性的函数被称为$T(n)$的渐近同阶，以大Θ表示。

定义 3-3（大Θ记法） 对于给定的复杂度函数$T(n)$，如果存在 3 个正常数c_1、c_2和n_0，以及函数$\tau(n)$，使得当$n\geqslant n_0$时有$c_1\tau(n)\leqslant T(n)\leqslant c_2\tau(n)$，则称$T(n)=\Theta(\tau(n))$。

$T(n)=\Theta(\tau(n))$意味着当n足够大时，$T(n)$的值始终介于$\tau(n)$的某两个常数倍之间，或者说从函数增长的阶上看，$T(n)$与$\tau(n)$同阶。与大O记法和大Ω记法一样，这里的$\tau(n)$也是一个简单的、仅表示阶的函数。

$T(n)=\Theta(\tau(n))$可以用如图 3-3 所示的函数示意图表示。当$n<n_0$时，$T(n)$与$\tau(n)$、$c_1\tau(n)$或$c_2\tau(n)$的大小关系是不确定的；当$n\geqslant n_0$时，$T(n)$就会一直介于$c_1\tau(n)$与$c_2\tau(n)$之间。这里的正常数c_1和c_2可能大于 1 也可能小于 1，图 3-3 给出了c_1和c_2都大于 1 及c_1和c_2都小于 1 的两种情况（注：还有一种$c_1<1$而$c_2>1$的情况未给出对应的图示）。与大O和大Ω情况相仿，这里的c_1、c_2和n_0也都不是唯一的。

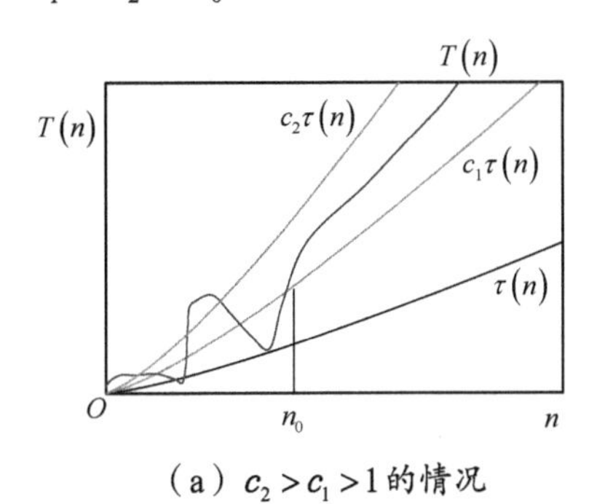

（a）$c_2>c_1>1$的情况

（b）$c_1<c_2<1$的情况

图 3-3　$T(n)=\Theta(\tau(n))$的函数示意图

与求大O和大Ω类似，求大Θ较好的方法是使用如定理 3-4 所示的大Θ的极限判定准则（证明从略）。

定理 3-4（大Θ的极限判定准则） $T(n)=\Theta(\tau(n))$，当且仅当$0<\lim\limits_{n\to\infty}\dfrac{T(n)}{\tau(n)}<+\infty$，即$\lim\limits_{n\to\infty}\dfrac{T(n)}{\tau(n)}\in(0,+\infty)$成立。

仍以例 3-1 中的$T(n)=3n^2+100n+40$为例，$\lim\limits_{n\to\infty}\dfrac{T(n)}{n^2}=3\in(0,+\infty)$，因此有$T(n)=\Theta(n^2)$。

当无法求极限时，可使用如定理 3-5 所示的大Θ的大O大Ω判定准则（证明从略）。

定理 3-5（大Θ的大O大Ω判定准则） $T(n)=\Theta(\tau(n))$，当且仅当$T(n)=O(\tau(n))$且$T(n)=\Omega(\tau(n))$同时成立。

例 3-1 中的$T(n)=3n^2+100n+40$也证实了这一判定准则，因为$T(n)$既是$O(n^2)$的，也是$\Omega(n^2)$的，自然也就是$\Theta(n^2)$的。

4．渐近超上界——小o记法

当$n\to\infty$时，增长性超过复杂度函数$T(n)$的函数被称为$T(n)$的渐近超上界，以小o表示。

定义 3-4（小o记法） 对于给定的复杂度函数$T(n)$，如果存在函数$\tau(n)$使得对于任何的$c>0$都存在整数$n_0\geqslant 1$，使得当$n\geqslant n_0$时有$T(n)<c\tau(n)$，则称$T(n)=o(\tau(n))$。

仍以例 3-1 中的$T(n)=3n^2+100n+40$为例，将$T(n)$进行适当变换，即$T(n)<4n^2+4\times 26n+4\times 169=4(n+13)^2=T'(n)$。设$c>0$，$\tau(n)=(n+13)^3$，则有$c\tau(n)-T'(n)=c(n+13)^2\left(n+13-\dfrac{4}{c}\right)$。由此可见，只要使$n+13-\dfrac{4}{c}>0$，即$n>\dfrac{4}{c}-13$，就能保证$c\tau(n)-T'(n)>0$。只要在$\dfrac{4}{c}-13\geqslant 1$，即$0<c\leqslant\dfrac{4}{14}$时取$n_0=\left\lceil\dfrac{4}{c}-13\right\rceil$，在$\dfrac{4}{c}-13<1$，即$c>\dfrac{4}{14}$时取$n_0=1$，就可以保证当$n\geqslant n_0$时有$T(n)<c\tau(n)$，因此$T(n)=o\left((n+13)^3\right)$。实际上由更加仔细的推导可以得出$T(n)=o(n^3)$的结论，但使用如定理 3-6 所示的小$o$极限判定准则（证明从略）推导要容易得多。

定理 3-6（小o的极限判定准则） $T(n)=o(\tau(n))$，当且仅当$\lim\limits_{n\to\infty}\dfrac{T(n)}{\tau(n)}=0$成立。

对于$T(n)=3n^2+100n+40$，显然有$\lim\limits_{n\to\infty}\dfrac{T(n)}{n^3}=0$，因此有$T(n)=o(n^3)$。

注 1：显然，小o是大O的特殊情况，即$T(n)=o(\tau(n))\Rightarrow T(n)=O(\tau(n))$。

5．渐近超下界——小ω记法

当$n\to\infty$时，增长性小于复杂度函数$T(n)$的函数被称为$T(n)$的渐近超下界，以小ω表示。

定义 3-5（小ω记法） 对于给定的复杂度函数$T(n)$，如果存在函数$\tau(n)$使得对于任何的$c>0$都存在整数$n_0\geqslant 1$，使得当$n\geqslant n_0$时有$T(n)>c\tau(n)$，则称$T(n)=\omega(\tau(n))$。

仍以例 3-1 中的$T(n)=3n^2+100n+40$为例。将$T(n)$进行适当变换，即$T(n)>n^2=T''(n)$。设$c>0$，$\tau(n)=n$，则有$T''(n)-c\tau(n)=n(n-c)$。由此可见，只要在$0<c<1$时取$n_0=1$，在$c\geqslant 1$时取$n_0=\lceil c\rceil+1$，就可以保证当$n\geqslant n_0$时有$T(n)>c\tau(n)$，因此有$T(n)=\omega(n)$。

求小ω较好的方法是使用如定理 3-7 所示的小ω的极限判定准则（证明从略）。

定理 3-7（小ω的极限判定准则） $T(n)=\omega(\tau(n))$，当且仅当$\lim\limits_{n\to\infty}\dfrac{T(n)}{\tau(n)}=+\infty$成立。

对于 $T(n)=3n^2+100n+40$，显然有 $\lim_{n\to\infty}\frac{T(n)}{n}=+\infty$，因此有 $T(n)=\omega(n)$。

注 1：显然，小 ω 是大 Ω 的特殊情况，即 $T(n)=\omega(\tau(n))\Rightarrow T(n)=\Omega(\tau(n))$。

注 2：小 ω 与小 o 是互逆的，即 $T(n)=\omega(\tau(n))\Leftrightarrow \tau(n)=o(T(n))$。

注 3：在算法复杂度分析中，小 ω 记法是极少使用的一种渐近记法。

3.2.2　常见的算法复杂度阶及其关系

根据 3.2.1 节对算法的渐近复杂度记法的介绍，算法复杂度分析致力于确定算法复杂度的渐近性质，即当 $n\to\infty$ 时复杂度的阶。因此，算法复杂度阶在算法分析中是非常重要的，本节就较为全面地介绍常见的算法复杂度阶。

1．常见的算法复杂度阶

常见的算法复杂度阶如表 3-1 所示，其中序号表示阶的升序。常见的算法复杂度阶的示意图如图 3-4 所示，该图像直观地展示出阶的升序。

表 3-1　常见的算法复杂度阶

序　号	复杂度阶	描　述
1	$O(1)$	常数（Constant）阶，即与输入规模 n 无关的阶，可以理解为 $O(n^0)$
2	$O(\log n)$	对数（Logarithmic）阶。相关的还有 k 阶对数阶 $\log^k n$，如 $\log^2 n=\log\log n$，以及 k 次对数阶 $(\log n)^k$。算法复杂度分析中的对数指的是以 2 为底的对数，但是由于 $\log_a T(n)=\frac{\log_2 T(n)}{\log_2 a}=\log_a 2\log_2 T(n)$，即任意底的对数与以 2 为底的对数仅相差常数倍，因此任意底的对数都与以 2 为底的对数同阶
3	$O(n)$	线性（Linear）阶。相关的还有亚线性（Sublinear）阶 $O(n^\varepsilon)$，$0<\varepsilon<1$，如 $O\left(n^{\frac{1}{2}}\right)=O(\sqrt{n})$
4	$O(n\log n)$	准线性（Quasilinear）阶，也称为线性对数（Linea Logarithm）阶
5	$O(n^k)$	多项式(Polynomial)阶。$k>1$，不仅包括整数，还包括小数。典型的多项式所有二次(Quadratic)阶 n^2、三次（Cubic）阶 n^3 等
6	$O(2^n)$	指数（Exponential）阶。2^n 为指数阶的典型代表，泛指 a^n，a 为实数，$a\geqslant 1$
7	$O(n!)$	阶乘（Factorial）阶

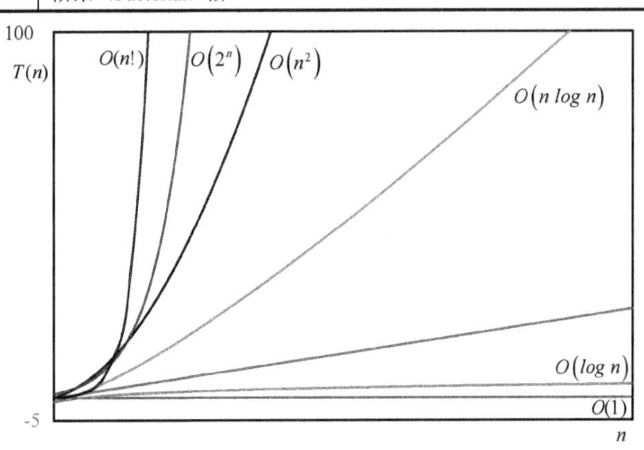

图 3-4　常见的算法复杂度阶的示意图

2．常见的算法复杂度阶之间的关系

表 3-1 中各种常见的算法复杂度阶之间的升序关系可以用如式（3-4）所示的小 o 链表示：

$$1=o(\log n);\ \log n=o(n);\ n=o(n\log n);\ n\log n=o(n^k),\ k>1;\\ n^k=o(2^n);\ 2^n=o(n!) \tag{3-4}$$

运用极限法则可以证明这个小 o 链，为此我们先证明数列与函数极限的一致性定理。

定义 3-6（数列极限） 正实数数列 $s_n:\mathbb{N}\to\mathbb{R}$ 当 $n\to\infty$ 时收敛于 L 或称极限为 L，记为 $\lim\limits_{n\to\infty}s_n=L$，当且仅当对于 $\forall\varepsilon>0$，$\exists N$，使对于所有 $n>N$ 的自然数 n，都有 $|s_n-L|<\varepsilon$。

定义 3-7（函数极限） 实数函数 $f(x):\mathbb{R}\to\mathbb{R}$ 当 $x\to\infty$ 时收敛于 L 或称极限为 L，记为 $\lim\limits_{x\to\infty}f(x)=L$，当且仅当对于 $\forall\varepsilon>0$，$\exists X>0$，使得对于所有 $|x|>X$ 的实数 x，都有 $|f(x)-L|<\varepsilon$。

定理 3-8（数列与函数极限的一致性定理） 如果 $f(x)$ 是与某数列的通项 s_n 对应的函数，那么 $\lim\limits_{x\to\infty}f(x)=L$ 意味着 $\lim\limits_{n\to\infty}s_n=L$。

证明：如果 $f(x)$ 对于 $\forall\varepsilon>0$，$\exists X>0$，使得对于所有 $|x|>X$ 的实数 x，都有 $|f(x)-L|<\varepsilon$，那么可以取 $N=\lceil X\rceil$，这时对于所有 $n>N$ 的自然数 n，都有 $|s_n-L|<\varepsilon$。

定理 3-8 使得求数列极限可以转化为求取函数极限，从而使得 $\frac{\infty}{\infty}$ 这样不定形式的极限问题可以用洛必达法则求导的方法方便地解决。

接下来证明如式（3-4）所示的小 o 链。

（1）因为 $\lim\limits_{n\to\infty}\frac{1}{\log n}=0$，所以 $1=o(\log n)$。

（2）根据洛必达法则，$\lim\limits_{x\to\infty}\frac{\log x}{x}=\lim\limits_{x\to\infty}\frac{1}{x}=0$，即 $\lim\limits_{n\to\infty}\frac{\log n}{n}=0$，所以 $\log n=o(n)$，即线性阶是对数阶的渐近超上界。由此可见，对数阶复杂度的算法是运行效率非常高的算法。事实上，$\lim\limits_{x\to\infty}\frac{(\log x)^k}{x}=\lim\limits_{x\to\infty}\frac{k(\log x)^{k-1}}{x}=\cdots=\lim\limits_{x\to\infty}\frac{k!}{x}=0$，即 $\lim\limits_{n\to\infty}\frac{(\log n)^k}{n}=0$，所以 $(\log n)^k=o(n)$，即线性阶还是 k 次对数阶的渐近超上界。进一步地，对于任意小的 $\varepsilon\to+0$，有 $\lim\limits_{x\to\infty}\frac{\log x}{x^\varepsilon}=\lim\limits_{x\to\infty}\frac{1/x}{\varepsilon x^{\varepsilon-1}}=\lim\limits_{x\to\infty}\frac{1}{\varepsilon x^\varepsilon}=0$，即 $\lim\limits_{n\to\infty}\frac{\log n}{n^\varepsilon}=0$，所以 $\log n=o(n^\varepsilon)$，即任意小 ε 的亚线性阶都是对数阶及 k 次对数阶的渐近超上界。这使我们再次领略了对数阶复杂度算法的高效率。

（3）因为 $\lim\limits_{n\to\infty}\frac{n}{n\log n}=\lim\limits_{n\to\infty}\frac{1}{\log n}=0$，所以 $n=o(n\log n)$。

（4）当实数 $k>1$，即 $k-1>0$ 时，$\lim\limits_{n\to\infty}\frac{n\log n}{n^k}=\lim\limits_{n\to\infty}\frac{\log n}{n^{k-1}}=0$，因此有 $n\log n=o(n^k)$。

（5）根据洛必达法则并考虑到 $(a^x)'=a^x\ln a$，有 $\lim\limits_{x\to\infty}\frac{x^k}{2^x}=\lim\limits_{x\to\infty}\frac{kx^{k-1}}{2^x\ln 2}=\lim\limits_{x\to\infty}\frac{k!}{2^x(\ln 2)^k}=0$，即 $\lim\limits_{n\to\infty}\frac{n^k}{2^n}=0$，因此有 $n^k=o(2^n)$。

（6）$\lim_{n\to\infty}\frac{2^n}{n!}=\lim_{n\to\infty}\frac{\overbrace{2\times2\times\cdots\times2}^{n个}}{n\times(n-1)\times\cdots\times1}=\lim_{n\to\infty}\frac{2}{n}\times\frac{2}{n-1}\times\cdots\times\frac{2}{1}$，由于 $\lim_{n\to\infty}\frac{2}{n}=0$，其余各项中除最后一项的值是常数 2 以外都小于或等于 1，因此有 $\lim_{n\to\infty}\frac{2^n}{n!}=0$，也就是说 $2^n=o(n!)$。

3.2.3　算法复杂度渐近分析的基本范型

根据前面的介绍，对一个算法进行复杂度分析的基础是获得算法在最坏或平均情况下基本运算的执行次数关于输入规模的函数 $T(n)$。由于算法进行重复操作采用迭代和递归两种基本范型，因此本节我们针对这两种基本范型介绍 $T(n)$ 的获得方法。

1. 迭代算法的分析范型

迭代算法（也称为迭代式算法或迭代型算法）通常以 for、while 等循环结构实现，通常循环的次数是与输入规模有关的。算法可能会有多重循环，大部分时候最外层的循环次数就是问题的输入规模 n，这类算法获得 $T(n)$ 的基本范型是用求和对应循环。

以算法 2-7 顺序搜索算法的最坏情况为例，用求和对应第 1 行的 for 循环，由于每次循环仅执行一次基本的比较运算，因此有 $T(n)=\sum_{i=1}^{n}1=n$。当然这是一个非常简单的平凡情况的例子，我们仅用它来说明以求和对应循环的迭代算法的分析范型，我们在今后的学习中会遇到许多非平凡的情况。

在迭代算法分析中，经常会遇到算术级数和几何级数的计算问题，在这里我们对这些数学知识进行扼要介绍。

形如 $a,a+d,\cdots,a+(n-1)d,\cdots$ 的数列称为等差数列，其中 a 称为数列的首项，d 称为数列的公差，其通项 $a_i=a+(i-1)d$，$i=1,2,\cdots$。等差数列前 n 项和 $S_n=\sum_{i=1}^{n}a_i$ 称为等差级数或算术级数，其结果如式（3-5）所示：

$$S_n=\sum_{i=1}^{n}a_i=\sum_{i=1}^{n}\left[a+(i-1)d\right]=na+\frac{1}{2}n(n-1)d \tag{3-5}$$

也可以将其表示为首项和末项的平均值乘以 n 的方式，如式（3-6）所示：

$$S_n=\sum_{i=1}^{n}a_i=\frac{1}{2}n(a_1+a_n) \tag{3-6}$$

算法分析中常遇到前 n 个自然数及其平方的求和问题，其结果如式（3-7）和式（3-8）所示：

$$1+2+\cdots+n=\sum_{i=1}^{n}i=\frac{1}{2}n(n-1)=\Theta(n^2) \tag{3-7}$$

$$1^2+2^2+\cdots+n^2=\sum_{i=1}^{n}i^2=\frac{1}{6}n(n+1)(2n+1)=\Theta(n^3) \tag{3-8}$$

形如 $a,aq,\cdots,aq^{n-1},\cdots$ 的数列称为等比数列，其中 a 称为数列的首项，q 称为数列的公比，其通项 $a_i=aq^{i-1}$，$i=1,2,\cdots$。等比数列前 n 项和 $S_n=\sum_{i=1}^{n}a_i$ 称为等比级数或几何级数，当 $q\neq1$ 时其结果如式（3-9）所示：

$$S_n=\sum_{i=1}^{n}a_i=\sum_{i=1}^{n}aq^{i-1}=a\frac{1-q^n}{1-q},\quad q\neq 1 \tag{3-9}$$

当$|q|<1$时，S_n收敛于$\frac{a}{1-q}$，如式（3-10）所示：

$$S=\lim_{n\to\infty}S_n=\lim_{n\to\infty}\sum_{i=1}^{n}aq^{i-1}=\frac{a}{1-q},\quad |q|<1 \tag{3-10}$$

2．**递归算法的分析范型**

我们将在第 4 章专门介绍递归算法的设计。出于讨论算法分析范型的需要，本节先用一个求阶乘的例子对递归算法进行扼要介绍。

计算$n!$可以用如算法 3-1 所示的迭代算法从 1、2 依次乘到n，也可以设计为如算法 3-2 所示的递归形式。由于$n!=n(n-1)!$，因此可以将计算$n!$的问题转化为计算$(n-1)!$的问题，而$(n-1)!$与$n!$的计算方法相同，只是规模小了 1，这个过程可以一直继续下去，直到问题的规模变为 0，因为$0!=1$，这时可以直接返回结果 1，运算过程结束。我们将该算法取名为 factorial，并将n作为参数传递给它，于是它就具有了函数的特征，即 factorial(n)，该函数在计算过程中需要调用自身，我们将这种算法设计方法称为递归。根据上述分析，将计算$n!$的算法设计为如算法 3-2 所示的递归算法。

算法 3-1　计算 *n*!的迭代算法

```
输入：自然数 n
输出：n!
1. p = 1
2. for i = 1 to n
3.     p = p * i
4. end for
5. return p
```

算法 3-2　计算 *n*!的递归算法

```
输入：自然数 n
输出：n!
1. factorial(n)
2.     if n = 0 then
3.         return 1
4.     else
5.         return n*factorial(n - 1)
6. end
```

递归算法的分析范型是先给出$T(n)$的递推表达式，然后求解递推表达式。对于如算法 3-2 所示的计算$n!$的递归算法来说，算法的基本运算为第 5 行的乘法运算，每次运行该行都会执行 1 次乘法运算，再进行规模减 1 的递归调用，于是我们可以获得该算法运行时间的递推式：$T(n)=1+T(n-1)$。当$n=0$时，算法执行第 3 行结束递归调用，此时没有执行乘法运算，因此有$T(0)=0$。上述分析可以归结为式（3-11）：

$$T(n)=\begin{cases}T(n-1)+1 & n>0\\ 0 & n=0\end{cases} \tag{3-11}$$

要获得算法复杂度阶，需要得到递推表达式的**闭式表达式**（Closed-Form Expression），也称为**闭式解**。

注：在数学中，闭式表达式是一种用有限的标准操作表示的表达式[2]。它可能包含常数、变量的加、减、乘、除等常用的运算，以及指数、对数、三角、反双曲等函数，但通常不包括求极限、微分、积分等操作。闭式表达式可以包括的运算和函数可能会因人或上下文而异。闭式表达式又称为解析表达式或解析解。

对于算法复杂度分析来说，迭代算法的分析范型中的求和表达式及递归算法的分析范型中的递推表达式都不算闭式解，都应该通过推导获得闭式解以便对复杂度进行渐近分析，从而获得复杂度阶。

求解递推表示式有很多种方法，我们在这里先介绍简单的递推方法，第 6 章中将介绍更加高级的大师定理法。

对于如式（3-11）所示的递推表达式，可以通过连续地递推获得其闭式解：

$$T(n)=T(n-1)+1=T(n-2)+1+1=T(n-3)+1+1+1$$

由此可以看到，公式右端 1 的个数等于其第 1 项 $T(n-k)$ 括号中减号后面的数 k，递推过程会在 $T(n-k)$ 变成 $T(0)=0$ 时终止，此时 $k=n$，即后面有 k 个 1，因此最后得到式（3-11）的闭式解，即计算 $n!$ 的递归算法的复杂度 $T(n)=n=O(n)$。

这也是一个非常简单的平凡情况的例子，我们仅用它来说明递归算法的基本分析范型，即先获得 $T(n)$ 的递推表达式，再求其闭式解，我们在今后的学习中会遇到许多非平凡的递归算法，其复杂度分析也将更复杂。

3.3 大整数算术运算的复杂度

Euclid GCD 算法和素性测试的试除算法等数论算法，特别是密码学算法，经常需要对任意大的整数进行运算，这时整数的加、减、乘、除四则运算在复杂度分析中就不能看作常数时间的基本运算，需要对它们设计算法并进行复杂度分析。本节将先以二进制数的运算作为基本运算讨论初等数学中二进制数的竖式算术运算的复杂度，再讨论多精度整数算术运算的复杂度。

3.3.1 二进制数的竖式算术运算的复杂度

我们在初等数学中学习的竖式算术运算其实就是一些算法，这些算法的历史久远，甚至可以追溯到远古时期，它们再次佐证了“在没有计算机的时候早就有了算法”。令人惊讶的是，这些算法具有阶很低的多项式复杂度，它们的思想乃至具体方法是现代计算机中算术运算，特别是较小数值算术运算的算法基础。

1. 二进制数的竖式加法与减法运算及其复杂度

图 3-5 所示为二进制数的竖式加法与减法运算示例。由于计算机对有符号数采用补码表示，可将减法运算转换成加法运算，如图 3-5（c）就是图 3-5（b）的减法对应的补码加法，因此我们可以只考虑加法运算。

由图 3-5（a）可以看出，两个 n 位的二进制数相加要将对应的 n 对二进制位相加，需要进行 n 次二进制位的加法运算。运算过程中最多有 n 次进位，其中有 $n-1$ 次对进位的加法和生成 1 个新的最高位，总的位操作数为 n～$2n$。因此，二进制数的加法和减法运算的复杂度为 $O(n)$。

注：先进的 CPU 可直接提供含进位的加法指令，这样就省去了额外的进位加法操作。

$$\begin{array}{r} 10010010 \\ +\ 01010011 \\ \hline 11100101 \end{array}$$

（a）二进制数的竖式加法运算示例

$$\begin{array}{r} 10010010 \\ -\ 01010011 \\ \hline 00111111 \end{array}$$

（b）二进制数的竖式减法运算示例

$$\begin{array}{r} 010010010 \\ +\ 110101101 \\ \hline 000111111 \end{array}$$

（c）二进制数的竖式减法（补码）运算示例

图 3-5 二进制数的竖式加法与减法运算示例

2．二进制数的竖式乘法运算及其复杂度

图 3-6（a）所示为二进制数的竖式乘法运算示例，竖式乘法又称为长乘法。尽管看起来需要进行移位操作，但其实可以避免。假设被乘数 a 和乘数 b 都是 n 位的二进制数，乘积 p 初始化为 0，则二进制数的竖式乘法运算的思想描述如下。

算法 3-3　二进制数的竖式乘法运算的思想描述

1．对乘数 b 的各个位 b_i ($i=0,1,\cdots,n-1$ ，其中 0 为最低位）进行循环。

　a. 如果 b_i 为 1，则将 $a_0,a_1,\cdots,a_{n-1}$ 依次带进位地加到 p 的 $p_i,p_{i+1},\cdots,p_{i+n-1}$ 位上。

　b. 如果 b_i 为 0，则不进行任何操作。

2．输出乘积 p 。

该算法的复杂度分析如下。共进行 n 次循环，每次循环仅需要执行一次 n 位数的带进位的加法运算，因此复杂度 $T(n)=nO(n)=O(n^2)$ 。

3．二进制数的竖式除法运算及其复杂度

图 3-6（b）所示为二进制数的竖式除法运算示例，竖式除法又称为长除法。假设被除数 a 和除数 b 分别是 n_a 位和 n_b 位的二进制数，商 q 和余数 r 分别是 n_q 位和 n_r 位的二进制数，则显然有 $n_q=n_a-n_b+1$ ，$n_r\leqslant n_b$ 。由于补码运算可将减法转换为加法从而使计算过程得以简化，因此我们用图 3-6（c）给出了图 3-6（b）对应的补码运算。算法 3-4 为基于补码的二进制数的竖式除法运算的思想描述。

算法 3-4　基于补码的二进制数的竖式除法运算的思想描述

1．将被除数 a 和除数 b 分别在高位扩展一位 0，以处理图 3-6（b）中的被减数（10001）比减数多出一位的情况。

2．将扩展后的 a 再增加一位 0 扩展为正的补码 $\overline{a}$ ，将扩展后的 b 再增加一位 1 转为负数，再转为补码 $\overline{b}$ 。记 $\overline{a}$ 、$\overline{b}$ 的位数分别为 $n_{\overline{a}}$ 、$n_{\overline{b}}$ ，则显然有 $n_{\overline{a}}=n_a+2$ 、$n_{\overline{b}}=n_b+2$ 。

3．记 $k=n_{\overline{a}}-n_{\overline{b}}$ 。

4．for　$i=k$　down to 0

　a. 对 $\overline{a}_i,\overline{a}_{i+1},\cdots,\overline{a}_{i+n_{\overline{b}}-1}$ 与 $\overline{b}_0,\overline{b}_1,\cdots,\overline{b}_{n_{\overline{b}}-1}$ 求和得 s 。

　b. 若 s 的符号位为 1，则置 $q_i=0$ 。

　c. 若 s 的符号位为 0，则置 $q_i=1$，并将 s 写回 $\overline{a}_i,\overline{a}_{i+1},\cdots,\overline{a}_{i+n_{\overline{b}}-1}$ 。

5．输出商 q 和余数 $r=\overline{a}_0,\overline{a}_1,\cdots,\overline{a}_{n_b-1}$ 。

该算法的复杂度分析如下。共进行 $n_q=n_a-n_b+1$ 次循环，每次循环仅需要执行一次 $n_{\overline{b}}=n_b+2$ 位数的带进位的加法运算，因此复杂度 $T(n)=n_qO(n_b)=O((n_a-n_b)n_b)$ 。

```
    1011
   ×1010
  ------
    0000
  +1011
  ------
   10110
 +0000
  ------
  010110
+1011
  ------
 1101110
```

（a）二进制数的竖式乘法运算示例

```
        1011
1001/ 1101011
     -1001
     -------
      01000
      -0000
     -------
       10001
      -1001
     -------
        10001
        -1001
     -------
         1000
```

（b）二进制数的竖式除法运算示例

```
               1011
110111/ 001101011
        +110111
        ---------
        0001000
        +110111
        ---------
          010001
         +110111
        ---------
            010001
           +110111
        ---------
             01000
```

（c）二进制数的竖式除法（补码）运算示例

图 3-6　二进制数的竖式乘法与除法运算示例

3.3.2 大整数的多精度表示

最基本的数字运算是二进制数的运算，也就是说，原则上大整数算术运算应该以二进制数的算术运算作为基本运算。然而，实际计算机中的算术运算是以长度为w的CPU字（目前典型的CPU字长是64位，即$w=64$ bit）为单位的，即两个CPU字间的各种基本算术运算可以看作常数时间的运算。因此，大整数常先以2^w为底数表示，再进行计算。这种2^w进制的数被称为多精度（Multiple-Precision）整数，相应的运算被称为**多精度整数运算**。相对地，w范围内的数被称为单精度（Single-Precision）整数，相应的运算被称为**单精度整数运算**。单精度整数的基本算术运算可以看作常数时间的运算，因此可以作为多精度整数运算算法中的基本运算。

以某个底数b将整数表示为b进制的数并不是什么新鲜事，如十进制的234可以表示为$(234)_{10}=2\times10^2+3\times10^1+4\times10^0$，这个数是我们认为的大小。如果我们将它表示为$1\times2^7+1\times2^6+1\times2^5+0\times2^4+1\times2^3+0\times2^2+1\times2^1+0\times2^0$，就获得了它的二进制表示形式$(11101010)_2$。以此类推，我们可以将一个50位的十进制素数[3]表示为以64位二进制数为底数（2^{64}）的数：

$$95647806479275528135733781266203904794419563064407=281083640462\times\left(2^{64}\right)^2+$$
$$60769039522608401 83\times\left(2^{64}\right)^1+17016697236104146007\times\left(2^{64}\right)^0$$

即

$$(95647806479275528135733781266203904794419563064407)_{10}=$$
$$((281083640462)(6076903952260840183)(17016697236104146007))_{2^{64}}$$

注：互联网上有一些站点提供多精度数的运算器，如MathsIsFun.com[4]。

实际上，任意整数a均可表示为以底数b（b为大于1的整数）为基的形式：$a=a_{n-1}b^{n-1}+a_{n-2}b^{n-2}+\cdots+a_1b^1+a_0b^0$，即$a=(a_{n-1}a_{n-2}\cdots a_1a_0)_b$。这时我们称$a$是$n$位$b$进制数。在算法领域中，我们常取由CPU字长$w$决定的$b$，即$b=2^w$，因此$n$可以看作$a$的输入规模。

3.3.3 多精度整数算术运算的复杂度

对于多精度整数，我们依然可以参照竖式算术运算方法设计其基本算法，这方面的工作在加拿大滑铁卢大学的A. J. Menezes、P. C. van Oorschot和S. A. Vanstone所著的《应用密码学手册》（*Handbook of Applied Cryptography*）第14章中有详细的阐述，作者在互联网上提供了该著作的电子版[5]。

该著作中所介绍的多精度整数算术运算的复杂度与上述二进制数的竖式算术运算的复杂度相同，即加法和减法为$O(n)$，乘法为$O(n^2)$，除法为$O((n_a-n_b)n_b)$，其中n_a和n_b分别为被除数和除数的输入规模，基本运算分别为单精度整数的加法、乘法和除法运算。

1. 多精度整数乘法运算及其复杂度

在大整数算术运算中，乘法运算是最受关注的，因为加法和减法运算的复杂度不可能再有阶上的改进，而除法运算又经常依赖于乘法运算。人们也确实在大整数乘法运算方面进行了深入的探索，并取得了丰富的成果。

20 世纪最杰出的数学家之一、前苏联的安德烈 • 柯尔莫哥洛夫（Andrey Kolmogorov）曾于 1960 年提出猜想：两个整数相乘的复杂度不会低于竖式乘法运算的复杂度，即应为$\Omega\left(n^2\right)$[6]。然而，他的猜想很快就被同样来自前苏联的 23 岁天才数学系学生阿纳托利 • 卡拉苏巴（Anatoly Karatsuba）推翻[6]，Karatsuba 基于分治方法提出了复杂度为$O\left(n^{\log_2 3}\right) \approx O\left(n^{1.58}\right)$的大整数乘法算法[7]，我们将在第 6 章介绍 Karatsuba 乘法算法。

此后不久，前苏联数学家 Andrei Toom 和美国计算机科学家、数学家 Stephen Cook 将 Karatsuba 的 2 分治法推广为k分治法，提出了 Toom-Cook 乘法算法[8]。当$k=3$时，他们的算法可以将乘法算法的复杂度降低到$O\left(n^{\log_3 5}\right) \approx O\left(n^{1.465}\right)$。

1971 年，德国数学家、计算机科学家 Arnold Schönhage 和 Volker Strassen 基于快速傅里叶变换（FFT）提出了一个复杂度为$O(n\log n\log\log n)$的 Schönhage-Strassen 算法[9]。Schönhage 和 Strassen 同时猜测两个整数相乘的复杂度极限为$O(n\log n)$。

2007 年，美国宾夕法尼亚州立大学的计算机科学家 Martin Fürer 将 Schönhage-Strassen 算法的复杂度改进到$O\left(n\log n 2^{2\log^* n}\right)$[10]，其中$\log^* n$为迭代对数，见下面的注 2。

2019 年，澳大利亚新南威尔士大学的 David Harvey 和法国国家科学研究中心的 Joris van der Hoeven，使用高达 1729 维的 FFT 将 Schönhage-Strassen 算法的复杂度改进到猜想的极限$O(n\log n)$[11]。

Fürer 和 Harvey、Hoeven 改进的算法目前仅具有理论意义，它们所达到的复杂度是渐近复杂度。Fürer 在其论文中指出，他的算法只有在天文数字量级上才能达到所改进的复杂度。Harvey、Hoeven 改进的算法更是只有当两个乘数超过2^{1729^2}时才达到$O(n\log n)$的复杂度，而可观测宇宙中的粒子数仅有2^{270}个[12]。

实际的算法实现常根据整数的大小采用适宜的算法。例如，广泛应用的 GNU 多精度算术库（GNU Multiple Precision Arithmetic Library，GMP）[13]就根据不同的乘数阈值依次选择 Karatsuba、Toom-3、Toom-4、Toom-6.5、Toom-8.5 和 FFT 算法[14]。每种算法的乘数阈值又与机器架构相关，如为类型为 core2-pc-linux-gnu 的 64 位主机 cnr.gmplib.org-stat 定义的 FFT 算法的乘数阈值 MUL_FFT_THRESHOLD 为 4736[15]，也就是说，当乘数超过4736×64个二进制位，即10^{91244}（约 10 万个十进制位）时，将采用 Schönhage-Strassen 的 FFT 算法进行乘法运算。

注 1：鉴于乘法运算的这种乘数规模依赖性，常将乘法运算的复杂度记为$M(n)$。

注 2：在计算机科学中，迭代对数$\log^* n$（Iterated Logarithm，也称为重复对数，读作“log 星”），定义为[16]$\log^* n = \begin{cases} 0 & n\leqslant 1 \\ 1+\log^*(\log n) & n>1 \end{cases}$。显然，$\log^* n$是一个大于或等于 0 的整数。尽管其底数可以是大于$e^{\frac{1}{e}} \approx 1.444667$的任何实数，但是在计算机科学中通常指的是以 2 为底的情况。例如，$\log^* 2 = 1+\log^*(\log 2) = 1+\log^* 1 = 1$；$\log^* 3 = 1+\log^*(\log 3) = 1+\log^*(1.58\cdots) = 2+\log^*(\log(1.58\cdots)) = 2+\log^*(0.66\cdots) = 2$；$\log^* 4 = 1+\log^*(\log 4) = 1+\log^* 2 = 2$；$\log^* 8 = 1+\log^*(\log 8) = 1+\log^* 3 = 3$；$\log^* 2^4 = \log^* 16 = 1+\log^*(\log 16) = 1+\log^* 4 = 3$；$\log^* 2^{16} = \log^* 65536 = 1+\log^*(\log 65536) = 1+\log^* 16 = 4\log^* 2^{65536} = 1+\log^*\left(\log 2^{65536}\right) = 1+$

$\log^* 65536 = 5$。实际上，当 n 为 $(-\infty,1]$、$(1,2]$、$(2,4]$、$(4,16]$、$(16,65536]$、$(65536,2^{65536}]$ 中的实数时，$\log^* n$ 的值分别是 0、1、2、3、4、5。由此可见，迭代对数是一个增加非常缓慢且值很小的数学函数，可以近似地视为常数。

2．多精度整数除法运算及其复杂度

除法运算是四则运算中最复杂的运算，有关的多精度整数除法运算分成两大类：一类基于长除法；另一类基于约简（Reduction）变换。

1）基于长除法的多精度整数除法运算

具代表性的基于长除法的多精度整数除法运算是 Knuth 算法[17]，以及之后 Smith[18]，Huang、Luo 和 Zhong 等[19]，Mukhopadhyay 和 Nandy[20]改进的算法，这些算法的复杂度均与二进制数的竖式除法运算的复杂度 $O\left(\left(n_a-n_b\right)n_b\right)$ 相同[19]。假如除数的规模 n_b 在 1～n_a（注：$n_b > n_a$ 为平凡情况，因为被除数小于除数，所以商为 0，余数为被除数）的范围内均匀分布，则规模为 n_a 的被除数的平均除法运算复杂度为[21]

$$T_{\text{average}}\left(n_a\right)=\frac{1}{n_a}\sum_{n_b=1}^{n_a}O\left(\left(n_a-n_b\right)n_b\right)=O\left(\frac{1}{6}\left(n_a^2-1\right)\right)=O\left(n_a^2\right)$$

2）基于约简变换的多精度整数除法运算

基于约简变换的多精度整数除法运算以 Newton-Raphson 算法最具代表性[22]，这类算法先将除法运算约简变换为少量的乘法运算，然后运用复杂度合适的乘法运算，如 Karatsuba 算法、Toom-Cook 算法或 Schönhage-Strassen 算法求解[22]，因此这类算法的复杂度就是乘法运算的复杂度 $O\left(M\left(n\right)\right)$。

3.4 Euclid GCD 算法的复杂度分析

作为算法复杂度分析的一个实例，本节将给出 Euclid GCD 算法的复杂度分析。该实例在算法复杂度分析中属于一种较为特殊的情况，其中用到了斐波那契（Fibonacci）数列，我们先对该数列进行介绍。

3.4.1 Fibonacci 数列及其通项的闭式解

Fibonacci 数列源于一个理想的兔子模型。该模型说的是某人于 1 月养了一对兔子，这对兔子 2 月长为成年兔，3 月生出一对小兔，以后这对成年兔每月都会生出一对小兔，而各对小兔也都像这对成年兔一样，用一个月长为成年兔，接下来的每个月都生出一对小兔。在所有兔子都不老死的情况下，到第 n 个月时这个人会有多少对兔子呢？

注：莱昂纳多·斐波那契（Leonardo Fibonacci，1170—1250）是意大利数学家，他 1202 年的著作《计算之书》（*Liber Abaci*）向欧洲传播了印度-阿拉伯数字系统，为后来欧洲文艺复兴和科学革命奠定了数学基础。他被称为“中世纪最有才华的数学家”。Fibonacci 数列以他的名字命名，尽管该数列已于 6 世纪被印度数学家发现，但 Fibonacci 是将其引入欧洲并使其广为研究和流传的人。

我们来建立这个问题的数学模型。假设第 n 个月有 F_n 对兔子，那么 F_n 一定包括第 $n-1$ 个月的所有 F_{n-1} 对兔子，还包括第 n 个月新出生的兔子。第 n 个月新出生的兔子对数等于 F_{n-1} 减去第 $n-1$ 个月新出生兔子后的老兔子对数，这个数就是第 $n-2$ 个月的兔子对数，因此

$F_n = F_{n-1} + F_{n-2}$。初始两个月的兔子对数为初始化的数，即 $F_1 = 1$、$F_2 = 1$。显然我们可以将这个数列向前延伸出 $F_0 = 0$，因为这仍然能够保证 $F_2 = F_1 + F_0 = 1$。于是 Fibonacci 数列的数学模型可以用如式（3-12）所示的递推式表示：

$$F_n = \begin{cases} 0 & n=0 \\ 1 & n=1 \\ F_{n-1} + F_{n-2} & n \geqslant 2 \end{cases} \tag{3-12}$$

以下是前 20 个 Fibonacci 数：0, 1, 1, 2, 3, 5, 8, 13, 21, 34, 55, 89, 144, 233, 377, 610, 987, 1597, 2584, 4181。

获取 Fibonacci 数列通项的闭式解的常用方法是生成函数法，但在这里我们介绍更好理解的矩阵对角化方法。

先将 F_{n+1} 和 F_n 表达为 F_n 和 F_{n-1} 的组合，即 $\begin{cases} F_{n+1} = 1 \cdot F_n + 1 \cdot F_{n-1} \\ F_n = 1 \cdot F_n + 0 \cdot F_{n-1} \end{cases}$，由此可得矩阵式 $\begin{pmatrix} F_{n+1} \\ F_n \end{pmatrix} = \begin{pmatrix} 1 & 1 \\ 1 & 0 \end{pmatrix} \begin{pmatrix} F_n \\ F_{n-1} \end{pmatrix}$。由于该矩阵式为一个递推式，因此有 $\begin{pmatrix} F_n \\ F_{n-1} \end{pmatrix} = \begin{pmatrix} 1 & 1 \\ 1 & 0 \end{pmatrix} \begin{pmatrix} F_{n-1} \\ F_{n-2} \end{pmatrix}$。将这两个矩阵式合并可得 $\begin{pmatrix} F_{n+1} & F_n \\ F_n & F_{n-1} \end{pmatrix} = \begin{pmatrix} 1 & 1 \\ 1 & 0 \end{pmatrix} \begin{pmatrix} F_n & F_{n-1} \\ F_{n-1} & F_{n-2} \end{pmatrix}$。这又是一个递推式，将它前推一次可得 $\begin{pmatrix} F_{n+1} & F_n \\ F_n & F_{n-1} \end{pmatrix} = \begin{pmatrix} 1 & 1 \\ 1 & 0 \end{pmatrix}^2 \begin{pmatrix} F_{n-1} & F_{n-2} \\ F_{n-2} & F_{n-3} \end{pmatrix}$，由该递推式可以看出，常数矩阵 $\begin{pmatrix} 1 & 1 \\ 1 & 0 \end{pmatrix}$ 的方次 2 与右侧矩阵右上角元素 F_{n-2} 的下标的和为 n，这个递推过程可以一直继续下去，直到右侧矩阵的右下角元素由 F_{n-3} 变成 F_0，此时其右上角元素为 F_1，因此常数矩阵的方次为 $n-1$，也就是 $\begin{pmatrix} F_{n+1} & F_n \\ F_n & F_{n-1} \end{pmatrix} = \begin{pmatrix} 1 & 1 \\ 1 & 0 \end{pmatrix}^{n-1} \begin{pmatrix} F_2 & F_1 \\ F_1 & F_0 \end{pmatrix}$。令人惊讶的是，$\begin{pmatrix} F_2 & F_1 \\ F_1 & F_0 \end{pmatrix}$ 正好是常数矩阵 $\begin{pmatrix} 1 & 1 \\ 1 & 0 \end{pmatrix}$，于是我们就得到了如式（3-13）所示的 Fibonacci 数的矩阵表达式：

$$\begin{pmatrix} F_{n+1} & F_n \\ F_n & F_{n-1} \end{pmatrix} = \begin{pmatrix} 1 & 1 \\ 1 & 0 \end{pmatrix}^n \tag{3-13}$$

式（3-13）使得我们可以运用线性代数中的矩阵对角化来求取 Fibonacci 数列通项的闭式解。令 $\boldsymbol{A} = \begin{pmatrix} 1 & 1 \\ 1 & 0 \end{pmatrix}$，则 $\boldsymbol{A}$ 的特征方程为 $\begin{vmatrix} 1-\lambda & 1 \\ 1 & -\lambda \end{vmatrix} = 0$，即 $\lambda^2 - \lambda - 1 = 0$，这就是著名的**黄金分割方程**，它的两个解分别是 $\varphi = \dfrac{1+\sqrt{5}}{2}$ 和 $\psi = \dfrac{1-\sqrt{5}}{2}$。

注：据说黄金分割最早源于建筑设计问题，即什么高宽比例的窗子是最美的窗子，人们认为高 a（长边）与宽 b（短边）的比等于 $a+b$ 与 a 的比，即 $\dfrac{a}{b} = \dfrac{a+b}{a}$ 的窗子是最美的，令 $\lambda = \dfrac{a}{b}$，可得黄金分割方程 $\lambda^2 - \lambda - 1 = 0$，它的正数解，即黄金分割数 $\varphi = \dfrac{1+\sqrt{5}}{2} \approx 1.618$。黄金分割数更常见的表达形式是短边与长边的比，即 $\dfrac{1}{\varphi} = \dfrac{2}{1+\sqrt{5}} = \dfrac{\sqrt{5}-1}{2} = \dfrac{\sqrt{5}+1}{2} - 1 = \varphi - 1 \approx 0.618$。黄金分割也被认为是分割线段的最美效果，即分割后较长一段与较短一段的比和整个线段与较长一段的比相等。

由于矩阵 $\boldsymbol{A}$ 有两个不相等的特征值，因此可以对角化为 $\boldsymbol{A}=\boldsymbol{Q\Lambda Q}^{-1}$ 的形式，其中 $\boldsymbol{\Lambda}$ 为由特征值构成的对角矩阵，即 $\boldsymbol{\Lambda}=\begin{pmatrix}\varphi & 0\\ 0 & \psi\end{pmatrix}$，而 $\boldsymbol{Q}$ 则可由两个特征值对应的特征向量构造而成。令特征值 φ 对应的特征向量为 $\boldsymbol{x}_\varphi=\begin{pmatrix}x_\varphi\\ y_\varphi\end{pmatrix}$，则有 $\boldsymbol{Ax}_\varphi=\varphi\boldsymbol{x}_\varphi$，即 $\begin{pmatrix}1 & 1\\ 1 & 0\end{pmatrix}\begin{pmatrix}x_\varphi\\ y_\varphi\end{pmatrix}=\varphi\begin{pmatrix}x_\varphi\\ y_\varphi\end{pmatrix}$，解之可得 $x_\varphi=\varphi y_\varphi$，因此 $\boldsymbol{x}_\varphi=\begin{pmatrix}\varphi y_\varphi\\ y_\varphi\end{pmatrix}=y_\varphi\begin{pmatrix}\varphi\\ 1\end{pmatrix}$，其中 y_φ 为不等于 0 的任意常数。同理可得，特征值 ψ 对应的特征向量 $\boldsymbol{x}_\psi=y_\psi\begin{pmatrix}\psi\\ 1\end{pmatrix}$，其中 y_ψ 为不等于 0 的任意常数。于是我们就获得了一个 $\boldsymbol{Q}$ 矩阵（不是唯一的）：$\boldsymbol{Q}=\begin{pmatrix}\varphi & \psi\\ 1 & 1\end{pmatrix}$。

接下来我们需要获取 $\boldsymbol{Q}$ 矩阵的逆 $\boldsymbol{Q}^{-1}$，为此我们使用矩阵求逆的基本方法之一的伴随矩阵法。非奇异矩阵 $\boldsymbol{M}$ 的逆可以用如式（3-14）所示的伴随矩阵法求取，其中 $|\boldsymbol{M}|$ 为 $\boldsymbol{M}$ 的行列式，$\boldsymbol{M}^*$ 为 $\boldsymbol{M}$ 的伴随矩阵，$\boldsymbol{M}^*$ 中的每个元素 m_{ij}^* 是 $\boldsymbol{M}$ 矩阵中对应元素 m_{ji} 的代数余子式。

$$\boldsymbol{M}^{-1}=\frac{1}{|\boldsymbol{M}|}\boldsymbol{M}^* \tag{3-14}$$

对于二阶矩阵 $\boldsymbol{M}_{(2)}=\begin{pmatrix}m_{11} & m_{12}\\ m_{21} & m_{22}\end{pmatrix}$，式（3-14）变为如式（3-15）所示的简洁的形式：

$$\boldsymbol{M}_{(2)}{}^{-1}=\frac{1}{m_{11}m_{22}-m_{12}m_{21}}\begin{pmatrix}m_{22} & -m_{12}\\ -m_{21} & m_{11}\end{pmatrix} \tag{3-15}$$

根据式（3-15）可以求得上述 $\boldsymbol{Q}$ 矩阵的逆，即

$$\boldsymbol{Q}^{-1}=\frac{1}{\varphi-\psi}\begin{pmatrix}1 & -\psi\\ -1 & \varphi\end{pmatrix}=\frac{1}{\sqrt{5}}\begin{pmatrix}1 & -\psi\\ -1 & \varphi\end{pmatrix}$$

于是式（3-13）可推导为

$$\begin{pmatrix}F_{n+1} & F_n\\ F_n & F_{n-1}\end{pmatrix}=\boldsymbol{A}^n=\left(\boldsymbol{Q\Lambda Q}^{-1}\right)^n=\boldsymbol{Q\Lambda}^n\boldsymbol{Q}^{-1}=\frac{1}{\sqrt{5}}\begin{pmatrix}\varphi & \psi\\ 1 & 1\end{pmatrix}\begin{pmatrix}\varphi^n & 0\\ 0 & \psi^n\end{pmatrix}\begin{pmatrix}1 & -\psi\\ -1 & \varphi\end{pmatrix}$$

将右端的前两个矩阵相乘，得

$$\begin{pmatrix}F_{n+1} & F_n\\ F_n & F_{n-1}\end{pmatrix}=\frac{1}{\sqrt{5}}\begin{pmatrix}\varphi^{n+1} & \psi^{n+1}\\ \varphi^n & \psi^n\end{pmatrix}\begin{pmatrix}1 & -\psi\\ -1 & \varphi\end{pmatrix}$$

求 F_n 只要计算右上角的元素就可以了，即

$$F_n=\frac{1}{\sqrt{5}}\left(-\varphi^{n+1}\psi+\psi^{n+1}\varphi\right)$$

根据韦达定理知 $\varphi\psi=-1$，于是可得到如式（3-16）所示的 Fibonacci 数列通项的闭式解：

$$F_n=\frac{1}{\sqrt{5}}\left(\varphi^n-\psi^n\right)=\frac{1}{\sqrt{5}}\left(\left(\frac{1+\sqrt{5}}{2}\right)^n-\left(\frac{1-\sqrt{5}}{2}\right)^n\right) \tag{3-16}$$

式（3-16）是如此让人吃惊，由一个无理数的通项公式计算出来的无穷数列中的每个数都是整数！式（3-16）又是如此美妙，Fibonacci 数列中的每个数都是由黄金分割数构造出来的。

式（3-16）的求解过程又是如此华丽，运用了矩阵的特征值、特征向量及对角化方法。

由于 $\psi=\dfrac{1-\sqrt{5}}{2}\approx-0.618$，即 $|\psi|<1$，有 $\lim\limits_{n\to\infty}\psi^n=0$，因此有 $\lim\limits_{n\to\infty}F_n=\dfrac{1}{\sqrt{5}}\varphi^n=\dfrac{1}{\sqrt{5}}\left(\dfrac{1+\sqrt{5}}{2}\right)^n$，这说明 Fibonacci 数渐近地呈指数增长。进一步地有 $\lim\limits_{n\to\infty}\dfrac{F_{n+1}}{F_n}=\varphi=\dfrac{1+\sqrt{5}}{2}$，也就是说 Fibonacci 数列中前后数的比例渐近地趋于黄金分割数，事实上 Fibonacci 数列是前后数趋于黄金分割比例的最佳整数序列。

接下来我们说明一下广义 Fibonacci 数列。广义 Fibonacci 数列 $G_0,G_1,G_2,\cdots,G_n,\cdots$ 指的是 G_0、G_1 为任意常数 a、b，而数列中的其余元素遵循 Fibonacci 数列规则的数列，如式（3-17）所示：

$$G_n=\begin{cases}a & n=1\\ b & n=1\\ G_{n-1}+G_{n-2} & n\geqslant 2\end{cases}\tag{3-17}$$

式中，a、b 为任意常数。

广义 Fibonacci 数列与 Fibonacci 数列有密切的关系，这一点我们可以由表 3-2 中 G 数列的展开式看出。

表 3-2　广义 Fibonacci 数列与 Fibonacci 数列的关系

i	0	1	2	3	4	5	6	…	n
F_i	0	1	1	2	3	5	8	…	F_n
G_i	a	b	$a+b$	$a+2b$	$2a+3b$	$3a+5b$	$5a+8b$	…	$F_{n-1}a+F_nb$

3.4.2 Euclid GCD 算法复杂度的详细分析

我们在 1.1.2 节中介绍了 Euclid GCD 算法，并以算法 1-4 给出了其规范化伪代码，本节将分析该算法的复杂度。在算法分析领域中，Euclid GCD 算法代表着对输入数据的值进行处理的一大类数论类算法，这类算法的复杂度分析通常包括两个层面：一是算法中的循环次数；二是总体的位计算代价。当输入数据不超过计算机的字长时，通常不用考虑位计算代价，因为这时加、减、乘、除这些基本运算可以看作常数时间的运算，这时算法中的循环次数就是较合理的算法代价度量。但是当输入数据是任意精度时，就不能将加、减、乘、除这些基本运算看作常数时间的运算，必须考虑总体的位计算代价。

1. Euclid GCD 算法最坏情况下的循环次数

Euclid GCD 算法有两个输入数据 a 和 b，因此我们将其复杂度记为 $T(a,b)$。

首先，以 $a>b\geqslant 1$ 作为 Euclid GCD 算法的分析基础。这是合理的，因为如果 $a<b$，则有 $a \bmod b=a$，算法的第 1 次循环就是交换 a 和 b 的值，即算法仅增加一次循环就变成了 $a>b$，而这增加的一次循环对算法的渐近复杂度的影响可以不用考虑。若 $a=b$，则 $\mathrm{GCD}(a,b)=a=b$，属于平凡情况。

其次，如果 $\mathrm{GCD}(a,b)=g>1$，则有 $a=gm$，$b=gn$，且 m 与 n 互素，这时从循环次数上来说必有 $T(m,n)\equiv T(a,b)$。因为算法的一次循环要进行一次求模，即进行一次除法运算

$a = qb + r$，所以 $a = gm$ 和 $b = gn$ 意味着存在满足 $gr' = r$ 且 $0 \leqslant r' < n$ 的 r'，使 $m = qn + r'$，反之亦然。因此，研究 Euclid GCD 算法的循环次数可以只考虑 a 与 b 互素的情况。

Euclid GCD 算法的每次循环都将当前的 a 和 b 减小一些，减小的方式是让 a 取 b 的值，而 b 取 $a \bmod b$ 的值，减小的程度可用除法定理来表达，即 $a = qb + r$，每次将 a 减小 q 个 b，其中 $q \geqslant 1$。显然，如果每次都减小 1 个 b，那么我们可以期望将花费最多的循环次数，此时就是最坏情况。这时每次的运算都是 $a = b + r$ 的形式，这很像 Fibonacci 数列的计算规则。事实上，上述"期望"早在 1844 年就由法国数学家加布里埃尔·拉梅（Gabriel Lamé，1795—1870）给出了证明[23]，后人将他的成果称为拉梅定理。下面给出拉梅定理的现代版和现代形式的归纳证明[24]。

注：拉梅对 Euclid GCD 算法的分析标志着算法复杂度理论的开端[25,26]，同时它也被认为是 Fibonacci 数列的首个实际应用[27]。

定理 3-9（拉梅定理） 假设对于给定的 $a > b \geqslant 1$，Euclid GCD 算法以 N 次循环完成，那么有 $a \geqslant F_{N+2}$，$b \geqslant F_{N+1}$，其中 F_N 为第 N 个 Fibonacci 数。

注：由于在复杂度分析中，小写字母 n 专门用于表示输入的规模，因此在这里我们用大写字母 N 表示循环的次数。

证明： 根据前述分析，仅考虑 a、b 互素的情况，所得结论必适用于 a、b 不互素的情况，因为若 a、b 不互素，则它们必定分别大于各自除以最大公约数后的互素值。我们采用数学归纳法证明本定理。

归纳基础：当 a、b 互素时，它们的 GCD 为 1，当 Euclid GCD 算法进入最后一次循环时必定有 $b = 1$，这样经过模运算后有 $a = 1$，$b = 0$，算法结束并返回 1。因此，如果 Euclid GCD 算法仅执行一次循环就结束，那么必定有 $b_1 = 1$，$a_1 > 1$，即 $b_1 = 1 = F_{1+1} = F_2$，$a_1 \geqslant 2 = F_{1+2} = F_3$。

注：为了方便描述，我们将算法最大循环次数对应的 a、b 按最大循环次数标记了下标。

归纳假设与递推：假设当 Euclid GCD 算法执行 $M \geqslant 1$ 次循环结束时，有 $a_M \geqslant F_{M+2}$，$b_M \geqslant F_{M+1}$，若整数对 α、β 需要执行 $M+1$ 次循环的 Euclid GCD 算法，则对它们执行一次循环会有 $\alpha = \rho\beta + \gamma (\rho \geqslant 1)$，接下来对 $\alpha' = \beta$ 和 $\beta' = \gamma$ 执行 Euclid GCD 算法。显然，α' 和 β' 需要执行 M 次循环，根据归纳假设有 $\alpha' \geqslant F_{M+2}$，$\beta' \geqslant F_{M+1}$。由 $\alpha = \rho\alpha' + \beta' (\rho \geqslant 1)$ 得 $\alpha \geqslant F_{M+2} + F_{M+1} = F_{M+3} = F_{(M+1)+2}$，由 $\beta = \alpha'$ 得 $\beta \geqslant F_{M+2} = F_{(M+1)+1}$。

拉梅根据上述定理得出了 Euclid GCD 算法执行次数的上限，即 5 倍于较小数的十进制位数。这一结论可由上述的拉梅定理和 Fibonacci 数的渐近表达式推出。

由 $b \geqslant F_{N+1}$ 和 $\lim\limits_{N \to \infty} F_N = \dfrac{1}{\sqrt{5}} \varphi^N = \dfrac{1}{\sqrt{5}} \left(\dfrac{1+\sqrt{5}}{2} \right)^N$ 得 $\dfrac{1}{\sqrt{5}} \varphi^{N+1} \leqslant b$，即 $N + 1 \leqslant \log_\varphi \left(\sqrt{5} b \right) = \dfrac{\log_{10} \left(\sqrt{5} b \right)}{\log_{10} \varphi} \approx 4.78 \left(0.35 + \log_{10} b \right) \approx 1.67 + 4.78 \log_{10} b$，因此 $N \leqslant 4.78 \log_{10} b + 0.67$，这就是拉梅的结论。

按照现代算法复杂度分析，需要将上式转换为以 2 为底的对数，即 $N \leqslant 1.4 \log b + 0.67$。若记 $n_b = \log b$，则有 $T(a,b) = N = O(n_b)$。也就是说，Euclid GCD 算法最坏情况下的循环次数是较小数的二进制位数，即输入规模的线性阶。

2．多精度输入数据下 Euclid GCD 算法的复杂度

当输入数据 a、b 为大整数时，每次循环中的 $a \bmod b$ 运算就不能看作常数时间的运算，而 mod 运算实际上是除法运算，如果使用长除法算法，其复杂度就是 $O\left(n_b\left(n_a-n_b\right)\right)$。这样 Euclid GCD 算法的总复杂度就是 $T\left(a,b\right)=\sum_{i=1}^{N} n_b^{(i)}\left(n_a^{(i)}-n_b^{(i)}\right)$，其中 $n_a^{(i)}$ 和 $n_b^{(i)}$ 分别表示第 i 步两个运算的输入规模[26]。根据 Euclid GCD 算法的特点，第 i 次循环中的 b 参数将会是第 $i+1$ 次循环中的 a 参数，即 $n_b^{(i)}=n_a^{(i+1)}$，于是有 $T\left(a,b\right)=\sum_{i=1}^{N} n_b^{(i)}\left(n_a^{(i)}-n_a^{(i+1)}\right)$。为了求 $T\left(a,b\right)$ 的阶，我们将括号外的 $n_b^{(i)}$ 取初始时刻的最大值，即 $n_b^{(1)}=n_b$，则有 $T\left(a,b\right)=O\left(n_b\sum_{i=1}^{N}\left(n_a^{(i)}-n_a^{(i+1)}\right)\right)=O\left(n_b\left(n_a^{(1)}-n_a^{(N+1)}\right)\right)=O\left(n_a n_b\right)=O\left(\log a\log b\right)$。此结果也与 Euclid GCD 算法平均位运算复杂度精确分析的研究结果[28]一致，即当输入数据为多精度大整数时，Euclid GCD 算法的复杂度为两个输入规模的积。因此，该算法是一个高效率的算法。

3.5　算法复杂度的平摊分析方法

通过前面的学习，我们认识到算法性能是由其最坏或平均情况决定的，因此分析算法的基本思路是对其最坏或平均情况下的时间或空间资源占用进行分析。然而对一些涉及多种基本操作的数据结构，尽管每种基本操作都有最坏情况复杂度，但是在任意一组操作序列中，不可能所有基本操作都表现为最坏情况。对于这样的算法，如果仍然采用最坏情况复杂度分析，则会得到不能真正体现数据结构性能的过于悲观的结果。为此，罗伯特·塔扬（Robert Tarjan，1986 年图灵奖获得者）于 1985 年提出了算法复杂度的平摊分析（Amortized Analysis）方法[29]。本节将介绍该方法，内容包括聚合分析法、记账分析法和势能分析法，其中势能分析法将以具有优越平摊性能的 Fibonacci 堆进行阐释。

3.5.1　平摊分析方法概述

《算法导论》的第 17 章中提供了关于平摊分析方法专业、权威、详细的解释[30]，本节不重复相关描述，仅给出扼要的介绍。平摊分析方法包括 3 种基本的方法，即聚合分析法、记账分析法和势能分析法。

1．聚合分析法

聚合分析法先计算由不同类型的操作构成的 n 个顺序操作序列的最坏时间成本 $T\left(n\right)$，然后将每个操作的平摊成本定义为 $T\left(n\right)/n$。也就是说，将最坏情况下的平均成本作为每个操作的平摊成本。

下面以二进制计数器为例进行说明。设有一个 k 位的二进制计数器，初始时刻每个位上的值都是 0，其功能是每次增 1，增加的方法是从最低位开始进位计数，到全 1 时再增 1 就归 0。该过程如算法 3-5 所示。二进制计数器的基本运算是二进制位的翻转操作，包括置位（赋值为 1，set）和复位（赋值为 0，reset）。显然，最坏情况下算法将执行 k 次复位操作，或 $k-1$ 次复

位操作和 1 次置位操作，因此其最坏情况复杂度为$O(k)$。

算法 3-6 设计了一个连续n次的二进制计数器调用程序 CallBinCounter，按照最坏情况复杂度分析，CallBinCounter 的复杂度将会是$O(nk)$。然而，这一结果太过悲观。

算法 3-5　二进制计数器

```
1. Global c[0...k-1] //初始化为 0
2. BinCounter()
3. i = 0
4. while i < k and c[i] = 1
5.     c[i] = 0
6.     i = i + 1
7. if i < k
8.     c[i] = 1
```

算法 3-6　二进制计数器调用程序

```
1. CallBinCounter(n)
2. for j = 1 to n
3.     BinCounter()
```

二进制计数器的循环计数特点使得任何连续的n次调用都等同于从全 0 开始的n次调用，若将从 0 到$m=2^k$的每次计数增加都看作一种操作，则 c 的k个位在每种操作上的翻转次数是不相同的。c[0]在每次调用时都会翻转，而 c[1]每逢偶数次调用才翻转一次，c[2]每 4 次调用才翻转一次，以此类推。因此，这连续$m=2^k$的计数增加所带来的总翻转次数为$T(m)=\sum_{i=0}^{k-1}\frac{m}{2^i}=m\sum_{i=0}^{k-1}\frac{1}{2^i}=2m\left(1-\frac{1}{2^k}\right)\approx 2m-2$，即每种操作的平摊成本为$\frac{T(m)}{m}\approx 2=O(1)$。

注：我们将上述 c[0]、c[1]、c[2]等随计数增加的翻转设计为习题供读者练习和总结规律。

由于二进制计数器是循环计数的，因此对于算法 3-6 的n次调用，基于聚合分析法可以得到一个更紧的时间复杂度，即$T(n)=O(n)$。

注：将各个计数位的翻转作为基本操作，不使用平摊分析方法也能得到$T(n)=O(n)$的结论，因此最坏或平均情况分析与平摊分析之间是存在着一定的联系的。

2．记账分析法

记账分析法的基本思路是从会计学的角度出发，对不同的操作赋予不同的费用，而且所赋予的费用可能多于或少于这一操作的实际成本。也就是说，它将每个操作的平摊成本分解为实际成本和信用（预付的或用掉的存款）。

对于每个有实际成本C_{op}的操作 OP，记其平摊成本为$\hat{C}_{op}$。如果$\hat{C}_{op}>C_{op}$，那么多出的部分$\hat{C}_{op}-C_{op}$就被累积为预付的存款$\hat{C}_{tot}$（初始值为 0），它可以为之后会执行的某个$\hat{C}_{op}<C_{op}$的操作支付差额补偿，这基于在连续的操作序列中，某些较早的操作与之后的某些操作之间存在着特定的关联。

对于n个操作的任意序列，各操作平摊成本的分配应满足$T(n)=\sum_{i=1}^{n}C_i\leqslant\sum_{i=1}^{n}\hat{C}_i$，其中$C_i$和$\hat{C}_i$分别表示第$i$个操作的实际成本和平摊成本。该式用以保证最后留存的总存款不为负值，即$\hat{C}_{tot}=\sum_{i=1}^{n}\hat{C}_i-\sum_{i=1}^{n}C_i\geqslant 0$，这样才能确保总平摊成本是总实际成本的上界。

仍以算法 3-5 为例。在记账分析法中我们将算法中的操作分为置位和复位两种，将它们的实际成本C_{set}和C_{reset}均设为 1，而将其平摊成本分别设为 2 和 0，即$\hat{C}_{set}=2$，$\hat{C}_{reset}=0$。

每次 BinCounter 调用中第 8 行的置位操作会产生 1 个单位的存款，即使 $\hat{C}_{tot}$ 增 1，第 5 行的复位操作会消费掉 1 个单位的存款，即使 $\hat{C}_{tot}$ 减 1。尽管复位操作在 while 循环中，但是由于只有被置位的位才可能复位，因此复位操作的总数一定不会超过置位操作的总数，即总会有 $\hat{C}_{tot} \geqslant 0$。也就是说，上述记账分析法满足总平摊成本是总实际成本上界的条件。

在上述记账分析法下，在一次 BinCounter 调用中，第 5 行的复位操作不产生平摊成本，而第 8 行的置位操作会产生值为 2 的平摊成本，该操作在每 2^k 轮次的 BinCounter 调用中仅在二进制计数器全 1 时不执行，在其余 2^k-1 次 BinCounter 调用中都会执行 1 次，而这 1 次 BinCounter 调用的平摊成本为常数 2，即 $O(1)$，因此算法 3-6 的 n 次 BinCounter 调用的记账分析结果与聚合分析结果相同，也是 $T(n)=O(n)$。

3．**势能分析法**

势能分析法的基本思路是从物理学的角度出发，为数据结构的整体状态建立一个势函数 ϕ，为每个状态赋予一个势能值，并基于该势函数计算平摊成本。

设对状态为 s_{i-1} 的数据结构执行实际成本为 C_i 的第 i 个操作后变换为 s_i，则基于以状态为参数的势函数 ϕ 可以定义第 i 个操作的平摊成本 $\hat{C}_i$，即

$$\hat{C}_i = C_i + \phi(s_i) - \phi(s_{i-1}) \tag{3-18}$$

由此可得，连续的 n 个操作的总平摊成本为

$$\sum_{i=1}^{n}\hat{C}_i = \sum_{i=1}^{n}\left(C_i + \phi(s_i) - \phi(s_{i-1})\right) = \sum_{i=1}^{n}C_i + \phi(s_n) - \phi(s_0) \tag{3-19}$$

式中，s_0 和 s_n 分别是数据结构的初始和最终状态。

同样地，为保证 $T(n)=\sum_{i=1}^{n}C_i \leqslant \sum_{i=1}^{n}\hat{C}_i$，即总平摊成本是总实际成本的上界，应确保 $\phi(s_n)-\phi(s_0)\geqslant 0$，即 $\phi(s_n)\geqslant\phi(s_0)$。

接下来我们将以 Fibonacci 堆为例介绍势能分析法的具体应用。

3.5.2 Fibonacci 堆的基本操作及其复杂度的平摊分析

Fibonacci 堆（Fibonacci Heap，FH）是由 Michael L. Fredman 和 Robert E. Tarjan 于 1984 年着手研究、1987 年公开发表的一种数据结构[31]，由于其复杂度分析用到了 Fibonacci 数，因此将其命名为 Fibonacci 堆。Fibonacci 堆是一种典型的平摊复杂度优越的数据结构，本节将介绍该堆的基本操作并以此为例介绍势能平摊分析方法的实际应用。

1．**Fibonacci 堆简介**

Fibonacci 堆是由一组最小堆有根树组成的集合，如图 3-7 所示，Fibonacci 堆中的树没有规定的形状。

为了支持快速删除和连接，Fibonacci 堆中所有树的根连接为一个双向循环链表（称为根链表），每个节点的所有子节点也都连接为双向循环链表（称为子链表），根链表和各子链表中的节点都是无序的。对堆 H 中的每个节点要维护一个 degree 属性，表示其子节点的个数。此外，还要维护一个指向根链表中最小节点的指针 H.min 和表示根节点个数（根链表中节点个数）的属性 H.n。显然，根链表中的最小节点就是 Fibonacci 堆中的最小节点。

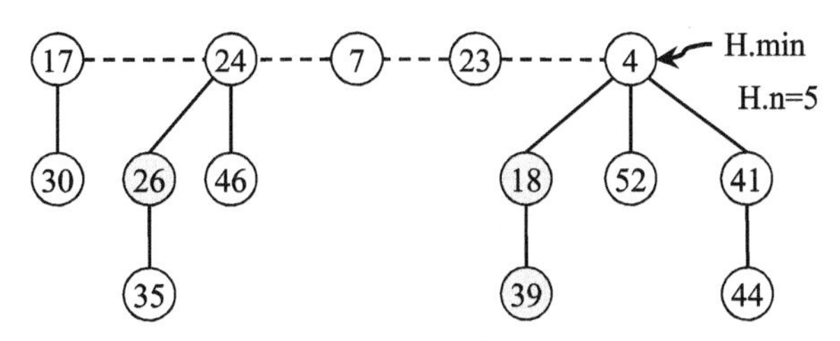

图 3-7 Fibonacci 堆示例

对 Fibonacci 堆中的节点还要维护一个标记属性 marked，以表示该节点已经失去过一个子节点。该标记将在 DecreaseKey 操作中使用。对于一个未被 marked 标记的非根节点，如果其子节点被剪枝，就将其标记为 marked；如果是一个已经被 marked 标记的非根节点，就需要进行必要的维护操作。需要注意的是，所有的根节点都不进行 marked 标记。

在图 3-7 中，整个 Fibonacci 堆用 H 表示，其根节点个数 H.n 为 5，H.min 指向键值为 4 的根节点。在该最小值所在的树中，根节点有 3 个子节点，所以其 degree 为 3。堆中的灰色节点表示有 marked 标记的节点。

2．Fibonacci **堆的平摊分析**

Fibonacci 堆中的树没有规定的形状，在极端情况下，堆中每个元素都是一棵单独的树。这种灵活性使得一些操作可以快速执行，而带来的维护工作则推迟到后面的操作中完成。例如，堆的合并操作就可以仅将两个根链表连接起来，减小键值操作可直接将其从父节点中剪断并形成一棵新树。

Fibonacci 堆是一种典型的适宜用势能分析法进行平摊分析的数据结构，其势函数[32]为

$$\Phi(\mathrm{H})=t(\mathrm{H})+2m(\mathrm{H}) \tag{3-20}$$

式中，$t(\mathrm{H})$是堆 H 根链表中树的数量；$m(\mathrm{H})$是堆 H 中有 marked 标记的节点个数。

例如，图 3-7 中的 Fibonacci 堆共有 5 棵树，即$t(\mathrm{H})=5$，其中标记为灰色的 marked 节点有 3 个，即$m(\mathrm{H})=3$，因此$\Phi(\mathrm{H})=t(\mathrm{H})+2m(\mathrm{H})=5+2\times3=11$。

Fibonacci 堆的基本操作包括建堆、查找最小值、合并、插入、提取最小值（包含并树子操作）、减小键值（包括级联剪枝子操作）和删除等。

下面就根据势函数$\Phi(\mathrm{H})$对 Fibonacci 堆的基本操作进行平摊分析，分析过程中要用到一个重要的量，即n个节点的 Fibonacci 堆中树的最大度数$D(n)$。

注：提取最小值操作中有一个并树子操作，它将两棵度数为p的树合并为一棵度数为$p+1$的树，合并的方法是将根节点值较大的树作为根节点值较小的树中根的子树，这使 Fibonacci 堆中每个度数上最多只有 1 棵树。这一特征使得 Fibonacci 堆中以任一节点为根的子树的节点总数q与其度数p之间满足 Fibonacci 数关系[32]，即$q\geqslant F_{p+2}$，其中$F_{p+2}=\frac{1}{\sqrt{5}}\left(\varphi^{p+2}-\psi^{p+2}\right)$［见式（3-16）］为第$p+2$个 Fibonacci 数，因此$q\geqslant\varphi^{p}$。由此可知，对于$n$个节点的 Fibonacci 堆，其最大度数为$D(n)$的树的节点数最多为$n$，且应满足$n\geqslant\varphi^{D(n)}$，即$D(n)=\lfloor\log_{\varphi}n\rfloor$，也就是说$D(n)=O(\log n)$。这一特征决定了 Fibonacci 堆的基本操作具有优异的平摊复杂度，这也是其取名的依据。

1）建堆（MakeHeap）操作

MakeHeap(H)操作用于创建一个空的堆 H，此时$\Phi(\mathrm{H})=0$，因此该操作的实际成本C和

平摊成本 $\hat{C}$ 均为 $O(1)$。

2）查找最小值（FindMin）操作

由于数据结构中保留了指向堆 H 最小值节点的指针，直接返回 H.min 即可实现 FindMin(H)操作，因此其实际成本 C 为 $O(1)$。由于操作前后堆 H 中的根节点数和标记节点数都没变化，势能差为 0，因此该操作的平摊成本 $\hat{C}$ 也为 $O(1)$。

3）合并（Union）操作

Union(H_1，H_2)操作用于将两个堆中的树根链表 H_1 和 H_2 连接起来构成新的堆 H（整理链表的工作推迟到 ExtractMin 操作中完成），并置 $\mathrm{H.min} = \min(\mathrm{H}_1.\mathrm{min}, \mathrm{H}_2.\mathrm{min})$。该过程可以在常数时间内完成，即实际成本 C 为 $O(1)$。由于两个根链表的连接不会改变根链表中的节点总数，也不会改变已标记的节点总数，势能差值为 0，因此该操作的平摊成本 $\hat{C}$ 也为 $O(1)$。

4）插入（Insert）操作

Insert(H, x)操作先将待插入元素 x 创建为一颗新树，然后进行 Union 操作将该树插入根链表，并更新 $\mathrm{H.min} = \min(\mathrm{H.min}, \mathrm{x})$。该过程可以在常数时间内完成，即实际成本 C 为 $O(1)$。由于树的数量增加了 1，标记节点数未变，势能将增加 1，因此该操作的平摊成本为 $\hat{C} = C + 1 = O(1) + 1 = O(1)$。

5）提取最小值（ExtractMin）操作

ExtractMin 操作算法如算法 3-7 所示[33]。ExtractMin 操作是 Fibonacci 堆中最复杂的操作。该操作中的并树（Consolidate）子操作（见算法 3-8）通过合并相同度数的树来减小根链表的规模。

算法 3-7　ExtractMin 操作算法

1. ExtractMin(H)
2. 设 R 是 H 中节点值最小的树
3. 从 H 中取出树 R
4. 去除 R 的根节点
5. 将 R 的各子树插入 H 的根链表
6. 　　在此过程中更新 H.min
7. 并树(Consolidate)

算法 3-8　Consolidate 子操作算法

1. 对 H 中的树进行遍历
2. 　　若发现 2 棵度数同为 k 的树 X 和 Y
3. 　　　设 X.r 和 Y.r 分别为其根节点且 Y.r 的键值较大
4. 　　　将 Y 从根链表中移除，并置 Y.r 的父节点为 X.r
5. 　　　将 X.r.degree 增 1
6. 　　　置 Y.r.marked 为 false
7. 直至堆中每一度数的树至多有 1 棵

下面分析 ExtractMin 操作的实际成本 C。ExtractMin 操作从 H 中取出树 R 及去除 R 的根节点的操作成本均为 $O(1)$；R 最多有 $D(n)$ 个子树，因此将 R 的各子树插入根链表的操作成本为 $D(n)$；Consolidate 子操作要对规模为 $t(\mathrm{H}) + D(n) - 1$ 的根链表进行遍历，其中合并两棵树的操作均不含循环，所以其成本为 $O(1)$，因此 Consolidate 子操作的成本为 $O(t(\mathrm{H}) + D(n))$。由此可见，ExtractMin 操作的总实际成本为 $C = O(t(H) + D(n))$。

接下来分析 ExtractMin 操作的平摊成本 $\hat{C}$。设 ExtractMin 操作前的势函数为 $\Phi(\mathrm{H}) = t(\mathrm{H}) + 2m(\mathrm{H})$。当 ExtractMin 操作结束时，根链表中的节点数至多为 $D(n-1)+1$ 个（此为一个习题），ExtractMin 操作过程中 marked 节点只会减少不会增加，因此操作结束时的势函数为 $\Phi(\mathrm{H}') = t(\mathrm{H}') + 2m(\mathrm{H}') \leqslant D(n) + 1 + 2m(\mathrm{H})$。

由此可见，ExtractMin 操作前后的势函数差为 $\Phi(\mathrm{H}') - \Phi(\mathrm{H}) = D(n) + 1 - t(\mathrm{H})$。

因此，$\hat{C}=C+\Phi(\mathrm{H}')-\Phi(\mathrm{H})=O\big(t(\mathrm{H})+D(n)\big)+D(n)+1-t(\mathrm{H})$。

如果我们为势函数设置合理的常数因子 α，则有 $\hat{C}=O\big(t(\mathrm{H})+D(n)\big)+\alpha(D(n)+1-t(\mathrm{H}))=O\big(D(n)\big)$，即 $\hat{C}=O(\log n)$

6）减小键值（DecreaseKey）操作

DecreaseKey 操作算法如算法 3-9 所示[33]。它将堆 H 中的非根节点 x 的键值减小为 k，如果 k 值小于 x 节点的父节点 x.parent 的键值，则不需要有任何操作。否则，先在第 3 行调用剪枝（Cut）子操作（见算法 3-10）将 x 节点剪下来，插入 H 的根节点列表；然后进行判断（第 4 行），如果 k 也小于 H 中最小的根节点的键值，则将 H.min 更新为 x（第 5 行）；最后调用节点级联剪枝（CascadingCut）子操作（见算法 3-11）。

算法 3-9　DecreaseKey 操作算法

```
1. DecreaseKey(H, x, k)
2. if k > x.parent.key then
3.     Cut(H, x, x.parent)
4.     if k < H.min.key then
5.         H.min = x
6.     CascadingCut(H, x.parent)
```

算法 3-10　Cut 子操作算法

```
1. Cut(H, x, y)
2. 将以 x 为根的树插入 H 的根节点列表
3. 将 y.degree 减 1
4. 置 x.marked 为 false
```

算法 3-11　CascadingCut 子操作算法

```
1. CascadingCut(H, y)
2. if y.parent != nil then
3.     if y.marked == true then
4.         Cut(H, y, y.parent)
5.         CascadingCut(H, y.parent)
6.     else
7.         y.marked == true
```

CascadingCut 子操作递归式地遍历 x 的各级父节点 y，如果遇到一个标记 marked 为 false 的节点，就将该节点的 marked 置为 true，并结束遍历；否则，调用 Cut 子操作剪下 y 节点并将其加入 H 的根节点列表，并以 y 的父节点递归调用 CascadingCut 子操作。

下面分析 DecreaseKey 操作的实际成本 C。假设在最坏情况下 CascadingCut 子操作递归执行了 d 次，加上 x 节点的 1 次剪枝，其实际成本 C 为 $O(d+1)$。

在此过程中创建的新树数量为 d，即根节点的数量增加了 d。这些新树中的每一棵最初都有标记（可能第一棵树除外），但成为新根后它们就没有标记了。其中也可能有一个节点从无标记变成有标记。因此，DecreaseKey 操作前后被标记节点的数量差最大为 $-(d-1)+1=-d+2$，由此可得势能差 $\Phi(\mathrm{H}')-\Phi(\mathrm{H})\leqslant d+2(-d+2)=-d+4$，因而 DecreaseKey 操作的平摊成本 $\hat{C}\leqslant C+4-d=O(d+1)+4-d$。同样地，如果给势函数取合理的因子，就会得到常数的平摊成本，即 $\hat{C}=O(1)$。

注：上述分析也给出了势函数中为 marked 节点取两个单位势能的理由，其中一个单位势能用于支付每层的级联剪枝，另一个单位势能用于支付因剪枝节点变为新根而导致的势能增加，它对应在之后的 ExtractMin 操作中该树与另一棵树的并树子操作所花费的时间。

7）删除（Delete）操作

Delete(H, x)操作可通过先调用 DecreaseKey(H, x, -∞)使以该节点为根的子树成为 H 中最小节点的树，再调用 ExtractMin(H)来完成。根据前面的分析，DecreaseKey 操作和 ExtractMin 操作的平摊成本分别是 $O(1)$ 和 $O(\log n)$，因此 Delete 操作的平摊成本 $\hat{C}$ 是 $O(\log n)$。

3．Fibonacci 堆与二项堆操作的复杂度比较

上面的分析给出了 Fibonacci 堆各种操作的平摊复杂度，为说明其优越性，将其与二项堆（Binomial Heap）[34]操作的复杂度进行比较，如表 3-3 所示。

表 3-3 Fibonacci 堆与二项堆操作的复杂度比较[32]

操作	建堆（MakeHeap）	插入（Insert）	查找最小值（FindMin）	提取最小值（ExtractMin）	合并（Union）	减小键值（DecreaseKey）	删除（Delete）
Fibonacci 堆（平摊）	$\Theta(1)$	$\Theta(1)$	$\Theta(1)$	$O(\log n)$	$\Theta(1)$	$\Theta(1)$	$O(\log n)$
二项堆（最坏情况）	$\Theta(1)$	$\Theta(\log n)$	$\Theta(1)$	$\Theta(n)$	$\Theta(\log n)$	$\Theta(\log n)$	$\Theta(\log n)$

由此可以看出，在 Fibonacci 堆的 7 种操作中，有 5 种操作具有常数的平摊复杂度，删除操作的复杂度与二项堆相同，提取最小值操作的复杂度远好于二项堆。总而言之，Fibonacci 堆是一个操作复杂度远优于二项堆的数据结构。Fibonacci 堆这种良好的平摊复杂度表现，使得它作为优先队列运用于最小生成树的 Dijkstra 算法和 Prim 算法后，实现了这两个算法迄今为止最优的复杂度。

3.6 算法复杂度的实验分析法

尽管算法复杂度的权威分析方法是理论式的渐近分析方法，本教材也将主要讲述这一权威分析方法，但是基于实验进行算法复杂度分析也是实践中很实用且很常用的方法。

3.6.1 算法复杂度实验分析的必要性和基本过程

将算法实现为实际运行的程序，选择实际或人工的数据，在具体的计算机上运行，记录实际运行的时间，并对这些时间数据进行分析，这一过程便是算法复杂度或运行效率的实验分析过程。实验分析法通常在关注算法运行效率的同时，也会关注和分析算法的运行结果，即对给定输入数据进行运算所产生的输出数据的质量。实验分析法既具有很现实的应用和价值，也具有可遵循的方法论。

1．算法复杂度实验分析的必要性

在与算法有关的很多场合需要以实验的方法分析算法复杂度。

（1）实验分析法能够给出算法运行时间的具体数据，比理论分析法给出的时间复杂度公式和阶给人以更加具体的量化的算法运行时间感受。

（2）同一个问题的不同算法可能具有相同的渐近复杂度，但渐近复杂度去除了低阶项和最高阶项的系数，这些低阶项和最高阶项的系数可能会使算法的实际运行时间有可观的差别。

（3）实际问题的规模也可能尚未达到渐近复杂度阶显著性表现的规模。

（4）所关注的实际问题实例也可能是数据具有某种特殊分布的情况，在这种情况下算法的行为可能与其渐近性质有所不同。

（5）算法的实现技术和技巧有时对其运行效率会有一定的影响，这通常需要通过实验进行分析，以确定最佳的实现方案。

（6）一些问题的求解算法可能很难甚至无法给出渐近分析的数学表达式，或者求解算法是复杂的由多个算法组合而成的算法。

（7）在与算法有关的研究工作中，出于对将科学研究的成果与前人已经发表的成果进行对比以表达研究进展这一科学规范的遵循，研究者需要对自己所提出或改进的算法与前人算法在相同的实验环境和相同的数据或数据集上进行运行实验，并以科学的统计数据表格或可视化的数据图报告出来。

2. 算法复杂度实验分析的基本过程

开展算法复杂度的实验分析可遵循如图 3-8 所示的过程，该过程针对的是有一定规模的算法复杂度实验分析任务，规模较小的任务可参照这一过程并进行适度简化。

图 3-8　算法复杂度实验分析的基本过程

（1）**制订实验方案**。实验方案从宏观上确定算法复杂度实验分析的各项子任务。在实验方案中首先要明确实验目标，即期望实验以怎样的结果支持预期的研究成果；其次要界定实验的范围，如对哪几个算法进行比较？需要在多少和多大尺度的数据上进行实验？需要什么样的硬件和软件环境及人力资源支持？实验计划多长时间完成？要记录和收集哪些实验过程和结果数据？要以何种方式报告实验结果？等等。

（2）**算法实现**。正确的算法实现是算法复杂度实验分析的必要条件。算法实现的方式可以是完全自主实现，可以是在他人代码基础上进行改进，也可以是完全借鉴他人的代码。不管采用哪种方式，都要以严谨全面的测试确定代码是正确、可信的。算法实现除注重正确性以外，还注重运用合理的技术和技巧提高运行效率，关键代码的细微改进有可能会带来运行效率的显著提高。

（3）**准备数据**。算法运行的输入数据可分为两大类，即人工数据和实际数据。人工数据是指通过某种算法构造的满足设定的分布或性质的数据，这样的数据通常很难直接从现实世界中获得，可以用来检验算法在给定分布和性质的数据上的运行效率和结果。大部分时候，人工数据需要借助伪随机数发生器得到。实际数据来自现实世界，包括两大类，即通用数据集和专有数据。前者指的是一些机构或研究团队公开在互联网上的数据集，后者指的是研究者自己获取的数据。在将实际数据输入算法之前，通常需要进行预处理。常规数据的预处理包括数值化、归一化、去除离群值等操作，如血型、性别、颜色等数据就需要进行合理的数值化以便算法处理，而血压、体温、身高等范围差别很大的数据需要进行归一化处理以便具有可比性，超出通常范围很多的离群点数据需要剔除以避免引起不切合实际的运算偏差。图像数据的预处理包括格式转换、分辨率规范化、去噪声等。

（4）**进行实验、记录运行时间和结果**。算法测试通过，数据准备充分后，即可进行实际的运行。对于算法复杂度分析来说，需要记录实验的运行时间；对于算法效果分析来说，需要记录实验的数据处理结果。很多实验是要求两者都记录的。由于实验通常涉及多个算法在多组数据上的运行，因此实验的运行时间及结果的记录需要进行合理的格式设计，以便于后期的分析和处理。计算机系统的多任务性及输入、输出排队和等待会使同一算法在同一数据上的不同次运行花费的时间具有一定的随机性，因此为使报告的结果具有科学要求的可重复性和健壮性，需要对算法进行多次运行。对于输入、输出数据量巨大的实验，还应该考虑输入、输出占用的时间份额是否会影响算法的运行效率计算。

（5）**分析和报告运行效率和结果**。实验中记录的运行时间及结果数据是原始的实验数据，还需要对这些数据进行加工处理才能使其呈现为对算法的运行效率和效果的度量。这些加工处理通常使用统计学方法，如求数据的均值及标准差、计算统计显著性的检验量等。除以表格方式报告数据以外，许多时候都需要以可视化的数据图进行直观的呈现。

3.6.2 算法复杂度的实验分析法示例

为使读者对算法复杂度的实验分析法有具体的体会和认识，下面我们对堆排序和快速排序算法的运行效率进行实验分析。这两个算法的平均情况复杂度都是$O(n\log n)$，但堆排序算法的最坏情况复杂度与平均情况复杂度相同，而快速排序算法的最坏情况复杂度是$O(n^2)$，当n较大时，它远高于平均情况复杂度$O(n\log n)$。本节实验分析的目的就是对上述情况进行实验验证。

我们分别针对n=10000、30000、50000、70000、90000生成5组随机的数据，并用堆排序和快速排序算法分别对这5组数据进行5次排序运算，计算出5次排序运算时间的均值和标准差，列在表3-4中的“堆排序（随机数据）”和“快速排序（随机数据）”行中。表3-4中还给出了随机数据下快速排序和堆排序平均用时的百分比，可以看出快速排序的用时为堆排序用时的50%～70%，即在随机数据下，也就是平均情况下，快速排序算法要稍好于堆排序算法。

表3-4 堆排序和快速排序算法的运行时间

数据量	10000		30000		50000		70000		90000	
	均值	标准差	均值	标准差	均值	标准差	均值	标准差	均值	标准差
堆排序（随机数据）	0.010	0.001	0.037	0.006	0.062	0.382	0.081	0.004	0.114	0.009
快速排序（随机数据）	0.009	0.001	0.020	0.001	0.036	0.015	0.053	0.005	0.076	0.002
快速排序/堆排序（随机数据）	90%	—	54%	—	58%	—	65%	—	67%	—
堆排序（升序数据）	0.010	0.001	0.035	0.006	0.060	0.005	0.085	0.005	0.113	0.008
快速排序（升序数据）	0.098	0.005	0.852	0.075	2.217	0.065	4.425	0.176	7.109	0.060
堆排序/快速排序（升序数据）	10%	—	4.1%	—	2.7%	—	1.9%	—	1.6%	—

接下来将上述5组数据先以升序排序，再在升序的5组数据上分别运行5次堆排序和快速排序算法，同样计算出5次排序运算时间的均值和标准差，列在表3-4中的“堆排序（升序数据）”和“快速排序（升序数据）”行中。表3-4中还给出了升序数据下堆排序和快速排序平均用时的百分比，可以看出随着数据量的增长堆排序的用时远少于快速排序，在70000个数据后小于2%，这也验证了有序数据是快速排序最坏情况且复杂度为二次的事实。

对比堆排序的随机数据和升序数据用时可以看出，它们在不同规模的数据上基本相同，这也验证了堆排序复杂度不受输入数据影响的事实。实际上，堆排序的最好、最坏和平均情况复杂度均为 $O(n\log n)$。

注意： 在统计学中，对同一个对象（在统计学中称为随机变量）进行 n 次测量得到 n 个值 $x_1, x_2, \cdots, x_n$（称为 n 个样本）后，可以计算均值 $\overline{x} = \dfrac{1}{n}\sum_{i=1}^{n} x_i$ 和标准差 $s = \sqrt{\dfrac{\sum_{i=1}^{n}(x_i - \overline{x})}{n-1}}$，其中标准差反映的是样本值偏离均值的程度，标准差越大，说明样本值越分散；标准差越小，说明样本值越集中，即越稳定。均值和标准差是报告随机变量测量值的最基本的统计量。

为了形象地展示堆排序和快速排序算法在随机数据和升序数据情况下的运行效率，我们将表 3-4 中的各列均值数据绘制成如图 3-9 所示的曲线图。图 3-9（a）所示为正常比例下的情况。由图 3-9（a）可以看出，在升序数据情况下，快速排序算法的运行时间远多于其他三种情况，使图中其他三种排序的曲线基本重合到 0.00s 时间线上。为了查看其他三种情况的对比，我们将纵轴的比例放大，使其仅显示 0.15s 范围内的数据，得到如图 3-9（b）所示的曲线。由图 3-9（b）可以看出，在随机数据情况下，快速排序算法的运行效率要稍高于堆排序算法，而堆排序算法在随机数据和升序数据情况下的运行效率基本相同。

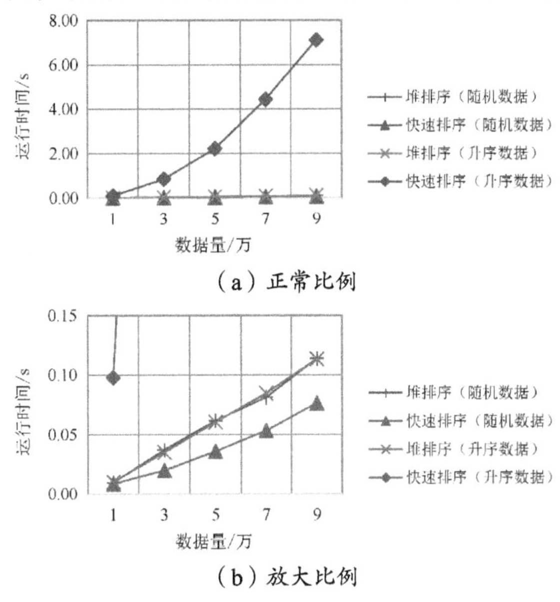

（a）正常比例

（b）放大比例

图 3-9　堆排序和快速排序算法的运行效率比较

3.7　问题的复杂度

本章前几节讨论的是给定算法的复杂度，本节我们以基于比较的排序算法为例讨论给定问题的复杂度。

3.7.1　问题的复杂度概述

本节我们非形式化地给出问题复杂度和问题最优算法的定义，并略做分析。

定义 3-8（问题的复杂度 $T^{\mathrm{P}}(n)$） 问题 P 的复杂度 $T^{\mathrm{P}}(n)$ 指的是求解该问题的任何算法的复杂度下界，包括至今已知的算法及未来可能发现的新算法[35]。

注意： 定义 3-8 中“任何算法的复杂度”中的“复杂度”指的是算法的最坏情况复杂度，也就是说，问题的复杂度指的是求解该问题的所有已知或未知算法所具有的最低最坏情况复杂度。

当分析一个算法 A 的复杂度 $T^{\mathrm{A}}(n)$ 时，我们总是分析其最坏情况复杂度 $T_{\mathrm{worst}}^{\mathrm{A}}(n)$，即其复杂度的上界，而分析一个问题的复杂度则要找出其各种可能算法最坏情况复杂度 $T_{\mathrm{worst}}^{\mathrm{A}}(n)$ 的下界 $T^{\mathrm{P}}(n)$。

如果知道了问题的复杂度 $T^{\mathrm{P}}(n)$，我们就知道了不可能存在好于该复杂度的算法，也就是说，求解该问题的最好算法的复杂度为 $T^{\mathrm{P}}(n)$，这样的算法称为问题的最优算法。

定义 3-9（最优算法） 如果问题 P 的某个算法 A 的复杂度 $T_{\mathrm{worst}}^{\mathrm{A}}(n)$ 渐近地达到了问题 P 的复杂度 $T^{\mathrm{P}}(n)$，即 $T_{\mathrm{worst}}^{\mathrm{A}}(n)=O\left(T^{\mathrm{P}}(n)\right)$，我们就说 A 是 P 的一个最优算法。

如果已经知道问题 P 的某个算法 A 是最优算法，就不需要再花功夫对 A 进行渐近意义上的改进，而应该考虑常数因子、空间复杂度、工程学或其他方面的改进，或者以另外的思路和方法寻求在常数因子、空间复杂度、工程学或其他方面好于 A 的最优算法。

3.7.2 基于比较的排序问题的复杂度

显然，求解一个问题 P 的复杂度 $T^{\mathrm{P}}(n)$ 是极其困难的，不能通过罗列其所有算法完成，因为我们无法知道未来是否还能发现求解 $T^{\mathrm{P}}(n)$ 的新算法。因此，求取 $T^{\mathrm{P}}(n)$ 只能根据问题 P 本身的特征进行。由于问题 P 具有多样性，因此不可能存在通用的求取 $T^{\mathrm{P}}(n)$ 的方法。

截至目前，人们只在极少数的非平凡问题上求得了 $T^{\mathrm{P}}(n)$，基于比较的排序问题就是其中之一。本节就以该问题为例说明问题的复杂度求取过程。

定义 3-10（排序问题） 排序问题指的是给定 n 个数字 $a_1,a_2,\cdots,a_n$，输出其非降序的一种排列。

注意： 因为可能存在相等的数字，所以说成“输出升序排列”就不太全面和严谨，又因为可能存在相等的数字，非降序排列可能不止一种。

排序问题是一个具有广泛意义的问题，根据待排序的数据是否可以全部装入内存可分为外排序问题和内排序问题，本节讨论的是全部数据可以装入内存的内排序问题。针对内排序问题，又有思路非常不同的方法，如基数排序法、计数排序法、桶排序法及基于比较的排序方法。本节讨论的是基于比较的（内部）排序方法。

定义 3-11（基于比较的排序问题） 基于比较的排序问题（Comparison Based Sorting Problem，CBSP）指的是对给定的 n 个数字 $a_1,a_2,\cdots,a_n$，通过多个比较步骤进行排序的问题，每个步骤仅对两个数字进行比较，根据比较的结果将较小者排在前面，较大者排在后面。

下面我们就根据比较排序的特征，在不涉及具体算法的情况下，分析该问题的复杂度。

1. CBSP 可表达为一棵二叉树

显然，CBSP 的任何求解算法的基本运算都是比较运算。算法每进行一次比较，就会获知决策 $a_1,a_2,\cdots,a_n$ 中某两个数字 a_i 和 a_j 的次序，该次决策完成后，或者已经获得了 $a_1,a_2,\cdots,a_n$

的一种非降序排列，或者需要进行下一次的比较或决策。因此，整个问题的解决过程可以用一棵满二叉树表示，树的每个非叶节点对应一次比较，每个叶节点对应 $a_1,a_2,\cdots,a_n$ 的一个排列。图 3-10 所示为三个数字的比较排序二叉树。

注：对于树结构中的 node，本书以中文“节点”对应，但也接受“结点”称法。

2．CBSP 的复杂度分析

由于 $a_1,a_2,\cdots,a_n$ 共有 $n!$ 种排列，因此上述二叉树共有 $n!$ 个叶节点。又由于它是一棵满二叉树，因此其内部节点数为 $n!-1$。算法的最坏情况复杂度就是最大的比较次数，也就是由内部节点构成的二叉树的高度 $h(n)$ 加 1。显然，最小的 $h(n)$ 对应求解算法的复杂度下界，即 $T^{\text{CBSP}}(n)=\min h(n)$。我们知道，对于给定节点数 N 的二叉树，当它是一棵完全二叉树时将具有最小的高度。我们接下来就分析完全二叉树的节点数 N 与高度 H 的关系。

图 3-11 所示为高度为 3 的完全二叉树的极端情况，即最后一层的节点数也达到最大值的情况，这种情况下的二叉树被称为完美二叉树（Perfect Binary Tree）。显然，完美二叉树从上到下每一层的节点数都达到最大值，且正好是 2 的方次，因此其节点数 N 与高度 H 的关系为 $N=\sum_{i=0}^{H}2^i=2^{H+1}-1$。

对于高度为 H 的完全二叉树来说，其最后的第 H 层上最少有 1 个节点，此时的总节点数为高度为 $H-1$ 的完美二叉树的节点数加 1，即 2^H 个；最多有 2^H 个节点，此时的总节点数为 $2^{H+1}-1$。因此有 $2^H\leqslant N\leqslant 2^{H+1}-1$，由于 N 是整数，上式可以写为 $2^H\leqslant N<2^{H+1}$。取以 2 为底的对数，得 $H\leqslant\log N<H+1$，即 $H=\lfloor\log N\rfloor$。

因此，$T^{\text{CBSP}}(n)=\lfloor\log(n!-1)\rfloor+1$。由于常数项和取整不影响渐近复杂度，因此有 $T^{\text{CBSP}}(n)=\log n!$。

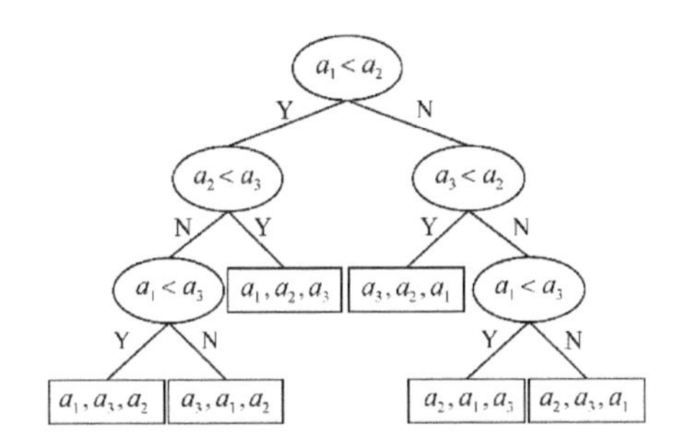

图 3-10　三个数字的比较排序二叉树

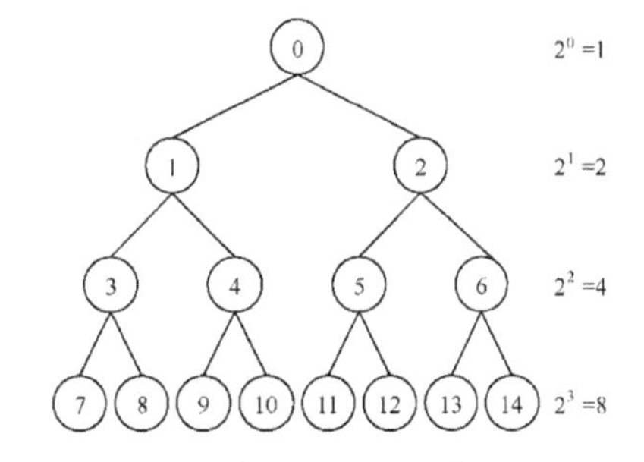

图 3-11　高度为 3 的完美二叉树

3．CBSP 的渐近复杂度

下面分别用大 O 大 Ω 方法和 Stirling 近似公式证明 $T^{\text{CBSP}}(n)=\log n!=\Theta(n\log n)$。

1）大 O 大 Ω 证明方法

下面通过证明 $T^{\text{CBSP}}(n)=O(n\log n)$ 和 $T^{\text{CBSP}}(n)=\Omega(n\log n)$ 来获得 $T^{\text{CBSP}}(n)=\Theta(n\log n)$ 的结论。

根据 $n!<n^n\Rightarrow\log n!<n\log n$，有 $\log n!=O(n\log n)$。

$n!$ 还可以写为 $n!=1\times2\cdots\left(\left\lceil\frac{n}{2}\right\rceil-1\right)\times\left\lceil\frac{n}{2}\right\rceil\times\left(\left\lceil\frac{n}{2}\right\rceil+1\right)\cdots(n-1)\times n$。

当n是偶数时，取后面的$\frac{n}{2}$项，有$n!>\left(\left\lceil\frac{n}{2}\right\rceil+1\right)\times\cdots\times(n-1)\times n>\left(\frac{n}{2}\right)^{\frac{n}{2}}$。

当n是奇数时，取后面的$\frac{n+1}{2}$项，有$n!>\left\lceil\frac{n}{2}\right\rceil\times\left(\left\lceil\frac{n}{2}\right\rceil+1\right)\times\cdots\times(n-1)\times n>\left(\frac{n}{2}\right)^{\frac{n+1}{2}}>\left(\frac{n}{2}\right)^{\frac{n}{2}}$。

因此，总有$n!>\left(\frac{n}{2}\right)^{\frac{n}{2}}$，即$\log n!>\frac{n}{2}\log\left(\frac{n}{2}\right)=\frac{1}{2}(n\log n-n)$，故有$\log n!=\Omega(n\log n)$。

综上，$T^{\mathrm{CBSP}}(n)=\log n!=\Theta(n\log n)$。

2）Stirling 近似公式证明法

苏格兰数学家 J. Stirling（1692—1770）发现了一个关于$n!$的极限式，即$\lim\limits_{n\to\infty}\frac{n!}{\sqrt{2\pi n}\left(\frac{n}{\mathrm{e}}\right)^n}=1$。

也就是说，当$n\to\infty$时$n!$存在一个近似式，即$n!\approx\sqrt{2\pi n}\left(\frac{n}{\mathrm{e}}\right)^n$。

对该近似式取对数，有$\log n!\approx n\log n-n\log\mathrm{e}+\frac{1}{2}\log n+\frac{1}{2}\log(2\pi)$。

由此可得，$\log n!=\Theta(n\log n)$。

3.8 算法国粹——姚期智院士的通信复杂性理论

通信复杂性（Communication Complexity）[36]是姚期智院士于 1979 年首创的计算复杂性的一个分支，也是为他获得图灵奖奠定基础的重要理论之一。本节浅显地介绍一下这个重要的理论，想要深入学习的读者可阅读相关的参考文献。

3.8.1 通信复杂性的问题定义

通信复杂性理论研究的是当问题的输入分布于两个或多个通信方时，求解该问题所需的通信量。这个问题可用如下情境描述[37]：通信双方 Alice 和 Bob 分别持有n位的二进制数字串x和y，他们之间有一次传送 1 位的通信协议，现在要计算对双方都明晰的值域为$\{0,1\}$的函数$f(x,y)$，在双方都有充分计算能力的前提下，求解最终至少一方计算出$f(x,y)$的最小通信量。显然，当一方计算出$f(x,y)$后，他可通过再发送 1 个位将结果告知另一方。

很明显，如果一方将他的n位的二进制数字串一次发送给另一方，另一方就可据此一次性计算出$f(x,y)$，这时总的通信量就是$n+1$。然而，通信复杂性理论要研究的是对于给定的$f(x,y)$，我们如何找到以更小的通信量计算$f(x,y)$的方法。事实上，对于很多$f(x,y)$，人们确实找到了小于$n+1$的通信量的方法。这些成果在很多领域具有重要的实际价值。例如，在 VLSI 电路设计中，我们需要寻求以尽量小的元器件间电信号的传送量完成分布式计算的方法，以降低功耗。它也为数据结构研究和计算机网络优化提供了新的助推力量。

通信复杂性的问题可以用如下更为形式化的方式表述。

定义 3-12（通信复杂性） 给定$f:X\times Y\to Z$，其中$X=Y=\{0,1\}^n$，$Z=\{0,1\}$，今有持

有 n 位的二进制数字串 $x \in X$ 和 $y \in Y$ 的通信双方 Alice 和 Bob，以约定的通信协议（Protocol）$\mathcal{P}$ 以每次 1 位的方式进行通信，双方希望通过通信使最终至少一方计算出 $f(x,y)$，最后再进行 1 位的通信使另一方也获得 $f(x,y)$ 的结果。这个通信复杂性 $C(f)$ 被定义为所有通信协议的最小最坏情况通信量[38]，即 $C(f) \triangleq \min_{\mathcal{P}} \max_{x,y} \{以通信协议\mathcal{P}计算f(x,y)所需的最小通信位数\}$。

注：这里的 $\{0,1\}^n$ 指的是由 0 和 1 构成的所有长度为 n 的字符串，共有 2^n 个。

3.8.2　通信复杂性理论的基本成果

本节将先以两个平凡实例，即奇偶校验和模加法运算，介绍通信复杂性理论的实际体现；然后介绍姚期智院士关于确定性通信复杂性理论的基本成果。

1．通信复杂性的平凡实例

下面以奇偶校验和模加法运算这两个平凡实例，介绍通信复杂性理论的实际体现。

1）奇偶校验的通信复杂性

设 Alice 和 Bob 要对其分别持有的 n 位的二进制数字串 x 和 y 计算 $x+y$ 的奇偶校验。Alice 可以先计算出 x 的奇偶校验位 p_x，并将 1 位的 p_x 发送给 Bob，Bob 计算出 y 的奇偶校验位 p_y，并用异或运算 $p_x \oplus p_y$ 得出 $x+y$ 的偶校验，以其非值 $\neg(p_x \oplus p_y)$ 得出 $x+y$ 的奇校验。最后 Bob 将 1 位的结果发给 Alice，这样总的通信复杂性就是常数 2。用渐近记法表示就是 $C(f)=O(1)$。

2）模加法运算的通信复杂性

设 Alice 和 Bob 要对其分别持有的 n 位的二进制数字串 x 和 y 计算 $x+y$ 是否能够被 M 整除，其中 M 是一个 m 位的二进制数。Alice 可以先计算 $x_m = x \bmod M$，并将最多 m 位的 x_m 发送给 Bob，Bob 计算 $x_m + y \pmod M$，如果其值为 0，则说明 $x+y$ 可以被 M 整除，Bob 发送 1 给 Alice；如果 $x_m + y \pmod M$ 的结果不是 0，则说明 $x+y$ 不可以被 M 整除，Bob 发送 0 给 Alice，这样总的通信复杂性就是 $m+1$。通常 m 可以看作一个常数，因此这也是一个常数通信复杂性的实例。用渐近记法表示就是 $C(f)=O(m)=O(1)$。

2．确定性通信复杂性理论的基本成果

由上述平凡实例可以看出，要以低于 $n+1$ 的通信复杂性计算 $f(x,y)$ 需要分析 $f(x,y)$ 的特征，并且通信双方要发送对所持原始数字串 x 和 y 的某种计算值而不是直接发送原始数字串。为此，我们首先给出通信协议的过程模型；然后以相等函数 $\mathrm{EQ}(x,y)$ 为例介绍函数的通信矩阵表示及通信过程的决策树表示，并给出其通信复杂性的理论分析；最后扼要地介绍一下姚期智院士在确定性通信复杂性理论上的基本成果[36]。

1）通信协议的过程模型

Alice 和 Bob 以通信协议 $\mathcal{P}$ 计算 $f(x,y)$ 的过程可用如图 3-12 所示的模型来描述[39]。这个模型展示了 Alice 和 Bob 通过多轮通信计算 $f(x,y)$ 的过程。在第 1 轮，Alice 用函数 $f_1(x)$ 计算出 a_1 并发送给 Bob；在第 2 轮，Bob 用函数 $g_2(y,a_1)$ 计算出 b_2 并发送给 Alice。该过程继续，一直进行到第 t 轮，Bob 计算出 $b_t = g_t(y,a_1,b_2,\cdots,a_{t-1})$，并进行他的最后一次通信，将 b_t 发送

给 Alice。最后 Alice 计算 $a_{t+1}=f_{t+1}(y,a_1,b_2,\cdots,a_{t-1},b_t)$ 得到最终的 $f(x,y)$。

2）相等函数 $\mathrm{EQ}(x,y)$ 的通信矩阵表示

由于 $X=Y=\{0,1\}^n$，x 和 y 属于势为 2^n 的可数有限集合，因此可以用一个 $2^n\times2^n$ 的矩阵列出 $f(x,y)$ 的所有情况，我们称该矩阵为通信矩阵。图 3-13 所示为 $n=3$ 时相等函数 $\mathrm{EQ}(x,y)$ 的通信矩阵[37]（假设 Alice 和 Bob 的数据分别在行和列方向上）。$\mathrm{EQ}(x,y)$ 指的是当 n 位的二进制数字串 x 和 y 相等时取值为 1、不相等时取值为 0 的函数，显然它的通信矩阵是一个单位矩阵。

注：图 3-13 中不同底色区域的含义将在下文中解释。

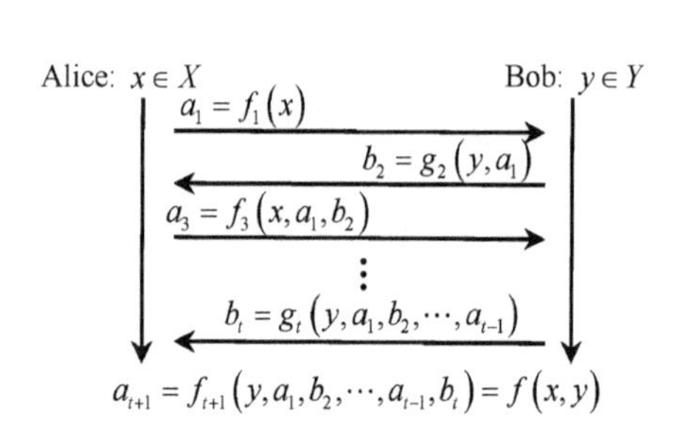

图 3-12　通信协议的过程模型[39]

EQ	000	001	010	011	100	101	110	111
000	1	0	0	0	0	0	0	0
001	0	1	0	0	0	0	0	0
010	0	0	1	0	0	0	0	0
011	0	0	0	1	0	0	0	0
100	0	0	0	0	1	0	0	0
101	0	0	0	0	0	1	0	0
110	0	0	0	0	0	0	1	0
111	0	0	0	0	0	0	0	1

图 3-13　$n=3$ 时相等函数 $\mathrm{EQ}(x,y)$ 的通信矩阵[37]

注 1：为便于描述，我们分别将 Alice 和 Bob 的计算和发送用奇数和偶数编号。

注 2：Alice 需要进行一次额外的 1 位通信将结果告知 Bob，包括告知 Bob 通信过程结束。

注 3：该过程最后的第 t 轮也许由 Alice 进行，但这对分析没有影响。

对于给定的 x 和 y，该过程的通信代价是 $\mathrm{cost}_{\mathcal{P}}(x,y)=\min(|a_1|+|b_2|+\cdots+|b_t|)$，即以通信协议 $\mathcal{P}$ 计算 $f(x,y)$ 的最小通信量。$\mathcal{P}$ 的通信复杂性为最坏情况下的 $\mathrm{cost}_{\mathcal{P}}(x,y)$，即 $\mathrm{COST}_{\mathcal{P}}=\max\limits_{x,y}\mathrm{cost}_{\mathcal{P}}(x,y)$，而 $f(x,y)$ 的通信复杂性则是所有通信协议中的最小代价，即 $C(f)=\min\limits_{\mathcal{P}}\mathrm{COST}_{\mathcal{P}}$。

3）相等函数 $\mathrm{EQ}(x,y)$ 通信过程的决策树表示及通信复杂性的理论分析

为方便叙述，我们假定 $\mathcal{P}$ 就是产生 $\mathrm{EQ}(x,y)$ 最小通信复杂性的通信协议，$a_1,b_2,\cdots,b_t$ 就是以 $\mathcal{P}$ 针对某组 x 和 y 计算 $\mathrm{EQ}(x,y)$ 的最小通信量所对应的通信序列，我们称其为脚本 $s(x,y)$。参照姚期智院士的论文[36]，我们给出 $n=2$ 时该脚本对应的决策树，如图 3-14 所示。$n=2$ 时 $\mathrm{EQ}(x,y)$ 对应的通信矩阵可以参考图 3-13 左上方的 $\frac{1}{4}$ 部分。

该决策树的边上标记了发送的通信数据。节点 A 到 B 和 C 边上的 $a_1=0$ 和 $a_1=1$ 分别表示 Alice 在第 1 轮向 Bob 发送 0 和 1 的情况。Bob 收到 Alice 第 1 轮发送的 0 后，根据自己的 y 值进行判断。若其 y 值为 10 或 11，即 $b_1=1\neq a_1$，则 x 与 y 必不相等，此时可得出 $\mathrm{EQ}(\cdot)=0$ 的结论，这对应节点 B 的 $\mathrm{EQ}(\cdot)=0$ 的叶节点，而该叶节点对应通信矩阵右上方 2×2 区域的 4 个 0 值。同理，节点 C 的 $\mathrm{EQ}(\cdot)=0$ 的叶节点来自 Bob 收到 Alice 在第 1 轮发送的 1 而其 y 值

为 00 或 01 的情况，对应通信矩阵左下方 2×2 区域的 4 个 0 值。

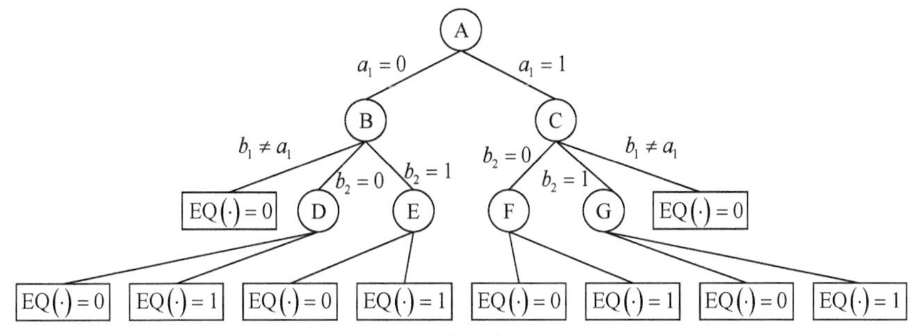

图 3-14　$n=2$ 时 $\mathrm{EQ}(\boldsymbol{x},\boldsymbol{y})$ 通信计算的决策树

如果 Bob 收到 Alice 在第 1 轮发送的 0 后，发现其 y 值为 00 或 01，则 Bob 需要向 Alice 发送下一个二进制位以便进一步决策。Bob 在第 2 轮发送 0 或 1 位分别对应到达节点 D 和 E 的两条边。Alice 在 D 节点处收到 Bob 发来的 0 位后，便清楚地知道 Bob 的 y 值为 00，这时如果 Alice 的 x 值为 00，则得 $\mathrm{EQ}(\cdot)=1$，对应通信矩阵左上角的元素；如果 Alice 的 x 值为 01，则得 $\mathrm{EQ}(\cdot)=0$，对应通信矩阵第 2 行（$x=01$的行）第 1 列（$y=00$的列）的元素。

注意：从叶节点的父节点到达叶节点无通信耗费。

根据上述分析，EQ 函数决策树的每个叶节点，即外部节点对应一个或一组计算值，而所有的非叶节点，即内部节点构成一棵完美二叉树，我们称其为通信树。通信树的边上标记了发送的二进制位，从根节点到任何一个下级节点路径上的二进制位序列就对应前述的一个脚本 $s(x,y)$。记 $s(x,y)$ 的代价为 $C(s)$，则有 $1\leqslant C(s)\leqslant|\mathrm{COST}_{\mathcal{P}}|$，对于给定的 $C(s)$ 值，$s(x,y)$ 共有 $2^{C(s)}$ 种不同的取值，因此全部的脚本数为 $N_S=\sum_{i=1}^{|\mathrm{COST}_{\mathcal{P}}|}2^i=2^{|\mathrm{COST}_{\mathcal{P}}|+1}-2$。

对于一个给定的脚本 $s(x,y)$，它所对应的 $a_1,b_2,\cdots,b_t$ 都是确定的，因此其所有的 x 和 y 均满足 $f_1(x)=a_1,g_2(y,a_1)=b_2,f_3(x,a_1,b_2)=a_3,\cdots,g_t(y,a_1,b_2,\cdots,a_{t-1})=b_t$。在这个方程组中，所有的 $f_i(\cdot)(i\in\{1,3,\cdots,t-1\})$ 方程都均仅与 x 有关，所有的 $g_i(\cdot)(i\in\{2,4,\cdots,t\})$ 方程都均仅与 y 有关，因此方程组的解集形如 $R_S=X_s\times Y_s$，其中 $X_s\subseteq X$ 和 $Y_s\subseteq Y$ 分别是由 $f_i(\cdot)(i\in\{1,3,\cdots,t-1\})$ 和 $g_i(\cdot)(i\in\{2,4,\cdots,t\})$ 构成的方程组的解集，这样的区域被称作通信矩阵上的组合矩形（Combinatorial Rectangle）区，即它们是 $\mathrm{EQ}(x,y)$ 的通信矩阵上连续或不连续的行、列元素构成的区域。显然各个 R_S 是不相交的，而且它们构成了 $\mathrm{EQ}(x,y)$ 定义域的一个划分，即 $X\times Y=\dot{\bigcup}_{s\in\mathcal{S}}R_s$，其中 $\mathcal{S}$ 为所有不同脚本 $s(x,y)$ 的集合。这里以 $\dot{\cup}$ 记不相交集合的并集[39]，即 $X\times Y=\bigcup_{s\in\mathcal{S}}R_s$，且对任意的 $s\in\mathcal{S},t\in\mathcal{S},s\neq t$，有 $R_s\cap R_t=\varnothing$。

由图 3-14 及上面的分析还可看出，只有到达决策树的叶节点才能完成一次计算，每个叶节点对应通信矩阵上的一个组合矩形区 R_s，每个叶节点的 $\mathrm{EQ}(\cdot)$ 值是确定的 0 或 1，因此 $\mathrm{EQ}(x,y)$ 在 R_s 上是单值的（Monochromatic）。

假设 $\mathrm{EQ}(x,y)$ 的通信矩阵中共有 $\chi(\mathrm{EQ})$ 个单值组合矩形区，则其决策树上的叶节点数 N_{leaf} 至少有 $\chi(\mathrm{EQ})$ 个。N_{leaf} 由两部分构成，即单叶节点总数 N_1 和双叶节点总数 N_2。设 EQ 的通信复杂性为 $C(\mathrm{EQ})$，则 $C(\mathrm{EQ})$ 就是其通信树的高度。因此 N_1 就是通信树除最后一行和根节点的节点数，即 $N_1 = 2^{C(\mathrm{EQ})} - 2$，$N_2$ 就是通信树最后一行节点数的 2 倍，即 $N_2 = 2^{C(\mathrm{EQ})+1}$。因此 $N_{\text{leaf}} = N_1 + N_2 = 3\times 2^{C(\mathrm{EQ})} - 2$。由 $N_{\text{leaf}} \geqslant \chi(\mathrm{EQ})$ 得，$C(\mathrm{EQ}) \geqslant \log\dfrac{\chi(\mathrm{EQ})+2}{3}$。

接下来计算 $\chi(\mathrm{EQ})$。由于 EQ 是一个 $2^n\times 2^n$ 的单位矩阵，因此每个单独的 1 值构成一个单值组合矩形区，共有 $\chi_1(\mathrm{EQ}) = 2^n$ 个。EQ 取 0 的单值组合矩形区可以分成上三角和下三角考虑。对于上三角，我们可以用依次划分最大矩形区的方法获得。

以图 3-13 为例，首先取右上方 4×4 的区域，然后分别取其左下方 2×2 的区域，最后分别取其左下方 1×1 的区域。

将上述过程推广到任意 n 的情况，区域的大小序列为 $2^{n-1}\times 2^{n-1},\cdots,2^1\times 2^1,2^0\times 2^0$，其对应的数量为 $2^0,\cdots,2^{n-2},2^{n-1}$，其总数 $\chi_0(\mathrm{EQ}) = 2\sum_{i=0}^{n-1} 2^i = 2^{n+1} - 2$。

综上，$\chi(\mathrm{EQ}) = \chi_1(\mathrm{EQ}) + \chi_0(\mathrm{EQ}) = 3\times 2^n - 2$，因此 $C(\mathrm{EQ}) \geqslant \log 2^n = n$。

上述过程看起来像是一个自圆其说的圈，但姚期智院士在其通信复杂性的论文[36]中给出了一般性的 $C(f) \geqslant \log_2 \chi(f)$ 的结论。

4）姚期智院士关于确定性通信复杂性的基本定理

以如图 3-12 所示的模型描述的通信过程称为确定性通信过程，在该过程中，通信双方针对其所持有的数字串及在通信中所获得的对方传来的信息计算 $f(x,y)$ 或决定下一轮向对方发送的信息。姚期智院士在其通信复杂性的论文[36]中对该模型下的通信复杂性给出了深入的理论分析，并给出了被称为后续通信复杂性研究基础的重要结论，即姚定理。

定理 3-10（确定性通信复杂性的姚定理）[36]　若给定函数 $f(x,y)$ 的通信矩阵含有 $\chi(f)$ 个单值组合矩形区，则有 $C(f) \geqslant \log_2 \chi(f)$。

此后，Alfred V. Aho、Jeffrey D. Ullman 和 Mihalis Yannakakis 给出了 $C(f)$ 的上限[40]，即 $C(f) \leqslant O\left(\left(\log \chi(f)\right)^2\right)$。

姚期智院士在其论文中还开启了概率模型及多方通信的研究，想深入学习的读者可研读他的论文及其他相关文献。

习题

1. 说明在算法复杂度分析中如何确定输入规模。
2. 给出大 O 记法的定义及其极限判定准则。
3. 给出大 Ω 记法的定义及其极限判定准则。
4. 给出大 Θ 记法的定义及其极限判定准则。
5. 给出小 o 记法的定义及其极限判定准则。
6. 给出小 ω 记法的定义及其极限判定准则。
7. 给出常见算法复杂度阶的列表。
8. 设 $T_1(n) = O(n^2)$，$T_2(n) = O(n^2)$，试分析 $T(n) = T_1(n) - T_2(n)$ 的各种可能情况。
9. 从文献[3]中任选 1 个 60 位和 70 位的十进制素数，用文献[4]中提供的多精度运算器

将它们转换为 2^{64} 进制的数。

10．说明迭代算法的基本复杂度分析范型。

11．说明递归算法的基本复杂度分析范型。

12．说明二进制加法和减法运算的复杂度。

13．分别说明 Karatsuba 乘法算法、Toom-Cook 乘法算法（$k=3$）、Schönhage-Strassen 乘法算法、Fürer 乘法算法和 Harvey-Hoeven 乘法算法的复杂度。

14．说明 Euclid GCD 算法在最坏情况下的循环次数，以及在多精度输入数据下的时间复杂度。

15．说明算法的平摊分析方法包括哪几种基本方法。

16．针对 3.5.1 节中的二进制计数器 BinCounter 设计一个表格，列出连续 16 次调用中 c[0]～c[4]的位翻转变化情况，并依此表说明各个位的变化频次。

17．设 $F_n(n \geqslant 0)$ 为第 n 个 Fibonacci 数，证明 $F_{n+1}=1+\sum_{i=0}^{n} F_i$。

18．说明为什么 Fibonacci 堆在执行完一次 ExtractMin 操作后，根链表中的节点至多有 $D(n-1)+1$ 个。

19．说明算法的实验分析方法通常会用到哪些统计量？为什么要用到统计量？

20．给出问题复杂度的定义。

21．说明基于比较的排序问题的复杂度为 $\log n!$。

22．给出 $n!$ 的 Stirling 近似公式，并基于该公式证明 $\log n!=\Theta(n\log n)$。

23．在不使用 $n!$ 的 Stirling 近似公式的情况下，证明 $\log n!=\Theta(n\log n)$。

参考文献

[1] Wikipedia. Cardinality[EB/OL]. [2021-1-18].（链接请扫下方二维码）

[2] Wikipedia. Closed-form Expression[EB/OL]. [2021-1-27].（链接请扫下方二维码）

[3] CALDWELL C K. Random Small Primes[EB/OL].（链接请扫下方二维码）

[4] MathsIsFun. Full Precision Calculator[EB/OL]. [2021-2-7].（链接请扫下方二维码）

[5] MENEZES A J，OORSCHOT P C v，VANSTONE S A. Handbook of Applied Cryptography[EB/OL]. [2021-2-8].（链接请扫下方二维码）

[6] Wikipedia. Karatsuba algorithm[EB/OL]. [2021-2-8].（链接请扫下方二维码）

[7] KARATSUBA A，OFMAN Y. Multiplication of Many-Digital Numbers by Automatic Computers[J]. Proceedings of the USSR Academy of Sciences，1962，145（2）：293–294.

[8] Wikipedia. Toom-Cook multiplication[EB/OL]. [2021-2-8].（链接请扫下方二维码）

[9] Schönhage A，STRASSEN V. Schnelle Multiplikation großer Zahlen[J]. Computing，1971，7：281-292.

[10] Fürer M. Faster integer multiplication[C]. Proceedings of the thirty-ninth annual ACM symposium on Theory of computing，2007：57-66.

[11] HARVEY D，HOEVEN J v d. Integer multiplication in time $O(n\log n)$ [J]. Annals of Mathematics，Princeton University and & Institute for Advanced Study，2021，193（2）：563-617.

[12] KLARREICH E. Multiplication Hits the Speed Limit[J]. Communications of the ACM，2019，63（1）：11-13.
[13] Free Software Foundation[EB/OL]. [2021-2-3].（链接请扫下方二维码）
[14] Multiplication[EB/OL]. [2021-2-3].（链接请扫下方二维码）
[15] MUL_FFT_THRESHOLD[EB/OL]. [2021-2-3].（链接请扫下方二维码）
[16] Wikipedia. Iterated logarithm[EB/OL]. [2021-2-9].（链接请扫下方二维码）
[17] KNUTH D E. 计算机程序设计艺术，第 2 卷，半数值算法[M]. 第 3 版. 苏运霖，译. 北京：国防工业出版社，2002：247-255.
[18] SMITH D M. A Multiple-Precision Division Algorithm[J]. Mathematics of Computation，1996，65：157-163
[19] HUANG L，LUO Y，ZHONG H，et al. An efficient multiple-precision division algorithm [C]. Proceedings of International Conference on Parallel and Distributed Computing，Applications and Technologies，PDCAT-05，2005：971-974.
[20] MUKHOPADHYAYA D，NANDY S C. Efficient multiple-precision integer division algorithm [J]. Information Processing Letters，2014，114：152-157.
[21] HANSEN P B. Multiple-Length Division Revisited：A Tour of the Minefield[R/OL]. [2021-2-10].（链接请扫下方二维码）
[22] Wikipedia. Division algorithm[EB/OL]. [2021-2-10].（链接请扫下方二维码）
[23] Lamé G. Note sur la limite du nombre des divisions dans la recherche du plus grand commun diviseur entre deux nombres entiers[J]. Comptes rendus des séances du l’ Académie des Sciences，1844，19：867-870.
[24] MOLLIN R A. Fundamental Number Theory with Applications （Discrete Mathematics and Its Applications）[M]. Boca Raton，FLORIDA：Chapman and Hall/CRC，2008：21.
[25] LEVEQUE W J. Fundamentals of Number Theory （Dover Books on Mathematics）[M]. New York：Dover Publications，1996：35.
[26] Wikipedia. Euclidean algorithm[EB/OL]. [2021-1-29].（链接请扫下方二维码）
[27] KNUTH D E. 计算机程序设计艺术，第 2 卷，半数值算法[M]. 第 3 版. 苏运霖，译. 北京：国防工业出版社，2002：326.
[28] AKHAVI A，Vallée B. Average Bit-Complexity of Euclidean Algorithms[C]. ICALP'00 Proceedings of the 27th International Colloquium on Automata，Languages and Programming，2000：373-387.
[29] TARJAN R E. Amortized Computational Complexity[J]. SIAM Journal on Algebraic and Discrete Methods，1985，6（2）：306-318.
[30] CORMEN T H，LEISERSON C E，RIVEST R L，et al. 算法导论[M]. 第 3 版. 殷建平，徐云，王刚，等译. 北京：机械工业出版社，2013：258-269.
[31] FREDMAN M L，TARJAN R E. Fibonacci heaps and their uses in improved network optimization algorithms[J]. Journal of the Association for Computing Machinery，1987，34（3）：596–615.
[32] CORMEN T H，LEISERSON C E，Rivest R L，et al. 算法导论[M]. 殷建平，徐云，王刚，等译. 北京：机械工业出版社，2013：290-302.
[33] GOLIN M J. Fibonacci Heaps[EB/OL]. （2007-11-30）[2021-12-26].（链接请扫下方二维码）

[34] Wikipedia. Binomial heap[EB/OL]. [2021-12-27].（链接请扫下方二维码）

[35] Wikipedia. Computational complexity theory[EB/OL]. [2021-7-1].（链接请扫下方二维码）

[36] YAO A C-C. Some complexity questions related to distributive computing[C]. Proceedings of the 11th ACM symposium on the theory of computing，1979：209-213.

[37] Wikipedia. Communication complexity[EB/OL]. [2021-6-5].（链接请扫下方二维码）

[38] ARORA S，BARAK B. Computational Complexity：A Modern Approach[M]. Cambridge：Cambridge University Press，2009：271.

[39] RAZBOROV A A. Communication Complexity[M]. Berlin，Heidelberg：Springer-Verlag，2011.

[40] AHO A V，ULLMAN J D，YANNAKAKIS M. On notions of information transfer in VLSI circuits[C]. Proceedings of the 15th ACM symposium on the theory of computing，New York，1983：133-139.

第 4 章　算法的递归设计方法

看似寻常最奇崛，成如容易却艰辛。

[北宋]王安石，《题张司业诗》

在程序设计的入门教科书中，常以函数直接或间接调用自身的情形来定义递归（Recursion）。然而递归却远比这一通俗定义深奥，它是算法理论乃至计算理论的重要组成部分，本章将从较浅显的层面揭示递归的理论内涵。在此基础上，介绍作为一种算法设计方法的递归在子集和全排列遍历这两个经典问题上的应用，并介绍相应算法的现代版 C++实现和 CD-AV 演示设计。此后将这两个算法拓展到更具实践意义的 0-1 背包问题和 TSP 问题的递归穷举算法设计中。本章还将对递归栈框架及将递归算法转换为迭代算法的方法进行介绍。

4.1　递归算法的普适性及其理论内涵

本节将先以 $n!$ 计算、Fibonacci 数计算、Euclid GCD 算法、求和计算的递归算法为例说明递归算法的基本特性，然后对递归的理论内涵进行探讨。

4.1.1　递归算法的基本特性及实例

本节将先给出递归算法所求解问题要具备的两个基本特性，然后用 $n!$ 计算、Fibonacci 数计算、Euclid GCD 算法、求和计算的递归算法为例说明其普适性。

1．递归算法所求解问题要具备的两个基本特性

当一个问题可以分解成较小规模的子问题来求解，而较小规模的子问题的求解方法又与较大规模的问题的求解方法相同时，我们就说问题可以用递归方法来求解。严谨地说，适合用递归算法求解的问题要具备如下两个基本特性[1]。

（1）可终结性：存在不需要递归就可以直接获得解的基本问题，这样的基本问题可能不止一个。

（2）递归性：存在将较大规模的问题向基本问题逐步转化的规则，这个规则可确保较大规模的问题能够根据基本问题的解获得最终的解。

2．递归算法的实例

下面举一些递归算法的实例，以使读者体验递归算法的普适性。

1）$n!$ 计算的递归算法

$n!$ 计算问题显然具有上述两个基本特性。首先，$0!=1$（或 $1!=1$）说明它具有可终结性；其次，$n!=n\cdot(n-1)!$ 说明它具有递归性。因此，可以设计如算法 4-1 所示的递归算法计算 $n!$。

注 1：我们在 3.2.3 节讨论递归算法复杂度时给出过计算 $n!$ 的递归算法（算法 3-2），这里将该算法表示为算法 4-1，以方便阐述它所具备的递归的两个基本特性。

注 2：针对 $n!$ 的计算，可以很容易地用循环的方法按从 1 乘到 n 的方式编写出如算法 3-1 所示的计算过程，这样的算法称为迭代（Iterative）算法。简单地说，以 for、while 等循环语句表达的算法称为迭代算法。与 $n!$ 计算相似，下面的递归算法实例也都是可以用迭代算法求解的。这种现象不是偶然的，后面的理论探讨部分将会说明递归与迭代的等价性。

由于递归算法要直接或间接地调用自身，因此其伪代码的第 1 行需要设计成一个带参数的函数，其中的参数用于描述待求解问题的规模。当算法启动运行时，要调用该函数并给它传入具体的问题规模参数。当它递归调用自身时，应传递递减的问题规模参数，这样就会逐步减小问题的规模，直至减小到可直接给出解的基本问题。

在递归算法运行时，如果尚未执行到调用基本问题的步骤，就还未达到直接得出问题解的条件，因为所依赖的子问题的解还没得到，计算机的操作系统会用栈框架（Stack Frame）保存这些递归调用参数及返回地址等信息。只有当递归调用执行到基本情况时，才到达得出解的步骤，此后会依次从堆栈中弹出较大规模递归调用函数的信息并进行实际的乘法运算，即乘法运算是被推迟到递归至基本情况后才逐步进行的。图 4-1 所示为 factorial(3)的递归调用过程。

注：我们将在 4.6.1 节介绍栈框架。

算法 4-1　计算 $n!$ 的递归算法

```
输入：自然数 n
输出：n!
1. factorial(n)
2.    if n = 0 then
3.       return 1
4.    else
5.       return n*factorial(n - 1)
6. end
```

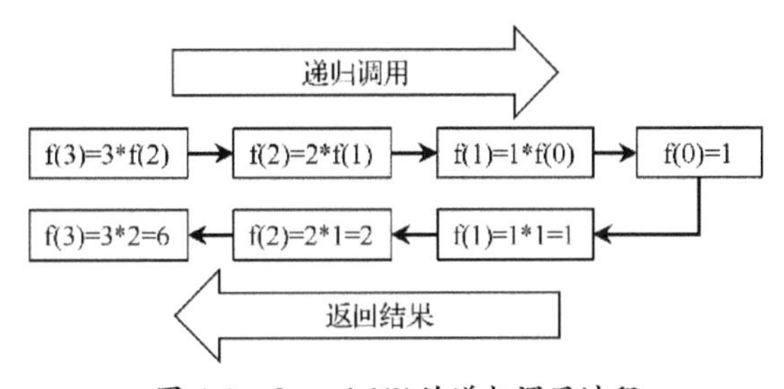

图 4-1　factorial(3)的递归调用过程

2）Fibonacci 数计算的递归算法

我们在第 3 章进行 Euclid GCD 算法的复杂度分析时，介绍过 Fibonacci 数列，它是一个形如 $F_n=\begin{cases}0 & n=0\\1 & n=1\\F_{n-1}+F_{n-2} & n\geqslant 2\end{cases}$ 的递推数列。显然该数列也具有递归算法的两个基本特性：$F_0=0$ 和 $F_1=1$ 说明它具有可终结性，而且是有两个基本问题的情况；$F_n=F_{n-1}+F_{n-2}$ 说明它具有递归性。因此，该数列可用递归算法求解，尽管其递归算法是一个运行效率很低的算法（参见 7.1.1 节）。

3）Euclid GCD 算法的递归算法

在 1.1.2 节我们曾经学习过 Euclid GCD 算法，并给出过它的迭代表达（见算法 1-1）。该算法源自定理 1-3 所述的 Euclid GCD 定理，显然该定理的第 1 条“当 $b=0$ 时，$\mathrm{GCD}(a,0)=a$”具有可终结性，其第 2 条“当 $b>0$ 时，$\mathrm{GCD}(a,b)=\mathrm{GCD}(b,a \bmod b)$”具有递归性。因此，Euclid GCD 算法可以设计成如算法 4-2 所示的递归算法。

算法 4-2　Euclid GCD 算法的递归算法

```
输入：整数 a > 0,b ≥ 0
输出：a 与 b 的 GCD
1. EuclidGCDR(a, b)
2.    if b = 0
3.       return a
4.    else
5.       return EuclidGCDR(b, a mod b)
6. end
```

4）求和计算的递归算法

如果将前 n 个自然数的和 $S_n=\sum_{i=1}^{n}i$ 表达为 $S_n=n+\sum_{i=1}^{n-1}i=n+S_{n-1}$，它就具有递归性，而 $S_1=1$ 说明它具有可终结性，因此 S_n 的计算适宜用递归算法实现。

同样地，n 个数的和 $X_n=\sum_{i=1}^{n}x_i$ 可表达为 $X_n=x_n+\sum_{i=1}^{n-1}x_i=x_n+X_{n-1}$，它也具有递归性，而 $X_1=x_1$ 说明它具有可终结性，因此 X_n 的计算也适宜用递归算法实现。

4.1.2 递归是一种普适的算法表达方法

4.1.1 节以具体的实例表达了递归算法的普适性，本节将给出这种普适性的理论依据，基本思路是先给出结构化程序定理，即顺序、分支和循环三种基本结构可以表达任何算法，再说明递归与迭代（循环）是完全等价的两种算法表达方法。

1．结构化程序定理

Corrado Böhm 和 Giuseppe Jacopini 证明了一个关于程序结构的定理[2]，即结构化程序定理，也称为 Böhm-Jacopini 定理，其内容如下。

定理 4-1（结构化程序定理） 以如下三种基本结构构成的程序可实现任何可计算函数的计算：①顺序结构，按语句排列的先后次序执行的结构；②分支结构，根据布尔表达式的值执行两组语句之一的结构；③循环结构，当布尔表达式的值为 true 时重复执行一组语句的结构。

简单地说，结构化程序定理指出由顺序、分支和循环三种基本结构可以表达任何算法。由于顺序结构用语句排列的先后次序就能实现，并不需要专门的流程控制语句，因此上述定理也可以更简洁地表述为由 if 和 while 流程控制语句构成的程序可以表达任何算法。

结构化程序定理对于程序设计语言的设计意义重大。它说明一种程序设计语言只要提供了 if 和 while 流程控制语句，就能表达任何算法。实际的程序设计语言都为编程的方便提供了丰富的流程控制语句，如多分支的 switch 语句、for 和 do while 循环语句等，它们的功能都可由 if 或 while 语句实现。

结构化程序定理对于算法设计同样具有重要意义，它说明只要用顺序、分支和循环三种基本结构的组合就可以表达任何算法。

2．递归与迭代的等价性

1.3.5 节介绍算法的正确性证明时曾指出，算法是以步骤方式求解规模不断增大直到无穷大的问题，即对一个问题设计的算法必须能够对该问题的任意规模求解。到此为止的学习，使我们认识到需要用迭代或递归方法来表达算法。下面从理论上讨论递归与迭代的等价性。

1）递归与迭代的等价性及其理论基础

递归和迭代具有等同的表达效力，递归算法可以用显式的调用栈转换为迭代算法，而迭代算法可以转换为尾递归算法[3]。

注：递归算法与迭代算法的转换方法将在 4.6.2 节中介绍。

上述结论有很深刻的理论内涵，它源于计算理论中的丘奇-图灵论题（Church-Turing Thesis）[4]：自然数集合上的函数可用一种有效方法（Effective Method）计算，当且仅当它可用一台图灵机计算。

注 1[5]：这里的“有效方法”指的就是算法。

注 2：丘奇-图灵论题是无法形式化地严谨证明的，因为其中的“有效方法”是非形式化定义的。

丘奇-图灵论题尽管不能证明，却被广泛地接受。因为 Alonzo Church、Stephen Cole Kleene 和 Alan Turing 于 1936—1937 年的工作证明[4]，三类看起来极不相同的严谨形式化定义的可计算函数是等价的。这三类函数分别是 Kurt Gödel 与 Jacques Herbrand 于 1933 年定义的一般递归函数（General Recursive Functions），也称为 μ-递归函数（μ-Recursive Function），简称为递归函数，这类函数是直觉意义上的可计算函数[6]；Alonzo Church 于 1936 年用 λ-演算（λ-Calculus）定义的 λ-可计算（λ-Computable）函数[7]；Alan Turing 于 1936 年用图灵机定义的图灵可计算（Turing Computable）函数[8]。也就是说，一个函数是 λ-可计算的，当且仅当它是图灵可计算的，当且仅当它是一般递归函数。这使得数学家和计算机科学家们相信，可计算性是由这三种机制精确定义的。

鉴于图灵机是一种高度迭代的计算模型，内在上它没有递归的概念，而 λ-可计算函数和 μ-递归函数都基于递归定义计算[9]，因此递归与迭代的等价性源自计算理论中深奥的的丘奇-图灵论题。

2）函数式程序设计语言与命令式程序设计语言

递归与迭代的等价性使得人们可以设计出没有循环控制语句的程序设计语言。我们熟悉的 C、Java 等都是带有 for、while 等循环控制语句的程序设计语言，但著名的人工智能程序设计语言 LISP 的早期版本就没有循环控制语句，而是用递归表达所有循环算法的。即使后来增加了循环控制语句，其内部也是以尾递归实现的。各种 LISP 的变种也均以递归作为表达重复式计算的主要形式。例如，LISP 中用如下函数实现计算 $n!$ 的算法。

```
(define (factorial n) (if (= n 1) 1 (* n (factorial (- n 1) ))))
```

该函数的调用则用(display (factorial 7))实现。

理论上，程序设计语言分成两大类：函数式程序设计语言（Functional Programming Language）和命令式程序设计语言（Imperative Programming Language）。以 LISP 为代表的程序设计语言为函数式程序设计语言，以 C、Java 等为代表的程序设计语言是命令式程序设计语言。尽管 C 的基本构成是函数，但它不同于函数式程序设计语言中的“函数”，因此从分类上（或根本上）来看它并不是函数式程序设计语言，而是命令式程序设计语言。

3）递归与迭代相结合的算法设计策略

递归算法通常具有较好的直观性，因此易于设计。但如图 4-1 所示，递归算法在运行过程中要先进行大量的递归调用，这会占用大量的栈空间，也会花费大量的运行时间。因此，通常先用递归方法快速地设计算法，再转换为迭代方法以降低栈空间占用并提高运行效率。

注：同一算法在用递归和迭代形式表达时其渐近时间复杂度是相同的，但由于递归算法要占用栈空间，因此其空间复杂度比迭代算法高。同时由于存在调用和返回两个计算过程，因此递归算法的实际运行时间通常明显地长于迭代算法。

递归算法的直观性也不是绝对的。例如，在 2.2.3 节中介绍了顺序搜索算法，并设计了如算法 2-7 所示的迭代算法，在此处将其表示为算法 4-3，该算法也可设计为如算法 4-4 所示的递归算法。显然，顺序搜索算法的递归形式就不如迭代形式直观。

在此我们简要解释一下顺序搜索的递归算法。当以 LinearSearchR(i)调用时，它从数组最后的元素开始检查，如果发现某个序号为 i 的元素 a[i]是待查找的元素，则结束并返回 i（第 5、6 行）；否则，对第 i - 1 个元素递归（第 7 行）。当递归到i = 0时，说明未找到，返回0（这里采用的是以 1 开始的索引）。

注：为减小栈空间占用，递归算法通常将一些不发生改变的量设为全局变量，算法 4-4 就将被查找的数组 a 和待查找的元素 x 设成了全局变量。

算法 4-3　顺序搜索的迭代算法

输入：n 个元素的数组 a 和待查找的元素 x
输出：x 在 a 中的位置，0 表示未找到

```
1. LinearSearch(a, n, x)
2.    for i = 1 to n
3.       if x = a[i] then
4.          return i
5.    return 0
6. end
```

算法 4-4　顺序搜索的递归算法

输入：n 个元素的数组 a 和待查找的元素 x
输出：x 在 a 中的位置，0 表示未找到

```
1. Global a, x
2. LinearSearchR( i )
3.    if i < 1 then
4.       return 0
5.    else if a[i] = x then
6.       return i
7.    else return LinearSearchR(i - 1)
8. end
```

4.2　子集遍历问题的递归穷举算法

列出给定 n 个元素的集合的所有子集就是子集遍历问题，这是一个典型的递归问题。本节就对该问题进行分析，设计其递归穷举算法，并说明其现代版 C++实现及 CD-AV 演示设计。

4.2.1　子集遍历问题及其递归穷举算法设计

本节将先给出子集遍历问题的定义，分析其解的向量表示和解空间，然后进行相应的递归穷举算法设计。

1．子集遍历问题的定义与分析

定义 4-1（子集遍历问题）　子集遍历问题指的是给定 n 个元素的集合，列出其所有子集，也可简称为子集问题。

举例来说，对于 3 个元素的集合 $\{a,b,c\}$，我们可以通过手工穷举的方法列出其全部的 8 个子集：$\{\}$，$\{a\}$，$\{b\}$，$\{c\}$，$\{a,b\}$，$\{a,c\}$，$\{b,c\}$，$\{a,b,c\}$。

显然，我们希望用计算机实现穷举。为此，对于任意的 n 个元素的集合，我们构造有 n 个分量的向量 $\boldsymbol{x}=(x_1,x_2,\cdots,x_n)$，其中 $x_i\in\{0,1\}$，$i\in\{1,\cdots,n\}$。x_i 取 0 表示该元素不在子集中，取 1 表示该元素在子集中。

这样，对于 3 个元素的集合，其 8 个子集对应的向量 (x_1,x_2,x_3) 取值如下：000，100，010，001，110，101，011，111。

显然，对于 n 个元素的集合，其各个子集正好对应所有 n 个 0 到 n 个 1 的 n 位二进制数，这个范围称为子集遍历问题的解空间，其中共有 2^n 个解。

注：n 个元素的集合的子集个数也可由二项式定理得到。n 个元素集合的势为 $i(0\leqslant i\leqslant n)$ 的子集

个数就是 n 个元素中取 i 个元素的组合数 $\binom{n}{i}$，因此总的子集个数为 $\sum_{i=0}^{n}\binom{n}{i}$。将二项式定理 $(x+y)^n=\sum_{i=0}^{n}\binom{n}{i}x^{n-i}y^i$ 中的 x 和 y 设为 1 得 $\sum_{i=0}^{n}\binom{n}{i}=2^n$。

2. 子集遍历问题的解空间树——子集树

我们也可将子集遍历问题的全部解用如图 4-2 所示的一棵完美二叉树形象地表示，这棵树就是子集遍历问题的解空间树，也称为状态空间树，简称为子集树。

我们先建立树的根节点 A，接下来用到达第 1 层左右子节点 B 和 C 的边表示 x_1 取 0 或 1，即第 1 个元素在或不在子集中；B、C 节点又分别根据 x_2 取 0 或 1 建立左右分支，到达子节点 D、E 和 F、G；以此类推，当到达第 n 层时结束。

显然，树的第 $i(0 \leqslant i \leqslant n)$ 层上共有 2^i 个节点，最后的第 n 层上有 2^n 个叶节点。重要的是，从根节点到叶节点的每条路径上 $x_1, x_2, \cdots, x_n$ 的取值序列对应一个子集，即每个叶节点对应一个子集，因此这棵子集树完整地刻画了子集遍历问题的解空间。

注：《数据结构》中介绍了完全二叉树（Complete Binary Tree）的概念，即除最后一层以外其他各层都达到最大节点数，且最后一层的节点从左端连续排列的二叉树。子集树则是完全二叉树的极端情况，称为完美二叉树（Perfect Binary Tree）。

3. 子集遍历问题的递归穷举算法设计

由前面的分析可以看出，子集遍历问题的解空间树可由一棵完美二叉树描述，因此可以运用深度优先遍历二叉树的方法，找到所有的叶节点，并记录和报告从根节点到叶节点路径上的二进制数字序列，由此就能获得所有的子集。

显然，二叉树具有递归性，而叶节点说明其具有可终结性，因此可以用递归方法设计如算法 4-5 所示的递归算法。

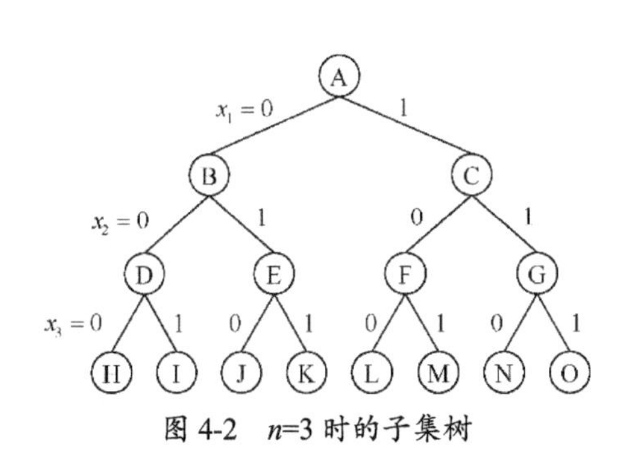

图 4-2　n=3 时的子集树

算法 4-5　子集遍历问题的递归穷举算法

输入：子集的规模 n
输出：所有可能的子集

```
1. Global x[]
2. Subsetting(n)
3. if n > 0 then
4.     x.push(0)
5.     Subsetting(n - 1)
6.     x.pop()
7.     x.push(1)
8.     Subsetting(n - 1)
9.     x.pop()
10. else
11.     print(x)
```

算法 4-5 声明了线性表全局变量 x，它以堆栈的方式工作。在递归调用左右子节点前分别压入 0 和 1，递归结束时弹出。算法以子集的规模 n 为输入，如果 n > 0，则依次执行左右分支上的压栈、规模减 1 的递归和弹栈操作；如果 n = 0，则说明到达叶节点，此时 x 中的值就对应一个子集，算法以 print(x)将其输出。

4．子集遍历问题的递归穷举算法的复杂度分析

我们从两方面来分析子集遍历问题的递归穷举算法的复杂度。

一方面是递归调用的总次数，这个次数就是规模为 n 的完美二叉树各层节点的总数，即 $T_{\text{nodes}}(n)=2^{n+1}-1=O(2^n)$。

另一方面是打印输出的复杂度，规模为 n 的问题的叶节点有 2^n 个，每个叶节点执行的 print(x)要输出长度为 n 的集合描述串，因此算法复杂度为 $T_{\text{print}}(n)=n2^n$。

综上所述，算法的复杂度为 $T(n)=\Theta(n2^n)$。

4.2.2 现代版 C++实现与 CD-AV 演示设计

本节将介绍子集遍历问题的递归穷举算法的现代版 C++实现与 CD-AV 演示设计。

1．现代版 C++实现

我们用现代版 C++实现了子集遍历问题的递归算法，有关代码参见附录 4-1，下面说明相关的设计要点。

1）初始化

在算法主函数 Subsetting 之前声明了 vector<int>型的静态全局变量 x（代码块 2 第 1 行），vector 类提供的 push_back 和 pop_back 方法使得它可以实现算法中子集位串的栈操作。Subsetting 设计为不携带 x 参数的形式，这样能够大大减小递归调用对栈空间的占用。

注：子集遍历的最大递归调用次数是子集树的深度 n。

在 TestSubsetting 中用 x.clear()消除静态全局变量多次运行时的副作用（代码块 6 第 4 行）。

2）算法主函数设计

算法的主流程由主函数 Subsetting（代码块 2）实现。易见现代版 C++代码与如算法 4-5 所示的伪代码同样简洁。子集位串 x 调用 vector 类的 push_back 和 pop_back 方法实现栈操作。

3）输出设计

专业的编程不仅应设计和实现正确的算法，还应以良好的形式输出结果。附录 4-1 所示的代码中设计了两个子集输出函数，代码块 3 中的 OutputOneSubsetBinary()以二进制数方式输出子集，该代码以生成次序的倒序使输出更具直观性，如规模为 3 的子集输出形式为 000、100、010、001、110、101、011、111。代码块 4 中的 OutputOneSubset()以更直观的集合形式输出子集，它忽略 0 位对应的元素，而将 1 位对应的元素转换为 1～n 的元素号，如规模为 3 的子集输出形式为{}, {1}, {2}, {3}, {1, 2}, {1, 3}, {2, 3}, {1, 2, 3}。

2．CD-AV 演示设计

我们在 CAAIS 中实现了前述子集遍历问题的递归穷举算法的 CD-AV 演示设计。其显著特征是能够同步、动态地演示递归遍历过程中子集位序列的栈式生成过程，以及递归调用栈的操作和变化情况，此外还提供了适度的交互。

1）输入数据

本算法的输入数据仅是简单的子问题的规模，控制面板上的“个数”下拉列表中提供了 3～6 共四种规模的输入数据，它们对应的 CD-AV 演示步骤序号分别为 41、89、185 和 377，这足以满足教学演示和学习的需要。

2）数据行及交互设计

子集遍历问题的递归穷举算法的 CD-AV 演示设计是一种只包括短语子行和数据子行的设计，图 4-3（a）给出了规模为 4 时第 40～42 步的情况，其中第 42 步是一个交互行。由此可以看出，数据子行包括的数据列有问题规模 N、当前递归子问题的规模 n、以 x[0] ～ x[3] 标识的子集位序列，以及以 T(n)标识的递归调用次数，即复杂度。

通过 CD-AV 运行可以看到，对应于规模为 3～6 的问题，T(n)的最终值分别是 15、31、63 和 127，正好是子集树中的节点总数，即 $2^{n+1}-1$。

此 CD-AV 演示较具特色之处是数据行上以动画的形式显示子集位串的栈操作：当执行 push 操作时，相应的 x[i]会从右侧压入；当执行 pop 操作时，相应的 x[i]会向右侧弹出。

CD-AV 在运行过程中，n 列的值会随着递归的调用而减小、随着递归的结束返回而增加。具体地说就是，每当步骤短语为“Recurse with …”或“Output one subset …”，即进入递归时，n 列的值就会减小，这时 T(n)列的值会增加；每当执行“Pop 1.”或“Complete recursion …”，即退出递归时，n 列的值就会增加，这时 T(n)列的值不变。

在交互时，n 列、x[i]各列和 T(n)列这 3 部分任意组合。要注意的是，空位上的 x 值应保持为空，无须填入任何内容。

注 1：在形如“Recurse with n = 1 and 0 pushed.”和“Complete recursion of n = 2 with 1 pushed.”的短语中，“pushed”前的数字“0”或“1”用于说明对应的递归是代码中的第 2～6 行或 2～9 行，这可帮助理解上述短语中对应的递归位置。

注 2：短语“Push 0 and prepare for recursing.”和“Pop 0, push 1 and prepare for recursing.”对应的步骤为“准备递归”，因此这时问题的规模还没有发生变化。

3）递归调用栈的演示设计

理解递归穷举算法的关键是理解函数调用的栈框架，或称为调用栈，其中包括的关键数据是函数调用的返回地址和参数。我们设计的子集遍历 CD-AV 演示在辅助区的 I/O 页中提供了递归调用栈的可视化演示功能。递归调用栈结合代码跟踪功能能够很好地帮助人们理解递归穷举算法的执行过程。

图 4-3（b）给出了规模为 3 正序演示时第 1～20 步的递归调用栈的演示截图，其中的 Call Stack 列对应递归调用栈的示意，Output 列对应子集的输出。

No	N	n	x[0]	x[1]	x[2]	x[3]	T(n)	Act
Complete recursion of n = 2 with 1 pushed.								
42	4	3	0	1			16	⃠
Complete recursion of n = 2 with 1 pushed.								
42	4	3	0	1			16	⃠
Complete recursion of n = 2 with 1 pushed.								
42	4	3√	0√	1√	√	√	16√	6/6
Pop 1.								
41	4	2	0	1			16	⃠
Complete recursion of n = 1 with 1 pushed.								
40	4	2	0	1	1		16	⃠

（a）带交互的 CD-AV 行（规模为 4）

Call Stack	Output
01: (3,#X)	
02: (3,#X)(2,#7)	
04: (3,#X)(2,#7)(1,#7)	
06: (3,#X)(2,#7)(1,#7)(0,#7)■	01: 000; {}
06: (3,#X)(2,#7)(1,#7)	
08: (3,#X)(2,#7)(1,#7)(0,#10)■	02: 100; {1}
08: (3,#X)(2,#7)(1,#7)	
10: (3,#X)(2,#7)	
12: (3,#X)(2,#7)(1,#10)	
14: (3,#X)(2,#7)(1,#10)(0,#7)■	03: 010; {2}
14: (3,#X)(2,#7)(1,#10)	
16: (3,#X)(2,#7)(1,#10)(0,#10)■	04: 110; {1,2}
16: (3,#X)(2,#7)(1,#10)	
18: (3,#X)(2,#7)	
20: (3,#X)	

（b）递归调用栈的演示截图（规模为 3）

图 4-3　子集遍历问题递归穷举算法的 CD-AV 演示和输出设计

注 1：这里的递归调用栈以演示函数调用中返回地址和参数压栈为目的而进行了教学意义上的简化设计，我们将在 4.6.1 节对函数调用的栈框架进行较为详细的讨论。

注 2：在进行函数调用时会将参数和返回地址压到递归调用栈中，在函数调用结束时则根据栈中的返回地址决定返回的执行位置。需要特别注意的是，在函数执行期间是可以正常多次读写递归调用栈中参数的值的，这种读写不会使得参数从栈中弹出。

Call Stack 列中左侧的序号对应算法演示的步骤序号，右侧的一对括号则对应一次函数调用的栈框架，其中逗号前的数字是 Subsetting(n)调用中的参数 n，逗号后则以“#a”的方式表达函数调用的返回地址。

第一个括号中的(3,#X)是首次调用 Subsetting(3)时的调用栈描述，对应代码块 6 第 5 行的 Subsetting(n)调用，3 为传入的参数，由于该次调用返回时整个算法过程便结束，因此其返回地址以#X 表示，无须过于关注其具体的返回地址。

后面括号中的“#7”和“#10”表明它们对应的返回地址分别为代码块 2 第 7 行和第 10 行，即对应第 6 行和第 9 行 Subsetting 调用的返回。

图 4-3（b）Call Stack 列中“山”状的图形非常形象地展示了递归调用和返回过程，下面给出其所涉及的递归调用和返回过程的解释。

01 行的栈框架(3,#X)对应首次的 Subsetting(3)调用，这时的 n 值为 3；接下来算法执行代码块 2 第 6 行，递归调用 Subsetting(2)，该调用生成 Call Stack 列 02 行中的(2,#7)，接着再次执行代码块 2 第 6 行，递归调用 Subsetting(1)，该调用生成 Call Stack 列 04 行中的(1,#7)。

算法再次执行代码块 2 第 6 行，递归调用 Subsetting(0)，该调用生成 Call Stack 列第一个 06 行中的(0,#7)，由于 n 的值为 0，因此这次函数执行不再产生递归调用，而执行 else 部分输出 x 的值。输出的结果为图 4-3（b）Output 列 01 行中的 000，即空集{}。此后 Subsetting(0)的栈框架(0,#7)弹出，算法将返回到代码块 2 第 7 行继续执行，栈中的情况则如 Call Stack 列第二个 06 行所示，最后的栈框架(1,#7)说明这时 n 的值为 1，且该栈框架弹出后的返回地址为#7。

算法接下来执行代码块 2 第 7、8 行关于 x 的 pop 和 push 操作，使其值变成 001。此后执行代码块 2 第 9 行，递归调用 Subsetting(0)（此时 n 的值为 1，因此 n-1 为 0），该调用生成 Call Stack 列第一个 08 行中的(0,#10)，由于 n 的值为 0，因此这次函数执行也不再产生递归调用，而执行 else 部分输出 x 的值。输出的结果为图 4-3（b）Output 列 02 行中的 100（输出的位顺序是 x 中位串的逆序），即集合{1}。此后 Subsetting(0)的栈框架(0,#10)弹出，算法将返回到代码块 2 第 10 行继续执行，这时栈中的情况如 Call Stack 列第二个 08 行所示，最后的栈框架(1,#7)说明这时 n 的值为 1，栈框架弹出后的返回地址为#7。

算法接下来执行代码块 2 第 10 行关于 x 的 pop 操作，使其值变成 00，再执行代码块 2 第 11 行结束 if 语句，继而执行代码块 2 第 17 行结束 Subsetting(1)调用，这时调用栈中第二个 08 行最后的(1,#7)将弹出，算法将返回到代码块 2 第 7 行继续执行，调用栈则变成 10 行，最后的栈框架(2,#7)说明这时 n 的值为 2，栈框架弹出后的返回地址为#7。

算法接下来执行代码块 2 第 7、8 行关于 x 的 pop 和 push 操作，使其值变成 01。此后执行代码块 2 第 9 行，递归调用 Subsetting(1)，该调用生成 Call Stack 列 12 行中的(1,#10)，此时 n 的值为 1。

接下来算法执行代码块 2 第 6 行，递归调用 Subsetting(0)，该调用生成 Call Stack 列第一个 14 行中的(0,#7)，由于 n 的值为 0，因此这次函数执行不再产生递归调用，而执行 else 部分输出 x 的值。输出的结果为图 4-3（b）Output 列 03 行中的 010，即集合{2}。此后 Subsetting(0)的栈框架(0,#7)弹出，算法将返回到代码块 2 第 7 行继续执行，栈中的情况如 Call Stack 列第二个 14 行所示，最后的栈框架(1,#7)说明这时 n 的值为 1，栈框架弹出后的返回地址为#7。

算法接下来执行代码块 2 第 7、8 行关于 x 的 pop 和 push 操作，使其值变成 011。此后执行代码块 2 第 9 行，递归调用 Subsetting(0)（此时 n 的值为 1，因此 n-1 为 0），该调用生成 Call Stack 列第一个 16 行中的(0,#10)，由于 n 的值为 0，因此这次函数执行不再产生递归调用，而执行 else 部分输出 x 的值。输出的结果为图 4-3（b）Output 列 04 行中的 110（输出的位顺序是 x 中位串的逆序），即集合{1,2}。此后 Subsetting(0)的栈框架(0,#10)弹出，算法将返回到代码块 2 第 10 行继续执行，栈中的情况如 Call Stack 列第二个 16 行所示，最后的栈框架(1,#10)说明这时 n 的值为 1，栈框架弹出后的返回地址为#10。

算法接下来执行代码块 2 第 10 行关于 x 的 pop 操作，使其值变成 01，再执行代码块 2 第 11 行结束 if 语句，继而执行代码块 2 第 17 行结束 Subsetting(1)调用，这时调用栈中第二个 16 行最后的(1,#10)弹出，算法将返回到代码块 2 第 10 行继续执行，调用栈则变成 18 行，此时 n 的值为 2，栈框架弹出后的返回地址为#7。

算法接下来执行代码块 2 第 10 行关于 x 的 pop 操作，使其值变成 0，再执行代码块 2 第 11 行结束 if 语句，继而执行代码块 2 第 17 行结束 Subsetting(2)调用，这时调用栈中 18 行最后的(2,#7)弹出，算法将返回到代码块 2 第 7 行继续执行，调用栈则变成 20 行，最后的栈框架(3,#X)说明这时 n 的值为 3，栈框架弹出后的返回地址为#X。

至此，规模为 3 的子集树已经遍历了一半，即根节点下全部的左分支，共输出了 4 个子集，对应 x 中从 0 开始的 4 个位串（Ouput 列输出的是 x 中位串的逆序，因此对应末位是 0 的 4 个位串）。接下来的算法将遍历子集树的另外一半，即根节点下全部的右分支，对应 x 中从 1 开始的其余 4 个位串。

4.3 全排列遍历问题的递归穷举算法

列出给定 n 个元素的所有排列就是全排列遍历问题，这也是一个典型的递归问题。本节就对该问题进行分析，设计其递归穷举算法，并说明其现代版 C++实现及 CD-AV 演示设计。

4.3.1 全排列遍历问题及其递归穷举算法设计

本节将先给出全排列遍历问题的定义，分析其解的向量表示和解空间，然后进行相应的递归穷举算法的设计。

1. 全排列遍历问题的定义与分析

定义 4-2（全排列遍历问题） 全排列遍历问题指的是给定 n 个互不相同的元素，列出其所有可能的排列，也可简称为全排列问题。

举例来说，对于给定的 3 个元素 a,b,c，我们可以通过手工穷举的方法列出其全部的 6 种排列：a,b,c，a,c,b，b,a,c，b,c,a，c,a,b，c,b,a。

显然，我们希望用计算机实现穷举。为此，对于任意的 n 个元素的集合，我们构造有 n 个分量的向量 $\boldsymbol{x}=(x_1,x_2,\cdots,x_n)$，其中 $x_i\in\{1,2,\cdots,n\}$，$i\in\{1,\cdots,n\}$，且对任意的 $i,j\in\{1,2,\cdots,n\}$，

$x_i \neq x_j$。

这样对于 3 个元素的情况，其 6 个排列对应的向量(x_1,x_2,x_3)取值如下：1,2,3，1,3,2，2,1,3，2,3,1，3,1,2，3,2,1。

全排列的知识告诉我们，n个元素的全排列共有$n!$种，它们构成了排列问题的解空间。

2．全排列遍历问题的解空间树——排列树

我们也可将全排列遍历问题的全部解用如图 4-4 所示的一棵树形象地表示，这棵树就是全排列遍历问题的解空间树，称为排列树。

从排列组合的角度看，n个元素的全排列表述如下：先从n个元素中取排在第 1 位的元素，共有n种取法，再从剩下的$n-1$个元素中取排在第 2 位的元素，共有$n-1$种取法，以此类推，直至取出最后剩余的 1 个元素，这样最终得到全部的$n!$种排列。

根据上述全排列的表述可以建立相应的排列树。先建立树的根节点 A，为根节点设计n个分支，各分支分别对应标号$1,2,\cdots,n$，这些标号对应解向量中的第 1 个分量x_1，n个分支对应第 1 层的n个节点。为第 1 层的每个节点分别设计$n-1$个分支，每个分支对应$1,2,\cdots,n$中除其父层分支标号以外的$n-1$个标号，这些标号对应解向量中的第 2 个分量x_2，$n-1$个分支则对应$n-1$个节点。以此类推，到第$n-1$层时，对每个节点就只需设计一个分支和一个子节点，它们对应最后剩余的一个标号，这个标号对应解向量中的最后一个分量x_n。图 4-4 所示为$n=3$时的排列树。

与子集树相似，排列树每个叶节点对应一种排列，从根节点到叶节点路径上的标号序列就是该排列对应的解，所有叶节点的数量为$n!$，因此这棵树完整地刻画了全排列遍历问题的解空间。

3．全排列遍历问题的递归穷举算法设计

由前面的分析可以看出，全排列遍历问题的状态空间树可由一棵排列树描述，因此可以运用深度优先遍历树的方法找到所有的叶节点，并记录和报告从根节点到叶节点路径上的数字序列，由此就能获得所有的排列。

由图 4-4 可以看出，排列树的各子树具有一定的自相似性，即递归性，而叶节点则说明其具有可终结性，因此可以用递归方法设计算法。

然而，排列树的递归性不像子集树那样简单，接下来我们就对其递归性进行分析。根据前面全排列遍历问题的表述，我们可以这样求解规模为n的全排列遍历问题：先顺序地从 1～n中取一个数字，将其放在排列的第 1 位上；然后对其余的$n-1$个数字进行全排列，这样规模为n的全排列遍历问题就转化为n个规模为$n-1$的全排列遍历问题。显然这个过程可以递归地进行下去，当到达规模为 1 的问题时便可结束。

为了将上述想法转化为算法，我们将它表述为如图 4-5 所示的一般情况。图 4-5 以$a_1,a_2,\cdots,a_n$描述待排列的n个数字，假设$a_1,\cdots,a_{i-1}(1\leqslant i\leqslant n)$已经排好，现在要对$a_i,\cdots,a_n$进行排列。根据上述想法，就需要对$a_i,\cdots,a_n$每个数字都给予一次放在第$i$个位置上的机会，然后对其余的$n-i$个数字进行递归排列。

借助两个元素的交换操作，可将上述过程转换为如算法 4-6 所示的简洁的伪代码。

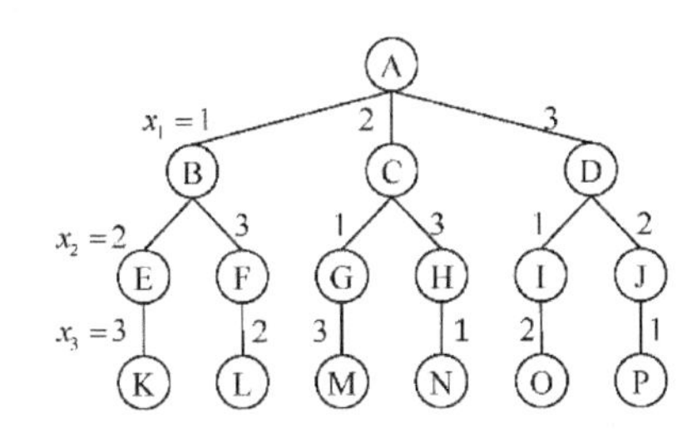

图 4-4　n=3 时的排列树

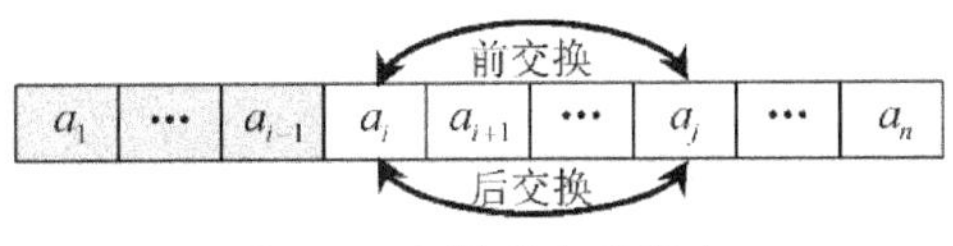

图 4-5　全排列遍历算法

算法 4-6　全排列遍历问题的递归穷举算法

输入：问题的规模 n

输出：1～n 的数字所有可能的排列

```
1. Global x[], n
2. for i = 1 to n x[i] = i
3. Permuting(i)
4. if i < n then
5.     for j = i to n
6.         swap(x[j], x[i])
7.         Permuting(i + 1)
8.         swap(x[j], x[i])
9.     end for
10. else
11.     print(x)
```

代码的第 1 行将排列表 x 和规模 n 声明为全局变量，以减小递归调用的栈空间占用；第 2 行对 x 进行初始化，即将 1～n 的数字顺序地赋值给 x 列表中的 n 个元素。

递归排列函数命名为 Permuting，它接收参数 i，表示 x[1]～x[i-1]的数字已经排好，现在要排 x[i]～x[n]的数字。开始时以 Permuting(1)启动整个排列过程。代码的第 4 行判断 i 是否小于 n，如果不小于 n，也就是等于 n，则说明 x[1]～x[n-1]的数字已经排好，由于只剩下 x[n]一个数字，不需要再排了，因此接下来执行第 11 行的 print(x)，输出一种排列。如果第 4 行判断出 i 小于 n，则执行第 5 行的 for 循环，以循环变量 j 从 i 到 n 进行遍历，对于每个 j，第 6 行的 swap 交换 x[j]和 x[i]的值（对应图 4-5 中的前交换），这个聪明的技巧一方面让第 x[j]有处在 i 位置上的机会，另一方面将 x[i]放到了 j 位置上，使得接下来只要以第 7 行的 Permuting(i + 1)进行递归调用，就能对 x[i]～x[n]除 x[j]之外的其余数字进行排列。其中，当 j 取 i 时，swap 交换 x[i]和 x[i]，这是一个不起效果的操作，也是一个不会导致错误的操作；当 x[j]处在 i 位置的排列全部完成后，第 8 行的 swap(x[j], x[i])（对应图 4-5 中的后交换）将 x[j]和 x[i]回归原位，这样便可保证接下来的排列正确进行。

4．全排列遍历问题的递归穷举算法的复杂度分析

下面从两方面来分析该算法的复杂度。

一方面是递归调用的总次数，这个次数就是规模为 n 的排列树的节点总数。根层上有 1 个节点；第 1 层上有 n 个节点；每个第 1 层上的节点都会对应第 2 层上的 $n-1$ 个子节点，因此第 2 层上共有的 $n(n-1)$ 个节点；显然，第 3 层上共有 $n(n-1)(n-2)$ 个节点。以此类推，第 $n-2$ 层上共有 $n(n-1)\cdots 3$ 个节点；第 $n-1$ 层上共有 $n(n-1)\cdots 2$ 个节点；最后的第 n 层上共有 $n!$ 个节点。于是节点总数为

$$T_{\text{nodes}}(n)=1+n+n(n-1)+n(n-1)(n-2)+\cdots+n(n-1)\cdots 3+n(n-1)\cdots 2+n!$$

将上述式子除以 $n!$ 可得

$$\frac{T_{\text{nodes}}(n)}{n!}=\frac{1}{n!}+\frac{1}{(n-1)!}+\frac{1}{(n-2)!}+\frac{1}{(n-3)!}+\cdots+\frac{1}{2!}+\frac{1}{1!}+1=\sum_{i=0}^{n}\frac{1}{i!}$$

显然，$\lim\limits_{n\to\infty}\frac{T_{\text{nodes}}(n)}{n!}=\mathrm{e}$，也就是说 $T_{\text{nodes}}(n)=\Theta(n!)$。

另一方面是考虑打印输出的复杂度，规模为 n 的问题的叶节点有 $n!$ 个，每个叶节点执行

的 print(x)要输出长度为 n 的排列序列，因此复杂度为 $T_{\text{print}}(n)=n\cdot n!$。

综合上述两方面，算法的复杂度为 $T(n)=\Theta(n\cdot n!)$。

4.3.2 现代版 C++实现与 CD-AV 演示设计

本节将介绍全排列遍历问题的递归穷举算法的现代版 C++实现与 CD-AV 演示设计。

1. **现代版 C++实现**

我们用现代版 C++实现了全排列遍历问题的递归穷举算法，有关代码参见附录 4-2，下面说明相关的设计要点。

1）算法的初始化

在算法主函数 Permuting 之前声明了 vector<int>型的静态全局变量 x（代码块 2 第 1 行）和问题规模变量 N（代码块 2 第 2 行），这样 Permuting 就可设计为不必携带这两个参数的形式，此举能够大大减小递归调用的栈空间占用。

注：全排列遍历的最大递归调用次数是排列树的深度 n。

在 TestPermuting 中用 x.clear()消除静态全局变量多次运行时的副作用，此后以问题规模为参数调用 PermutingCaller 函数（代码块 6 第 3 行）。

PermutingCaller 函数（代码块 2）先接收问题规模参数 n 并将它赋给静态全局变量 N，然后用 for 循环调用 vector 类的 push_back 方法向 x 中顺序地填入 1～n 的初始排列数字，最后以参数 0 启动 Permuting 递归算法。

注：算法遵循计算机中的计数规则，以 0 作为 x 中元素的起始索引。

2）算法的主函数 Permuting

算法的主流程由主函数 Permuting（代码块 3）实现，其中的现代版 C++代码与如算法 4-6 所示的伪代码基本一致，不同的是由于 x 以 0 起始计数，代码块 3 第 2 行的 if 语句调整为 i < N-1。代码中使用了泛型的交换函数 swap，它是在 utility 头文件中声明的（代码块 1 第 2 行）。

3）输出设计——现代版 C++中自动类型推断与基于范围的 for 循环的应用

算法的输出使用 OutputOnePermutation 函数（代码块 4）实现，其中声明的静态变量 cnt 用于在输出的排列前加上序号。该函数应用了现代版 C++引入的两个重要编程功能，即自动类型推断与基于范围的 for 循环。

自动类型推断指的是现代版 C++提供的 auto 关键字功能：以 auto 声明的变量，编译器会根据变量的值的类型自动地反推出变量的类型。

例如，对于 auto i = 3; 编译器会根据 3 是整数将它自动转化为 int i = 3，当然这是关于 auto 的极其平凡的运用，实际上它具有非常强大的编程增强功能。

如果声明了 vector<vector<vector<int>>> w;，即 w 是一个三维的变长数组，则 w 的一个元素，如 w[3]就是一个二维的变长数组，如果我们要将它赋值给一个变量 u，则在没有 auto 时需要用 vector<vector<int>> u = w[3];这样烦琐的语句，在有 auto 时可以用 auto u = w[3];这样简洁的语句。从这个例子中可以窥见 auto 对简化编程的巨大作用。

注：为简化描述，今后我们称用 auto 声明的变量为“自动变量”。

基于范围的 for 循环（Range-Based for Loop）用于实现对一个集合对象中全部元素的遍

历，它使用冒号语法，冒号后面是被遍历的集合对象，冒号前面是一个变量，代表被遍历对象中的一个元素。被遍历的对象中有多少个元素，循环就执行多少遍。

OutputOnePermutation 中使用了 for(auto x : x)遍历存有排列的列表 x。这里我们故意将遍历变量的名字取为与被遍历的集合对象相同的名字 x。现代版 C++会根据上下文做出正确处理，即冒号后面的 x 是 for 循环之前就定义好的，而冒号前面的 x 是在 for 循环范围内声明和定义的元素级变量。

这里还用到了自动数据类型 auto，编译器会自动根据被遍历对象 x 的元素类型（这里是 int）为冒号前面的 x 设定类型。

注：基于范围的 for 循环经常与 auto 结合以使 for 语句达到最大限度的简化。

基于范围的 for 循环是一种现代风格的程序设计手法，几乎所有的现代编程语言均实现了这种先进的 for 循环方式，它使得在很多编程场合中可以摒弃传统入门编程奉为圭臬但笨拙的下标变量式的 for 循环，即 for (int i = 0; i < n; i++)，使程序具有更好的语义表达。

2．CD-AV 演示设计

我们在 CAAIS 中实现了前述全排列遍历问题的递归穷举算法的 CD-AV 演示设计。其显著特征是能够同步、动态地演示算法中以前后交换为技巧、由循环实现的子问题遍历的递归过程，以及递归调用栈的操作和变化情况，此外还提供了适度的交互。

1）输入数据

本算法的输入数据仅是简单的子问题的规模，控制面板上的“个数”下拉列表中提供了 3 和 4 两种规模的输入数据，它们对应的 CD-AV 演示步骤序号分别为 35 和 146，这足以满足教学演示和学习的需要。

2）数据行及交互设计

全排列遍历问题的递归穷举算法的 CD-AV 演示设计也是一种只包括短语子行和数据子行的设计，图 4-6（a）给出了规模为 4 时第 40～44 步的情况，其中第 44 步是一个交互行。由此可以看出，数据子行包括的数据列有问题规模 N、递归函数中的 i 和 j 变量、以 x[0]～x[3]标识的排列列表，以及以 T(n)标识的递归调用次数，即复杂度。

通过 CD-AV 运行可以看到，当规模为 3 和 4 时，T(n)的最终值分别是 10 和 41。需要说明的是，为最大限度地提高算法运行效率，当 $i = N - 1$ 时，由于只剩最后一个数字，算法及 CD-AV 没有再去生成如图 4-4 所示的排列树中最后一层的叶节点，而直接转去打印当前的排列，因此所执行的递归调用次数就是排列树前 $n-1$ 层中的节点总数。这可由前面复杂度分析中的 $T_{\text{nodes}}(n)$ 公式类似地算出。当 $n=3$ 时，有 $1+3+3\times2=10$；当 $n=4$ 时，有 $1+4+4\times3+4\times3\times2=41$。

数据行上的 i、j、x[0]～x[3]及 T(n)的值均随着算法的执行而动态地变化；每次循环到一个 i 位置时，它所对应的 x[i]的值会显示为红色；当执行到 swap 操作且 $i \neq j$ 时会以动画形式显示交换过程。

在交互时，i 列和 j 列、x[i]的各列及 T(n)列这 3 部分任意组合，图 4-6（a）演示的是 i 列、j 列和 T(n)列进入交互时的情形。

注 1：当算法执行到终止递归进入打印一个排列的状态且这一步骤成为交互步骤时，i 的值为上一行中 i 的值增 1，即 $N-1$，而 j 是不存在的变量，应填入“-”，图 4-6（a）中的第 44 行表示的正是这种情况。

注 2：T(n)是关于递归调用的次数计数，它在开始执行代码块 2 第 7 行的 Permuting(0)时置为 1，此后每次发生 Recurse 和 Output 时都会加 1，其他步骤不变化，这一点在交互时也需要特别注意。

3）递归调用栈的演示设计

为了帮助读者更好地理解全排列遍历问题的递归穷举算法的递归过程，我们在 CD-AV 辅助区的 I/O 页中设计了递归调用栈的可视化演示功能。图 4-6（b）给出了规模为 4 正序演示时第 1～25 步的递归调用栈的演示截图，这涉及规模为 4 时前 4 个排列的输出，其中的 Call Stack 列对应递归调用栈的示意，Output 列对应排列的输出。

读者可参考 4.2.2 节中子集遍历问题的递归算法的递归调用栈分析进行学习和理解，但要注意以下不同点。

注 1：图 4-6（b）中各行的栈框架序列中不包括初始的 Permuting 调用，即没有与图 4-3（b）中的(3,#X)对应的栈框架。

注 2：算法中只包括代码块 3 第 5 行一个位置上的递归调用，因此返回地址总是代码块 3 第 6 行，图 4-6（b）的栈框架中就去除了关于返回地址的信息。

注 3：Permuting 函数除参数 i 外还有一个局部的循环变量 j，这个 j 也会保存到当前调用栈中。图 4-6（b）每个栈框架中逗号前面的数对应参数 i，逗号后面的数对应局部变量 j。

注 4：当 i 的值达到 N-1 时，算法直接执行输出，不会建立局部变量 j，因此栈框架中就会只有参数 i 的值。图 4-6（b）中“(3)”形式的栈框架表示的就是这种情况。

No	N	i	j	x[0]	x[1]	x[2]	x[3]	T(n)	Act
	Output one permutation.								
44	4	3	-	2	1	3	4	14	⊘
	Output one permutation.								
44	4	3√	-√	2	1	3	4	14√	3/3
	Prepare to recurse the rest 1-number subarray.								
43	4	2	2	2	1	3	4	13	⊘
	Recurse the rest 2-number subarray led by 3.								
42	4	2	2	2	1	3	4	13	⊘
	Prepare to recurse the rest 2-number subarray.								
41	4	1	1	2	1	3	4	12	⊘
	Recurse the rest 3-number subarray led by 1.								
40	4	1	1	2	1	3	4	12	⊘

（a）带交互的 CD-AV 行（规模为 4）

Call Stack	Output
002: (0,0)	
004: (0,0);(1,1)	
006: (0,0);(1,1);(2,2)	
008: (0,0);(1,1);(2,2);(3);■	001: 1234
008: (0,0);(1,1);(2,2)	
010: (0,0);(1,1);(2,3)	
012: (0,0);(1,1);(2,3);(3);■	002: 1243
012: (0,0);(1,1);(2,3)	
014: (0,0);(1,1)	
015: (0,0);(1,2)	
017: (0,0);(1,2);(2,2)	
019: (0,0);(1,2);(2,2);(3);■	003: 1324
019: (0,0);(1,2);(2,2)	
021: (0,0);(1,2);(2,3)	
023: (0,0);(1,2);(2,3);(3);■	004: 1342
023: (0,0);(1,2);(2,3)	
025: (0,0);(1,2)	

（b）递归调用栈的演示截图（规模为 4）

图 4-6 全排列遍历问题递归穷举算法的 CD-AV 演示和输出设计

4.4 0-1 背包问题及其递归穷举算法

0-1 背包问题是与算法有关的一个经典问题，本节将给出该问题的最优化问题和判定性问题的定义，阐明其解空间与子集遍历问题的解空间具有相同的特征，并基于子集遍历问题的递归穷举算法构造求解 0-1 背包问题最优化问题的递归穷举算法。

4.4.1　0-1 背包问题的定义及解空间分析

本节将先给出 0-1 背包问题的定义，包括其最优化问题和判定性问题的定义，然后对其解空间进行分析，得出其具有与子集遍历问题有相同解空间的特性。

1．0-1 背包问题的定义

0-1 背包问题可通俗地描述如下：给定一组重量和价值确定且不可分割的物品及一个容量有限的背包，其中背包的容量小于所有物品的重量和，问在背包中装入哪些物品可以获得最大的价值？

图 4-7 所示为 0-1 背包问题的实例，该实例对应的数据可用如表 4-1 所示的表格表述。

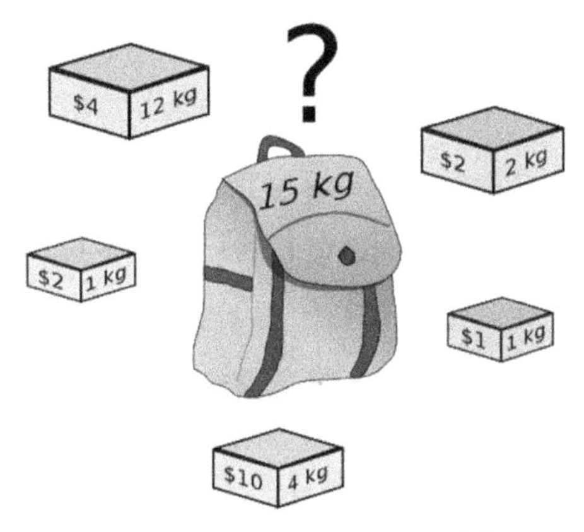

图 4-7　0-1 背包问题的实例[10]

表 4-1　0-1 背包问题的数据实例（W=15kg）

i	1	2	3	4	5
w_i /kg	12	2	1	4	1
v_i /美元	4	2	1	10	2

0-1 背包问题看起来是一个简单问题，实际上却不然。事实上，它是一个 NP 难问题，即人们相信不存在求解该问题的高效率（多项式时间）算法。

为了科学地研究 0-1 背包问题，需要对其进行更加严谨的形式化定义。上述求最大背包装入价值的问题称为 0-1 背包问题的最优化问题。

定义 4-3（0-1 背包问题的最优化问题）　给定 n 个重量分别为 $w_1,w_2,\cdots,w_n$、价值分别为 $v_1,v_2,\cdots,v_n$ 且不可分割的物品及一个容量为 W 的背包，其中 $W \leqslant \sum_{i=1}^{n} w_i$，问装入哪些物品可以获得最大的价值？

这个问题可以进一步地用一个严谨的形式化数学优化公式表达。

令向量 $\boldsymbol{x}=(x_1,x_2,\cdots,x_n)$ 表示物品的装入情况，其中 $x_i \in \{0,1\}$，$i=1,2,\cdots,n$。若以 $x_i=0$ 和 $x_i=1$ 分别表示物品装入和不装入的情况（此乃 0-1 背包问题名字的来历），则 0-1 背包问题的最优化问题可以表达为如下所示的优化方程：

$$
\begin{aligned}
&\max_{x_1,x_2,\cdots,x_n} V(x_1,x_2,\cdots,x_n)=\sum_{i=1}^{n} x_i v_i \\
&\text{s.t.}\quad \sum_{i=1}^{n} x_i w_i \leqslant W,\ x_i \in \{0,1\},\ i=1,2,\cdots,n
\end{aligned}
\tag{4-1}
$$

这是优化理论（运筹学）中表达优化问题的标准形式。式中，max 表示求极大值（在本教材中一般指最大值），在优化理论中称为求最优解；max 后的 $V(x_1,x_2,\cdots,x_n)=\sum_{i=1}^{n} x_i v_i$ 称为目标函数（objective function），表示求该函数的极大值；max 下面的 $x_1,x_2,\cdots,x_n$ 表示除了求目标函数 $V(x_1,x_2,\cdots,x_n)$ 的极大值以外，还要求取得该极大值时 $x_1,x_2,\cdots,x_n$ 的值；s.t. 是 subject to 的简写，中文名称为“受限于”，用来描述优化问题的约束条件（constraints），因此如式（4-1）所示的优化方程又常被称为约束条件下的极值问题。

注：求解式（4-1）所获得的$V(x_1, x_2, \cdots, x_n)$的极大值常被称为优化问题最优解的值，它所对应的$x_1, x_2, \cdots, x_n$的取值常被称为优化问题的最优解。

在算法复杂度理论乃至计算理论界，人们经常针对判定性问题开展分析和研究工作，因此对于一个给定的最优化问题，常常会定义一个判定性问题。图灵提出图灵机的论文是《论可计算数及其在判定性问题中的应用》。0-1 背包问题的判定性问题定义如下。

定义 4-4（0-1 背包问题的判定性问题） 给定n个重量分别为$w_1, w_2, \cdots, w_n$、价值分别为$v_1, v_2, \cdots, v_n$且不可分割的物品及一个容量为W的背包，其中$W \leqslant \sum_{i=1}^{n} w_i$，问是否存在价值不低于某个给定价值$V_0$且总重量不超过$W$的物品组合？

注 1：本教材将在最后的 NP 理论部分较为深入地讨论判定性问题。

注 2：我们在设计算法时针对的主要是 0-1 背包问题的最优化问题。

2．0-1 背包问题的解空间分析

上文中已经说明可以用向量$\boldsymbol{x} = (x_1, x_2, \cdots, x_n)$表示 0-1 背包问题中物品装入背包的情况，其中$x_i \in \{0,1\}$，$i = 1, 2, \cdots, n$。由此可见，0-1 背包问题的解空间与子集遍历问题的解空间特性完全相同，因此它的解空间树（状态空间树）也是子集树。因此，我们可以仿照子集遍历问题的递归穷举算法设计 0-1 背包问题的递归穷举算法。

4.4.2 0-1 背包问题的递归穷举算法

本节将先给出规模为 4 的 0-1 背包问题的手算穷举示例，以使读者对其穷举算法有一个直观的印象，然后给出其递归穷举算法。

1．0-1 背包问题的手算穷举示例

根据前述分析，4 个物品的 0-1 背包问题解的取值范围为二进制数 0000～11111，因此我们可以先用穷举的方法将所有 16 种可能的物品组合的重量和价值手工地计算到一个表中，然后找出满足重量约束的最大的价值，由此便可得到问题的解。

针对重量值和价值值分别为 5、4、6、3 和 10、40、30、50 的 4 个物品，以及容量值为 10 的背包，我们可以用表 4-2 对其进行手工求解。

表 4-2　0-1 背包问题手算示例

向量	x_1	x_2	x_3	x_4	W_{tot}	V_{tot}	向量	x_1	x_2	x_3	x_4	W_{tot}	V_{tot}
$\boldsymbol{x}_{0000}$	0	0	0	0	**0**	**0**	$\boldsymbol{x}_{0110}$	0	1	1	0	**10**	**70**
$\boldsymbol{x}_{1000}$	1	0	0	0	**5**	**10**	$\boldsymbol{x}_{0101}$	0	1	0	1	**7**	**90**
$\boldsymbol{x}_{0100}$	0	1	0	0	**4**	**40**	$\boldsymbol{x}_{0011}$	0	0	1	1	**9**	**80**
$\boldsymbol{x}_{0010}$	0	0	1	0	**6**	**30**	$\boldsymbol{x}_{1110}$	1	1	1	0	~~**15**~~	
$\boldsymbol{x}_{0001}$	0	0	0	1	**3**	**50**	$\boldsymbol{x}_{1101}$	1	1	0	1	~~**12**~~	
$\boldsymbol{x}_{1100}$	1	1	0	0	**9**	**50**	$\boldsymbol{x}_{1011}$	1	0	1	1	~~**14**~~	
$\boldsymbol{x}_{1010}$	1	0	1	0	~~**11**~~		$\boldsymbol{x}_{0111}$	0	1	1	1	~~**13**~~	
$\boldsymbol{x}_{1001}$	1	0	0	1	**8**	**60**	$\boldsymbol{x}_{1111}$	1	1	1	1	~~**18**~~	

表 4-2 中的W_{tot}和V_{tot}列中的值就是根据给定行中装入的物品所计算出来的总重量和总价值。其中，超过背包容量的总重量加了删除线，表示对应的x_1, x_2, x_3, x_4的取值不满足约束条件，

也就不需要计算相应的V_{tot}。从满足约束条件的行中取V_{tot}的最大值（90），该值就是问题最优解的值，其所对应的x_1,x_2,x_3,x_4的值（0,1,0,1）就是问题的最优解。

2．0-1 背包问题的递归穷举算法设计

显然，手算仅可在很小规模上帮助我们理解问题和算法，绝非问题的解决之法。我们需要设计算法，让计算机帮助求解。前述分析表明，0-1 背包问题的解空间与子集遍历问题的解空间相同，因此我们可以基于如算法 4-5 所示的子集遍历问题的递归穷举算法，设计如算法 4-7 所示的 0-1 背包问题的递归穷举算法。该算法相应的解释如下。

算法 4-7　0-1 背包问题的递归穷举算法

```
1. Global n, W, w[], v[]
2. Global x=[], xo=[], Vo=0
3. RE0-1Knapsack(k)
4. if k > 0 then
5.     x.push(0)
6.     RE0-1Knapsack(k - 1)
7.     x.pop()
8.     x.push(1)
9.     RE0-1Knapsack(k - 1)
10.    x.pop()
11. else
12.    if ∑x[i]w[i]≤ W
13.       if ∑x[i]v[i] > Vo
14.          Vo= ∑x[i]v[i]; xo=x
15.       end if
16.    end if
17. end if
```

第 1 行以全局变量的方式声明算法的输入量，其中 n、W、w[]和 v[]分别表示背包容量、物品个数、重量数组和价值数组；第 2 行将算法中用到的量也声明为全局变量，其中 x、xo 和 Vo 分别表示部分解、当前最优解和当前最优解的值（o 为“最优”的英文 optimal 的首字母），x、xo 初始化为空，Vo 初始化为 0。使用全局变量的目的是减小递归调用的栈空间占用。

算法以递归方式实现，在初始调用时应该传递参数 k = n，即 RE0-1Knapsack(n)。第 5～10 行为处理非叶节点的代码，这与算法 4-5 中的逻辑相同。第 12～16 行为处理叶节点的代码，这里要实现求最大价值的逻辑：第 12 行计算装入物品的总重量，如果该重量不超过背包容量 W，则说明满足重量约束条件；第 13 行计算装入物品的价值，如果该价值大于当前最优解值 Vo，即发现了更优的解，则更新 Vo 和当前最优解 xo（第 14 行）。

3．0-1 背包问题的递归穷举算法的复杂度分析

0-1 背包问题的递归穷举算法的复杂度与子集遍历问题的递归穷举算法的复杂度相同，因为它也需要访问全部子集树的 2^n 个叶节点，每个叶节点要执行 n 次乘法和加法运算。因此，其复杂度 $T(n)=\Theta(n\cdot 2^n)$。

4.5　TSP 问题及其递归穷举算法

TSP 问题是与算法有关的又一个经典问题，本节将给出该问题的最优化问题和判定性问题的定义，阐明其解空间与全排列遍历问题的解空间具有相同的特征，并基于全排列遍历问题的递归穷举算法构造求解 TSP 问题最优化问题的递归穷举算法。

4.5.1　TSP 问题的定义及解空间分析

本节将先给出 TSP 问题的定义，包括其最优化问题和判定性问题的定义，然后对其解空间进行分析，得出其具有与全排列遍历问题有相同解空间的特性。

1．TSP 问题的定义

TSP 是英文 Travelling Salesman Problem 或 Travelling Salesperson Problem 的缩写，中文翻译为旅行商问题、推销员问题或货郎担问题。

TSP 问题可以通俗地描述为：设有 n 个城市和城市之间的路径长度，一个推销员从驻地城市出发推销产品，要求到达每个城市一次且仅一次，最后返回驻地城市，问他应该选择怎样的路线以使总的行程最短（也就是代价最小）？

图 4-8 所示为两组实际城市的 TSP 问题求解示例。图 4-8（a）所示为 130 个数据点的 TSP 问题求解结果[11]，图 4-8（b）所示为某 VLSI 电路图上 423 个点的 TSP 问题求解结果[12]。

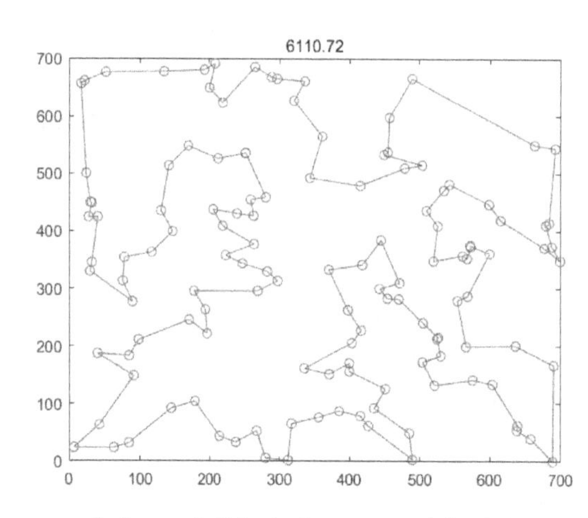

（a）130 个数据点的 TSP 问题求解结果

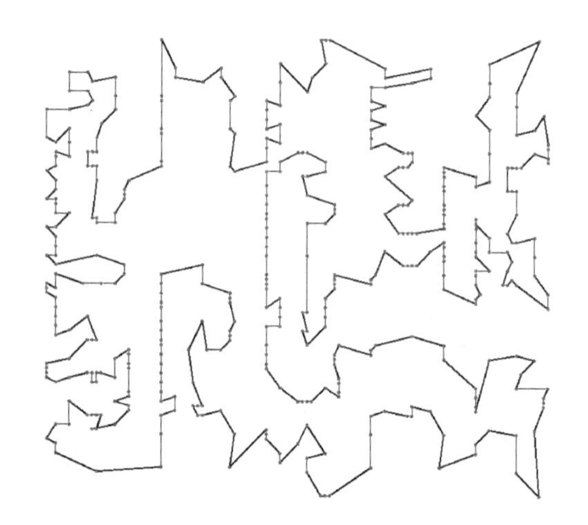

（b）某 VLSI 电路图上 423 个点的 TSP 问题求解结果

图 4-8　两组实际城市的 TSP 问题求解示例

TSP 问题可抽象为一个关于图的最优化问题，因此它属于图论（Graph Theory）的范畴。

定义 4-5（TSP 问题的最优化问题）　给定 n 个顶点的权矩阵为 $\boldsymbol{W}$ 的无向或有向带权图 $G(V,E)$，求一条包含各顶点一次且仅一次的最短回路。

注 1：这里的“回路”也被称为“环路”，本教材不做区分，认为两者等价。

注 2：TSP 问题的最优解与以哪个顶点为起始顶点没有关系。因为假如以 A 为起始顶点的最短回路是 $\mathrm{P_A}$，其长度为 l_{A}，如果存在以 B 为起始顶点、长度 $l_{\mathrm{B}}<l_{\mathrm{A}}$ 的回路 $\mathrm{P_B}$，则由于 $\mathrm{P_B}$ 一定包含顶点 A，因此存在一条以 A 为起始顶点的回路 $\mathrm{P_B}$，其长度小于 $\mathrm{P_A}$ 的长度，这与 $\mathrm{P_A}$ 是以 A 为起始顶点的最短回路相矛盾。

TSP 问题也有一个判定性问题，其定义如下。

定义 4-6（TSP 问题的判定性问题）　给定 n 个顶点的权矩阵为 $\boldsymbol{W}$ 的无向或有向带权图 $G(V,E)$，求一条包含各顶点一次且仅一次、长度不大于 l_0 的回路。

注：我们在设计算法时针对的主要是 TSP 问题的最优化问题。

2．TSP 问题的解空间分析

对于 TSP 问题，假定除出发城市（不妨设其为 0 号城市）以外共有编号为 $1,2,\cdots,n$ 的 n 个城市，我们可以用有 n 个分量的向量 $\boldsymbol{x}=(x_1,x_2,\cdots,x_n)$ 表示问题的解，其中 $x_i\in\{1,2,\cdots,n\}$，且对任意的 $i,j\in\{1,2,\cdots,n\}$，$x_i\neq x_j$。因此，TSP 问题的一个解就是 1～n 的 n 个数字的一种排列。也就是说，TSP 问题的解空间是 $1,2,\cdots,n$ 的全排列。因此，我们可以在全排列遍历问题的递归穷举算法的基础上设计 TSP 问题的递归穷举算法。

注：规模为 n 的 TSP 问题对应的图有 n+1 个顶点。

4.5.2　TSP 问题的递归穷举算法

本节将先扼要介绍带权图的表示，然后给出规模为 3 的 TSP 问题的手算穷举示例，以使读者对其穷举算法有一个直观的印象，最后给出其递归穷举算法。

1．带权图的表示

TSP 问题是一个带权图上的问题，因此求解它需要对图进行表示。由无权图的邻接矩阵和邻接表表示法，可以演化出带权图的权矩阵和带权邻接表表示法。图 4-9（a）所示为一个有向带权图，图 4-9（b）和（c）所示分别为其权矩阵和带权邻接表。

在权矩阵中，主对角元素全部取 0，其他每个元素对应一个顶点对，元素的值为顶点对间边的权值，若顶点对间没有边，则对应元素的值取∞。在带权邻接表中，每个顶点指向的链表的节点要包括顶点号和权值两个数据。

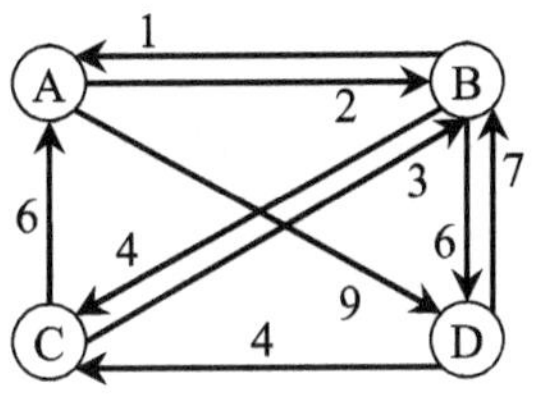

（a）一个有向带权图

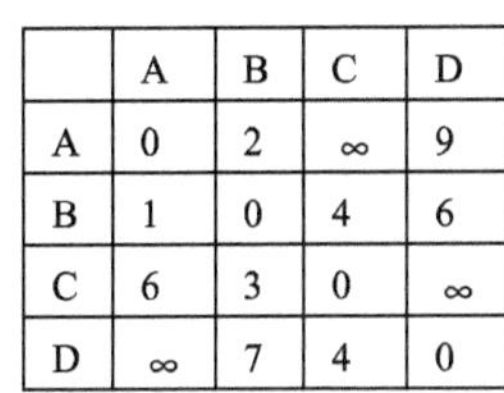

	A	B	C	D
A	0	2	∞	9
B	1	0	4	6
C	6	3	0	∞
D	∞	7	4	0

（b）权矩阵

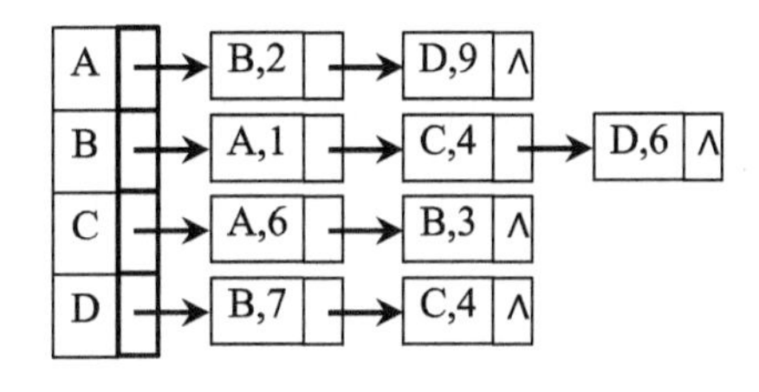

（c）带权邻接表

图 4-9　有向带权图的表示示例

图 4-9（b）和（c）给出的权矩阵和带权邻接表是概念意义上的，要实现 TSP 问题的递归穷举算法，需要将其落实到代码层次上。现代版 C++的 vector 及 pair 泛型类和初始化列表功能为此提供了直观、简洁且方便的解决方法，如图 4-10 所示。

图 4-10（a）以三重 vector 定义了元素类型为 int 的三维表 aM，其中每个两维表定义一个权矩阵，三重 vector 允许定义多组权矩阵以实现针对多个图的连续算法测试。在权矩阵中以 INF 表示无穷大，它通常以#define INF INT_MAX 或#define INF (INT_MAX/2)来定义，其中 INT_MAX 为 C/C++编译系统中预定义的最大整数。

注 1：如果运算中不存在权值的加法，则上述 INF 定义没有问题；如果运算中存在权值的加法，则可能会带来溢出问题。因此，在代码中要对权值为 INF 的边做特别处理。

注 2：C++的 limits 头文件中定义了无穷大函数 std::numeric_limits<double>::infinity()，但使用此功能需要将权值的数据类型设为 double。

我们看到，初始化列表机制以大括号和逗号很直观地将权值数据预置到变量中，这为教学场景下小规模图的算法实现提供了极大的便利。

注：对于大规模图的算法实现，若权值来自实际，则通常以数据文件的方式提供，这需要根据数据文件的格式设计相应的读写代码；如果权值来自人工过程，则需要设计相应的基于伪随机数的产生机制。

图 4-10（b）以三重 vector 定义了元素类型为 pair<char, int>的三维表 aL，其中每个两维表定义一个带权邻接表，三重 vector 允许定义多组带权邻接表以实现针对多个图的连续算法

测试。pair<char, int>用类型为 char 和 int 的元素分别描述一个链表节点中的顶点号和权值，pair 对象则以 first 和 second 属性分别访问这两个值。这里我们再次体验到了初始化列表的方便：只要用形如{'A',1}的数据就能初始化一个 pair<char, int>类型的对象。

注：这里出于教学演示的考虑以 char 类型表示顶点号，在实际编程中一般会将图的顶点以整数编号，以使运算具有更高的效率。

```
vector<vector<vector<int>>> aM =
{
  {
    {  0, 2, INF,   9},
    {  1, 0,   4,   6},
    {  6, 3,   0, INF},
    {INF, 7,   4,   0}
  },
};
```

（a）权矩阵的现代版 C++实现

```
vector<vector<vector<pair<char, int>>>> aL =
{
  {
    { {'B',2}, {'D',9} },
    { {'A',1}, {'C',4}, {'D',6} },
    { {'A',6}, {'B',3} },
    { {'B',7}, {'C',4}}
  },
};
```

（b）带权邻接表的现代版 C++实现

图 4-10　权矩阵及带权邻接表的现代版 C++实现

2．TSP 问题的手算穷举示例

根据前述分析，规模为 3 的 TSP 问题共有 3!种可行解，因此可以先用穷举的方法将所有 6 种可能的回路的长度手工地计算到一个表中，然后找出最短的回路，由此便可得到问题的解。

表 4-3 所示为图 4-9 中 TSP 问题的手算穷举示例（以 A 为起始顶点），可以看出其 TSP 问题最优解的值为 17，对应的最优解为回路 ADCBA。

表 4-3　图 4-9 中 TSP 问题的手算穷举示例

向量	x_1	x_2	x_3	l
x_{BCD}	B	C	D	∞
x_{BDC}	B	D	C	18
x_{CBD}	C	B	D	∞
x_{CDB}	C	D	B	∞
x_{DBC}	D	B	C	26
x_{DCB}	D	C	B	17

3．TSP 问题的递归穷举算法设计

前述分析表明，TSP 问题的解空间与全排列遍历问题的解空间相同，因此我们可以基于全排列遍历问题的递归穷举算法，即算法 4-6，设计如算法 4-8 所示的 TSP 问题的递归穷举算法。该算法相应的解释如下。

算法 4-8　TSP 问题的递归穷举算法

1. Global n, W, x=[1～n], xo=[], Do=∞
2. RE-TSP (k)
3. if k < n then
4. 　　for i = k to n
5. 　　　swap(x[k], x[i])
6. 　　　RE-TSP(k+1)
7. 　　　swap(x[k], x[i])
8. else
9. 　　$D = W[0][x[1]] + \sum_{i=1}^{n-1} W[x[i]][x[i+1]] + W[x[n]][0]$
10. 　if D < Do then Do = D; xo=x
11. end if

第 1 行为全局变量声明，其中 n 和 W 分别表示问题的规模和图的权矩阵，x、xo 和 Do 分别表示部分路径、当前最短路径和当前最短路径的长度值。x 用 1～n 的整数顺序初始化。因为要求极小值，所以 Do 初始化为∞。使用全局变量的目的是减小递归调用的栈空间占用。

算法第 3～8 行为非叶节点遍历，与算法 4-6 中的逻辑相同。第 8～11 行处理叶节点，实现求最短回路的计算和逻辑。其中，第 9 行用权矩阵计算 x[]所决定的回路的长度 D；第 10 行判断是否发现了长度更短的回路，如果发现了，则更新 Do 和当前最优解 xo。

4. TSP 问题的递归穷举算法的复杂度分析

TSP 问题的递归穷举算法的复杂度与全排列遍历问题的递归穷举算法的复杂度相同，因为它也需要访问全部排列树的 $n!$ 个叶节点，每个叶节点要执行 $n+1$ 次的加法运算。因此，其复杂度为 $T(n)=\Theta(n\cdot n!)$。

4.6 栈框架及将递归算法转换为迭代算法的方法

为帮助读者从计算机内在的根本上理解函数的调用，特别是函数的递归调用，本节将对栈框架进行深度介绍。此外，本节还将介绍关于递归的另一个高级内容，即将递归算法转换为迭代算法的方法。

4.6.1 函数调用的栈框架

在子集遍历问题的递归算法和全排列遍历问题的递归算法的 CD-AV 演示设计中，我们从解释递归函数运行的角度，用简化的栈框架示意性地介绍了递归调用中栈的关键变化。为使读者从根本上理解函数调用的栈框架机制，本节以 32 位的 Intel x86 架构为例，对函数调用的栈框架进行严谨意义上的阐释。

1. 栈框架有关的示例代码

为了解释栈框架，我们设计了如图 4-11（a）所示的示例性调用函数 caller 和被调用函数 callee，其中 callee 接收两个整型参数 a、b，将其求和存入局部变量 c，最后将 c 值返回。我们将会看到，这样的设计能够展示出栈框架各个方面的细节。

2. 栈框架的基本结构

图 4-11（b）所示为调用与被调用函数的栈框架。其中，调用函数 caller 的栈框架以较为抽象的方式表示，被调用函数 callee 的栈框架以较为具体的方式表示。

由此可以看出，栈框架共包括 4 个组成部分：函数的参数（params）、返回地址（return addr）、前一栈框架的基址指针（previous EBP 或 caller's EBP）和局部变量（local vars）。

对于如图 4-11（a）所示的代码来说，在 caller 调用 callee 时，caller 会创建 callee 的栈框架，按从右到左的顺序将 b 和 a 对应的值压入堆栈，从而形成 callee 栈框架的参数区。参数区下是返回地址（也就是 printf 代码的执行地址），接着是 caller 的 EBP，最后是存储 c 的局部变量区。

注 1：栈框架操作涉及基址指针 EBP 和栈指针 ESP 两个寄存器，如图 4-11（c）所示。

注 2：栈指针 ESP 始终指向栈顶（top of stack）。在 Intel x86 架构下，栈是从上到下的，图 4-11（b）就是这个次序的体现。当栈为空时，栈指针 ESP 指向栈的最大地址，该最大地址是栈底（bottom of stack），因此栈顶（ESP 的值）是一个小于或等于该栈底的地址。当执行压栈操作时，栈指针 ESP 的值会减小；当执行弹栈操作时，栈指针 ESP 的值会增大。正因为如此，在图 4-11（b）中将地址箭头绘制在所指向的存储变量或区域方框的下沿。例如，“top of stack”指向 c 框的下沿，表示当前栈指针 ESP 指向 4B 的 c 存储区域的首地址，为了简化表述，我们将直接说“ESP 指向 c”。

```
void caller(int k)
{
    k += callee(23, 88);
    printf("%d\n", k);
}

int callee(int a, int b)
{
    int c = a + b;
    return c;
}
```

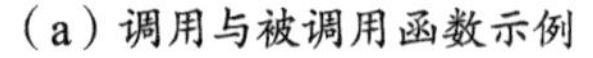

（a）调用与被调用函数示例

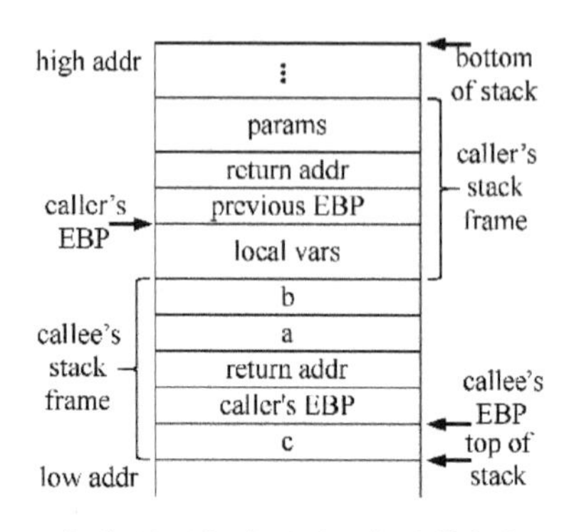

（b）调用与被调用函数的栈框架

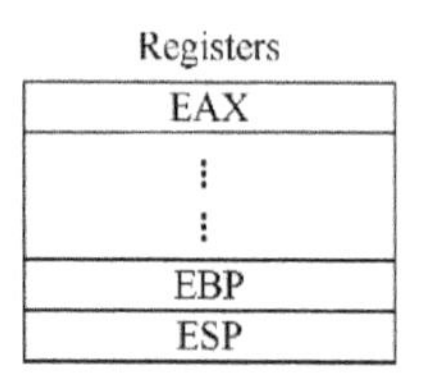

（c）栈框架有关的寄存器

图 4-11　函数调用的栈框架

3．栈框架的操作详解

我们将函数调用过程中栈框架的操作拆分为调用函数中的操作、进入被调用函数时的操作和从被调用函数返回时的操作三个步骤进行详细解释。

注：确切地说，栈框架的操作是由编译后生成的机器指令实现的，但这里我们以不详细介绍机器指令的方式来说明栈框架的操作，这样能够让读者更加注重函数调用过程的实现思想。读者若想从机器指令的层次进行更加具体的学习可参考相关文献[13，14]。

1）调用函数中的操作

在 caller 调用 callee 前，栈中的最后部分是 caller 的栈框架，栈顶（也就是 ESP）指向 local vars 的底端，而 EBP 则指向 previous EBP，其值对应 previous EBP 存储位置的首地址。

在 caller 调用 callee 时，caller 会先将 b、a 对应的值压入堆栈，从而在栈中建立 callee 栈框架的参数区，这会使 ESP 的值减 8 并指向 a；然后将 callee 的返回地址压入堆栈，生成栈框架中的返回地址 return addr，这会使 ESP 的值减 4，以指向此返回地址。

注 1：栈框架中的参数和返回地址部分是由调用函数建立的，而调用函数的基址地址和对应的局部变量部分是由被调用函数建立的。

注 2：64 位的 Intel x64（也称为 x86-64、x64、x86_64、AMD64）架构将 32 位 Intel x86 架构的 8 个通用寄存器（eax、ecx、edx、ebx、esp、ebp、esi、edi）扩展到 16 个，即 rax、rcx、rdx、rbx、rsp、rbp、rsi、rdi、r8、r9、r10、r11、r12、r13、r14、r15。借用新增的通用寄存器，Intel x64 架构的应用二进制接口规范（Application Binary Interface，ABI）规定，使用 rdi、rsi、rdx、rcx、r8 和 r9 这 6 个寄存器存储向被调用函数传递的前 6 个整型参数，被调用函数的第 7 个及以后的整型参数使用栈框架的参数区传递，显然此举将显著提高参数的存取速度。

2）进入被调用函数时的操作

在进入被调用函数时，首先进行的操作是将当前 EBP 中的值压入堆栈，生成 callee 栈框架中的 caller's EBP，这会使 ESP 的值再减 4；接着 ESP 中的值会赋给 EBP，使得 EBP 的值对应 caller's EBP 存储位置的首地址，即指向 caller's EBP，此 EBP 将会被 callee 用来访问栈中的数据，它在 callee 执行过程中不会变化；接下来被调用函数会在栈框架中生成局部变量区，本例仅有一个局部变量 c，因此只需将 ESP 再减 4 即可。

注：callee 将使用 EBP 以寄存器间接寻址的方式访问栈中的参数和局部变量，其中参数以 EBP 的正偏移访问，而局部变量以 EBP 的负偏移访问。例如，对于图 4-11（b）中的 callee 栈框架，callee 将用[EBP + 8]存取参数 a 的值，用[EBP - 4]存取局部变量 c 的值。

3）从被调用函数返回时的操作

在从被调用函数返回时，先将局部变量弹出，使 ESP 指向 callee 栈框架中的 caller's EBP；此后弹出 caller's EBP 中的值到 EBP 中，使其指向 caller 栈框架中的 previous EBP，此后 caller 便可用 EBP 访问它自己栈框架中的参数和局部变量；接下来程序跳转到 caller 中 callee 的返回地址执行，同时从栈中弹出所有 callee 参数，使 ESP 指向 caller 栈框架局部变量区的底端。

注：在 Intel x86 架构中，当函数的返回值为整数时，被调用函数在返回时会将该值保存到 eax 寄存器中。

4.6.2　将递归算法转换为迭代算法的方法

递归算法有较好的直觉性，因此易于设计。但递归算法在运行过程中要先进行大量的递归调用，根据 4.6.1 节的学习可知，每次递归调用都会占用一个栈框架，而程序运行的栈空间是一个大小非常有限的存储区域，因此递归算法通常会因为栈溢出（Stack Overflow）而使问题的求解大受限制。为此，将递归算法转换为迭代算法以提高运行效率是算法实践中的经常性工作。本节就介绍实践中将递归算法转换为迭代算法的常用思路和常见方法。

1．尾递归——可直接转换为迭代的特殊递归

尾递归来自更一般意义上的尾调用。

定义 4-7（尾调用）　尾调用（Tail Call）指的是被调用函数 callee 是调用函数 caller 的最后一条语句的情形[15]。

定义 4-8（尾递归）　尾递归（Tail Recursion）指的是直接递归函数中有且仅有一个尾调用形式的递归调用的情形[15]。

尾调用在实现时可以不用在递归调用栈中增加新一层的栈框架，因为调用函数的栈框架中的大部分参数或局部变量都不需要留存，它们可以直接或经修改后为被调用函数所使用，这样调用就像一条对应 JUMP 机器指令的 GOTO 语句。这种省却栈框架的函数调用机制称为尾调用简化（Tail-Call Elimination）或尾调用优化（Tail-Call Optimization）。

对于尾递归来说，尾调用优化对算法执行性能的改善尤为突出。它使 $O(n)$ 的栈空间占用降低为 $O(1)$，也会因栈操作的去除而带来明显的运行效率提高。

以上介绍的尾调用优化是由程序编译系统实现的，然而由于算法及其实现的复杂性，由程序编译系统实现的尾调用优化具有一定的局限性，将递归算法人工地转化为迭代算法是更实际、可靠、可控的递归优化方法。对于尾递归算法，我们可以用一种通用的模式将其转换为迭代算法，即用 while 以递归调用的条件进行循环，在循环中实现递归参数的变换。下面以 Euclid GCD 算法为例来具体说明这个方法。

为方便理解 Euclid GCD 算法从递归到迭代的转化，我们将此前的算法 4-2 和算法 1-1 重述为算法 4-9 和算法 4-10。算法 4-9 是一个典型的尾递归算法，该算法当 $b \neq 0$ 时进行递归调用，因此在将它转化为迭代算法 EuclidGCDI 时，要建立以 $b \neq 0$ 为条件的 while 循环。算法 4-9 最后以 b, a mod b 作为新的参数进行递归调用，因此在其迭代算法中，我们在循环体内以“r=a mod b; a=b; b=r” 3 条语句实现 a 和 b 的递推变换。由这个例子可以看出，尾递归算法可以借助 while 循环和参数的变换很容易地转换为迭代算法，从而因避免建立栈框架而消除了栈溢出问题，同时也能使运行效率得到一定程度的提高。

算法 4-9　Euclid GCD 算法的递归算法

输入：整数 $a>0,b\geqslant 0$

输出：a 与 b 的 GCD

```
1. EuclidGCDR(a,b)
2.     if b=0
3.         return a
4.     else
5.         return EuclidGCDR( b,a mod b )
6. end
```

算法 4-10　EuclidGCD 算法的迭代算法

输入：整数 $a>0,b\geqslant 0$

输出：a 与 b 的 GCD

```
1. EuclidGCDI(a,b)
2. while  b ≠ 0
3.     r = a mod b ; a=b; b=r
4. end while
5. return a
```

2．基于变量的动态规划方法

动态规划（DP）方法将在第 7 章专门介绍，这里我们用其基本的理念，即保存子问题的解值以供较大规模的问题使用，建立一种将递归算法转换为迭代算法的方法。

注：典型的 DP 方法要以 $O\left(n^2\right)$ 规模的二维表存储 n^2 量级的子问题的解，我们称其为基于表格的 DP 方法。这里所用的 DP 方法只需要很有限的甚至仅一两个变量记录子问题的解，我们称其为基于变量的 DP 方法。

我们以 $n!$ 的计算为例来说明基于变量的 DP 方法。算法 4-11 为计算 $n!$ 的递归算法。

注：算法 4-11 不是一个尾递归算法，虽然它在最后的语句中进行递归调用，但是该递归调用还需要进行乘以 n 的计算。

计算 $n!$ 的递归算法来自其递归计算表达式 $n!=n\cdot(n-1)!$，即规模为 n 的问题的解是 n 与规模为 $n-1$ 的问题的解的乘积。这个递归计算对应的迭代表达就是，如果已经得到 $(n-1)!$ 的值，就可以将它乘以 n 得到 $n!$，这样我们就可以从规模最小的 1 开始逐步计算下一个规模问题的解，直至计算到 n，于是可以设计如算法 4-12 所示的计算 $n!$ 的迭代算法。其中使用变量 f 记录上一个规模问题的解，这就是基于变量的 DP 方法。

算法 4-11　计算 $n!$ 的递归算法

输入：自然数 n

输出：n!

```
1. FactorialR(n)
2.     if n = 0 then
3.         return 1
4.     else
5.         return n * FactorialR(n - 1)
6. end
```

算法 4-12　计算 $n!$ 的迭代算法

输入：自然数 n

输出：n!

```
1. FactorialI(n)
2. f = 1
3. for i = 1 to n
4.     f = f * i
5. end for
6. return f
```

显然，将计算 $n!$ 的递归算法转换为迭代算法是一个很平凡的例子，重要的是这个过程中所使用的以变量记录较小规模问题解的 DP 方法。这个方法可以推广到不太平凡的 Fibonacci 数的计算中。

注：将计算 $n!$ 的递归算法转换为迭代算法有更为通用的方法，即先为 FactorialR 增加一个被称为累

积器的参数，将它转换为尾递归形式，之后便可很容易地将它转换为 while 循环式的迭代算法。感兴趣的读者可参阅有关文献[15]或其他相关资料。

3．基于自定义栈的方法

前述两种由递归算法到迭代算法的转换方法针对的是较为特殊的递归算法，如算法 4-5 和算法 4-6 所示子集遍历和全排列遍历这些更一般的递归算法，则需要借助自定义的栈空间及操作才能转换为迭代算法。我们以全排列遍历问题为例对此进行介绍。

1）栈溢出与栈空间配置

为了演示递归调用的栈溢出，针对全排列遍历问题的递归穷举设计了如算法 4-13 所示的测试算法 Permuting1，它是对附录 4-2 中的 Permuting 代码进行微调得到的。由于全排列遍历问题的递归是对排列树的深度优先搜索，因此每次搜索到叶节点就达到了其最大栈空间占用。为节省测试时间，当搜索到第 1 个叶节点时就结束运行。所采用的机制是在第 1 行声明一个全局的 bool 变量 done 并将其初始化为 false，当首次到达叶节点时，将它赋值为 true（第 13 行），在第 5 行的 for 循环条件判断中增加!done 测试，这样当 done 置为 true 时，此前递归调用中的各次 for 循环就不会继续执行，从而全部结束。

注：由于数据输出到屏幕非常影响程序的运行速度，因此在进行较大规模的算法测试时，要避免大量的屏幕输出。对于全排列遍历问题来说，当规模上百或更高时，即使输出一种排列，也会花费很长时间，因此 Permuting1 仅用第 12 行的提示表示获得了一种排列。

作者在 Visual C++ 2022 系统中对 Permuting1 进行了测试运行，在栈空间为 1MB 的默认情况下，允许运行的问题规模大约为 4500，即 1MB 的栈空间大约允许 4500 次递归调用，超过该规模就会报告栈溢出错误，当栈空间为 2MB 和 4MB 时，允许运行的问题规模大约为 9100 和 18200。尽管程序运行的栈空间是编译或系统可配置的，但由于它必须是固定且连续的存储区域，设置得过大将影响整个计算机系统存储器分配的灵活性和使用的有效性，因此靠扩展栈空间增大递归求解规模的方式在实践中可行性很低。

注 1：在 Visual C++系统中可以在项目属性中配置程序运行的栈空间大小，其对应的设置项是配置属性→连接器→系统→堆栈保留大小，这实际对应连接器的/STACK 选项。在 Visual C++系统中也可以使用编译器的/F 选项设定栈空间大小。

注 2：在 Linux 类的系统中，栈空间大小不是由编译选项决定的。它既可以在程序中以参数 RLIMIT_STACK 调用 getrlimit/setrlimit 获取和设定，也可以使用操作系统命令 ulimit 的-s 选项动态地检查或配置，还可以在/etc/settings/limits.conf 文件中用 stack 选项进行系统级配置。

注 3：在 Java 系统中，可通过以-Xss 选项启动 Java 为运行的程序设定栈空间大小。

2）使用自定义栈实现由递归算法到迭代算法的转换

算法 4-14 给出了以现代版 C++实现的全排列遍历问题的迭代测试算法 PermutingIter。作为测试，算法也在找到第一个解时就结束运行，这采用了与算法 4-13 相似的机制，如第 8～10 行的代码所示。

PermutingIter 在第 2 行以 vector 定义了元素类型为 int 的二维表作为自定义栈，下面我们说明用此栈将 Permuting1 转换为迭代算法的基本思路。

算法 4-13　全排列遍历问题的递归测试算法

输入：问题的规模 n
输出：1～n 数字的 1 个排列

```
1. static bool done = false;
2. void Permuting1(int i)
3. {
4.     if (i < N - 1) {
5.         for (int j=i;j<N && !done;++j) {
6.             swap(x[i], x[j]);
7.             Permuting1(i + 1);
8.             swap(x[i], x[j]);
9.         }
10.    }
11.    else {
12.        printf("Got 1st permutation.\n");
13.        done = true;
14.    }
15. }
```

算法 4-14　全排列遍历问题的迭代测试算法

```
1. void PermutingIter() {
2.     vector<vector<int>> stack;
3.     stack.push_back({ 0, 0, 0 });
4.     while (!stack.empty()) {
5.         vector<int> v = stack.back();
6.         stack.pop_back();
7.         if (v[0] == 0) {
8.             if (v[1] == N - 1) {
9.                 printf("Got 1st permutation.\n");
10.                break;
11.            } else {
12.                swap(x[v[1]], x[v[2]]);
13.                stack.push_back({ 1, v[1], v[2] });
14.                stack.push_back({0,v[1]+1,v[1]+1}); }
15.        } else {
16.                swap(x[v[1]], x[v[2]]);
17.                if (v[2] < N - 1)
18.                    stack.push_back({0,v[1],v[2]+1});
19.        }
20.    } //while
21. }
```

Permuting1 中的递归发生在第 7 行，它前面的 swap 语句可转换为 PermutingIter 中的第 12 行直接顺次执行。递归需要转换为一次压栈操作，为使递归对应的迭代代码执行完后能继续执行后面的 swap 语句（Permuting1 中的第 8 行），还需要另外一次对应 swap 的压栈操作，而且这次压栈操作要先于对应递归的压栈操作。PermutingIter 中第 13 行和第 14 行的压栈操作就是分别对应 swap 和递归的压栈操作，这样就保证了先处理递归后处理 swap 这一正确的算法次序。每次压栈的数据有 3 项，其中第 1 项为类别，这里用 0 和 1 分别表示对应递归和 swap 的压栈，这样在弹栈时就可据此转去进行递归和 swap 有关的处理；对应于 swap 的压栈（PermutingIter 中的第 13 行），其后两项数据以 v[1]和 v[2]分别对应 Permuting1 第 8 行 swap 中的 i 和 j；对应于递归的压栈（PermutingIter 中的第 14 行），其后两项数据中的 v[1]对应 Permuting1 第 7 行递归调用中的 i，其中的第一个 v[1]+1 对应递归调用中的 i+1，也就是进入递归后的 i，第二个 v[1]+1 对应进入递归后 for 循环中首次的 j，其值与 i 相同。

注 1：PermutingIter 的第 3、13、14、18 行均使用大括号括起的三个整数创建 vector<int>对象，这运用的是现代版 C++中以初始化列表方式创建对象的功能，可以看到该项功能很方便也很简洁。

注 2：在 4.6.1 节我们曾经介绍过，函数的局部变量占用的是栈空间，PermutingIter 中用双重 vector 自定义的栈 stack 是一个局部变量，这是否意味着我们仍然在使用栈空间解决递归问题呢？不是的，作为局部变量的 stack 类的对象确实占用的是栈空间，但它的元素不是，这是因为 stack 类的对象在为元素申请空间时使用的是类似于 new 的操作，从存储器的堆（也就是自由空间）而非栈中申请存储空间[16]。

PermutingIter 在开始时需要先压入首个递归调用，如第 3 行压入的{0, 0, 0}，它对应 Permuting1 的首次调用，即 Permuting1(0)；第 4 行的 while (!stack.empty())，连同第 5、6 行取栈顶元素并将其弹出栈的操作，是递归算法转换为迭代算法的标准模式。这里以 vector<int>

类型的 v 记弹出的数据，其中 v[0]为前述的值为 0 或 1 的类型，而 v[1]和 v[2]分别对应 Permuting1 中的 i 和 j。

当 v[0]的值为 0 时，PermutingIter 用第 8～14 行代码对递归调用进行迭代处理。此时若 v[1]的值为 N-1，则执行第 9～10 行代码，表示到达了叶节点，作为测试，在此报告获得一种排列并结束算法，这段代码对应 Permuting1 中的第 12、13 行。若 v[1]的值不是 N-1，则执行第 12～14 行代码，其中第 12 行对应 Permuting1 中第 6 行的首次交换；第 13 和 14 行如前所述，分别对应 Permuting1 中第 8 行的第 2 次交换和第 7 行的递归压栈操作。

当 v[0]值为 1 时，PermutingIter 用第 16～18 行代码对应递归结束后 swap 有关的迭代处理。其中，第 16 行完成 Permuting1 中第 8 行的第 2 次交换操作；第 17 行的 if 语句判断 v[2]<N-1 对应 Permuting1 中第 5 行 for 循环中的条件判断 j<N，如果该条件成立，则向栈中压入{0,v[1],v[2]+1}，其中的 v[2]+1 对应 Permuting1 中 for 循环的 j++，即生成对应 j+1 递归处理的压栈操作。

上述 PermutingIter 的测试表明，在相同配置的机器上，PermutingIter 可以很轻松地求解规模达到 1000000 的全排列遍历问题，而以 4MB 预留栈空间运行 Permuting1 却仅能求解到规模为 18200 的全排列遍历问题。

4.7　算法国粹——管梅谷教授的中国邮递员问题

中国邮递员问题（Chinese Postman Problem，CPP），也称为中国投递员问题，是被国际学术界认定为由中国学者管梅谷教授于 1960 年首先提出的一个算法问题。它看起来与 4.5 节介绍的 TSP 问题相似，但两者却属于非常不同的算法类：CPP 属于易解的多项式（P）类，而 TSP 问题却属于难解的 NP 难类。本节将给出 CPP 的说明和分析，并对其求解算法进行扼要介绍。

注：管梅谷教授自 1957 年至 1990 年在山东师范大学（前身为山东师范学院）工作，曾于 1984 年至 1990 年担任山东师范大学校长。管梅谷教授一直从事运筹学、组合优化与图论方面的研究工作，是相关领域国内外知名度很高的学者[17]。

4.7.1　CPP 与欧拉回路

本节将给出 CPP 的定义，并介绍为其求解思路和算法奠定基础的欧拉回路。

1．CPP 的定义

CPP 是一个典型的源自工作实际的问题。管梅谷教授首次为该问题发表的“奇偶点图上作业法”论文[18]在一开始就描述了该问题的起源。在邮局搞线性规划时，发现了下述问题：一个邮递员每次上班，要走遍他负责送信的路段，然后回到邮局，问应该怎样走才能使其所走的路程最短。

这里的实际工作场景是一个邮递员负责为固定的一些路段上的单位或家庭送信或收信，这项工作的性质决定着他必须从邮局出发走完所有的路段后再返回邮局。要求解这个问题，需要将它抽象为一个图论问题。

定义 4-9（CPP）　给定一个无向、多重和正权值连通图 $G=(V,E)$，求一条经过每条边至少一次且总权值最小的回路。

注：还需说明的是，图 G 不含以同一个顶点为始点和终点的边，即不含仅有一个顶点的圈。

图的边对应上述的“路段”，顶点对应路段间的连接。这里用了“至少一次”是因为不是所有的图都有经过每条边一次的回路。

CPP 的定义及求解算法还可以应用到其他实际工作中，如道路洒水、垃圾收集、物资配送、快件收送、外卖服务等。

2．欧拉回路

CPP 的求解要追溯到 1736 年欧拉在解决哥尼斯堡七桥问题（Seven Bridges of Königsberg Problem）时提出的欧拉回路定理。该问题源自普鲁士的哥尼斯堡（现俄罗斯加里宁格勒），该市有一条 Pregel 河流穿过，如图 4-12 所示，河流将城市分隔为 B、C 两个区域，河流的分叉又形成了 A、D 两个岛屿，在河流上建有七座连接四个区域的桥。哥尼斯堡七桥问题指的是是否存在一条经过每座桥一次且仅一次并回到出发区域的回路。

欧拉将哥尼斯堡七桥抽象为如图 4-13 所示的拓扑结构，他将 A、B、C、D 四个区域抽象为图的顶点，而将连接这四个区域的七座桥抽象为连接顶点的边，此拓扑结构就是一个抽象的图论意义上的图。欧拉对于什么样的图存在上述回路给出了数学证明，他的这一创举开创了图论和拓扑学两个重要的数学领域。正是由于欧拉的这一奠基性贡献，人们将经过图中每条边一次且仅一次的回路称为欧拉回路，欧拉证明的关于该回路存在性的定理被誉为欧拉回路定理，存在欧拉回路的图被称为欧拉图。

注：图 4-13 是一个多重图，虽然它是无向图，但在顶点 A、C 和 A、B 间都存在两条不同的边。

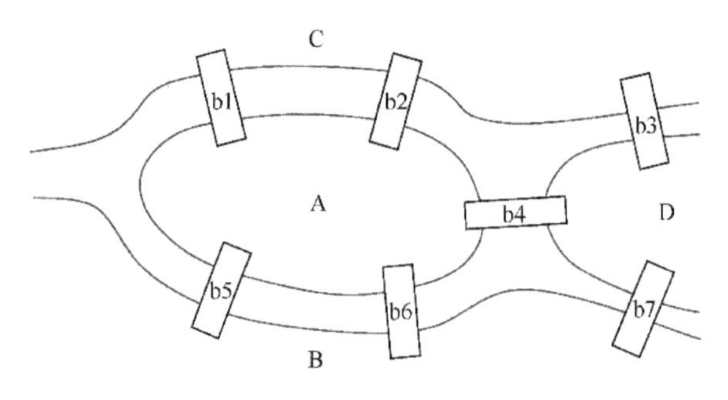

图 4-12　哥尼斯堡七桥图

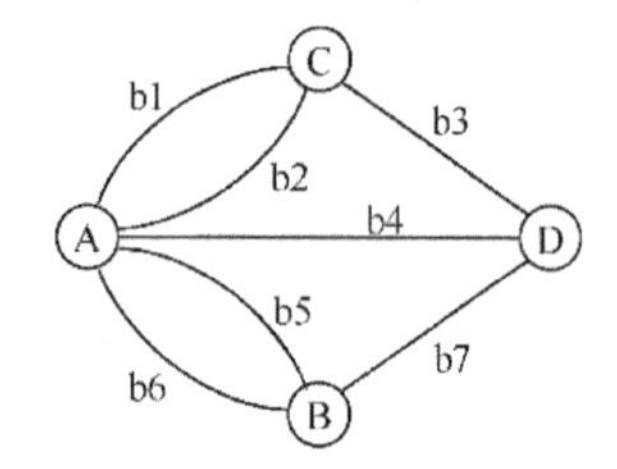

图 4-13　哥尼斯堡七桥的拓扑结构

定理 4-2（欧拉回路定理）　一个连通图具有欧拉回路，当且仅当它的每个顶点都具有偶数的度。

由此可见，哥尼斯堡七桥不存在欧拉回路，因为它的每个顶点的度都不是偶数。

注 1：欧拉回路问题又被称为一笔画问题，即对于给定的一个图形，是否能够从其上的任意一个点开始不重复地一笔画出整个图形。

注 2：管梅谷教授受此启发，将 CPP 归结为在允许重复的情况下，如何将一个图形以最短的路线一笔画出。这也就意味着 CPP 是一个最优化问题，而且它的求解必定与欧拉回路之间存在着关联。

4.7.2　CPP 的求解思路与算法

本节将先介绍基于欧拉回路的 CPP 求解思路，然后介绍管梅谷教授与 Edmonds 的求解算法。

1．CPP 的形式化分析与求解思路

基于图的欧拉回路定理，管梅谷教授[18~21]与 Edmonds[22~24]确定了相似的 CPP 求解思路。为了阐明该思路，我们先对 CPP 进行一些严谨的形式化定义和分析。

图 $G(V,E)$ 中的一个圈定义为如下的顶点和边序列：$(v_1,e_1,v_2,e_2,\cdots,v_k,e_k,v_{k+1}=v_1)$，其中 $v_i\in V$，$e_i\in E$，$v_i\neq v_{i+1}$，$1\leqslant i\leqslant k$。简单圈定义为没有重复边的圈。欧拉回路是指包括 E 中每条边一次且仅一次的简单圈。CPP 回路定义为包括 E 中每条边至少一次的圈。定义圈的长度为圈中所有边的长度的和，即 $l=\sum_i^k e_i$（注：在此以 e_i 同时表示 e_i 边的长度）。显然，CPP 的解就是长度最短的 CPP 回路。

上述分析表明，如果 CPP 存在欧拉回路，则欧拉回路就是问题的解，问题就转换为求图的欧拉回路，此时总的路径代价就是图中所有边的权值的和。

如果 CPP 不存在欧拉回路，则可将一个 CPP 回路包括 E 中每条边至少一次的事实数学化地表示为 $1+x_e$，其中 $x_e\geqslant 0$，$e\in E$，即图中的每条边 e 在 CPP 回路中出现 $1+x_e$ 次。令 G' 为在 G 的基础上将每条边 e 增加 x_e 次构成的图，则 CPP 回路就是图 G' 的欧拉回路。于是问题就转换为获取最短欧拉回路的图 G'，也就是获取最小 $\sum_{e\in E}x_e e$ 的 G'。根据欧拉回路定理，G' 要具有欧拉回路，它的每个顶点都必须有偶数的度，因此还需要加上 $|V|$ 个约束条件：$\sum_{e\supset\{i\}}(1+x_e)=0(\mathrm{mod}\ 2)$，$i\in V$（注：这里假定 $e=\{j,k\}$，即 e 是连接顶点 j 和 k 的边）。这一分析表明，如果 CPP 不存在欧拉回路，则问题可以分解为两个步骤：第 1 步，求解上述约束极值问题获得 G'；第 2 步，求图 G' 的欧拉回路。

2．管梅谷教授的奇偶点图上作业法

奇偶点图上作业法是管梅谷教授提出的求解 CPP 的算法[18~20]。他首先定义了 CPP 的可行解 $E_1\subseteq V$，如果将 E_1 中的边加入 G，G 中就不存在奇数度的顶点。于是，求解 CPP 便归结为求解边的长度和最小的 E_1 这一优化问题。然后管梅谷教授证明了如下定理。

定理 4-3（E_1 为最优解的充要条件定理）　E_1 为最优解的充要条件：①E_1 中没有重复的边；②在 G 的每个圈上，属于 E_1 的边的长度不超过圈的长度的一半。

管梅谷教授基于定理 4-3 提出了求解 CPP 的奇偶点图上作业法：先任意求一个可行解，然后用上述定理检查它是否为最优解，如果不是就调整，直至得到最优解。

管梅谷教授也说明过他的算法并非是多项式的[20]，因为要检查定理 4-3 第②条是否满足，需要检查图 G 的每个圈，而图 G 的圈数是图的顶点数的指数函数。然而，对于当时大部分实际的 CPP，图 G 的圈数并不多，所以他的算法都能在可接受的时间里得出最优解。这在不具备以计算机进行 CPP 算法计算的条件下，解决了一定范围内的实际工作问题。

3．基于 Edmonds 极小权重完美匹配算法的 CPP 求解算法

Edmonds 基于其关于图的极小权重完美匹配算法[22]提出了一个求解 CPP 的第 1 步的有效算法[23]，即一个多项式时间算法。管梅谷教授用中文对该算法进行了详细的解析，并以图论理论对其关键判别定理进行了重新证明[25~27]，这个证明比 Edmonds 基于线性规划的对偶理论和凸多面体理论的证明要简明一些。

下面我们扼要地给出 Edmonds 的算法。

算法 4-15　基于 Edmonds 极小权重完美匹配算法的 CPP 求解算法

问题：给定一个无向、多重和正权值连通图 $G=(V,E)$，求以最小代价将其转换为欧拉图所需重复添加的边集。

第 1 步：找出给定图 $G(V,E)$ 的所有奇数度顶点 $\overline{V}$，求 $\overline{V}$ 中所有的顶点对在图 G 中的最短路径和距离，并用这些最短距离作为顶点对间的边权构造 $\overline{V}$ 中顶点的带权完全图 $\overline{G}$。

第 2 步：对 $\overline{G}$ 运行 Edmonds 极小权重完美匹配算法。

第 3 步：对第 2 步中由极小权重完美匹配所获得的各顶点对进行遍历，将每个顶点对对应的图 G 中的最短路径上的每条边加到图 G 中，获得图 G'，则图 G' 必定为欧拉图。

注 1：$\overline{V}$ 中必有偶数个顶点，因为 G 中的每条边有两个顶点，所以 G 的所有顶点的度的和为偶数。

注 2：完全图是任意两个顶点间都有边相连的图。

注 3：在求最短路径时，如果一对顶点间存在多条边，则只保留权值最小的边。

注 4：将起止顶点为奇数度的一条简单路径上的边加入 G 必定会使该路径起止顶点的度变为偶数，而中间顶点度的奇偶性保持不变，因为起止顶点的度分别增加了 1，而中间各顶点的度均增加了 2。

注 5：图中的最短路径一定是简单路径。

上述算法中创建完全图 $\overline{G}$（第 1 步）和找出其中极小权重完美匹配（第 2 步）的复杂度均是 $O(n^3)$，而第 3 步的复杂度显然是 $O(n)$，因此整个算法的复杂度为 $O(n^3)$。

4．求欧拉回路的 Hierholzer 算法

求解 CPP 的第 2 步就是求欧拉图的欧拉回路。早在 1871 年，Carl Hierholzer 就提出了一个高效的线性算法[28,29]。

注：Hierholzer 算法是在 Hierholzer 去世后，由其同事于 1873 年帮他整理发表的。

算法 4-16　求欧拉回路的 Hierholzer 算法

问题：给定欧拉图 $G(V,E)$，求欧拉回路。

第 1 步：任取一个顶点 A 作为起始顶点，在图 G 中任意找一个回路 C。
第 2 步：将图 G 中属于回路 C 的边删除。
第 3 步：在残留图中寻找度大于 0 的顶点，重复第 1、2 步。
第 4 步：将回路合并得到图 G 的欧拉回路。

注 1：由于欧拉图 G 的顶点具有偶数的度，因此在第 1 步中，到达一个不是起始顶点的顶点 U 后一定还有边可以离开 U，故总能找到一个回路 C。

注 2：由于欧拉图 G 的顶点具有偶数的度，因此每次执行完第 2 步后，如果一个顶点还有边，则一定有偶数条边，因为由回路构成的图的各顶点都具有偶数的度，所以第 3 步中如果存在度大于 0 的顶点，则以该顶点为起始顶点一定能找到一条回路。

该算法执行过程中每条边最多访问两次，因此其复杂度为 $O(|E|)$。

习题

1．举例说明递归算法所求解的问题需要具备的两个基本特性。

2．分别给出计算前 n 个自然数和 $S_n=\sum_{i=1}^{n} i$ 的迭代算法和递归算法。

3．叙述结构化程序定理。

4．简述丘奇-图灵论题。

5．说明递归算法与迭代算法等价的理论基础。

6．说明函数式程序设计语言与命令式程序设计语言的根本区别，分别举出两个函数式程序设计语言和两个命令式程序设计语言的例子。

7．用二项式定理证明 n 个元素集合的全部子集的个数为 2^n 。

8．画出 $n=3$ 的子集树。

9．推导高度为 n 的完美二叉树的节点总数的数学表达式。

10．给出子集遍历问题的递归穷举算法的伪代码。

11．给出子集遍历问题的递归穷举算法的复杂度分析。

12．在 CAAIS 中对子集遍历问题的递归穷举算法的 CD-AV 演示以 n=3 进行 20%的交互练习，并保存结果，注意通过观察递归调用栈的演示加深对递归调用的理解。

13．在自己的机器上运行 Subsetting 递归代码，分别测试 1min 和 3min 所能解决的问题规模。

14．画出 $n=3$ 的排列树。

15．给出全排列遍历问题的递归穷举算法的伪代码。

16．给出全排列遍历问题的递归穷举算法的复杂度分析。

17．在 CAAIS 中对全排列遍历问题的递归穷举算法的 CD-AV 演示以 n=3 进行 20%的交互练习，并保存结果，注意通过观察递归调用栈的演示加深对递归调用的理解。

18．在自己的机器上运行 Permuting 递归代码，分别测试 1min 和 3min 所能解决的问题规模。

19．给出 0-1 背包问题的最优化问题和判定性问题的定义。

20．给定容量值为 11 的背包，以及重量值为 3、8、3、1 和价值值为 4、10、5、3 的物品，以手算穷举法求解该 0-1 背包问题。

21．给出 0-1 背包问题最优化问题穷举算法的伪代码，并说明其复杂度。

22．给出 TSP 问题的最优化问题和判定性问题的定义。

23．给出下面无向带权图和有向带权图的权矩阵和带权邻接表。

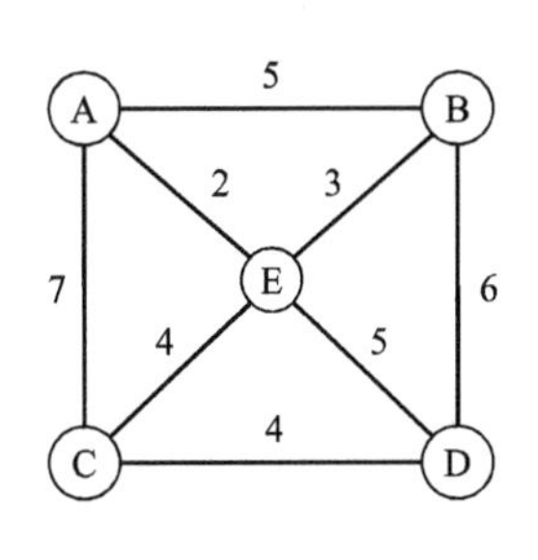

（a）无向带权图

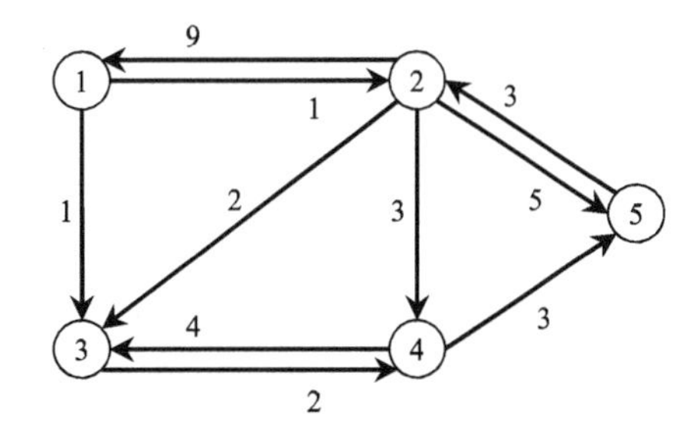

（b）有向带权图

24．给出 TSP 问题的最优化问题的穷举算法的伪代码，并说明其复杂度。

25．针对 23 题的（b）图，去掉其 5 号顶点及有关的边，对剩余的 4 个城市的 TSP 问题给出其手算穷举表。

26．以图示说明函数调用的栈框架包括哪些组成部分。

27．先设计一个计算 Fibonacci 数的递归算法，然后以基于变量的 DP 方法将其转换为迭代算法。

28．在自己的机器上分别测试附录 4-1 中的 Subsetting 递归算法在栈空间为 1MB 和 2MB 时所能求解的问题规模。（注：为节省测试时间，应关闭输出。）

29．用自定义栈的方法将附录 4-1 中的 Subsetting 递归算法转换为迭代算法，并以实验验证，在相同资源的机器上，迭代算法可求解规模远超 1MB 或 2MB 栈空间下递归算法可求解的问题规模。

30．在自己的机器上分别测试附录 4-2 中的 Permuting 递归算法在栈空间为 1MB 和 2MB 时所能求解的问题规模。

31．实现如算法 4-14 所示的全排列遍历问题的迭代测试算法，并以实验验证，在相同资源的机器上，迭代算法可求解规模远超 1MB 或 2MB 栈空间下递归算法可求解的问题规模。

32．叙述 CPP。

33．实现求解 CPP 第 1 步的 Edmonds 算法（算法 4-15），并以随机赋权的哥尼斯堡七桥图进行测试。

34．实现求欧拉回路的 Hierholzer 算法（算法 4-16），并用 33 题的结果进行测试。

参考文献

[1] Wikipedia. Recursion[EB/OL]. [2021-8-21].（链接请扫下方二维码）

[2] Böhm C，JACOPINI G. Flow diagrams，Turing machines and languages with only two formation rules[J]. Communications of the ACM，1966，9（5）：366-371.

[3] Wikipedia. Recursion（computer science）[EB/OL]. [2021-8-22].（链接请扫下方二维码）

[4] Wikipedia. Church-Turing thesis[EB/OL]. [2021-8-22].（链接请扫下方二维码）

[5] Wikipedia. Effective method[EB/OL]. [2021-8-22].（链接请扫下方二维码）

[6] Wikipedia. General recursive function[EB/OL]. [2021-8-22].（链接请扫下方二维码）

[7] Wikipedia. Lambda calculus[EB/OL]. [2021-8-22].（链接请扫下方二维码）

[8] Wikipedia. Computable function[EB/OL]. [2021-8-22].（链接请扫下方二维码）

[9] Iteration can replace Recursion?（Cort Ammon's comment）[EB/OL].（2016-12-28）[2022-2-23].（链接请扫下方二维码）

[10] Wikipedia. Knapsack problem[EB/OL]. [2021-8-29].（链接请扫下方二维码）

[11] 俞加平. 自重启伪遗传改良算法解决 TSP 问题[EB/OL].（2018-11-8）[2021-8-29].（链接请扫下方二维码）

[12] PBN423[EB/OL]. [2022-2-23].（链接请扫下方二维码）

[13] BENDERSKY E. Where the top of the stack is on x86[EB/OL].（2011-2-4）[2021-9-1].（链接请扫下方二维码）

[14] WikiBooks. x86 Disassembly/Functions and Stack Frames[EB/OL]. [2021-9-1].（链接请扫下方二维码）

[15] Wikipedia. Tail call[EB/OL]. [2021-9-6].（链接请扫下方二维码）

[16] Stack Overflow. When vectors are allocated，do they use memory on the heap or the stack?[EB/OL]. [2021-9-8].（链接请扫下方二维码）

[17] 百度百科. 管梅谷[EB/OL]. [2021-9-9].（链接请扫下方二维码）
[18] 管梅谷. 奇偶点图上作业法[J]. 数学学报，1960，10（3）：263-266.
[19] 管梅谷. 图上作业法的改进[J]. 数学学报，1960，10（3）：267-275.
[20] 管梅谷. 中国投递员问题综述[J]. 数学研究与评论[J]. 1984，4（1）：113-119.
[21] 管梅谷. 关于中国邮递员问题研究和发展的历史回顾[J]. 运筹学学报，2015，19（3）：1-7.
[22] EDMONDS J. Maximum Matching and a Polyhedron With 0，1-Vertices[J]. Journal of Research of the National Bureau of Standards-B，Mathematics and Mathematical Physics，1965，69B（1-2）：125-130.
[23] EDMONDS J. The Chinese Postman Problem[J]. Operations Research，1965（Supplement Ⅰ）：B73.
[24] EDMONDS J，JOHNSON E L. Matching，Euler tours and the Chinese postman[J]. Mathematical Programming，1973，5（1）：88-124.
[25] 管梅谷. 极大对集与最短投递路线问题[J]. 曲阜师院学报（自然科学版），1978，4（1）：7-16.
[26] 管梅谷. 极大对集与最优投递路线问题（续）[J]. 曲阜师院学报（自然科学版），1978，4（2）：29-37.
[27] 管梅谷. 极大对集与最短投递路线问题（续）[J]. 曲阜师院学报（自然科学版），1978，4（3）：31-36.
[28] Wikipedia. Eulerian path[EB/OL]. [2021-9-15].（链接请扫下方二维码）
[29] Wikipedia. Carl Hierholzer[EB/OL]. [2021-9-15].（链接请扫下方二维码）

参考文献链接

第 5 章　基于比较的排序算法

两个黄鹂鸣翠柳，一行白鹭上青天。
[唐]杜甫，《绝句》

排序问题是计算机科学与技术领域中最基本的问题之一，因此与排序有关的算法也就属于最基本的算法。排序算法分为内部排序算法和外部排序算法两大类，前者解决的是完全在计算机内存中进行的排序问题，后者解决的是待排序的数据不能全部放入计算机内存的排序问题。在各种排序算法中，基于比较的内部排序算法，即通过一次比较两个元素的大小决定是否进行元素交换的算法，通常是基础算法教材的必要组成部分，本教材也遵循这一传统。这类算法主要包括选择排序算法、冒泡排序算法、插入排序算法、堆排序算法、归并排序算法和快速排序算法等。其中，选择排序算法过于原始，本教材不作介绍。本章将介绍冒泡排序算法、插入排序算法和堆排序算法，归并排序算法和快速排序算法属于分治算法，将在第 6 章进行介绍。

5.1　冒泡排序算法

冒泡排序算法是一种将直观、简单的想法实现为严谨算法的一个典型例子，也是初学算法设计的良好例子。

5.1.1　基本思想、伪代码与复杂度分析

本节将介绍冒泡排序算法的基本思想和伪代码，并给出其复杂度分析。

1．冒泡排序算法的基本思想

我们在 3.7.2 节讨论基于比较的排序问题的复杂度时，曾经给出过排序问题的定义（定义 3-10），即给定 n 个数字 $a_1, a_2, \cdots, a_n$，输出其非降序的一种排列。冒泡排序算法源自一个很直观的想法，即使较大的数字像“气泡”一样从低到高依次往上冒。这个想法可以表达为以下冒泡排序算法的思想描述。

算法 5-1　冒泡排序算法的思想描述

对 n 个元素的数组 $a[1] \sim a[n]$，算法执行 n-1 趟。

在第 1 趟中，从第 1 个元素开始，依次与后面的元素进行比较，如果比后面的元素大，则与后面的元素进行交换。这个过程一直进行到第 n-1 个元素，共进行 n-1 次比较。第 1 趟执行完成后，最后的第 n 个元素一定是最大的，即已经排好序，且前面的元素也较开始有序了一些。

在第 2 趟中，从第 1 个元素开始，依次与后面的元素进行比较，如果比后面的元素大，则与后面的元素进行交换。这个过程一直进行到第 n-2 个元素，共进行 n-2 次比较。第 2 趟执行完成后，第 n-1 个元素一定是其次大的，即已经排好序，且前面的元素也较此前更有序了一些。

依次类推，当执行到第 n-1 趟时，只需比较第 1 个和第 2 个元素，如果第 1 个元素比第 2 个元素大，则

进行交换。至此，便完成了整个数组的排序。

图 5-1 所示为冒泡排序算法思想的示意图。

注：图 5-1 中的##等符号仅是数字占位符。

2．冒泡排序算法的伪代码

算法 5-2 所示为冒泡排序算法。该算法需要双重循环，其第 1 行为外循环，即算法思想中“趟”的实现。它让循环变量 i 以 n down to 2 的方式遍历各趟，其语义是对子数组 a[1]～a[i]的数进行“冒泡”。

第 2 行中的 done 变量实现最好（或较好）情况复杂度，即当某一趟执行完成后，若所有数据已经有序，则终止算法，不再执行余下的各趟外循环。

第 3 行中的 for j=1 to i-1 为内循环，用于实现一趟内的元素比较。对于给定的子数组 a[1]～a[i]，它用 i-1 次的 a[j] > a[j+1]顺次比较，实现“趟”内的“冒泡”。每次在开始 for j 循环前，先将 done 赋为 true（第 2 行），如果本趟发生过一次交换（第 5 行），则将 done 置为 false（第 6 行）。当 for j 循环结束后（第 8 行），若 done 保持为 true，则说明 a[1]～a[i]的元素已经排好，也就是全部 a[1]～a[n]的元素已经排好，于是第 9 行终止外循环，算法结束。

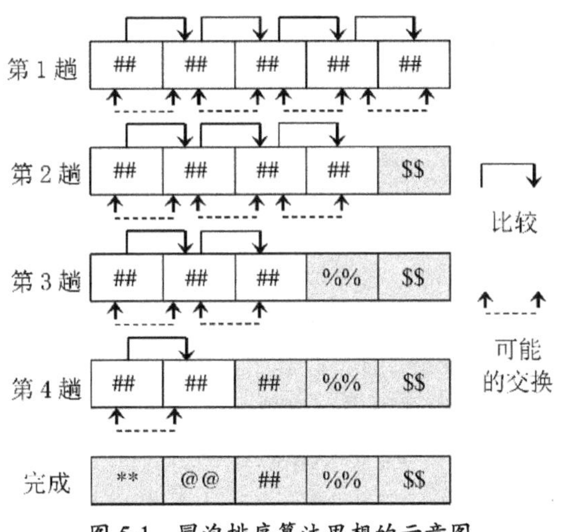

图 5-1　冒泡排序算法思想的示意图

算法 5-2　冒泡排序算法

输入：n 个元素的数组 a[1]～a[n]
输出：排好序的数组 a

```
1. for i = n down to 2
2.     done = true
3.     for j = 1 to i-1
4.         if a[j] > a[j+1] then
5.             swap(a[j], a[j+1])
6.             done = false
7.         end if
8.     end for //j
9.     if done then break
10. end for //i
```

3．冒泡排序算法的复杂度分析

冒泡排序算法的基本运算显然是第 4 行的比较运算 a[j] > a[j+1]。

在最好情况下，即数据已经有序时，算法外循环仅需执行第 1 趟，即仅需执行 $n-1$ 次比较运算，因此 $T_{\text{best}}(n)=O(n)$。

在最坏情况下，即数据倒序时，要执行 i 取 n～2 的所有 $n-1$ 次外循环，而每次的外循环都要执行 $i-1$ 次的内循环，也就是要执行 $i-1$ 次比较运算，因此 $T_{\text{worst}}(n)=\sum_{i=n}^{2}(i-1)=\sum_{i=1}^{n-1}i=\frac{n(n-1)}{2}=O(n^2)$。

冒泡排序算法的平均情况复杂度分析有些困难，分析方法可参考 5.2 节中插入排序算法的复杂度分析，这里直接给出结果：$T_{\text{average}}(n)=O(n^2)$。

注：冒泡排序算法的平均情况复杂度为$O(n^2)$，在实践中已经很少采用，但由于它体现了许多算法设计的基本思路和方法，因此作为入门性的算法学习，它仍具有一定的意义[1]。

5.1.2 现代版 C++实现

本节将介绍用现代版 C++实现冒泡排序算法的方法，有关代码参见附录 5-1。

1．初始化

在 TestBubbleSort 函数（代码块 4）中，先以第 3～6 行代码初始化伪随机数发生器。这里使用了 2.3.3 节介绍的现代版 C++中的伪随机数发生器。

其中，第 3 行声明的 random_device 类的对象 rdev 用于为第 4 行的伪随机数引擎对象 e 提供随机的种子。

第 5 行的作用是为伪随机数确定一个合理的数值范围变量 m：当排序数据个数 n 小于或等于 20 时，将数值范围限制为 0～99，这样一方面可保证随机性，另一方面可将数值限制在合理的范围内；当排序数据个数 n 大于 20 时，将数据范围扩大到 0 ～ n*10-1，以使其有足够的分散度。

第 6 行声明 0～m 均匀分布的伪随机数对象 rnd。

第 7 行以 int* a = new int[n];动态地创建数组 a，并在第 8 行用 for 循环为 a 的各元素赋以随机值。接着第 9～11 行输出排序前的数据，第 12 行调用主函数 BubbleSort 进行排序，第 13～15 行输出排序后的数据，第 16 行以 delete[]a;释放动态数组 a。

2．算法的主函数 BubbleSort

算法的主流程由主函数 BubbleSort（代码块 2）实现，它先接收数组 a 和数组大小 n，然后以双重 for 循环实现冒泡排序的比较和交换过程，并以 hasSwap 实现伪代码中的 done 标志（注：hasSwap 比 done 有更好的语义，但其逻辑值与 done 相反）。其中，外层 for 循环以变量 i 对待排序的数组从 n 到 2 进行遍历（第 2 行），在每次遍历中，先置 hasSwap 为 false（第 3 行），然后在内层 for 循环中以变量 j 对数组中编号为 0～i-2 的数据进行遍历（注：数组是以 0 起始索引的）：如果 a[j] > a [j + 1]，则交换它们，并置 hasSwap 为 true（第 4～8 行）。内层循环结束后，如果 hasSwap 仍为 false，则说明本次内循环中未发生过交换，也就是说数据是有序的，可以退出外循环（第 10 行），进而结束排序过程。

3．用同一组伪随机数测试不同的算法

要通过实验比较解决同一问题不同算法的运行效率，只有使用相同的输入数据才有说服力。

注：要通过实验比较解决同一问题不同算法的运行效率，几十、几百量级的输入数据一般是没有意义的，需要使用几万、几十万甚至更大量级的输入数据。

如果使用伪随机数发生器生成的数据进行测试，则需要使用固定的种子生成伪随机数，这样就可避免将数据存储为数据文件的问题。

在现代版 C++中，可以直接以常数初始化伪随机数引擎对象为其设置固定种子，如 default_random_engine e{ 1 };、default_random_engine e{ 100 };等，也可以用引擎对象的 seed 方法设置种子，如 e.seed(2);、e.seed(200)等。

4．传统 C 语言伪随机数发生器的种子及范围问题

传统 C 语言伪随机数发生器包括设置种子函数 srand 和返回伪随机函数 rand。

2.3.2 节介绍过可以使用 srand((unsigned)time(NULL))设置随机器时间变化的种子，以使每次程序运行产生不同的伪随机数序列。直接给 srand 指定一个整数值，如 srand(1)、srand(100)，就可以实现固定种子的伪随机数生成。

传统 C 语言返回伪随机数函数 rand 只能生成 0～32767（15 位二进制数）范围内的伪随机数。如此小的范围，当生成几万、几十万量级实验数据时会因过多的重复数据而使实验结果不能有效地反映算法的行为。一个勉强的方法是使用两次 rand 函数构造一个 30 位二进制的伪随机数：i = rand(); j = rand(); k = i << 15 + j;。

5.1.3　CD-AV 演示设计

我们在 CAAIS 中实现了冒泡排序算法的 CD-AV 演示设计，并提供了一定程度的交互操作。

1．输入数据

CD-AV 演示窗口的控制面板上的“典型”下拉列表中提供了 8 组个数为 8～10 的数据实例，它们都取自有代表性的教科书或有关资源。选中一组数据实例后，下方的“个数”下拉列表中将显示数据个数，其后的文本框中用以逗号分隔的列表显示各数据值，如 10,20,1,40,5,30,15。

单击控制面板下方的“输入”按钮，可打开一个“输入”对话框，它允许用户输入一组或多组自定义的数据实例。系统能够记录输入的数据实例列表，并可将其用于其他排序算法。其后的“随机”按钮可为用户提供一组随机生成的、指定个数的数据实例；“等值”按钮可生成一组指定个数的等值数据实例；“升序”或“降序”按钮可将上述选定数据或自定义数据以升序或降序排列。

注： 等值数据可以用来检验冒泡排序算法的稳定性，而升序数据和降序数据可用来展示最好情况和最坏情况下的算法行为和复杂度，这也是 CD-AV 演示设计的重要优点。

2．典型的 CD-AV 行及交互设计

图 5-2 所示为冒泡排序算法的 CD-AV 行及交互设计。短语子行给出了算法步骤的简短文字描述。数据子行包括当前遍历的数据规模 i，遍历到的元素编号 j，数组 a 的各元素 a[0]～a[n-1]，以及标记变量 Swap 和复杂度 T(n)等数据项。其中，a[0]～a[n-1]的数据以 d_k 的形式显示，d 是数据值，下标 k 用于标识其输入时的初始位置，如 49_0 和 49_7。这种数据表达形式一方面能够演示出数据随算法运行的位置变化，另一方面能够用实验检验冒泡排序算法的稳定性。Swap 标记与代码中的 hasSwap 变量对应，以 F 和 T 分别表示未发生交换和发生了交换。T(n)可记录算法运行过程中的元素比较次数。

在数据子行中，以蓝色标识尚未处理的数据，以红色标识已处理并且发生了交换的数据，以紫色标识已处理但未发生交换的数据。

在交互时，数据行上的三组数据 i 和 j 列、a[0]～a[n-1]列、Swap 和 T(n)列都属于可交互列，但同一个交互行上这三组数据将以随机组合的方式切换到交互输入状态。在交互时，i、j 列分别对应代码中的 i、j 变量；a[0]～a[n-1]列对应当前算法步的数组数据，在输入时只需输入数据值，不必输入下标；Swap 列在输入时不用区分大小写。输入完成后，单击交互行右侧的 Hand in 按钮，系统将自动进行评判，正确的输入将以绿色显示并打“✓”，错误的输入将以红色显示并打“✗”，同时还将在右侧显示本行的总交互空数与正确填空数的统计，并显示当前交互行的正常 CD-AV 行，如图 5-2 中上方的第 3 步骤行所示。

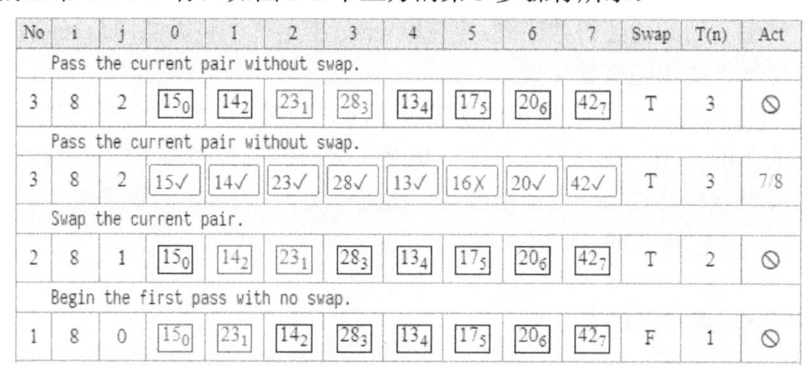

No	i	j	0	1	2	3	4	5	6	7	Swap	T(n)	Act
Pass the current pair without swap.													
3	8	2	15_0	14_2	23_1	28_3	13_4	17_5	20_6	42_7	T	3	⊘
Pass the current pair without swap.													
3	8	2	15✓	14✓	23✓	28✓	13✓	16✗	20✓	42✓	T	3	7/8
Swap the current pair.													
2	8	1	15_0	14_2	23_1	28_3	13_4	17_5	20_6	42_7	T	2	⊘
Begin the first pass with no swap.													
1	8	0	15_0	23_1	14_2	28_3	13_4	17_5	20_6	42_7	F	1	⊘

图 5-2
彩图

图 5-2　冒泡排序算法的 CD-AV 行及交互设计

3．CD-AV 结束行的设计

图 5-3 所示为冒泡排序算法运行的最后 5 行，包括结束行。由第 22～25 步可以看出，已经完成排序的数以绿色且加下画线的形式显示，最后的结束行（第 26 步）以绿色显示排好序的数据序列。

图 5-3 还展示了算法因某趟外循环没有发生交换而提前结束运行的情况。其中的第 23～25 步是 i=4 的外循环对应的 3 步内循环，这 3 步内循环中的比较操作均没有发现需要前后交换的数据，致使 Swap 列一直保持为 F，即代码中的 hasSwap 一直保持为 false，因此当该趟外循环结束后，算法就完成排序并结束运行。

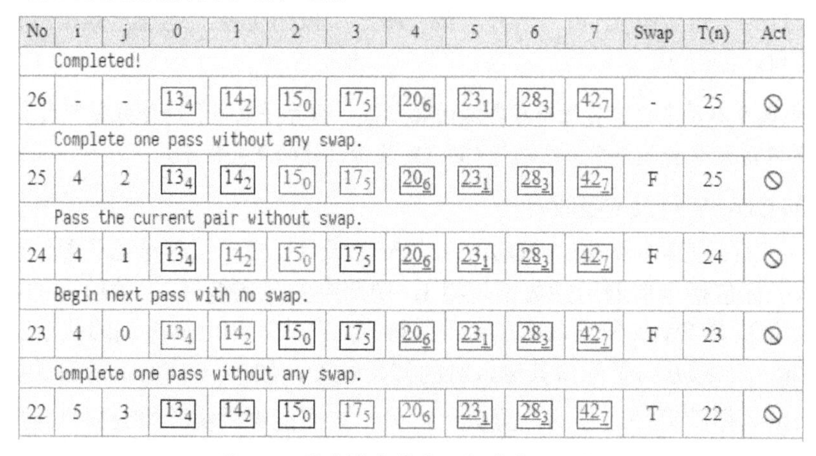

No	i	j	0	1	2	3	4	5	6	7	Swap	T(n)	Act
Completed!													
26	-	-	13_4	14_2	15_0	17_5	20_6	23_1	28_3	42_7	-	25	⊘
Complete one pass without any swap.													
25	4	2	13_4	14_2	15_0	17_5	20_6	23_1	28_3	42_7	F	25	⊘
Pass the current pair without swap.													
24	4	1	13_4	14_2	15_0	17_5	20_6	23_1	28_3	42_7	F	24	⊘
Begin next pass with no swap.													
23	4	0	13_4	14_2	15_0	17_5	20_6	23_1	28_3	42_7	F	23	⊘
Complete one pass without any swap.													
22	5	3	13_4	14_2	15_0	17_5	20_6	23_1	28_3	42_7	T	22	⊘

图 5-3
彩图

图 5-3　冒泡排序算法运行的最后 5 行

5.2　插入排序算法

插入排序算法是一种渐近复杂度与冒泡排序算法相同的算法，即最坏和平均情况复杂度均为 $O(n^2)$，而最好情况复杂度为 $O(n)$。因此，对于大数据量的排序，它远不如堆排序算法、归并排序算法和快速排序算法等。然而它的一些鲜明特点使其在某些情况下依然具有良好的实用价值，这些特点包括[2]：①实现简单；②在小数据量上有较好的运行效率；③实际运行效率高于冒泡排序算法等其他二次排序算法；④适应性好，即当数据已经很有序时有较高的运行效率；⑤是一种稳定的排序算法；⑥是一种原位排序算法；⑦能够在线排序，即一边接收数据一边排序。本节就介绍插入排序算法，以使读者体会它的上述特点。

5.2.1　基本思想、伪代码与复杂度分析

本节将介绍插入排序算法的基本思想和伪代码，并给出其复杂度分析。

1．插入排序算法的基本思想

插入排序算法采用“生长”方式，以一个待排序元素为初始有序序列，不断地从输入数据中取下一个元素 x，在有序序列中找到 x 该在的位置 p，并将 x 插入到位置 p 处，直至取完所有的输入数据。这个过程可表达为如下的思想描述。

算法 5-3　插入排序算法的思想描述

对于 n 个元素的数组 a，假设其前 i-1（i≥2）个元素已经排好（初始 i=2，即第 1 个元素已经排好），考虑将第 i 个元素 a[i]插入 a[1]～a[i-1]，使插入后的 a[1]～a[i]有序。

外循环：对 i 进行从 2 到 n 的遍历。

第 1 步：将第 i 个元素的值 a[i]赋值给 x。

第 2 步（内循环）：将 x 依次与前面的第 j 个元素进行比较，j 要对 i-1, i-2, …,1 进行遍历。

第 2.1 步：如果 a[j]比 x 大，则将其向右移一格。

第 2.2 步：如果 a[j]不比 x 大，则将 x 放到腾空的 a[j+1]处。

图 5-4 所示为插入排序算法思想的示意图。

2．插入排序算法的伪代码

算法 5-4 所示为插入排序算法。该算法也需要双重循环，其第 1 行的 for i=2 to n 为外循环，在该外循环中，先将 a[i]赋给 x，并将 x 该在的位置 p 初始化为 1。第 3 行的内循环对 j 进行从 i-1 到 1 的遍历，如果 a[j]＞x，则将 a[j]右移一格（第 4、5 行）；否则，就找到了 x 该在的位置 j+1，将它赋值给 p，并结束内循环（第 6、7 行）。在内循环结束后，将 x 赋给 a[p]。

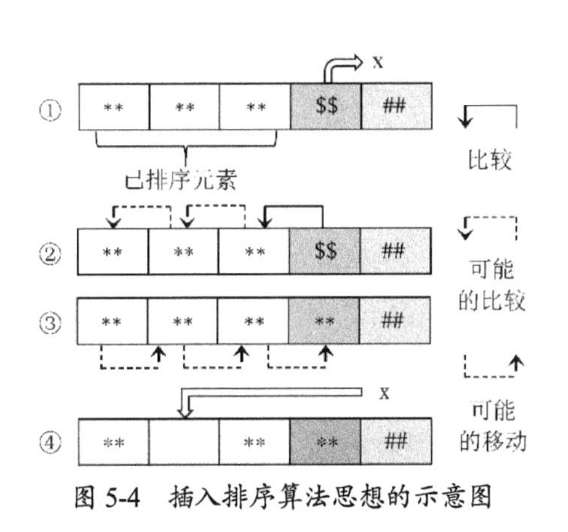

图 5-4　插入排序算法思想的示意图

算法 5-4　插入排序算法

输入：n 个数的数组 a
输出：排好序的数组 a

```
1. for i = 2 to n
2.     x = a[i]; p = 1
3.     for j = i-1 down to 1
4.         if a[j] > x then
5.             a[j+1] ← a[j]
6.         else
7.             p = j+1; break
8.         end if
9.     end for //j
10.    a[p] ← x
11. end for //i
```

3．复杂度分析

插入排序算法的基本运算是数据的比较运算（第 4 行）或赋值与移动运算（第 2、5、10 行）。在最好情况下，即输入数据已经有序时，每次内循环只会执行 1 次比较和 0 次赋值操

作，由于每个数据都不小于其前面的数据，即共执行$n-1$次比较操作，而在内循环之前和之后分别有 1 次赋值操作，即共执行$2n-2$次赋值操作，因此$T_{\text{best}}(n)=O(n)$。

在最坏情况下，即数据倒序时，对于每个外循环的i，内循环都需要执行i-1 次比较操作和 i-1 次赋值操作，因此总的比较次数为$\sum_{i=2}^{n} i-1=\frac{n(n-1)}{2}$，总的赋值次数为$\sum_{i=2}^{n} i+1=\frac{(n+3)(n-1)}{2}$。因此，算法的最坏情况复杂度为$T_{\text{worst}}=O(n^2)$。

下面分析插入排序算法的平均情况复杂度[3]。

首先，假定输入的数字序列 a[1]～a[n]是两两不同的，分析的结果将适用于有相同数字的情况。

其次，将算法 5-4 调整为如算法 5-5 所示的交换算法。这里用 while 循环取代了算法 5-4 中的内层 for 循环，用 swap（交换）取代了暂存变量加右移和最终赋值的方式。由于交换需要执行 3 次赋值操作，因此算法 5-5 比算法 5-4 运行效率低一些，但其在不影响复杂度分析结果的同时会使分析过程变得容易。

算法 5-5　插入排序的交换算法

```
1. for i = 2 to n
2.    j = i -1
3.    while j > 0 and a[j] > a[j + 1]
4.       swap(a[j], a[j+1]); j = j - 1
5.    end while
6. end for
```

算法 5-5 的基本运算为交换运算，当 a[1] > a[i]时，它与比较运算 a[j] > a[j + 1]的运行次数相同，在其他情况下它比比较运算 a[j] > a[j + 1]的运行次数少 1，对于整个外循环来说，它最多是线性的$n-1$次，因此将交换运算作为基本运算不会影响复杂度的渐近结论。

最后，我们仔细分析插入排序的机理。之所以发生交换，是因为发现了相邻的 a[j] > a[j + 1]的情况，这样的元素对常被称为相邻逆序元素对，以下简称相邻逆序对。插入排序的目标就是对所有的相邻逆序对进行交换，使其有序。

注意：相邻逆序对其实与整个输入数据序列的逆序对是一一对应的。

定义 5-1（逆序对）　输入数据序列 a[1]～a[n]的逆序对指的是(a[i], a[j])，满足$i<j$，但 a[i] > a[j]，其中$1\leqslant i\leqslant n-1$，$2\leqslant j\leqslant n$。

由此可见，输入数据序列 a[1]～a[n]所有可能的逆序对数为$\sum_{i=1}^{n-1} n-i=\sum_{j=n-1}^{1} j=\frac{n(n-1)}{2}$。当整个输入数据序列逆序时，逆序对数达到最大值。

对于数据序列 55,36,47,19,31,68，其逆序对有(55,36)、(55,47)、(55,19)、(55,31)、(36,19)、(36,31)等。

插入排序算法不断地检查相邻的两个元素，如果发现它们是逆序对，就对它们进行交换操作，因此每次交换仅排除一个逆序对，这说明它的最坏情况复杂度为$O(n^2)$。

由此我们可以定义平均情况为所有可能的$\frac{n(n-1)}{2}$个序对均以$\frac{1}{2}$的概率呈现逆序，这样总的交换次数的期望值便是$E(T(n))=\frac{n(n-1)}{2}\cdot\frac{1}{2}=\frac{n(n-1)}{4}$，即插入排序算法的平均情况复杂度为$T_{\text{average}}(n)=O(n^2)$。

注 1：实际上，一次操作仅排除一个逆序对的任何排序算法的最坏和平均情况复杂度都不会低于

$O(n^2)$ [4]。插入排序算法和冒泡排序算法都属于这类算法，因此它们的平均和最坏情况复杂度都是 $O(n^2)$，它们也被统称为二次排序算法。

注 2：3.6.2 节曾经介绍过，基于比较的排序问题的复杂度是 $O(n\log n)$，也就是应该存在最坏或平均情况复杂度为 $O(n\log n)$ 的算法。显然要寻找这样的排序算法，就必须寻找一次操作（主要是交换操作）可以排除多个逆序对的方法。例如，对于数据序列 55,36,47,19,31,68，如果接下来的一次操作将 55 和 19 交换，那么它就一次排除了 3 个逆序对，使数字序列成为 19,36,47,55,31,68，这样必定会得到最坏或平均情况复杂度好于 $O(n^2)$ 的排序算法。本章接下来要介绍的堆排序算法及第 6 章将要介绍的归并排序算法和快速排序算法，都以不同方式找到了这样的方法，它们的最坏或平均情况复杂度都达到了基于比较的排序问题的复杂度极限，即 $O(n\log n)$。

5.2.2 现代版 C++实现

我们用现代版 C++实现了插入排序算法，有关代码参见附录 5-2。其中的初始化和测试函数 TestInsertionSort（代码块 4）与冒泡排序算法的初始化和测试函数相似，此处不再赘述。本节重点介绍算法的主函数 InsertionSort。

算法的主流程由主函数 InsertionSort（代码块 2）实现，它接收 n 个元素的输入数组 a，并对其进行插入排序。实际的插入排序实现代码是算法 5-4 和算法 5-5 的结合，即内循环用 while 循环，但在遇到相邻逆序对时用右移而非交换操作排序。第 3 行声明了暂存元素值的 x 变量和内循环的循环变量 j。第 4 行是外循环，鉴于数组以 0 起始索引，外循环变量 i 要从 1 遍历到 n-1。在每趟外循环中，先暂存 a[i]到 x 中（第 5 行），再将 j 初始化为 i-1（第 6 行），然后以 while 进行内循环（第 7 行），并在内循环中将 a[j]中的值右移到 a[j+1]中（第 8 行）（执行到这里说明必有 a[j]>x）。内循环结束后，将 x 的值赋给 a[j+1]（第 11 行），因为 j+1 必定是 x 该在的元素位置。

5.2.3 CD-AV 演示设计

我们在 CAAIS 中实现了插入排序算法的 CD-AV 演示设计，该演示突出地体现了插入排序算法的基本特征，即暂存 a[i]的值和逆序元素的右移操作。CAAIS 中所有排序算法的控制面板和输入数据都是相同的，有关解释可参考冒泡排序算法中的介绍。

1. 典型的 CD-AV 行设计

图 5-5 所示为插入排序算法的 CD-AV 行，其中包括外循环和内循环的循环变量 i 和 j，数组 a 的各元素 a[0]～a[n-1]，以及以比较次数累计的复杂度 T(n)等数据项。与冒泡排序算法的 CD-AV 行设计类似，a[0]～a[n-1]的数据以 d_k 的形式显示，其中 d 是数据值，下标 k 标识其输入时的初始位置。

图 5-5（a）所示为将 a[i]暂存于 x 的情况，这里以“抬起”的动画方式形象地表达暂存操作，接着将此 x 依次与其前面的数据元素进行比较，并将大于 x 的元素动画式地右移，直至找到 x 该在的位置，如图 5-5（b）所示，再动画式地将 x 移动和“降落”到该位置上。

数据子行充分运用颜色表达不同的数据状态，右侧尚未排序的数据以深蓝色显示，左侧当前已排序的数据以绿色显示，抬起的 x 以醒目的红色显示，发生移动的数据以紫色显示，新插入的 x 以斜体红色且加下画线的方式显示，并在下一步转换为已排序的绿色。

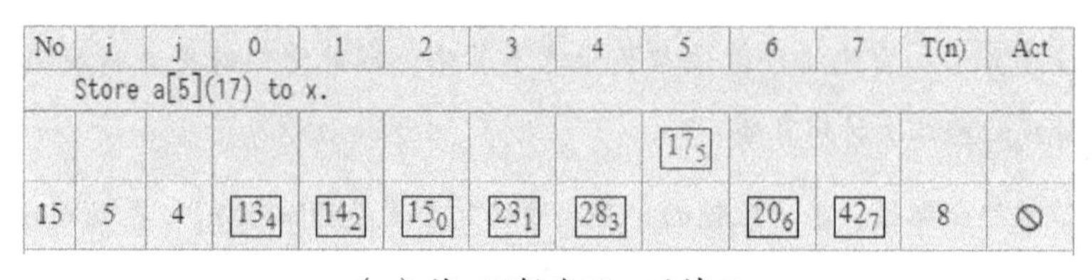

No	i	j	0	1	2	3	4	5	6	7	T(n)	Act
Store a[5](17) to x.												
								17_5				
15	5	4	13_4	14_2	15_0	23_1	28_3		20_6	42_7	8	⊘

图 5-5（a）彩图

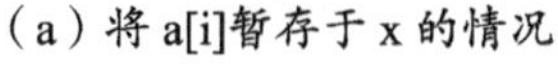

（a）将 a[i]暂存于 x 的情况

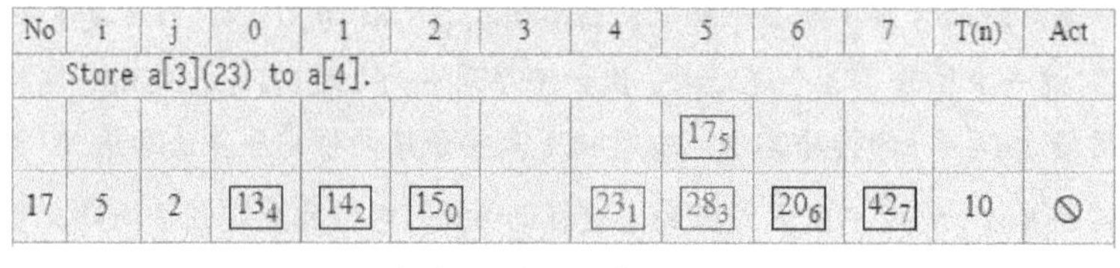

No	i	j	0	1	2	3	4	5	6	7	T(n)	Act
Store a[3](23) to a[4].												
								17_5				
17	5	2	13_4	14_2	15_0		23_1	28_3	20_6	42_7	10	⊘

图 5-5（b）彩图

（b）找到 x 该在的位置

图 5-5　插入排序算法的 CD-AV 行

2．CD-AV 交互设计

图 5-6 中下方的第 13 步骤行示出了典型的交互设计。在交互时，数据行上的三组数据 i 和 j、a[0]～a[n-1]和 T(n)都属于可交互列，同一个交互行上这三组数据以随机组合的方式切换到交互输入状态。其中，i、j 列分别对应代码中的 i、j 变量；a[0]～a[n-1]列对应当前算法步的数组数据，刚刚腾空的 a[i]和后续已经右移的 a[j]均不参与交互，而暂存的 x 要参与交互；在输入 a[0]～a[n-1]和 x 时只需输入数据值，不用输入下标。输入完成后，单击右侧的 Hand in 按钮，系统将自动进行评判，正确的输入将以绿色显示并打“✓”，错误的输入将以红色显示并打“✗”，该行右侧还将显示本行总交互空数与正确填空数的统计。同时还会显示当前交互行的正常 CD-AV 行，如图 5-6 中上方的第 13 步骤行所示。

No	i	j	0	1	2	3	4	5	6	7	T(n)	Act
Store a[3](76) to a[4].												
								13_5				
13	5	2	38_1	49_0	65_2		76_4	97_3	27_6	49_7	7	⊘
Store a[3](76) to a[4].												
								13✓				
13	5	2	38✓	49✓	65✓		76✓	97✓	27✓	49✓	7✓	9/9

图 5-6 彩图

图 5-6　插入排序算法的 CD-AV 交互设计

插入排序算法运行最终的 CD-AV 结束行与冒泡排序算法相同，此处不再赘述。

5.3　堆排序算法

堆排序算法是一种借助二叉堆实现一次交换操作能排除多个逆序对的算法，它突破了 $O\left(n^2\right)$ 的最坏情况复杂度。实际上它的最好、最坏和平均情况复杂度均达到了 $O\left(n\log n\right)$，即基于比较的排序问题的复杂度极限，因此是一种最优的排序算法。本节将首先详细介绍该算法所基于的二叉堆的理论及相关算法，其次介绍其基本思想、伪代码与复杂度分析，再次介绍其现代版 C++实现及 CD-AV 演示设计，最后对优先队列进行扼要介绍，以便为今后学习优先队列特别是二叉堆优先队列支持的算法打下基础。

5.3.1 二叉堆的理论及相关算法

堆（Heap）是一类特殊数据结构的统称。堆通常是一个可表达为一棵树的数组对象，它总是满足下列性质：堆中某个节点的键值总是大于或小于其父节点的键值；堆总是一棵完全树。通常将根节点中键值最大的堆叫作最大堆或大根堆，将根节点中键值最小的堆叫作最小堆或小根堆。常见的堆有二叉堆、Fibonacci 堆等，本节将对二叉堆进行详细介绍。

注：在计算机中，堆除这里的数据结构概念以外，还有另一个非常重要的自由存储空间的概念，它是动态内存分配的存储区域，C++及 Java 中以 new 创建的对象就是堆上的对象，在 4.6.2 节中讨论使用自定义栈实现递归算法到迭代算法的转换时，我们曾经触及过这一意义上的堆。

1. 完全二叉树及相关定义

二叉堆的基础是完全二叉树，本节从基本的二叉树定义开始，给出完全二叉树及相关概念的定义。

定义 5-2（二叉树） 二叉树是一种树形结构，它的每个节点（Node）最多只有两棵有序的子树，即左子树和右子树。其中，含有子树的节点称为父节点（Parents Node），有父节点的节点称为子节点（Child Node 或 Children Nodes），无父节点的节点（只有一个节点）称为根节点（Root Node），无子节点的节点称为叶节点（Leaf Node）。父节点和子节点之间通常用一个线段连接，这个线段称为树的边（Edge）。从上到下逐级连接的一个边序列称为连接其首尾节点的一条路径（Path），显然若两个节点之间存在路径，则路径必是唯一的。

定义 5-3（节点的深度） 从根节点到某节点的路径长度称为该节点的深度 d，如图 5-7 所示。根节点的深度为 0。同一深度上节点的集合称为树的一个层。深度（或层）d 上的最大节点数为 2^d。

定义 5-4（树的高度） 从根节点到最深的节点的路径长度称为树的高度 h，树的高度也就是树的最大深度。只有一个根节点的树的高度为 0。

定义 5-5（满二叉树） 除叶节点外的各节点均有两个子节点的二叉树称为满二叉树（Full Binary Tree），也称为真二叉树（Proper Binary Tree）或严格二叉树（Strictly Binary Tree）。

定义 5-6（完美二叉树） 最后的叶节点层（高度为 h）上的节点数达到最大值 2^h 的完全二叉树称为完美二叉树（Perfect Binary Tree）。图 5-7 所示为高度为 3 的完美二叉树。

显然完美二叉树每层（深度为 d）上的节点数都达到了最大值 2^d。因此，高度为 h 的完美二叉树的节点总数为 $\sum_{d=0}^{h} 2^d = 2^{h+1} - 1$。由于 $2^{h+1} - 1 = 2 \times 2^h - 1 = 2^h + 2^h - 1$，而 2^h 是最后一层的节点数，因此该式表明最后一层的节点数比前 h-1 层的节点总数还要多 1。

定义 5-7（完全二叉树） 完全二叉树（Complete Binary Tree）是叶节点只在最后两层，倒数第 2 层的节点数达到最大值且最后一层的叶节点连续排列在左侧的二叉树。

由此可见，完美二叉树是完全二叉树的极端情况，正因为如此，完全二叉树也称为几乎完美的二叉树（Almost Perfect Binary Tree）。

高度为 h 的完全二叉树的最少节点数发生在第 h 层上仅有一个节点的情况下，最多节点数发生在第 h 层上的节点数达到最大值 2^h 的情况下，即其总节点数 n 满足 $2^h \leqslant n \leqslant 2^{h+1} - 1$ 或 $2^h \leqslant n < 2^{h+1}$，因此 $h \leqslant \log n < h + 1$，即 $h = \lfloor \log n \rfloor$。

这就是说，如果将一组数字构造为最小高度的二叉树，那么数字的个数每翻一倍，树的高度才增加 1，这个特点使得我们可以构造高效率的堆排序算法和优先队列。

2．完全二叉树节点的顺序编号

对于完全二叉树，可以对其各节点按从左到右、从上到下的顺序进行编号，这样就可以用一个线性表来存储各节点。为了与计算机中的计数一致，我们将根节点编为 0 号，这样编号范围就是 $0 \sim n-1$。图 5-8 所示为高度为 3 的完全二叉树的编号情况，其中节点圆圈内的数就是节点的编号。图 5-9 所示为 12 个节点的完全二叉树的编号情况，其中节点圆圈内的数是节点的数据，圆圈上面的值是其编号。

根据完全二叉树的结构，由上述编号机制可以得出父节点与子节点编号之间的简单关系：若父节点编号为i，则其左右子节点的编号分别是$2i+1$和$2i+2$；若子节点（不论左右）编号为i，则其父节点的编号是$\left\lfloor \dfrac{i-1}{2} \right\rfloor$。图 5-10 所示为图 5-9 的数组形式，箭头表示父节点与子节点之间的对应关系。

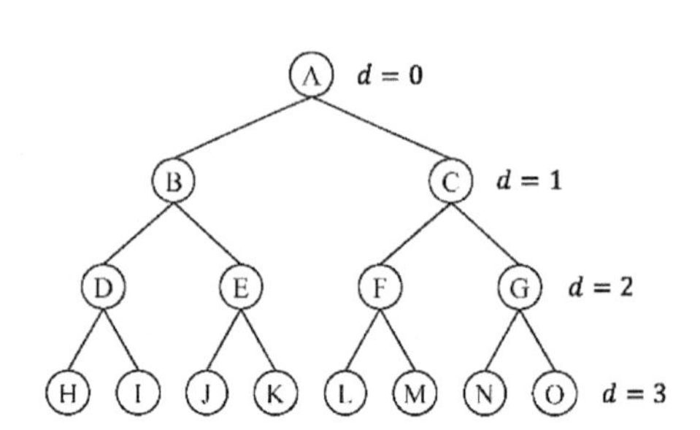

图 5-7　高度为 3 的完美二叉树及其节点的深度

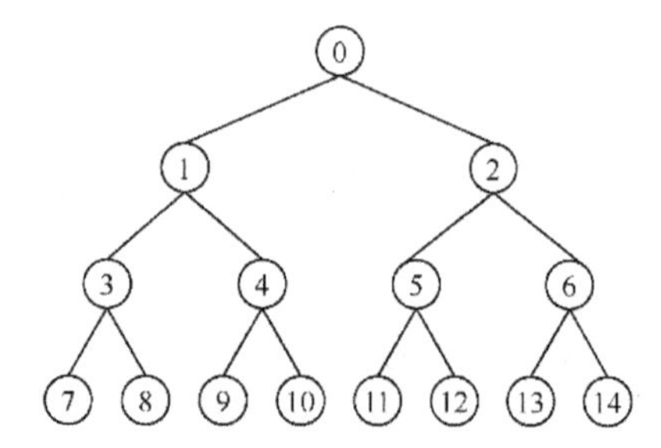

图 5-8　高度为 3 的完全二叉树的编号情况

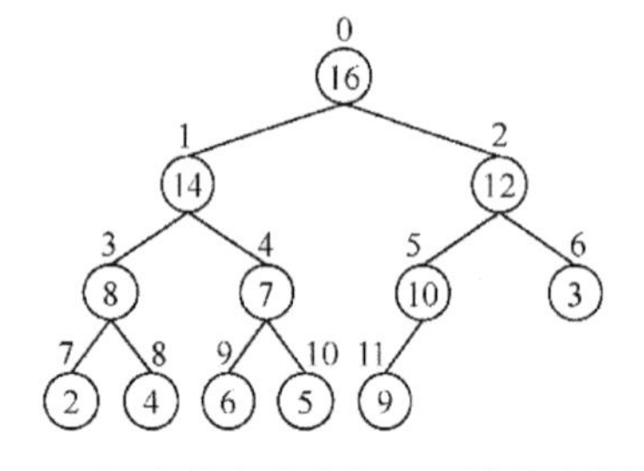

图 5-9　12 个节点的完全二叉树的编号情况

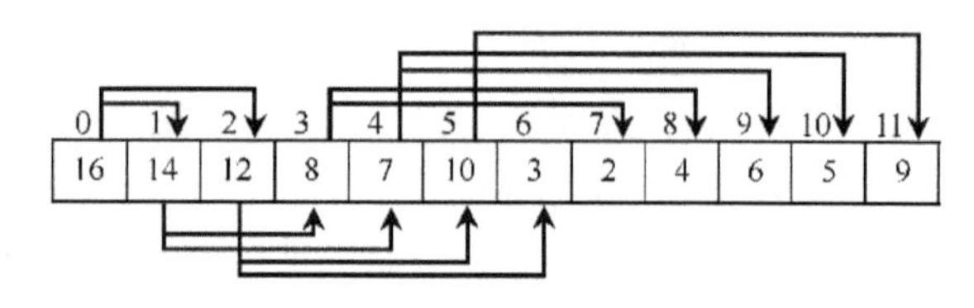

图 5-10　图 5-9 的数组形式

3．二叉堆

有了上述关于完全二叉树的知识，我们就可以很容易地建立二叉堆的概念。

定义 5-8（二叉堆）　二叉堆是一棵满足如下堆特性的完全二叉树：父节点的键值总是大于或等于，或者小于或等于任何一个子节点的键值，且每个节点的左子树和右子树都是一个二叉堆。分别称根节点键值最大和最小的堆为（二叉）最大堆和（二叉）最小堆，也称为（二叉）大根堆和（二叉）小根堆。

前面关于完全二叉树的数组表示表明，二叉堆可以使用线性表存储，为了便于接下来的算法描述，我们记 H[0～n-1]为二叉堆的线性表表示，以 key(H[i])表示节点 i 的键值。

4．二叉堆的节点下移操作

当一个给定的最大堆中节点 i 的键值变小时，需要执行节点下移（SiftDown）操作对堆进行调整，使其满足堆的性质。二叉堆的节点下移算法沿着从 i 到叶节点的唯一一条路径，不断将 i 的键值与其左右子节点的键值进行比较，如果 key(H[i])小于 key(H[2*i+1])和 key(H[2*i+2])

二者之一，则将 H[i]与 H[2*i+1]和 H[2*i+2]中的较大者交换，直至 i 为叶节点或 key(H[i])不小于 key(H[2*i+1])和 key(H[2*i+2])。

算法 5-6 所示为二叉堆的节点下移算法。第 2 行定义了标志变量 done 并将其初始化为 false。第 3 行为 while 循环，循环条件为 i 是非叶节点且 done 为 false。循环体中的第 4 行将 i 置为其左子节点，第 5、6 行判断，如果 i 有右兄弟节点 i+1 且 i+1 的键值大于 i，则将 i 置为 i+1，经过这一步后，i 元素就是它与其可能的兄弟节点中键值最大的节点。第 7、8 行判断，若 i 节点的键值比其父节点的键值大，则将它们交换；否则，说明堆中的所有节点均已满足最大堆的特性。第 9 行置 done 为 true，使 while 循环结束，也就结束了整个算法。

由于堆的高度为$\lfloor \log n \rfloor$，因此节点下移算法的复杂度为$O(\log n)$。

图 5-11 所示为节点下移操作示例，其中图 5-11（a）为一个最大堆，图 5-11（b）为 1 号节点的键值由 80 减为 20 的情况，图 5-11（c）为 1 号节点与其键值最大的左子节点，即 3 号节点进行交换的情况，图 5-11（d）为 3 号节点与其键值最大的右子节点，即 8 号节点进行交换的情况，由于 8 号节点已经是叶节点，因此算法结束。

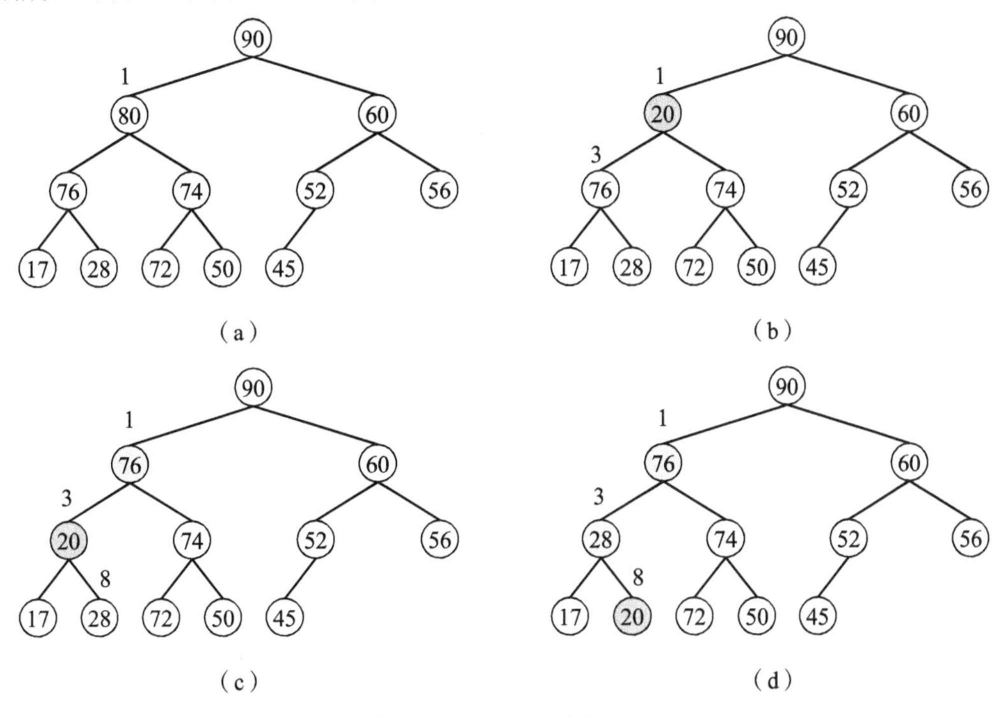

图 5-11　节点下移操作示例

5．二叉堆的节点上移操作

当一个给定的最大堆中节点 i 的键值变大时，需要执行节点上移（SiftUp）操作对堆进行调整，使其满足堆的特性。二叉堆的节点上移算法沿着从 i 到根节点的唯一一条路径，不断将 i 的键值与其父节点的键值进行比较，如果 key(H[i])大于 key(H[$\lfloor (i-1)/2 \rfloor$])，则将 H[i]与 H[$\lfloor (i-1)/2 \rfloor$]交换，直至 i 为根节点或 key(H[i])不大于 key(H[$\lfloor (i-1)/2 \rfloor$])。

算法 5-7 所示为二叉堆的节点上移算法。第 2 行定义了标志变量 done 并将其初始化为 false。第 3 行为 while 循环，循环条件为 i 不是根节点且 done 为 false。循环体中的第 4、5 行判断，如果 i 节点的键值比其父节点的键值大，则将它们交换；否则，说明堆中的所有节点均已满足最大堆的特性。第 6 行置 done 为 true，使 while 循环结束，也就结束了整个算法。第 7 行将 i 置为其父节点的编号，以便进行下一轮的父、子节点键值比较。

算法 5-6　二叉堆的节点下移算法

```
输入：最大堆 H[0～n-1]，i 的键值变小
输出：新的最大堆 H
1. SiftDown(H, n, i)
2. done←false
3. while 2*i + 1 < n and !done
4.     i ← 2*i+1
5.     if i+1 < n and key(H[i+1]) > key(H[i])
6.     then i ← i+1
7.     if key(H[i]) > key(H[ (i−1)/2 ])
8.     then H[i] ↔ H[⌊(i−1)/2⌋]
9.     else done←true
10. end while
```

算法 5-7　二叉堆的节点上移算法

```
输入：最大堆 H[0～n-1]，i 的键值变大
输出：新的最大堆 H
1. SiftUp(H, n, i)
2. done←false
3. while i > 0 and !done
4.     if key(H[i]) > key(H[⌊(i−1)/2⌋])
5.     then H[i] ↔ H[⌊(i−1)/2⌋]
6.     else done ← true
7.     i ← ⌊(i−1)/2⌋
8. end while
```

图 5-12 所示为节点上移操作示例，其中图 5-12（a）为一个最大堆，图 5-12（b）为 9 号节点的键值由 72 增大到 85 的情况，图 5-12（c）为 9 号节点与其父节点，即 4 号节点进行交换的情况，图 5-12（d）为 4 号节点与父节点，即 1 号节点进行交换的情况，由于 1 号节点的键值 85 小于其父节点（根节点）的键值 90，该堆已经是最大堆，因此算法结束。

由于堆的高度为$\lfloor \log n \rfloor$，因此节点上移算法的复杂度同样为$O(\log n)$。

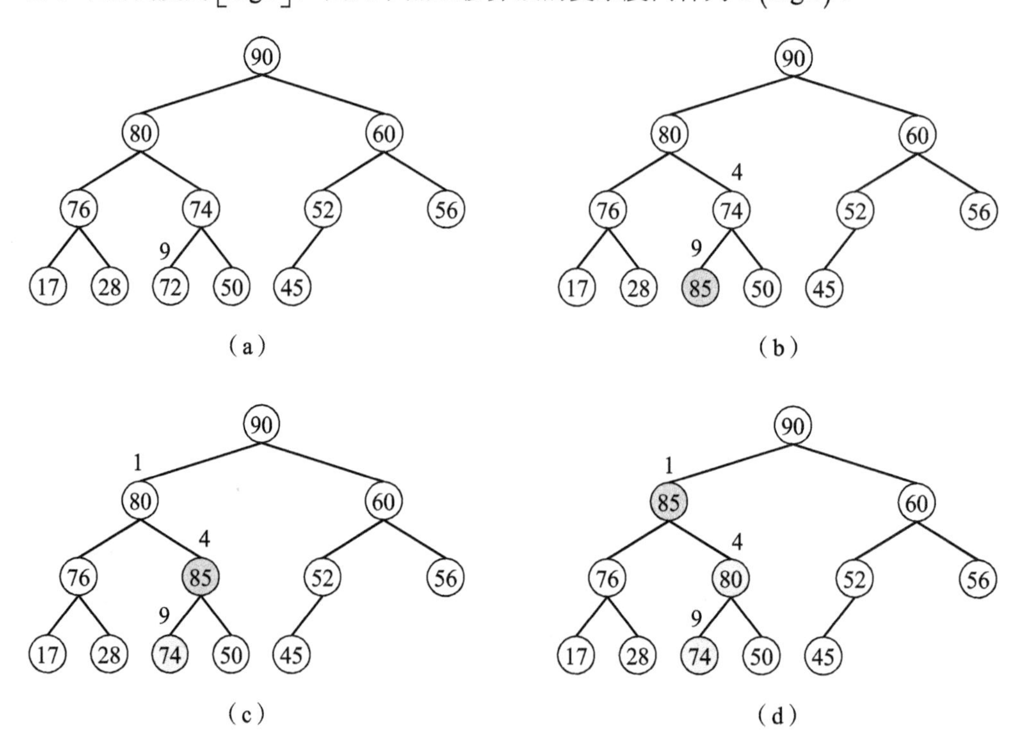

图 5-12　节点上移操作示例

6. 二叉堆的节点插入操作

这里所说的二叉堆的节点插入（Insert）操作特指为给定的二叉堆 H 增加一个元素的操作。只要先将 H 的规模 n 增加 1，然后给新增的元素赋予待插入的节点数据，再对新插入的第 n 个元素执行节点上移操作即可完成节点插入操作，因为新增元素后的 H 只有第 n 个元素可能不满足堆的特性。二叉堆的节点插入算法如算法 5-8 所示。

显然，节点插入算法的复杂度也是 $O(\log n)$。

7. 二叉堆的根节点抽取操作

从应用的角度来说，二叉堆最常见的操作是取根节点元素并将其从堆中删除，该操作常被称为根节点抽取（Extract）操作。该操作只要先将根元素暂存起来，然后将最后一个元素赋值给根元素，将堆的规模减 1，再对根元素执行节点下移操作即可，因为这时只有根元素可能不满足堆的特性。二叉堆的根节点抽取算法如算法 5-9 所示。

注：算法中的第 4 行判断堆是否为空，若是，则算法结束。

显然，根节点抽取算法的复杂度也是 $O(\log n)$。

算法 5-8　二叉堆的节点插入算法

输入：最大堆 H[0～n-1]，待插入元素 x
输出：新的最大堆 H

```
1. Insert(H, n, x)
2.   n = n + 1
3.   H[n - 1] = x
4.   SiftUp(H, n, n - 1)
```

算法 5-9　二叉堆的根节点抽取算法

输入：最大堆 H[0～n-1]
输出：原根元素 x，新的最大堆 H

```
1. Extract(H, n)
2.   x ← H[0]
3.   n = n-1
4.   if n = 0 then return
5.   SiftDown(H, n, 0)
```

5.3.2　基本思想、伪代码与复杂度分析

前文对二叉堆的理论及相关算法的介绍为堆排序算法的分析奠定了基础，本节我们将介绍堆排序算法的基本思想与伪代码，并对其复杂度进行分析。

1. 建堆算法

进行堆排序需要先将给定的输入数据序列创建为最大堆，这是通过巧妙地运用堆的特性和基本操作来完成的，下面我们就对建堆（MakeHeap）算法的基本思想进行说明，给出其伪代码，并进行复杂度分析。

1）建堆算法的基本思想

若将 n 个元素的数组 H[0～n-1]看作一棵完全二叉树［见图 5-12（a）]，则其最后一个叶节点的编号为 n-1，该节点的父节点就是编号为 $\left\lfloor\frac{(n-1)-1}{2}\right\rfloor=\left\lfloor\frac{n-2}{2}\right\rfloor=\left\lfloor\frac{n}{2}\right\rfloor-1$ 的最后一个非叶节点，即所有编号大于 $\left\lfloor\frac{n}{2}\right\rfloor-1$ 的节点都是叶节点，所有编号小于或等于 $\left\lfloor\frac{n}{2}\right\rfloor-1$ 的节点都是非叶节点。

由于 H[0～n-1]是一棵完全二叉树，因此以它的每个节点为根的子树也必定都是一棵完全二叉树，都可以看作一个二叉堆结构。所有仅由叶节点构成的平凡的堆显然满足堆的特性。

以最后一个非叶节点 $\left\lfloor \frac{n}{2} \right\rfloor - 1$ 为根的子树除其根节点以外其余节点（可能是左子节点，也可能是左、右两个子节点）均满足堆的特性，于是我们可以对其根节点执行节点下移操作将该子树调整为一个堆。如果按照 $\left\lfloor \frac{n}{2} \right\rfloor - 1 \sim 0$ 的倒序依次对各子树的根节点执行节点下移操作，那么这个倒序次序显然能够保证当处理到每棵子树时，该子树都仅有根节点不满足堆的特性，因此当过程结束时整个堆必定成为一个二叉堆。

根据上述思想可以设计出非常简洁的建堆算法，如算法 5-10 所示。

2）建堆算法的复杂度分析

算法 5-10　建堆算法

输入：n 个元素的数组 H[0～n-1]

输出：以 H[0～n-1]构成的堆

```
1. for i = ⌊n/2⌋ - 1 down to 0
2.     SiftDown(H, n, i)
3. end for
```

算法对 i 为 $h-1$ 到 0 的层上的节点进行循环处理。由于第 i 层上每个节点对应的子树的深度为 $h-i$，因此在该层上执行节点下移操作的复杂度为 $O(h-i)$。

第 i 层上最多有 2^i 个节点，它们的总运算时间为

$$T(i) = 2^i O(h-i)$$

显然，建堆的运算时间为各层运算时间之和，即

$$T(n) = \sum_{i=h-1}^{0} 2^i O(h-i) = \sum_{j=1}^{h} 2^{h-j} O(j) = O\left(2^h \sum_{j=1}^{h} \frac{j}{2^j}\right) = O\left(2^{\lfloor \log n \rfloor} \sum_{j=1}^{h} \frac{j}{2^j}\right) = O\left(n \sum_{j=1}^{h} \frac{j}{2^j}\right)$$

在这里进行 $T(n) = O\left(n \sum_{j=1}^{h} \frac{j}{2^j}\right)$ 的推导需要运用一点数学技巧。当 $|x| < 1$ 时，$\sum_{i=0}^{\infty} x^i = \frac{1}{1-x}$，等式两边对 x 求导，得 $\sum_{i=0}^{\infty} i x^{i-1} = \frac{1}{(1-x)^2}$，等式两边同乘以 x，得 $\sum_{i=0}^{\infty} i x^i = \frac{x}{(1-x)^2}$，因此可得

$$T(n) = O\left(n \sum_{j=1}^{h} \frac{j}{2^j}\right) = O\left(n \sum_{j=1}^{\infty} j \left(\frac{1}{2}\right)^j\right) = O(2n)$$

也就是说，$T(n) = O(n)$，即建堆算法的复杂度是线性的。

2．堆排序算法

有了建堆算法，再结合二叉堆的节点下移操作，我们就可以设计堆排序算法。

1）算法的设计

算法 5-11　堆排序算法

输入：n 个元素的数组 H[0～n-1]

输出：元素以非降序排列的数组 H

```
1. MakeHeap(H, n)
2. for i = n-1 downt o 1
3.     H[0]  ↔  H[i]
4.     SiftDown(H, i, 0)
5. end for
```

前文关于堆及有关操作的详细讨论，特别是关于建堆算法的介绍，使得我们可以设计如算法 5-11 所示的堆排序算法。该算法包括两大步：第 1 步是将输入数据序列创建为最大堆。第 2 步是基于堆进行排序，需要 n-1 次循环，每次循环均先将堆的根元素与堆的最后一个元素进行交换，此举会使根元素成为已排好序的元素；然后对规模减 1 的堆的根元素执行节点下移操作，由于此时的堆只有根元素可能违反堆的特性，因此节点下移操作会将规模减 1 的数组重新调整为堆。

注：堆排序算法没有用到二叉堆的节点插入和节点上移操作，这些操作将在二叉堆优先队列中用到。

2）复杂度分析

堆排序算法第 1 步创建堆的复杂度是线性的，即 $T_1(n)=O(n)$。

堆排序算法第 2 步对规模为 $n-1$ 到 1 的每个堆均执行节点下移操作，因此其复杂度 $T_2(n)=\sum_{i=1}^{n-1}O(\log i)=O\left(\log\prod_{i=1}^{n-1}i\right)=O(\log(n-1)!)=O(n\log n)$。

综上所述，堆排序算法的总复杂度为 $T(n)=T_1(n)+T_2(n)=O(n\log n)$。

注：有意思的是，堆排序算法的最好、最坏和平均情况复杂度均是 $O(n\log n)$[5]。

5.3.3　现代版 C++实现

我们用现代版 C++实现了堆排序算法，有关代码参见附录 5-3。其中的初始化和测试函数 TestHeapSort 与冒泡排序算法的初始化和测试函数相似，附录 5-3 略去了该部分代码。本节重点介绍代码中的特别之处。

堆排序算法的核心代码包括主函数 HeapSort、建堆函数 MakeHeap 和节点下移函数 SiftDown。它们的代码与对应的伪代码（算法 5-11、算法 5-10 和算法 5-6）非常相似。需要注意三点：一是 MakeHeap 和 SiftDown 伪代码中的循环变量由 i 分别改为 j 和 k，主要是为了方便在 CD-AV 演示设计中区分它们的值；二是 C/C++中两个整数的除法是整除，因此 MakeHeap 和 SiftDown 代码中的 n/2 和(k-1)/2 正好表达伪代码中的底函数；三是代码块 4 第 4 行使用了赋值表达式 k=2*k+1，这是 C/C++的一项功能，即计算出等号右边表达式的值赋给左边的变量，并以该值作为整个赋值表达式的值。采用这个功能可省去伪代码 while 循环体内给 i 赋值的第 1 条语句，即算法 5-6 中的第 4 行。

注：C/C++中的“=”为赋值符号，“==”才是关系比较运算符。

5.3.4　CD-AV 演示设计

我们在 CAAIS 中实现了堆排序算法的 CD-AV 演示设计，该设计充分体现了堆排序算法的两大步骤，即建堆步骤和堆排序步骤，其突出特点是以动画的树形结构展示建堆和堆排序过程中节点间的数值比较和交换操作。

关于控制面板和输入数据的说明操作，可参考冒泡排序算法中的相关介绍。

1．带有图形子行的 CD-AV 演示设计

图 5-13 所示为堆排序算法的初始 CD-AV 行，这是本教材中第一个带有图形子行的 CD-AV 演示设计。数据行上的 Op 列以 H（Heapify）和 S（Sorting）分别表示建堆和堆排序阶段，i、j、k 列分别对应 HeapSort、MakeHeap 和 SiftDown 中的循环变量，0～n-1 列分别对应数组 H 中的各元素，Done 列对应 SiftDown 中的 done 变量，T(n)列对应算法运行过程中的比较次数。

初始时，数据行上以带下标的方式列出待排序的数字及其初始的序号，图形子行中给出对应的完全二叉树（堆），二叉树的节点中同样以带下标的方式列出待排序的数字。在算法运行过程中，数据行及堆中的数据将同步动画式地显示比较和交换操作。

2．建堆步骤的 CD-AV 示例

图 5-14 所示为建堆步骤的 CD-AV 示例。其中，图 5-14（a）是图 5-13 所示初始数据建堆

步骤的最后阶段，这时原根节点的键值 54 刚刚与其较大的右子节点的键值 93 完成交换，新的根节点及其左子树均已满足堆的特性，只有新的右子树需要调整，即需要将 54 与 77 进行交换。图 5-14（b）图为最终建成的堆。

图 5-14 中以丰富的颜色表示节点的各种状态，其中红色表示当前的活动节点，紫色表示键值最大的子节点，淡蓝色表示在本次节点下移操作中进行过键值比较的节点，带下画线的深绿色表示刚刚交换过的节点，带下画线的浅蓝色表示已经满足堆特性的子节点。

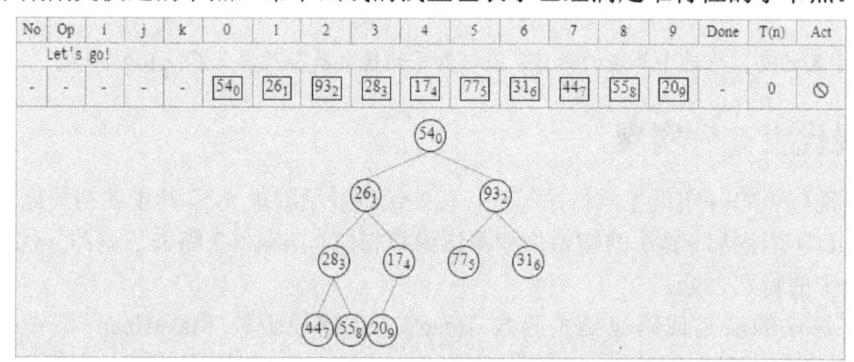

图 5-13 彩图

图 5-13　堆排序算法的初始 CD-AV 行

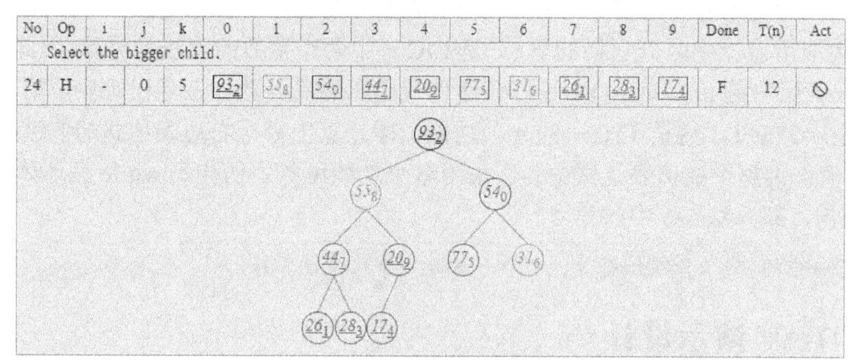

图 5-14（a）彩图

（a）建堆步骤的最后阶段

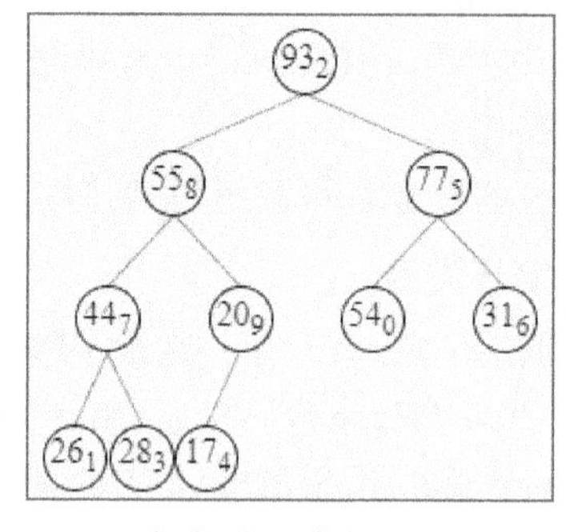

图 5-14（b）彩图

（b）最终建成的堆

图 5-14　建堆步骤的 CD-AV 示例

3．堆排序步骤的 CD-AV 示例

图 5-15 所示为堆排序步骤的 CD-AV 示例。其中，图 5-15（a）所示为堆排序步骤的开始阶段，这时 93 已经排到最后 1 个节点的位置上了，77 刚与 28 交换完，因此排到倒数第 2 个节点的位置上，该交换也使键值为 28 的节点成为根节点。将此新的根节点的键值与其左右子节点的键值 55 和 54 比较发现，左子节点的键值 55 最大，于是下一步要将 28 和 55 交换。这

里同样以丰富的颜色显示不同状态的节点，颜色的含义与建堆步骤中一致，只是已经排好序的节点以加下画线的斜体深绿色显示。图5-15（b）所示为最终完成排序的堆。

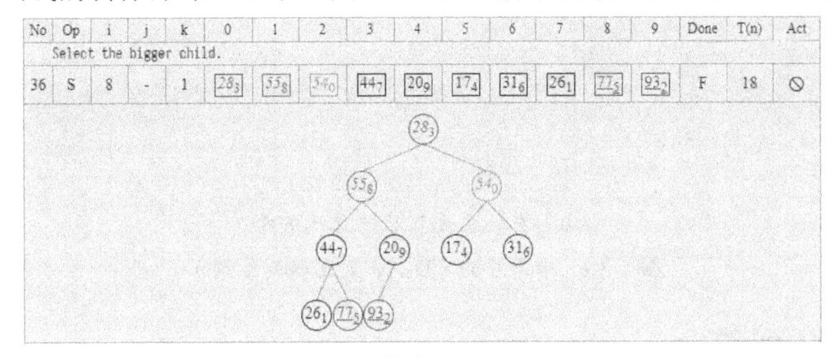

图5-15（a）彩图

（a）堆排序步骤的开始阶段

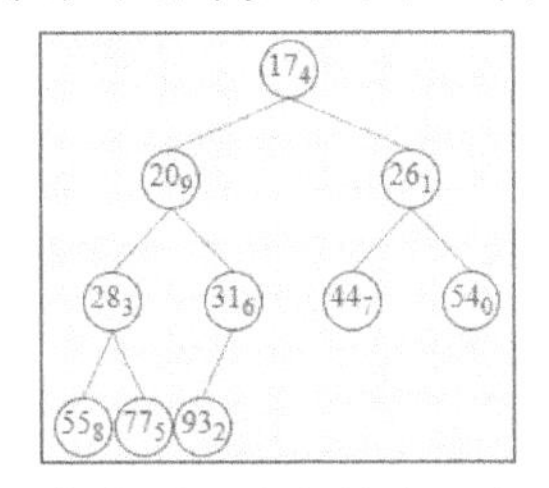

图5-15（b）彩图

（b）最终完成排序的堆

图5-15　堆排序步骤的CD-AV示例

4．CD-AV交互设计

图5-16（a）所示为堆排序的CD-AV交互示例。数据行上的Op列不参与交互，其余三组数据，即i、j和k列，H[0]～H[n-1]列，Done和T(n)列属于可交互列，其中H[0]～H[n-1]列用图形子行中的完全二叉树实现交互。同一个交互行上这三组数据以随机组合的方式切换到交互输入状态。在交互时，i、j和k列分别对应HeapSort、MakeHeap和SiftDown代码中的i、j和k变量。其中，在MakeHeap阶段，i没有取值，因此以“-”表示；在HeapSort阶段，j没有取值，因此以“-”表示，k在没有取值时也以“-”表示。H[0]～H[n-1]列对应当前算法步的数组数据，在输入时只需输入数据值，不用输入下标。输入完成后，单击交互行右侧的Hand in按钮，系统将自动进行评判，正确的输入将以绿色显示并打“✓”，错误的输入将以红色显示并打“✗”，同时还将给出总交互空数与正确填空数的统计，最后还要显示出当前交互行的正常CD-AV行，图5-16（b）所示为左侧交互对应的正确的树。

注：由于交互框宽度的限制，“✓”和“✗”可能会显示不全。

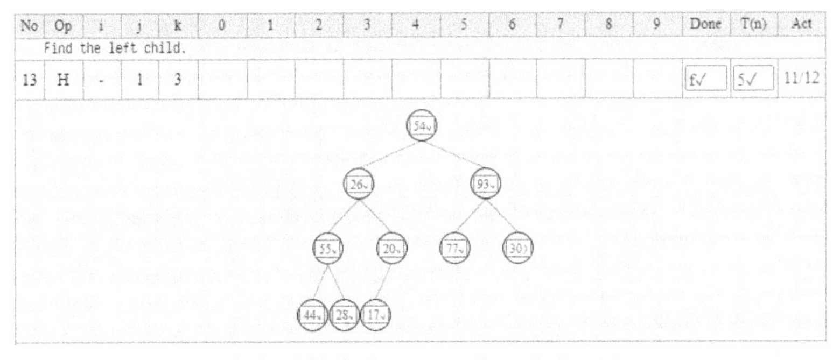

图5-16（a）彩图

（a）堆排序的CD-AV交互结果示例

图5-16　堆排序的CD-AV交互示例

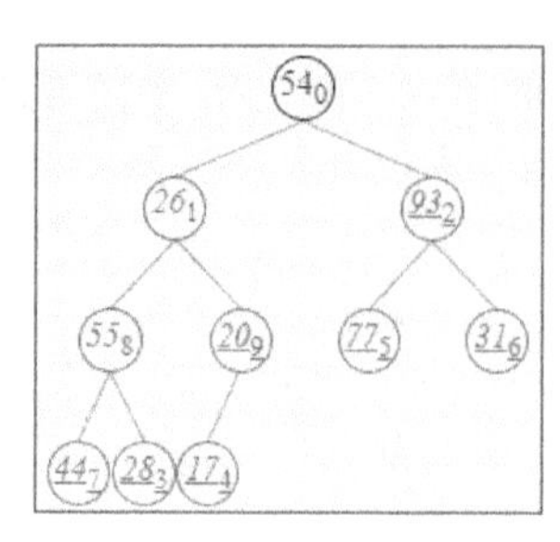

（b）左侧交互对应的正确的树

图 5-16　堆排序的 CD-AV 交互示例（续）

图 5-16（b）彩图

5.3.5　优先队列简介

优先队列（Priority Queue）是一种抽象的数据类型[6]，与普通队列相比，其元素增加了一个优先级（Priority）属性，这样它就可通过优先级获取元素，即高优先级的元素优先被获取。

注 1：根据实际问题的特点，高优先级可能对应优先级值高的元素，也可能对应优先级值低的元素。

注 2：优先级属性有时也被描述为键属性。

优先队列 Q 通常提供如下基本操作。

（1）为空判断（IsEmpty(Q)）：检查队列 Q 是否为空。

（2）抽取最高优先级的元素（Extract(Q)）：从 Q 中取出最高优先级的元素，并将该元素从 Q 中去除，当高值优先时常以 ExtractMax(Q)命名该操作，当低值优先时常以 ExtractMin(Q)命名该操作。

（3）插入元素（Insert(x, Q)）：将具有键值 x.key 的元素 x 插入队列 Q。

（4）调键（AlterKey(x, k, Q)）：将 Q 中 x 元素的键值改变 k（k 可为正值也可为负值），有时也以 DecreaseKey(x,k,Q)或 IncreaseKey(x,k,Q)分别表示增加或减小键值的操作，这时 k 为正值。

注：Extract(Q)可以分解为两个操作，一个是获取最高优先级元素但不将其从队列中去除的操作 GetFront(Q)（根据高值优先或低值优先也常命名为 GetMax(Q)和 GetMin(Q)）；另一个是将最高优先级元素从队列中去除的操作 Delete(Q)（或 Pop(Q)、PopFront(Q)）。

尽管可以使用普通的数组、链表等线性结构实现优先队列，但是这样的实现因插入或删除的复杂度较高而在实践中极少采用。绝大部分时候优先队列是借助堆来实现的。表 5-1 所示为常见的优先队列实现方法及基本操作的复杂度[6]。

表 5-1　常见的优先队列实现方法及基本操作的复杂度

操　作	实现方法				
	二叉堆	Fibonacci 堆	二项堆	配对堆	左偏树
抽取最高优先级的元素	$O(\log n)$	$O(\log n)$	$O(\log n)$	$O(\log n)$	$O(\log n)$
插入元素	$O(\log n)$	$O(1)$	$O(1)$	$O(1)$	$O(\log n)$
调键	$O(\log n)$	$O(1)$	$O(\log n)$	$o(\log n)$	$O(\log n)$

注：乍看起来，可以用排序算法实现优先队列，但由于优先队列的主要用途是抽取最高优先级的元素，并不需要将所有的元素都按顺序排列，因此无须用排序级复杂度的算法。

本教材后面要讲述的 Dijkstra 算法、Prim 算法、Huffman 编码算法及 0-1 背包问题的分支限界算法等都将运用二叉堆优先队列，其中既会用到 SiftDown 操作，也会用到 SiftUp 和 Insert 操作。

5.4 算法国粹——π值计算方法

圆的周长和半径的比是一个记为 π 的无理数常数，很多数学和物理学公式中都有 π 的身影。π 的这种普遍存在性使它成为人们熟知的数学常数之一。因此，π 值的计算就成为人类计算史上的一个重要问题。本节将介绍魏晋时期古典数学家刘徽关于 π 值的“割圆术”计算法，南北朝时期著名数学家祖冲之的 π 值计算成果，以及 π 值的近现代计算方法和计算成果。

5.4.1 刘徽关于 π 值的“割圆术”计算方法

魏晋时期古典数学家刘徽（约 225—295）是中国古典数学理论的奠基人之一[7]，著有《九章算术注》和《海岛算经》。他提出了计算 π 值的“割圆术”逼近方法，并用该方法计算到圆内接正 192 和 3072 边形，分别得到了 π=3.14 和 π=3.1416（有待进一步考证）的结果[8]。本节就参考黄建国教授编著的《从中国传统数学算法谈起》[8]对“割圆术”计算方法略作介绍。

简单地说，“割圆术”就是用圆内接正多边形的面积作为圆的面积来近似求解 π 值，显然随着正多边形边数的增加，正多边形的面积与圆面积之差越来越小，得到的 π 值的精度就越来越高。刘徽的原话是“割之弥细，所失弥少，割之又割，以至于不可割，则与圆合体而无所失矣”，这已经具备了基本的极限思维。

具体地说，假设圆的半径为 1，则其面积为 $S=\pi^2$，可以用圆内接正 n 边形的面积 S_n 作为 π 的近似值。刘徽首先巧妙地选择以正六边形起始（见图 5-17），因为正六边形的边长与圆的半径相等；其次巧妙地将正 n 边形扩大到正 $2n$ 边形，并找出了正 $2n$ 边形和正 n 边形边长和面积的简单关系，并由此获得了不断求精的 π 值计算方法。

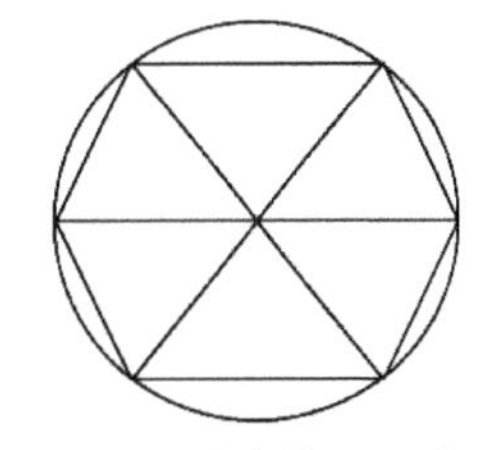

图 5-17　圆内接正六边形

图 5-18 所示为圆内接正 $2n$ 边形与正 n 边形的边长关系辅助图示。其中，BD 为长度是 a_n 的圆内接正 n 边形的一条边，AB 和 AD 是圆内接正 $2n$ 边形相邻的两条边，其边长可表示为 a_{2n}。由于 OA 与 BD 是四边形 $OBAD$ 互相垂直的两条对角线，因此四边形 $OBAD$ 的面积 $S_{\text{OBAD}}=\frac{1}{2}OA\times BD=\frac{1}{2}a_n$。由此可得，以 AB 和 AD 为相邻边的正 $2n$ 边形的面积 $S_{2n}=nS_{\text{OBAD}}=\frac{1}{2}na_n$。也就是说，正 $2n$ 边形的面积可以用正 n 边形的边长来计算。这个式子说明可以用 $\frac{1}{2}na_n$ 逼近 π 值。因此，若令 $n=6$，则有 $a_6=r=1$，于是可得到 π 的第 1 个近似值 3。

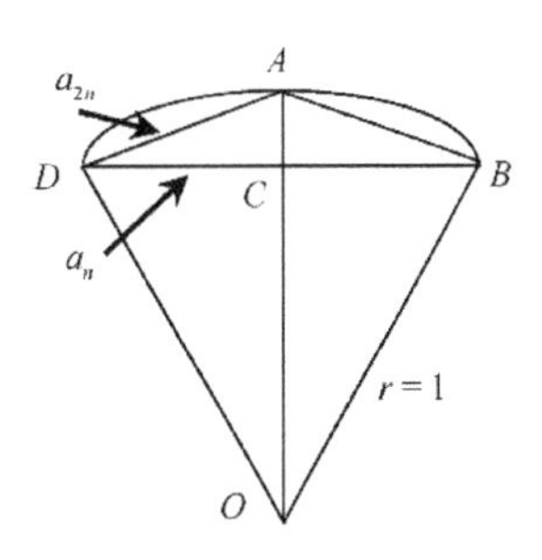

图 5-18　圆内接正 $2n$ 边形与正 n 边形的边长关系辅助图示

接下来我们需要获取 a_{2n} 的计算式，这可基于图 5-18 利用勾股定理求出：

$$a_{2n}^2=AB^2=AC^2+BC^2=\left(1-OC\right)^2+\frac{1}{4}a_n^2=\left(1-\sqrt{OB^2-BC^2}\right)^2+\frac{1}{4}a_n^2$$

即

$$a_{2n}^2=\left(1-\sqrt{1-\frac{1}{4}a_n^2}\right)^2+\frac{1}{4}a_n^2=2-\sqrt{4-a_n^2}$$

因此有

$$a_{2n}=\sqrt{2-\sqrt{4-a_n^2}}$$

根据上述式子进行 n=6～192 的计算，结果如表 5-2 所示。刘徽初步计算到正 192 边形，得到了 3.14 的结果，之后他又计算到正 3072 边形，得到了 3.1416 的结果。

表 5-2　刘徽的“割圆术”π 值计算结果示例

n	6	12	24	48	96	192
π	3.000000	3.105829	3.132629	3.139350	3.141032	3.141452

尽管刘徽的“割圆术”是一种收敛很慢的 π 值计算方法，但这是在近 1800 年前提出的方法，在当时算是惊人的数学成就，尤其是求 a_{2n} 需要两次开平方，刘徽在当时能够克服这么巨大的计算困难计算到正 3072 边形，得到 3.1416 的结果，堪称创举。

注：刘徽对《九章算术》中“开方术”所做的注解说明他对古典开方术有深刻的理解，我们将在第 6 章介绍他对古典开方术的诠释和运用。

5.4.2　祖冲之的 π 值计算成果

祖冲之（429－500）是我国南北朝时期的著名数学家[9]，他得出了圆周率 π 的真值在 3.1415926 和 3.1415927 之间的结果，相当于计算到小数点后第 7 位。这一结果使其被世界纪录协会认定为世界上第一位将圆周率值计算到小数点后第 7 位的数学家。他的这个精度记录直到 1000 多年后，才由阿拉伯数学家阿尔·卡西打破。

在数学上，祖冲之研究过《九章算术》和刘徽对其所做的注解，也给《九章算术》和刘徽的《海岛算经》做过注解[10]。祖冲之还著有《缀术》一书，该书汇集了祖冲之父子的数学研究成果，人们猜测《缀术》阐述了他的 π 值计算方法，可惜该书已经失传。

祖冲之除上述计算 π 值的卓越贡献以外，还给出了 π 值的两个有理逼近，即约率 $\frac{22}{7}$（≈3.143，比较粗疏）和密率 $\frac{355}{113}$（≈3.1415929，比较精密）[11]。由此可见，密率对 π 值的近似精确到了小数点后第 6 位，甚至在分母不超过 16000 的分数中，它是最接近 π 值的分数。祖冲之提出密率的时间比荷兰工程师安托尼兹早了 1000 年，为纪念祖冲之的这一贡献，日本数学史家三上义夫（1875－1950）[12]建议将原来以安托尼兹命名的圆周率的密率改为“祖率”[13]，这个叫法在我国已被普遍接受。

5.4.3　π 值的近现代计算方法和计算成果

π 值的计算在人类数学史上可谓长盛不衰[10]。16 至 17 世纪无穷级数的数学进展，使得 π 值计算从以刘徽的“割圆术”为代表的古典几何时代革命性地进入级数时代。

Gregory-Leibniz 的反正切函数级数（1671—1674）$\arctan z=z-\frac{z^3}{3}+\frac{z^5}{5}-\frac{z^7}{7}+\cdots$ 是最早被

用来计算 π 值的级数，当 $z=1$ 时该式可得出一个简单的 π 值级数，即 $\frac{\pi}{4}=1-\frac{1}{3}+\frac{1}{5}-\frac{1}{7}+\cdots$。1699 年，英国数学家 Abraham Sharp 用 $z=\frac{1}{\sqrt{3}}$ 的 Gregory-Leibniz 级数算出了 71 位数（注：指的是十进制位数，下同）的 π 值。但是 Gregory-Leibniz 级数收敛太慢，已不被现代 π 值计算采用。

进入计算机时代，特别是 20 世纪 80 年代后，人们又开发出了计算 π 值的迭代方法。在无穷级数方法中，新的级数项的计算会带来正确 π 值位数的增加，而迭代方法中新的一轮迭代会带来正确 π 值位数的翻倍、4 倍甚至更多。

与此同时，级数方法在 20 世纪 80 年代到 90 年代也有了新的突破。在 Chudnovsky 于 1987 年提出的级数公式 $\frac{1}{\pi}=\frac{12}{640320^{\frac{3}{2}}}\sum_{k=0}^{\infty}\frac{(6k)!(13591409+545140134k)}{(3k)!k!^{3}\left(-640320^{3k}\right)}$ 中，每个项大约会产生 14 位，如今的 π 值记录刷新基本都是基于该公式完成的。对于 π 值计算，Chudnovsky 兄弟于 1989 年用此公式首次突破了 10 亿（10^9）位，Alexander Yee 和 Shigeru Kondo 于 2011 年突破了 10 万亿（10^{13}）位，Peter Trueb 于 2016 年突破了 22 万亿位，Timothy Mullican 于 2020 年突破了 50 万亿位。

至本书截稿时，π 值计算记录是 62.8 万亿位，它是由瑞士 Grison 应用科学大学 Thomas Keller 领导的团队于 2021 年 8 月 5 日发布的[14]。该团队使用的依然是 Chudnovsky 公式，用时 108d9h，仅是此前 Timothy Mullican 记录 303d 用时的约 $\frac{1}{3}$。

习题

1．给出冒泡排序算法的伪代码，说明实现其最好情况复杂度的机制。

2．说明冒泡排序算法的最好、最坏和平均情况复杂度。

3．给出插入排序算法的伪代码，说明其最好、最坏和平均情况复杂度，并说明为什么其最坏和平均情况复杂度为 $O\left(n^2\right)$。

4．说明插入排序算法具有良好实用价值的有关特点。

5．在 CAAIS 中选择一组 8 个或以上的数据，分别以 20%的交互对冒泡排序算法、插入排序算法和堆排序算法的 CD-AV 演示进行练习，并保存结果。

6．在 CAAIS 中设法验证冒泡算法和插入排序算法是稳定的排序算法，而堆排序算法是不稳定的排序算法。

7．在自己的机器上编程，以伪随机数测试 1min、3min 内插入排序算法和堆排序算法分别可以实现对多少数据的排序。（注：应关闭大量的输入/输出功能，以免影响真实的测试效率。）

8．将 1min、3min 内插入排序算法可以排序的伪随机数用堆排序算法排序，测试所用的时间。

9．推导完全二叉树的高度 h 与节点总数 n 之间的关系：$h=\lfloor\log n\rfloor$。

10．给出完全二叉树中编号为 i 的父节点的两个子节点的编号，以及编号为 j 的子节点的父节点的编号。

11．用实际例子说明为什么堆排序算法的复杂度可以突破$O\left(n^2\right)$。

12．给出二叉堆的节点下移操作算法的伪代码并说明其复杂度。

13．给出二叉堆的节点上移操作算法的伪代码并说明其复杂度。

14．给定二叉堆输入数据序列 92,77,83,58,43,69,72,45,27，画出其对应的完全二叉树。

a．假如 92 变成了 66，画出与 SiftDown 操作步骤对应的树的状态。

b．假如 43 变成了 97，画出与 SiftUp 操作步骤对应的树的状态。

c．假如要插入值为 86 的元素，画出与 Insert 操作步骤对应的树的状态。

d．假如要抽取根元素 92，画出抽取后调整步骤对应的树的状态。

15．说明建堆算法的基本思想，给出其伪代码并推导其复杂度。

16．说明堆排序算法的基本思想，给出其伪代码并推导其复杂度。

17．说明优先队列的主要特征及所需要提供的基本操作。

18．列出二叉堆、Fibonacci 堆、二项堆和配对堆优先队列的抽取最高优先级元素、插入元素和调键操作的复杂度。

19．编程实现刘徽的“割圆术”π 值计算，要求从正六边形计算到正 3072 边形。

20．Thomas Keller 团队于 2021 年 8 月 5 日发布了 62.8 万亿位（十进制）的 π 值计算记录，假设用 1B 记录 1 个十进制位，试计算存储 π 值的这些位所需要的存储空间。假如将这些数据以更加高效的二进制方式存储，试再次计算存储 π 值的这些位所需要的存储空间。

参考文献

[1] Wikipedia. Bubble sort[EB/OL]. [2021-9-18].（链接请扫下方二维码）

[2] Wikipedia. Insertion sort[EB/OL]. [2021-9-18].（链接请扫下方二维码）

[3] Stack Overflow. Why is insertion sort $\Theta\left(n^2\right)$ in the average case? [EB/OL]. (2013-6-11)[2021-9-18].（链接请扫下方二维码）

[4] NEAPOLITAN R E. 算法基础[M]. 第 5 版. 贾洪峰，译. 北京：人民邮电出版社，2016：179-180.

[5] Wikipedia. Heapsort[EB/OL]. [2021-9-22].（链接请扫下方二维码）

[6] Wikipedia. Priority queue[EB/OL]. [2021-9-23].（链接请扫下方二维码）

[7] 百度百科. 刘徽[EB/OL]. [2021-9-23].（链接请扫下方二维码）

[8] 黄建国. 从中国传统数学算法谈起[M]. 北京：北京大学出版社，2016：36-39.

[9] 百度百科. 祖冲之[EB/OL]. [2021-9-23].（链接请扫下方二维码）

[10] 黄建国. 从中国传统数学算法谈起[M]. 北京：北京大学出版社，2016：40-41.

[11] Wikipedia. Pi[EB/OL]. [2021-9-23].（链接请扫下方二维码）

[12] 维基百科. 三上义夫[EB/OL]. [2021-9-23].（链接请扫下方二维码）

[13] 澎湃新闻. 【科学家的故事】祖冲之与圆周率的故事[EB/OL]. (2021-4-28)[2021-9-23].（链接请扫下方二维码）

[14] Live Science. Pi calculated to a record-breaking 62.8 trillion digits [EB/OL]. (2021-8-18)[2021-9-23].（链接请扫下方二维码）

第 5 章

参考文献链接

第 6 章　算法的分治设计方法

会当凌绝顶，一览众山小。
[唐]杜甫，《望岳》

问题分解是算法设计的根本思维，问题的多样性和复杂性导致了各种不同的问题分解方式。有一类问题具有较为简单的结构，它们可以分解为不重叠的子问题，并且可以用这些不重叠子问题的解构造较大规模问题的解，由此形成的算法设计方法有一个很形象的名字，即分治法（Divide-and-Conquer）。本章我们就介绍这一算法设计方法。首先对分治法进行基础性介绍；然后介绍具有代表性的 Karatsuba 乘法算法、归并排序算法和快速排序算法，其中对归并排序算法和快速排序算法还介绍了其现代版 C++实现和 CD-AV 演示设计；最后简要介绍大师定理及其应用。

6.1　分治法基础

本节将扼要介绍分治法的历史，阐明分治算法设计的三个基本步骤，即分解、解决和合并，并以二分搜索算法为例介绍具体的算法设计过程。

6.1.1　分治法概述

当问题可分解为多个不重叠的子问题，并且问题的解可由这些不重叠的子问题的解构造出来时，该问题就适宜用分治法进行求解和算法设计，而且通常用分治法设计的算法具有多项式时间的复杂度，即该问题属于易解类问题。

1. 分治法的历史[1]

将一个有序数据序列中的查找问题转换为约原问题大小一半的子问题，这一二分分治搜索的构想早在公元前 200 年的巴比伦尼亚时代就已经出现。基于现代计算机设计的二分搜索算法（也称为折半查找算法）是由约翰・莫齐利（John Mauchly）在 1946 年的一篇文章里首先完成的。

高斯于 1805 年描述的快速傅里叶变换（FFT）算法是较早的将一个问题划分为多个子问题的分治例子，但他并未对该算法进行定量化的操作计数分析。FFT 算法在约一个世纪后，于 1965 年被 IBM 的 James Cooley 和普林斯顿大学的 John Tukey 重新发现，他们描述了 FFT 算法如何在计算机上方便地实现和运行，自此 FFT 算法得到了广泛的应用。

约翰・冯・诺伊曼（John von Neumann）于 1945 年发明的归并排序算法是一种将一个问题分解为两个子问题的分治算法，这是一个专为计算机设计且给出了严格分析的算法，号称现代计算机上的第一个分治算法。

分治算法的另一个著名例子是前苏联数学家 A. A. Karatsuba 于 1960 年发明的两个 n 位整数的乘法算法，该算法使乘法的复杂度降为 $O\left(n^{\log_2 3}\right)$，约为 $O\left(n^{1.58}\right)$，该算法推翻了大数学家柯尔莫戈洛夫（A. Kolmogorov）于 1960 年提出的乘法复杂度为$\Omega\left(n^2\right)$的猜想。

2．**分治算法设计的三个基本步骤**

应用分治法设计算法求解问题的过程由分解、解决和合并三个基本步骤组成。

分解：将原问题分解为若干个规模较小且不重叠的子问题，给出子问题的描述方式，这些子问题或者是与原问题形式相同、求解方法也相同的问题，或者是规模减到最小不需要进一步求解就可以直接给出结果的问题。

解决：若子问题已达最小规模，则直接解出；否则，递归地求解各子问题。

合并：将各子问题的解进行合并处理，构造出原问题的解。

分治算法的正确性通常用数学归纳法证明，而计算复杂度则多通过先获得运算时间的递推式，再求解递推式的闭式解得到。其中大部分情况可以应用 6.5 节将介绍的大师定理求解。

6.1.2　二分搜索算法

2.2.3 节介绍过从无序数据序列中查找一个数据的顺序搜索算法（算法 2-7），该算法是一个复杂度为$O(n)$的算法。当数据序列有序时，从该序列中查找一个数据可以用分治法设计高效的复杂度为$O(\log n)$算法，这就是二分搜索（Binary Search）算法。

1．**二分搜索算法的设计**

我们用分治算法设计的三个基本步骤来解析二分搜索算法的分治设计过程。为此，先将问题描述为如下形式：在有序数组 a[low～high]中查找元素 x 的位置，其中$0 \leqslant \text{low} \leqslant \text{high}$，即数组中至少有一个元素，如果找不到，则返回-1。

分解：先求出元素区间的中间位置 mid = ⌊(low+high)/2⌋，这样数组就被分解为三部分，即低于 mid 的部分 a[low～mid -1]，中间的一个元素 a[mid]，以及高于 mid 的部分 a[mid + 1～high]，如图 6-1 所示。

注：虽然此处将分解表述为三部分，但一般认为中间的 a[mid]是一个立马处理的元素，而低于和高于 mid 的部分为继续搜索的子问题，因此该算法普遍被接受的命名是“二分搜索”。我们在此将分解描述为三部分只是为了便于进行算法解释，并无算法命名方面的考量。

解决：解决过程是两次判断逻辑，先判断 x 与中间元素 a[mid]是否相等，若相等，则返回 mid。若 x < a[mid]，则在低于 mid 的子问题 a[low～mid -1]中递归搜索，若此时该子问题为空，即$\text{low} > \text{mid} - 1$，则表示未找到，应返回-1；若 x > a[mid]，则在高于 mid 的子问题 a[mid + 1～high]中递归搜索，同样若此时该子问题为空，即$\text{mid} + 1 > \text{high}$，则表示未找到，也应返回-1。

合并：本问题是一个查找问题，因此不需要进行合并操作。

2．**二分搜索算法的伪代码**

根据上述设计，我们可以给出递归式二分搜索算法的伪代码，如算法 6-1 所示。该伪代码对上述“解决”步骤进行了微小的简化调整，即将待查找范围为空的判断拿出来作为递归函数体的第 1 条语句（第 2 行）。尽管这样会使执行过程多出一层递归调用，但代码会变得更加清晰和简约。

注 1：算法 6-1 为递归算法，初始调用应传入 a 的首末元素位置，即 BinarySearchR(a, 0, n-1, x)。

注 2：算法 6-1 还可将数组 a 和变量 x 声明为全局变量以减小递归调用过程中的栈空间占用。

4.6.2 节曾经介绍过，递归算法在实践中通常转换为迭代算法，以避免因栈空间溢出而导致问题规模受限。递归式二分搜索算法是一个很容易转换为迭代形式的算法，迭代式二分搜索算法如算法 6-2 所示。其中，将待查找范围变量 low 和 high 及位置变量 p 分别初始化为 0、n-1 和-1（第 2 行）；用 while 循环取代了递归的嵌套（第 3 行），循环的条件是 low 到 high 之间有元素及 p 保持为-1；第 4 行计算中间元素位置 mid；第 5 行判断，如果 mid 位置上的元素为 x，则令 p 等于 mid（第 6 行），这将会使接下来 while 循环的条件不成立，从而结束循环；第 7 行判断，如果 x 小于 a[mid]，则在第 8 行置新的 high 值为 mid-1，如果 x 不小于 a[mid]，则在第 9 行置新的 low 值为 mid + 1，这里通过修改 high 和 low 的值实现了算法 6-1 中第 6、7 行递归调用的迭代化。

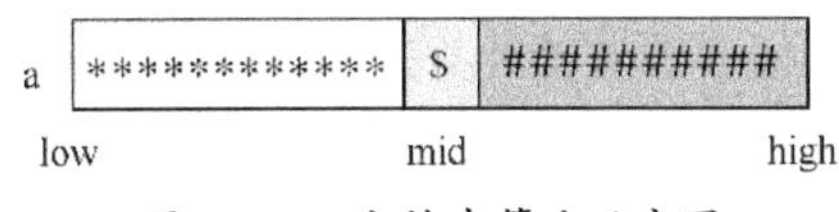

图 6-1　二分搜索算法示意图

算法 6-1　递归式二分搜索算法

输入：有序的 n 元素数组 a 和待搜索的元素 x
输出：x 在 a 中的位置，-1 表示未找到

```
1. BinarySearchR(a, low, high, x)
2. if low > high: return -1
3. mid = ⌊(low + high)/2⌋
4. if x = a[mid] then return mid
5. else if x<a[mid]
6. then return BinarySearchR(a, low, mid-1, x)
7. else return BinarySearchR(a, mid+1, high, x)
```

算法 6-2　迭代式二分搜索算法

输入：有序的 n 元素数组 a 和待搜索的元素 x
输出：x 在 a 中的位置，-1 表示未找到

```
1. BinarySearchI(a, x)
2. low = 0, high = n - 1, p = -1
3. while (low <= high and p < 0)
4.     mid = ⌊(low + high)/2⌋
5.     if (x = a[mid])
6.         p = mid
7.     else if (x < a[mid])
8.         high = mid - 1
9.     else low = mid + 1
10. end while
11. return p
```

3．二分搜索算法的复杂度

分治算法最直接的表达形式是递归形式，因此其复杂度最直接的表达形式就是递推式（也称为递归式）。对于算法 6-1 来说，其基本运算显然是比较运算。其最好情况是第一次的 x = a[mid]比较就得到了结果，这时有 $T_{\text{best}} = O(1)$；其最坏情况是直到问题的规模减小到 1 才找到 x 的位置或找不到 x 的位置，这时算法要进行若干次递归，每次递归中最多有两次比较运算，而且每次递归都会将规模为 n 的问题转换为一个规模为 $\left\lfloor \frac{n-1}{2} \right\rfloor$ 或 $\left\lceil \frac{n-1}{2} \right\rceil$ 的子问题，作为渐近复杂度分析，我们可以用整除的 $\frac{n}{2}$ 表示子问题的规模，也就是说 $T(n)$ 为一个 $T\left(\frac{n}{2}\right)$ 与 1 或 2 的和，因此得到如下的二分搜索算法最坏情况复杂度的递推式：

$$T(n)=\begin{cases}1 & n=1\\ T\left(\frac{n}{2}\right)+O(1) & n>1\end{cases} \tag{6-1}$$

我们将在 6.5 节介绍极其简便的求解此类递推式闭式解的大师定理。在这里我们先以简单直接的递推方式给出它的闭式解。由式（6-1）中的第 2 式可得 $T\left(\frac{n}{2}\right)=T\left(\frac{n}{4}\right)+O(1)$，因此有$T(n)=T\left(\frac{n}{4}\right)+O(1)+O(1)$。照此推下去，最终将得到$T(n)=T(1)+O(1)+\cdots+O(1)$。由此可见，每次问题减半就会产生一个$O(1)$项，假设减半$k$次后子问题的规模变为1，此时有$T(n)=k+1$。由于$n$减半1次相当于其二进制数右移1位，而$n$的二进制位数是$\lfloor \log n \rfloor+1$，因此移$\lfloor \log n \rfloor$位后剩余1位，即$k=\lfloor \log n \rfloor$，因此有$T(n)=1+\lfloor \log n \rfloor=O(\log n)$。由此可见，二分搜索算法是一个效率很高的对数阶算法。

6.2 Karatsuba 乘法算法

整数乘法问题似乎是一个很寻常的问题，然而实际并非如此。说它寻常，仅是指两个乘数的大小在CPU字长范围内时的情况，尽管这能满足很多普通的计算需求，但在密码学等领域，我们会遇到1024位、2048位、4096位的二进制数甚至更大整数的乘法问题，如5.4.3节中述及的万亿位级的 π 值计算必定会用到位数多到难以想象的整数乘法运算。这些远超出CPU字长范围的整数乘法称为大整数乘法，它需要我们设计专门的算法来实现计算。大整数乘法问题是一个适宜用分治法求解的典型问题，本节将介绍大整数乘法的朴素分治算法和具有里程碑意义的Karatsuba乘法算法。

6.2.1 大整数乘法的朴素分治算法

利用问题分解方法构造两个位数超出CPU字长范围的大整数x和y的乘法算法是一个很自然的想法，本节我们将介绍用这种直觉方法构造的朴素分治算法。

1. 基本思想

我们将两个n位的二进制整数x和y分别从中间分解为两个$n/2$位的不重叠的组成部分x_L、x_R和y_L、y_R，于是x和y便可用如下的式子来表达：

$x=$	x_L	x_R	$=2^{n/2}x_L+x_R$
$y=$	y_L	y_R	$=2^{n/2}y_L+y_R$

例如，$x=10110110_2=1011_2\times 2^4+0110_2$，即$x_L=1011$，$x_R=0110$。

经过上述分解后，两个整数x和y的积可以表达为

$$xy=x_L y_L 2^n+(x_L y_R+y_L x_R)2^{n/2}+x_R y_R \tag{6-2}$$

式（6-2）就是xy问题的分治分解公式，它将规模为n的乘法问题分解为$x_L y_L$、$x_L y_R$、$y_L x_R$和$x_R y_R$这4个规模为$n/2$的乘法子问题，这些子问题可以通过递归的方式进行求解，当递归到规模为1的子问题时直接给出结果，终止递归。接下来将这4个子问题的解通过1次乘以2^n的运算、1次乘以$2^{n/2}$的运算和3次加法运算，合并为原问题的解。

注：我们假定位数n为2的幂次，即$n=2^k$，如果n不是2的幂次，则必有$2^k<n<2^{k+1}$，可将n扩展为2^{k+1}。

2．伪代码

根据上述基本思想，可以设计如算法 6-3 所示的大整数乘法的朴素分治算法。这是一个递归算法，首先将 x 和 y 的位数赋给 n（第 2 行），如果 n=1，则问题不需要进一步分解，直接返回 x 和 y 的乘积（第 3 行）；否则，将 x 的高 $n/2$ 位和低 $n/2$ 位赋给 x_L, x_R，将 y 的高 $n/2$ 位和低 $n/2$ 位赋给 y_L, y_R（第 4、5 行）。然后递归地计算 4 个子问题的解并赋给变量 P1～P4（第 6～9 行）。最后根据式（6-2），将 P1 乘以 2^n，P2 与 P3 的和乘以 $2^{n/2}$，并将这两个计算结果的和与 P4 相加即可得到 x 和 y 的乘积。

算法 6-3　大整数乘法的朴素分治算法

输入：两个 n 位的正整数 x 和 y
输出：x 和 y 的乘积
1. multiply(x, y)
2. n ← x, y 的位数
3. if n = 1 return xy
4. x_L, x_R = x的高$n/2$位和低$n/2$位
5. y_L, y_R = y的高$n/2$位和低$n/2$位
6. $P1 = \text{multiply}(x_L, y_L)$
7. $P2 = \text{multiply}(x_L, y_R)$
8. $P3 = \text{multiply}(x_R, y_L)$
9. $P4 = \text{multiply}(x_R, y_R)$
10. return $P1 \times 2^n + (P2 + P3) \times 2^{n/2} + P4$

3．复杂度分析

算法 6-3 将规模为 n 的整数乘法问题分解为 4 个规模为 $n/2$ 的子问题，将这 4 个子问题的计算结果合并为原问题的解需要 1 次乘以 2^n 的运算、1 次乘以 $2^{n/2}$ 的运算和 3 次加法运算。由于乘以 2^n 和 $2^{n/2}$ 的运算可以分别用左移 n 位和 $n/2$ 位的操作实现，因此是复杂度为 $O(n)$ 的运算，而 3 次加法运算的操作数最多有 $2n$ 位，因而也是复杂度为 $O(n)$ 的运算。最后，我们可以得到如下的复杂度递推式：

$$T(n)=\begin{cases}O(1) & n=1\\ 4T(n/2)+O(n) & n>1\end{cases} \tag{6-3}$$

运用 6.5 节中的大师定理，可得出该递推式的闭式解为 $T(n)=O(n^2)$。

用递推方法也能得到此结果。根据式（6-3）中的第 2 式有 $T(n/2)=4T(n/4)+O(n/2)$，因此 $T(n)=4(4T(n/4)+O(n/2))+O(n)=4^2T(n/2^2)+2O(n)+O(n)$。再将 $T(n/2^2)$ 递推一步，得 $T(n)=4^2(4T(n/2^3)+O(n/2^2))+2O(n)+O(n)=4^3T(n/2^3)+2^2O(n)+2O(n)+O(n)$。

设 $n=2^k$，则当递推到规模为 1 时有 $T(n)=4^kT(n/2^k)+2^{k-1}O(n)+\cdots+2O(n)+O(n)$，即 $T(n)=2^kn+2^{k-1}O(n)+\cdots+2O(n)+O(n)=\left(\sum_{i=0}^{k}2^i\right)O(n)=(2^{k+1}-1)O(n)=O(n^2)$。

6.2.2　大整数乘法的 Karatsuba 算法

直到 20 世纪 60 年代，人类几千年来在整数乘法方面一直没有发现比竖式乘法效率更高的算法。6.2.1 节介绍的大整数乘法的朴素分治算法的复杂度 $O(n^2)$ 也与竖式乘法的复杂度相同。这一状况使 20 世纪最杰出数学家之一，前苏联的安德烈 • 柯尔莫哥洛夫（Andrey Kolmogorov）于 1960 年提出一个猜想：两个整数相乘算法的复杂度不会低于竖式乘法算法的复杂度，即可能是 $\Omega(n^2)$[2]。然而，他的猜想很快就被同样来自前苏联的 23 岁天才数学系学生阿纳托利 • 卡拉苏巴（Anatoly Karatsuba）推翻[2]，Karatsuba 基于分治方法提出了复杂度为 $O(n^{\log_2 3})\approx O(n^{1.58})$ 的大整数乘法算法[3]，该算法后来被誉为 Karatsuba 乘法算法。本节我们就

介绍这个在算法设计历史上具有里程碑意义的算法。

1. 基本思想

Karatsuba 乘法算法的关键方法与高斯提出的提高复数乘法运算效率的技巧相同[4]。我们都知道，两个复数相乘的公式为$(a+bi)(c+di)=ac-bd+(ad+bc)i$。它包括 ac、bd、ad、bc 四次乘法运算和 $ac-bd$ 、 $ad+bc$ 两次加法运算。

注：$a+bi$ 中的“+”是复数表示符号，不是加法运算符号。

高斯提出用这样的公式计算虚部：$ad+bc=(a+b)(c+d)-ac-bd$ 。这看起来使虚部的计算变复杂了，但由于其中的ac和bd在实部中已经计算过，因此直接将结果拿过来用就可以将两个复数乘法运算中的乘法运算由 4 次减少为 3 次，尽管加法运算由 2 次增加到 5 次，但由于乘法运算复杂度高于加法运算，因此能够从整体上降低计算复杂度。

注：寻常的数学思维是将公式尽可能地化简，但非凡的数学家却能提出将公式变繁而提高计算效率的创造性方法，这或许正是其非凡的一个原因。

Karatsuba 采用与高斯复数乘法技巧相同的方法，对大整数乘法的朴素分治算法中的合并操作进行改进，即将式（6-2）中的 $x_L y_R + y_L x_R$ 表达为$(x_L+x_R)(y_L+y_R)-x_L y_L - x_R y_R$，其中 $x_L y_L$ 和 $x_R y_R$ 属于重复计算，因此可以直接使用计算结果，这使乘法运算由 4 次减少为 3 次，尽管增加了 3 次加法运算，但由于加法运算的复杂度是线性的，因此这种改进能够从整体上降低整个乘法运算的复杂度。

2. 伪代码

根据上述基本思想，可以设计如算法 6-4 所示的 Karatsuba 乘法算法，它也是一个递归算法。函数体中的第 2～7 行与算法 6-3 中的第 2～7 行相同。不同的是这里只需再以 x_L+x_R 和 y_L+y_R 为参数递归调用一次 multiplyK 得到结果 P3（第 8 行），并在第 9 行的合并步骤中将中间的项以 P3-P1-P2 来计算。

算法 6-4 Karatsuba 乘法算法

输入：两个 n 位的正整数 x 和 y

输出：x 和 y 的乘积

1. multiplyK(x, y)
2. n ← x, y 的位数
3. if n = 1 return xy
4. x_L, x_R = x的高n / 2位和低n / 2位
5. y_L, y_R = y的高n / 2位和低n / 2位
6. P1= multiplyK(x_L, y_L)
7. P2= multiplyK(x_R, y_R)
8. P3= multiplyK(x_L+x_R, y_L+y_R)
9. return $P1\times 2^n + (P3-P1-P2)\times 2^{n/2} + P2$

3. 复杂度分析

Karatsuba 乘法算法将规模为n的整数乘法问题分解为 3 个规模为$n/2$的子问题，另外需要 1 次乘以 2^n 的运算、1 次乘以 $2^{n/2}$ 的运算和 6 次加法运算进行合并操作。其中，规模为$n/2$的子问题需要递归求解，而其余运算的复杂度均是线性的，因此该算法的复杂度可以用如下的递推式表示：

$$T(n)=\begin{cases}O(1) & n=1\\ 3T(n/2)+O(n) & n>1\end{cases} \tag{6-4}$$

运用 6.5 节的大师定理，可得出该递推式的闭式解为$T(n)=O\left(n^{\log_2 3}\right)\approx O\left(n^{1.58}\right)$。

用递推法也能得到该结果。根据式（6-4）中的第 2 式有$T(n/2)=3T(n/4)+O(n/2)$，因此$T(n)=3(3T(n/4)+O(n/2))+O(n)=3^2T(n/2^2)+\frac{3}{2}O(n)+O(n)$。将$T(n/2^2)$递推一步得

$$T(n)=3^2\left(3T\left(n/2^3\right)+O\left(n/2^2\right)\right)+\frac{3}{2}O(n)+O(n)=3^3T\left(n/2^3\right)+\left(\frac{3}{2}\right)^2O(n)+\frac{3}{2}O(n)+O(n)。$$

设 $n=2^k$，则当递推到规模为 1 时有 $T(n)=3^kT\left(n/2^k\right)+\left(\frac{3}{2}\right)^{k-1}O(n)+\cdots+\frac{3}{2}O(n)+O(n)$，

即 $T(n)=\left(\frac{3}{2}\right)^k n+\left(\frac{3}{2}\right)^{k-1}O(n)+\cdots+\frac{3}{2}O(n)+O(n)=\left(\sum_{i=0}^{k}\left(\frac{3}{2}\right)^i\right)O(n)$。

也就是说，$T(n)=2\left(\left(\frac{3}{2}\right)^{k+1}-1\right)O(n)=O\left(\left(\frac{3}{2}\right)^k n\right)=O\left(3^k\right)=O\left(3^{\log n}\right)$。

运用指数-对数运算的性质可得 $a^{\log_b c}=c^{\log_b a}$，最终可得 $T(n)=O\left(n^{\log_2 3}\right)$。

注：令 $y=a^{\log_b c}$，则 $\log_b y=\log_b c\cdot\log_b a$，即 $y=b^{\log_b c\cdot\log_b a}=\left(b^{\log_b c}\right)^{\log_b a}=c^{\log_b a}$。

6.3　归并排序算法

约翰·冯·诺伊曼（John von Neumann）于 1945 年使用分治法设计了一种排序算法，即归并排序算法，该算法号称现代计算机上的第一个分治算法。由于归并排序算法的复杂度达到了基于比较的排序问题的极限复杂度 $O(n\log n)$，因此它也是一个最优排序算法。本节就介绍这个著名算法的设计，给出其复杂度分析，并简要说明其现代版 C++实现及 CD-AV 演示设计。

6.3.1　基本思想、伪代码与复杂度分析

本节主要介绍归并排序算法，包括其合并操作所用的二路归并算法的基本思想和伪代码，并给出其复杂度分析。

1．基本思想

归并排序算法是一个典型的分治算法，如图 6-2 所示。图 6-2 的上半部分和下半部分分别给出了分解和合并步骤的直观示意，而解决步骤则隐含在分解的递归调用和合并结果中。

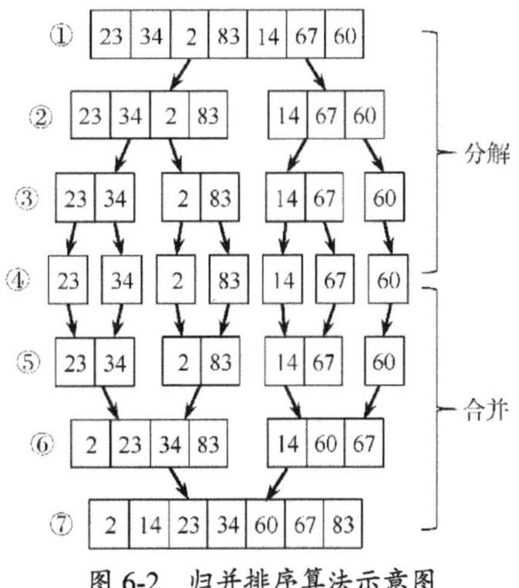

图 6-2　归并排序算法示意图

图 6-2 中第①行规模为 7 的数组分解为第②行规模分别为 4 和 3 的两个子数组，它们进一步分解为第③行规模分别为 2、2 和 2、1 的子数组，其中 3 个规模为 2 的子数组分别分解为第④行 3 对规模为 1 的子数组。规模为 1 的子数组是平凡的有序数组，因此不需要进一步分解。第⑤行将第④行中 3 对规模为 1 的子数组分别合并为 3 个有序的规模为 2 的子数组，第⑥行将第⑤行中前两个规模为 2 的子数组合并为一个有序的规模为 4 的子数组，将第 3 个规模为 2 的子数组和最后一个规模为 1 的子数组合并为一个有序的规模为 3 的子数组，第⑦行将第⑥行中规模分别为 4 和 3 的两个有序子数组合并为规模为 7 的有

序数组，并最终完成排序。

2．主算法的伪代码

根据上述基本思想，可以设计如算法 6-5 所示的归并排序的主算法。这是一个取名为 MergeSort 的递归算法，它以数组 a、当前待排序的元素范围 low～high 为参数，初始调用需要传入 a 及其元素范围，即 MergeSort(a, 0, n-1)。

进入函数体后，首先判断 low 是否等于 high，如果 low=high，即问题减小到只有一个元素的基本情况，则必定有序，直接返回（第 2 行）；如果 low≠high，则计算中间位置 mid（第 3 行，这里的除以 2 为整数除法，实际代码可使用右移 1 位运算代替）。然后分别对子数组 a[low～mid]和 a[mid+1～high]进行递归（第 4、5 行），完成相应范围内元素的排序。最后执行合并操作 TwoWayMerge，将上述两个相邻的有序子数组合并为一个有序的数组。

算法 6-5　归并排序的主算法

输入：n 个元素的数组 a
输出：排序的 a

```
1. MergeSort(a, low, high)
2. if low = high then return
3. mid = (low+high)/2
4. MergeSort(a, low, mid)
5. MergeSort(a, mid+1, high)
6. TwoWayMerge(a, low, mid, high)
```

注：在实际实现时，可将 a 声明为全局变量，以减小递归调用的栈空间占用。

3．二路归并算法的基本思想、伪代码及复杂度分析

归并排序算法的合并操作要将两个相邻的有序子数组合并为一个有序数组，对此存在一个高效率的线性算法 Merge，该算法被 Knuth 称为二路归并算法（Two-Way Merge）[5]，它是归并排序算法成为一种最优排序算法的关键。

1）二路归并算法的基本思想和伪代码

算法 6-6 和算法 6-7 分别给出了二路归并算法的基本思想和伪代码。

算法 6-6　二路归并算法的基本思想

对 p～q 和 q+1～r 的元素分别有序的数组 a，借助临时数组 b 进行有序合并。算法设 3 个以元素位置表示的指针：i=p 和 j=q+1 为 a 中左右两个有序子数组的指针，k=p 为 b 数组的指针。

第 1 步：用 i 和 j 指针顺次比较数组 a 中左半区（p～q）和右半区（q+1～r）的元素，将较小者放到数组 b 中 k 指针指向的位置。

第 2 步：将左半区或右半区中剩余的元素复制到 b 数组中。

第 3 步：将 b 数组中 p～r 的元素复制回 a 数组。

算法 6-7　二路归并算法

输入：p～q 和 q+1～r 的元素已排序的数组 a，与 a 等大的临时数组 b
输出：p～r 的元素排好序的数组 a

```
1. TwoWayMerge(a, p, q, r, b)
2. i = p, j = q+1, k = p
3. for k = p to r
4.     if i < q+1 and (j > r or a[i] <= a[j])
5.         b[k] = a[i]; i = i + 1
6.     else   b[k] = a[j]; j = j + 1
7. end for
8. for k = p to r   a[k] = b[k]
```

下面对算法 6-7 进行说明。二路归并算法的参数（第 1 行）包括数组 a 和等大的临时数组 b，另外以 p、q、r 参数说明数组 a 中 p～q 和 q+1～r 两个相邻子数组已经有序。二路归并算法函数体首先初始化 3 个以元素位置表示的指针变量 i、j 和 k（第 2 行）。然后将算法 6-6 中的第 1、2 步合并到第 3～7 行的 for 循环中，该循环以数组 b 的指针 k 对 p～r 的元素进行遍历，每次将数组 a 中的一个元素复制到数组 b 中顺次的有序位置上。这里的关键是第 4 行 if 条件语句，其中的 i<q+1 说明数组 a 的左半区中还有元素，and 后的两个条件对应元素 a[i]

排到数组 b 中下一个有序位置的两种可能，即数组 a 的右半区中已经没有元素（j > r），或者有元素但其当前指针 j 指向的元素 a[j]不小于 a[i]，只要满足上述条件，就执行第 5 行的 b[k] = a[i]，并将指针 i 前进一个元素。若不满足上述条件，则指针 j 指向的元素 a[j]必为数组 b 中下一个有序位置上的元素，因为此时数组 a 的左半区中已经没有元素，即 i > q，或者有元素但其当前指针 i 指向的元素 a[i]大于 a[j]，于是算法执行第 6 行的 b[k] = a[j]，并将指针 j 前进一个元素。第 8 行的 for 循环对应算法 6-6 中的第 3 步，即将数组 b 中已排好序的 p～r 的元素复制到数组 a 中对应的位置上。

2）算法示例

图 6-3 所示为二路归并算法示例，这里示意的是图 6-2 中第⑥行规模分别为 4 和 3 的两个有序子数组合并为第⑦行规模为 7 的数组的过程。相信结合指针变量 i、j、k 值的变化，读者能够很容易地理解图 6-3 所表达的二路归并算法过程。

注 1：为使图 6-3 紧凑，没有给出将数组 b 中的元素复制到数组 a 中对应位置的最后步骤。

注 2：出于演示的考虑，图 6-3 在将数组 a 中的元素复制到数组 b 时，对数组 a 中的元素进行了清空。

注 3：尽管图 6-3 结合指针变量 i、j、k 值的表述，很好地演示了二路归并算法在给定数据上的运行过程，但这种传统表达方式不可能再给出更多的示例，读者还是应当通过 CD-AV 演示快速、高效地查看算法在不同数据组合上的行为，以对算法过程有透彻的理解，同时进一步体验算法可视化的强大算法解析能力。

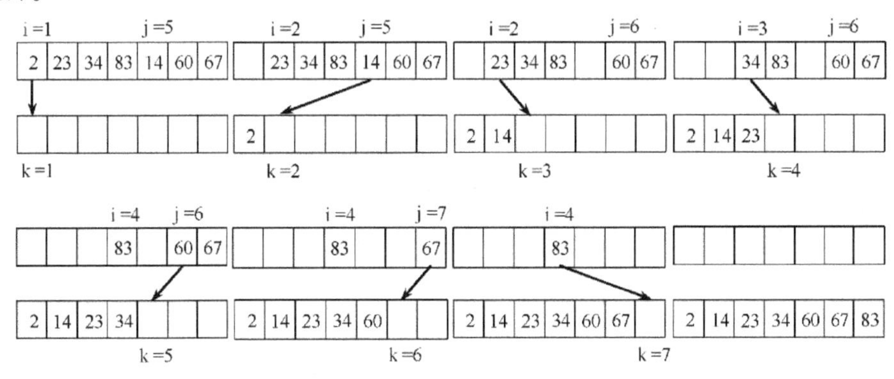

图 6-3 二路归并算法示例

3）二路归并算法的复杂度分析

下面分析二路归并算法的复杂度。假设数组 a 的左右两个半区的元素个数分别为 s 和 t，二路归并算法的基本运算为赋值运算，每个元素都会进行一次且仅一次从数组 a 赋值到数组 b 的操作，也会进行一次且仅一次从数组 b 赋值到数组 a 的操作，即共赋值 $2(s+t)$ 次，因此算法复杂度为 $T(s,t)=2(s+t)=\Theta(s+t)$，这说明算法具有线性的复杂度。

注：如果以比较运算作为基本运算，那么算法会有最少的元素比较次数 $\min(s,t)$ 和最多的元素比较次数 $s+t-1$，由此得到的算法复杂度为 $O(s+t)$，显然这不如以赋值运算为基本运算的 $\Theta(s+t)$ 复杂度对算法运行效率的刻画来得贴切和准确。

4. 复杂度分析

归并排序算法先将一个规模为 n 的问题分解成两个规模为 $n/2$ 的子问题，再将两个规模为 $n/2$ 的子问题的解合并为规模为 n 的问题的解的复杂度为 $\Theta(n)$。由此可得，归并排序算法

复杂度的递推式为

$$T(n)=\begin{cases}0 & n=1\\ 2T(n/2)+\Theta(n) & n>1\end{cases} \tag{6-5}$$

注：当 $n=1$ 时，$T(n)=T(1)=0$ 不会带来问题，它的主要作用是说明 $T(n)$ 的递推式在 n 小到 1 时能截止，而不是无限制地递推下去。

运用 6.5 节的大师定理，可以得出该递推式的闭式解为 $T(n)=\Theta(n\log n)$。

用递推的方法也能得到这个结果，我们将此以习题的方式留给读者练习。

6.3.2 现代版 C++实现与 CD-AV 演示设计

本节将先对归并排序算法的现代版 C++实现进行扼要介绍，然后着重地介绍其 CD-AV 演示设计。

1．现代版 C++实现

附录 6-1 给出了归并排序算法的现代版 C++实现代码。其中的测试函数 TestMergeSort 与附录 5-1 冒泡排序算法中的测试函数 TestBubbleSort 相似，为节省篇幅将其略去。MergeSort 为递归函数，因此初始调用应传入数组 a 的元素范围，即 MergeSort(a, 0, n-1)。

算法的主函数 MergeSort（代码块 2）与算法 6-5 基本一致，只是将 if low = high 的逻辑调整为等价的 if low < high。

二路归并函数 TwoWayMerge（代码块 3）比算法 6-7 稍微烦琐了一点，主要是为了更清晰地体现算法 6-6 中的第 2 步。其第 12～14 行和第 15～17 行分别对应右半区和左半区中剩余元素从数组 a 到数组 b 的复制。结合 CD-AV 演示设计，这一改动具有较好的教学演示意义。TwoWayMerge 每次运行都动态地申请 r+1 大小的数组 b（第 4 行），并在结束时将它释放（第 20 行），这样设计也是为了方便教学演示。实际代码应将 b 设为全局变量，以提高运行效率。

2．CD-AV 演示设计

我们在 CAAIS 中实现了归并排序算法的 CD-AV 演示设计，该演示设计突出地体现了归并排序算法的基本特征，即递归的分治操作和相邻有序子数组的二路归并操作。

1）典型的 CD-AV 行设计

图 6-4 所示为归并排序算法的 CD-AV 行示例，其最大特点是以由外到内嵌套的动画式条形框形象地示意分治分解过程，又以由内到外清除条形框的方式示意合并过程。其中，Op 列分别以 B（Begin）、D（Divide）、F（Final Step in Dividing）和 M（Merge）标识算法的开始、划分、划分至单个元素和合并这 4 个阶段。当 Op 列为 B、D 和 F，即对应开始、划分和划分至单个元素阶段时，其后的 3 列数据项为 low、mid 和 high，它们对应 MergeSort 主函数中的参数，图 6-4 示出的正是这种情况。此外，CD-AV 演示还以丰富的颜色标识元素的不同算法状态。

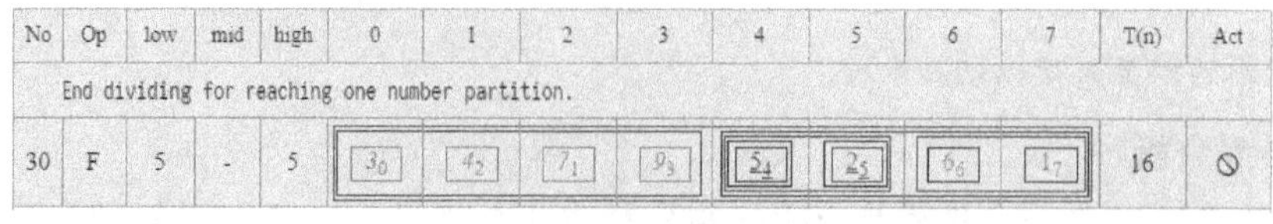

图 6-4　归并排序算法的 CD-AV 行示例

图 6-4 彩图

注：归并排序算法的 CD-AV 演示中的 T(n)对应算法运行过程中元素的赋值次数，当 $n=8$ 时，它的值就是严格的 $2n\log n=48$。而且对于任何给定的 n，T(n)的值都是相同的。

2）二路归并算法的 CD-AV 演示设计

能够体现二路归并算法的相邻有序子数组有序合并是本节 CD-AV 演示设计的又一重要特征，其基本实现方式是适时地增加一个新的行，用来贴切地演示二路归并算法借助临时数组完成合并的过程，如图 6-5 所示。

进入二路归并算法后，对应的 Op 列取 M，其后的 3 列数据项则变为 p/i、q/j 和 r/k，它们对应 TwoWayMerge 函数中的参数和局部变量。这时 CD-AV 行的数据子行会增加一个临时数据行从而变为两行，其中第 1 行中 Op 列后的 3 列数据项对应参数 p、q 和 r，第 2 行中 Op 列后的 3 列数据项对应局部变量 i、j 和 k。图 6-5 示出的是将待排序数组 a 中相邻的值分别为 5 和 2 的单个元素进行二路归并的情况。具体地说就是由于 2 小于 5，因此它首先被复制为临时数组 b 中的第 1 个元素。

注：这里的复制操作是以动画移动的方式实现的，即复制后原来的数据元素变空，这可使 CD-AV 有更好的演示效果。

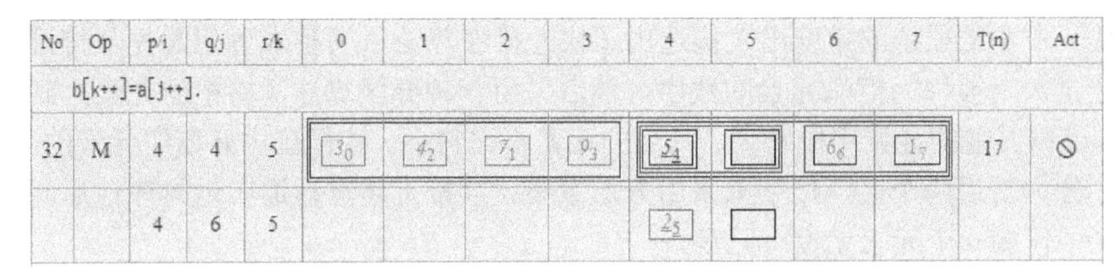

No	Op	p/i	q/j	r/k	0	1	2	3	4	5	6	7	T(n)	Act
b[k++]=a[j++].														
32	M	4	4	5	3_0	4_2	7_1	9_3	5_4		6_6	1_7	17	⊘
		4	6	5					2_5					

图 6-5
彩图

图 6-5　二路归并算法的 CD-AV 行示例

3）交互设计

图 6-6 所示为归并排序算法的 CD-AV 交互示例。

No	Op	p/i	q/j	r/k	0	1	2	3	4	5	6	7	T(n)	Act
b[k++]=a[j++].														
46	M	4	5	7	24_1	65_2	85_3	88_0		65_4		33_6	26	⊘
		5	7	6					9_5	21_7				
b[k++]=a[j++].														
46	m√	4√	5√	7√	24_1	65_2	85_3	88_0	√	65√	√	33√	26√	15/16
		5√	7√	6√					6X	21√	√	√		

图 6-6
彩图

图 6-6　归并排序算法的 CD-AV 交互示例

在一个交互行中，Op 列与后面的 3 个变量（参数）列、中间的数据列及最后的 T(n)列 3 部分会以随机组合的方式进入交互状态。中间的数据列仅有当前活动的数据元素才进入交互状态，这可使学习者更多地关注当前算法步骤所操纵数据的变化。图 6-6 特别示出了进入二路归并状态时的交互情况，此时对应排序数组和临时数组行上的数据列和变量列都可能进入交互状态。

注：在交互时，空的元素应保持为空。

6.4 快速排序算法

快速排序算法是英国计算机科学家 C. A. R. Hoare 于 1960 年发明的一个算法。当时 Hoare 年仅 26 岁，鉴于在程序设计语言的定义与设计方面做出的基础性贡献，他荣获了 1980 年的图灵奖。快速排序算法是一个分治算法，它是极少数平均情况复杂度与最好情况复杂度 $O(n\log n)$ 而非最坏情况复杂度 $O(n^2)$ 相同的算法，因此也是一个最优排序算法。由于在实践中快速排序算法通常好于同样是最优排序算法的归并排序算法和堆排序算法[6]，因此它的使用更为广泛。

6.4.1 基本思想、伪代码与复杂度分析

本节将先介绍快速排序算法的基本思想，然后重点说明其基于枢纽元素的分区策略并给出其伪代码，最后分析其最好、最坏和平均情况复杂度。

1. 基本思想

Hoare 从一个非常独特的角度出发构造出了快速排序算法，其基本思想是先从待排序的数据序列中选定一个被称为枢纽元素的数字，然后采用一种分区算法，将枢纽元素排到正确的位置上，即使得其前的元素不比它大、其后的元素不比它小。这样在排好枢纽元素的同时，将其他元素划分为前后两个区，接下来采用分治策略继续按上述过程递归地排序前后两个分区，直至分区中仅剩一个元素或没有元素。

注：枢纽元素并不需要是一个特别的元素，实际上数据序列中任一位置上的元素都可以作为枢纽元素，只要该位置便于递归操作即可。将其取名为枢纽元素，是因为接下来的分区算法会将它排到正确的位置上，使得其前的元素不比它大、其后的元素不比它小，在这种局面中可以形象地将它看作“枢纽”。事实上，可以选定任何位置上的元素为枢纽元素，将该元素与最后的元素交换，即可施行下文将要介绍的 Lomuto 分区策略，并且这多出来的一次交换对整体复杂度特别是渐近复杂度的影响可忽略不计。

2. Lomuto 分区策略

这里的分区策略包括枢纽元素的选择和将它排到正确位置上的分区算法。Hoare 在提出快速排序算法时，所采用的分区策略是每次选择分区（初始分区为整个数据序列）中的第 1 个元素为枢纽元素，后来 Nico Lomuto 提出了用分区中的最后一个元素作为枢纽元素的策略（被称为 Lomuto 分区策略）。由于他们所用的分区算法是相同的，因此复杂度相同。由于 Lomuto 分区策略更好理解且代码也更简洁，特别适合进行讲述和学习，因此后来人们在快速排序算法中多采用该分区策略。

算法 6-8 Lomuto 分区算法

输入：数组 a 和元素区间[lo, hi]

输出：完成 a[hi]的排序并返回其位置

```
1. partition(a, lo, hi)
2. pivot = a[hi]; i = lo
3. for j = lo to hi - 1
4.     if a[j] < pivot
5.         swap(a[i], a[j])
6.         i = i + 1
7.     end if
8. end for
9. swap(a[i], a[hi])
10. return i
```

1）Lomuto 分区算法的伪代码

算法 6-8 所示为 Lomuto 分区算法。

算法第 2 行将最后的 a[hi]置为枢纽元素 pivot，并设置指针 i 指向下一个小于 pivot 的元素该处的位置，其初始值为 lo。第 3 行的 for 循环对 lo 到 hi-1 之间的元素进行遍历，在循环体中找出和处理所有

小于 pivot 的元素（第 4～7 行）。每找到一个小于 pivot 的元素 a[j]，就将它与 i 位置上的元素 a[i]进行交换（第 5 行），此时若 j = i，则交换语句为等同于无操作的 swap(a[i], a[i])，这不影响算法的正确性。当 for 循环结束时，i 位置上的元素 a[i]就是从前往后第 1 个不小于 pivot 的元素，也就是 pivot 应该在的位置，于是第 9 行交换 a[i]和 a[hi]，完成 pivot 的排序，同时完成[lo, hi]元素的分治划分，最后第 10 行返回划分位置 i。

2）Lomuto 分区算法示例

图 6-7 所示为 Lomuto 分区算法示例，相信读者根据算法 6-8 可以很容易地理解该示例。其中应特别注意的是各步骤中的交换操作，第①步执行不会带来变化的 swap(a[1], a[1])；第②步不发生交换；第③步执行 swap(a[2], a[3])，交换的结果就是第④步中的数据序列；第④步结束算法 6-8 中的 for 循环；第⑤步是执行算法 6-8 中第 9 行，即 swap(a[3], a[4])，使得 pivot 归到排序位的结果。

注：同样地，读者应通过 CD-AV 演示对算法在不同数据序列上的丰富解析，全面地体会和掌握该算法。

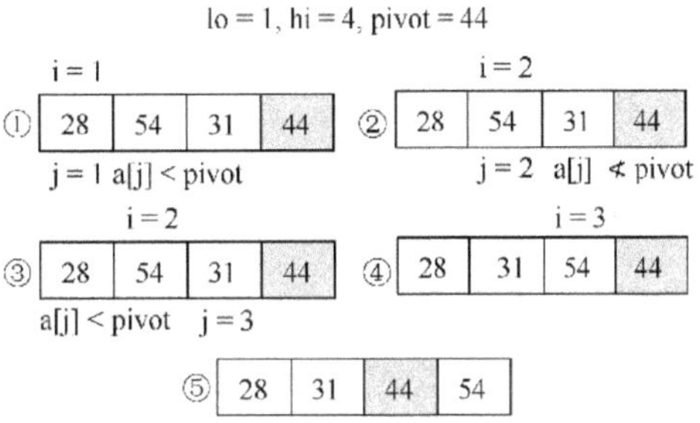

lo = 1, hi = 4, pivot = 44

步骤					说明
①	28	54	31	44	i = 1；j = 1 a[j] < pivot
②	28	54	31	44	i = 2；j = 2 a[j] ≮ pivot
③	28	54	31	44	i = 2；a[j] < pivot j = 3
④	28	31	54	44	i = 3
⑤	28	31	44	54	

图 6-7　Lomuto 分区算法示例

3）Lomuto 分区算法的复杂度分析

显然，Lomuto 分区算法的基本运算是第 4 行的比较运算。假定待分区的范围内有 k 个元素，则该基本运算将会执行 k−1 次，于是有 $T(k)=k-1=O(k)$，即 Lomuto 分区算法是一个线性复杂度的算法。

注：正是这样的线性复杂度的分区算法，决定了快速排序算法是一个最优排序算法。

3．快速排序主算法的伪代码

算法 6-9 所示为快速排序主算法，它也是一个递归算法，以待排序数组 a 和范围[lo, hi]为参数。其初始运行需要执行 quicksort(a, 0, n-1)。当 lo < hi，即[lo, hi]区间中有 2 个或以上元素时，算法调用 partition 对其进行划分，在 Lomuto 分区策略下，这会使 a[hi]被排到正确的 p 位置上，此后分别对[lo, p-1]和[p+1, hi]区间中的元素进行递归分治。

算法 6-9　快速排序主算法

输入：n 个元素的数组 a
输出：排序的 a

```
1. quicksort(a, lo, hi)
2. if lo < hi
3.     p = partition(a, lo, hi)
4.     quicksort(a, lo, p - 1)
5.     quicksort(a, p + 1, hi)
6. end if
```

4．复杂度分析

快速排序算法的惊人之处是，尽管其最坏情况复杂度是二次的 $O(n^2)$，但是其平均情况复杂度却与最好情况复杂度 $O(n\log n)$ 相同，因此它也是一种最优排序算法。

快速排序算法先利用某种线性的分区策略，如 Lomuto 分区策略，将选定的枢纽元素 pivot 排到正确的位置上，使得规模为 n 的问题分解为 pivot 之前和之后的两个子问题，然后对这两个子问题进行递归分治。假设 pivot 之前的子问题的规模为 $k(0\leqslant k\leqslant n-1)$，则 pivot 之后的子问题的规模便是 $n-1-k$，于是我们就得到 Lomuto 分区策略下给定 k 时复杂度的递推式，即 $T(n)=T(k)+T(n-k-1)+n-1=T(k)+T(n-k-1)+O(n)$。根据算法 6-9，规模为 1 和 0

的子问题为平凡的有序子问题，不需要进行处理，因此上述递推式的终止条件为$T(1)=0$和$T(0)=0$。我们将在上述基础上分析快速排序算法的最好、最坏和平均情况复杂度。

1）最好情况复杂度分析

在最好情况下，每次的划分都是平衡的划分，即都能将问题划分为两个等规模的子问题，这时有$T(n)=2T\left(\frac{n}{2}\right)+O(n)$，这与如式（6-5）所示的归并排序算法的复杂度递推式相同，其闭式解为$T(n)=O(n\log n)$。

2）最坏情况复杂度分析

在最坏情况下，每次划分都是最不平衡的划分，即将规模为n的问题分解为规模分别为0和$n-1$的两个子问题，这时有$T(n)=T(0)+T(n-1)+n-1=T(n-1)+n-1$。

利用递推的方法，我们很容易得到$T(n)=O(n^2)$，即快速排序算法的最坏情况复杂度是二次的。

注：很特别的一点是，快速排序算法的最坏情况是输入数据有序（升序和降序）时的情况。

3）平均情况复杂度分析

前文已说明，一般地，快速排序算法将规模为n的问题分解为规模为$k(0\leqslant k\leqslant n-1)$和$n-1-k$的两个子问题，即共有$n$种不同的划分方法，那么平均情况的一个合理假设就是这n种不同的划分等概率出现[6]，由此可得平均情况复杂度的递推式为

$$T(n)=\frac{1}{n}\sum_{k=0}^{n-1}\left(T(k)+T(n-k-1)+n-1\right)=n-1+\frac{2}{n}\sum_{k=0}^{n-1}T(k)$$

等式两边同乘以n得

$$nT(n)=n(n-1)+2\sum_{k=0}^{n-1}T(k)$$

显然，对于规模为$n-1$的问题有

$$(n-1)T(n-1)=(n-1)(n-2)+2\sum_{k=0}^{n-2}T(k)$$

两式相减得

$$nT(n)-(n-1)T(n-1)=2(n-1)+2T(n-1)$$

即

$$nT(n)=(n+1)T(n-1)+2(n-1)$$

等式两边同除以$n(n+1)$，得

$$\frac{T(n)}{n+1}=\frac{T(n-1)}{n}+\frac{2}{n+1}-\frac{2}{n(n+1)}=\frac{T(n-1)}{n}+\frac{4}{n+1}-\frac{2}{n}$$

由此可见，这又是一个递推式，对于规模为$n-1$的问题有

$$\frac{T(n-1)}{n}=\frac{T(n-2)}{n-1}+\frac{4}{n}-\frac{2}{n-1}$$

即

$$\frac{T(n)}{n+1}=\frac{T(n-2)}{n-1}+\frac{4}{n+1}+\frac{2}{n}-\frac{2}{n-1}=\frac{T(n-3)}{n-2}+\frac{4}{n+1}+\frac{2}{n}+\frac{2}{n-1}-\frac{2}{n-2}$$

当递推到规模为0的问题时，有

$$\frac{T(n)}{n+1}=\frac{T(0)}{1}+\frac{4}{n+1}+\frac{2}{n}+\frac{2}{n-1}+\cdots+\frac{2}{2}-\frac{2}{1}$$

即

$$\frac{T(n)}{n+1}=\frac{4}{n+1}+2\left(1+\frac{1}{2}+\frac{1}{3}+\cdots+\frac{1}{n}\right)-4=2H_n+\frac{4}{n+1}-4$$

式中，$H_n=1+\frac{1}{2}+\frac{1}{3}+\cdots+\frac{1}{n}=\sum_{i=1}^{n}\frac{1}{i}$为第 n 个调和数，它的渐近表达式[7]为$\lim_{n\to\infty}H_n=\ln n+\gamma$，其中$\gamma=0.57721\cdots$为欧拉-马歇罗尼（Euler-Mascheroni）常数，这表明H_n是呈对数阶增长的。由此可得，在渐近情况下$\frac{T(n)}{n+1}=2\ln n+O(1)$，因此有

$$T(n)=2(n+1)\ln n+O(n)=2\ln 2(n+1)\log n+O(n)\approx 1.39(n+1)\log n+O(n)$$

注：$\ln n=\frac{\log_2 n}{\log_2 \mathrm{e}}=\frac{\log_2 n}{\ln \mathrm{e}/\ln 2}=\frac{\log_2 n}{1/\ln 2}=\ln 2\cdot\log n$。

由此可见，快速排序算法的平均情况复杂度是$O(n\log n)$，也就是说它也是一个最优排序算法。

6.4.2 现代版C++实现与CD-AV演示设计

本节将先扼要介绍快速排序算法的现代版C++实现，然后着重地介绍其CD-AV演示设计。

1．现代版C++实现

我们用现代版 C++实现了快速排序算法，有关代码参见附录 6-2。其中的测试函数TestQuickSort与附录5-1冒泡排序算法的测试函数TestQuickSort相似，为节省篇幅将其略去。

算法的主函数QuickSort（代码块2）与如算法6-9所示的伪代码除一些数据类型等语言细节以外完全相同。Lomuto分区子函数partition（代码块3）也与如算法6-8所示的伪代码基本相同，只有两点细微的差异：一是在实现代码中将指针 i 的语义调整为指向从前往后最后一个小于枢纽元素pivot的位置，这使实现代码中的i比伪代码中的i小1，这一调整将更有利于算法演示设计，特别是CD-AV演示设计；二是交换操作（第10、14行）前分别增加了i < j和a[high] < a[i+1]的判断，这样可以避免不必要的交换。

2．CD-AV演示设计

我们在 CAAIS 中实现了快速排序算法的 CD-AV 演示设计，该演示设计细致地解析了Lomuto分区算法的执行过程，并以嵌套的条形框形象地示意了算法的分治分区过程。

1）典型的CD-AV行设计

图6-8所示为快速排序算法的典型CD-AV行示例，其中数据行中的low、high列表示待排序数据的分区范围，p列表示从partition返回的pivot的位置，j、i列对应partition中的变量，T(n)列为算法运行过程中的比较计次。

算法以条形框标识数据的分区，以丰富的颜色标识元素的不同状态。最右侧high位置上

的枢纽元素以红色标识，分区内的元素初始时刻以浅紫色标识，j 遍历过的元素以红色标识，i 遍历过（执行过交换操作）的元素以绿色标识，pivot 交换（已排好序）后以带下画线的红色斜体标识，并在此后转换为绿色。

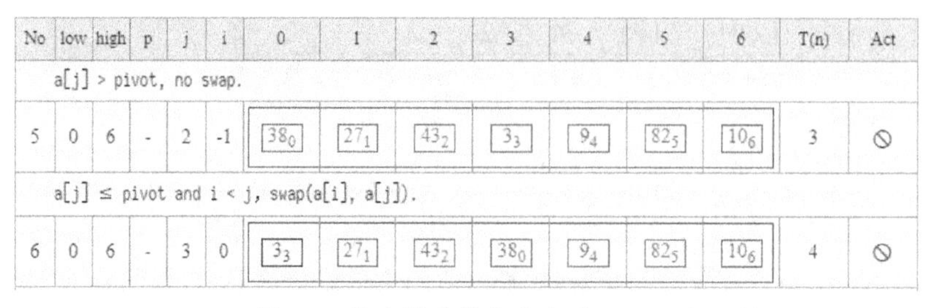

No	low	high	p	j	i	0	1	2	3	4	5	6	T(n)	Act
a[j] > pivot, no swap.														
5	0	6	-	2	-1	38_0	27_1	43_2	3_3	9_4	82_5	10_6	3	⊘
a[j] ≤ pivot and i < j, swap(a[i], a[j]).														
6	0	6	-	3	0	3_3	27_1	43_2	38_0	9_4	82_5	10_6	4	⊘

图 6-8
彩图

图 6-8　快速排序算法的典型 CD-AV 行示例

图 6-8 中的第 5 步骤行示出的是 j 从 low=0 遍历到 2 的情况，由于 a[0]、a[1]、a[2]均大于值为 10 的 pivot，因此未发生过交换操作，i 保持为初始值-1。当算法执行到第 6 步骤行时，j 的值变为 3，由于 a[3](3)小于 pivot(10)且 i < j，因此执行 i = i + 1 及 swap(a[i], a[j])，即 swap(a[0], a[3])的交换操作。

与归并排序算法类似，快速排序算法的 CD-AV 演示也以嵌套的条形框形象地表示算法的递归分区过程，如图 6-9 所示。图 6-9 示出的是划分到 a[3]单独一个元素从而达到递归终结条件时的情况。

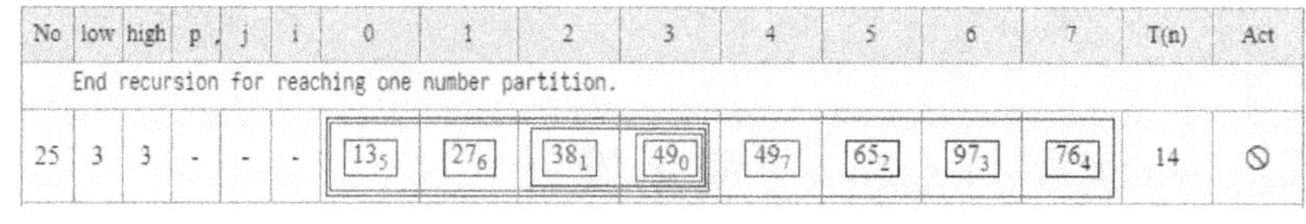

No	low	high	p	j	i	0	1	2	3	4	5	6	7	T(n)	Act
End recursion for reaching one number partition.															
25	3	3	-	-	-	13_5	27_6	38_1	49_0	49_7	65_2	97_3	76_4	14	⊘

图 6-9
彩图

图 6-9　快速排序算法的嵌套递归示意

2）交互设计

图 6-10 所示为快速排序算法的 CD-AV 交互示例。在一个交互行中，前面的 5 个变量（参数）列、中间的数据列及最后的 T(n)列 3 部分会以随机组合的方式进入交互状态。在各输入框中输入数据并单击最后的 Hand in 按钮后，系统将自动进行正误判断，并在上方显示交互行对应的完整数据行，以方便对比学习。

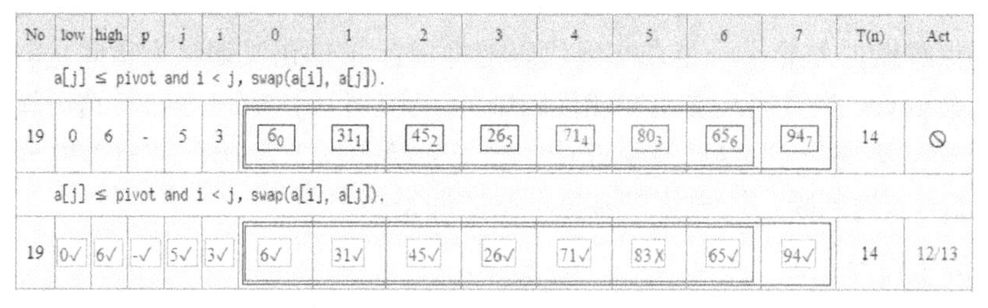

No	low	high	p	j	i	0	1	2	3	4	5	6	7	T(n)	Act
a[j] ≤ pivot and i < j, swap(a[i], a[j]).															
19	0	6	-	5	3	6_0	31_1	45_2	26_5	71_4	80_3	65_6	94_7	14	⊘
a[j] ≤ pivot and i < j, swap(a[i], a[j]).															
19	0√	6√	-√	5√	3√	6√	31√	45√	26√	71√	83X	65√	94√	14	12/13

图 6-10
彩图

图 6-10　快速排序算法的 CD-AV 交互示例

6.5　大师定理及其应用

分治算法的递归设计特点使其复杂度的直接表达式为递推式。在前文的讲述中，我们采用递推的方法求出了一些复杂度递推式的闭式解。求递推式的闭式解还有一个更加简便的方法，那就是本节要介绍的大师定理（Master Theorem）。

6.5.1　大师定理简介

本节将首先介绍一般意义上（普适合并函数下）的大师定理，然后介绍实际应用中最为普遍的多项式合并函数下的大师定理。我们仅给出定理的内容，有关定理的证明及详细、全面的分析和讨论参见《算法导论》[8]。

1．大师定理的一般形式

定理 6-1（大师定理）　令 $a \geqslant 1$ 和 $b > 1$ 是常数，$f(n)$ 是一个函数，$T(n)$ 是定义在非负整数上的递推式，$T(n) = aT(n/b) + f(n)$，其中 n/b 理解为 $\lfloor n/b \rfloor$ 或 $\lceil n/b \rceil$，那么 $T(n)$ 有如下的渐近解。

（1）若对某个常数 $\varepsilon > 0$，有 $f(n) = O\left(n^{\log_b a - \varepsilon}\right)$，则 $T(n) = \Theta\left(n^{\log_b a}\right)$。

（2）若 $f(n) = \Theta\left(n^{\log_b a}\right)$，则 $T(n) = \Theta\left(n^{\log_b a} \log n\right)$。

（3）若对某个常数 $\varepsilon > 0$，有 $f(n) = \Omega\left(n^{\log_b a + \varepsilon}\right)$，且对某个常数 $c < 1$ 和所有足够大的 n，有 $af(n/b) \leqslant cf(n)$，则 $T(n) = \Theta\left(f(n)\right)$。

当分治算法每次将问题分解为 a 个规模为 n/b 的子问题，而合并各子问题解的复杂度为 $f(n)$ 时，该分治算法运算时间的递推式便是 $T(n) = aT(n/b) + f(n)$，因此可以套用上述的大师定理求闭式解。

2．多项式合并函数下的大师定理

当 $T(n) = aT(n/b) + f(n)$ 中的 $f(n)$ 为多项式形式的阶，即 $f(n) = O\left(n^d\right)$ 时，大师定理可简化为如下的简单形式。

如果对于常数 $a \geqslant 1$，$b > 1$，$d \geqslant 0$，有 $T(n) = aT(n/b) + O\left(n^d\right)$，则 $T(n)$ 有如下形式的闭式解：

$$T(n) = \begin{cases} O\left(n^d\right) & d > \log_b a \\ O\left(n^d \log n\right) & d = \log_b a \\ O\left(n^{\log_b a}\right) & d < \log_b a \end{cases}$$

显然，这个简单形式非常易于实际应用。

6.5.2　大师定理的应用

本章介绍的分治算法的复杂度递推式无一例外都是多项式合并函数，因此都可以应用大师定理求闭式解。

二分搜索算法复杂度的递推式为 $T(n) = T(n/2) + O(1)$。运用大师定理，即 $a = 1$，$b = 2$，$d = 0 = \log_b a = 0$，有 $T(n) = O\left(n^d \log n\right) = O(\log n)$。

大整数乘法的朴素分治算法复杂度的递推式为 $T(n) = 4T(n/2) + O(n)$。运用大师定理，即 $a = 4$，$b = 2$，$d = 1 < \log_b a = 2$，有 $T(n) = O\left(n^{\log_b a}\right) = O\left(n^2\right)$。

Karatsuba 乘法算法复杂度的递推式为 $T(n) = 3T(n/2) + O(n)$。运用大师定理，即 $a = 3$，

$b=2$，$d=1<\log_b a=\log_2 3$，有$T(n)=O\left(n^{\log_b a}\right)=O\left(n^{\log 3}\right)\approx O\left(n^{1.58}\right)$。

归并排序算法复杂度的递推式为$T(n)=2T(n/2)+\Theta(n)$。运用大师定理，即$a=2$，$b=2$，$d=1=\log_b a=1$，有$T(n)=\Theta\left(n^d\log n\right)=\Theta(n\log n)$。

快速排序算法最好情况复杂度的递推式与归并排序算法相同，因此运用大师定理也会得到$T(n)=O(n\log n)$的结果。

6.6 算法国粹——贾宪的增乘开平方法

在开方方法研究方面，我国古代数学在世界上曾经是遥遥领先的。成书于约公元 1 世纪的《九章算术》中就有关于开方术的描述。公元 11 世纪北宋的贾宪发展了《九章算术》中的开方术，提出了可以推广至开高次方的增乘开平方法，这比西方的方法早了约 600 年。本节将对增乘开平方法进行详细解释，还将介绍开平方的近代方法——牛顿迭代法。

6.6.1 增乘开平方法详解

本节将以古典描述、步骤解释、实例解释和公式化解释为脉络，对贾宪的增乘开平方法进行详细的阐述。

1. 古典描述

增乘开平方法由北宋的贾宪首创于其所著的《释锁算书》(宋元时期称开方或解数字方程为释锁)，可惜该著作已失传。幸好杨辉于 1261 年所著的《详解九章算法·纂类》收录了该方法，明朝该方法又被抄入《永乐大典》卷一六三四四，因此得以完整地保存下来[9]，其术文（原文）如下。

增乘开平方法：以商数乘下法递增求之。商第一位：上商得数，以乘下法，为乘方。命上商，除实。上商得数，以乘下法，入乘方，一退为廉，下法再退。商第二位：商得数，以乘下法，为隅。命上商，除实讫。以上商得数乘下法入隅，皆名曰廉。一退，下法再退，以求第三位商数。商第三位：用法如第二位求之。

2. 步骤解释

根据上述术文，可以将增乘开平方法总结为如下的 5 个步骤，按这些步骤循环计算，当实为 0 时得到的商就是平方根。

第 1 步：估算商。

第 2 步：以商乘下法加到方（廉）。

第 3 步：以商乘方（廉），并从实中减去。

第 4 步：以商乘下法加到方（廉）。

第 5 步：方（廉）后移一位，下法后移两位。

注：上述的第 1 步“估算商”尚不具备“确定性”，因此还不能称为算法。

上述步骤可以用如图6-11所示的增乘开平方计算表进行计算。其中的“商”为开平方的结果，“实”为待开平方的数据，“方”和“廉”为计算过程中记录的中间结果（首轮为“方”，

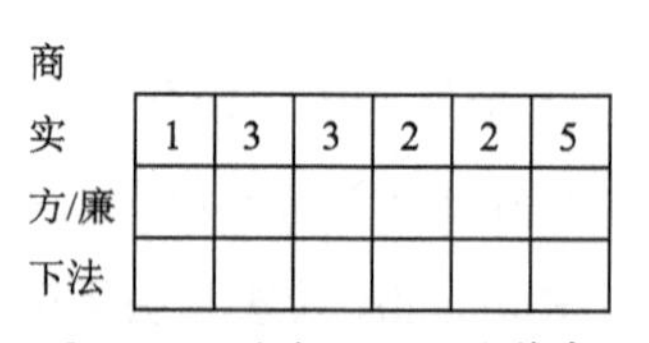

商						
实	1	3	3	2	2	5
方/廉						
下法						

图 6-11 增乘开平方计算表

后续为“廉”),“下法”用于表示当前计算所对应的十进制位数。

注：术文中的“方”“廉”“隅”均源于开方术的几何解释。

3．实例解释

下面以 133225（365^2）的开平方为例，给出增乘开平方法的实例解释，计算过程如图 6-12 中（a）～（l）12 个子图所示。

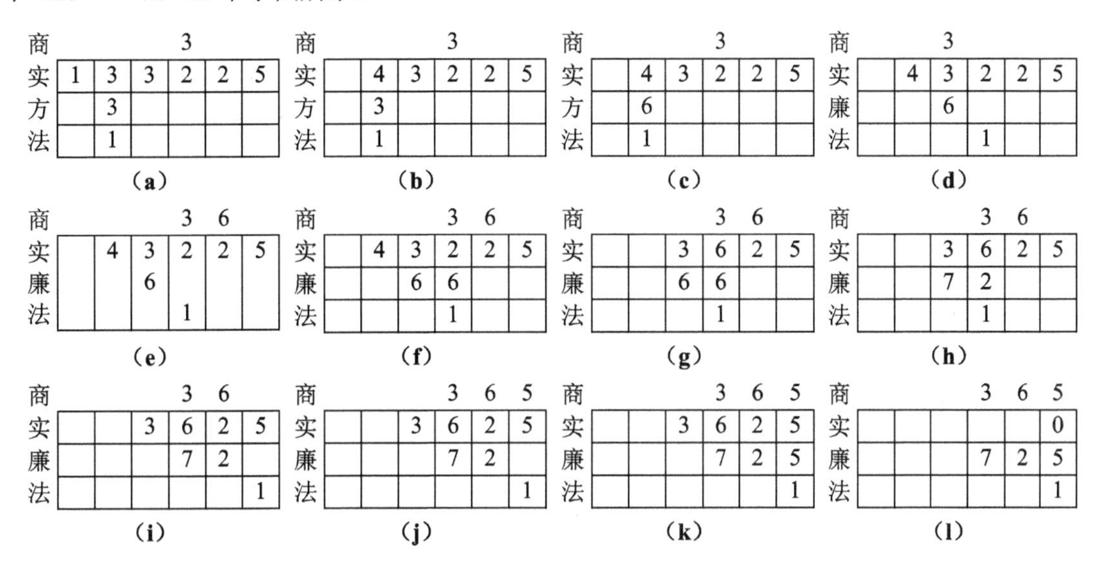

图 6-12　增乘开平方法的实例解释

注：由于排版需要，图 6-12 将对应图 6-11 中第 4 行的“下法”简记为“法”。

初始置 133225 为实。由于 $300^2 = 90000 < 133225 < 160000 = 400^2$，因此商是一个 300 到 400 之间的三位数，可估算商的百位数是 3。

注：关于商的位数的确定，术文未记入，但贾宪在其“立成释锁平方法”中述有“别置一算，名曰下法，于实数之下，自末位常超一位约实，至首尽而止”（引自《详解九章算法·纂类》）[10]。也就是说，初置下法为 1，后将下法每次左移 2 位（超 1 位），移动 2 次便说明商是百位。明代数学家程大位所著的《算法统宗》则加注曰“一下定一，百下定十，万下定百，百万下定千”。

令下法为万分位上的 1（100^2），将方置为商乘下法$(3\times10000 = 30000)$（注：商数仅计数字值，不计其十进制位数），如图 6-12(a)所示；更新实，用原实减去商乘方$(130000 - 3\times30000)$，即新实万分位上的值为 4，如图 6-12（b）所示；更新方，将商乘下法加到旧方上$(3\times10000 + 30000)$，得新方 60000，如图 6-12（c）所示；将方后退 1 位记为廉，下法后退 2 位（成为10^2），如图 6-12（d）所示。至此第 1 轮循环结束。

当到第 2 轮时，实为 43225，廉为 6000，由于$60\times(6000 + 600) = 39600 < 43225 < 46900 = 70\times(6000 + 700)$，估算商的十位为 6，如图 6-12（e）所示；更新廉，用当前廉加商乘下法$(6000 + 6\times100 = 6600)$，如图 6-12（f）所示；更新实，用当前实减去商乘廉$(43225 - 6\times6600)$得 3625，如图 6-12（g）所示；更新廉，将商乘下法加到旧廉上$(6\times100 + 6600)$，得新廉 7200，如图 6-12（h）所示；将廉后退 1 位，下法后退 2 位（成为1^2），如图 6-12（i）所示。至此第 2 轮循环结束。

当到第 3 轮时，实为 3625，廉为 720，由于$5\times720 < 3625 < 6\times720$，估算商的个位为 5，

如图 6-12（j）所示；更新廉，用廉加商乘下法（$720+5\times1=725$），如图 6-12（k）所示；更新实，用当前实减去商乘廉（$3625-5\times725$）得新实 0，因此得原实 133225 的平方根为 365，如图 6-12（l）所示。

4．公式化解释

下面给出增乘开平方法的公式化解释。假定待开平方的数为 y，它是某个十进制数 abc 的平方，即 $y=(a+b+c)^2$，则 y 可展开为 $y=a^2+(2a+b)b+(2(a+b)+c)c$。

由此，我们可先估算 a，计算 $y_1=y-a^2$；然后用 $2ab\leqslant y_1$ 或 $(2a+b)b\leqslant y_1$ 估算 b，并计算 $y_2=y_1-(2a+b)b$；最后用 $2(a+b)c\leqslant y_2$ 或 $(2(a+b)+c)c\leqslant y_2$ 估算 c，如果 $y_3=y_2-(2(a+b)+c)c=0$，则 abc 便是 x 的平方根。

我们参考刘徽对开平方术的古典几何解释[11]，结合上述公式化解释绘制了增乘开平方法的图形解析，如图 6-13 所示。

上述公式化解释表明，贾宪的增乘开平方法可以用 $(a_1+a_2+\cdots+a_n)^2$ 的展开式推广为求任意位数数值正平方根的方法。更为重要的是，结合贾宪用三角形构造的 $(a+b)^n$ 的展开式（指数为整数的二项式定理），该方法可以推广为求任意位数数值的 n 次正根的方法。

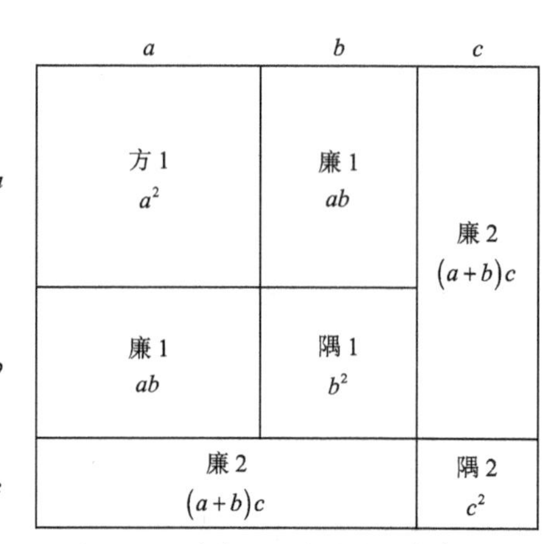

图 6-13　增乘开方法的图形解析

6.6.2　近代开平方法——牛顿迭代法

随着 17 世纪微积分的创立，开方或更广泛意义上的方程求根迎来了现代方法。下面扼要地介绍一下最基本的牛顿迭代法。

1．解任意一元代数方程的牛顿迭代法

对于给定的任意一元函数 $f(x)$，如果它在给定的 x_0 处有一阶导数 $f'(x_0)\neq0$，那么我们可以获得其在 x_0 附近的一阶近似表达式，即 $f(x)\approx f(x_0)+f'(x_0)(x-x_0)$。由此便可得到 $f(x)=0$ 的近似解，即 $x=x_1=x_0-\dfrac{f(x_0)}{f'(x_0)}$。如果用 x_1 取代 x_0 对该式进行迭代，便可得到新的近似解 x_2，以此类推，即可得到求解代数方程 $f(x)=0$ 的牛顿迭代法：

$$x_{k+1}=x_k-\frac{f(x_k)}{f'(x_k)}\quad k=0,1,\cdots \tag{6-6}$$

注：上述迭代过程可以通过设置一个很小的 ε，如 10^{-5}，用 $|x_{k+1}-x_k|<\varepsilon$ 作为迭代的结束条件。

根据一阶导数为曲线切线斜率的事实可以给出牛顿迭代法的几何解释。曲线 $y=f(x)$ 在 x_k 处的切线方程为 $y-f(x_k)=f'(x_k)(x-x_k)$，该切线与 x 轴的交点为如式（6-6）所示的牛顿迭代法的迭代值，即 x_{k+1}，如图 6-14 所示。

就图 6-14 示意的曲线来说，x_{k+1} 是方程 $f(x)=0$ 的一个比 x_k 更接近准确解 x^* 的近似解。这一结论理论上具有普遍性：若牛顿法的初始值 x_0 选取在根 x^* 附近且该根为单根，则可以证明牛顿法至少是二阶收敛的[12]，即 $\lim\limits_{k\to\infty}\dfrac{x_{k+1}-x^*}{\left(x_k-x^*\right)^2}=\dfrac{f''\left(x^*\right)}{2f'\left(x^*\right)}$。

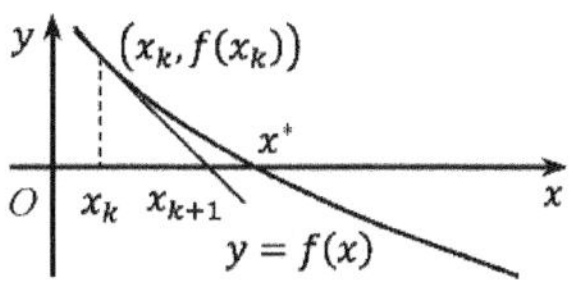

图 6-14　牛顿迭代法的几何解释

然而，x^* 是未知的，一般很难保证所选取的 x_0 充分地靠近它。但幸运的是，下面的定理给出了牛顿法收敛的一个充分条件[13]，从而给出了选取 x_0 的一种确定性方法。

定理 6-2（牛顿迭代法收敛的充分条件）　设 $f(x)\in C^2[a,b]$ 且满足条件 $f(a)f(b)<0$，在区间 $[a,b]$ 上 $f'(x)\neq 0$，在区间 $[a,b]$ 上 $f''(x)$ 不变号，初值 x_0 满足 $f(x_0)f''(x_0)>0$，则牛顿迭代序列 $\{x_k\}$ 单调地收敛于方程 $f(x)=0$ 在区间 $[a,b]$ 上的唯一根 x^*。

2．基于牛顿迭代法的开平方术

求实数 $a>0$ 的平方根 $\sqrt{a}$ 等价于求解方程 $f(x)=x^2-a=0$ 的正实根。对该方程应用牛顿迭代法求解，可得 $x_{k+1}=x_k-\dfrac{x_k^2-a}{2x_k}=\dfrac{1}{2x_k}\left(x_k^2-a\right)$。

可以证明，上式对于任意的 $x_0>0$ 都是收敛的[13]。

易知：$x_{k+1}-\sqrt{a}=\dfrac{1}{2x_k}\left(x_k-\sqrt{a}\right)^2$，$x_{k+1}+\sqrt{a}=\dfrac{1}{2x_k}\left(x_k+\sqrt{a}\right)^2$。

两式相除可得递推式：$\dfrac{x_{k+1}-\sqrt{a}}{x_{k+1}+\sqrt{a}}=\left(\dfrac{x_k-\sqrt{a}}{x_k+\sqrt{a}}\right)^2$。

将该递推式递推至 x_0，得 $\dfrac{x_k-\sqrt{a}}{x_k+\sqrt{a}}=\left(\dfrac{x_0-\sqrt{a}}{x_0+\sqrt{a}}\right)^{2^k}=q^{2^k}$，其中 $q=\dfrac{x_0-\sqrt{a}}{x_0+\sqrt{a}}$。

由此可得 $x_k-\sqrt{a}=2\sqrt{a}\dfrac{q^{2^k}}{1-q^{2^k}}$。

由于 $x_0>0$，$|q|<1$，因此 $\lim\limits_{k\to\infty}q^{2^k}=0$，于是有 $\lim\limits_{k\to\infty}x_k-\sqrt{a}=0$。

习题

1．说明分治法所求解问题的特征。

2．说明分治算法设计的基本步骤。

3．简要叙述 Karatsuba 乘法算法的基本思想，给出其伪代码、复杂度的递推式及其闭式解。

4．分别实现大整数（4096 位以上二进制数）乘法的朴素分治算法和 Karatsuba 乘法算法，并用专业的大整数乘法库验证所实现的算法的正确性，如多精度数值运算的开源 C/C++库

GMP（gmplib.org）、Java 系统的 BigInteger 包等。验证算法正确后，再对两种算法在至少三组数据上（建议二进制位数分别是 4096、8192 和 16384）进行运行时间的比较。

5．简要叙述归并排序算法的基本思想，给出其伪代码（包括主算法和二路归并子算法）、复杂度的递推式及其闭式解。

6．对归并排序算法复杂度的递推式 $T(n)=2T(n/2)+\Theta(n)$ 运用递推方法，推出其闭式解：$T(n)=\Theta(n\log n)$。

7．在 CAAIS 中选择一组 8 个或以上的数据，以 20%的交互进行归并排序 CD-AV 演示，并保存结果。

8．在 CAAIS 中为归并排序算法的 CD-AV 演示选择一组全等的数据，查看其排序结果的稳定性，并解释归并排序算法的稳定性。

9．实现归并排序算法，并测试其 1min 和 3min 内可以排序的数据量。

10．将插入排序算法 1min 和 3min 内所能排序的数据量输入归并排序算法，查看其所用的时间。

11．实现归并排序算法的迭代算法，并以实验验证在同样的机器上迭代算法可以对远超出递归算法栈溢出瓶颈的数据量进行排序。

12．简要叙述快速排序算法的基本思想，给出其伪代码（包括主算法和 Lomuto 分区子算法），说明其最好、最坏和平均情况复杂度。

13．在 CAAIS 中选择一组 8 个或以上的数据，以 20%的交互进行快速排序的 CD-AV 演示，并保存结果。

14．说明快速排序算法是一种不稳定的排序算法，并设计一组数据，在 CAAIS 的快速排序 CD-AV 演示中验证其不稳定性。

15．分别为 CAAIS 的快速排序 CD-AV 演示输入升序和降序的数据序列，查看其运行情况，说明在 Lomuto 分区策略下，升序和降序数据导致的最坏情况复杂度的不同。

16．实现快速排序算法，并测试其在平均情况下 1min 和 3min 内所能排序的数据量。

17．将插入排序算法 1min 和 3min 内所能排序的数据量输入快速排序算法，查看其所用的时间。

18．实现快速排序算法的迭代算法，并以实验验证在同样的机器上迭代算法可以对远超出递归算法栈溢出瓶颈的数据量进行排序。

19．幂函数 x^n 的计算可以设计为一个朴素的 $n-1$ 次的乘法循环算法，复杂度为 $\Theta(n)$。但使用分治法可以为其设计复杂度为 $O(\log n)$ 的算法，请给出该算法的基本思想、伪代码和复杂度分析。

20．针对 Fibonacci 数，使用两个变量动态地记录最近的两个 Fibonacci 数，可以得到一个 $\Theta(n)$ 复杂度的算法。但由于 Fibonacci 数还存在如式（3-13）所示的指数表达式，因此可以将上题 x^n 的分治算法推广到 Fibonacci 数的计算中，从而获得高效的 $O(\log n)$ 复杂度算法，请给出该算法的基本思想、伪代码和复杂度分析。

21．叙述一般意义上（普适合并函数下）的大师定理。

22．给出多项式合并函数下的大师定理，并以此给出大整数乘法的朴素分治算法和 Karatsuba 乘法算法复杂度的闭式解。

23．Strassen 矩阵乘法也是一个经典的分治算法的例子，请给出该算法的描述，写出其复杂度的递推式，并用大师定理求出其闭式解。

24．实现牛顿迭代法开平方的算法，计算 2～10 的整数的平方根，并给出所求结果与所用系统提供的开平方函数结果的对照表。

参考文献

[1] Wikipedia. Divide-and-conquer algorithm[EB/OL]. [2021-10-8].（链接请扫下方二维码）

[2] Wikipedia. Karatsuba algorithm[EB/OL]. [2021-2-8].（链接请扫下方二维码）

[3] KARATSUBA A， OFMAN Y. Multiplication of Many-Digital Numbers by Automatic Computers[J]. Proceedings of the USSR Academy of Sciences，1962，145（2）：293-294.

[4] DASGUPTA S，PAPADIMITRIOU C，VAZIRANI U. 算法概论[M]. 王沛，唐扬斌，刘齐军，译. 北京：清华大学出版社，2011：53-57.

[5] KNUTH D E. 计算机程序设计艺术[M]. 苏运霖，译. 北京：国防工业出版社，2002：151-152.

[6] Wikipedia. Quicksort[EB/OL]. [2021-10-22].（链接请扫下方二维码）

[7] Wikipedia. Harmonic series（mathematics）[EB/OL]. [2021-10-26].（链接请扫下方二维码）

[8] CORMEN T H，LEISERSON C E，RIVEST R L，et al. 算法导论[M]. 第 3 版. 殷建平，徐云，王刚，等译. 北京：机械工业出版社，2013：55-60.

[9] 李俨. 中国数学大纲（上册）[M]. 北京：商务印书馆，2020：205.

[10] 道客巴巴. 详解九章算法三_杨辉撰（74 页）[EB/OL]. [2021-11-15].（链接请扫下方二维码）

[11] 黄建国. 从中国传统数学算法谈起[M]. 北京：北京大学出版社， 2016：121-125.

[12] 李庆扬，王能超，易大义. 数值分析[M]. 第 5 版. 北京：清华大学出版社，2008.

[13] 黄建国. 从中国传统数学算法谈起[M]. 北京：北京大学出版社，2016：128-132.

第 7 章　算法的动态规划设计方法

千淘万漉虽辛苦，吹尽狂沙始到金。

[唐]刘禹锡，《杂曲歌辞 · 浪淘沙》

第 6 章介绍了算法的分治设计方法，该方法解决的是可以分解为不重叠的较小规模子问题的问题，这类问题的分解步骤数通常是规模的对数阶的，因此运用分治法可设计出效率较高的算法。本章将介绍算法的动态规划（Dynamic Programming，DP）设计方法，它用来解决更具广泛性的子问题相互重叠且具有最优子结构性质的问题，这类问题如果用递归调用的分治算法解决，则会因生成数量呈指数式增长的子问题而带来指数阶的算法。本章将先以 Fibonacci 数的计算引入 DP 问题，并对 DP 问题进行理论上的探讨；然后以两个字符串间的编辑距离问题、矩阵链相乘问题、0-1 背包问题和 TSP 问题等经典问题为例介绍 DP 算法的具体设计方法，重点阐述 DP 方程的建立，同时介绍这些实例算法的现代版 C++实现及 CD-AV 演示设计。

7.1　DP 方法概述

本节将先从 Fibonacci 数的 DP 计算入手，阐明记录子问题的解以避免重复计算可以从根本上提高算法效率的 DP 思想；然后阐述适合用 DP 方法求解的问题的两个特征，即最优子结构性质和子问题重叠性。

7.1.1　Fibonacci 数的 DP 计算

我们在第 3 章讨论 Euclid GCD 算法的复杂度时，学习过 Fibonacci 数列，它是一个形如 $F_n=\begin{cases}0 & n=0\\ 1 & n=1\\ F_{n-1}+F_{n-2} & n\geqslant 2\end{cases}$ 的递推数列。针对这个数列，我们可以很直观地编写出算法 7-1，以递归方式计算它的第 n 个值。

算法 7-1　Fibonacci 数的递归算法

```
FibR(n)
if  n≤1  then return n
else return Fib(n-1) + Fib(n-2)
```

注：Fibonacci 数的 DP 算法意义上的 DP 仅需要用 2 个变量记录两个子问题的解，这是简单意义上的 DP。正如 4.6.2 节曾指出的，我们称其为“基于变量的 DP”。一般意义上的 DP 以 $O(n^2)$ 规模的二维表存储 n^2 量级的子问题的解，我们称其为“基于表格的 DP”，后者才是本章要重点介绍的 DP 算法。

算法 7-1 看起来是一个简洁的算法，其实却是一个指数阶复杂度的算法。图 7-1 形象地展示了用该算法计算第 6 个 Fibonacci 数，即 F_6 的递归调用树，很明显地示意出了计算过程中子问题重复计算的指数趋势。

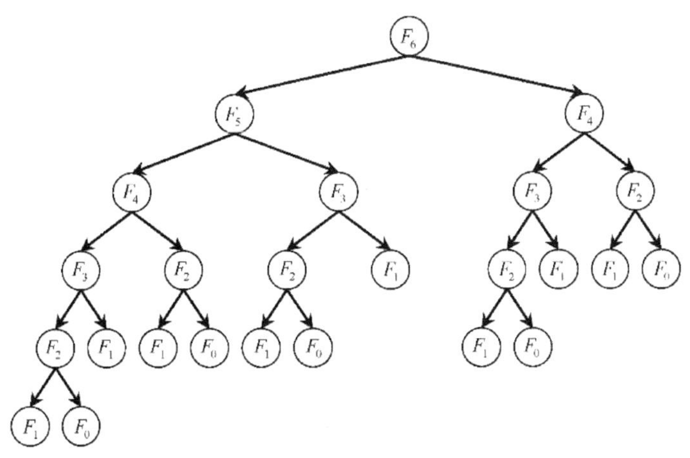

图 7-1　Fibonacci 数递归算法的调用树

接下来我们讨论这种指数趋势的数学表达。若记 F_n^r 为计算第 n 个 Fibonacci 数的递归调用次数，则 F_n^r 可表达为递推式，即 $F_n^r=\begin{cases}1 & n=0\\1 & n=1\\F_{n-1}^r+F_{n-2}^r+1 & n\geqslant 2\end{cases}$。这个递推式是 Fibonacci 递推式的一个变形。将 Fibonacci 递推式 $F_n=F_{n-1}+F_{n-2}$ 等式两边同乘以 2 再减 1，得

$$2F_n-1=2F_{n-1}+2F_{n-2}-1=\left(2F_{n-1}-1\right)+\left(2F_{n-2}-1\right)+1$$

由此可见，若令 $G_n=2F_n-1$，则可得

$$G_n=\begin{cases}-1 & n=0\\1 & n=1\\G_{n-1}+G_{n-2}+1 & n\geqslant 2\end{cases}$$

由于 $G_2=1$，因此上式可写为

$$G_n=\begin{cases}1 & n=1\\1 & n=2\\G_{n-1}+G_{n-2}+1 & n\geqslant 3\end{cases}$$

对比 F_n^r 和 G_n 的递推式可以看出，$F_n^r=G_{n+1}$，也就是说，$F_n^r=2F_{n+1}-1$。

根据 F_n 的闭式解［式（3-16）］可得，$F_n^r=\dfrac{2}{\sqrt{5}}\left(\left(\dfrac{1+\sqrt{5}}{2}\right)^{n+1}-\left(\dfrac{1-\sqrt{5}}{2}\right)^{n+1}\right)-1$，可见 F_n^r 是渐近指数阶的。

这种指数趋势不是偶然的，而是由 $F_n=F_{n-1}+F_{n-2}$ 计算中的子问题 F_{n-1} 和 F_{n-2} 有重叠造成的，因为 $F_{n-1}=F_{n-2}+F_{n-3}$，所以在计算 F_{n-1} 时要重复计算 F_{n-2}，这种重复计算在递归调用时会带来指数阶的复杂度。

如果我们能够避免重复计算，就可以显著提高计算效率。避免重复计算的方法是，当一个子问题被计算后，记录它的计算结果，下次再遇到该子问题时不再重新计算，而直接使用此前记录的结果。显然，这时更合理的计算次序是从规模较小的问题开始，逐渐求规模较大问题的解，而不是此前从大到小的递归计算次序。

对于 Fibonacci 数的计算来说，我们只要设置两个变量，通过不断更新的方式一直保持记录最近的两个 Fibonacci 数的计算结果，就可以直接将它们相加得到接下来的 Fibonacci 数。

基于这一思路，我们很容易就能设计出如算法 7-2 所示的 Fibonacci 数计算算法，这是一种 DP 算法。显然，它的计算复杂度为 $O(n)$。

注 1：这里的计算复杂度仅考虑加法计算的次数，并没有计入当 F_n 非常大时的多精度计算带来的复杂度。

算法 7-2　Fibonacci 数的 DP 算法

```
FibDP(n)
if  n ≤ 1  then return n
f0 = 0, f1 = 1
for i = 2 to n { fn = f0 + f1, f0 = f1, f1 = fn }
return fn
```

注 2：计算 Fibonacci 数还有比算法 7-2 更快速的 $O(\log n)$ 复杂度的算法，参见第 6 章的习题。

注 3：这里的 DP 算法仅是为了引入记录子问题的解以避免重复计算从而设计高效率算法的 DP 思想，不论问题的规模有多大，它都仅需要记忆两个子问题的解，可以说是平凡意义上的 DP 算法。后文将要介绍的是更具广泛性的 DP 算法，它们需要记忆的子问题解的个数是与问题规模及特性相关的。

7.1.2　DP 方法的基本思想及其所求解问题的两个重要特征

本节将阐述 DP 方法的基本思想，并对其所求解的问题的两个重要特征，即最优子结构性质和子问题重叠性进行较为深入的讨论。

1．DP 方法的基本思想

DP 方法是 20 世纪 50 年代由美国应用数学家理查德·贝尔曼（Richard E. Bellman）创立的[1]，它既是一种数学优化方法，也是一种计算机算法设计方法。在这两个领域中，它指的都是一种通过将问题递归地分解为较小规模的子问题以简化复杂问题求解过程的方法。本书主要介绍作为一种计算机算法设计方法的 DP 方法。

注：Programming 一词有两个非常广泛的意义，一个是计算机程序设计（Computer Programming），另一个是本章所说的规划。对于计算机专业的读者来说，程序设计很好理解，因此我们仅对规划做出解释。在计算机还没有被发明的时代，人们在进行一些求最优解的计算时常将计算的数据手工地组织到特别设计的表格中，通过表格式的数据排列和演进为问题求解提供便利，这一方式被称为 Programming，中文翻译为规划。后来 Programming 被广泛地用于表述优化（简单来理解就是求极值）的理论研究和实践，如数学规划（Mathematical Programming）、凸规划（Convex Programming）、二次规划（Quadratic Programming）、线性规划（Linear Programming）、非线性规划（Non-Linear Programming）等。这些与规划有关的理论和实践由于在许多科学与工程领域得到了广泛的应用，因此被归结到一个新的被称为 Operations Research 的学科中，该学科的中文名称为运筹学，是一个数学和计算机紧密结合的交叉学科。Bellman 以 Dynamic Programming（动态规划）命名他发明的求解优化问题的方法可谓非常贴切。

2．最优子结构性质

问题用 DP 方法求解以具有最优子结构为必要条件。在计算机科学中，如果一个问题的最优解可通过将其递归地分解为一系列的子问题并用子问题的最优解构造出来，我们就说该问题具有最优子结构性质。具有最优子结构性质的问题也被称为满足最优化原理的问题。

由此可见，要想用 DP 方法求解一个问题，首先必须找出其最优子结构，如果找不到最优子结构，就不能用 DP 方法为其设计算法。这种最优子结构常表达为动态规划方程，即 DP 方程，也称为 Bellman 方程。DP 方程是问题相关的，我们将在后文的 DP 算法设计示例中展示不同问题 DP 方程的设计。

3．子问题重叠性

问题具有最优子结构并非必须用 DP 方法来求解，如第 6 章中介绍的可用分治法求解的问题都可看作具有最优子结构的问题，但它们并非必须使用 DP 方法求解。适合用 DP 方法求解的问题是同时具有子问题重叠性的问题，如 7.1.1 节中的 Fibonacci 数计算例子所示意的，当子问题相互重叠时，用分治法求解会带来指数式的子问题增加。DP 方法通过将子问题的解记录下来，使得一次求解的结果可供多次使用，这避免了重复的子问题求解，使计算量大大减少，从而得以设计出高效率的算法。如果子问题不相互重叠，就没有必要采用 DP 方法，因为每个子问题仅需要求解一次，不需要记录它的求解结果。

4．最优子结构示例

为了让读者对最优子结构有较为直观的印象，我们用图中的最短路径和最长路径（注：指的都是简单路径）给出实例性的解释。图 7-2 所示为 8 个顶点的环形图。对于最短路径来说，它有很直观的最优子结构性质，即最短路径的子路径也是最短路径（注：这个性质将在第 8 章的 Dijkstra 算法中给予严格的证明）。例如，在图 7-2 中，从 A 到 E 的最短路径显然是 $A—B—C—D—E$，其中 $B—C—D$ 显然也是从 B 到 D 的最短路径。从 A 到 E 的最长路径显然是 $A—H—G—F—E$，然而其中 $H—G—F$（长度为 4）却不是从 H 到 F 的最长路径，从 H 到 F 的最长路径是 $H—A—B—C—D—E—F$（长度为 8）。

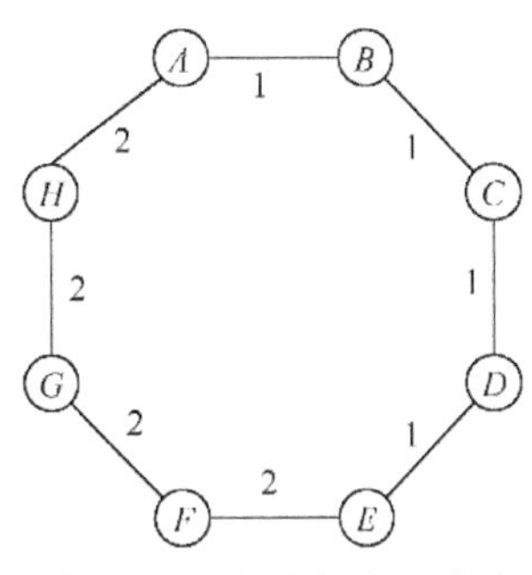

图 7-2 8 个顶点的环形图

注：这个示例并不说明图中的最长路径问题不存在最优子结构，仅说明它不具有像最短路径那样直观易理解的最优子结构。关于最长路径的最优子结构可参阅相关资料[2]，其思路与我们后文将要介绍的 TSP 问题的 DP 算法思路相似，我们将这个问题作为习题留给读者练习。

7.1.3 DP 算法设计的基本步骤

适合用 DP 方法求解的问题需要具备最优子结构性质和子问题重叠性这两个特征，其算法设计过程也需要围绕这两个特征展开，该过程是一个将计算机科学中自顶向下（Top-Down Approach）和自底向上（Bottom-Up Approach）这两个问题求解范式有机结合的过程。我们将该过程表述为如下的步骤。

第 1 步：分析和描述问题的最优子结构性质，确信子问题具有重叠性。

（1）以自顶向下的方式分析问题的最优子结构性质，所得到的最优子结构性质必须是可证明的，否则说明问题尚不具备用 DP 方法求解的条件。

（2）对子问题结构进行分析，确信其具有重叠性，不具有子问题重叠性的问题不必用 DP 方法求解，而应该用分治法求解。

（3）将问题的最优子结构性质以递归方式表达为 DP 方程。

第 2 步：以自底向上的方式设计求解算法。

（1）设计与问题的最优子结构性质相适宜的可罗列全部子问题解的值的表格，如果不能直接由最优解的值推出最优解所来自的子问题，则还需要提供一个辅助回推最优解的表格，通常这两个表格具有相同的结构。

（2）以初始化的方式在表格中填入规模最小的问题的解值。

（3）对不是初始化所能解决的问题构造从最小规模到规模为 n 的问题的求解循环，以自底向上的方式逐步进行子问题的求解，确保在求解较大规模的问题时，它所依赖的所有子问题均已被求解，将每个新求解的子问题的最优解的值记录到表格中，如果有需要还应同时记录辅助回推最优解的信息。

第 3 步：回推最优解。第 2 步结束后会得到规模为 n 的问题的最优解的值，但获取最优解还需要进行回推操作。有一些问题能够由子问题最优解的值直接回推出最优解，也有一些问题需要借助辅助信息才能回推出最优解。

注 1：尽管 DP 通过避免重复求解子问题获得了远比穷举法效率高的算法，但它仍然需要求解问题所有可能的子问题，因此与第 8 章将要介绍的贪心算法相比它仍然是一个有些“笨拙”的方法，然而并非所有具有最优子结构的问题都能找到贪心选择策略进而构造贪心算法。令人放心的是，作为一种系统化的问题求解算法，DP 算法总能求得问题的最优解。

注 2：为理解上述步骤中提到的最优解的值和最优解，我们回顾一下第 4 章中介绍过的 0-1 背包问题。在该问题中，在给定背包容量下可装入物品的最大价值为最优解的值，而给出装入哪些物品可以获得此最大价值为最优解。为了避免描述上的烦琐，通常也以“最优解”指“最优解的值”或泛指两者，这通常能够通过上下文很容易地判断出来。

注 3：当需要辅助记录最优解信息时，也可以设计一个表达最优解的值和最优解信息的结构，即类，这样就可以用一个表格而不是两个表格来记录这些信息。两个字符串间的编辑距离问题和矩阵链相乘问题就是这类问题的典型例子，我们将这两个问题的单表格设计作为习题留给读者练习。

7.2 两个字符串间的编辑距离问题的 DP 算法

本节将以两个字符串间的编辑距离问题为例介绍 DP 方法的一个具体运用。首先介绍两个字符串间的编辑距离问题的 DP 方程及算法设计，其次介绍其现代版 C++实现与复杂度分析，最后介绍相应的 CD-AV 演示设计。

7.2.1 DP 方程及算法设计

本节首先给出 Levenshtein 编辑距离的定义，其次讨论其 DP 方程及 DP 性质，最后讨论其 DP 算法设计。

1．Levenshtein 编辑距离的定义

判断两个字符串间相似性的一种方法是借助编辑距离，即将一个字符串变换为另一个字符串的基本编辑操作数，距离越大相似性越低，距离越小相似性越高。它可以用来解决如下的实际问题：当一个单词拼写错误时，如何找出最相似的单词以便给出合理的拼写建议？

最基本的编辑距离是由 Vladimir I. Levenshtein 提出的[3]：两个字符串间的编辑距离是指将一个字符串变换为另一个字符串的基本编辑操作数，这里的编辑操作指的是对单个字符的插入、删除和替换 3 种基本编辑操作。这个距离常被称为 Levenshtein 编辑距离。

注：Levenshtein 因在纠错码理论和包括 Levenshtein 编辑距离的信息论方面做出的贡献，获得了 2006 年的 IEEE 理查德·海明（Richard W. Hamming）奖章。

图 7-3 所示为从 SNOWY 到 SUNNY 的两种编辑距离示例，图 7-3（a）和（b）分别为 3

次和 5 次编辑操作，即编辑距离分别为 3 和 5 的情况。

S	—	N	O	W	Y
S	U	N	N	—	Y
	插入		替换	删除	

（a）编辑距离为 3

—	S	N	O	W	—	Y
S	U	N	—	—	N	Y
插入	替换		删除	删除	插入	

（b）编辑距离为 5

图 7-3　从 SNOWY 到 SUNNY 的两种编辑距离示例

对于 SNOWY 和 SUNNY，不存在比 3 次更少的编辑操作，也就是说它们之间的最小编辑距离是 3。由此带来了最优化问题：对于任意给定的两个单词或字符串，它们之间的最小编辑距离是多少？如何获取这个最小编辑距离？显然，第一问是求最优解值的问题，第二问是求最优解的问题。

根据图 7-3，获取最小编辑距离的问题可以直观地归结为在最少的 3 种基本编辑操作下，两个字符串的对齐问题。

2．Levenshtein 编辑距离的 DP 方程及 DP 性质

下面给出 Levenshtein 编辑距离的 DP 方程，并对其最优子结构性质和子问题重叠性进行讨论。

1）Levenshtein 编辑距离的 DP 方程

两个字符串 a 和 b 间的 Levenshtein 编辑距离可由如下 DP 方程表示：

$$\mathrm{lev}_{a,b}(i,j)=\begin{cases}\max(i,j) & \min(i,j)=0\\ \min\begin{cases}\mathrm{lev}_{a,b}(i-1,j)+1\\ \mathrm{lev}_{a,b}(i,j-1)+1\\ \mathrm{lev}_{a,b}(i-1,j-1)+1-\delta(a_i,b_j)\end{cases} & \text{else}\end{cases} \tag{7-1}$$

式中，$0\leqslant i\leqslant|a|$，$0\leqslant j\leqslant|b|$，其中$|a|$、$|b|$分别表示字符串 a、b 的长度；$\mathrm{lev}_{a,b}(i,j)$表示 a 的前 i 个字符子串和 b 的前 j 个字符子串间的 Levenshtein 编辑距离，$\mathrm{lev}_{a,b}(|a|,|b|)$就表示字符串 a 和 b 间的 Levenshtein 编辑距离。

当 i 或 j 为 0 时，其中的一个字符子串为空串，显然这时只要在空串中插入另外一个字符串中的全部字符就能将空串编辑为另外一个字符串，因此所需的编辑操作数就是另外一个字符串中的字符数。式（7-1）中的第 1 行，即当 $\min(i,j)=0$ 时 $\mathrm{lev}_{a,b}(i,j)=\max(i,j)$，表达的正是这种情况。这就是 Levenshtein 编辑距离计算的初始化步骤。

当 i 和 j 均不为 0 时，通过编辑操作对齐 a 的 i 子串和 b 的 j 子串有如图 7-4 所示的三种情况。

（1）已经求得了 $\mathrm{lev}_{a,b}(i-1,j)$，即 a 的 $i-1$ 子串和 b 的 j 子串的最优对齐方式，只要在已经进行了编辑操作的 b 的 j 子串后插入 a 的第 i 个字符 a_i，即进行 1 次插入操作，就可将它们对齐，因此有 $\mathrm{lev}_{a,b}(i,j)=\mathrm{lev}_{a,b}(i-1,j)+1$，这种情况对应式（7-1）中 else 部分的第 1 行。

注：这里也可以通过删除 a 的第 i 个字符 a_i 来实现对齐，即进行 1 次删除操作。由于对 a 删除 a_i 字符与对 b 插入 a_i 字符是两个等价的操作，因此我们在分析中仅考虑了插入操作。

（2）已经求得了 $\mathrm{lev}_{a,b}(i,j-1)$，即 a 的 i 子串和 b 的 $j-1$ 子串的最优对齐方式，只要在已

经进行了编辑操作的 a 的 i 子串后插入 b 的第 j 个字符 b_j，即进行 1 次插入操作，就可将它们对齐，因此有 $\text{lev}_{a,b}(i,j)=\text{lev}_{a,b}(i,j-1)+1$，这对应式（7-1）中 else 部分的第 2 行。

（3）已经求得了 $\text{lev}_{a,b}(i-1,j-1)$，即 a 的 $i-1$ 子串和 b 的 $j-1$ 子串的最优对齐方式，对齐 a 的 i 子串和 b 的 j 子串要看 a 的第 i 个字符 a_i 和 b 的第 j 个字符 b_j，如果 a_i 与 b_j 相同，那么不需要进行新的编辑操作，此时有 $\text{lev}_{a,b}(i,j)=\text{lev}_{a,b}(i-1,j-1)$；如果 a_i 与 b_j 不相同，那么需要进行一次替换操作，此时有 $\text{lev}_{a,b}(i,j)=\text{lev}_{a,b}(i-1,j-1)+1$。借用 Kronecker Delta 函数 $\delta(i,j)=\begin{cases}0 & i\neq j\\1 & i=j\end{cases}$，可将这两种情况合并为一个表达式，即 $\text{lev}_{a,b}(i,j)=\text{lev}_{a,b}(i-1,j-1)+1-\delta(a_i,b_j)$，这对应式（7-1）中 else 部分的第 3 行。

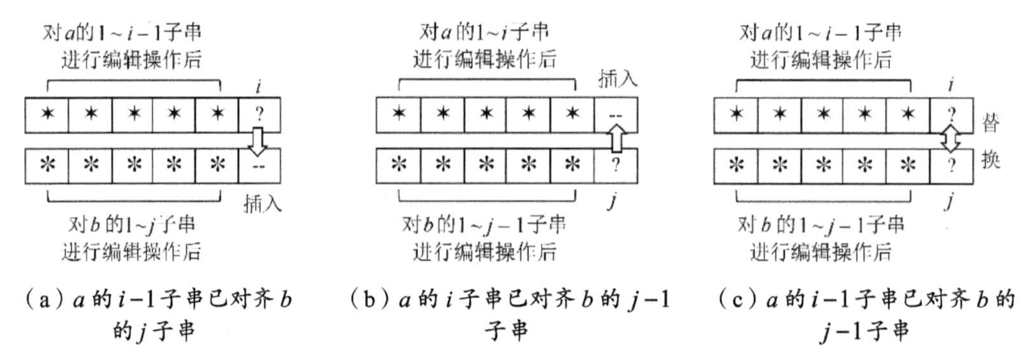

（a）a 的 $i-1$ 子串已对齐 b 的 j 子串　（b）a 的 i 子串已对齐 b 的 $j-1$ 子串　（c）a 的 $i-1$ 子串已对齐 b 的 $j-1$ 子串

图 7-4　a 的 i 子串和 b 的 j 子串三种可能的对齐方式

由上述分析可以看出，式（7-1）既给出了 Levenshtein 编辑距离问题在最小规模问题上的初始化解，又给出了较大规模问题的递归求解表达式，因此是一个 DP 方程，它说明完全可以设计 DP 算法求解 Levenshtein 编辑距离问题。

2）Levenshtein 编辑距离问题的最优子结构

由于依据规模最接近的子问题求解 a 的 i 子串和 b 的 j 子串的编辑距离 $\text{lev}_{a,b}(i,j)$ 只可能有上述三种情况，因此它们中编辑距离最小的一种情况就是 (i,j) 子问题的最优解。由于所有的 (i,j) 问题，包括最终的 $(|a|,|b|)$ 问题都可依此求解，因此该求解方案是一个问题的最优解由子问题的最优解构造出来的方案，或者说求解方案依赖于问题的一种最优子结构。

注：Levenshtein 编辑距离问题的最优子结构是基于穷举全部子问题建立的，是一种应用 DP 算法构造问题最优子结构的常用方法。这再次验证了我们在学习穷举算法设计方法时的断言，即尽管穷举法看起来是一种笨拙的方法，但却在很多算法的一些环节上得以应用，而且无可替代。

3）Levenshtein 编辑距离问题的子问题重叠性

图 7-5 所示为(3,3)子问题的部分递归调用树，限于空间第 3 层只画了一部分节点。这个

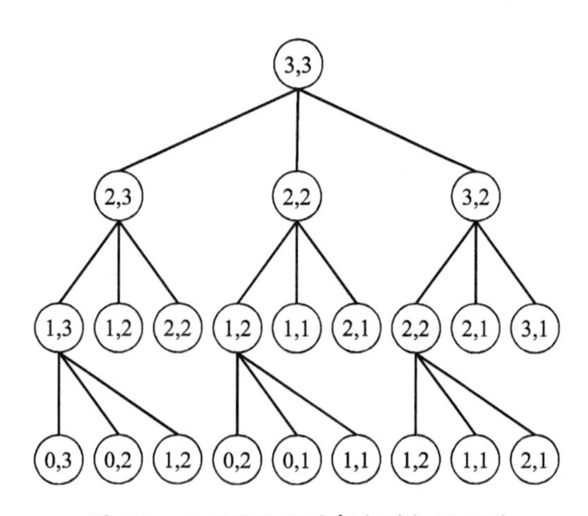

图 7-5　(3,3)子问题的部分递归调用树

部分递归调用树明显地示意了 Levenshtein 编辑距离问题的子问题重叠性，其中的子问题(2,2)、(1,2)、(2,1)和(1,1)各被调用了 3 次、4 次、3 次和 3 次。

实际上，根据上面的分析，(i,j) 子问题的求解依赖于 $(i-1,j)$、$(i-1,j-1)$ 和 $(i,j-1)$ 子问题，而 $(i-1,j)$ 和 $(i,j-1)$ 子问题的求解又都依赖于 $(i-1,j-1)$ 子问题，因此子问题间具有广泛的重叠性。

3．Levenshtein 编辑距离问题的 DP 算法设计

有了上述 DP 方程，确定了 Levenshtein 编辑距离问题的最优子结构和子问题重叠性，我们就可以设计求解该问题的 DP 算法。

1）子问题解的记录表设计与初始化

根据前面的分析，Levenshtein 编辑距离问题的子问题 (i,j) 由 a、b 所有可能的子串构成，其中 $0 \leqslant i \leqslant |a|$，$0 \leqslant j \leqslant |b|$。因此，可以设计 $|a|+1$ 行、$|b|+1$ 列的表格 E 记录所有子问题最优解的值，如图 7-6 所示。表格 E 中第 0 行和第 0 列的值对应一个子串为空的情况，因此可通过初始化的方式顺序地填入其列号和行号值。

为了最后能够回推最优解，还需要设计一个表格 P 记录 (i,j) 子问题的解是由其三个子问题中的哪一个得来的，而且它的行数和列数要与 E 的行数和列数相同。

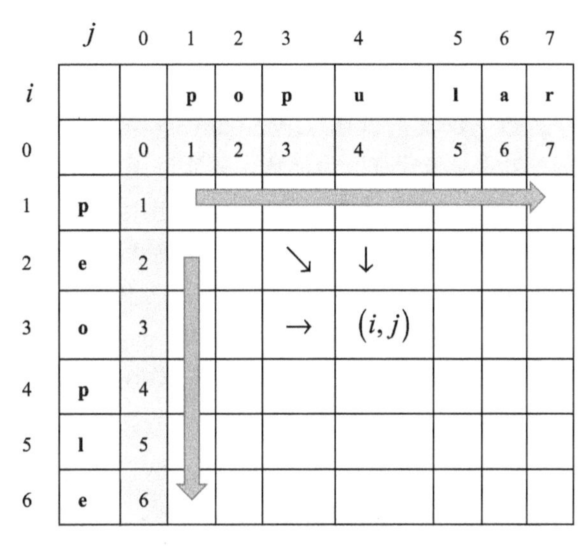

图 7-6　Levenshtein 编辑距离的 DP 表格设计

2）最优解值的求解过程

由前面的分析可以看出，Levenshtein 编辑距离问题的子问题 (i,j) 的最优解求解依赖于 $(i-1,j)$、$(i-1,j-1)$ 和 $(i,j-1)$ 三个子问题的最优解。从图 7-6 中可以看出，这三个子问题分别位于 (i,j) 的上方、左上方和左侧。因此，只要我们构造一个双重循环，按从上到下进行行遍历，在每一行上再从左到右进行列遍历，当遍历到 (i,j) 时，它所依赖的三个子问题就均已求得解，此时可以直接根据三个子问题最优解的值求 (i,j) 的最优解的值，并将这个值记录到表格 E 中，同时还应将 (i,j) 的最优解的值取自哪个子问题的信息记录到表格 P 中，以便最后回推最优解。

当上述双重循环结束后，图 7-6 右下角单元格中的值就是 a、b 的最优编辑距离值。

注：按照先从左到右进行列循环，在每个列循环中再从上到下进行行循环的方式，同样能保证当遍历到 (i,j) 时，它所依赖的三个子问题均已求得解。

3）回推最优解

由最优解值的求解过程获得 a、b 最优解的值后，同时也就获得了所有子问题最优解的来源表格 P，这时我们只要从表格 P 的右下角依次回推，便可得到一个求解 a、b 最优解的值所依赖的子问题序列，即 a、b 对齐的编辑操作序列，也就是 a、b 编辑距离的最优解。

7.2.2 现代版 C++实现与复杂度分析

我们用现代版 C++实现了 Levenshtein 编辑距离问题的 DP 算法，有关代码参见附录 7-1。本节就介绍其中的关键设计技术并给出其复杂度分析。

1．初始化

代码中设计了测试函数 TestLSEditDist（代码块 10），其中用双重 vector 列表 abs 及现代版 C++的初始化列表功能提供多组测试串对（代码块 10 第 3～7 行）。测试串设计为 C++的 string 类，该类提供的丰富的串操作可使代码大大简化。代码用基于范围的 for 循环和自动循环变量遍历测试串组（代码块 10 第 8 行），对于每对测试串调用 LSEditDistCaller 函数（代码块 10 第 11 行）。

LSEditDistCaller 函数（代码块 2）接收两个串参数 x 和 y，首先调用 Initialization 函数进行初始化，其次调用 DPLSEditDist 函数执行 DP 过程获取最优解的值 OptD，再次调用 GetLSEdits 函数获取最优解，最后调用 Output 函数输出最优解的值和最优解。

Initialization 函数（代码块 5）也接收两个串参数 x 和 y，首先将它们的长度赋给全局变量 m 和 n（代码块 5 第 3、4 行）。然后初始化存放最优解的值和最优解信息的二维表 E 和 P（代码块 5 第 5～18 行）。E 和 P 是在代码块 1 第 13、14 行定义的全局变量，它们是由双重 vector 定义的元素类型分别为 int 和 char 的二维表。Initialization 函数用 resize 方法将它们的容量初始化为 $(m+1)\times(n+1)$，并分别以数值 0 和字符'0'填充（代码块 5 第 5～8 行）。接着，将 E 数组中第 0 行的所有元素以其列号初始化（代码块 5 第 11 行），第 0 列的所有元素以其行号初始化（代码块 5 第 16 行），这就是当一个串为空串时，编辑距离为另一个串的长度这个算法初始化步骤的代码实现。同时，将 P 数组第 0 行的所有元素标记为'L'（代码块 5 第 12 行），这对应的是记录每个子问题的最优解来自其左侧子问题的初始化代码实现，第 0 列的所有元素标记为'U'（代码块 5 第 17 行），这对应的是记录每个子问题的最优解来自其上方子问题的初始化代码实现。最后，Initialization 函数还要初始化记录最优解（最优编辑操作序列）的全局变量 xe 和 ye（代码块 5 第 19、20 行），它们是在代码块 1 第 12 行定义的 string 类全局变量。

注：现代版 C++中提供了 string 类，以面向对象封装的方式处理字符串，这解决了传统 C 语言中由引号定界的 0 结束字符串操作的烦琐和易于出错的问题。

2．算法的主函数 DPLSEditDist

算法的主流程由主函数 DPLSEditDist（代码块 3）实现。它接收两个 string 类字符串 x 和 y，以双重 for 循环实现 DP 表格中除解值已被初始化的所有子问题的遍历。对每个 (i,j) 子问题，使用两次 C++中的 min 函数，根据 DP 方程从所依赖的三个子问题中求出最小的解值（代码块 3 第 5～7 行）记入 $E[i][j]$，其中用 C 语言关系表达式 $x[i-1]!=y[j-1]$ 以 1 和 0 表达布尔结果的特点实现 DP 方程中的 $1-\delta(a_i,b_j)$ 计算。

注：由于 string 类字符串变量中的字符是从 0 开始索引的，因此代码中的 $x[i-1]$ 和 $y[j-1]$ 分别对应 DP 方程中两个串的第 i 个和第 j 个字符。

接下来在 P 数组中记录最优解值的来源（代码块 3 第 8～13 行）：用'U'标识由上方的 $(i-1,j)$ 子问题计算得来，用'L'标识由左侧的 $(i,j-1)$ 子问题计算得来，用字符'1'或'0'标识由左上方的子问题$(i-1,j-1)$计算得来，其中'1'和'0'分别对应$x[i-1]$与$y[j-1]$不相同和相同的情况。代码只需对'1'（代码块3第13行）赋值即可，因为P数组元素的初始化值是'0'（代码块5第8行）。

3．回推最优解的函数GetLSEdits

回推最优解由函数GetLSEdits（代码块4）实现。算法接收两个string类字符串x和y，以while循环用初始化为m和n的循环变量i和j从P数组的右下角元素P[m][n]开始回推，回推得到的编辑操作计入xe和ye串。如果P[i][j]元素的值为'0'或'1'（代码块4第6～11行），则说明(i,j)子问题的最优解的值是由其左上方的$(i-1,j-1)$子问题计算而来的，于是将x[i-1]、y[j-1]分别插入xe、ye串，插入的字符能够自然地表示出这里是否为一次替换操作，接下来执行i--和j--回推到左上方的元素；如果P[i][j]元素的值为'U'（代码块4第12～17行），则说明(i,j)子问题的最优解的值是由其上方的$(i-1,j)$子问题计算而来的，即通过先将x的i-1串与y的j串对齐后计算而来，也就是对y串执行了一次插入操作，于是将x[i-1]插入xe串，将'-'插入ye串（注：'-'可以很好地示意出插入操作），接下来执行i--回推到上方的元素；如果P[i][j]元素的值为'L'（代码块4第18～23行），则说明(i,j)子问题的最优解的值是由其左侧的$(i,j-1)$子问题计算而来的，即通过先将x的i串与y的j-1串对齐后计算而来，也就是对x串执行了一次插入操作，于是将'-'插入xe串，将y[i-1]插入ye串，接下来执行j--回推到左侧的元素。当$i=0$且$j=0$时，while循环结束。最终得到的xe和ye串就是两个字符串间最小编辑距离解的形象描述，也就是最小编辑距离所对应的操作序列。

注1：由于GetLSEdits是一个回推过程，因此xe和ye串中的字符都从串的最前面插入。为展示现代版C++中string类字符串的插入操作，上述代码使用了两种insert格式。一种是代码块4第8、9行形如xe.insert(0, 1, x[i - 1])的格式，它允许在指定位置上重复地插入指定数目的字符，其中第1个参数为插入字符的位置，第2个参数为插入的字符个数，第3个参数为插入的字符。另一种是代码块4第14、15行形如ye.insert(ye.begin(), '-')的格式，它用指向第一个元素的迭代器ye.begin()指明要插入字符的位置。迭代器是现代版C++中的一个重要概念，读者应注意学习和运用。

注2：这里同样需要注意，$x[i-1]$和$y[j-1]$分别对应DP方程中两个串的第i个和第j个字符。

4．输出设计

以良好的格式输出结果是计算机编程工作的重要组成部分，即使是面向练习和实验的编程，也应尽量设计良好格式的输出结果报告，以达到好的练习和实验效果。良好格式的输出不是指过于花哨的唯美输出，而是指运行报告数据丰富、格式贴切简洁且具有较好的表达力的输出。

针对Levenshtein编辑距离的DP算法，作者进行了良好格式的输出设计，由Output（代码块6）、OutputE（代码块7）及OutputP（代码块8）等函数实现。

Output函数接收两个string类字符串x和y，以及它们的最小编辑距离值，它首先输出字符串x和y（代码块6第4、5行）；其次调用OutputE和OutputP（代码块6第6、7行）以表格方式输出子问题的最小距离计算表E和子问题最优解依赖表P；再次输出最小编辑操作数（代码块6第8行）；最后形象地输出GetLSEdits函数给出的保存在xe和ye串中的最优编辑操作序列（代码块6第9～15行）。表7-1所示为4组单词对的最优编辑操作输出示例，其中以“-”表示一次插入操作，当对应位上字符不同时表示一次替换操作。

表 7-1　4 组单词对的最优编辑操作输出示例

No	1	2	3	4
x	SUNNY	popular	EXPONENTIAL	friend
y	SNOWY	people	POLYNOMIAL	difference
OptD	3	4	6	7
xe	SUNN-Y	p-opular	EXPONENT-IAL	--f--riend-
ye	S-NOWY	peop-le-	--POLYNOMIAL	differ-ence

注：Output 函数展示了 C++中 string 类对象的两个编程要领，一是代码块 6 第 5 行以 string 类的 c_str 方法获取传统 C 语言中的 0 结束字符串，这样就可用 printf 函数的%s 格式将其输出；二是代码块 6 第 10、13 行使用的自动变量支持的基于范围的 for 循环遍历 string 类对象中各字符的操作。

5．算法复杂度分析

显然，算法的基本运算是从三个子问题中求最优解值的操作，它处在$(m+1)\times(n+1)$的双重循环中，计算的结果也保存到$(m+1)\times(n+1)$规模的二维表中，因此主流程函数的时间和空间复杂度都是$O(mn)$。

回推最优解的过程对初值为m和n的变量i和j进行递减遍历，在最坏情况下每次仅对i和j中的一个减 1，即其复杂度为$O(m+n)$。

因此，综合来说 Levenshtein 编辑距离的 DP 算法的复杂度为$O(mn)$。

7.2.3　CD-AV 演示设计

我们在 CAAIS 中实现了 Levenshtein 编辑距离问题 DP 算法的 CD-AV 演示设计，该演示设计贴切地体现了 DP 算法的表格式子问题求解过程，同时提供了适度的交互。

1．输入数据

CD-AV 演示窗口的控制面板上的“典型”下拉列表中提供了 17 组长度为 4～12 的字符串对实例，这些实例数据以格式“$x,y(l_x,l_y)$”给出，其中l_x和l_y分别对应x和y字符串的长度，如“popular, people(7,6)”。4～12 的字符串长度足以展示出 Levenshtein 编辑距离问题 DP 算法的各个细节特征，长度超过 12 的字符串对会带来过大的 DP 表格和过多的算法执行步骤，因此没有必要进行教学演示和学习。

注：在教学上依然需要体现算法在很长的数据串上的行为，以使学习者可以突破算法演示和解释意义上的字符串规模来体会算法，从而向着算法的实际应用迈出坚实的一步。我们将以习题的方式为学习者提供这方面的练习机会。

2．体现 DP 特点的表格式 CD-AV 演示设计

图 7-7 所示为 Levenshtein 编辑距离问题 DP 算法的交互式 CD-AV 演示示例，该示例演示的是 EXPONENTIAL 和 POLYNOMIAL 间编辑距离计算。与一般算法每个步骤一个 CD-AV 行的设计不同，这里给出了能够直观体现 DP 子问题从左到右、从上到下的表格式计算过程的动态和形象化演示。

注：这一设计在 CD-AV 演示界面上没有提供步骤描述短语的显示，读者可在代码跟踪页的顶端看到这个信息。

No	i	j	x	ε	P	O	L	Y	N	O	M	I	A	L	T(m,n)	Act
1	0	10	ε	0	1^L	2^L	3^L	4^L	5^L	6^L	7^L	8^L	9^L	10^L	0	⊘
11	1	10	E	1^U	1^1	2^L	3^L	4^L	5^L	6^L	7^L	8^L	9^L	10^L	10	⊘
22	2	10	X	2^U	2^U	2^1	3^L	4^L	5^L	6^L	7^L	8^L	9^L	10^L	20	⊘
33	3	10	P	3^U	2^0	3^U	3^1	4^L	5^L	6^L	7^L	8^L	9^L	10^L	30	⊘
44	4	10	O	4^U	3^U	2^0	3^L	4^L	5^L	5^0	6^L	7^L	8^L	9^L	40	⊘
55	5	10	N	5^U	4^U	3^U	3^1	4^L	4^0	5^L	6^L	7^L	8^L	9^L	50	⊘
58	6	2	E	6^U	5^U	4U									52	✔

Wrong user answer: "5U"

图 7-7
彩图

图 7-7　Levenshtein 编辑距离问题 DP 算法的交互式 CD-AV 演示示例

标题行中的 i 和 j 列对应行循环变量和列循环变量；x 列对应输入的 x 字符串；ε列对应字符串为空的初始化情况；其余列对应输入的 y 字符串。

注：这里借用计算理论中表示空串的符号ε来表示空串。

CD-AV 演示按照 DP 算法的计算逻辑，对于给定的 i，每执行一步 j 就加 1，对应行中的下一个单元格成为新的当前单元格。单元格中以 e^p 形式显示数据，其中的 e 和 p 分别表示当前单元格所对应子问题的最优编辑距离和最优解的来源方向，来源方向与此前所述的表格 P 中的标记相同，即分别以 U、L、0/1 表示本子问题的最优解来源于上方、左侧或左上方的子问题。

当进入交互状态时，单元格切换为输入框，在输入时 e 和 p 要连续输入，无须以上标格式输入。例如，对于数据"4^U"直接输入"4U"即可，字母 L 和 U 以大写和小写输入均正确。输入完成后，单击右端的 Hand in 按钮即可提交，系统将自动给出正确和错误的判断。若输入正确，则以绿色背景显示正确的值；若输入错误，则以红色背景显示正确的值。当鼠标指针悬浮在 Hand in 按钮后的交互单元格上时，系统将以快捷提示的方式显示用户曾经的输入（见图 7-7），如果是错误的输入，则提示内容是"Wrong user answer: **"；如果是正确的输入，则提示内容是"Correct user answer: **"。

注意：根据 DPLSEditDist 函数的逻辑，当一个问题由其所依赖的三个子问题得到相同的距离值时，子问题的选取次序是先上（U）、再左（L）、再左上（0/1），在进行交互输入时应注意这个计算次序。

3．回推最优解过程的 CD-AV 演示设计

回推最优解是 Levenshtein 编辑距离问题 DP 算法的重要组成部分，我们也对该过程进行了细致的 CD-AV 演示设计，如图 7-8 所示，该示例演示的是 friend 和 difference 输入下回推最优解的过程。

当算法进行完最优解值的计算后，就进入回推最优解过程。该过程从右下角的单元格开始，由于已经标记了各单元格子问题最优解的来源，因此回推最优解过程变得非常直观。右下角的"7^L"表示它来自左侧的子问题，而该子问题的"6^1"则表示它来自左上方的子问题，依次类推，到"5^U"时表示它来自上方的子问题，一直到"1^L"结束。回推最优解所依赖的各子问题以绿色背景表示，这样当回推最优解过程结束时就得到了一条很形象的最优解的子问题依赖路径。

No	i	j	x	ε	d	i	f	f	e	r	e	n	c	e	T(m,n)	Act
78	0	1	ε	0	1^L	2^L	3^L	4^L	5^L	6^L	7^L	8^L	9^L	10^L	0	⊘
76	1	3	f	1^U	1^1	2^L	2^0	3^L	4^L	5^L	6^L	7^L	8^L	9^L	10	⊘
73	2	6	r	2^U	2^U	2^1	3^U	3^1	4^L	4^0	5^L	6^L	7^L	8^L	20	⊘
72	3	6	i	3^U	3^U	2^0	3^L	4^U	4^1	5^U	5^1	6^L	7^L	8^L	30	⊘
71	4	7	e	4^U	4^U	3^U	3^1	4^L	4^0	5^L	5^0	6^L	7^L	7^0	40	⊘
70	5	8	n	5^U	5^U	4^U	4^U	4^1	5^U	5^1	6^U	5^0	6^L	7^L	50	⊘
69	6	9	d	6^U	5^0	5^U	5^U	5^U	5^1	6^U	6^1	6^U	6^1	7^L	60	⊘

图 7-8
彩图

图 7-8　Levenshtein 编辑距离问题 DP 算法回推最优解过程的 CD-AV 演示示例

4．最优解的输出设计

图 7-8 给出了最优解的形象化显示，然而算法的最优解还是应表达为编辑操作序列才更具计算和实用意义。因此，我们配合回推最优解过程，在 CD-AV 演示界面的辅助区设计了 I/O 页。当算法执行到回推阶段时，该页面会跟随回推步骤显示编辑操作序列的获得过程，并在回推结束时给出完整的编辑操作序列。

表 7-2 所示为输入 popular 和 people 时 I/O 页上的编辑操作输出示例，其中括号内的数字对应 CD-AV 的算法步骤序号。

表 7-2　输入 popular 和 people 时 I/O 页上的编辑操作输出示例

Optimal distance: 4	(52)xe: ar	(54)xe: ular	(56)xe: opular	(58)xe: p-opular
Optimal solution:	(52)ye: e-	(54)ye: -le-	(56)ye: op-le-	(58)ye: peop-le-
(51)xe: r	(53)xe: lar	(55)xe: pular	(57)xe: -opular	
(51)ye: -	(53)ye: le-	(55)ye: p-le-	(57)ye: eop-le-	

7.3　矩阵链相乘问题的 DP 算法

矩阵链相乘问题也是一个适合用 DP 方法求解的经典问题，本节就介绍这个问题的 DP 方程及算法设计，并介绍该算法的现代版 C++实现与复杂度分析，以及 CD-AV 演示设计。

7.3.1　DP 方程及算法设计

本节将给出矩阵链相乘问题的定义，讨论其 DP 方程设计及最优子结构性质和子问题重叠性，并描述其 DP 算法设计的思路。

1．矩阵链相乘问题的定义

定义 7-1（矩阵链相乘问题）　矩阵链相乘问题指的是给定维数分别为 $p_0 \times p_1, p_1 \times p_2, \cdots, p_{n-1} \times p_n$ 的 n 个连乘的二维矩阵 $\boldsymbol{A}_0 \times \boldsymbol{A}_1 \times \cdots \times \boldsymbol{A}_{n-1}$，问以怎样的次序进行乘法运算，可以使得元素乘法运算次数最少？显然这是一个最优化问题。

为了很好地理解这个问题，我们回顾一下矩阵乘法。若 $\boldsymbol{A}$、$\boldsymbol{B}$ 分别为 $p \times q$、$q \times r$ 维的矩阵，则 $\boldsymbol{C} = \boldsymbol{A} \times \boldsymbol{B}$ 是一个 $p \times r$ 维的矩阵，它的每个元素由下式计算：$c_{ij} = \sum_{k=1}^{q} a_{ik} b_{kj}$，$1 \leqslant i \leqslant p$，

$1 \leqslant j \leqslant r$。这需要进行 q 次的元素乘法运算，因此计算 $\boldsymbol{C}=\boldsymbol{A}\times\boldsymbol{B}$ 共需要进行 pqr 次的元素乘法运算。

注 1：两个矩阵相乘的先决条件是第 1 个矩阵的列数与第 2 个矩阵的行数相同。

注 2：矩阵乘法不遵守交换律，即通常 $\boldsymbol{A}\times\boldsymbol{B}\neq\boldsymbol{B}\times\boldsymbol{A}$。

由于矩阵乘法遵守结合律，因此一个相乘的矩阵链可以有若干种不同的矩阵相乘次序，如 $\boldsymbol{A}\times\boldsymbol{B}\times\boldsymbol{C}\times\boldsymbol{D}$ 就有 $\boldsymbol{A}\times(\boldsymbol{B}\times\boldsymbol{C})\times\boldsymbol{D}$、$\boldsymbol{A}\times((\boldsymbol{B}\times\boldsymbol{C})\times\boldsymbol{D})$ 和 $(\boldsymbol{A}\times\boldsymbol{B})\times(\boldsymbol{C}\times\boldsymbol{D})$ 等不同的矩阵相乘次序，而不同的矩阵相乘次序对应不同的元素乘法运算次数，因此获得最少元素乘法运算次数的矩阵相乘次序就是一个自然的需求。这个需求带来了矩阵链相乘问题。

注：直观地看，不同的矩阵相乘次序就是不同的加括号次序。

例如，若 $\boldsymbol{A}$、$\boldsymbol{B}$、$\boldsymbol{C}$、$\boldsymbol{D}$ 的维数分别为 3×12、12×5、5×50、50×6，则三种矩阵相乘次序对应的元素乘法运算次数如表 7-3 所示。由表 7-3 可以看出，对于给定的矩阵链相乘问题，其矩阵相乘次序的不同会带来元素乘法运算次数的巨大差异。

表 7-3 三种矩阵相乘次序对应的元素乘法运算次数

矩阵相乘次序	元素乘法运算次数计算过程	元素乘法运算次数
$(\boldsymbol{A}\times(\boldsymbol{B}\times\boldsymbol{C}))\times\boldsymbol{D}$	$12\times5\times50+3\times12\times50+3\times50\times6=3000+1800+900$	5700
$\boldsymbol{A}\times((\boldsymbol{B}\times\boldsymbol{C})\times\boldsymbol{D})$	$12\times5\times50+12\times50\times6+3\times12\times6=3000+3600+216$	6816
$(\boldsymbol{A}\times\boldsymbol{B})\times(\boldsymbol{C}\times\boldsymbol{D})$	$3\times12\times5+5\times50\times6+3\times5\times6=180+1500+90$	1770

2. 矩阵链相乘问题的 DP 方程设计

根据矩阵乘法遵守结合律不遵守交换律的特点，规模为 n 的矩阵链相乘问题 $\boldsymbol{A}_0\times\boldsymbol{A}_1\times\cdots\times\boldsymbol{A}_{n-1}$ 的任一子问题可表示为从 $\boldsymbol{A}_i$ 到 $\boldsymbol{A}_j$ 的连乘子链，即 $\boldsymbol{A}_i\times\boldsymbol{A}_{i+1}\times\cdots\times\boldsymbol{A}_j$，其中 $0\leqslant i\leqslant j\leqslant n-1$。这样的一个子问题的规模（矩阵个数）为 $l=j-i+1$。l 的最小值为 1，它对应 $i=j$，即单个矩阵的情况；l 的最大值为 n，它对应 $i=0$、$j=n-1$，即整个矩阵链的情况。为简化描述，我们将子问题 $\boldsymbol{A}_i\times\boldsymbol{A}_{i+1}\times\cdots\times\boldsymbol{A}_j$ 简记为 (i,j)。

记 $m(i,j)$ 为计算 (i,j) 子问题的最少元素乘法运算次数，则有 $m(i,i)=0$，$0\leqslant i\leqslant n-1$，因为单独一个矩阵不必进行乘积计算，即没有元素相乘，所以 $m(0,n-1)$ 就是整个问题的解。

要求解 (i,j) 子问题，我们可以将它从某个位置 $k(i\leqslant k<j)$ 分解为前后两个子链，也就是两个规模更小的子问题 (i,k) 和 $(k+1,j)$。显然，k 共有如下所示的 $j-i$，即 $l-1$ 种可能的情况：

$$(\boldsymbol{A}_i)\times(\boldsymbol{A}_{i+1}\times\boldsymbol{A}_{i+2}\times\cdots\times\boldsymbol{A}_{j-1}\times\boldsymbol{A}_j)$$
$$(\boldsymbol{A}_i\times\boldsymbol{A}_{i+1})\times(\boldsymbol{A}_{i+2}\times\cdots\times\boldsymbol{A}_{j-1}\times\boldsymbol{A}_j)$$
$$\vdots$$
$$(\boldsymbol{A}_i\times\boldsymbol{A}_{i+1}\times\boldsymbol{A}_{i+2}\times\cdots\times\boldsymbol{A}_{j-1})\times(\boldsymbol{A}_j)$$

这 $l-1$ 种可能的情况可归结为 $(\boldsymbol{A}_i\times\cdots\times\boldsymbol{A}_k)\times(\boldsymbol{A}_{k+1}\times\cdots\times\boldsymbol{A}_j)$，其中 $i\leqslant k<j$。

对于任意的情况 k，若已经求得了比 (i,j) 规模小的两个子问题 (i,k) 和 $(k+1,j)$ 的最优解 $m(i,k)$ 和 $m(k+1,j)$，则由于它们分别产生了维数为 $p_i\times p_{k+1}$ 和 $p_{k+1}\times p_{j+1}$ 的矩阵，而将这两个矩阵相乘需要 $p_ip_{k+1}p_{j+1}$ 次的元素乘法运算，因此情况 k 产生的 (i,j) 子问题解的元素乘法运算次数为$m(i,k)+m(k+1,j)+p_i p_{k+1} p_{j+1}$。

由于k只有$j-i$，即$l-1$种可能的情况，因此我们取这$l-1$种可能情况中最少的元素乘法运算次数，该次数必定是(i,j)子问题的最优解的值，其切分的位置k就是最优解，于是我们得到了矩阵链相乘问题的 DP 方程：

$$m(i,j)=\min_{i\leqslant k<j}\left\{m(i,k)+m(k+1,j)+p_i p_{k+1} p_{j+1}\right\} \quad 0\leqslant i<j\leqslant n-1 \tag{7-2}$$

3．最优子结构性质

由于上述 DP 方程是通过穷举问题(i,j)的所有子问题，从中找出最少的元素乘法运算次数来建立的，因此它使得(i,j)要达到最优解所依赖的两个子问题(i,k)和(k,j)也必定取得最优解，这说明该 DP 方程依赖于问题的一种最优子结构性质。

4．子问题重叠性

我们以$\boldsymbol{A}_i\times\boldsymbol{A}_{i+1}\times\boldsymbol{A}_{i+2}\times\boldsymbol{A}_{i+3}$子链为例说明上述 DP 方程的计算具有子问题重叠性。此子链的计算中必定包括$(\boldsymbol{A}_i\times\boldsymbol{A}_{i+1})\times(\boldsymbol{A}_{i+2}\times\boldsymbol{A}_{i+3})$和$(\boldsymbol{A}_i\times\boldsymbol{A}_{i+1}\times\boldsymbol{A}_{i+2})\times(\boldsymbol{A}_{i+3})$两种分解计算，其中后一种分解计算中的第一个子问题又必定有$(\boldsymbol{A}_i\times\boldsymbol{A}_{i+1})\times(\boldsymbol{A}_{i+2})$的分解计算，这就带来了子问题$\boldsymbol{A}_i\times\boldsymbol{A}_{i+1}$的重复计算，也就是子问题重叠性。对于更长的矩阵链，这种子问题重叠性将会带来指数级的子问题增多，因此记录子问题解的 DP 算法可大大提高计算效率。

5．DP 算法设计

下面根据上述分析进行子问题最优解记录表设计和子问题最优解值的计算，并回推最优解。

1）子问题最优解记录表设计

分析式（7-2）可知，它应解决如下的子问题序列。

规模为 1 的子问题：$(0,0),(1,1),(2,2),\cdots,(n-1,n-1)$，这是由$n$个单独的矩阵构成的子问题，它们对应的元素乘法运算次数为 0，可用初始化的方法直接赋值。

规模为 2 的子问题：$(0,1),(1,2),(2,3),\cdots,(n-2,n-1)$，这是由所有 2 个相邻的矩阵构成的$n-1$个子问题。

规模为 3 的子问题：$(0,2),(1,3),(2,4),\cdots,(n-3,n-1)$，这是由所有 3 个相邻的矩阵构成的$n-2$个子问题。

规模为l的子问题：$(0,l-1),(1,l),(2,l+1),\cdots,(n-l,n-1)$，这是由所有$l$个相邻的矩阵构成的$n-l+1$个子问题。

规模为$n-1$的子问题：$(0,n-2),(1,n-1)$，这是由所有$n-1$个相邻的矩阵构成的 2 个子问题。

规模为n的1个子问题：$(0,n-1)$。

由上面的分析可以看出，矩阵链相乘问题的所有子问题可以列在一个上三角形矩阵中。图 7-9（a）所示为$n=5$时的子问题。

在子问题求解过程中除需要记录最优解值以外，还需要记录最优解的来源，即 DP 方程中最优解对应的k，因此需要建立两个表，我们将它们分别记为 m 表和 s 表。

2）子问题最优解值的计算

在计算子问题最优解的值时，需要先将规模为 1 的子问题对应的 m 表中对角线上各元素的值初始化为 0，如图 7-9（b）所示。

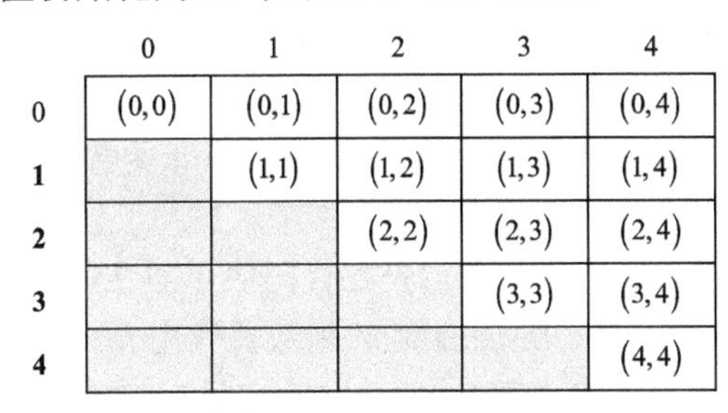

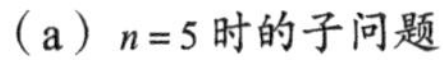
（a）$n=5$ 时的子问题

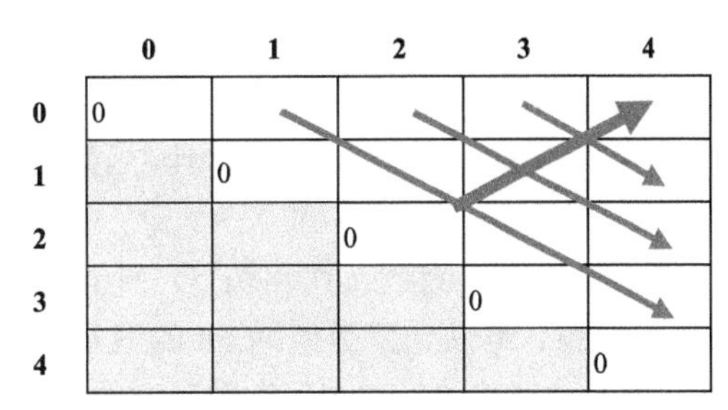

（b）子问题求解次序

图 7-9　矩阵链相乘问题的子问题及子问题求解次序

注：s 表中对角线上的元素不需要初始化，因为在回推最优解时用不到这些元素。

接下来，我们只要用一个双重循环遍历所有的子问题，其中外层循环对问题的规模 l 从 2 到 n 进行遍历，内层循环依次遍历规模为 l 的所有子问题，就能保证在求解规模为 l 的子问题时，它所依赖的所有规模小于 l 的子问题均已求解。

在内层循环中，还要执行对子问题切分位置 k 的循环，以求出最优解值和切分位置。

这个过程结束后，m 表中右上角的元素，即 $m(0,n-1)$ 的值便是问题的最优解的值。

注 1：在求解过程中需要分别在 m 表和 s 表中记录最优解的值和最优解对应的两个子问题的切分位置。

注 2：详细的求解逻辑将在现代版 C++实现中讲述。

3）回推最优解

上述过程给出了问题的最优解的值，要获得问题的最优解，也就是最优的加括号方式，需要运用 s 表进行回推。

回推过程从 s 表的右上角元素，即 $s(0,n-1)$ 开始，先根据该元素的值确定它的最优解所依赖的两个子问题，再根据这两个子问题对应的 s 表元素的值分别确定它们各自依赖的两个子问题，直至子问题的规模为 1。显然，这个回推过程是一个递归过程。

注：详细的回推逻辑将在现代版 C++实现中讲述。

7.3.2　现代版 C++实现与复杂度分析

我们用现代版 C++实现了矩阵链相乘问题的 DP 算法，有关代码参见附录 7-2，下面介绍实现要领并给出复杂度分析。

1．初始化

TestDPMatrixChain 函数（代码块 11）以元素类型为 int 的双重 vector 列表 MatDim 定义多组测试数据（代码块 11 第 4～9 行），即矩阵链的维数列表，其中的测试数据以现代版 C++的初始化列表机制提供。代码使用 for 循环依次用 MatDim 中的各组数据调用 DPMatrixChainCaller 函数进行 DP 计算（代码块 11 第 13～16 行）。

注：n 个连乘矩阵的维数是 $p_0\times p_1,p_1\times p_2,\cdots,p_{n-1}\times p_n$，但作为输入数据只要给出 $n+1$ 个独立维度的列表 $p_0,p_1,p_2,\cdots,p_{n-1},p_n$ 即可。

DPMatrixChainCaller 函数（代码块 3）接收矩阵维数列表 p，先将 p.size() - 1 即问题的规模赋给全局变量 n（代码块 3 第 3 行），然后调用 ShowInput 函数显示输入数据，接着调用 Initialization 函数进行初始化，此后调用 DPMatrixChain 函数进行 DP 计算，计算完成后调用 Show_mMatrix 和 Show_sMatrix 函数输出 m 和 s 矩阵，最后调用 ShowResult 函数输出最优解。

Initialization 函数（代码块 5）对 m 和 s 表进行初始化，它们是在代码块 1 第 15 行定义的全局变量，是以元素类型为 int 的双重 vector 表定义的。Initialization 函数首先用 m.resize(n) 将 m 初始化为含有 n 个 int 类型元素的列表（代码块 5 第 3 行），并用自动变量支持的基于范围的 for 循环将每个 vector<int>类型的元素初始化为长度为 n 的列表（代码块 5 第 4、5 行），列表中每个元素的值初始化为 0；然后对 s 进行类似的初始化（代码块 5 第 6～8 行）；最后清空全局的 order 列表（代码块 5 第 9 行），以消除多组数据运行带来的副作用。order 是在代码块 1 第 16 行定义的类型为 string 的 vector 列表，它用于在算法的回推函数 GenOrder 中构造括号式的最优解表达。

2．算法的主函数 DPMatrixChain

算法的主流程由主函数 DPMatrixChain（代码块 2）实现，它先接收矩阵维数列表参数 p，然后进行初始化，根据 DP 方程求问题的最优解的值，最后回推最优解。

代码块 2 第 3、4 行为初始化步骤，将 m 表主对角线上的所有元素置为 0。

代码块 2 第 5～17 行用三层循环以 DP 方式求解所有的子问题。第一层 for 循环（第 5 行）对规模为 2～n 的子问题以字母 l 为变量进行遍历；第二层 for 循环（第 6 行）对规模为 l 的所有子问题以起始矩阵编号 i 进行遍历，第一个子问题的起始矩阵编号为 0，最后一个子问题的起始矩阵编号为 n - l；第三层 for 循环（第 10 行）对以 i 为起始矩阵的规模为 l 的矩阵子链以循环变量 k 进行切分遍历，该子链的最后一个矩阵是编号为 j = i + l - 1（第 8 行）的矩阵，因此 k 的取值范围为 i ～ j - 1。对于每个 k，根据 DP 方程计算在位置 k 处进行切分时的解值 q（第 12、13 行），如果 q 是一个更优的解（第 14、15 行），即 q < m[i][j]，则将 m[i][j] 更新为 q，同时更新 s[i][j]为 k。

注：在每个子问题的 k 循环之前，m[i][j]被赋予 INF（代码块 2 第 9 行），其中 INF 被定义为 INT_MAX（代码块 1 第 6 行），这确保了求取最优解逻辑（代码块 2 第 14、15 行）的正确执行。

当上述三重循环结束时，即可获得问题的最优解的值 m[0][n-1]及可回推最优解的 s 矩阵。最后调用 GenOrder 函数（代码块 2 第 18 行），根据 s 矩阵回推最优解。

3．回推最优解的 GenOrder 函数

GenOrder 函数（代码块 4）由 s 矩阵递归地回推最优解，回推的结果保存到 order 中，order 是在代码块 1 第 16 行定义的元素类型为 string 的 vector 列表。GenOrder 函数的目的是形象地显示最优解的加括号方式，如(A0((A1(A2A3))A4))。

它接收子问题参数 i、j，如果 i、j 相等，则表示子问题为单个矩阵，构造形如“Ai”的输出并结束递归（代码块 4 第 3～5 行）。如果 i、j 不相等，则 s[i][j]中的值 k 就是(i, j)子问题最优解的切分位置（代码块 4 第 8 行），以切分得到的两个子问题(i, k)和(k + 1, j)为参数，先后递归地调用 GenOrder 函数（代码块 4 第 10、11 行）。代码块 4 第 9、12 行用于为当前(i, j)子问题对应的矩阵链分别增加前后的括号。

4．输出设计

为了报告子问题的求解情况，设计了 Show_mMatrix 函数（代码块 7）和 Show_sMatrix 函数（代码块 8），以矩阵方式输出子问题最优解值矩阵 m 和子问题最优解的切分位置矩阵 s。

最终的求解结果由 ShowResult 函数（代码块 9）报告，其中的第 3、4 行报告最优解的值，最优解由第 6、7 行自动变量支持的基于范围的 for 循环报告，该循环对 GenOrder 函数生成的 order 列表进行遍历，将其中形如“Ai”的矩阵符号或左右括号连续地输出。这样就能以加括号的方式形象地示意问题的最优解，如((A0A1)(((A2A3)A4)A5))。

注：这里用了 string 类的 c_str 方法获得传统 C 语言的 0 结束字符串，以便使用 printf 函数的“%s”格式输出。

5．算法复杂度分析

算法的时间复杂度分为两部分，即求最优解值部分和回推最优解部分。

求最优解值部分的基本运算显然是代码块 2 第 12、13 行 q 的计算，它在执行次数分别为 $2\sim n$、$0\sim n-l$ 和 $l-1$ 次的三重循环中，因此 $T(n)=\sum_{l=2}^{n}\sum_{i=0}^{n-l}(l-1)=\sum_{l=2}^{n}(n-l+1)(l-1)$。

若令 $k=l-1$，则有

$$T(n)=\sum_{k=1}^{n-1}(n-k)k=\sum_{k=1}^{n-1}nk-\sum_{k=1}^{n-1}k^2=n\cdot\frac{1}{2}n(n-1)-\frac{1}{6}(n-1)n(2n-1)$$
$$=n(n-1)\left(\frac{n}{2}-\frac{2n-1}{6}\right)=\frac{1}{6}n(n-1)(n+1)=\Theta(n^3)$$

注：以上推导用到了前 n 个自然数的平方和公式，即 $\sum_{k=1}^{n}k^2=\frac{1}{6}n(n+1)(2n+1)$。

回推最优解的 GenOrder 函数是一个递归函数，因此其基本运算为函数的调用。由于每对括号对应一次矩阵乘法运算，也就是减少一个矩阵，$i\neq j$ 的调用次数为 $n-1$，而 $i=j$ 的调用次数显然为 n，因此回推最优解的复杂度为 $2n-1=O(n)$。

综合上述两部分，算法的时间复杂度为 $T(n)=\Theta(n^3)$。

算法需要 $n\times n$ 的 $\boldsymbol{m}$ 和 $\boldsymbol{s}$ 矩阵存放子问题最优解的值和切分位置，因此其空间复杂度为 $S(n)=O(n^2)$。

7.3.3　CD-AV 演示设计

我们在 CAAIS 中实现了矩阵链相乘问题 DP 算法的 CD-AV 演示设计。其突出特点是能够揭示 DP 方程的计算过程，同时演示 m 和 s 表随算法进行子问题解的计算进程，此外还提供了一定程度的交互。

1．输入数据

CD-AV 演示窗口的控制面板上的“典型”下拉列表中提供了 11 组维数长度为 6～7 的矩阵链实例，它们都取自有代表性的教学资源。选中一组实例后，下方的“维数”下拉框中将显示维数长度，其后的文本框中以逗号分隔的列表形式给出各维数的值，如 10,20,1,40,5,30,15。

注：维数长度为 6～7（矩阵链长度为 5～6）的实例足以满足教学演示需要，过长的维数会因算法

执行步骤数过多而带来教学负担。

2．典型的 CD-AV 行设计

针对本算法的情况，CD-AV 演示采用了结合 DP 表格的多行式设计。图 7-10 所示为典型的带有交互操作的 CD-AV 设计示例，它对应的是输入数据 10,20,1,40,5,30,15 的第 31 步。

数据子行的列有问题的规模 N、当前子问题的规模 l、当前矩阵子链的起始和终止矩阵号 i 和 j、当下切分位置 k、当下切分的元素乘法运算次数的计算值 q、(i, j)子问题的当前最优解值 m[i][j]及其对应的切分位置 s[i][j]，它们都与算法代码中的量相对应。

图形子行设计为 3 个表格：p 表中列出的是各个矩阵的维数，m 表中列出的是各个子问题的最优解值，s 表中列出的是各个子问题的最优切分位置。m 表下面的红色计算式给出的是当前子问题当下切分的括号表达和解值的计算过程。m 表中的两个红色标记值是当下切分所对应的两个子问题的解值，绿色的数字对应已经获得最后解的子问题的结果。

数据子行中的各数据项，图形子行中的 m 和 s 表，以及 m 表下面的红色计算式会跟随算法的 DP 步骤动态地显示变量和数据的变化。

图 7-10 表示的是求解出了(1, 5)子问题且切分位置 k 遍历到 4 的情况，因此数据行上 l、i、j、k 列分别对应 5、1、5、4；当下切分位置对应的两个子问题是(1, 4)和(5, 5)时，它们的解值分别为 950 和 0，如图 7-10 中 m 表中的红字所示；当下切分的元素乘法运算次数计算式如 m 表下面的红色计算式所示，值为 9950，而此前记录的该子问题的最优解值为 1100，且最优切分位置值为 1。在上述的框中输入数据，单击后面的 Hand in 按钮，系统将自动判断输入的正确性，并将 Hand in 按钮切换为“输入正确的框数/总输入框数”的信息显示。

注：进入交互状态后，m 和 s 表中与当前子问题对应的单元格将置为空，m 表下面的红色计算式也被隐藏，这将增强用户对填空所涉及的运算和数据的思考及算法步骤的理解。

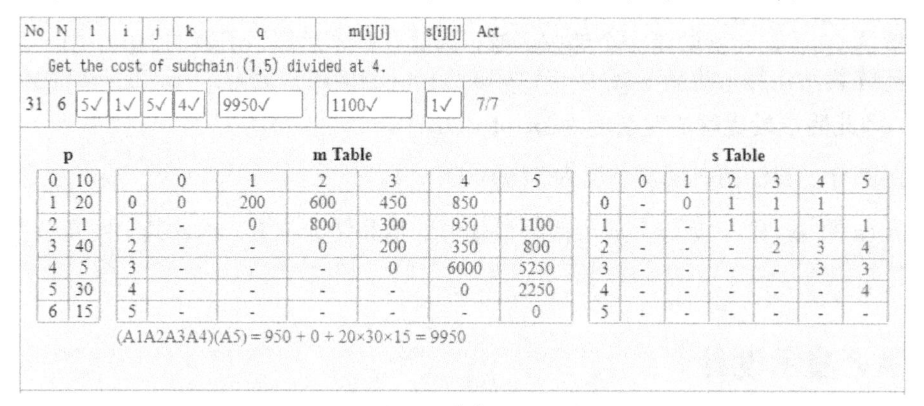

No	N	l	i	j	k	q	m[i][j]	s[i][j]	Act
Get the cost of subchain (1,5) divided at 4.									
31	6	5√	1√	5√	4√	9950√	1100√	1√	7/7

p

0	10
1	20
2	1
3	40
4	5
5	30
6	15

m Table

	0	1	2	3	4	5
0	0	200	600	450	850	
1	-	0	800	300	950	1100
2	-	-	0	200	350	800
3	-	-	-	0	6000	5250
4	-	-	-	-	0	2250
5	-	-	-	-	-	0

(A1A2A3A4)(A5) = 950 + 0 + 20×30×15 = 9950

s Table

	0	1	2	3	4	5
0	-	0	1	1	1	
1	-	-	1	1	1	1
2	-	-	-	2	3	4
3	-	-	-	-	3	3
4	-	-	-	-	-	4
5	-	-	-	-	-	-

图 7-10 彩图

图 7-10　典型的带有交互操作的 CD-AV 行示例

3．回推最优解过程的 CD-AV 演示设计

图 7-11 给出了输入数据 10,20,1,40,5,30,15 的回推最优解过程（GenOrder 函数的执行过程）的 CD-AV 演示设计。由于回推过程仅在 s 表中进行，因此这里截取了图形子行 3 个有代表性的步骤（开始步、中间步和结束步）的 s 表进行示意。

s 表中以绿色背景的格子示出了回推最优解过程，CD-AV 会详细地显示回推的递归过程。s 表下面的字符行显示对矩阵链加括号和递归寻找最优解的过程，其中的第 1 行表达最优解的逐步构造过程，第 2 行解析回推过程中的递归过程。第 2 行中的“*”表示尚未处理到的矩阵，左侧的圆括号对应一次 $i \neq j$ 的递归调用，右侧的圆括号表示结束对应左圆括号的递归调用，右侧的方括号表示尚未结束的一次递归调用。

图 7-11（a）彩图

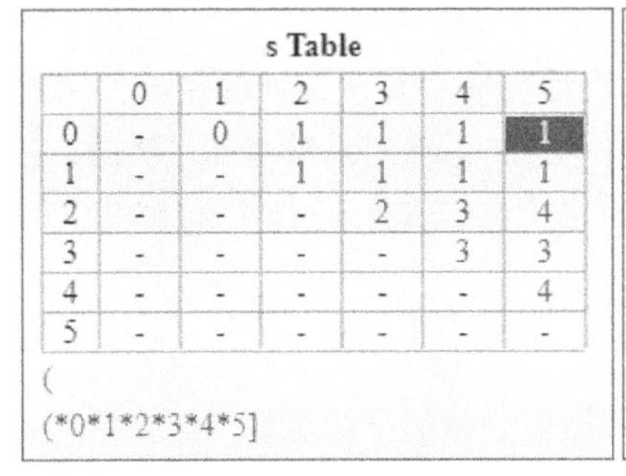

s Table

	0	1	2	3	4	5
0	-	0	1	1	1	1
1	-	-	1	1	1	1
2	-	-	-	2	3	4
3	-	-	-	-	3	3
4	-	-	-	-	-	4
5	-	-	-	-	-	-

(
(*0*1*2*3*4*5]

（a）开始步

s Table

	0	1	2	3	4	5
0	-	0	1	1	1	1
1	-	-	1	1	1	1
2	-	-	-	2	3	4
3	-	-	-	-	3	3
4	-	-	-	-	-	4
5	-	-	-	-	-	-

((A0A1)((
((A0A1)((*2*3*4]*5]]

（b）中间步

图 7-11（b）彩图

图 7-11（c）彩图

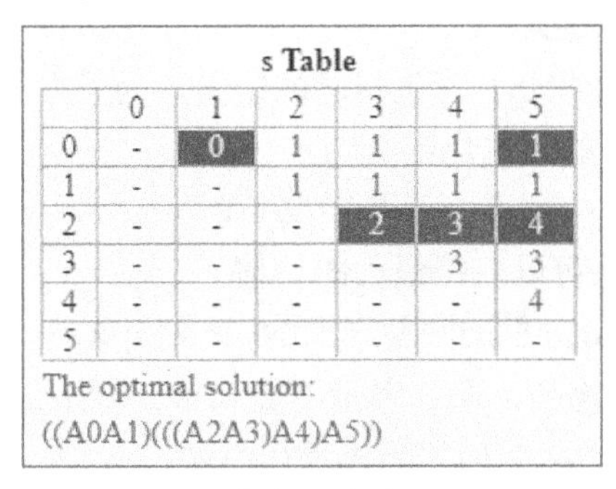

s Table

	0	1	2	3	4	5
0	-	0	1	1	1	1
1	-	-	1	1	1	1
2	-	-	-	2	3	4
3	-	-	-	-	3	3
4	-	-	-	-	-	4
5	-	-	-	-	-	-

The optimal solution:
((A0A1)(((A2A3)A4)A5))

（c）结束步

图 7-11　矩阵链相乘问题 DP 算法回推最优解过程的 CD-AV 演示示例

回推过程从 s 表右上角对应整个问题的(0, 5)单元格开始，即始于 GenOrder(0, 5)调用。由于开始了一次递归调用，因此在整个链的左侧加上圆括号，并在右侧加上方括号。这正是如图 7-11（a）所示的情况，它对应整个 CD-AV 演示的第 38 步。

s[0][5]的值为 1，说明最优解依赖于子问题(0, 1)和(2, 5)，于是递归调用 GenOrder(0, 1)，这将会在*0 前再加上一层左圆括号，并在*1 后加上一个右方括号。由于 s[0][1]的值为 0，因此会产生 GenOrder(0, 0)和 GenOrder(1, 1)调用，它们分别将*0 和*1 变为 A0 和 A1，且都不会再次递归而会返回，于是结束 GenOrder(0, 1)，将 A1 后的右方括号换为右圆括号。接下来以 GenOrder(2, 5)递归，这会在*2 前加上左圆括号，并在*5 后再加一个右方括号。由于 s[2][5]的值为 4，说明(2, 5)子问题的最优解依赖于子问题(2, 4)和(5, 5)，于是递归调用 GenOrder(2, 4)，这会在*2 前再加上一层左圆括号，在*4 后加上一个右方括号，这正是如图 7-11（b）所示的情况，它对应 CD-AV 演示的第 44 步。由于 s[2][4]的值为 3，说明(2, 4)子问题的最优解依赖于子问题(2, 3)和(4, 4)，于是递归调用 GenOrder(2, 3)，这会在*2 前再加上一层左圆括号，在*3 后加上一个右方括号。由于 s[2][3]的值为 2，这会产生 GenOrder(2, 2)和 GenOrder(3, 3)调用，它们分别将*2 和*3 变为 A2 和 A3，且都不会再次递归而会返回，于是结束 GenOrder(2, 3)，将 A3 后的右方括号换为右圆括号。接下来递归调用 GenOrder(4, 4)，它将*4 变为 A4，并将 A4 后的右方括号换为右圆括号，且结束 GenOrder(2, 4)。接下来递归调用 GenOrder(5, 5)，它将*5 变为 A5，并将 A5 后的右方括号换为右圆括号，并结束 GenOrder(2, 5)。最后将末尾的右方括号换为右圆括号，并结束 GenOrder(0, 5)，从而结束整个回推最优解过程，得到如图 7-11（c）所示的最终结果，它对应 CD-AV 演示的第 54 步。

7.4 0-1 背包问题的 DP 算法

在第 4 章中，我们曾经将 0-1 背包问题作为递归穷举算法设计的例子介绍过，当时说明了它是一个 NP 难问题，因而人们相信不存在关于它的多项式求解算法。然而，它却存在一个伪多项式时间的 DP 算法，该算法在某些情况下优于穷举算法，本节就介绍这一算法。

7.4.1 DP 方程及算法设计

本节将给出 0-1 背包问题的定义，分析其所具有的最优子结构性质，并由此构造其 DP 方程，说明其所具有的子问题重叠性，并描述其 DP 算法。

1．0-1 背包问题的形式化定义

我们曾经在第 4 章中给出过 0-1 背包问题的定义，为了方便接下来进行其最优子结构性质讨论，我们在此重述一下它的形式化定义。

给定 n 个重量分别为 $w_1,w_2,\cdots,w_n$、价值分别为 $v_1,v_2,\cdots,v_n$ 且不可分割的物品及一个容量为 W 的背包，问装入哪些物品可以获得最大的价值？

这个问题的解可以用一个 n 分量的向量来表示：$\boldsymbol{x}=\left(x_1,x_2,\cdots,x_n\right)$，$x_i\in\{0,1\}$，$i=1,2,\cdots,n$。其中，$x_i$ 取 1 表示装入第 i 个物品，取 0 表示不装入第 i 个物品。

由此，0-1 背包问题可以表述为如下的最优化问题：

$$\begin{aligned}&\max_{x_1,x_2,\cdots,x_n} V\left(x_1,x_2,\cdots,x_n\right)=\sum_{k=1}^{n}x_k v_k\\&\text{s.t.}\quad \sum_{k=1}^{n}x_k w_k\leqslant W,\ x_k\in\{0,1\}\quad k=1,2,\cdots,n\end{aligned}\tag{7-3}$$

2．0-1 背包问题的子问题定义及其最优子结构性质分析

为讨论 0-1 背包问题的子问题及接下来的 DP 方程，我们将物品重量 $w_k(k=1,2,\cdots,n)$ 和背包容量 W 都看成整数。

注：将物品重量和背包容量看成整数在技术上没有问题，因为如果它们带有 2 位小数，我们只要将它们同乘以 100 就可以了，但总是有点“奇怪”的感觉。产生这种“奇怪”感觉是有道理的，我们将会在进行复杂度分析时看到它带来的是伪多项式的计算复杂度。

我们这样定义 0-1 背包问题的子问题：将前 $i(0\leqslant i\leqslant n)$ 个物品装入容量为 $j(0\leqslant j\leqslant W)$ 的背包，问最大可以获得多少价值？

显然，该子问题可以形式化地表述为如下的最优化问题：

$$\begin{aligned}&\max_{x_1,x_2,\cdots,x_i} V\left(x_1,x_2,\cdots,x_i\right)=\sum_{k=1}^{i}x_k v_k\\&\text{s.t.}\quad \sum_{k=1}^{i}x_k w_k\leqslant j,\ x_k\in\{0,1\}\quad k=1,2,\cdots,i,\quad 0\leqslant i\leqslant n,\quad 0\leqslant j\leqslant W\end{aligned}\tag{7-4}$$

为简化描述，我们称上述子问题为 (i,j) 子问题。

3．0-1 背包问题的子问题解的关系

为了用 DP 方法求解 0-1 背包问题，我们需要找出其最优子结构性质。下面的定理就是关于 0-1 背包问题最优子结构性质的基础。

定理 7-1（0-1 背包问题的子问题解的关系）　假设$\left(x_1^*,x_2^*,\cdots,x_i^*\right)$是前述$(i,j)(i\geqslant1)$子问题的一个最优解，则$\left(x_1^*,x_2^*,\cdots,x_{i-1}^*\right)$必定是如下$\left(i-1,j-x_i^*w_i\right)$子问题的一个最优解：

$$\begin{aligned}&\max_{x_1,x_2,\cdots,x_{i-1}} V\left(x_1,x_2,\cdots,x_{i-1}\right)=\sum_{k=1}^{i-1}x_kv_k\\&\text{s.t.}\quad \sum_{k=1}^{i-1}x_kw_k\leqslant j-x_i^*w_i,\ \ x_k\in\{0,1\}\quad k=1,2,\cdots,i-1\end{aligned}\tag{7-5}$$

注：其中的x_i^*可能是 0 也可能是 1，因此，当$x_i^*=0$时，$j-x_i^*w_i=j$；当$x_i^*=1$时，$j-x_i^*w_i<j$。

我们用反证法证明这个定理。

证明（反证法）：设$\left(x_1^*,x_2^*,\cdots,x_{i-1}^*\right)$不是上述$\left(i-1,j-x_i^*w_i\right)$子问题的一个最优解，则必存在$\left(y_1^*,y_2^*,\cdots,y_{i-1}^*\right)$是上述子问题的一个最优解，且$\left(y_1^*,y_2^*,\cdots,y_{i-1}^*\right)$对应的目标函数的值比$\left(x_1^*,x_2^*,\cdots,x_{i-1}^*\right)$对应的目标函数的值大，即$\sum_{k=1}^{i-1}y_k^*v_k>\sum_{k=1}^{i-1}x_k^*v_k$。

由于最优解$\left(y_1^*,y_2^*,\cdots,y_{i-1}^*\right)$要满足约束条件$\sum_{k=1}^{i-1}y_k^*w_k\leqslant j-x_i^*w_i$，因此有$\sum_{k=1}^{i-1}y_i^*w_i+x_i^*w_i\leqslant j$。

这说明$\left(y_1^*,y_2^*,\cdots,y_{i-1}^*,x_i^*\right)$也是$(i,j)$子问题的一个解。然而这个解对应的物品价值$\sum_{k=1}^{i-1}y_k^*v_k+x_i^*v_i^*>\sum_{k=1}^{i-1}x_k^*v_k+x_i^*v_i=\sum_{k=1}^{i}x_k^*v_k$。

也就是说，我们找到了子问题(i,j)的一个新解$\left(y_1^*,y_2^*,\cdots,y_{i-1}^*,x_i^*\right)$，它的价值大于原来假定为该问题最优解的$\left(x_1^*,x_2^*,\cdots,x_{i-1}^*,x_i^*\right)$的价值。因此，我们关于$\left(x_1^*,x_2^*,\cdots,x_{i-1}^*\right)$不是子问题$\left(i-1,j-x_i^*w_i\right)$的最优解的假设是错误的，即原命题正确。

4．0-1 背包问题的 DP 方程

基于上述 0-1 背包问题的子问题解的关系定理，我们可以构造如下所示的 DP 方程：

$$\begin{cases}V(i,0)=0 & 0\leqslant i\leqslant n\\V(0,j)=0 & 0\leqslant j\leqslant W\\V(i,j)=\begin{cases}V(i-1,j)\\\max\{V(i-1,j),V(i-1,j-w_i)+v_i\}\end{cases} & \begin{array}{l}w_i>j,\ 1\leqslant i\leqslant n\\w_i\leqslant j,\ 1\leqslant j\leqslant W\end{array}\end{cases}\tag{7-6}$$

式（7-6）中第 1 行的$V(i,0)=0(0\leqslant i\leqslant n)$指的是当背包容量为 0 时，无法装入任何物品，因而所得的最大价值总是 0；第 2 行的$V(0,j)=0(0\leqslant j\leqslant W)$指的是当没有物品时，不论背包容量为多大，所得的最大价值总是 0。显然这两种情况就是 DP 方程的初始化情况。

式（7-6）中第 3 行又包括 2 个式子，其中第 1 个式子是$w_i>j$的情况，这时第i个物品一定无法装入容量为j的背包，因此(i,j)子问题（将前i个物品装入容量为j的背包的问题）的解就与$(i-1,j)$子问题（将前$i-1$个物品装入容量为j的背包的问题）的解完全相同。第 2 个式子是$w_i\leqslant j$的情况，这时第i个物品能够装入容量为j的背包。于是(i,j)子问题的最优解不外乎两种情况：一种是装入第i个物品，另一种是不装入第i个物品。当不装入第i个物品时，我们可以获得的最大价值就是子问题$(i-1,j)$的解值$V(i-1,j)$；当装入第i个物品时，它就使背包容量减小为$j-w_i$，这时我们可以获得的最大价值是将前$i-1$个物品装入容量为$j-w_i$的背包所获得的最大价值与第i个物品的价值的和，即$V(i-1,j-w_i)+v_i$。

上述两种情况所得解中的最大值，必定是$w_i \leqslant j$时最优解的值，而式（7-6）中第3行的第2个式子正是这个结论的公式化表示。

5. 最优子结构性质

式(7-6)中的第3行表明，(i,j)子问题的最优解可由规模比它小的$(i-1,j)$或$(i-1,j-w_i)$子问题的最优解构造出来，说明0-1背包问题具有最优子结构性质。

6. 子问题重叠性

我们用一个例子来说明子问题重叠性。假设第3个物品的重量值为2，则求解子问题(3, 5)所依赖的两个子问题分别是(2, 5)和(2, 3)，而求解子问题(3, 7)所依赖的两个子问题分别是(2, 7)和(2, 5)，可以看到(2, 5)子问题将至少被调用2次。由此可见，0-1背包问题的子问题存在重叠性。同样地，(3, 5)、(3, 7)子问题也可能会被调用多次，这就会带来指数式的子问题调用次数。显然，用DP方法可以避免子问题的重复计算，从而设计出效率较高的算法。

7. DP算法的设计

根据DP方程及相关讨论，我们可设计0-1背包问题的DP算法。

1）子问题计算表的设计

根据前述子问题讨论，n个物品、容量为W的背包共有$(n+1)\times(W+1)$个子问题，我们可以用如表7-4所示的表格来记录所有子问题的解值，表格的行序号为$0\sim n$，列序号为$0\sim W$。

表7-4　0-1背包子问题解值的记录表

$V(i,j)$	0	1	…	$j-w_i$	…	j	…	W
0	0	0	…	0	…	0	…	0
1	0							
⋮	0							
$i-1$	0			$(i-1,j-w_i)$		$(i-1,j)$		
i	0					(i,j)		
⋮	0							
n	0							

2）初始化

表7-4的第0行对应没有物品的情况，因此该行的$W+1$个子问题的解值无须计算，可以直接初始化为0；第0列对应背包容量为0的情况，因此该列的$n+1$个子问题的解值也无须计算，可以直接初始化为0。

3）DP计算

表7-4中除第0行和第0列以外的所有子问题可以用一个双重循环遍历，外层循环对行遍历，即从上到下遍历，内层循环对列遍历，即从左到右遍历。

由于求解问题(i,j)所依赖的两个子问题分别是其上方的$(i-1,j)$子问题和左侧的第w_i个子问题，即$(i-1,j-w_i)$子问题，上述遍历次序能够确保在求解(i,j)问题时，它所依赖的子问题均已得到求解，因此循环结束时得到的表格右下角单元格中的值就是整个问题的最优解值。

4）回推最优解

上述 DP 计算最终会得到问题的最优解值，它就是表 7-4 右下角单元格中的值，也就是可装入背包的物品的最大可能价值，我们还需要知道装入哪些物品可以获得该最优解值，也就是要求最优解，这需要执行一个回推过程。

0-1 背包问题的 DP 方程的特点使得由各子问题的最优解值就能回推出最优解，不需要在 DP 计算过程中记录额外的辅助回推信息。

对于给定的子问题(i,j)，只需将它的解值与其上方的$(i-1,j)$子问题的解值进行比较，如果它们相等，则说明(i,j)子问题的解值是由$(i-1,j)$子问题计算而来的，这说明第i个物品没有装入背包，接下来从$(i-1,j)$子问题继续回推；如果子问题(i,j)的解值与其上方的$(i-1,j)$子问题的解值不相等，则说明(i,j)子问题的解值是由$(i-1,j-w_i)$子问题计算而来的，这说明第i个物品装入了背包，接下来从$(i-1,j-w_i)$子问题继续回推。回推从右下角的(n,W)问题开始，到第 0 行时结束。

7.4.2　现代版 C++实现与复杂度分析

我们用现代版 C++实现了上述 0-1 背包问题的 DP 算法，有关代码参见附录 7-3，下面介绍实现要领并给出复杂度分析。

1．初始化

算法练习实验的数据在 TestDP0_1Knapsack 函数（代码块 6）中以现代版 C++的初始化列表方式提供，其中设计了使用多组数据进行实验的机制。由 vector<int>定义的 N 和 W 分别提供物品个数列表和背包容量列表。由 vector<vector<int>>定义的二维列表 w 和 v 用于提供多组的物品重量和价值列表。N、W、w、v 中的数据个（组）数应保持一致。

TestDP0_1Knapsack 函数用 for 循环对每组数据调用 DP0_1KnapsackCaller 函数（代码块 6 第 14、15 行）进行初始化并完成 DP 计算。

DP0_1KnapsackCaller 函数（代码块 2）接收物品个数 n、背包容量 W、物品重量数组 w、物品价值数组 v 这 4 个参数。首先将代码块 2 第 1 行定义的类型为 vector<vector<int>>的全局变量 V 初始化为$(\mathrm{n}+1)\times(\mathrm{W}+1)$的二维表（代码块 2 第 6 行），V 将用来记录各子问题的最优解值，它的初始化使用了 vector 的 resize 方法，resize 的第一个参数说明初始化为$\mathrm{n}+1$个 vector<int>列表，第 2 个参数说明每个 vector<int>列表中含有$\mathrm{W}+1$个初值为 0 的 int 型元素；其次将代码块 2 第 2 行定义的类型为 vector<int>的全局解向量 x 初始化为大小为$\mathrm{n}+1$个元素的列表（代码块 2 第 7 行）；再次用 n、W、w、v 参数调用主函数 DP0_1Knapsack 进行 DP 计算，并返回最优解值 OptV；最后调用 Output 函数输出计算结果。

注：DP0_1KnapsackCaller 和 DP0_1Knapsack 函数使用传统 C 语言的指针类型（int *）定义物品重量和价值参数列表，它们与整型数组等价。

2．算法的主函数 DP0_1Knapsack

算法的主流程由主函数 DP0_1Knapsack（代码块 3）实现，它根据 DP 方程以双重 for 循环，即对物品个数的外层 i 循环（代码块 3 第 3 行）和对背包容量的内层 j 循环（代码块 3 第 4 行），实现对所有子问题的遍历，在循环体中以 if 语句（代码块 3 第 5～12 行）实现 DP 方程中由较小规模的$(i-1,j)$或$(i-1,j-w_i)$子问题最优解值构造当前(i,j)子问题最优解值的逻辑，并将所得最优解值记到 V[i][j]中。

以上双重循环结束后得到的 V[n][W]便是整个问题的最优解值。

注：由于二维表 V 在初始化时已经将所有元素置为 0，因此这里省去了 DP 的初始化步骤。

接下来回推最优解（代码块 3 第 13～18 行）。先将背包容量 W 赋给变量 j（代码块 3 第 13 行），然后用一个 for 循环对物品数 i 从 n 递减到 1 进行遍历（代码块 3 第 14 行）。在循环中依次对每个(i, j)子问题判断其最优解值 V[i][j]与其上方子问题(i - 1, j)的最优解值 V[i - 1][j]之间的关系（代码块 3 第 15 行），如果两者相等，则说明第 i 个物品不在最优解中，将 x[i]赋值为 0（代码块 3 第 16 行）；如果两者不相等，则说明第 i 个物品在最优解中，将 x[i]赋值为 1，同时将 j 减去第 i 个物品的重量 w[i - 1]（代码块 3 第 18 行）。

注：由于 v 与 w 数组都是从 0 开始索引的，因此第 i 个物品对应的是它们中第 i-1 个元素的值，但代码中记录最优解的 x 用从 1 开始的序号记录物品的装入与否。

3．输出设计

代码中的 Output 函数（代码块 4）提供了良好的算法数据输出。它首先报告算法的所有输入数据（代码块 4 第 3～8 行），包括物品个数、背包容量、各物品的重量和价值；其次以表格的形式报告所有子问题的最优解值（代码块 4 第 9～16 行）；最后报告所求得的整个问题的最优解值和最优解（代码块 4 第 17～20 行）。

4．算法复杂度分析——伪多项式时间复杂度

在算法主流程中用 DP 算法求最优解值的过程是$n \times W$的双重循环，回推过程是一个n次的单重循环，因此算法的时间复杂度$T(n,W)=O(nW)$。

算法需要一个$(n+1)(W+1)$的二维表存储所有子问题最优解的值，因此算法的空间复杂度$S(n,W)=(n+1)(W+1)=O(nW)$。

从表面上看，$O(nW)$的复杂度是一个与输入数据，即n和W都呈线性关系的复杂度，似乎 0-1 背包问题的 DP 算法是一个快速的多项式时间算法。然而，这个复杂度实际上是一个伪多项式时间复杂度。

伪多项式时间复杂度指的是与输入数据的值而非规模呈多项式关系的复杂度。我们知道，算法的时间复杂度是基本运算关于输入规模的函数，而输入规模指的是输入数据所占据的存储空间量。

上述复杂度式子中的n代表n个物品的输入规模，这没有问题。因为假如每个物品的重量和价值分别占用k_w位和k_v位的存储空间，则所有物品的重量和价值就占用$n(k_w+k_v)$位的存储空间，由于算法并不对物品的重量和价值的数值进行循环计算，k_w和k_v对于算法分析来说就是常数，物品重量和价值所占用的存储空间就是n的常数倍，因此可以用n来表示物品信息的输入规模。然而$O(nW)$中的W指的是背包容量的值，它的规模要用所占用的存储空间量，即二进制位数k来衡量，而对于一个k位的二进制数，其范围是$1\overbrace{00\cdots0}^{k-1\text{个}} \sim \overbrace{11\cdots1}^{k\text{个}}$，即$2^{k-1} \sim 2^k-1$，所以$W=O(2^k)$。因此，按照输入的规模来表示，0-1 背包问题的 DP 算法的复杂度为$T(n,k)=O(n2^k)$，这是一个指数阶的算法。

5．0-1 背包问题的 DP 算法的有效性

第 4 章中曾经介绍过基于子集遍历的 0-1 背包问题的递归穷举算法，该算法的复杂度是指数阶的，即 $T(n)=O(n2^n)$，它是一个与背包容量无关的复杂度。并且，我们说过 0-1 背包问题是一个 NP 难问题，人们相信不存在任何数据情况下的多项式时间算法。

本节介绍的 DP 算法的复杂度 $T(n)=O(nW)$。显然，这是一个与背包的容量有关的复杂度。

通过比较两个复杂度可以看出，当 $W<2^n$，即 $W=o(2^n)$ 时，DP 算法比穷举算法有效；当 $W>2^n$，即 $W=\omega(2^n)$ 时，穷举算法比 DP 算法有效。

7.4.3　CD-AV 演示设计

我们在 CAAIS 中实现了上述 0-1 背包问题的 DP 算法的 CD-AV 演示设计，该演示设计形象地体现了 DP 算法的表格式子问题计算过程，此外还提供了适度的交互。

1．输入数据

CD-AV 演示窗口的控制面板上的“典型”下拉列表中提供了 7 组物品数量为 4～7 且背包容量不超过 15 的数据实例，它们都取自有代表性的教学资源。选中一组数据后，控制面板上的“个数”下拉框中会显示物品的个数，其后的数据框中则以格式“$n;W;w_1,w_2,\cdots,w_n;v_1,v_2,\cdots,v_n$”显示所选实例对应的数据，如“5;10;2,2,6,5,4; 6,3,5,4,6”。该格式以分号分隔不同性质的数据，n 表示物品个数，W 表示背包容量，$w_1,w_2,\cdots,w_n$ 表示各物品的重量，$v_1,v_2,\cdots,v_n$ 表示各物品的价值。此外，使用控制面板上的“随机”按钮，可根据“个数”下拉框的设定随机地生成一组数据实例。

2．体现 DP 特征的表格式 CD-AV 演示设计

图 7-12 所示为带有交互的 0-1 背包问题的 DP 算法的 CD-AV 演示示例，显然这里的表格式设计直观地体现了 DP 的表格式计算特征。其中 i 列表示给定物品个数所对应的所有子问题，0 ~ W 列则对应背包容量。标题行下面及 w, v 列中均以 w_i, v_i 的形式显示各物品的重量和价值，这将为 CD-AV 演示过程中的数据计算理解和验证提供方便。

No	i	j	w,v	0	1	2	3	4	5	6	7	8	9	10	T(n,W)	Act
-	-	-	-	2,6	2,3	6,5	5,4	4,6							-	⊘
1	0	10	-	0	0	0	0	0	0	0	0	0	0	0	0	⊘
11	1	10	2,6	0	0^U	6^0	6^1	6^2	6^3	6^4	6^5	6^6	6^7	6^8	10	⊘
22	2	10	2,3	0	0^U	6^U	6^U	9^2	9^3	9^4	9^2	9^6	9^7	9^8	20	⊘
27	3	4	6,5	0	0^U	6^U	6^U	9u			Correct user answer: "95"				24	⊙

图 7-12
彩图

图 7-12　带有交互操作的 0-1 背包问题的 DP 算法的 CD-AV 演示示例

注：此设计在 CD-AV 界面上未提供步骤描述短语的显示，读者可在代码跟踪页的顶端看到该信息。

此 CD-AV 演示会随着 DP 算法双重循环的进程，按从左到右、从上到下的顺序依次在表格中以 V^P 的格式填入各子问题的最优解信息，其中 V 为最优解的值，P 为最优解的来源。当 P 为“U”时，表示最优解来自其上方的子问题；当 P 为数字 k 时，表示最优解来自上一行的第 k 个子问题。

在交互状态下，系统会随机地将当前进程的子问题对应的单元格转为输入框，用户在框中输入数据并单击右侧的 Hand in 按钮后，系统将自动给出正确和错误的判断。如果输入正确，则以绿色背景显示正确的值；如果输入错误，则以红色背景显示正确的值。当鼠标指针悬浮在提交后的交互单元格上时，系统将以快捷提示的方式显示用户曾经的输入，如果是错误的输入，则提示内容是“Wrong user answer: **”；如果是正确的输入，则提示内容是“Correct user answer: **”。

注： 在交互时不需要以上标形式输入数据，只要顺序输入即可，如 9^U 可直接输入 9U，并且可忽略字母大小写。

3. 回推最优解的 CD-AV 演示设计和输出设计

前述的双重循环结束后，算法便得到了记录问题最优解的值及子问题最优解的依赖关系的表格，接下来需要执行回推过程以获得最优解。

图 7-13 所示为 0-1 背包问题的 DP 算法的回推最优解 CD-AV 演示示例，CD-AV 演示会跟随回推算法的步骤，将回推问题最优解所依赖的子问题系列以绿色背景逐步地标注出来。显然，V^P 格式的子问题解使回推过程得以非常直观地演示。图 7-13 右下角的 15^6 表示它的最优解来自上一行的第 6 个子问题，因此本行对应的第 5 个物品是最优解的组成；接下来的 9^U 表示它的最优解来自其上方的子问题，因此它所对应的第 4 个物品不是最优解的组成，依次类推，当到达第 1 行时结束，这时便可获得整个问题的最优解。

No	i	j	w,v	0	1	2	3	4	5	6	7	8	9	10	T(n,W)	Act
-	-	-	-	2,6	2,3	6,5	5,4	4,6							-	⊘
1	0	10	-	0	0	0	0	0	0	0	0	0	0	0	0	⊘
61	1	10	2,6	0	0^U	6^0	6^1	6^2	6^3	6^4	6^5	6^6	6^7	6^8	10	⊘
60	2	10	2,3	0	0^U	6^U	6^U	9^2	9^3	9^4	9^5	9^6	9^7	9^8	20	⊘
59	3	10	6,5	0	0^U	6^U	6^U	9^U	9^U	9^U	9^U	11^2	11^3	14^4	30	⊘
58	4	10	5,4	0	0^U	6^U	6^U	9^U	9^U	9^U	10^2	11^U	13^4	14^U	40	⊘
57	5	4	4,6	0	0^U	6^U	6^U	9^U	9^U	12^2	12^3	15^4	15^5	15^6	50	⊘

图 7-13 彩图

图 7-13　0-1 背包问题的 DP 算法的回推最优解 CD-AV 演示示例

为了将问题的输入和输出以更具计算特征的数据方式表达，我们还在辅助区中设计了 I/O 页，该页面以图 7-14 的形式给出了问题输入和输出的格式化数据表达。其中的最优解（Optimal Solution）表达了其逐步构造过程，每行开始括号中的数字对应 CD-AV 的算法步骤。结合图 7-13 和图 7-14 学习和理解最优解的回推过程，相信读者既会有直观的图形化感觉，又会有直观的解向量建立过程的感受。

Input:	Output:
n: 5, W: 10	Optimal value: 15
i:　1　2　3　4　5	Optimal solution:
w:　2　2　6　5　4	(57)X: (?,?,?,?,1)
v:　6　3　5　4　6	(58)X: (?,?,?,0,1)
	(59)X: (?,?,0,0,1)
	(60)X: (?,1,0,0,1)
	(61)X: (1,1,0,0,1)

图 7-14　0-1 背包问题的 DP 算法 CD-AV 演示的 I/O 设计

7.5 TSP 问题的 DP 算法

在第 4 章中，我们曾经将 TSP 问题及其求解算法作为递归穷举算法设计的例子介绍过，该算法是一个 $O(n \cdot n!)$ 复杂度的算法，即使对于几十量级的 n 该算法实际计算也是不可行的。Richard Bellman[4]及 Michael Held 和 Richard Karp[5]于 20 世纪 60 年代发现了一个求解 TSP 问题的 DP 算法，称为 Bellman-Held-Karp 算法，它的复杂度为 $O(n^2 2^n)$，该算法显著好于上述复杂度为 $O(n \cdot n!)$ 的算法。本节就介绍这一算法。

7.5.1 DP 方程及算法设计

本节将详细描述 Bellman-Held-Karp 算法所找到的 TSP 问题的最优子结构性质，并由此构造其 DP 方程，说明其所具有的子问题重叠性，并给出相应的 DP 算法描述。

1. TSP 问题的定义

我们曾经在第 4 章中详细介绍过 TSP 问题的定义，为便于叙述和理解接下来的 DP 思想和算法，在此重述一下：设有 n 个城市和城市之间的路径长度，一个推销员从驻地城市出发推销产品，要求到达每个城市一次且仅一次，最后返回驻地城市，问他应该选择怎样的路线以使总的行程最短（也就是代价最小）？

TSP 问题可以更专业地表述为一个图上的问题：给定距离矩阵 $\boldsymbol{D}$ 的有向或无向图 $G(V,E)$，求图中经过每个顶点一次且仅一次的最短回路。这里的距离矩阵也常被称为费用矩阵或权（重）矩阵。

2. TSP 问题的 DP 算法的适用性分析

TSP 问题要求解图中遍历各个顶点一次的最短回路，这个问题本身并不具有最优子结构性质，因此不能直接用 DP 方法求解。但可以将 TSP 问题分解成如下两个步骤。

第 1 步：求解从 0 号顶点到其余 n 个顶点包含各顶点一次且仅一次的 n 条最短路径。

第 2 步：对第 1 步求得的 n 条路径的长度分别加上从最后一个顶点到 0 号顶点的距离，得到 n 条回路的长度。从这 n 条回路中找一条最短的回路，就可得到 TSP 问题的解。

显然，这里的第 2 步是简单的线性复杂度的计算，问题的关键是第 1 步的求解。接下来的分析表明，第 1 步具有最优子结构性质，因此可以设计 DP 算法。

为此，我们这样定义问题的子问题：(S_k^T,i)，$i \in S_k^T$。其中，S_k 指的是 n 个顶点的全集 $\{1,2,\cdots,n\}$ 中势为 k（含有 k 个元素）的子集的集合，而 S_k^T 指的是 S_k 中的一个作为元素的子集，也可以 T 简记。当需要强调该子集的势时用 S_k^T 记法，当需要简洁表示时用 T 记法。

这个子问题的含义是从起始的 0 号顶点出发，以 T 中的 i 顶点为终止顶点，经过 T 中其他顶点一次且仅一次的最短路径。我们记该最短路径的长度为 $d(S_k^T,i)(i \in S_k^T)$，这就是子问题 $(S_k^T,i)(i \in S_k^T)$ 的最优解。

例如，当 $n=4$ 时，S_k 有 4 种情况：$S_1=\{\{1\},\{2\},\{3\},\{4\}\}$；$S_2=\{\{1,2\},\{1,3\},\{1,4\},\{2,3\},\{2,4\},\{3,4\}\}$；$S_3=\{\{1,2,3\},\{1,2,4\},\{1,3,4\},\{2,3,4\}\}$；$S_4=\{\{1,2,3,4\}\}$

S_k^T 可能是这样一些实例：$S_1^{\{1\}}$、$S_1^{\{2\}}$、$S_2^{\{1,2\}}$、$S_2^{\{2,3\}}$、$S_3^{\{1,2,3\}}$、$S_3^{\{2,3,4\}}$。它们分别对应子集

$\{1\}$、$\{2\}$、$\{1,2\}$、$\{2,3\}$、$\{1,2,3\}$、$\{2,3,4\}$。

显然，每个势为 1 的子集 S_1^T 只对应一个子问题，如子集$\{1\}$和$\{2\}$就分别只有$(\{1\},1)$和$(\{2\},2)$子问题，它们分别表示从 0 号顶点直接到 1 号和 2 号顶点的最短路径子问题。显然，其最优解值就是从 0 号顶点到各顶点的距离，因此它们可以用初始化的方式求解。

就如图 7-15（a）所示的 5 个顶点的完全图来说，$d(\{1\},1)=d_{01}=10$，$d(\{2\},2)=d_{02}=8$，$d(\{3\},3)=d_{03}=9$，$d(\{4\},4)=d_{04}=7$。

注 1：这里的 d_{ij} 表示图上顶点 i 到 j 的距离，也就是距离矩阵 $\boldsymbol{D}$ 的 (i,j) 元素，如 d_{0j} 为矩阵的 $(0,j)$ 元素。

注 2：TSP 问题的规模与出发顶点无关，即 5 个顶点的图的规模为 4，$n+1$ 个顶点的图的规模为 n。

接下来，每个势为 2 的子集$\{i,j\}$对应两个子问题，即$(\{i,j\},i)$和$(\{i,j\},j)$。其中，$(\{i,j\},i)$指的是从起始的 0 号顶点出发，经过 j 顶点，最后到达 i 顶点的最短路径。这个最短路径由两部分组成，即从起始的 0 号顶点出发不经过任何其他顶点而到达 j 的最短路径和从 j 直接到达 i 的路径。前者对应规模为 1 的子问题 $d(\{j\},j)$，后者对应图上(j,i)边的长度，即 $d(\{i,j\},i)=d(\{j\},j)+d_{ji}$。同理可得，$d(\{i,j\},j)=d(\{i\},i)+d_{ij}$。

注：尽管这里可以直接写出 $d(\{i,j\},i)=d_{0j}+d_{ji}$，但是 $d(\{i,j\},i)=d(\{j\},j)+d_{ji}$ 具有更深刻的问题分解和算法意义，它表示规模为 2 的子问题的解可以根据规模为 1 的子问题的解求出。问题求解方法算法化后就可以让计算机自动运行。

例如，针对如图 7-15（b）所示的距离矩阵，所有规模为 2 的子问题可求解如下：

$d(\{1,2\},1)=d(\{2\},2)+d_{21}=8+10=18$ $\quad$ $d(\{1,2\},2)=d(\{1\},1)+d_{12}=10+10=20$

$d(\{1,3\},1)=d(\{3\},3)+d_{31}=9+5=14$ $\quad$ $d(\{1,3\},3)=d(\{1\},1)+d_{13}=10+5=15$

$d(\{1,4\},1)=d(\{4\},4)+d_{41}=7+6=13$ $\quad$ $d(\{1,4\},4)=d(\{1\},1)+d_{14}=10+6=16$

$d(\{2,3\},2)=d(\{3\},3)+d_{32}=9+8=17$ $\quad$ $d(\{2,3\},3)=d(\{2\},2)+d_{23}=8+8=16$

$d(\{2,4\},2)=d(\{4\},4)+d_{42}=7+9=16$ $\quad$ $d(\{2,4\},4)=d(\{2\},2)+d_{24}=8+9=17$

$d(\{3,4\},3)=d(\{4\},4)+d_{43}=7+6=13$ $\quad$ $d(\{3,4\},4)=d(\{3\},3)+d_{34}=9+6=15$

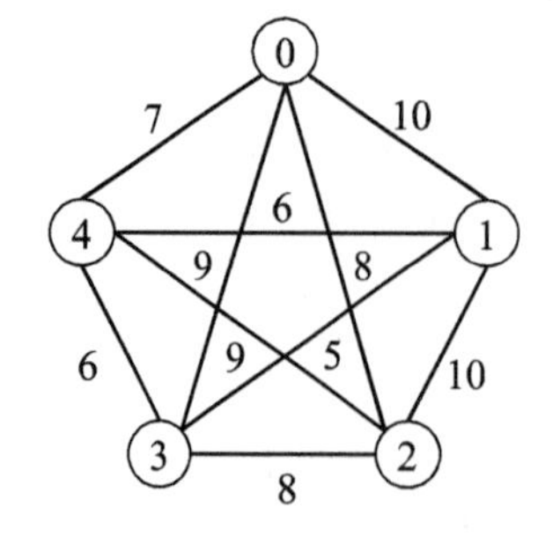

（a）5 个顶点的完全图

	0	1	2	3	4
0	∞	10	8	9	7
1	10	∞	10	5	6
2	8	10	∞	8	9
3	9	5	8	∞	6
4	7	6	9	6	∞

（b）距离矩阵

图 7-15 TSP 问题示例

注：规模为 2 的子集总共有$\binom{n}{2}=\binom{4}{2}=6$个，每个子集对应 2 个子问题，因此共有 12 个子问题。

同样地，势为 3 的子集$\{i,j,k\}$对应 3 个子问题，即$(\{i,j,k\},i)$、$(\{i,j,k\},j)$和$(\{i,j,k\},k)$。其中，$(\{i,j,k\},i)$指的是从起始的 0 号顶点出发，经过$\{i,j,k\}\setminus\{i\}=\{j,k\}$中的各顶点一次且仅一次，最后到达 i 顶点的最短路径。

注："\"表示集合的减法运算。

为了求出这个最短路径，我们让$\{j,k\}$中的每个顶点 j 和 k 都有一次机会出现在 i 顶点之前，这样我们就会得到两条从起始的 0 号顶点出发，经过$\{j,k\}$中的顶点一次且仅一次，最后到达 i 顶点的路径。只要这两条路径中的每条都是最优的，将它们的路径长度分别加上其终止顶点 j 或 k 到 i 的距离，再取其中的最小值，就可以获得子问题$(\{i,j,k\},i)$的解。即$d(\{i,j,k\},i)=\min\left(d(\{j,k\},j)+d_{ji},d(\{j,k\},k)+d_{ki}\right)$。同理可得，$d(\{i,j,k\},j)=\min\left(d(\{i,k\},i)+d_{ij},d(\{i,k\},k)+d_{kj}\right)$，$d(\{i,j,k\},k)=\min\left(d(\{i,j\},i)+d_{ik},d(\{i,j\},j)+d_{jk}\right)$。

这些就是规模为 3 的各子问题的 DP 方程。它们将规模为 3 的子问题的求解转换为规模为 2 的子问题的求解。由于运用了穷举法，因此该问题具有最优子结构性质。从势为 3 的子集开始，DP 的理念真正开始显现。

针对如图 7-15（b）所示的距离矩阵，所有规模为 3 的子问题求解如下：

$$d(\{1,2,3\},1)=\min\left(d(\{2,3\},2)+d_{21},d(\{2,3\},3)+d_{31}\right)=\min(17+10,16+5)=21$$

$$d(\{1,2,3\},2)=\min\left(d(\{1,3\},1)+d_{12},d(\{1,3\},3)+d_{32}\right)=\min(14+10,15+8)=23$$

$$d(\{1,2,3\},3)=\min\left(d(\{1,2\},1)+d_{13},d(\{1,2\},2)+d_{23}\right)=\min(18+5,20+8)=23$$

$$d(\{1,2,4\},1)=\min\left(d(\{2,4\},2)+d_{21},d(\{2,4\},4)+d_{41}\right)=\min(16+10,17+6)=23$$

$$d(\{1,2,4\},2)=\min\left(d(\{1,4\},1)+d_{12},d(\{1,4\},4)+d_{42}\right)=\min(13+10,16+9)=23$$

$$d(\{1,2,4\},4)=\min\left(d(\{1,2\},1)+d_{14},d(\{1,2\},2)+d_{24}\right)=\min(18+6,20+9)=24$$

$$d(\{1,3,4\},1)=\min\left(d(\{3,4\},3)+d_{31},d(\{3,4\},4)+d_{41}\right)=\min(13+5,15+6)=18$$

$$d(\{1,3,4\},3)=\min\left(d(\{1,4\},1)+d_{13},d(\{1,4\},4)+d_{43}\right)=\min(13+5,16+6)=18$$

$$d(\{1,3,4\},4)=\min\left(d(\{1,3\},1)+d_{14},d(\{1,3\},3)+d_{34}\right)=\min(14+6,15+6)=20$$

$$d(\{2,3,4\},2)=\min\left(d(\{3,4\},3)+d_{32},d(\{3,4\},4)+d_{42}\right)=\min(13+8,15+9)=21$$

$$d(\{2,3,4\},3)=\min\left(d(\{2,4\},2)+d_{23},d(\{2,4\},4)+d_{43}\right)=\min(16+8,17+6)=23$$

$$d(\{2,3,4\},4)=\min\left(d(\{2,3\},2)+d_{24},d(\{2,3\},3)+d_{34}\right)=\min(17+9,16+6)=22$$

注：规模为 3 的子集总共有$\binom{n}{3}=\binom{4}{3}=4$个，每个子集对应 3 个子问题，因此共有 12 个子问题。

每个势为 4 的子集$\{i,j,k,l\}$对应 4 个子问题，即$(\{i,j,k,l\},i)$、$(\{i,j,k,l\},j)$、$(\{i,j,k,l\},k)$

和$(\{i,j,k,l\},l)$。其中，$(\{i,j,k,l\},i)$指的是从起始的 0 号顶点出发，经过$\{i,j,k,l\}\setminus\{i\}=\{j,k,l\}$中的各顶点一次且仅一次，最后到达$i$号顶点的最短路径。

为了求出$(\{i,j,k,l\},i)$的最短路径，我们让$\{j,k,l\}$中的每个顶点j、k和l都有一次机会出现在i号顶点之前，这样我们就会得到 3 条从起始的 0 号顶点出发，经过$\{j,k,l\}$中的顶点一次且仅一次，最后到达i号顶点的路径。只要这 3 条路径中的每条都是最优的，将它们的路径长度分别加上其终止顶点j、k、l到i的距离，再取其中的最小值，就可以获得子问题$(\{i,j,k,l\},i)$的解，即$d(\{i,j,k,l\},i)=\min\left(d(\{j,k,l\},j)+d_{ji},d(\{j,k,l\},k)+d_{ki},d(\{j,k,l\},l)+d_{li}\right)$。

同理可以得到$d(\{i,j,k,l\},j)$、$d(\{i,j,k,l\},k)$和$d(\{i,j,k,l\},l)$的计算式。

它们就是规模为 4 的子问题的 DP 方程。它们将规模为 4 的子问题的求解转换为规模为 3 的子问题的求解。由于运用了穷举法，因此该问题具有最优子结构性质。

针对如图 7-15（b）所示的距离矩阵，所有规模为 4 的子问题求解如下：

$$d(\{1,2,3,4\},1)=\min\begin{pmatrix}d(\{2,3,4\},2)+d_{21},\\ d(\{2,3,4\},3)+d_{31},\\ d(\{2,3,4\},4)+d_{41}\end{pmatrix}=\min(21+10,23+5,22+6)=28$$

$$d(\{1,2,3,4\},2)=\min\begin{pmatrix}d(\{1,3,4\},1)+d_{12},\\ d(\{1,3,4\},3)+d_{32},\\ d(\{1,3,4\},4)+d_{42}\end{pmatrix}=\min(18+10,18+8,20+9)=26$$

$$d(\{1,2,3,4\},3)=\min\begin{pmatrix}d(\{1,2,4\},1)+d_{13},\\ d(\{1,2,4\},2)+d_{23},\\ d(\{1,2,4\},4)+d_{43}\end{pmatrix}=\min(23+5,23+8,24+6)=28$$

$$d(\{1,2,3,4\},4)=\min\begin{pmatrix}d(\{1,2,3\},1)+d_{14},\\ d(\{1,2,3\},2)+d_{24},\\ d(\{1,2,3\},3)+d_{34}\end{pmatrix}=\min(21+6,23+9,23+6)=27$$

注：规模为 4 的子集总共有$\begin{pmatrix}n\\4\end{pmatrix}=\begin{pmatrix}4\\4\end{pmatrix}=1$个，该子集对应 4 个子问题，因此共有 4 个子问题。

规模为 4 的子问题求解完成后，就得到了从起始的 0 号顶点出发，经过各顶点一次且仅一次，最后到达 1～4 号顶点的 4 条最短路径，将这 4 条最短路径各自加上从其终止顶点到 0 号顶点的距离，就会得到 4 条最后顶点为 1～4 的最短回路的长度，这些长度计算如下：

$$D_1=d(\{1,2,3,4\},1)+d_{10}=28+10=38$$

$$D_2=d(\{1,2,3,4\},2)+d_{20}=26+8=34$$

$$D_3=d(\{1,2,3,4\},3)+d_{30}=28+9=37$$

$$D_4=d(\{1,2,3,4\},4)+d_{40}=27+7=34$$

这里再次运用了穷举法。这 4 个最短回路中长度最短的一个必定是整个 TSP 问题的最优解值，即 $D=\min(D_1,D_2,D_3,D_4)=D_2=34$。

注：由于例子中的图是一个无向图，因此每个回路都会对应一个逆方向的回路，上述的 D_2 和 D_4 正体现了这个特点。

接下来求最优解，同样需要运用回推方法。

由于最终的最优解值 D 由 D_2 得来，因此最优解的最后顶点为 2；由于 $d(\{1,2,3,4\},2)$ 由 $d(\{1,3,4\},3)$ 得来，因此 2 前面的顶点为 3；由于 $d(\{1,3,4\},3)$ 由 $d(\{1,4\},1)$ 得来，因此 3 前面的顶点为 1；由于 $d(\{1,4\},1)$ 由 $d(\{4\},4)$ 得来，因此 1 前面的顶点为 4。因此，最优解也就是最短的 TSP 问题回路为 0—4—1—3—2—0。

3．TSP 问题 DP 算法的设计

由以上的分析可以看出，我们在开始时将求解 TSP 问题分成的两个步骤中，第 1 个步骤具有最优子结构性质，而且示例的计算也表明，计算过程中存在大量的子问题重复调用，故问题具有子问题重叠性，因此这个步骤可以用 DP 方法设计算法，通过记录子问题的最优解来提高计算效率。

1）子问题解的记录表设计

TSP 问题的子问题结构很复杂，因此对应的子问题记录表很不寻常。

由于 TSP 问题的子问题定义为 (S_k^T,i)，$i\in S_k^T$，$1\leqslant k\leqslant n$，其中 S_k 指的是 n 个顶点的全集 $\{1,2,\cdots,n\}$ 中势为 k（含有 k 个元素）的子集的集合，因此我们可以设计一个 n 行的记录表 P，并以 P 的第 $k(1\leqslant k\leqslant n)$ 行记录所有势为 k 的子集对应的子问题。

由于势为 k 的子集共有 $\binom{n}{k}$ 个，而每个子集又有 k 个 i，因此 P 的第 k 行共有 $k\binom{n}{k}$ 个元素，由此可见 P 每一行的元素数是不相同的，所以它是一个不规则的二维表。更不寻常的是，这个表中的每一行元素都用一个二元组 (S_k^T,i) 进行索引，并且二元组中的第一个分量还是一个集合。

2）DP 算法设计

根据前面对规模为 4 的具体 TSP 问题求解过程的分析，我们可以将规模为 n（顶点编号为 $0\sim n$，0 顶点为出发顶点）的一般 TSP 问题的 DP 算法归结为以下 3 个大的步骤。

第 1 大步——DP 步。

第 1.1 步，初始化：$d\left(S_1^{\{i\}}=\{i\},i\right)=d_{0i}$，$i=1,2,\cdots,n$。

第 1.k 步$(2\leqslant k\leqslant n)$：$d\left(S_k^T,i\in S_k^T\right)=\min_{j\in S_k^T\setminus\{i\}}\left(d\left(S_k^T\setminus\{i\},j\right)+d_{ji}\right)$，$T\in\{R:|R|=k\}$，其中 R 为 n 个元素集合的某个子集。

注 1：计算所得的 $d\left(S_k^T,i\in S_k^T\right)$，$1\leqslant k\leqslant n$ 要记录到 P 中，同时要记录第 1.k 步$(2\leqslant k\leqslant n)$中每个子问题最优解值对应的 j，以便最后回推最优解。

注 2：这里第 1.1 步和第 1.k 步后的式子就是 TSP 问题的 DP 方程。

第 2 大步——最短回路计算：求由终止顶点为 $1\sim n$ 的 n 条最短路径构成的 n 个回路中最

短回路的长度，即 $D=\min_{j\in\{1,\cdots,n\}}\left(d\left(\{1,\cdots,n\},j\right)+d_{j0}\right)$。

第 3 大步——回推最优解：根据第 2 大步最优解的最后一个顶点，再结合第 1.k 步 ($2\leqslant k\leqslant n$) 中记录的各子问题最优解的由来，依次回推最优解回路上的各个顶点。

7.5.2 现代版 C++实现与复杂度分析

我们用现代版 C++实现了 TSP 问题的 DP 算法，有关代码参见附录 7-4。现代版 C++所提供的编程机制可以很简洁地解决以子集为索引的 DP 记录表问题。

1. 初始化

代码用 TestDPTSP 函数（代码块 8）提供测试数据，其中用元素类型为 int 的三重 vector 变量 w 提供多组距离矩阵数据（代码块 8 第 3～9 行），测试数据以现代版 C++的初始化列表方式定义在代码中，这为小规模的数据测试提供了极大的方便。

TestDPTSP 函数使用 for 循环遍历 w 中的各组距离矩阵（代码块 8 第 12～15 行），对每组距离矩阵数据 w[i]调用 OutputW 进行表格化输出，然后调用 DPTSPCaller 函数。

DPTSPCaller 函数（代码块 2）接收距离矩阵 w，先调用 Initialization 函数进行初始化，然后调用 DPTSP 函数进行 DP 计算，最后调用 Output 函数输出计算结果。

Initialization 函数（代码块 4）接收距离矩阵 w，将其顶点数记到全局变量 N 中（代码块 4 第 3 行），并用 N-1 给表示问题规模的全局变量 n 赋值（代码块 4 第 4 行）。为了避免多组数据运行时的副作用，对全局变量 OptimalTour、Cost 和 Subsets 进行了清空处理（代码块 4 第 5～7 行）。其中，OptimalTour 是在代码块 1 第 18 行定义的 vector<int>列表，用于在回推最优解时存放结果；Cost 将在下文中介绍；Subsets 是在代码块 1 第 12 行定义的集合(set<int>)类型的二维 vector 列表，它的第 i 行存放集合 $\{1,2,\cdots,\mathrm{n}\}$ 的势为 i 的全部子集列表。

代码块 4 第 8 行为 Subsets 添加一个元素个数为 0 的 vector<set<int>>列表，这是为 Subsets 添加的一个索引为 0（空集列表）的占位列表。接下来的代码为 Subsets 添加势为 1 的全部子集列表，首先第 9 行声明 vector<set<int>>变量 s_1，第 12 行借用第 10 行的 for 循环依次向 s_1 中加入由集合 $\{1,2,\cdots,\mathrm{n}\}$ 中的各单个元素构成的子集，代码中的“{i}”以初始化列表方式直观简洁地创建一个 set<int>集合元素，第 15 行则将 s_1 加入 Subsets，此时的 s_1 即包括集合 $\{1,2,\cdots,\mathrm{n}\}$ 的全部 n 个单元素子集。

2. 子问题解的记录表设计

TSP 问题 DP 算法中的一个复杂点就是子问题解的记录表是一种子集索引的不规则的记录表，我们综合地运用现代版 C++的编程机制很好地解决了这个问题。

子问题解的记录表设计为 map<pair<set<int>,int>, pair<int,int>>类型的全局变量 Cost（代码块 1 第 14、15 行），其中 map 泛型类是一个键（key）、值（value）关联列表，列表中填入数据后可以用给定的键作为索引找到它所对应的值。Cost 的键设定为 pair<set<int>,int>类型的，这很恰当地实现了 TSP 问题的子问题 $\left(S_k^T,i\right)$ 的代码表达；Cost 的值设定为 pair<int,int>类型。它的键用来记录子问题，它的值则用来记录子问题的最优解信息。这样我们就用一个 Cost 实现了对与子问题及其最优解有关的两个数据的记录。

Cost 中势为 1 的集合中的数据需要进行初始化设置，这是由代码块 4 第 13 行实现的。该代码对 $1\leqslant \mathrm{i}\leqslant \mathrm{n}$ 的每个顶点 i，向 Cost 中插入“{{{i},i},{0,w[0][i]}}”，此代码充分运用现代版

C++的初始化列表功能，实现了作为 Cost 键值的单顶点 i 的子问题对象“{{i},i}”，以及它所对应的解和解值对象{0,w[0][i]}，其中以 0 表示的解指的是从 0 到 i 顶点最短路径上 i 的前一个顶点是 0 顶点，而以 w[0][i]表示的解值正是距离矩阵中(0,i)边的长度。

3．算法的主函数 DPTSP

算法的主流程由主函数 DPTSP（代码块 3）实现，该函数大量综合运用了现代版 C++中的编程技术，如自动变量支持的基于范围的 for 循环，以及 pair、set、map 等泛型类，能够以很简洁的代码实现从子问题定义到逻辑结构都异常复杂的 TSP 问题的 DP 算法。

1）DPTSP 函数的三个步骤

与 DP 算法设计相对应，DPTSP 函数的代码也包括 3 个大的步骤，其中第 3～47 行是 DP 步，第 48～61 行是最短回路计算的步骤，第 62～70 行是回推最优解的步骤。

其中，第 1 大步中第 5 行的 for 循环对子问题规模，也就是子集的大小从 2 到 n 进行遍历，循环变量是 i。

2）子集的生成

TSP 问题 DP 算法实现中很重要的一个环节就是找出集合$\{1,2,\cdots,n\}$的所有的子集，这个问题在算法描述中并未说明解决方法，但在代码实现中必须解决这个问题。

我们的解决思路是用所有规模为 i-1 的子集构造规模为 i 的子集，这样就能在问题规模的循环中逐步动态地生成各个规模的所有子集。

我们结合代码来说明上述方法。代码块 3 第 8 行声明了一个关于集合的 vector 列表 ss_is，它用于存放规模为 i 的所有子集，并在代码块 3 第 45 行将其加到 Subsets 中保存下来，以便能够在下一轮循环中以此为基础生成下一规模的子集。

代码块 3 第 10 行的 for 循环以自动变量 ss_i_1 遍历规模为 i-1 的所有子集。代码块 3 第 13 行的 for 循环是关键，它先找到 ss_i_1 中最大（末）元素的下一个元素，并以 c 从该元素到 n 进行遍历，再将每个 c 分别加入 ss_i_1，即可以 ss_i_1 为基础构造出所有规模为 i 的子集。例如，对于规模为 1 的子集{2}，依次为其增加 3、4 可获得以{2}为基础的规模为 2 的子集{2,3}、{2,4}；对于规模为 2 的子集{2,3}，可为其增加 4 获得以{2,3}为基础的规模为 3 的子集{2,3,4}。实现方法是，对于每个 c，先将 ss_i_1 复制为 ss_i（代码块 3 第 16 行），再将 c 插入 ss_i（代码块 3 第 17 行），这样就得到一个规模为 i 的新的子集 ss_i，并以代码块 3 第 18 行代码将它加入 ss_is 列表。

3）DP 问题中子问题的求解

代码块 3 第 21 行的 for 循环用于求解与子集 ss_i 有关的所有子问题，它对 ss_i 中的所有元素以 e 进行遍历，这样每个 e 就对应一个子问题(ss_i, e)。

代码块 3 第 24～40 行求解子问题(ss_i, e)。其中，第 24、25 行获取 ss_i 去除 e 后的集合 ss_i_e，第 27 行将 0 到 e 最短路径上的前趋顶点 p 初始化为-1，最短路径长度 d 初始化为 INF（∞）。第 30、31 行的 for 循环以*pc 遍历 ss_i_e 中的所有顶点；第 33、34 行计算以某个*pc 为 e 的前趋顶点时 0 到 e 的路径长度 dx，这里的 Cost[{ss_i_e, *pc}].second 从 Cost 中查取子问题(ss_i_e, *pc)的解值，其中{ss_i_e, *pc}使用初始化列表创建 Cost 的键对象，w[*pc][e]为顶点*pc 与 e 之间边的长度；第 35～39 行比较 dx 与 d，如果 dx 小于 d，则说明找到了一条更短的路径，需要更新 p 和 d。

当执行到代码块 3 第 41 行时，子问题(ss_i, e)求解完毕，第 41 行将子问题(ss_i, e)的解(p,

d)记入 Cost，这里再次运用了初始化列表创建 Cost 的类型为 pair 的键和值对象。

当代码块 3 第 42～46 行依次结束关于 e、c、ss_i_1 和 i 的循环时，便完成了 TSP 问题 DP 算法的第 1 大步。

4）最短的回路计算

代码块 3 第 50～61 行完成 TSP 问题 DP 算法的第 2 大步，即从 n 条最短路径构成的回路中选取最短的回路。其中，第 50 行以变量 sn 从 Subsets 第 n 行的第 0 个元素处获取规模为 n 的集合，实际就是集合$\{1,2,\cdots,n\}$，且 Subsets 的第 n 行只会有这一个元素；初始化最短距离 d 和其所对应的最后顶点 c（第 51 行）；用 for 循环以 i 遍历$1\sim n$的所有顶点（第 52 行），也就是 sn 中的所有顶点；对每个 i 从 Cost 中查取以其为终点的最短路径长度值，也就是子问题(sn, i)的最优解值 Cost[{sn, i}].second，将这个值加上 i 顶点到 0 顶点的距离 w[i][0]，即得到最后顶点为 i 顶点的回路的长度 dx（第 54 行）；如果 dx 比当前的 d 小（第 55 行），则说明找到了一条更短的回路，需要更新 d 和 c（第 57、58 行）；第 61 行将最短回路值赋给全局变量 OptimalDist。

5）回推最优解

代码块 3 第 63～70 行完成 TSP 问题 DP 算法的第 3 大步，即回推最优解，最优解将记录在全局的 vector<int>列表变量 OptimalTour 中。

由第 2 步已经获得了 n 个顶点的全集 sn 和最短回路的最后顶点 c，第 63 行先将 c 插入 OptimalTour，然后用 while 循环（第 64 行）依次找出最短回路上 c 的各前趋顶点。while 循环先从 Cost 中查找子问题(sn, c)的解 solution（第 66 行），接着将 sn 集合去除元素 c 以便下一轮查取（第 67 行），并将 solution.first，即 c 的前趋顶点赋给 c（第 68 行），再将 c 插到 OptimalTour 的最前面（第 69 行）。

当 c 为 0，即出发顶点时，便找到了完整的最短回路，于是结束 while 循环，从而结束整个算法。

4. 算法复杂度分析

由于算法的第 2 和第 3 大步均是$O(n)$复杂度的计算，因此整个算法的复杂度主要取决于第 1 大步的复杂度。

显然，算法第 1 大步的基本运算是代码块 3 第 33、34 行的加法运算。该运算的次数由如下循环决定：第 5 行的 for i 循环在$2\sim n$范围内执行；对于给定的i，第 10 行的 for ss_i_1 循环和第 13 行的 for c 循环生成所有势为i的子集，总执行次数为$\binom{n}{i}$；对于给定的一个势为i的子集 ss_i，第 21 行的 for e 循环要执行i次以构造 ss_i 对应的i个子问题；第 30 行的 for pc 循环对 ss_i 去除i后集合中的$i-1$个顶点进行循环。因此，算法第 1 大步的时间复杂度为

$$T(n)=\sum_{i=2}^{n}i(i-1)\binom{n}{i}=\sum_{i=2}^{n}\frac{i(i-1)n!}{i!(n-i)!}=\sum_{i=2}^{n}\frac{n!}{(i-2)!(n-i)!}=n(n-1)\sum_{i=2}^{n}\frac{(n-2)!}{(i-2)!(n-i)!}$$

令$k=i-2$得

$$T(n)=n(n-1)\sum_{k=0}^{n-2}\frac{(n-2)!}{k!(n-2-k)!}=n(n-1)\sum_{k=0}^{n-2}\binom{n-2}{k}$$

算法的空间复杂度由子问题的记录表 Cost 决定。势为i的子集有$\binom{n}{i}$个，每个势为i的子

集对应 i 个子问题，因此有

$$S(n)=\sum_{i=1}^{n}i\binom{n}{i}=\sum_{i=1}^{n}\frac{in!}{i!(n-i)!}=\sum_{i=1}^{n}\frac{n!}{(i-1)!(n-i)!}=n\sum_{i=1}^{n}\frac{(n-1)!}{(i-1)!(n-i)!}$$

令 $k=i-1$ 得

$$S(n)=n\sum_{k=0}^{n-1}\frac{(n-1)!}{k!(n-1-k)!}=n\sum_{k=0}^{n-1}\binom{n-1}{k}$$

将二项式定理 $(x+y)^n=\sum_{k=0}^{n}\binom{n}{k}x^{n-k}y^k$ 中的 x 和 y 设为 1 得

$$\sum_{k=0}^{n}\binom{n}{k}=2^n$$

由此可得

$$T(n)=n(n-1)2^{n-2}=O\left(n^2 2^n\right),\ S(n)=n2^{n-1}=O\left(n2^n\right)$$

由于 $\lim_{n\to\infty}\frac{n^2 2^n}{n\cdot n!}=0$，因此 TSP 问题 DP 算法的时间复杂度远好于穷举算法（$O(n\cdot n!)$），但代价是需要指数阶复杂度的空间支持。

注：代码实现中的二维表 Subsets 存储规模为 n 的集合的所有子集，因此其占用 2^n 的存储空间，该值也是指数阶的。虽然这远小于 Cost 的 $n2^n$，但也是不可忽视的。算法可以改进为只存储最近一个规模的子集列表，这样 Subsets 的最大值就是 $\max_{1\le i\le n}\binom{n}{i}$，也就是当 $i=\left\lceil\frac{n}{2}\right\rceil$ 时 $\binom{n}{i}$ 的值。当 n 为偶数 $2m$ 时，这个最大值为 $\binom{2m}{m}=\frac{(2m)!}{m!m!}=\frac{(m+1)\cdot(m+2)\cdots(2m-1)\cdot(2m)}{1\cdot 2\cdots(m-1)\cdot m}=\prod_{k=1}^{m}\frac{k+m}{k}=O\left(2^m\right)=O\left(2^{\frac{n}{2}}\right)$；当 n 为奇数 $2m-1$ 时，这个最大值为 $\binom{2m-1}{m}=\frac{(2m-1)!}{m!(m-1)!}=\frac{(m+1)\cdot(m+2)\cdots(2m-2)\cdot(2m-1)}{1\cdot 2\cdots(m-1)}=(2m-1)\prod_{k=1}^{m-1}\frac{k+m-1}{k}=O\left((2m-1)2^m\right)=O\left(n2^{\frac{n}{2}}\right)$。尽管它们仍然是指数阶的，但已经远小于 2^n，且 $\lim_{n\to\infty}\frac{2^{\frac{n}{2}}}{2^n}=\lim_{n\to\infty}\frac{1}{2^{\frac{n}{2}}}=0$，$\lim_{n\to\infty}\frac{n2^{\frac{n}{2}}}{2^n}=\lim_{n\to\infty}\frac{n}{2^{\frac{n}{2}}}=0$。

为了对 TSP 问题 DP 算法和穷举算法的复杂度有一个量上的比较和认识，我们对规模为 4～10 的问题的两种算法的复杂度进行了数值计算，结果如表 7-5 所示，表 7-5 中还给出了两种复杂度数值的比值。可以看出，数值计算的结果验证了上述的极限结论。

表 7-5　TSP 问题 DP 算法和穷举算法复杂度的数值计算

n	4	5	6	7	8	9	10
$n^2 2^n$	256	800	2304	6272	16384	41472	102400
$n\cdot n!$	96	600	4320	35280	322560	3265920	36288000
$\frac{n^2 2^n}{n!}$	2.67	1.33	0.53	0.18	0.05	0.013	0.003

7.5.3 CD-AV 演示设计

我们在 CAAIS 中实现了上述 TSP 问题 DP 算法的 CD-AV 演示设计，该演示设计的显著特点是能够以非规则的表格动态地演示子集的生成和 DP 值的计算和复用过程，此外还提供了适度的交互。

1．输入数据

为达到既能有一定的数据规模演示出 TSP 问题 DP 算法各种情况的细节，又不至于使 DP 表格过于庞大而导致超出教学可接受的例子复杂性和演示空间，我们专门针对顶点数为 5（规模为 4）的 TSP 问题开展了 CD-AV 演示设计。实践表明，这个规模正好可达到既能充分演示算法又在教学上可操作的目标。

CD-AV 演示窗口的控制面板上的“典型”下拉列表中提供了 8 组例子数据，它们都取自典型的教学资源。选定一组数据后，数据框中以格式“$n;w_{11},w_{12},\cdots,w_{1n};\cdots;w_{n1},w_{n2},\cdots,w_{nn}$”显示选择的数据，其中第 1 个分号前是城市的个数 n，取固定值 5；接下来以分号分隔距离矩阵各行的数据，每行中的数据以逗号分隔，其中的 99 表示∞，这是合理的，因为作为教学演示，顶点间的距离通常是远小于 99 的数。

2．体现 DP 特征的表格式 CD-AV 演示设计

为了尽量展示出 TSP 问题 DP 算法各种情况的细节，CD-AV 演示设计为多行形式，在每个图形子行中给出 DP 子问题数据及计算的详细设计和表格化数据显示。图 7-16 所示为带交互操作的 TSP 问题 DP 算法的 CD-AV 演示示例。

1）数据子行设计

CD-AV 演示的数据子行包含丰富的算法信息，涵盖算法代码中几乎所有的变量。其中，N,n 列表示顶点数量和问题规模；i 列表示当前的子问题规模；数据项 ss_i_1、c、ss_i 用于标识子集的生成，即通过在规模为 i-1 的子集 ss_i_1 中加入顶点 c 来生成规模为 i 的子集 ss_i；数据项 e、subprob.、ss_i_e 用于标识子集 ss_i 的一个子问题，其中的 e 为路径终点的 ss_i 中的一个顶点，subprob.标识子问题(ss_i, e)，ss_i_e 为 ss_i 去除顶点 e 后的子集；数据项*pc 是对 ss_i_e 中顶点的遍历变量；dx 是当 e 的前趋顶点为*pc 时的路径长度，它是(ss_i_e, *pc)子问题的解值与 w[*pc][e]的和；数据项 p、d 用于记录到目前为止子问题(ss_i, e)的最短路径解的前趋顶点和最短路径值；sn 和 Opt Tour 列分别标识回推过程中的子问题集合和已经获得的回推路径。

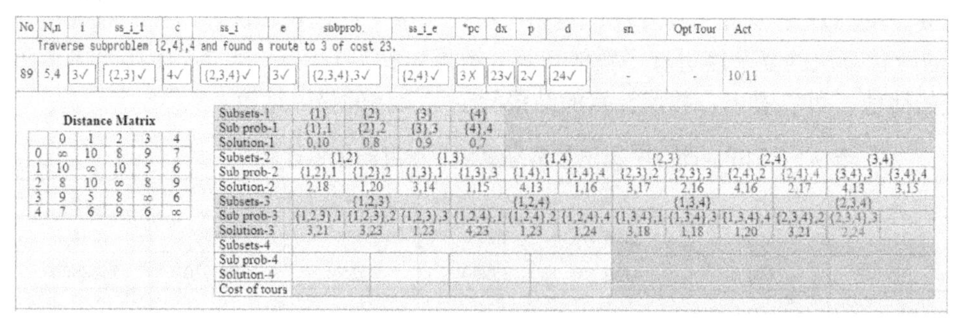

No	N,n	i	ss_i_1	c	ss_i	e	subprob.	ss_i_e	*pc	dx	p	d	sn	Opt Tour	Act
Traverse subproblem {2,4},4 and found a route to 3 of cost 23.															
89	5,4	3√	{2,3}√	4√	{2,3,4}√	3√	{2,3,4},3√	{2,4}√	3X	23√	2√	24√	-	-	10/11

Distance Matrix

	0	1	2	3	4
0	∞	10	8	9	7
1	10	∞	10	5	6
2	8	10	∞	8	9
3	9	5	8	∞	6
4	7	6	9	6	∞

Subsets-1	{1}	{2}	{3}	{4}								
Sub prob-1	{1},1	{2},2	{3},3	{4},4								
Solution-1	0,10	0,8	0,9	0,7								
Subsets-2	{1,2}		{1,3}		{1,4}		{2,3}		{2,4}		{3,4}	
Sub prob-2	{1,2},1	{1,2},2	{1,3},1	{1,3},3	{1,4},1	{1,4},4	{2,3},2	{2,3},3	{2,4},2	{2,4},4	{3,4},3	{3,4},4
Solution-2	2,18	1,20	3,14	1,15	4,13	1,16	3,17	2,16	4,16	2,17	4,13	3,15
Subsets-3	{1,2,3}			{1,2,4}			{1,3,4}			{2,3,4}		
Sub prob-3	{1,2,3},1	{1,2,3},2	{1,2,3},3	{1,2,4},1	{1,2,4},2	{1,2,4},4	{1,3,4},1	{1,3,4},3	{1,3,4},4	{2,3,4},2	{2,3,4},3	
Solution-3	3,21	3,23	1,23	4,23	1,23	1,24	3,18	1,18	1,20	3,21	2,24	
Subsets-4												
Sub prob-4												
Solution-4												
Cost of tours												

图 7-16 彩图

图 7-16 带交互操作的 TSP 问题 DP 算法的 CD-AV 演示示例

2）交互设计

交互仅在算法的第 1 大步中进行，也就是说数据行中最后的 sn 和 Opt Tour 列不会参与交互。前面的列会随机地以三种方式进入交互：一是 i、ss_i_1、c、ss_i、e、subprob.、ss_i_e 这前 7 列进入交互状态；二是*pc、dx、p、d 这后 4 列进入交互；三是上述 11 列全部进入交互。图 7-16 所示出的是第三种交互状态。

3）图形子行设计

如图 7-16 所示，CD-AV 演示的图形子行包含 2 个表格，左侧表格中是输入数据，即距离矩阵，它是静态不变的，它的存在为理解算法的进程和计算提供了极大的方便。

右侧表格是 TSP 问题的 DP 表格，这是 TSP 问题 DP 算法 CD-AV 设计的核心。按照 1～4 的子集规模，DP 表格行设计为 4 组，每组包含 Subsets（子集）、Sub prob（子问题）、Solution（子问题解）3 行。不同规模对应行的列数是不同的：规模为 1 的子集行有 4 列，每列对应 1 个子问题；规模为 2 的子集行有 6 列，每列对应 2 个子问题；规模为 3 的子集行有 4 列，每列对应 3 个子问题；规模为 4 的子集行只有 1 列，它对应 4 个子问题。每个子问题对应一个解，因此子问题解行的列数与子问题行的列数相同。

规模为 1 的子问题解是初始化得到的，因此会由算法的第 1 大步一次全部填入。

对于规模大于 1 的子问题，CD-AV 按照生成子集、生成子问题、子问题求解的步骤演示算法过程。在生成子集步骤，以红色标记其所基于的前一规模的子集；在生成子问题步骤，以红色标记其所基于的子集；在子问题求解步骤，以红色标记其所基于的前一子问题及其解。对于规模为 2 的问题，由于其求解所依赖的子问题只有 1 个，因此子问题求解过程用一个步骤就可完成，但是对于规模为 3 和 4 的问题，由于其求解所依赖的子问题分别有 2 个和 3 个，因此子问题的求解过程需要由多个步骤完成，并可能出现更新 p、d 的情况。例如，图 7-16 表明此前记录的最优解 p、d 分别为 2 和 24，由于当前遍历到前趋顶点*pc 取 4 时，计算得 dx 为 23，小于 d 值 24，因此下一步需要将 p、d 分别更新为 4 和 23。

3．最短回路计算的 CD-AV 演示设计

算法的第 2 大步是最短回路计算，其 CD-AV 演示示例如图 7-17 所示。这一步比较简单，对应的 CD-AV 演示设计也比较直接，就是依次将 Solution-4 的 4 个解值加上其最后顶点到 0 号顶点的距离得到回路长度值，并将回路长度值显示在 Cost of tours 行对应的单元格中，同时演示最小回路值的决策过程。本过程结束后，Cost of tours 行上的最短回路值会以绿色显示，同时在图形子行左侧的距离矩阵下面以绿色字体报告最短回路值。

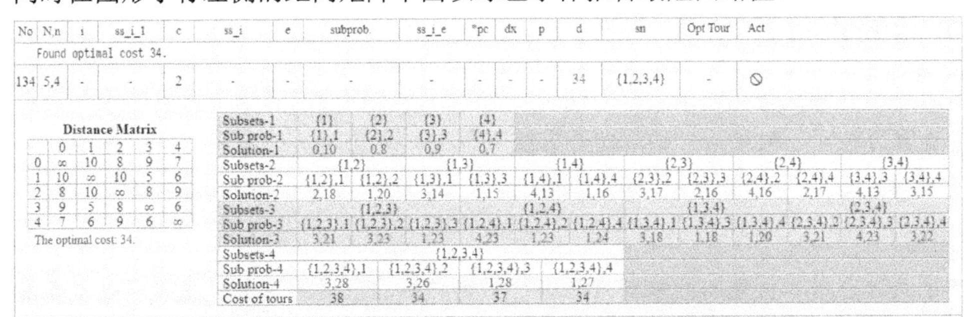

No	N,n	i	ss_i_1	c	ss_i	e	subprob.	ss_i_e	*pc	dx	p	d	sn	Opt Tour	Act
Found optimal cost 34.															
134	5,4	-	-	2	-	-	-	-	-	-	-	34	{1,2,3,4}	-	⊘

Distance Matrix

	0	1	2	3	4
0	∞	10	8	9	7
1	10	∞	10	5	6
2	8	10	∞	8	9
3	9	5	8	∞	6
4	7	6	9	6	∞

The optimal cost: 34.

Subsets-1	{1}	{2}	{3}	{4}								
Sub prob-1	{1},1	{2},2	{3},3	{4},4								
Solution-1	0,10	0,8	0,9	0,7								
Subsets-2	{1,2}		{1,3}		{1,4}		{2,3}		{2,4}		{3,4}	
Sub prob-2	{1,2},1	{1,2},2	{1,3},1	{1,3},3	{1,4},1	{1,4},4	{2,3},2	{2,3},3	{2,4},2	{2,4},4	{3,4},3	{3,4},4
Solution-2	2,18	1,20	3,14	1,15	4,13	1,16	3,17	2,16	4,16	2,17	4,13	3,15
Subsets-3	{1,2,3}			{1,2,4}			{1,3,4}			{2,3,4}		
Sub prob-3	{1,2,3},1	{1,2,3},2	{1,2,3},3	{1,2,4},1	{1,2,4},2	{1,2,4},4	{1,3,4},1	{1,3,4},3	{1,3,4},4	{2,3,4},2	{2,3,4},3	{2,3,4},4
Solution-3	3,21	3,23	1,23	4,23	1,23	1,24	3,18	1,18	1,20	3,21	4,23	3,22
Subsets-4	{1,2,3,4}											
Sub prob-4	{1,2,3,4},1	{1,2,3,4},2	{1,2,3,4},3	{1,2,3,4},4								
Solution-4	3,28	3,26	1,28	1,27								
Cost of tours	38	34	37	34								

图 7-17　最短回路计算的 CD-AV 演示示例

图 7-17
彩图

4．回推最优解的 CD-AV 演示设计

图 7-18 所示为回推最优解结束时的 CD-AV 行。最优解对应的各子问题以绿色背景显示，回推最优解结束时图形子行左侧的距离矩阵下面以绿色字体报告最终结果。

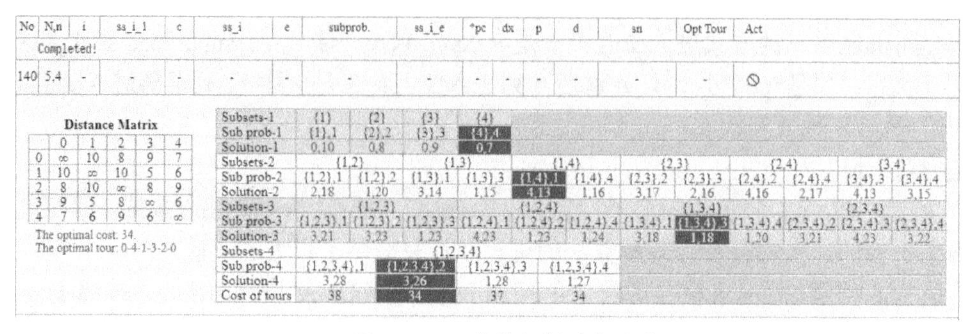

No	N,n	i	ss_i_1	c	ss_i	e	subprob.	ss_i_e	*pc	dx	p	d	sn	Opt Tour	Act
Completed!															
140	5,4	-	-	-	-	-	-	-	-	-	-	-	-	-	⊘

Distance Matrix

	0	1	2	3	4
0	∞	10	8	9	7
1	10	∞	10	5	6
2	8	10	∞	8	9
3	9	5	8	∞	6
4	7	6	9	6	∞

The optimal cost: 34.
The optimal tour: 0-4-1-3-2-0

Subsets-1	{1}	{2}	{3}	{4}								
Sub prob-1	{1},1	{2},2	{3},3	{4},4								
Solution-1	0,10	0,8	0,9	0,7								
Subsets-2	{1,2}		{1,3}		{1,4}		{2,3}		{2,4}		{3,4}	
Sub prob-2	{1,2},1	{1,2},2	{1,3},1	{1,3},3	{1,4},1	{1,4},4	{2,3},2	{2,3},3	{2,4},2	{2,4},4	{3,4},3	{3,4},4
Solution-2	2,18	1,20	3,14	1,15	4,13	1,16	3,17	2,16	4,16	2,17	4,13	3,15
Subsets-3	{1,2,3}			{1,2,4}			{1,3,4}			{2,3,4}		
Sub prob-3	{1,2,3},1	{1,2,3},2	{1,2,3},3	{1,2,4},1	{1,2,4},2	{1,2,4},4	{1,3,4},1	{1,3,4},3	{1,3,4},4	{2,3,4},2	{2,3,4},3	{2,3,4},4
Solution-3	3,21	3,23	1,23	4,23	1,23	1,24	3,18	1,18	1,20	3,21	4,23	3,22

Subsets-4	{1,2,3,4}			
Sub prob-4	{1,2,3,4},1	{1,2,3,4},2	{1,2,3,4},3	{1,2,3,4},4
Solution-4	3,28	3,26	1,28	1,27
Cost of tours	38	34	37	34

图 7-18 彩图

图 7-18 回推最优解结束时的 CD-AV 行

针对如图 7-18 所示的示例，回推起始于 Cost of tours 行中的最短回路值 34 及它所对应的子问题({1,2,3,4},2)；该子问题最优解的前趋顶点为 3，由此推得前一个子问题为({1,3,4},3)；({1,3,4},3)子问题最优解的前趋顶点为 1，由此推得前一个子问题为({1,4},1)；({1,4},1)子问题最优解的前趋顶点为 4，由此推得前一个子问题为({4},4)；({4},4)子问题最优解的前趋顶点为 0，于是结束回推过程，同时结束整个算法，最终得到最短回路，即 0—4—1—3—2—0。

7.6 算法国粹——秦九韶的正负开方术与最优多项式计算算法

秦九韶（1208－1268）是南宋末年著名的数学家，他潜心所著的《数书九章》是国内外科学史界公认的一部世界数学名著，他在此书中提出了相当完备的“正负开方术”和“大衍求一术”，这两项成果不仅代表着当时中国数学的先进水平，也标志着中世纪世界数学的最高成就。在正负开方术的求解过程中，秦九韶巧妙地使用了一种多项式简化计算算法，该算法实际上是一种最优多项式计算算法，该算法的提出比西方的 Horner 算法（由英国数学家 W. G. Horner 于 1819 年提出）早了约 570 年。本节将扼要介绍秦九韶的正负开方术，重点讲述其最优多项式计算算法。他的另一成就大衍求一术是现代数论中一次同余方程组的解法，被国内外公认为“中国剩余定理”，我们将在第 11 章中进行介绍。

7.6.1 秦九韶的正负开方术

正负开方术是秦九韶在贾宪的增乘开方法及刘益对开方法研究的基础上提出的求一般高次方程正根的计算方法，也被称为“秦九韶开方法”[6]。

注：尽管秦九韶的这个方法常被称为正负开方术，但它实际上是一种求方程正根的方法。

1．基本思路

秦九韶的正负开方术对贾宪的增乘开方法进行了更具算法意义的改进，他提出以“商常为正，实常为负，从常为正，益常为负”的原则列筹算算式，这样仅用代数乘法和加法就能给出统一的求根运算法则，因此是一种可以自然地扩充到任何高次方程的普适求根方法。

这里的“商常为正”指的是求正根，而“实常为负”（常数项为负）是其亮点性创造之一。6.6 节讨论的开平方问题的数学表述为求解方程 $x^2 = a$。在秦九韶之前，人们将一般方程均以这种将常数项放在等号右侧的方式表示，像杨辉所引的《议古根源》中的 11 个直田类方程[7]，就均用这种形式表示，如 $x^2+12x=864$、$-5x^2+228x=2592$ 等。秦九韶将常数项移到左端，使得方程表达为多项式等于 0 的现代形式：

$$f\left(x\right)=a_nx^n+a_{n-1}x^{n-1}+\cdots+a_2x^2+a_1x+a_0=0 \quad a_n\neq 0,\ a_0<0 \tag{7-7}$$

注 1：由于我国古代的方程问题均来自求解土地面积等生产实践，因此常数项在等号右侧时都是正值，移到等号左侧则成为负值。事实上，即使式（7-7）中的 a_0 为正值，也可以通过将等号两端同乘以 -1 使其变为负值，从而获得完全等价的方程，因此秦九韶的“实常为负”并未约束其方程描述和求根方法的通用性。

注 2：“从常为正，益常为负”是指在列筹算算式时以正为从、以负为益[8]。古时所用的筹算算式中有表示数字的筹算位，也有负数标记（负数以斜线为记，或以负算画黑、正算画朱），但仍辅以文字标记正、负及零，因此除商（常为正）和实（常为负）以外的系数项（方、廉、隅等）均需要以文字标记。另外古时常以“虚”标记 0。因此，如虚方、从上廉、虚下廉、益隅分别表示方为 0、上廉为正、下廉为 0、隅为负。

2．演算示例

秦九韶的正负开方术的完整表述在《数书九章》田域类的“尖田求积”问中：已知两尖田合成的一段田地，大斜 39 步，小斜 25 步，中广 30 步，求其面积（见图 7-19）。

尽管此题可以很容易地用三角形面积计算方法进行计算，但是秦九韶将它化为一个一元四次方程，并依此例给出了其正负开方术的过程。下面给出该方程的一种推导方法。

显然，尖田的面积是上下两个等腰三角形的面积和，即 $x=\frac{1}{2}w\sqrt{u^2-\frac{w^2}{4}}+\frac{1}{2}w\sqrt{v^2-\frac{w^2}{4}}$，其中 $u=39$，$v=25$，$w=30$，将数值代入后等号两边取平方、移项再平方，消除根号，便得如下方程：

$$-x^4+763200x^2-40642560000=0 \tag{7-8}$$

注：在秦九韶时代，还不能使用上述方法获得式（7-8），也确实存在获得该方程的其他方法，感兴趣的读者可以查阅资料或自己尝试寻找其他方法。

针对式（7-8），秦九韶设计了如图 7-20 所示的筹算盘演示其正负开方术。筹算盘共有 6 行，自上而下依次为商（方程的根）、实（常数项）、方（一次项系数）、上廉（二次项系数）、下廉（三次项系数）和隅（最高项系数）。求解从商的最高位开始，一次一位，表 7-6 给出的就是其第一位的部分求解步骤（第 1 步到第 5 步）。

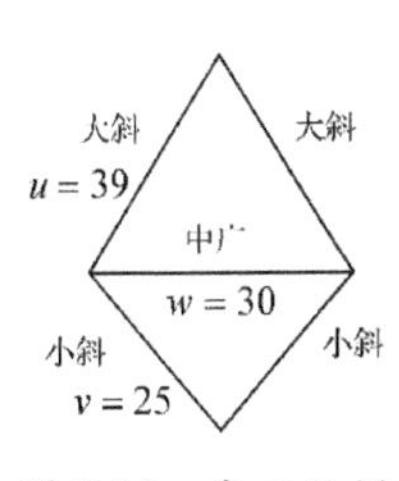

图 7-19 尖田示例

商												
实	-	4	0	6	4	2	5	6	0	0	0	0
方												0
上廉							7	6	3	2	0	0
下廉												0
隅											-	1

图 7-20 筹算盘

表 7-6 秦九韶的正负开方术的计算过程示例[6]

商	8	8	8	8	8
实	-40642560000	98560000000×8 +(−40642560000) =38205440000			
方	00	12320000000×8 +0 =9856000000	−11568000000×8 +9856000000 =−82688000000		
上廉	7632000000	−80000000×8 +763000000 =1232000000	−160000000×8 +1232000000 =−11568000000	−240000000×8 +(−11568000000) =−30768000000	
下廉	000000	−100000000×8 +0 =−800000000	−100000000×8 +(−800000000) =−1600000000	−100000000×8 +(−1600000000) =−2400000000	−100000000×8 +(−2400000000) =−3200000000
隅	−100000000	−100000000	−100000000	−100000000	−100000000
	第 1 步	第 2 步	第 3 步	第 4 步	第 5 步

秦九韶的正负开方术对式（7-8）的开方计算步骤简述如下。

第 1 步：把各系数依次向左移，方、上廉、下廉、隅每次各移 1、2、3、4 位，移动的次数可确定商的位数，这里需要移 2 次，且估算商为 8，因此可得商的百分位上的值为 8。

注 1：上述移位操作用于解决十进制数字的基数问题，这也是筹算尚未达到进位计数条件时需要解决的问题，如当值为 3 的商是十位上的值而计算仍要用 3 而不是 30 时，就需要将 x^n 项前的系数左移 n 位。

注 2：试商可按如下方法进行。记第 1 列中初始不为 0 的实、上廉和隅分别为 a_0、a_2 和 a_4，则其大约的值分别为 -400×10^8、$+76\times10^8$ 和 -1×10^8，我们就用这些大约的值以 10^8 为单位进行接下来的测算，即 $a_0=-400$，$a_2=76$，$a_4=-1$。当以某个数值 k 试商时，方程中的正、负项将分别是 $p=a_2k^2$ 和 $q=a_0+a_4k^4$。若取 $k=7$，则 $p=+3724$，$q=-2801$，$p+q=+923$；若取 $k=8$，则 $p=+4864$，$q=-4496$，$p+q=+368$；若取 $k=9$，则 $p=+6156$，$q=-6961$，$p+q=-805$。显然，商超过 9 越多，$p+q$ 就会越多地向负值方向变化，因此百分位上的商应该是 8（$\sqrt[4]{10^8}=10^2$，即此商以百为单位）。这一测算同时也说明各系数（及商）的左移次数不可能超过 2。

第 2 步：以商 8 乘隅加入下廉，再以商 8 乘下廉加入上廉，后以同样方式从下往上依次更新方和实。

第 3 步：以商 8 乘隅加入第 2 步更新后的下廉，并以同样方式依次更新上廉和方。

第 4 步：以商 8 乘隅加入第 3 步更新后的下廉，并以同样方式更新上廉。

第 5 步：以商 8 乘隅加入第 4 步更新后的下廉。至此最高位的商值处理完毕。

第 6 步：方、上廉、下廉、隅各后退 1、2、3、4 位，构成一个新的方程，该方程可以用来计算十分位上的商。

第 7 步：取商为 4，即 40，继续进行下一轮增乘计算，结果实（常数项）为 0。

由此可知，如秦九韶所言“除实，适尽”，从而“所得商数八百四十步，为田积”，即最终求得方程的根为 840。

注：当常数项为 0 时，方程化为 $\tilde{a}_4\tilde{x}^4+\tilde{a}_3\tilde{x}^3+\tilde{a}_2\tilde{x}^2+\tilde{a}_1\tilde{x}=0$，该方程有一个 0 根，于是此前求解的结果就是原方程的一个根。

7.6.2　秦九韶的最优多项式计算算法

秦九韶的正负开方术蕴含着一种计算多项式的最优算法，也就是西方所称的 Horner 算法。

1．正负开方术的普适公式化表示

表 7-6 所示的秦九韶的正负开方术的计算过程可以推广并表示为如表 7-7 所示的现代公式形式[9]。

表 7-7　秦九韶的正负开方术的公式化表示与推广[9]

名称	系数	0	1	…	$n-1$	n
实	a_0	$r_1^{(0)}k+a_0=r_0^{(0)}(=\tilde{a}_0)$				
方	a_1	$r_2^{(0)}k+a_1=r_1^{(0)}$	$r_2^{(1)}k+r_1^{(0)}=r_1^{(1)}\ (=\tilde{a}_1)$			
上廉	a_2	$r_3^{(0)}k+a_2=r_2^{(0)}$	$r_3^{(1)}k+r_2^{(0)}=r_2^{(1)}$	⋮		
廉	⋮ ⋮ a_{n-2}	⋮ ⋮ $r_{n-1}^{(0)}k+a_{n-2}=r_{n-2}^{(0)}$	⋮ ⋮ $r_{n-1}^{(1)}k+r_{n-2}^{(0)}=r_{n-2}^{(1)}$	⋮ ⋮ ⋮		
下廉	a_{n-1}	$a_nk+a_{n-1}=r_{n-1}^{(0)}$	$a_nk+r_{n-1}^{(0)}=r_{n-1}^{(1)}$	⋮	$a_nk+r_{n-1}^{(n-2)}=r_{n-1}^{(n-1)}(=\tilde{a}_{n-1})$	
隅	a_n	a_n	a_n	⋮	a_n	$a_n(=\tilde{a}_n)$

表 7-7 可以理解为对于给定的方程，设其根的十进制数的最高位为 k，表 7-7 中的计算通过去除该位数字对方程的贡献，建立关于根的其余部分的方程。其第 $0\sim n-1$ 列分别计算新的方程的多项式系数 $\tilde{a}_0\sim\tilde{a}_n$。

注："名称"列中是与筹算对应的名字，但表 7-7 中所揭示的计算方法适用于 $n\geqslant 1$ 的任意多项式，并不受这些名称的限制。

2．最优多项式计算算法

表 7-7 中第 0 列所揭示的计算方法就是现在著名的秦九韶的最优多项式计算算法，也就是后来的 Horner 算法。

假设 n 次多项式 $P(x)=\sum_{i=0}^{n}a_ix^i=a_nx^n+a_{n-1}x^{n-1}+\cdots+a_1x+a_0$ 的根的最高十进制数字为 k（含十进制的基数），则我们可以先将根表示为 $k+m$，再将 $k+m$ 代入多项式即可获得关于 m 的多项式：

$$P(m)=a_n(k+m)^n+a_{n-1}(k+m)^{n-1}+\cdots+a_1(k+m)+a_0 \tag{7-9}$$

显然，$P(m)$ 展开后所得标准多项式中的常数项是与原多项式系数相同的关于 k 的多项式，即 $P(k)=a_nk^n+a_{n-1}k^{n-1}+\cdots+a_1k+a_0$。表 7-7 中第 0 列给出了计算此 $P(k)$ 的方法，该方法可表达为如下的式子：

$$P(k)=\left(\cdots\left(\left(a_nk+a_{n-1}\right)k+a_{n-2}\right)k+\cdots+a_1\right)k+a_0 \tag{7-10}$$

式（7-10）仅用 n 次乘法和 n 次加法运算就完成了多项式的计算，因此是一种最优的算法。

如果使用最朴素的蛮力计算方法，则多项式的第 i 项需要 i 次乘法运算，因此总的乘法运算次数为 $\sum_{i=1}^{n}i=\frac{1}{2}n(n+1)$。

如果计算顺序为从低次到高次，那么可以记下低次幂 x^i 的值，这样下一个幂值 x^{i+1} 就仅需要一次乘法运算，于是总的乘法运算次数就成为$n+(n-1)=2n-1$，这仍然是秦九韶的最优多项式计算算法中乘法运算次数的2倍。

3．正负开方术中多项式计算算法的巧妙运用

秦九韶的正负开方术中还有一个了不起的算法贡献。他在表7-7（也适用于表7-6）中计算系数$\tilde{a}_1$～$\tilde{a}_n$时（第1～n列），分别借用了上一步计算$\tilde{a}_0$～$\tilde{a}_{n-1}$的中间结果（第0～n-1列），从而巧妙地运用上述多项式计算算法实现了计算过程的进一步机械化。

我们先以式（7-10）的方式展开式（7-9），可得

$$P(m)=\left(\cdots\left(\left(a_n\left(k+m\right)+a_{n-1}\right)\left(k+m\right)+a_{n-2}\right)\left(k+m\right)+\cdots+a_1\right)\left(k+m\right)+a_0$$

该式关于m的一次项的系数$\tilde{a}_1$可用以下方式构造：首先让最内层的a_n后的$(k+m)$仅取m，此后所有的$(k+m)$只取k，于是得到项$a_nk^{n-1}m$；其次让次内层的$(k+m)$仅取m，这将得到$(a_nk+a_{n-1})k^{n-2}m$，而此式括号中的内容正是计算$\tilde{a}_0$时求取过的$r_{n-1}^{(0)}$，因此该式可以写为$r_{n-1}^{(0)}k^{n-2}m$；再次让下一个层的$(k+m)$仅取m，这将得到$((a_nk+a_{n-1})k+a_{n-2})k^{n-3}m$，即$(r_{n-1}^{(0)}k+a_{n-2})k^{n-3}m$，也就是$r_{n-2}^{(0)}k^{n-3}m$。以此类推，我们就可以得到$\tilde{a}_1$的表达式，即$\tilde{a}_1=a_nk^{n-1}+r_{n-1}^{(0)}k^{n-2}+r_{n-2}^{(0)}k^{n-3}+\cdots+r_1^{(0)}$，对此关于$k$的$n-1$次多项式应用如式（7-10）所示的算法，就得到表7-7（也适用于表7-6）中一次项系数的计算过程（对应表7-7中第1列）。

显然，上述过程可以进一步递推为表7-7中求解$\tilde{a}_2\sim\tilde{a}_n$的过程（对应表7-7中第$2\sim n$列）。

习题

1．实现计算Fibonacci数的DP算法，用$n=2\sim10$验证其递归调用次数F_n^r满足$F_n^r=2F_{n+1}-1$，其中F_n为第n个Fibonacci数。

2．分别实现计算Fibonacci数的递归算法和DP算法，选择至少3个适度大小的n，验证DP算法确实随着n的增大具有远高于递归算法的计算效率。

3．说明可以用DP方法求解的问题应具备哪两个重要特征。

4．给出Levenshtein编辑距离的定义。

5．给出Levenshtein编辑距离的DP方程。

6．给出Levenshtein编辑距离问题的子问题定义，描述其最优子结构。

7．给出Levenshtein编辑距离问题的DP算法的伪代码，说明其复杂度。

8．针对单词people和popular，给出Levenshtein编辑距离问题的DP算法的手算表，并报告最优解的值和最优解。

9. 针对Levenshtein编辑距离问题的DP算法的CD-AV演示，选择两组数据，分别以20%的交互进行练习并保存结果。

10．选择1段100个以上单词的英文文本T_0，用一个较有代表性的在线翻译工具将它们翻译成中文T_0'，再翻译回英文T_1，将上述过程重复3次，然后用Levenshtein编辑距离问题的DP算法分别计算T_0和$T_1\sim T_5$间的距离，并用Excel以数据表和曲线图的形式报告结果。

11．另选两个在线翻译工具进行上题的计算，并将三个在线工具的计算结果报告在同一

个 Excel 数据表和曲线图中以形成对比。

12．请将 Levenshtein 编辑距离问题的 DP 算法的代码（见附录 7-1）进行修改以适应计算两个汉字串间的距离。

13．给出矩阵链相乘问题的子问题定义和 DP 方程，说明矩阵链相乘问题的子问题最优解记录表的特点。

14．给出矩阵链相乘问题的 DP 算法的伪代码，说明其复杂度。

15．针对矩阵链相乘问题的 DP 算法的 CD-AV 演示，选择两组数据，分别以 20%的交互进行练习并保存结果。

16．编程实现矩阵链相乘问题的 DP 算法，并进行 3 组以上数据的测试。

17．给出 0-1 背包问题的 DP 算法的子问题定义，描述其最优子结构。

18．给出 0-1 背包问题的 DP 方程。

19．给出 0-1 背包问题的 DP 算法的伪代码及复杂度分析，说明为什么该复杂度是伪多项式的。

20．设有价值分别为 10、40、30、50，重量分别为 5、4、6、3 的 4 个物品，以及容量为 10 的背包，设计并给出 DP 算法计算的手算表，要求给出最优解的值和最优解。

21．针对 0-1 背包问题的 DP 算法的 CD-AV 演示，选择两组数据，分别以 20%的交互进行练习并保存结果。

22．编程实现 0-1 背包问题的 DP 算法，并进行 3 组以上数据的测试。

23．说明以 DP 方法求解 TSP 问题的两个步骤。

24．说明 TSP 问题 DP 算法中的子问题定义，以及子问题记录表的结构。

25．给出 TSP 问题 DP 算法的扼要设计。

26．说明在 TSP 问题 DP 算法编程中集合索引的子问题记录表的实现机制。

27．说明 TSP 问题 DP 算法的时间和空间复杂度。

28．针对 TSP 问题 DP 算法的 CD-AV 演示，选择一组数据，以 20%的交互进行练习并保存结果。

29．编程实现 TSP 问题的 DP 算法，并进行 3 组以上数据的测试。

30．两个字符串间的最长公共子序列问题（Longest Common Subsequence，LCS）也是一个典型的适宜用 DP 方法求解的问题，请给出该问题的定义，分析其子问题结构及 DP 方法的适用性，给出其 DP 方程，写出其伪代码并进行复杂度分析，具体实现所设计的算法，并用如下实例进行测试：XMJYAUZ 和 MZJAWXU、xyzyxzxz 和 xzyxxyzx、xyxzyxyzzy 和 xzyzxyzxyzxy。（注：结果应为 MJAU、xzyxzx、xyxzxyzy。）

31．参考 TSP 问题 DP 算法设计思路和参考文献[2]，分析图中最长路径问题的最优子结构，给出其 DP 方程。

参考文献

[1] Wikipedia. Dynamic programming[EB/OL]. [2021-8-10].（链接请扫下方二维码）

[2] StackExchange. What is the intuition on why the longest path problem does not have optimal substructure?[EB/OL]. [2021-8-10].（链接请扫下方二维码）

[3] LEVENSHTEIN V I. Binary codes capable of correcting deletions, insertions, and reversals[J]. Soviet Physics Doklady, 1966, 10（8）: 707-710.

[4] BELLMAN R. Dynamic programming treatment of the travelling salesman problem[J]. Journal of the Association for Computing Machinery, 1962, 9: 61-63.

[5] HELD M, KARP R. A dynamic programming approach to sequencing problems[J]. Journal of the Society of Industrial and Applied Mathematics, 1962, 10: 196-210.

[6] 杨合俊. 秦九韶“正负开方术”是二阶收敛的[J]. 数学的实践与认识，2011，41（1）：229-236.

[7] 王荣彬. 对刘益正负开方术的新研究[J]. 自然科学史研究，1999，18（1）：28-35.

[8] 李俨. 中国数学大纲（上册）[M]. 北京：商务印书馆，2020：197-198，218.

[9] 豆丁网. 正负开方术（高效次方程数值求解方法）[EB/OL]. [2021-11-12].（链接请扫下方二维码）

第 8 章　算法的贪心设计方法

曲径通幽处，禅房花木深。

[唐]常建,《题破山寺后禅院》

贪心法（Greedy Algorithm）是寻找高效率求解最优化问题算法的一种算法设计策略。如果一个问题具有最优子结构性质，同时又能找到一种贪心选择策略，就可以为其设计一种贪心求解算法。一旦一个问题有贪心求解算法，该算法一般就是求解该问题的最优算法，也就是复杂度最低的算法。这是因为贪心求解算法能够在问题求解过程中的每个步骤上找到最优的选择，而不用考虑所有可能的情况，也就是说它能够在不用对问题解空间进行系统化搜索的前提下求得问题的最优解。然而并非所有问题都具备贪心法所要求的上述两个条件。本章将介绍贪心法的基本思想，并以图中单源最短路径的 Dijkstra 算法，图的最小生成树的 Prim 算法与 Kruskal 算法，以及 Huffman 编码算法为例，介绍贪心法的经典应用，重点阐述相关问题的最优子结构性质和贪心选择策略，并详细介绍这些算法的现代版 C++实现及 CD-AV 演示设计。

8.1　贪心法概述

贪心法是一种构造高效率问题求解算法的算法设计策略，本节先以较为简单的找零钱问题为例介绍其基本思想，然后介绍它的理论基础，即问题的最优子结构性质与问题求解的贪心选择策略。

8.1.1　找零钱问题、局部最优与全局最优

本节将先以一个具体的找零钱问题为例，引出贪心法的基本思想；然后将找零钱问题抽象为一个科学问题，并进行扼要讨论；最后用连续函数上极值的贪心搜索介绍与贪心法有关的问题局部最优和全局最优的概念。

1．找零钱问题

找零钱问题曾经是人们日常生活中司空见惯的问题，尽管如今手机扫码支付已经大行其道，但找零钱问题仍然是一个很有趣也很有意义的问题，因为它蕴含着贪心法的基本思想。

我们来看一个典型的找零钱问题：假设有固定面值 20 元、10 元、5 元、1 元的硬币若干，用它们组成 58 元，最少需要多少枚？这个问题要求以最少的硬币数量完成找零，显然是一个求极值问题，也就是一个最优化问题。

为使要找的硬币数量最少，直觉的思路就是尽量选择面值在目标币值范围内最大、其次大、再次大，最后选择面值最小的硬币。显然，将这个求解思路称为贪心法是很贴切的描述，而这个直觉的想法就是深刻的贪心算法设计策略的雏形。

图 8-1 所示为找零钱问题示例，可以看到最终的结果是需要 7 枚硬币，而且我们也能从

直觉上确信 58 元不可能有少于 7 枚硬币的组合法。

这个方法看起来运行得很好，我们甚至能够将问题泛化为一个普适的问题：有固定币值 $x_1 > x_2 > \cdots > x_n$ 的硬币若干，用这些硬币组成 y 元，问最少需要多少枚？

针对这个普适的问题，我们可以根据上面直观的贪心法构造如算法 8-1 所示的贪心求解算法。算法输入为总钱数 y、币值总数 n 和降序排列的币值数组 x[]。主要的流程是对币值数组 x[]以 for 循环进行遍历，在循环中对每个币值 x[i]以整数除法 y / x[i]计算其对应的硬币枚数并存到对应的数组元素 c[i]中，再用取余运算 y % x[i]计算剩余的钱数。算法最后返回剩余的钱数 y 和硬币枚数数组 c[]，如果 y 不为 0，则说明还有不能找零的剩余钱数，这通常发生在 x[n]，即最小币值不为 1 的情况下。

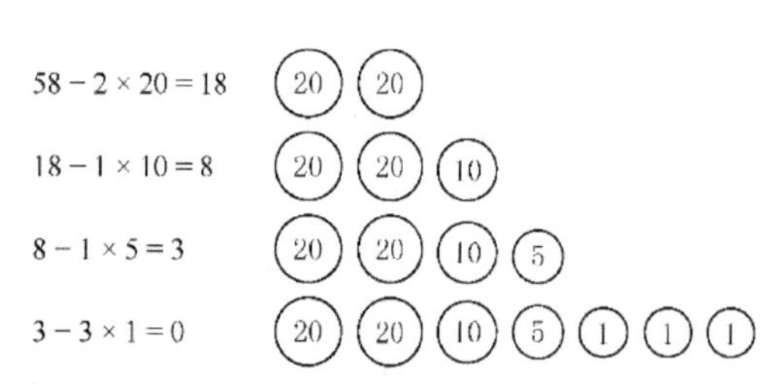

图 8-1　找零钱问题示例

算法 8-1　找零钱问题的贪心求解算法

```
输入：总钱数 y、币值总数 n、
      降序排列的币值数组 x[]
输出：y, c[]
1. for i = 1 to n
2.     c[i] = y / x[i]       //整数除法
3.     y = y % x[i]          //取余
4. end for
5. return y, c[]
```

然而，仅凭直觉得出的算法远不能成为一种普适的科学方法。例如，当硬币面值为 10 元、6 元、1 元时，若要找的钱数是 24 元，则贪心法的结果将是 $24 = 2\times10 + 4\times1$，即要找 6 枚硬币（2 枚面值 10 元的和 4 枚面值 1 元的），而最少的硬币数却是 $24 = 4\times6$，即 4 枚面值 6 元的。事实上，当硬币面值为 10 元、7 元、1 元，10 元、8 元、1 元和 10 元、9 元、1 元时我们都可找出上述贪心法不正确的例子。

这些例子说明，贪心法要成为一种令人信服的算法设计方法，还需要进行严谨和科学的探索，也就是需要回答以下问题：什么样特征的问题可以用贪心法设计出一定可以找到最优解的算法？

就找零钱的例子来说，应要求在 $x_1 > x_2 > \cdots > x_n$ 的硬币面值序列中，相邻硬币中后一个的面值至多为前一个的 $\frac{1}{2}$，即 $x_{i+1} \leqslant \frac{1}{2}x_i$，$1 \leqslant i \leqslant n-1$，这样对于 1 枚面值为 x_i 的硬币至少需要 2 枚面值为 x_{i+1} 的硬币才能达到相同的钱数，这样就不会出现上述问题了。此外，还应要求最小的硬币面值 x_n 为 1，以确保不会有剩余。

注： 现实中各个国家或地区的硬币乃至纸币币值设定均满足上述两个条件，因此都是可以用上述贪心求解算法实现以最少的枚数或张数找零钱的。

后文将会对找零钱这一特殊问题的适用性讨论上升为更具一般性的贪心算法设计理论。

2．局部最优与全局最优

本节我们借用具有局部最优和全局最优的连续函数上极值的贪心搜索，为读者形象地展示贪心法可以求解的问题的特征。

图 8-2 所示为连续函数上极值的贪心搜索情况。其中，图 8-2（a）显示的是只有一个全局极值 M 的情况，图 8-2（b）显示的是同时具有全局极值 M 和局部极值 m 的情况。

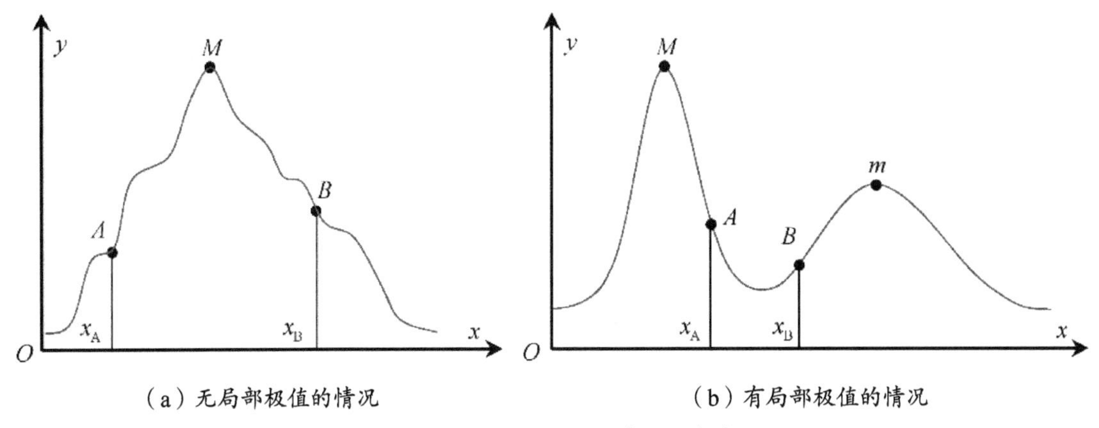

图 8-2　连续函数上极值的贪心搜索情况

注：在优化理论中，全局极值和局部极值常用更加广泛的术语全局最优和局部最优来描述。

在运筹学和优化理论中，搜索函数的极值是一项基本的任务。对于可微函数来说，其中一个基本的方法就是依据函数梯度的贪心搜索：选定一个初始的 $x = x_0$，计算函数在该点的一阶导数，如果一阶导数大于 0，则说明函数值在该点随 x 的增加而增加，于是我们为 x 增加一个增量 $\Delta x > 0$，继续在新的 x 上计算一阶导数，这个过程持续进行，当找到某个 x 值的一阶导数小于 0 时，我们就认为找到了一个函数的极值；如果一阶导数小于 0，则说明函数值在该点随 x 的增加而减小，于是我们为 x 减小一个增量 $\Delta x > 0$，继续在新的 x 上计算一阶导数，这个过程持续进行，当找到某个 x 值的一阶导数大于 0 时，我们就认为找到了一个函数的极值。

注：在二维和更高维的函数中，上述一阶导数需要以梯度替代。

显然，对于如图 8-2（a）所示的存在唯一全局极值的情况，不论初始的 x 取在哪个位置，上述算法总能搜索到其全局极值 M。对于如图 8-2（b）所示的既存在全局极值 M 又存在局部极值 m 的情况，上述算法最终搜索到的极值就与初始的 x 位置有关，如果初始的 x 取的是 x_A，算法就会搜索到全局极值 M；如果初始的 x 取的是 x_B，算法就只能搜索到局部极值 m。

这里也再次说明，要保证贪心法搜索到全局最优，需要问题具备必要的特征，即问题具有唯一的全局最优。具体的搜索则需要一种必定达到全局最优的方法，对于连续函数来说，这种方法就是一阶导数或更具广泛性的梯度。这两点也正对应着贪心算法设计策略的问题最优子结构性质和贪心选择策略。

注：在优化理论中，对于不具有全局最优的函数，贪心法常与模拟退火等其他方法结合使用。

8.1.2　贪心法的基本特征

本节将先介绍贪心法的两个基本特征，即最优子结构性质和贪心选择策略，然后对贪心法与 DP 方法进行比较。

1．两个基本特征

适合用贪心法求解的问题需要具备最优子结构性质和贪心选择策略两个特征，其中最优子结构性质在第 7 章的 DP 方法中介绍过，为方便本章学习，在此我们重述一遍。

1）最优子结构性质

一个问题具有最优子结构指的是该问题的最优解是由其具有最优解的子问题构造出来

的，而且这种构造是递归性的，即任何较大规模的子问题的最优解都是由较小规模子问题的最优解构造的。这个性质给求解问题指明了方向，即先求解较小规模子问题的最优解，依次逐渐构造较大规模子问题的最优解，并最终获得整个问题的最优解。

注：最优子结构性质是问题适合用贪心法求解的基本前提。

2）贪心选择策略（或贪心选择性质）

贪心选择策略指的是所求解问题存在一种子问题求解顺序，这个求解顺序使得可以从某个起始的、平凡的最小问题开始，局部地求较小规模子问题的最优解，并基于这些较小规模子问题的最优解，逐步求较大范围内规模较大的子问题的最优解，直至获得全局范围内问题的最优解。

注：贪心选择策略是问题可以用贪心法设计出正确和高效求解算法的必要条件。

乍看起来贪心选择策略与最优子结构性质很相似，其实它们有很大的不同。最优子结构性质是指较大规模子问题的最优解可以由较小规模子问题的最优解构造出来，而贪心选择策略则是指存在一种高效率的、贪心的最优解构造方法，也就是复杂度很低的算法。

本章后面将以图中单源最短路径的 Dijkstra 算法、最小生成树的 Prim 算法和 Kruskal 算法，以及 Huffman 编码算法为例，以严谨数学证明的方式具体阐述适合用贪心法求解的问题的最优子结构性质和贪心选择策略。

2．贪心法与 DP 方法的比较

贪心法与 DP 方法都是以问题具有最优子结构为前提的，但它们有很大区别。只要问题具有最优子结构，就可用 DP 方程通过 DP 方法求解，而且若子问题具有重叠性，则 DP 方法就可以因为不用重复求解子问题而获得效率较高的算法。然而具有最优子结构的问题如果期望用贪心法求解，还必须找到贪心选择策略。一旦为问题找到了贪心选择策略，就可以设计出极其高效的贪心求解算法。

图 8-3 所示为 CAAIS 中 0-1 背包问题的 DP 求解及回推最优解示例。DP 方法必须将所有子问题全部求解后，才能通过回推得到最优解。由图 8-3 可以看出，除初始化以外，我们共求解了 50 个子问题，而最优解涉及的仅是绿色背景的 5 个子问题。

No	i	j	w,v	0	1	2	3	4	5	6	7	8	9	10	T(n,W)	Act
-	-	-	-	2,6	2,3	6,5	5,4	4,6							-	⊘
1	0	10	-	0	0	0	0	0	0	0	0	0	0	0	0	⊘
61	1	10	2,6	0	0^{U}	6^{0}	6^{1}	6^{2}	6^{3}	6^{4}	6^{5}	6^{6}	6^{7}	6^{8}	10	⊘
60	2	10	2,3	0	0^{U}	6^{U}	6^{U}	9^{2}	9^{3}	9^{4}	9^{5}	9^{6}	9^{7}	9^{8}	20	⊘
59	3	10	6,5	0	0^{U}	6^{U}	6^{U}	9^{U}	9^{U}	9^{U}	9^{U}	11^{2}	11^{3}	14^{4}	30	⊘
58	4	10	5,4	0	0^{U}	6^{U}	6^{U}	9^{U}	9^{U}	9^{U}	10^{2}	11^{U}	13^{4}	14^{U}	40	⊘
57	5	4	4,6	0	0^{U}	6^{U}	6^{U}	9^{U}	9^{U}	12^{2}	12^{3}	15^{4}	15^{5}	15^{6}	50	⊘

图 8-3 彩图

图 8-3　CAAIS 中 0-1 背包问题的 DP 求解及回推最优解示例

如果有办法从一开始就知道这 5 个子问题的求解路线，我们就找到了 0-1 背包问题的一个贪心选择策略，就可以设计出高效率的贪心求解算法。但遗憾的是，针对 0-1 背包问题至今没有找到可以获得上述求解路线的贪心选择策略，而且人们相信不可能存在这样的贪心选择策略，因为 0-1 背包问题是 NP 难问题。

8.2　图中单源最短路径的 Dijkstra 算法

本节我们将以图中单源最短路径的 Dijkstra 算法为例介绍贪心法的一个具体算法设计应用。Dijkstra 算法在数据结构课程中有所介绍，它是一个高效求解图中单源最短路径问题的算法。但本教材并不是简单地重复数据结构课程中 Dijkstra 算法的讲解，而从两方面对其进行升华：一方面从贪心算法理论的角度对其进行介绍，即阐述单源最短路径问题所具有的最优子结构性质和贪心选择策略并给出证明；另一方面将非平凡二叉堆的各优先队列操作自然地融入 Dijkstra 算法的流程，从而将对 Dijkstra 算法的介绍较传统方式在深度和广度上均进行实质性的拓展。此外，还实现了相应的 CD-AV 演示设计，这将更加深化 Dijkstra 算法的学习和实践。

8.2.1　最短路径的最优子结构性质

本节给出图中路径的严谨定义，并证明图中最短路径具有最优子结构性质，从而为作为贪心算法的 Dijkstra 算法建立第一个理论支撑。

1．图中的路径及路径长度

为以较为严谨的方式阐述 Dijkstra 算法，我们在此给出图中的路径及路径长度较为专业的定义。

定义 8-1（图中的路径）　给定 n 个顶点的有向图 $G(V,E)$，其顶点 x 到顶点 y 的路径定义为 x 到 y 的顶点序列：$x=v_{i_1},v_{i_2},\cdots,v_{i_k}=y$，$k\geqslant 2$，$v_{i_j}\in V$，$(v_{i_j},v_{i_{j+1}})\in E$，$1\leqslant j\leqslant k-1$。

注：无向图可以通过将一条无向边变为正反方向的两条有向边而转换为有向图。

定义 8-2（图中的简单路径）　没有重复顶点的路径称为简单路径。

注：如无特别说明，我们所说的路径指的都是简单路径。

定义 8-3（路径的子路径）　给定路径 $\mathcal{P}:x=v_{i_1},v_{i_2},\cdots,v_{i_k}=y$，$k\geqslant 2$ 中的一个连续顶点子序列 $\mathcal{Q}:v_{i_j},v_{i_{j+1}},\cdots,v_{i_{j+m}}$，$1\leqslant j<j+m\leqslant k$，$m\geqslant 1$，称为 $\mathcal{P}$ 的一条子路径。

定义 8-4（图中的路径的长度）　给定带权图 $G(V,E)$，其一条路径上所有边的权值的和称为路径的长度。

注：如无特别说明，我们所说的带权图指的都是权值大于零的带权图，简称正权值图。

定义 8-5（图中的最短路径）　从顶点 x 到顶点 y 的所有路径中长度最短的路径称为最短路径。

注：显然，正权值图的最短路径一定是一条简单路径。因为从顶点 x 到顶点 y 的非简单路径一定存在一个或多个环，只要去掉这些环，从顶点 x 到顶点 y 的路径就会变成简单路径，而对于正权值图，去掉环就意味着路径长度减小。

Dijkstra 算法是一个求解单源最短路径的算法，我们先给出单源最短路径问题的定义。

定义 8-6（单源最短路径问题）　给定一个正权值的有向图或无向图 $G(V,E)$，求从指定顶点 s 出发，到达其他所有顶点的最短路径。

注：在接下来的叙述中，我们也会将“最短路径”表述为更直觉的“最短距离”。

2．**最优子结构性质**

图中最短路径的最优子结构性质可以简洁地描述为**最短路径的子路径也是最短路径**。下面我们给出这个性质的证明。

证明（反证法）：假设图上顶点 s 到顶点 e 之间存在如图 8-4 所示的最短路径，路径上有 u、v 两个顶点。记 $d_{se}=d_{su}+d_{\tilde{P}}+d_{ve}$，其中 d 表示路径长度，$\tilde{P}$ 表示顶点 s 到顶点 e 之间最短路径上顶点 u 到顶点 v 之间的一段子路径，则上述最优子结构性质说明 $\tilde{P}$ 也是顶点 u 到顶点 v 之间的最短路径。

用反证法可以很容易地证明这一点。假设顶点 u 到顶点 v 之间存在一条如图 8-4 中的虚线所示的更短的路径 $\tilde{Q}$，即 $d_{\tilde{Q}}<d_{\tilde{P}}$，则我们可以构造一条顶点 s 到顶点 e 之间的路径，它由顶点 s 到顶点 e 之间最短路径上的 su 段和 ve 段，以及顶点 u 到顶点 v 之间的 $\tilde{Q}$ 段组成，则该路径的长度为 $d'_{se}=d_{su}+d_{\tilde{Q}}+d_{ve}<d_{se}$，即我们找到了一条比原来假定为最短路径的路径还要短的路径。由此推出矛盾，所以不存在假设的 $\tilde{Q}$，原命题正确。

同理可证，从顶点 s 到顶点 e 的最短路径上的 su 段和 ve 段也分别是顶点 s 到顶点 u 和顶点 v 到顶点 e 之间的最短路径。

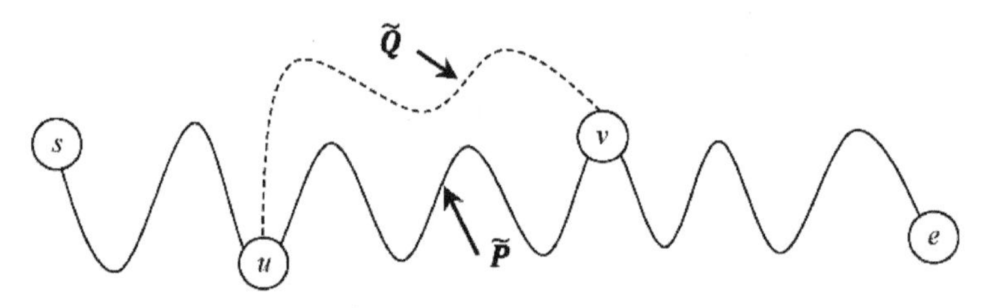

图 8-4　最短路径的最优子结构性质证明

8.2.2　Dijkstra 算法的基本思想与贪心选择策略

荷兰计算机科学家 Edsger W. Dijkstra（艾兹赫尔・戴克斯特拉）[1]于 1956 年首先提出了求解单源最短路径问题的高效算法[2]，其核心是找到了该问题的贪心选择策略。为赞誉他的贡献，人们将该算法命名为 Dijkstra 算法。

1．**Dijkstra 算法的基本思想**

Dijkstra 算法的基本思想如下。

算法 8-2　Dijkstra 算法的基本思想

给定权（距离）矩阵为 W 的图 G(V, E)和图中的源顶点 s，维护一个已经求得了以 s 为源顶点的最短路径的顶点集合 S，初始时刻 $S=\varnothing$；维护一个从源顶点 s 到所有顶点的距离表 d[]，初始时刻 $d[s]=0$，其他各顶点的距离为无穷大 ∞；维护一个各顶点的前趋表 prev[]，表中对应顶点 v 的元素将记录从顶点 s 到顶点 v 的最短路径上顶点 v 之前的第 1 个顶点，这样就可以通过对 prev 的逆向遍历找出从顶点 s 到顶点 v 所经过的各个顶点，也就是从顶点 s 到顶点 v 的最短路径，开始时各顶点的前趋初始化为空值；创建一个基于顶点距离值的最小优先队列 Q，初始时刻 Q 中只包括顶点 s。算法用如下步骤确定从顶点 s 到其他各顶点的最短路径。

第 1 步：若优先队列 Q 为空，则转到第 2 步；若优先队列 Q 不为空，则循环执行如下子步骤。

第 1.1 步：从 Q 中抽取距离值最小的顶点 v，将 v 加入集合 S，而 $d[v]$ 就是当前从顶点 s 到顶点 v 的最短距离。

第 1.2 步：对 v 的尚未加入集合 S 的各邻居顶点 u 进行遍历，以更新从顶点 s 到顶点 u 的距离。

若从顶点 s 经顶点 v 到达顶点 u 的距离比当前记录的从顶点 s 到顶点 u 的距离 d[u]小，则更新 d[u]，同时更新 prev[u]，即 if d[v] + W[v][u] < d[u] then { d[u] = d[v] + W[v][u]; prev[u] = v; }。

注：由于 d[]中的元素除 s 外均初始化为 ∞，因此遍历到的第一条到顶点 u 的路径必满足上式的条件。

第 2 步：根据 prev[]表回推，找出从顶点 s 到各顶点的最短路径。

2．Dijkstra 算法的贪心选择策略及其正确性证明

算法 8-2 中的第 1.2 步就是 Dijkstra 算法中的贪心选择策略，即算法不断地在从顶点 s 经过集合 S 中的顶点可达的所有顶点中（这些顶点全部处在优先队列 Q 中）选取距离最小的顶点 v，这个最小距离就是从顶点 s 到顶点 v 的最短距离，这样的操作过程就是一种贪心选择策略。其正确性证明如下。

证明（反证法）：我们将 Dijkstra 算法一次贪心选择所获得的路径描述为从 S 中的源顶点 s 经过顶点 p 到达顶点 u 的路径 spu，如图 8-5 所示，其中 p 是该路径在 S 中的最后一个顶点。此路径就是一条正确的从顶点 s 到顶点 u 的最短路径，我们将其长度记为 $d_{su} = d_{spu}$。

假设 spu 不是从顶点 s 到顶点 u 的最短路径，即存在另一条从顶点 s 到顶点 u 的更短路径，则由于顶点 u 在 S 之外，该条路径上顶点 u 的前趋顶点 v 必定也在 S 之外。这是因为顶点 s 通过 S 内的顶点到达顶点 u 的最短路径一定是 spu，所以如果顶点 v 在 S 内，那么它必定是顶点 p。

注：可能存在另外一条或多条与 spu 长度相同，即同样短的路径，但只要将证明过程稍加调整，就可以纳入这种情况且得出同样的结论。

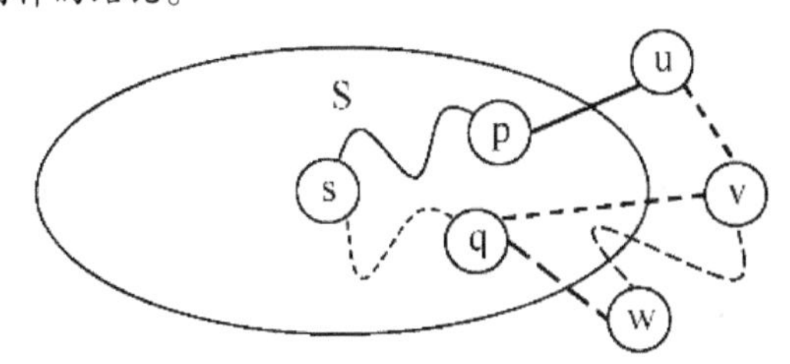

图 8-5　Dijkstra 算法贪心选择策略的正确性证明

顶点 v 在 S 外只可能有两种情况：一是顶点 v 的前趋顶点 q 在 S 中，如图 8-5 中的 sqvu 路径，此时从顶点 s 到顶点 u 的距离为 $d'_{su} = d_{sqv} + d_{vu}$；二是顶点 v 的前趋顶点不在 S 中，此时从顶点 s 到顶点 v 的路径上必定存在一个越出 S 边界的顶点 w，如图 8-5 中的 sqwvu 路径，此时从 s 到顶点 u 的距离为 $d''_{su} = d_{sqw} + d_{wv} + d_{vu}$。由于 d_{spu} 是当前从顶点 s 经过 S 中的顶点到达 S 之外最短的距离，因此有 $d_{sqv} > d_{spu}$、$d_{sqw} > d_{spu}$，即 $d'_{su} > d_{su}$、$d''_{su} > d_{su}$。

也就是说，不存在比 spu 更短的路径，因此原命题正确。

8.2.3　现代版 C++实现与复杂度分析

我们用现代版 C++实现了具教学特征的 Dijkstra 算法，有关代码参见附录 8-1，其显著特点是融入了非平凡的二叉堆优先队列操作。

注：为了满足书稿印刷排版的需要，附录 8-1 的代码与 CAAIS 中的代码在编排上略有不同。

1．全局变量设计

算法采用传统的 C 语言函数式程序设计模式，为避免运行过程中过多的参数传递，设计了一些全局变量（代码块 1 第 15～19 行），包括图的顶点数 n，双重 vector 类型（vector<vector<int>>）的权矩阵 W 和邻接表 AdjList，vector 类型的距离表 Dist、前趋表 Prev、优先队列 Q、顶点状态表 S 等线性表。其中，双重 vector 类型特别适用于表达图的邻接表这种不等长的二维数组对象。

顶点状态表 S 可方便算法判断一个顶点是尚未处理过的（值为-1 的初始状态），还是已经计算出最短距离的（值为-2），还是在优先队列 Q 中的（值为优先队列 Q 中的位置号，这个位置号使得当一个顶点的距离变小时，可以很快地在 Q 中定位该顶点，使其执行节点上移操作）。

顶点状态表 S 中值为-2 的元素组很好地实现了算法理论中的 S 集合，即已经计算出最短距离的顶点的集合。

注：如果用更加现代的类实现，则可以在很大程度上避免全局变量的使用。

此外，还以 INT_MAX（最大整数）定义了表示∞的 INF（代码块 1 第 14 行），以方便表示权矩阵中不相邻顶点对应的元素。

2．初始化

代码以现代版 C++的初始化数据列表初始化双重 vector 类型的图的权矩阵（代码块 14），这种方式特别适用于快速进行小规模权矩阵数据的教学和练习性实验。

注：实际上代码块 14 用了三重 vector 类型，以实现对多组图数据的定义。

代码设计了一个调用函数 DijkstraSSSPCaller 启动给定图上算法的运行（代码块 2），它接收图的顶点数 an、权矩阵 w 和起始顶点 v0 三个参数，首先将 an 和 w 分别赋给全局变量 n 和 W（代码块 2 第 4、5 行），调用 OutputDistMatrix 以直观的方式输出权矩阵（代码块 2 第 6 行），然后以参数 v0 调用初始化函数 Initialization（代码块 2 第 7 行），接着调用算法的主函数 DijkstraSSSP（代码块 2 第 8 行），最后以 Output 输出算法的运行结果（代码块 2 第 9 行）。

注：代码允许将给定无向图的任何一个顶点设为单源最短路径的源顶点，因此可以用一个有 n 个顶点的图进行 n 次不同的算法实验，这具有良好的教学特征。对于有向图，由于不是从每个顶点出发都能够到达所有其他顶点的，因此源顶点的选择需要根据图的情况来定。

在初始化函数 Initialization（代码块 8）中，首先调用 GenAdjList 函数（代码块 8 第 3 行），该函数（代码块 9）用图的权矩阵 W 创建邻接表 AdjList，邻接表能够以更简洁的代码实现对一个顶点所有邻居顶点的遍历，用 if (W[i][j] && W[i][j] != INF)排除值为 INF 和对角线上（值为 0）的元素（代码块 9 第 8 行）；然后初始化距离表 Dist（代码块 8 第 4～6 行），使其容量为 n，将 v0 的距离初始化为 0，将其他顶点的距离初始化为 INF，即∞；接着将前趋表 Prev 初始化成值为-1（不可能是一个有效的顶点号）的 n 个元素，并将优先队列表 Q 初始化，使其含有起始顶点 v0 一个元素；最后将顶点状态表 S 以容量 n 初始化，将 v0 的状态初始化为 0，即它在 Q 中的位置号，将其他顶点的状态初始化为-1。

3．算法的主函数 DijkstraSSSP

Dijkstra 算法的主流程由主函数 DijkstraSSSP（代码块 4）实现。其中的 while (!Q.empty()) 循环用于实现基于最小二叉堆优先队列的贪心搜索（代码块 4 第 4 行）。在每次循环中，首先用 v = ExtractMin()（代码块 4 第 6 行）取出 Q 中的最小距离顶点 v，然后遍历顶点 v 的所有邻居顶点 u（代码块 4 第 7 行），这里使用了现代版 C++的自动变量类型（auto）和基于范围的 for 循环，并借用邻接表遍历一个顶点的所有邻居顶点。

如果顶点 u 已经获得了最短距离，即其状态值为-2，则不做处理（代码块 4 第 8 行）；否则，进行 Dijkstra 算法的核心处理，即计算 s 经过 v 到达 u 的距离 d = Dist[v] + W[v][u]（代码块 4 第 10 行），此后进行判断，如果 d 比当前从 s 到 u 的距离 d[u]更小，则说明找到了一条从 s 到 u 的更短路径，更新 u 的距离 d[u]及其前趋顶点 Prev[u]（代码块 4 第 13、14 行）。接下来，如果该顶点 u 已经在优先队列中，即 S[u] >= 0，则调用 SiftUp 函数根据最新距离调整二叉堆（代码块 4 第 16 行）；否则，调用 InsertQ 函数将其插入优先队列（代码块 4 第 18 行），在 InsertQ 函数中也可能触发 SiftUp 操作。

注： 在程序设计语言中，纯粹的整数是无法真正表示∞的，因此解决实际问题的算法实现需要考虑数据的溢出问题。对于上面所述的距离计算 d = Dist[v] + W[v][u]，如果 Dist[v]和 W[v][u]都很大，就有可能使得它们的和超过 INT_MAX 造成溢出，通常会得到一个负值，这会导致算法错误，从而造成不可预测的软件后果。代码块 4 第 7 行的遍历针对的是邻接表，因此代码块 4 第 10 行中的 W[v][u]不可能是 INF，而在教学环境中，非 INF 的权矩阵元素 W[v][u]都是较小的数，所以它们的和并不会造成溢出问题。

4．二叉堆优先队列操作的实现

代码以非平凡的二叉堆优先队列辅助主算法。其中，优先队列 Q 以 vector 列表存储，以 ExtractMin（代码块 5）、SiftDown（代码块 6）、SiftUp（代码块 7）和 InsertQ（代码块 3）分别实现了提取最小值、节点下移、节点上移和节点插入操作。在 SiftDown 和 SiftUp 实现中，分别使用左移 1 位（代码块 6 第 3、6 行）和右移 1 位（代码块 7 第 4 行）运算提高乘以 2 和除以 2 的运算效率。另外，在这些函数中都设计了维护顶点状态表 S 的代码。

为减小优先队列的规模，Q 设计为仅存放与已经完成计算的顶点状态表 S 直接相连的顶点，即不存放 S 中值为-1 和-2 的顶点。当一个顶点的距离值不再是无穷大 INF，即成为与已完成顶点集合直接相连的顶点时，也就是其状态由-1 转为大于或等于 0 的值时，就执行优先队列的插入操作将其加入优先队列（代码块 4 第 18 行、代码块 3 第 5 行），而当其成为优先队列中的最小元素时，就会被提取出来，其状态值也就变为-2（代码块 4 第 6 行、代码块 5 第 6 行）。

5．路径结果输出设计

代码设计了良好的计算结果输出函数，其中 Output 函数（代码块 12）对所有的顶点进行遍历（代码块 12 第 4 行），输出每个顶点的最短距离（代码块 12 第 8 行），对每个顶点再调用 OutputPath 函数（代码块 12 第 9 行）输出最短路径。OutputPath 函数（代码块 11）对于给定的顶点 u 以递归的方式获取从源顶点 v_0 到 u 的最短路径（代码块 11 第 6 行）。

6．算法的复杂度分析

由算法的主函数 DijkstraSSSP（代码块 4）可以看出，Dijkstra 算法的运行步数由两个循环计量：一个是代码块 4 第 4 行的 while 循环；另一个是代码块 4 第 7 行的 for 循环。前者的运行次数是图的顶点数，即 $|V|$。尽管后者嵌套在前者中，但对于前者每次提取出的顶点 v，以其为起始顶点的所有边只会在后者的循环中被检查一次，因此总的运行次数是图的边数，即 $|E|$。

在每次的顶点数循环中，都要执行一次从优先队列中提取最小值的操作（代码块 4 第 6 行），我们记其复杂度为 em_{Q}，则该循环的复杂度为 $|V|\cdot \mathrm{em}_{\mathrm{Q}}$。

在每次的边数循环中，可能会因距离变小而执行一次节点上移的操作（代码块 4 第 16 行）或节点插入操作（代码块 4 第 18 行）。由于 InsertQ 仅需要对除源顶点外的每个顶点执行一次，并不需要对每条边都执行一次，因此其总的复杂度为 $|V|\cdot \mathrm{in}_{\mathrm{Q}}$，其中 in_{Q} 为优先队列插入操作的复杂度。

尽管边数循环嵌套在 while 循环中，但它对每条边各执行 1 次，因此其总的复杂度为 $|E|\cdot \mathrm{dk}_{\mathrm{Q}}$，其中 dk_{Q} 为优先队列元素键值减小后节点上移操作的复杂度（dk 意为 decrease key）。

因此 Dijkstra 算法的总复杂度为 $T\left(|V|,|E|\right)=O\left(|V|\cdot\left(\mathrm{em}_{\mathrm{Q}}+\mathrm{in}_{\mathrm{Q}}\right)+|E|\cdot \mathrm{dk}_{\mathrm{Q}}\right)$。

若用平凡的线性表实现优先队列，则 em 操作每次都要对整个 Q 进行遍历以找到最小的元素，即每次都需要遍历 Q 中的 $|V|$ 个元素，因此 $\mathrm{em}_{\mathrm{Q}}=\Theta\left(|V|\right)$；线性表可以直接通过下标访问某个元素执行 dk 操作，因此 $\mathrm{dk}_{\mathrm{Q}}=O(1)$；线性表为各元素预分配了存储空间，因此不需要进行插入操作，于是算法的复杂度为 $T_{\mathrm{LL}}\left(|V|,|E|\right)=\Theta\left(|V|^2+|E|\right)$，即 $T_{\mathrm{LL}}\left(|V|\right)=\Theta\left(|V|^2\right)$。

注：由于有向图和无向图最多分别有 $|V|^2$ 和 $\frac{1}{2}|V|^2$ 条边，因此有 $|E|=O\left(|V|^2\right)$。

一般认为[3]，Dijkstra 于 1959 年发表的算法[4]使用的是线性表优先队列，因此他的算法所达到的复杂度为 $\Theta\left(|V|^2\right)$。

Donald B. Johnson 于 1977 年引入了二叉堆优先队列[5]，由于其 em_{Q}、in_{Q} 和 dk_{Q} 均为 $O\left(\log|V|\right)$，因此算法的复杂度为 $T_{\mathrm{BH}}\left(|V|,|E|\right)=O\left(\left(|V|+|E|\right)\log|V|\right)$。

Michael L. Fredman 和 Robert E. Tarjan 于 1984 年为 Dijkstra 算法引入了 Fibonacci 堆优先队列[6]，其 em_{Q} 为 $O\left(\log|V|\right)$，in_{Q} 和 dk_{Q} 均为 $O(1)$，因此他们将算法复杂度改进为 $T_{\mathrm{FH}}\left(|V|,|E|\right)=O\left(|V|\log|V|+|E|\right)$。他们的算法被认为是任意非负权值有向图上渐近意义上已知最快的单源最短路径算法[7]。

由此可见，从渐近复杂度上来说，Fibonacci 堆优先队列支持的 Dijkstra 算法的复杂度最好。当图为稀疏图，即 $|E|=O\left(|V|\right)$ 时，二叉堆优先队列渐近地好于线性表优先队列；当图为稠密图，即 $|E|=O\left(|V|^2\right)$ 时，二叉堆优先队列渐近地不如线性表优先队列。

然而，在线性表优先队列的情况下，由于存储优先队列数据的列表大小在整个算法运行过程中不会改变，因此对于任何情况的输入图，其复杂度都会是 $|V|^2$；在二叉堆优先队列的情况下，在算法的边数循环中，每次执行 dk 操作的是以当前顶点 v 为起始顶点的边中，末端顶点需要加入优先队列或已在优先队列中仅距离需要更新的情况，而且大部分时候优先队列的规模显著小于 $|V|$，因此可以期望对于大部分的实际计算，二叉堆优先队列支持的 Dijkstra 算法的运行效率高于线性表优先队列支持的 Dijkstra 算法。

事实上，Kurt Mehlhorn 和 Peter Sanders 在 2008 年的分析表明[8]，二叉堆优先队列支持的 Dijkstra 算法的 dk 操作次数的期望值（也就是平均值）为 $\Theta\left(|V|\log\frac{|E|}{|V|}\right)$，显然小于其最坏情

况的$|E|$次，因此其平均情况复杂度为$T_{\text{BH_ave}}(|V|,|E|)=O\left(|E|+|V|\log\frac{|E|}{|V|}\log|V|\right)$，明显好于其最坏情况复杂度。线性表优先队列支持的 Dijkstra 算法的平均情况复杂度显然与其最坏情况复杂度相同，即也为$T_{\text{LL_ave}}(|V|,|E|)=\Theta\left(|V|^2\right)$，因此二叉堆优先队列支持的 Dijkstra 算法的平均情况复杂度好于线性表优先队列支持的 Dijkstra 算法，这也从理论上确认了上述分析结论：对于大部分的实际计算，二叉堆优先队列支持的 Dijkstra 算法的运行效率高于线性表优先队列。

注：上述$T_{\text{BH_ave}}(|V|,|E|)$的推导需要特别说明一下。尽管 dk 操作次数的期望值是比$|E|$小的$\Theta\left(|V|\log\frac{|E|}{|V|}\right)$，但算法关于边的循环（代码块 4 第 7 行）还是要执行$|E|$次，即常数复杂度的代码块 4 第 8 行总会执行$|E|$次，再考虑到代码块 4 第 18 行的 in_{Q} 操作总会执行$|V|-1$次，因此整个算法的平均情况复杂度可以表达为$|V|\log|V|+|E|O(1)+|V|\log\frac{|E|}{|V|}\log|V|=O\left(|E|+|V|\log\frac{|E|}{|V|}\log|V|\right)$。

Gabor Makrai 于 2015 年发表了一篇关于 Dijkstra 算法在线性表、二叉堆和 Fibonacci 堆优先队列上运行效率的实验文章[9, 10]，该文章对 10～1000 个顶点的随机有向图以 10%～90%的连接性生成随机的权值作为输入数据，进行了大量的算法运行效率实验，所得出的统计结论与上述理论分析结论基本一致：二叉堆优先队列支持的 Dijkstra 算法的运行效率高于线性表优先队列支持的 Dijkstra 算法，一般实现的 Fibonacci 堆优先队列支持的 Dijkstra 算法的运行效率高于二叉堆优先队列支持的 Dijkstra 算法，而良好实现的 Fibonacci 堆优先队列支持 Dijkstra 算法的运行效率远高于二叉堆优先队列支持的 Dijkstra 算法。

8.2.4　CD-AV 演示设计

我们在 CAAIS 中实现了 Dijkstra 算法的 CD-AV 演示设计，其最大特点是能够同时动态地演示图上的顶点与边和二叉堆优先队列树在不同输入数据下随算法过程的变化，此外还提供了适度的交互。

1．输入数据

CD-AV 演示窗口的控制面板上的“典型”下拉列表中提供了无向图和有向图各 10 多组例子数据。这些图的描述名称分别以“ nU -”和“ nD -”开头，其中的 n 标识图的顶点数，U 和 D 则分别标识无向图和有向图。n 的取值范围为 5～12，这对于教学演示和学习来说已经足够了。

注：所提供的图都是单连通的。

CD-AV 演示窗口的控制面板上的“顶点”下拉列表用于选择单源最短路径的源顶点，CD-AV 演示允许将无向图的 n 个顶点中的任何一个顶点设为源顶点，这能够充分地解析算法对同一个图不同顶点为源顶点时的表现，也最大限度地实现了演示的丰富性。

权值设定在图的默认权值数据之外提供了图的权值自定义功能，即 CD-AV 演示允许操作者对于给定的图自己设计一组权值数据进行算法实验。

CD-AV 演示窗口的控制面板上还提供了“数字”“大写字母”“小写字母”形式的图顶点标号方式。

2．数据子行的设计

图 8-6 所示为 Dijkstra 算法的典型 CD-AV 行，该例取 A 为源顶点。

由此可以看出，数据子行包括如下一些数据列：N,|E|,v0 列为图的顶点数、边数及起始顶点（源顶点）；v 列为对应算法主流程中 while 循环每次从优先队列中取出的距离最小的顶点；u 列为 for 循环的循环变量值，是 v 的一个邻居顶点；v[A],v[B],…列分别对应图中的各个顶点，这些顶点在算法尚未处理到时（状态为-1 时）对应数据显示为空白，当算法处理到时以 ${}^{p}V^{d}$ 的形式显示对应数据，其中 V 是顶点标号，左上角标 p 表示从源顶点到顶点 v 当前路径上的前驱顶点（源顶点的 p 值在顶点标号为字母时显示为 ε，在顶点标号为数字时显示为-1），右上角标 d 表示从源顶点到顶点 v 当前路径的距离，如 ${}^{I}G^{20}$ 表示从源顶点 A 到顶点 G 的最短距离为 20，最短路径上顶点 G 的前趋顶点是 I，p、d 的值将随算法的运行动态地更新。

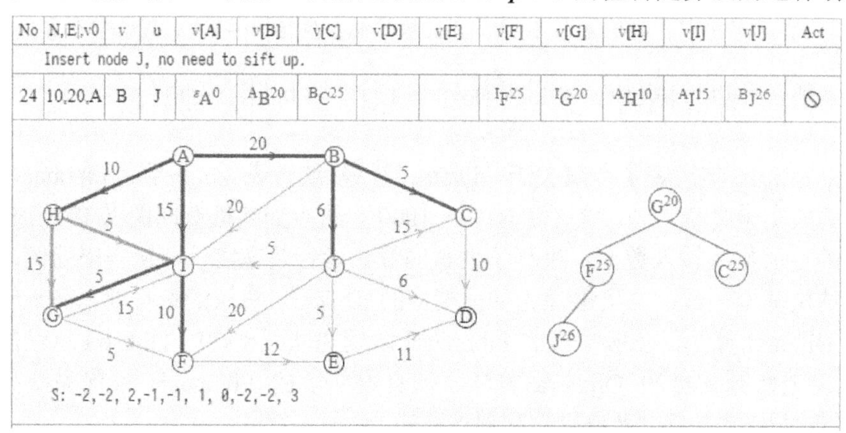

图 8-6 彩图

图 8-6　Dijkstra 算法的典型 CD-AV 行

3．图形子行的设计

图形子行的左侧显示算法所处理的图，图的顶点和边以动态、动画及色彩变化的方式显示它们随算法运行过程的状态变化。图的下方则动态地显示顶点状态表 S 中各顶点的状态码。

图的顶点以选定的标号类型顺次编号，图边上的标记对应权值。在设计中充分使用颜色表达顶点和边的状态：当前正在处理的顶点和边以醒目的亮红色显示；暗红色的顶点是目前处在优先队列中的顶点；暗红色的边是目前到达顶点的最短路径边；绿色的顶点表示已经获取了最短距离的顶点；绿色的边表示到达某顶点最短路径上的边；当发现一条到顶点 u 的新路径，而其距离又不小于已有路径的距离时，对应的边和顶点 u 显示为暗橘色。

数据行上的数据项及二叉堆优先队列树中节点和边的颜色也同步遵循上述约定。

图形子行的右侧显示二叉堆优先队列的树形结构，树中的节点以 V^{d} 的形式标识，其中的 V 对应图的顶点标号，角标 d 对应从源顶点到顶点 v 的当前路径的距离。当执行 ExtractMin 操作时，该二叉树会显示相应的根节点与末端节点的交换过程，以及由此引发的根节点下移操作过程；当执行 InsertQ 操作时，该二叉树会显示插入新的末端节点的过程，以及由此引发的节点上移操作过程；当一个顶点的距离更新变小时，该二叉树会将相应的节点置为当前的活动节点，并显示由此引发的节点上移操作过程。

4．交互设计

图 8-7 所示为 Dijkstra 算法的 CD-AV 交互示例。

这里的输入图是 10 个顶点 19 条边的无向图，源顶点设为 E。当前执行到第 17 步，在此之前所确定的从源顶点 E 到顶点 A 的路径是 E—F—A，路径长度为 10，现在找到了一条新的路径 E—D—A，但这条新路径的长度是 30，大于前面的路径长度 10，因此不需更新从 E 到 A 的路径，顶点 A 及新的到达它的边 DA 显示为暗橘色。

CD-AV 演示中的交互元素包括数据行中的 v、u 列和除去源顶点列的其余各顶点列。算法尚未处理到的顶点在列交互时应保持为空。特别需要注意的是，以 $^{p}V^{d}$ 的形式显示的顶点数据在输入时应直接将 p、V、d 顺次输入，不需要以上标方式输入，也不用在 p、V、d 间输入间隔符，如对于 $^{F}A^{10}$ 只需输入“FA10”。当标号为字母时，交互填空允许填入大写或小写字母，即不用区分大小写。

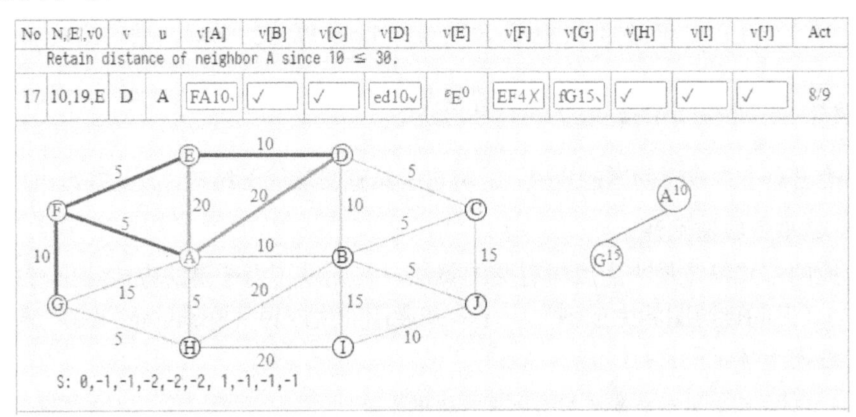

图 8-7
彩图

图 8-7　Dijkstra 算法的 CD-AV 交互示例

5．算法的 CD-AV 结束行与 I/O 页

图 8-8（a）所示为 Dijkstra 算法的 CD-AV 结束行。数据子行以绿色显示从源顶点到其余各顶点的最短距离和最短路径上的前趋顶点；图形子行左侧的输入图以绿色显示从源顶点到其余各顶点最短路径的边；图形子行的右侧按顶点顺序显示运行结果，即从源顶点到其余各顶点的最短路径和距离。

CD-AV 演示窗口的辅助区中提供了 I/O 页，其中的内容如图 8-8（b）所示。I/O 页上部显示的是算法输入图的距离矩阵，这个矩阵在算法演示的开始就显示出来了，因此从演示的开始就将距离矩阵形象地展示给用户，从而给算法学习提供了极大的方便。当算法运行结束时，I/O 页下部会以 n：$p(d)$的形式显示运行结果，其中 p 是从源顶点到某个顶点的最短路径，d 是最短距离，n 是获得该结果的算法步骤号。

图 8-8（a）
彩图

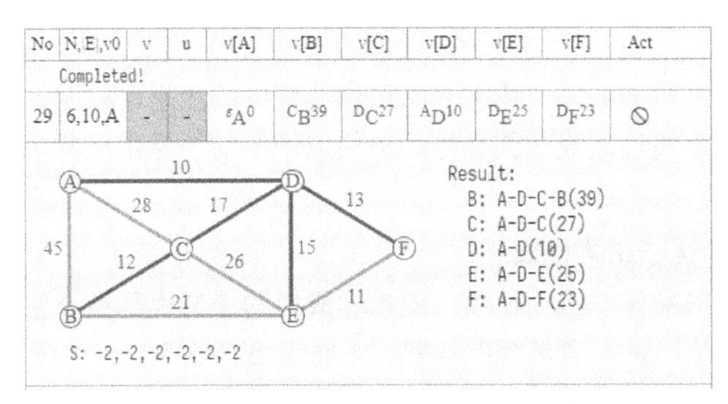

（a）CD-AV 结束行

Input & Output

```
Input
Weight matrix:
  -  A  B  C  D  E  F
  A  0 45 28 10  ∞  ∞
  B 45  0 12  ∞ 21  ∞
  C 28 12  0 17 26  ∞
  D 10  ∞ 17  0 15 13
  E  ∞ 21 26 15  0 11
  F  ∞  ∞  ∞ 13 11  0
Source vertex: A

Output:
011: A-D(10)
020: A-D-F(23)
023: A-D-E(25)
026: A-D-C(27)
028: A-D-C-B(39)
```

（b）I/O 页

图 8-8（b）
彩图

图 8-8　Dijkstra 算法的 CD-AV 结束行与 I/O 页

8.3 图的最小生成树的 Prim 算法

图的最小生成树（Minimum Spanning Tree，MST）具有很广泛的实际应用价值。例如，要在给定的区域内铺设到达多个目标点的电缆或管道，会因为铺设长度、与其他设施的合并或回避、深度、施工难度等带来不同铺设段上费用的不同，这时选择整体上费用最低的铺设方案就是一个最小生成树问题。求解最小生成树问题有 Prim 和 Kruska 两个经典的算法，在数据结构中已经对其进行过介绍，本节将从贪心算法理论的角度对其进行更加深入的诠释。本节先介绍 Prim 算法，Kruskal 算法将在 8.4 节介绍。由于 Prim 算法与 8.2 节介绍的 Dijkstra 算法非常相似，因此读者可对照 Dijkstra 算法进行 Prim 算法的学习，通过比较加深理解。

8.3.1 最小生成树的最优子结构性质

本节将给出最小生成树问题的定义，说明它所具有的最优子结构性质，并给出相应的证明。

1．图的最小生成树问题

为以专业的方式描述最小生成树有关的算法，在此以较为严谨的方式给出有关的定义。

定义 8-7（无向连通图的生成树） 无向连通图的生成树（Spanning Tree）是指包含图的所有顶点的连通无环子图。

注：今后说到的生成树指的都是无向连通图的生成树。

由定义 8-7 可以看出，n 个顶点图 $G(V,E)$ 的生成树会有 n 个顶点、n−1 条边。

定义 8-8（生成树的权） 无向连通带权图的一棵生成树上所有边的权的和称为该生成树的权。

定义 8-9（最小生成树） 无向连通带权图所有生成树中权值最小的称为最小生成树。

定义 8-10（最小生成树问题） 求解无向连通带权图的最小生成树问题简称为最小生成树问题。

讨论最小生成树问题还会用到子图和子树的概念。

定义 8-11（子图） 图 $G(V,E)$ 的一个子图 $G_s(V_s,E_s)$ 指的是由顶点集合 V 的一个子集 V_s 和 E 内连接 V_s 中各顶点的边的集合 E_s 构成的图。如果子图是连通的，则称为连通子图。

定义 8-12（子树） 树上的一个连通部分称为树的子树。显然，子树就是作为图的树的一个连通子图。

图 8-9（a）给出了一个由顶点 A～M 及所有实线和虚线边构成的图，其中由实线边连成的图构成了该图的一棵生成树。图 8-9（b）中左右两侧虚线框中的图是对应图 8-9（a）中图的两个子图，两个虚线框中由实线边连成的图分别构成相应子图的一棵生成树，它们也都是图 8-9（a）中生成树的子树。

2．图的最小生成树具有最优子结构性质

图的最小生成树具有如下的最优子结构性质：**最小生成树的子树也是最小生成树**。这一性质使得最小生成树问题具备使用贪心法求解的基础，下面给出其证明。

证明（反证法）：假定图 $G(V,E)$ 有最小生成树 T，设 T_s 为 T 的一棵子树，其对应的顶点集合为 V_s，则我们取 E 中连接 V_s 中顶点的所有边构造集合 E_s，显然 $G_s=(V_s,E_s)$ 是 $G(V,E)$ 的一个子图，根据最小生成树的最优子结构性质，T_s 是子图 G_s 的一棵最小生成树。

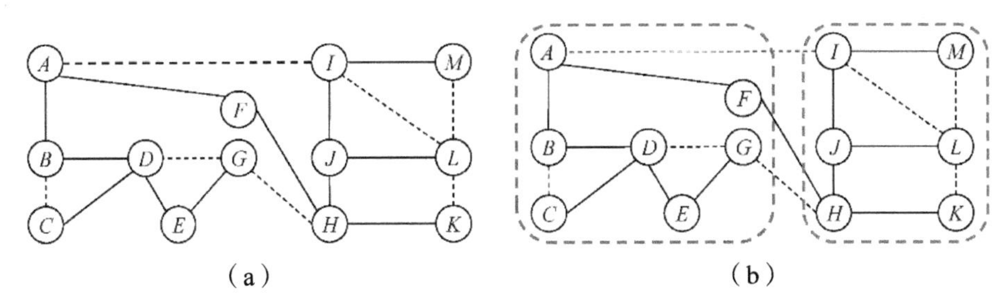

图 8-9　图及其生成树

假设 T_s 不是子图 G_s 的最小生成树，则 G_s 将存在权重小于 T_s 的最小生成树 T_s'。于是我们将 T 中的 T_s 部分换为 T_s' 构造一个新的图 T'，我们先说明 T' 是 G 的一棵生成树，再说明不存在这样的 T_s'。

首先，由于 T_s' 是子图 G_s 的生成树，那么它必定是关于 V_s 的一个连通图，由于 T_s' 仅替换 T_s 部分，那么 T 中去除 T_s 的顶点集合 $V \setminus V_s$ 中与 V_s 中顶点相连的每条边都将会与 T_s' 中的对应顶点相连，也就是说由此构造的新图 T' 也是一个连通图；其次，T' 与 T 有相同的顶点数 $|V|$ 和边数 $|V|-1$，因此 T' 是一棵树，也就是图 G 的一棵生成树。

显然，T' 的权由 T_s' 的权和去除 T_s' 部分（记为 $T' \setminus T_s'$）的权组成，即 $W_{T'} = W_{T' \setminus T_s'} + W_{T_s'}$，考虑到 $T' \setminus T_s'$ 与 $T \setminus T_s$ 相同，$W_{T'} = W_{T \setminus T_s} + W_{T_s'} < W_{T \setminus T_s} + W_{T_s} < W_T$，即 T' 是一棵比 T 的权更小的图 G 的生成树，这与 T 是图 G 的最小生成树的假设相矛盾，因此原命题正确。

8.3.2　Prim 算法的基本思想与贪心选择策略

本节将介绍 Prim 算法的基本思想，说明它所依赖的贪心选择策略，并给出相应的证明。

1. Prim 算法的基本思想

Prim 算法的基本思想与 Dijkstra 算法的基本思想非常相似，如下所示。

算法 8-3　Prim 算法的基本思想

给定权（距离）矩阵为 W 的图 G(V, E)和图中的源顶点 s，维护一个已经求得了以 s 为根的最小生成树的顶点集合 S，初始时刻 $S = \varnothing$；维护从一个集合 S 中的顶点到 S 外顶点的边的权值（距离）表 d[]，初始时刻 $d[s] = 0$，其他各顶点的距离为无穷大 ∞；维护一个各顶点的前趋表 prev[]，表中对应顶点 v 的元素将记录从 s 到 v 的最小生成树路径上 v 顶点之前的第 1 个顶点，这样就可以通过对 prev 的逆向遍历找出从 s 到 v 所经过的各个顶点，也就是从 s 到 v 的最小生成树路径，开始时各顶点的前趋初始化为空值；创建一个基于 d[]的最小优先队列 Q，初始时刻 Q 中只包括顶点 s，则算法用如下步骤确定以 s 为根的最小生成树。

第 1 步：若优先队列 Q 为空，则转到第 2 步；若优先队列 Q 不为空，则循环执行如下子步骤。

第 1.1 步：从 Q 中抽取距离最小的顶点 v，将 v 加入 S，此 v 与其前趋的边就是最小生成树上的一条边。

第 1.2 步：对 v 的尚未加入 S 的各邻居顶点 u 进行遍历，以更新当前 s 顶点到 u 的“最短”距离。若从 v 到 u 的边的距离值比当前记录的 d[u]小，则更新 d[u]，同时更新 prev[u]，即 if W[v][u] < d[u] then { d[u] = W[v][u]; prev[u] = v; }。

注：由于 d[]中的元素除 s 外均初始化为∞，因此遍历到的第一条到 u 的边必定满足上式的条件。

第 2 步：根据 prev[]表回推，找出从顶点 s 到各顶点的最小生成树路径。

2．Prim 算法的贪心选择策略及其正确性证明

算法 8-3 中的第 1.2 步就是 Prim 算法中的贪心选择策略，即算法不断地在从 S 中顶点可达的所有 S 外顶点中（这些顶点全部处在优先队列 Q 中）选取距离最小的 v，则这个 v 与其前趋顶点（S 内的某个顶点）的边就是最小生成树上的一条边，这个操作过程就是一种贪心选择策略。其正确性证明如下。

此证明分成两种情况：一是当前最小生成树的子树与某个子图仅有唯一相连的边；二是当前最小生成树的子树与某个子图有多条相连的边。

证明（反证法）：假设 Prim 算法运行到如图 8-10 所示的步骤，即左侧子图 G_L 对应的最小生成树的子树 T_L 已经由实线边确定，它是整个图的最小生成树 T 的一棵子树。

情况一：如图 8-10（a）所示，接下来要加入的边是 (F,I) 或 (G,H) 。它们分别是其连接的子图与 G_L 相连的唯一的边。这时 (F,I) 或 (G,H) 必定是最小生成树上的边，而 Prim 算法也必定在某一时刻将其加入 T ，因此算法正确。

情况二：如图 8-10（b）所示，当前已经求得了左侧子图 G_L 的最小生成树的子树 T_L ，T_L 中有三条边与右侧子树相连，即 (A,I) 、(F,J) 和 (G,H) 。

Prim 算法的贪心策略发现 (G,H) 边最短，于是认为 (G,H) 边必定是最小生成树中的边，并将它加入 T_L 。接下来，我们用反证法证明这个选择的正确性。

假设 (G,H) 不是最小生成树 T 的边，那么 T 必定包括 (A,I) 和 (F,J) 中的一条边，不妨假设是 (A,I) 边，因为只有这样 T 才能将 T_L 与右侧子图的最小生成树的子树连接起来。

现在，我们将 T 中的 (A,I) 边替换为 (G,H) 边并将它记为 T' ，则 T' 是一棵生成树，因为它包括左、右两侧子图的最小生成树的子树，并且用 (G,H) 边将这两棵子树连接起来。然而，T' 的权却小于 T 的权，因为 T' 与 T 的不同仅是用 (G,H) 边替换了 (A,I) 边，而 Prim 算法选择的 (G,H) 边是 (A,I) 、(F,J) 和 (G,H) 中权值最小者。这与 T 是图 G 的最小生成树的假设相矛盾，因此原命题正确。

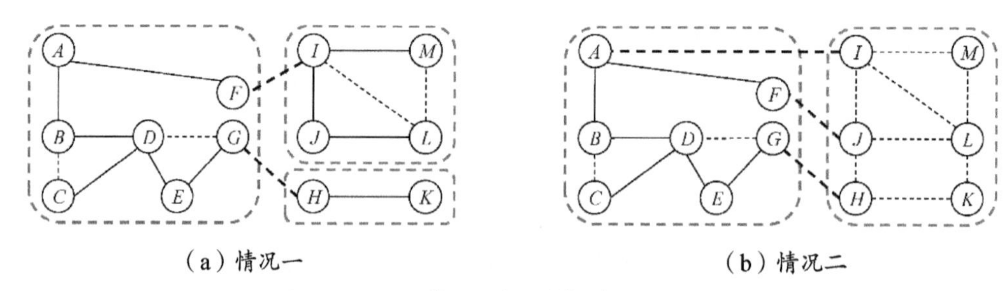

图 8-10　Prim 算法的贪心选择策略的正确性证明

8.3.3　现代版 C++实现与 CD-AV 演示设计

我们依前述 Prim 算法的基本思想用现代版 C++对 Prim 算法进行了实现，并设计了相应的 CD-AV 演示，鉴于 Prim 算法与 Dijkstra 算法具有高度的相似性，本节我们将重点说明其与 Dijkstra 算法的不同之处，读者应参照 Dijkstra 算法的相关内容进行学习。

1．现代版 C++实现

附录 8-2 给出了 Prim 算法的现代版 C++实现，与附录 8-1 的 Dijkstra 算法相比，主要有如下三点不同。

一是主函数 PrimMST 中不用像 Dijkstra 算法一样先计算从源顶点到顶点 u 的距离 d，再将 d 与 Dist[u]进行比较，而是直接用 v、u 边的权值 WMatrix[v][u]与 Dist[u]进行比较。

注：Prim 算法中的权矩阵全局变量用的是 WMatrix，而不是 W。

二是二叉堆优先队列的操作函数用了更具描述性的名字，即分别以 EnQueue、DecreaseKey 和 MinHeapify 命名向队列中插入元素、因元素键值减小而带来的节点上移和因抽取最小的根元素而带来的节点下移操作。

三是在输出函数 Output 中设计了计算最小生成树权值的代码。

注：Prim 算法的复杂度与 Dijkstra 算法基本相同，此处不再赘述。

2．CD-AV 演示设计

Prim 算法的 CD-AV 演示设计与 Dijkstra 算法相仿，但其输入数据只有无向图，算法运行结果的表达也有所不同，如图 8-11 所示，Prim 算法输出的是最小生成树的权值，以及从起始的根顶点到其余各顶点的最小生成树上的路径。

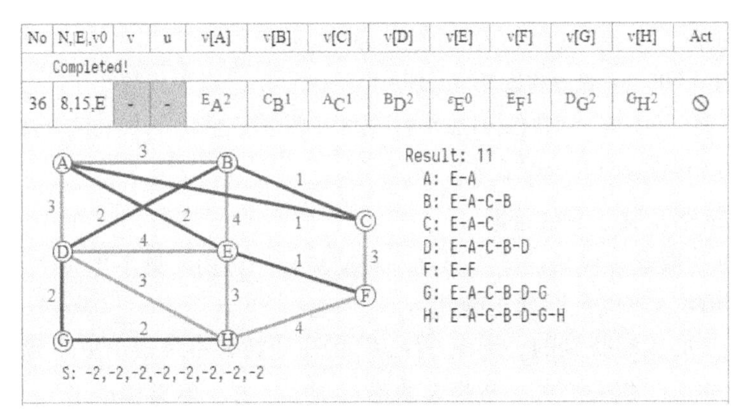

（a）CD-AV 结束行

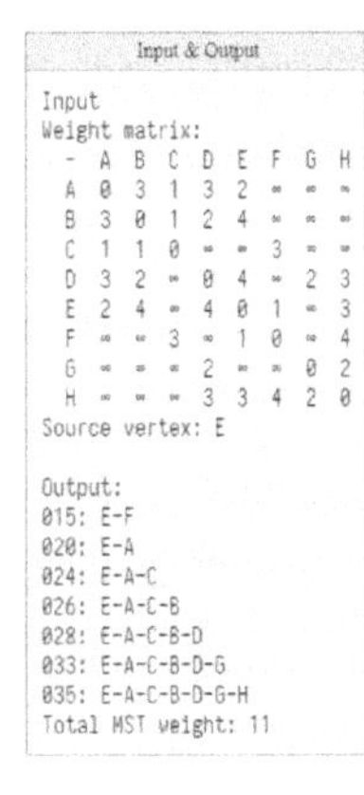

（b）I/O 页

图 8-11（a）彩图

图 8-11（b）彩图

图 8-11 Prim 算法的 CD-AV 结束行与 I/O 页

8.4 图的最小生成树的 Kruskal 算法

图的最小生成树的 Kruskal 算法是一个与 Prim 算法非常不同的算法，本节将首先对该算法的基本思想进行介绍，阐明其贪心选择策略并给出其正确性证明；其次对支撑该算法的不相交集合及其 Union 与 Find 操作进行详细介绍，以使读者在掌握 Kruskal 算法原理的同时掌握其专业的设计和实现技术；最后介绍该算法的现代版 C++实现和 CD-AV 演示设计。

8.4.1 Kruskal 算法的基本思想与贪心选择策略

针对最小生成树问题，Kruskal 提出了一个不同于 Prim 算法的贪心算法，接下来我们就介绍这个算法的基本思想，并证明其贪心选择策略。

注：Kruskal 算法所依赖的最优子结构性质与 Prim 算法相同，本节不再重述。

1. Kruskal 算法的基本思想

Kruskal 采用了一种与 Prim 算法非常不同的思路求解最小生成树问题。与 Prim 算法从一个根顶点出发逐步“长出”最小生成树不同，Kruskal 算法在图的不同区域生成最小生成树的子树，并逐步地将这些子树连接起来生成最终的最小生成树。算法 8-4 描述了其基本思想。

算法 8-4　Kruskal 算法的基本思想

Kruskal 算法首先将图 $G(V,E)$ 中的边按照权值从小到大进行排序，并将图的顶点看作 $|V|$ 个不相交的集合。然后对图的边按权值从小到大进行遍历，对每条边的两个顶点执行不相交集合的查找（Find）操作，如果它们属于同一集合，则该边必定会使集合中的顶点构成一个环，它就不会是最小生成树中的边，因此将它忽略；如果它们属于不同集合，则将这两个集合合并，同时将这条边加入最小生成树集合，直至集合中包括 $|V|-1$ 条边。这个过程可用如下的算法步骤表示。

第 1 步：初始化。

第 1.1 步：将 $G(V,E)$ 中的边按照权值从小到大进行排序。

第 1.2 步：初始化最小生成树，即边的集合 $T=\varnothing$。

第 1.3 步：将图的 $|V|$ 个顶点构造为 $|V|$ 个不相交集合，各集合以顶点标号标识。

第 2 步：对排序的边进行循环遍历，设遍历元素为 (u,v)。

第 2.1 步：分别使用 Find(u)和 Find(v)操作找到 u 和 v 所在的集合 setU 和 setV。

第 2.2 步：如果 setU 和 setV 是同一个集合，则忽略该条边。

第 2.3 步：如果 setU 和 setV 不是同一个集合，则将 (u,v) 加入 T。若 T 中的边数达到了 $|V|-1$ 条，则算法结束；否则，执行 Union(setU, setV)操作将 setU 和 setV 合并为一个集合。

2. Kruskal 算法的贪心选择策略及其正确性证明

Kruskal 算法的核心操作是每次取最小权重的连接不同不相交集合的边加入最小生成树，这就是 Kruskal 算法的贪心选择策略。下面证明其正确性。

证明（反证法）[11]：假设该贪心策略找到的关于图 $G(V,E)$ 的生成树 T 不是最小生成树，则我们取一棵与 T 共有边（记这些边的集合为 $\bar{E}$）数最多的最小生成树 T_1，然后构造出另一棵最小生成树 T_2，T_2 与 T 的共有边数比 T_1 与 T 的共有边数多出一条，由此推出矛盾。

我们先用如下算法过程从 T 中找出一条边 e^*：对 T 中的边按照 Kruskal 算法生成的顺序以循环变量 e 进行遍历，对于每条边 e，检查 T_1 中是否包括 e，当遇到第一条 T_1 中不包括的边 e 时结束遍历，并将这个 e 记为 e^*，同时将 e^* 前面的所有边记为集合 E^*。

由此可以看出，e^* 是 T 中第 1 条不出现在 T_1 中的 Kruskal 算法生成序下的边。

注：e^* 一定存在，因为 T_1 是一棵不同于 T 的树，且 e^* 可能是 Kruskal 算法生成的任意一条边，包括第 1 条和最后 1 条边。

设 f 是 T_1 去除 E^* 后的集合（$T_1 \setminus E^*$）中的任意一条边。由于 T_1 不同于 T，因此 f 必定存在，且 f 的长度一定大于或等于 e^* 的长度（注：在此我们直接用边变量表示边的长度），即 $f \geqslant e^*$，因为若 $f < e^*$，加之 f 与 E^* 中的边不构成环，则根据 Kruskal 算法的贪心选择策略，f 必定先于 e^* 被选到 T 中。

现在将边 e^* 加入 T_1 构造一个集合 T_1'，即 $T_1' = T_1 \cup \{e^*\}$，则 T_1' 中必定包括唯一的一个环，

因为若 T_1' 中包括两个环 C_1 和 C_2，则它们一定都包括边 e^*。假设边 e^* 连接的两个顶点为 s 和 t，那么 C_1 和 C_2 分别包括一条以 s 和 t 为顶点的不是 e^* 的路径 P_1 和 P_2，因此 P_1 和 P_2 就构成了一个环，这与 T_1 是一棵树相矛盾。于是可以假定 e^* 构成的环为 C_1，则 C_1 中必定包括一条属于 T_1 但不属于 T 的边 f^*，因为所有属于 T 的边都不会构成环。根据前述分析，$f^* \geqslant e^*$。

接下来，我们去除 T_1' 中的边 f^* 得到 $T_2 = T_1' \setminus \{f^*\}$，则 T_2 就是一棵连接图 G 中所有顶点的树，即它是一棵生成树，它的权值为 $W_{T_2} = W_{T_1} + e^* - f^* \leqslant W_{T_1}$。考虑到 T_1 是一棵最小生成树，该不等式只能以等号成立，即 $W_{T_2} = W_{T_1}$，也就是说，T_2 也是一棵最小生成树。

T_2 与 T_1 的不同就是将边 $f^* \notin T$ 换成了 $e^* \in T$，因此它也必定包含 T_1 中所有与 T 相同的边集 $\bar{E}$。也就是说，作为最小生成树的 T_2 除包括 $\bar{E}$ 中的所有边以外还包括 e^* 边，即它与 T 的共有边比 T_1 与 T 的共有边多出一条，这与 T_1 是一棵与 T 共有边数最多的最小生成树的假设相矛盾，因此 Kruskal 算法生成的 T 是一棵最小生成树。

8.4.2　不相交集合及其 Union 与 Find 操作

Kruskal 算法实现依赖于不相交集合（Disjoint Set）这一数据结构及其 Union 与 Find 操作，本节我们将结合 Kruskal 算法的现代版 C++实现及 CD-AV 演示设计对此进行介绍。

1．不相交集合的创建

Kruskal 算法中的不相交集合就是图的顶点集合，算法初始时刻将每个顶点置为一个独立的集合，每个集合可以看作一棵仅包括一个根节点的平凡的树，它们构成了由 $|V|$ 棵平凡的树构成的森林。

注：接下来我们将不相交集合中每个集合对应的树称为独立集树，而将所有不相交集合对应的树的集合称为不相交集合森林。

我们以如图 8-12(a)所示的现代版 C++代码定义独立集树的结构 DJSNode，它包括 Parent 和 Rank 两个属性，其中 Parent 表示顶点在集合树中的父节点的编号，Rank 表示以当前节点为根的子树的高度。对于初始时刻平凡的树，Parent 置为顶点自身的编号，Rank 置为 0，这由 DJSNode 结构的构造函数实现。vector<DJSNode>类型的线性表 DisjointSet 用于存储 $|V|$ 个顶点，由于该表的下标对应顶点的编号，因此可以在 $O(1)$ 的时间内找到一个顶点。

注 1：《算法导论》的译者将 Rank 译为较有深意的“秩”，作者认为用“树的高度”较好理解，本教材对两种表达方式均认同。

注 2：当图的“顶点”成为独立集和树上的对象时就称为“节点”，尽管术语不同，但指的是同一对象。

注 3：现代版 C++中的 struct 与 class 功能几乎相同，但它的成员默认为 public，这一点很适合进行教学和快速的代码练习，因为它使得代码简洁。但要注意的是，专业的、面向实际的编程还是应使用 class 定义类。

不相交集合的初始化由如图 8-12（b）所示的 MakeSets()函数完成，它将图的 n（$|V|$）个顶点以顺序的编号调用 DJSNode 的构造函数构造为 n 个平凡的独立集合，并存放到 DisjointSet 线性表中。

注：每个不相交集合用独立集树的根节点的编号来标识。

```
1. struct DJSNode {
2.     int Parent; int Rank;
3.     DJSNode(int p) : Parent(p), Rank(0) {}
4. };
5. static vector<DJSNode> DisjointSet;
```

（a）用于不相交集合的顶点结构

```
1. void MakeSets() {
2.   DisjointSet.clear();
3.   for (int i = 0; i < n; i++)
4.     DisjointSet.push_back(DJSNode(i));
5. }
```

（b）不相交集合的初始化

图 8-12　不相交集合的初始化代码

2．不相交集合的 Union 操作

不相交集合的 Union（合并）操作用于将两个给定根节点 u 和 v 的不相交集合合并为一个集合。为了提高 Find 操作的效率，Union 操作应尽最大可能降低合并后集合树的高度，由此可采用如下的合并规则：如果 u 和 v 的 Rank 不同，则将低 Rank 子树的根节点的 Parent 置为高 Rank 子树的根节点，这时合并后树的 Rank 与 u 和 v 中最大的 Rank 相同，也就是说，合并没有带来 Rank 的增加；如果 u 和 v 的 Rank 相同，则将 v 合并到 u 中，即将 v 的 Parent 置为 u，并将 u 的 Rank 加 1，此时合并后树的 Rank 仅是原来树的 Rank 加 1。

算法 8-5 给出了上述 Union 操作过程的现代版 C++代码。

3．不相交集合的 Find 操作

不相交集合的 Find（查找）操作用来返回指定顶点 u 所在的集合，即对应独立集树的根元素的标号。这只要以 DisjointSet[u]找到 u 顶点对象，并不断获取顶点的 Parent，直至 Parent 值等于顶点编号本身即可。算法 8-6 给出了这一过程的现代 C++代码。

注：算法 8-6 中第 3～5 行的注释说明了可以在 FindSet 中增加路径压缩（Path Compression）功能，即将查找路径上所有节点的父节点均置为树的根节点，这样就会显著提高后续的查找效率，但压缩后的树结构也由此降为 2 层，因此这个过程还应增加根节点 Rank 值的维护功能，我们将此作为习题留给读者练习。

算法 8-5　UnionSets(int u, int v)

```
1. if (DisjointSet[u].Rank >= DisjointSet[v].Rank)
2.     DisjointSet[v].Parent = u;
3. else
4.     DisjointSet[u].Parent = v;
5. if (DisjointSet[u].Rank == DisjointSet[v].Rank)
6.       DisjointSet[u].Rank++;
```

算法 8-6　FindSet(int u)

```
1. while (u != DisjointSet[u].Parent)
2.     u = DisjointSet[u].Parent;
3.     //For path compression:
4.     //DisjointSet[u].Parent =
5.     //FindSet(DisjointSet[u].Parent);
6. return u;
```

8.4.3　现代版 C++实现与复杂度分析

我们用现代版 C++实现了 Kruskal 算法，有关代码参见附录 8-3，下面说明关键的设计与实现技术。

1．带权边的线性表与最小生成树边集的设计

为了对带权边进行排序和索引，代码定义了 vector<pair<pair<int, int>, int>>类型的带权边线性表 Edges（代码块 1 第 16、17 行），表的元素类型为 pair<pair<int, int>, int>，它对应一条

带权边，其中内层的 pair<int, int>描述边对应的两个顶点，外层 pair 的第二个分量 int 描述边的权值。

注：pair 泛型的对象以 first 和 second 变量描述其两个成员。

最小生成树的边集用 vector<pair<int, int>>类型的 MST（代码块 1 第 24 行）列表存放，它也用 pair<int, int>的元素类型来描述一条边。

2．初始化

代码设计了 KruskalMSTCaller 函数（代码块 2）进行参数接收和初始化，它接收顶点数 an、权矩阵 wMatrix 和起始顶点 v0 三个参数，并将 an 和 wMatrix 分别赋给全局变量 n 和 WMatrix（代码块 2 第 4、5 行），v0 用于指定最后输出时作为最小生成树的根的顶点（代码块 2 第 8 行）。

在 Initialization 函数（代码块 6）中，首先调用 GenEdges 函数用权值矩阵 WMatrix 创建带权边的线性表 Edges（代码块 6 第 3 行）。GenEdges 函数（代码块 7）首先调用 Edges.clear() 清空 Edges，这类操作可以避免静态全局变量因多次算法运行而带来的副作用；接下来使用双重循环（代码块 7 第 5～7 行）遍历图权矩阵的上三角部分（注：无向图的权矩阵为对称矩阵），将每条权值不是 INF（∞）的边（代码块 7 第 8 行）用 Edges.push_back({{i, j},WMatrix[i][j]})（代码块 7 第 9、10 行）加入 Edges，该语句使用了现代版 C++中的初始化列表功能以十分简洁的方式创建 Edges 的元素，即类型为 pair<pair<int, int>, int>的带权边对象。

在创建完 Edges 后，Initialization 函数调用泛型排序函数 sort 对 Edges 边按权值进行排序（代码块 6 第 4～7 行）。这里运用了现代版 C++的 lambda 表达式（sort 函数的第 3 个以[]形式开始的参数）功能，以简洁且漂亮的方式为 sort 函数提供排序依据。该 lambda 表达式定义了一个用于说明排序依据的匿名函数，该函数接收两个类型为 pair<pair<int, int>, int>（带权边线性表 Edges 的元素类型）的参数 a 和 b，在函数体中以 return a.second < b.second 语句返回两个边的权值比较，这里小于号表示对权值按从小到大排序。

注：lambda 表达式功能不仅是现代版 C++提供的编程功能，而是几乎所有的现代编程语言都会提供的功能，是现代编程技术的一个重要标志。这里我们仅通过使用 sort 对边的权值排序这个例子领略一下它的魅力，建议读者通过专门的学习掌握这个重要且强大的现代编程技术。

Initialization 函数调用 MakeSets（代码块 6 第 8 行）初始化不相交集合森林。MakeSets（代码块 8）调用 DJSNode 的构造函数创建含有 n 棵仅含单个顶点的独立集树的不相交集合森林。

3．算法的主函数 KruskalMST

算法的主流程由主函数 KruskalMST（代码块 3）实现，它运用自动变量以基于范围的 for (auto &e: Edges)循环这一简洁的代码实现对已按照权值从小到大排序的 Edges 的遍历（代码块 3 第 3 行）。在每次循环中，分别取出边 e 的两个顶点 u 和 v（代码块 3 第 5、6 行），分别调用 FindSet 函数获取它们所在的集合 setU 和 setV（代码块 3 第 7、8 行）。如果 setU 和 setV 不是同一个集合，则说明边 e 的两个顶点 u 和 v 不属于同一个独立集，将边 e 加入 MST（代码块 3 第 11 行）。这时如果 MST 中的边已达 n-1 条，则说明最小生成树已生成，算法结束（代码块 3 第 12、13 行）；否则，合并 setU 和 setV 集合（代码块 3 第 14 行），并继续对下一条边执行上述过程。

4. 输出设计

Kruskal 算法的主函数 KruskalMST 生成的最小生成树是一个边的 MST 列表，其元素类型为 vector<pair<int, int>>。我们设计了将 MST 以友好格式输出的代码，包括 Output（代码块 13）、OutputWMatrix（代码块 9）、GenMSTList（代码块 11）、GenPrev（代码块 12）和 OutputPath（代码块 10）等函数，输出结果显示在辅助区的 I/O 页中，如图 8-13 所示。

Output 函数首先调用 OutputWMatrix 函数（代码块 13 第 4 行）输出如图 8-13 左侧所示的权矩阵；然后计算 MST 的权值（代码块 13 第 5～8 行）；接着输出 MST 的各条边及其权值，以及 MST 的总权值（代码块 13 第 9～15 行），如图 8-13 中间所示。

接下来调用 GenMSTList 函数（代码块 13 第 16 行）将 MST 列表中的边转换为邻接表 MSTList。

再接下来调用 GenPrev 函数（代码块 13 第 20 行）生成以 v0 为根时各顶点在 MST 中的前趋顶点。前趋顶点用一个 vector<int>类型的 Prev 列表存放，其中根顶点 v0 的前趋顶点初始化为-1（代码块 13 第 19 行）。GenPrev 以参数 v 接收根顶点 v0，将其所有的邻居顶点 u 的前趋顶点置为 v（代码块 12 第 6 行），并对各邻居顶点 u 进行递归（代码块 12 第 10 行）。为避免出现顶点间互为前趋，当设置了 Prev[u] = v，即 u 的前趋顶点为 v 后，需要将 u 的邻接表中的 v 置为-1（代码块 12 第 7～9 行）。这里使用了一点编程技巧，即先用泛型函数 find 找到 u 的邻接表中 v 的索引位置 w，再将该位置上的值置为-1。

最后对每个非根顶点 u 调用 OutputPath 函数（代码块 13 第 22～28 行）输出从根顶点 v0 到 u 的 MST 路径，其中 OutputPath 函数运用了递归编程手法。以 B 顶点为根的 MST 如图 8-13 右侧所示。

Weight matrix:	Output:	The MST paths from node B:
- A B C D E F	Result: 63	A: B-C-D-A
A 0 45 28 10 ∞ ∞	Edge Weight	C: B-C
B 45 0 12 ∞ 21 ∞	A-D 10	D: B-C-D
C 28 12 0 17 26 ∞	E-F 11	E: B-C-D-F-E
D 10 ∞ 17 0 15 13	B-C 12	F: B-C-D-F
E ∞ 21 26 15 0 11	D-F 13	
F ∞ ∞ ∞ 13 11 0	C-D 17	
权矩阵	MST 及其边上的权值	以 B 顶点为根的 MST

图 8-13 Kruskal 算法的结果输出

5. 算法的复杂度分析

Kruskal 算法的运行时间由三大部分组成：第一部分是对图的所有边进行排序的操作；第二部分是初始化$|V|$个不相交集合的 MakeSets 操作；第三部分是算法的主流程，它最多对$|E|$条边进行遍历，每次遍历执行两次 FindSet 操作和一次 UnionSets 操作。

显然第一部分的排序操作需要$O(|E|\log|E|)$的时间；第二部分的复杂度为$O(|V|)$；根据《算法导论》中深入的理论分析[12]，第三部分的复杂度为$O((|E|+|V|)\alpha(|V|))$，其中$\alpha(|V|)$是规模为$|V|$的不相交集合在按秩合并和路径压缩机制下 Find 和 Union 操作的摊还复杂度，它是一个随集合规模$|V|$缓慢增长的函数，即$\alpha(|V|)=O(\log|V|)$。因此，Kruskal 算法的总体复杂度为

$T(|V|,|E|)=O(|E|\log|E|)+O(|V|)+O((|E|+|V|)\log|V|)$。由于$|E|=O(|V|^2)$，$\log|E|=O(\log|V|)$，因此上式可简化为$T(|V|,|E|)=O(|E|\log|V|)$。

8.4.4　CD-AV 演示设计

我们在 CAAIS 中实现了 Kruskal 算法的 CD-AV 演示设计，其突出特征是能够同时演示图的顶点与边的状态和不相交集合森林在不同输入数据下随算法过程的动态变化，此外还提供了适度的交互。鉴于其基本操作与 Prim 算法相似，本节仅介绍其不同之处，即与不相交集合操作有关的设计，其他基本设计与操作请参考 Prim 算法的相关介绍。

1．边的排序与 Make sets

图 8-14 所示为边排序与 Make sets 的 CD-AV 行，可以看到在图形子行左侧的图中，各条边的权值以右下角标示出了其排序的序号，图形子行右侧示出了 Make sets 创建的由平凡的、单个顶点的独立集树构成的初始不相交集合森林，每棵树的根节点用与图中的顶点相同的标号标记，弯向自身的箭头表明根节点的 Parent 为自身。

注： 数据行上以 ${}^{P}V^{R}$ 的形式显示各顶点的数据，其中 V 为顶点标号，左上角标 P 为顶点所在树的根节点的标号，R 为以顶点为根的子树的高度，即 Rank。在交互输入时，不需要以角标形式输入，只要顺序地输入 PVR 即可，且不用区分大小写。

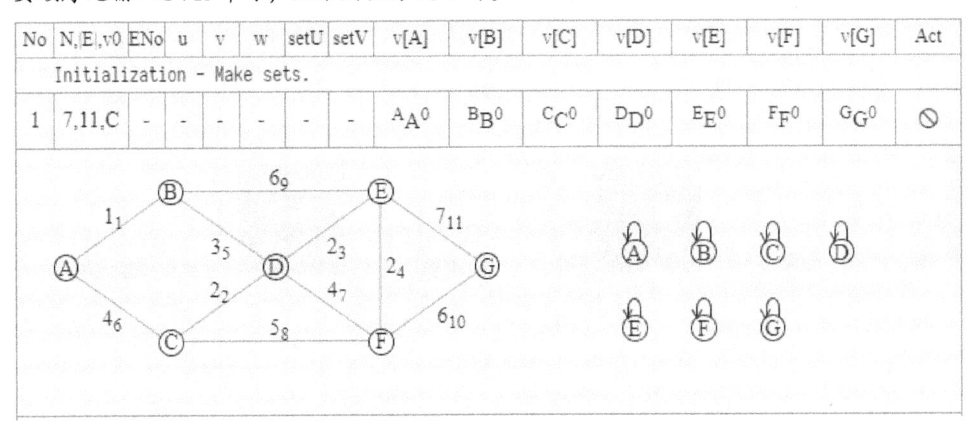

No	N,|E|,v0	ENo	u	v	w	setU	setV	v[A]	v[B]	v[C]	v[D]	v[E]	v[F]	v[G]	Act
Initialization - Make sets.															
1	7,11,C	-	-	-	-	-	-	${}^{A}A^{0}$	${}^{B}B^{0}$	${}^{C}C^{0}$	${}^{D}D^{0}$	${}^{E}E^{0}$	${}^{F}F^{0}$	${}^{G}G^{0}$	⊘

图 8-14
彩图

图 8-14　边排序与 Make sets 的 CD-AV 行

2．不相交集合 Union-Find 操作的 CD-AV 演示设计

针对如图 8-14 所示的图和权值，图 8-15 示出了 Kruskal 算法运行过程中涉及的典型不相交集合 Union-Find 操作示例，其中单顶点独立集树显示在各子图的右侧。

由于权值最小的第 1 条边对应顶点 A 和 B，它们分别对应一个单顶点独立集，算法执行 Find 操作会发现它们属于不同的集合 A、B，因此将该边加入 MST，接着执行 Union 操作将独立集合 A、B 合并为一个。合并后的独立集树位于图 8-15（a）的最左侧，该树以 A 为根节点、以 B 为子节点。其中，A 仍然保持到自身的箭头，即其 Parent 仍然保持为自身，但其 Rank 要设为 1；B 的箭头指向 A，说明 B 的 Parent 置成了 A，但其 Rank 保持为 0 值。

权值第 2 小的边对应顶点 C 和 D，它们也分别对应一个单顶点独立集，因此该边会加入 MST，并执行与上面 A、B 相同的操作得到以 C 为根节点、以 D 为子节点的独立集树，如图 8-15（a）左侧的第 2 棵树所示。

权值第 3 小的边为顶点是 D、E 的边，执行 Find 操作会发现 D 属于 C 代表的 Rank 为 1 的集合，而 E 属于自身代表的 Rank 为 0 的集合，因此将该边加入 MST，并将 E 集合合并到 C 集合中，置 E 的 Parent 为 C，但两者的 Rank 均不变。合并后的树如图 8-15（b）左侧的第 2 棵树所示。

权值第 4 小的边为顶点是 E、F 的边，这种情况与上述权值第 3 小的边相同，即将该边加入 MST，并将 F 集合合并到 C 集合中，合并后的树如图 8-15（c）左侧的第 2 棵树所示。

权值第 5 小的边为顶点是 B、D 的边，执行 Find 操作会发现 B、D 分别属于 A 和 C 代表的集合，因此将该边加入 MST。由于它们的 Rank 都是 1，因此将 C 集合合并到 A 集合中，置 C 的 Parent 为 A，A 的 Rank 加 1 变成 2，C 的 Rank 不变。合并后的树如图 8-15（d）左侧的树所示。

权值第 6、7、8、9 小的边分别对应 AC、DF、CF 和 BE 边，图 8-15（d）、（e）中以深红色表示这些边对应的树中的顶点，这些边的两个顶点都在 A 代表的集合中，因此均不会是 MST 的边，也不会引起 Union 操作。

权值第 10 小的边为顶点是 F、G 的边，执行 Find 操作会发现 F、G 分别属于 A、G 代表的集合，因此将该边加入 MST。由于此时 MST 中已经有 6 条边，达到了顶点数（7）减 1 的结束条件，因此算法结束，即不需要再进行 Union 操作，也不需要再处理最后的第 11 条边。

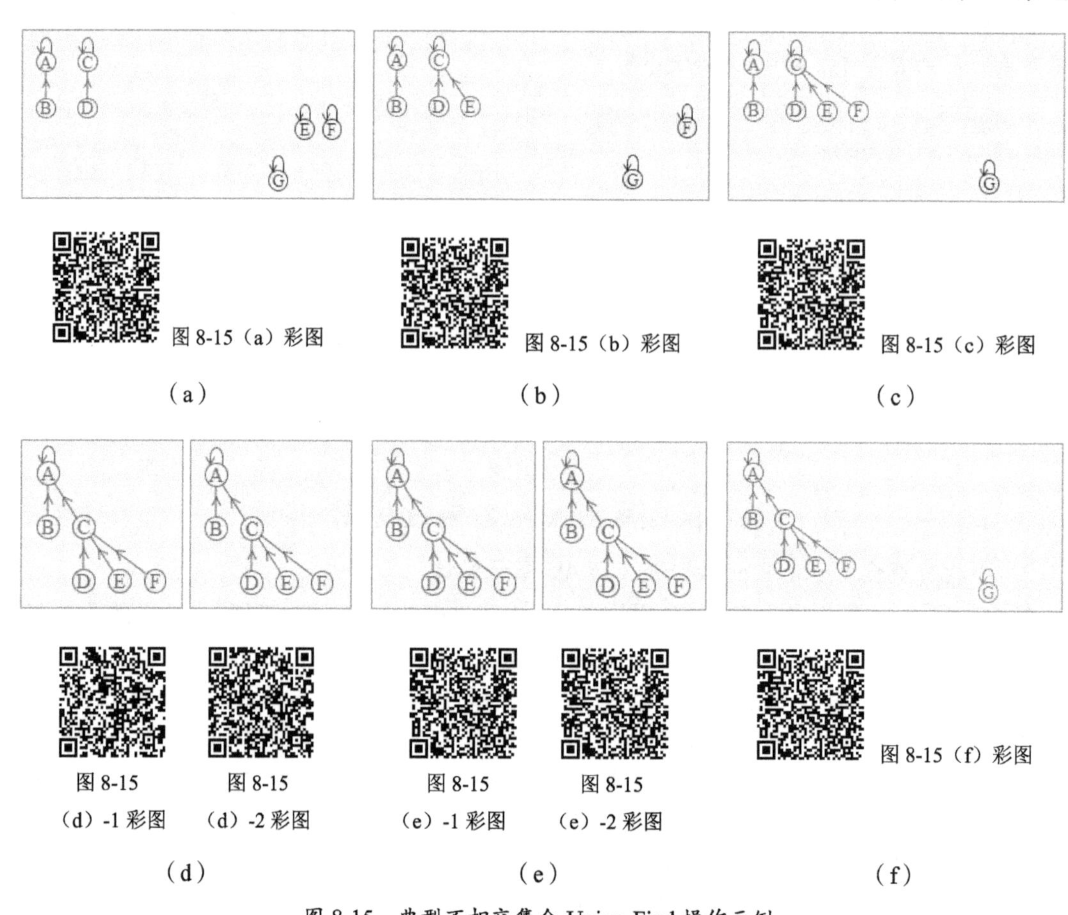

图 8-15 典型不相交集合 Union-Find 操作示例

8.5 Huffman 编码算法

Huffman 编码及相应的算法在算法乃至计算机科学领域都具有重要的地位，它根据字符的出现频度设计不等长的最优编码体系，实现了以最少的空间存储数据的理想目标，即实现了最大可能的数据压缩。本节我们就介绍这个著名的算法，内容包括变长编码、前缀编码及其满二叉树表示，Huffman 编码算法的基本思想与复杂度分析，作为贪心算法的 Huffman 编码算法的理论基础，即最优前缀编码的最优子结构性质与 Huffman 编码算法的贪心选择策略，以及 Huffman 编码算法的现代版 C++实现与 CD-AV 演示设计。

8.5.1 变长编码、前缀编码及其满二叉树表示

本节将先由文本压缩引出字符的变长编码及变长编码需要具备的前缀编码特征，然后由变长编码串的解码问题引出其满二叉树表示，并对满二叉树的理论性编码特征进行讨论。

1. 文本压缩存储的关键思想——变长编码

存储由有限字符集中的字符构成的一段文本是人类对计算机最基本的需求之一，直觉的思路是将字符以固定长度的二进制位进行编码，然后在存储器中按照文本中的字符顺序存储这些编码。这种编码方式称为定长编码（Fixed-Length Code）。例如，标准 ASCII 码将英文字符用 7 位二进制位进行编码（通常在前面多加一个 0 构成 8 位，成为 1 字节）。

注：将全世界各种自然语言字符及符号统一编码的 UTF-8 编码尽管采用了变长的 1～4 字节编码，但这种编码与被编码文本中的字符分布无关，仍然属于固定长度的字符编码。

由于计算机的存储器是一种有限的存储资源，因此人们很自然地考虑以尽可能少的二进制位数对给定的文本进行编码，以便尽可能地节省存储资源。将它作为一个科学问题，就是寻找最优的编码方法，使得能够对给定的文本以最少的二进制位数进行编码。显然固定长度的编码不可能达到这个目标，我们需要使用不等长，即变长的字符编码，这种编码方式称为变长编码（Variable-Length Code），也就是对出现频率高的字符以较少的二进制位数编码，对出现频率低的字符以较多的二进制位数编码。这样就可能在总体上以更少的二进制位数存储同一段文本，从而实现压缩存储。

举例来说，对于表 8-1 第 1、2 行所示的字符和频率，如果我们用第 3 行所示的定长的 3 位字符编码，则所有字符的二进制位数和是 255；如果我们用第 4 行所示的变长的字符编码，则所有字符的二进制位数和是 212。由此可得，压缩比为 $r = 212/255 \times 100\% \approx 83\%$。

表 8-1　定长编码与变长编码示例

字　符	a	b	c	d	e	f	总 位 数
频率	16	5	12	17	10	25	—
定长编码	000	001	010	011	100	101	255
变长编码	11	0001	001	10	0000	01	212

2. 前缀编码及其满二叉树表示

使用变长的字符编码需要解决编码的不冲突和高效率识别问题，前缀编码能很恰当地解决编码的不冲突问题，其满二叉树表示则能解决编码的高效率识别问题。

前缀编码（Prefix Code）指的是没有任何二进制码字是其他码字前缀的编码，因此它可以

解决编码的不冲突问题。例如，表 8-1 中的变长编码就是一组前缀编码。针对单词 cafe，其编码为 00111010000。读者可以验证，这个编码不存在理解上的二义性。

注 1：上述“前缀编码”术语与其表达的“没有码字是其他码字前缀”之间在字面理解方面有点相悖。实际上，“没有码字是其他码字前缀”还有一个更贴切的英文术语“Prefix-Free Code”[13]，即“无前缀编码”。但“无前缀编码”不如“前缀编码”简洁，因此人们还是认可了“前缀编码”这一表述方式。

注 2：固定长度的编码是一种平凡的前缀编码，对于表 8-1 中的定长编码，cafe 的编码为 010000101100，这个编码也不会有二义性。

有了如表 8-1 所示的字符与其前缀编码的对照表，对给定文字进行编码是很简单的，只要查出文字中各字符的编码，将编码顺序排下去即可。例如，对于 face，只要将各字符的变长编码 01、11、001、0000 排起来，得到的 01110010000 就是它的编码。

然而，由于各字符编码不等长，因此解码过程不是通过简单的查表就能轻易解决的。借用编码的二叉树表示是一个很巧妙的解决方法。例如，表 8-1 中的定长编码和变长编码就可以分别用如图 8-16（a）和（b）所示的二叉树来表示。二叉树上各父节点（内部节点）到左右子节点的边分别用 0 和 1 标记，每个叶节点（外部节点）对应一个字符，从根节点到叶节点路径上的二进制数字串对应相应字符的编码。显然任何有限的二进制编码系统都会对应一棵二叉树。当变长编码以二叉树表示后，解码过程就很容易了。只要顺序地从编码串中取出二进制位，根据二进制位找出从根节点到叶节点的一条路径，即可解码出一个字符，而且下一个二进制位必定开始一个新字符的编码。

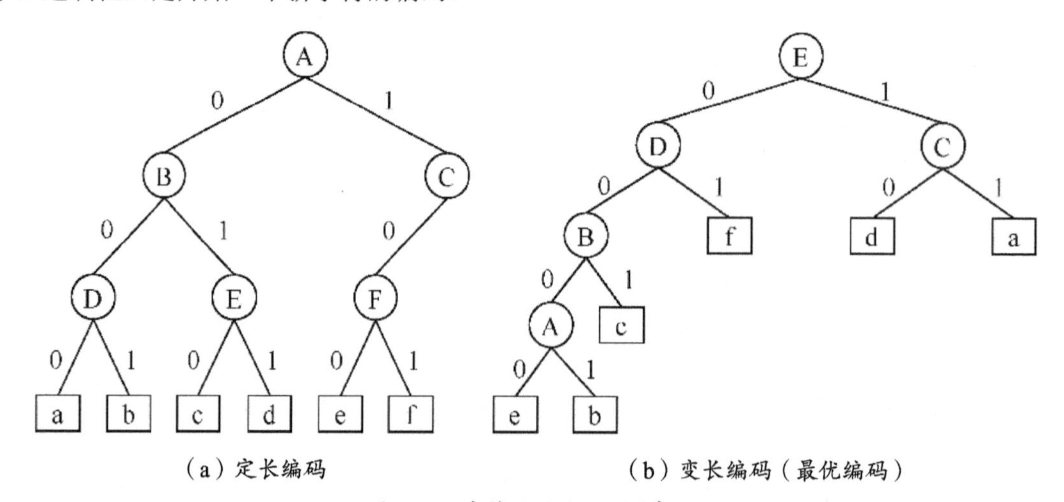

（a）定长编码　　（b）变长编码（最优编码）

图 8-16　字符编码的二叉树表示

需要说明的是，一个字符集的最优编码必定对应一棵满二叉树，下面以反证法给出这一陈述的证明。

注 1：满二叉树（Full Binary Tree）指的是除叶节点以外，其余节点都有两个子节点的二叉树，或者说所有内部节点都有两个子节点的二叉树。

注 2：满二叉树还有另外一个英文名字，即 Proper Binary Tree，中文翻译为真二叉树。

证明[14]：假如一个字符集的最优编码对应的二叉树不是一棵满二叉树，那么该二叉树必定存在仅有一个子节点的内部节点，这样的内部节点只可能是如图 8-17（a）、（c）所示的两种情况，即为根节点，或者不为根节点。

当根节点只有一个子节点时，我们只要像图 8-17（b）那样去掉根节点，就可以得到一个针对所有叶节点的编码方案，而且这个编码方案中每个编码都比原来的编码长度少 1，也就是得到了比原编码更优的编码。如图 8-17（c）所示，当某个内部节点 B 只有一个子节点时，我们只要用它唯一的子节点 E 替换其父节点 B 就可以得到如图 8-17（d）所示的编码树，该编码树同样能够给出针对所有叶节点的编码方案，而且以 E 为根的子树的所有编码长度也比原来少 1，也就是得到了比原编码更优的编码。

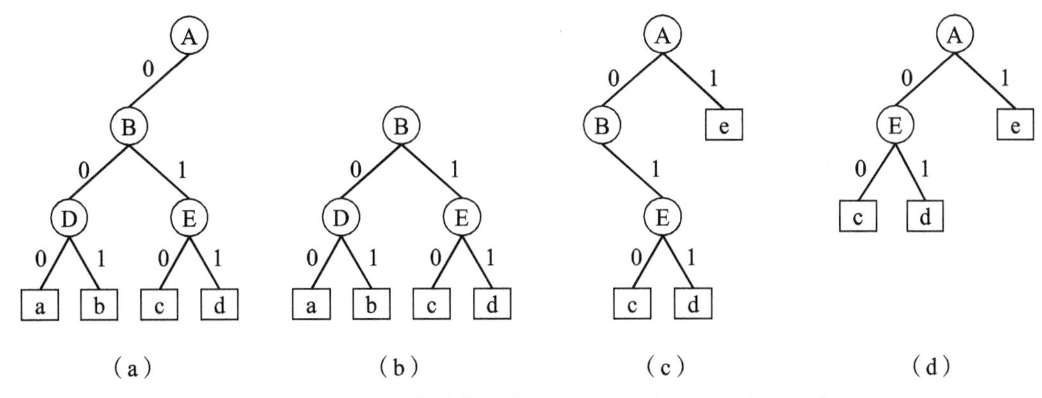

（a）　　（b）　　（c）　　（d）

图 8-17　一个字符集的最优编码必定对应一棵满二叉树

注：如图 8-16（a）所示的编码树就不是一棵最优编码树，读者可以思考如何将它变成一棵最优编码树。

关于满二叉树的叶节点和内部节点数目还有如下定理。

定理 8-1（满二叉树内外部节点数关系定理）　对于非空的满二叉树 T，其内部节点数 n_I 比外部节点数 n_E 少 1，即 $n_I = n_E - 1$。

证明[15]：本定理可以用数学归纳法证明。

当 $n_I = 0$ 时，T 只有 1 个节点，该节点是一个叶节点（注：这种情况是满足满二叉树定义的），即 $n_E = 1$，定理成立。

假设对于所有的 $n_I \leqslant N$ 定理 8-1 成立，则当 $n_I = N + 1 \geqslant 1$ 时，我们记 T 的左右子树分别为 L 和 R，它们的内外部节点数分别为 L_I、R_I 和 L_E、R_E，则有 $L_I + R_I + 1 = n_I$，$L_E + R_E = n_E$，显然 $L_I \leqslant n_I - 1 = N$、$R_I \leqslant n_I - 1 = N$，即左右子树 L 和 R 满足归纳假设，因此有 $L_I = L_E - 1$、$R_I = R_E - 1$，于是 $n_I = L_I + R_I + 1 = L_E + R_E - 1 = n_E - 1$。

3．编码树的代价

对给定的定义了字符频率的字符集 C 建立了编码树后，我们就可以计算总体的编码量，即编码代价。令 c.freq 表示 C 中字符 c 的频率，令 $d_T(c)$ 表示 c 在编码树 T 中对应的叶节点的深度，$d_T(c)$ 就是 c 的编码长度，则 C 中字符的编码代价为 $B(T) = \sum_{c \in C} c.\text{freq} \cdot d_T(c)$。$B(T)$ 也称为编码树 T 的代价。

8.5.2　Huffman 编码算法的基本思想与复杂度分析

对于给定字符频率的字符集，Huffman 提出了一个最优的编码算法，本节就介绍该算法的基本思想并进行复杂度分析。

1．Huffman 编码算法的基本思想

David A. Huffman 于 1952 年创立了一个根据给定字符频率获得字符最优变长前缀编码的算法[16]，该算法被称为 Huffman 编码算法。Huffman 编码算法的基本思想如算法 8-7 所示。

算法 8-7　Huffman 编码算法的基本思想

第 1 步：初始化，将字符集 C 中的所有字符按其频率创建为一个最小优先队列 Q。

第 2 步：当 Q 中的元素个数大于 1 时对 Q 进行循环。

第 2.1 步：取出频率最低的两个字符对应的元素 x 和 y。

第 2.2 步：构造一个新元素 z，使 $\text{z.freq} = \text{x.freq} + \text{y.freq}$，并且在 z 中设置指向 x 和 y 的左指针和右指针。

第 2.3 步：将 z 插入 Q。

第 3 步：取出 Q 中剩下的一个元素 r，r 就是所建立的最优前缀编码树，这棵树又称为 Huffman 编码树。对 Huffman 编码树从根节点开始按照左 0 右 1 的方式在树边进行标记，从根节点到各叶节点路径上的 0、1 序列就是各叶节点所对应字符的最优前缀编码。

2．Huffman 编码算法的复杂度分析

假设要编码的字符个数为 n，则 Huffman 编码算法的复杂度包括两个组成部分，即第 1 步最小优先队列 Q 的创建代价 $T_{\text{makeQ}}(n)$ 和第 2 步创建 Huffman 编码树的代价 $T_{\text{makeHT}}(n)$。

创建 Huffman 编码树需要创建其 $n-1$ 个内部节点，即第 2 步的循环要执行 $n-1$ 次，每次要执行两次优先队列 Q 的 ExtractMin 操作和一次向优先队列 Q 的 Insert 操作，因此 $T_{\text{makeHT}}(n) = (n-1)\left(2T_{\text{emQ}}(n) + T_{\text{inQ}}(n)\right)$。

如果采用二叉堆优先队列，则 $T_{\text{makeQ}}(n) = O(n)$，$T_{\text{emQ}}(n) = T_{\text{insQ}}(n) = O(\log n)$，因此所实现的 Huffman 编码算法的复杂度为 $T(n) = O(n\log n)$。由此可见，这是一个效率很高的算法。

注 1：若使用基于 van Emde Boas 树的优先队列[17]，则 Huffman 编码算法的复杂度可降至 $O(n\log\log n)$。

注 2：由于字符编码所针对的字符个数 n 通常是一个不太大的数，而算法复杂度分析要考虑的是 $n \to \infty$ 时的渐近情况，因此对于与字符编码有关的算法人们不太关注它们的复杂度[13]。

8.5.3　最优前缀编码的最优子结构性质与 Huffman 编码算法的贪心选择策略

Huffman 编码算法是一种贪心算法，它基于贪心算法理论基础，即最优前缀编码的最优子结构性质与 Huffman 编码算法的贪心选择策略，本节就介绍这两个重要内容并给出其正确性证明。

1．最优前缀编码的最优子结构性质

我们先给出最优前缀编码的最优子结构性质的描述。令 C 是一个字符集合，其中的每个字符 $c \in C$ 都定义了频率 $c.\text{freq}$。令 x 和 y 是 C 中频率最低的两个字符，C' 为 C 去掉字符 x 和 y 但增加字符 z 的字符集，即 $C' = C \setminus \{x, y\} \cup \{z\}$，其中 $z.\text{freq} = x.\text{freq} + y.\text{freq}$。令 T' 为 C' 的任意一个最优前缀编码树，则我们先将 T' 的叶节点 z 替换为一个内部节点 z'，再将 x 和 y 置为 z' 的子节点得到树 T，T 必定为 C 的一棵最优前缀编码树。也就是说，C 的最优前缀编码树可以用 C' 的最优前缀编码树构造出来，因此最优前缀编码具有最优子结构性质。下面我们先

证明树 T 和 T' 的代价间存在如下关系：$B(T)=B(T')+x.\text{freq}+y.\text{freq}$。

证明：设 $B(T)=\sum_{c\in C}c.\text{freq}\cdot d_{\text{T}}(c)$ 和 $B(T')=\sum_{c\in C}c.\text{freq}\cdot d_{\text{T}'}(c)$ 分别是树 T 和 T' 的代价，由于此代价只涉及树的叶节点，而 $B(T)$ 与 $B(T')$ 的不同仅是少了 z 节点且多了 x 和 y 节点，因此有 $B(T)=B(T')-z.\text{freq}\cdot d_{\text{T}'}(z)+x.\text{freq}\cdot d_{\text{T}}(x)+y.\text{freq}\cdot d_{\text{T}}(y)$。

由于 x 和 y 节点的深度比 z 节点多 1，即 $d_{\text{T}}(x)=d_{\text{T}}(y)=d_{\text{T}'}(z)+1$，因此上式化为 $B(T)=B(T')-z.\text{freq}\cdot d_{\text{T}'}(z)+(x.\text{freq}+y.\text{freq})\cdot(d_{\text{T}'}(z)+1)=B(T')+x.\text{freq}+y.\text{freq}$。

接下来，我们用反证法证明当 T' 是最优前缀编码树时，T 也是最优前缀编码树。

证明：假定 T 不是 C 的最优前缀编码树，则必定存在一棵 C 的最优前缀编码树 $\tilde{T}$ 满足 $B(\tilde{T})<B(T)$，且 $\tilde{T}$ 中必定包括兄弟叶节点 x 和 y，因为它们是频率最低的两个字符。令 $\tilde{T}'$ 为将 $\tilde{T}$ 中的 x 和 y 节点去掉并将它们的父节点 z 置为叶节点的树，其中 $z.\text{freq}=x.\text{freq}+y.\text{freq}$，则有 $B(\tilde{T}')=B(\tilde{T})-(x.\text{freq}+y.\text{freq})<B(T)-(x.\text{freq}+y.\text{freq})=B(T')$。也就是说，我们构造了一棵代价比 T' 小的树 $\tilde{T}'$，这与 T' 是一棵最优前缀编码树的前提相矛盾，因此原命题正确。

2．Huffman 编码算法的贪心选择策略

Huffman 编码算法实现的关键是每次从当前优先队列 Q 中选取频率最低的两个节点 x 和 y，用它们的频率和构造一个父节点 z，并将 x 和 y 置为 z 的两个子节点，这必将使得 x 和 y 成为当前节点集 Q 对应的 Huffman 编码树 T_{Q} 中最深的两个节点，也就是编码长度最大的两个字符。这显然是一种贪心选择策略。为了便于证明，我们将这个贪心选择策略表述为较为严谨的形式：令 C 是一个字符集合，其中的每个字符 $c\in C$ 都定义了频率 $c.\text{freq}$。令 x 和 y 是 C 中频率最低的两个字符。那么存在 C 的一个最优前缀编码，在该编码中，x 和 y 具有最长且长度相同的码字，它们的编码只有最后一个二进制位不同。

注意：Huffman 编码算法的一般步骤针对的是包括 Huffman 编码树上叶节点和非叶节点的优先队列 Q 中的节点。为简化描述，上述贪心选择策略表述和以下的证明我们都以优先队列 Q 中包括的全都是叶节点为前提，所得到的结论很容易推广到 Q 中既包括叶节点又包括非叶节点的一般情况。

下面我们给出上述贪心选择策略的证明。证明的思路：令 T 表示 C 的任意一个最优前缀编码树，则频率最低的字符 x 和 y 必定对应该树中最大深度的兄弟节点，否则我们就能够构造出代价更小的树，从而导致矛盾。

证明：x 和 y 在 T 中仅可能有如下 4 种情况，我们对每种情况都给出证明，由此便可断定上述贪心选择策略的正确性。

（1）如果 x 和 y 已经是 T 中最大深度的兄弟节点，则证明结束。

（2）如果 x 和 y 是 T 中最大深度的节点，但不是兄弟节点，则它们必定分别有兄弟节点 a 和 b，这时只要将 y 和 a 交换，就能使得 x 和 y 成为 T 中最大深度的兄弟节点，而且此交换不改变 T 的代价。因为 x、y、a、b 有相同的深度，将该深度设为 d_x，则 y 和 a 交换前后对树的代价的贡献相同，都是 $d_x\cdot y.\text{freq}+d_x\cdot a.\text{freq}$。

（3）如果 x 是 T 中最大深度的节点，而 y 不是，即 $d_x>d_y$。假定 x 有兄弟节点 a，这时可以将 y 和 a 交换得到新的树 T'，它与 T 的代价差为

$$B(T')-B(T)=(d_x\cdot y.\text{freq}+d_y\cdot a.\text{freq})-(d_x\cdot a.\text{freq}+d_y\cdot y.\text{freq})$$

$$= d_x\left(y.\text{freq} - a.\text{freq}\right) + d_y\left(a.\text{freq} - y.\text{freq}\right) = \left(d_x - d_y\right)\left(y.\text{freq} - a.\text{freq}\right)$$

注意到 $d_x > d_y$，由于 x 和 y 是频率最低的两个字符，因此有 $y.\text{freq} \leqslant a.\text{freq}$。如果 $y.\text{freq} = a.\text{freq}$，则 $B(T') = B(T)$，证明结束。如果 $y.\text{freq} < a.\text{freq}$，则 $B(T') < B(T)$，即 T' 是一棵比 T 代价更小的树，这与 T 是最优前缀编码树的前提相矛盾，因此原命题正确。

（4）若 x、y 均不是 T 中最大深度的节点，则必有最大深度的兄弟节点 a 和 b，这时可分别将 x 和 a、y 和 b 交换得到新的树 T'，进行与上述第 3 条相同的分析可得出相同的结论。

8.5.4 现代版 C++实现

我们基于二叉堆优先队列用现代版 C++实现了 Huffman 编码算法，有关代码参见附录 8-4，本节就详细介绍实现中的代码设计。

1．字符频率表的设计及测试代码设计

在 TestHuffmanCoding 函数（代码块 16）中，先以泛型的 pair<char, int>定义字符及其频率构成对象的类型，再用以该类型为元素类型的 vector 列表存储一组给定频率的待编码字符，外层再用一个 vector 列表以存储多组的待编码字符（代码块 16 第 3 行），并运用现代版 C++的初始化列表提供实际的测试数据。

TestHuffmanCoding 函数对每个字符频率表调用 HuffmanCodingCaller 函数（代码块 16 第 16 行）进行运行测试。

HuffmanCodingCaller 函数（代码块 2）接收 vector< pair<char, int>>类型的字符频率表 chars，先调用 ShowInput 函数输出该表，再调用 Initialization 函数进行初始化，接着调用 BuildHuffmanTree 函数执行算法的主流程，此后调用 Output 函数输出结果，最后调用 Finalization 函数释放动态创建的对象。

2．优先队列节点（Huffman 编码树节点）的类型设计及初始化

优先队列节点（Huffman 编码树节点）的 struct 定义为 HFMNode（代码块 1 第 10～18 行）类，它的成员有字符 Ch、频率 Freq 和指向左右子节点的指针 Left 和 Right。该类设计了两个构造函数：第一个构造函数用于创建 Huffman 编码树上的内部节点（代码块 1 第 13～15 行），它接收字符 pCh、频率 pFreq，以及指向左右子节点的指针 pLeft 和 pRight，并将它们赋给对应的成员变量。第二个构造函数用于创建 Huffman 编码树上的叶节点（代码块 1 第 16、17 行），它仅接收字符 pCh 和频率 pFreq 两个参数，以左右子节点为空指针 NULL 的方式调用第一个构造函数。

优先队列 Q 被声明为元素类型是 HFMNode *的 vector 列表（代码块 1 第 28 行），Q 由 Initialization 函数（代码块 9）初始化。Initialization 函数使用基于范围的 for 循环和自动循环变量 ch 对所接收的字符频率表 chars 进行遍历（代码块 9 第 5 行），以每个字符 ch.first 及其频率 ch.second 作为参数调用 HFMNode 的第二个构造函数创建一个 HFMNode 对象，并将指向该对象的指针添加到 Q 中（代码块 9 第 6、7 行）。Initialization 函数最后调用 MinHeapify 函数（代码块 9 第 8 行）将 Q 初始化为一个二叉堆优先队列。

3．二叉堆优先队列操作的实现

Huffman 编码算法需要一种优先队列来支持，我们仍然采用二叉堆优先队列，分别以 MinHeapify（代码块 8）、ExtractMin（代码块 4）、SiftDown（代码块 5）、InsertH（代码块 6）

和 SiftUp（代码块 7）实现了建堆、提取最小值、节点下移、插入节点和节点上移操作。这些操作的基本代码与 Prim 算法相同，这里不再赘述。需要注意的是，二叉堆的节点是类型为 HFMNode *的对象，且键值是该对象的 Freq 成员。

4．算法的主函数 BuildHuffmanTree

算法的主流程由主函数 BuildHuffmanTree（代码块 3）实现。其中声明的 char C = 'A'（代码块 3 第 3 行）是标记内部节点的字符（注：外部节点用小写字母标记）。算法以 while (Q.size() > 1)循环，即优先队列中尚有多于一个元素，实现基于优先队列的遍历（代码块 3 第 4 行）。在每次循环中，首先连续调用两次 ExtractMin(Q)函数获取当前优先队列中频率最小的两个节点 x 和 y（代码块 3 第 6、7 行）；然后创建一个新的节点 z，其频率为 x 和 y 的频率之和（代码块 3 第 8、9 行）；最后将新创建的节点 z 插入优先队列 Q（代码块 3 第 10 行）。

这里的 ExtractMin 函数会触发二叉堆优先队列的 SiftDown 操作，而 InsertH 会触发二叉堆优先队列的 SiftUp 操作。

5．输出设计

在由 BuildHuffmanTree 函数构造出 Huffman 编码树后，还需要输出各个字符的编码结果。这里要用到很值得注意的编程手法。

HuffmanCodingCaller 函数在执行完 BuildHuffmanTree 后，调用 Output 函数（代码块 2 第 7 行）输出编码结果。

Output 函数（代码块 14）首先清空（代码块 14 第 4、5 行）两个类型分别为 vector<char> 和 vector<pair<char, vector<char>>>的全局列表变量 coding 和 codingList（其定义见代码块 13 第 1～3 行），然后调用 GetHuffmanCoding 函数（代码块 14 第 6 行）获取 Huffman 编码树中各字符的编码。其中，coding 用于记录从根节点到叶节点路径上的位序列，也就是叶节点的编码；codingList 用于记录各个叶节点对应字符的编码。

GetHuffmanCoding 函数（代码块 13）将以深度优先的方式递归地从 Huffman 编码树 Q[0] 的根节点开始遍历，如果一个节点有左子树（代码块 13 第 6 行）（注：它也必定会有右子树），则向路径记录表 coding 中压入 0，然后递归左子树（代码块 13 第 8、9 行）；左子树递归结束后，从 coding 中弹出 0 压入 1，再递归右子树（代码块 13 第 10～12 行）；右子树递归结束后，从 coding 中弹出 1（代码块 13 第 13 行）以便回溯到上一级。如果一个节点没有左子节点，则它必定为一个叶节点，这时要向 codingList 中压入由节点字符和 coding 记录的编码构造的类型为 pair<char, vector<char>>的对象（代码块 13 第 17、18 行）。

Output 函数在执行完 GetHuffmanCoding 生成 codingList 列表后，使用泛型函数 sort 对其进行排序（代码块 14 第 7 行），sort 会默认用 codingList 列表中元素的第一个分量，即 char 类型的字符作为排序依据，由此便得到了按照字符升序排列的编码列表。

Output 函数最后使用基于范围的 for 循环和自动循环变量对 codingList 列表进行遍历，在输出遍历到的字符（代码块 14 第 8～10 行）后，再次使用基于范围的 for 循环和自动循环变量遍历字符的编码并输出（代码块 14 第 11～14 行）。

6．Finalization 函数的设计

优先队列 Q 中存放的是 HFMNode *指针类型的元素，每个指针指向动态创建的对象，因此代码应提供释放这些动态对象的操作，这就是 Finalization 函数要提供的功能。

Finalization 函数（代码块 10）调用 DeleteANode 函数（代码块 10 第 3 行），DeleteANode

函数（代码块 11）则采用递归的方式遍历整个 Huffman 编码树，当节点有左子节点（也就会有右子节点）时执行对左右子节点的递归（代码块 11 第 5、6 行），当节点为叶节点或非叶节点的左右子节点均处理完毕时，调用 delete node 函数释放该节点（代码块 11 第 8 行）。

8.5.5 CD-AV 演示设计

我们在 CAAIS 中实现了 Huffman 编码算法的 CD-AV 演示设计，其最大特点是能够同时演示不同输入数据下 Huffman 编码树的构造过程和二叉堆优先队列的操作，此外还提供了适度的交互操作。

1．输入数据

CD-AV 演示窗口控制面板上的“典型”下拉列表中提供了取自典型教材的 4 组例子数据。选择一个例子后，其所对应的频率值数据便以逗号分隔的列表形式显示在数据框中，系统将用小写字母“a,b,…”序列自动与频率值数据对应，以生成字符与频率值的组合。

CD-AV 演示窗口控制面板上还提供了“输入”功能，允许用户输入一组 5～10 个值为 1～999 且合计不超过 999 的频率数据进行演示实验。此外，还提供了“随机”功能，该功能需要与“个数”下拉列表配合使用，即所生成频率值的个数是由“个数”下拉列表中的值决定的。

2．数据子行设计

图 8-18 所示为 Huffman 编码算法的 CD-AV 演示示例。由图 8-18 可以看出，其数据子行包括如下数据项：N 列，为要编码的字符数；x.Char、x.Freq，y.Char、y.Freq 和 z.Char、z.Freq 列，分别对应算法主流程中节点 x、y、z 的字符和频率。其中，x.Char、x.Freq，y.Char、y.Freq 和 z.Char、z.Freq 列为交互列。在交互时要注意两点：一是当尚未执行到 y 和 z 节点时，它们对应的输入框中要填入“-”；二是 x.Char、y.Char 和 z.Char 中的字母要区分大小写，因为在所设计的 Huffman 编码树中，同一字母的大小写分别对应不同的内部节点和外部节点。

3．Huffman 编码树与二叉堆优先队列树的设计

CD-AV 演示的图形子行中同时示出了 Huffman 编码树的生成过程与二叉堆优先队列树的操作演示。

如图 8-18 所示，图形子行的左侧给出的是二叉堆优先队列树，右侧给出的是 Huffman 编码树的生成过程。其中，图 8-18（a）所示为由给定的字符频率表创建初始的二叉堆优先队列树的示意图。两棵树中的节点以 c^f 的形式标识，其中 c 是节点标号，f 是节点对应的频率值。Huffman 编码树的外部节点以小写字母进行标号，它们就是待编码的字符，而内部节点则以大写字母进行标号。

二叉堆优先队列树中的一个节点实际上对应着一棵 Huffman 编码子树，如图 8-18（c）中图形子行左侧所示二叉堆优先队列树的三个节点 B、a、C 就分别对应右侧以 B、a、C 为根的三棵 Huffman 编码子树。右侧的 Huffman 编码子树区能够动态地展示将两棵子树合并为一棵子树的过程，如图 8-18（c）中以 C 为根的子树就是由图 8-18（b）中以 A 为根的子树和单节点的 d 子树合并得到的。左侧的二叉堆优先队列树能动态地展示堆节点的 ExtractMin 和 InsertH 操作，以及所触发的 SiftDown 和 SiftUp 操作，如图 8-18（d）中的二叉堆优先队列树在抽取根节点 A 时将会把最后的节点 B 交换到根节点的位置上，这将触发 B 节点的 SiftDown 操作，并最终得到如图 8-18（e）所示的以当前频率值最小的 d 为根节点的二叉堆优先队列树。

作者的这一设计既能体现 Huffman 编码树由一系列子树逐渐构造出来的算法过程，又能体现二叉堆优先队列树的操作过程，这在算法的 CD-AV 演示设计中可以说是绝无仅有的。

4．算法的 CD-AV 结果行设计

图 8-18（f）所示为算法的 CD-AV 结果行。由图 8-18（f）可以看到，图形子行的右侧显示了完整的 Huffman 编码树，其中外部节点以红色标识，它们就是被编码的字符，内部节点以绿色标识。树的边以左 0 右 1 的方式进行标记，清晰地显示了各字母的前缀编码特性。

图形子行的左侧报告了输入数据和各字符的 Huffman 编码。

注：此处生成的 Huffman 编码方案结果与传统教材有些差别。这是当将权值最小的两棵子树 x、y 合并为一棵新的子树 z 时 x、y 的左右排列次序不同所导致的。本教材的 CD-AV 演示按取出次序从右向左排列，即 x 在右、y 在左，而传统教材则从左向右排列。但这并不影响最终各字符的编码长度和前缀编码特性，也就是说，x、y 的左右排序次序对于最优编码来说是无关的。

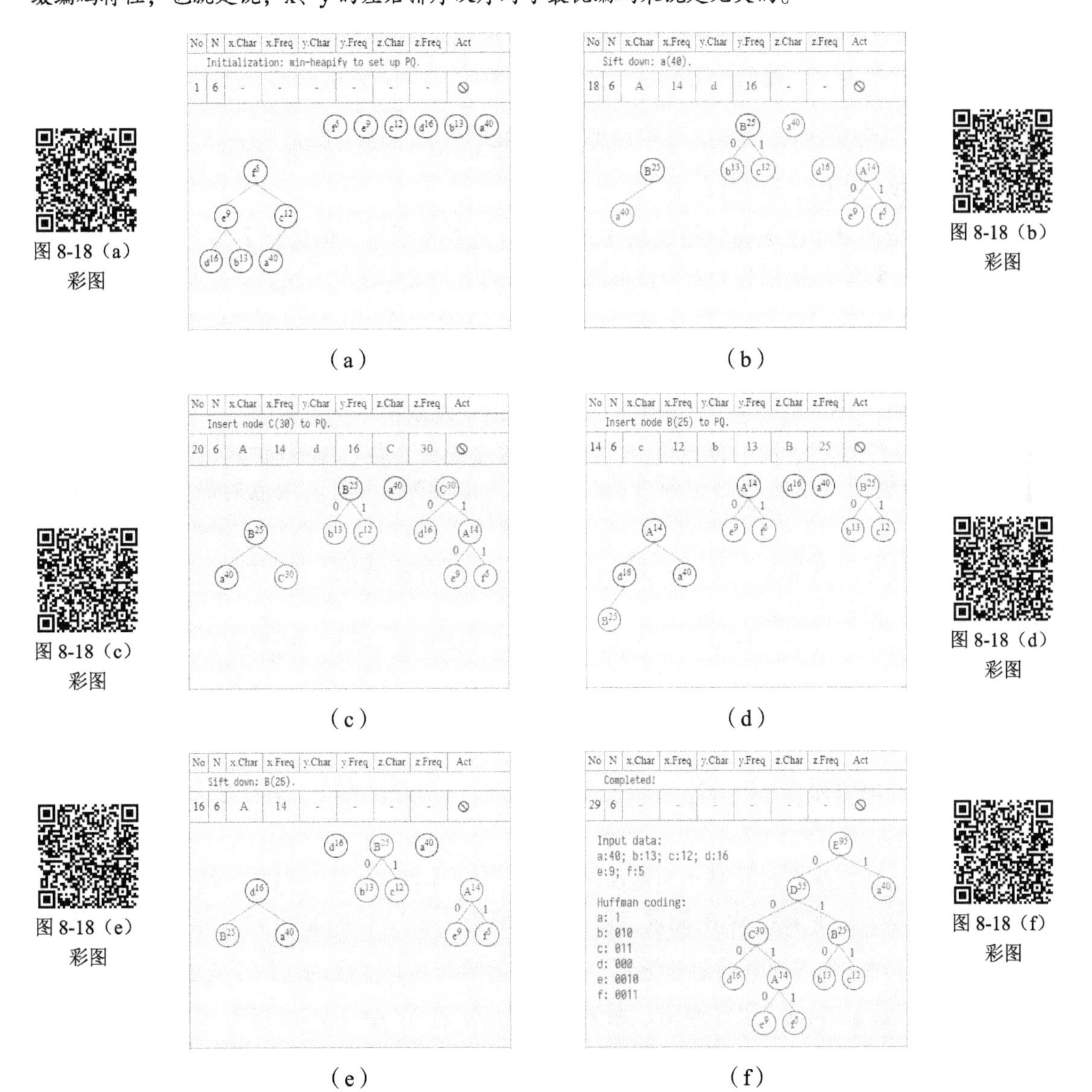

图 8-18　Huffman 编码算法的 CD-AV 演示示例

8.6 算法国粹——姚期智院士的最小生成树算法

本章介绍了图的最小生成树的 Prim 算法和 Kruskal 算法，它们的基本复杂度均为 $O(|E|\log|V|)$。姚期智院士于 1975 年提出了一个最小生成树算法[18]，该算法达到了 $O(|E|\log\log|V|)$ 的复杂度，本节我们就介绍这一算法。

8.6.1 算法描述

姚期智院士的最小生成树算法是对 Sollin 算法[19]的改进。Sollin 算法通过不断扩大最小生成树的组成部分（子树）构造最终的最小生成树。其第一步是找出图 G 中每个顶点的最小权值边，这些边可能是最终最小生成树的一部分；第二步是识别出这些边所连接的两个顶点或顶点组，并将它们合并为一个新的顶点组（它们对应最小生成树的一棵子树）。如果将这些顶点组收缩为一个新顶点，我们就得到了一个至多包含 $\frac{1}{2}|V|$ 个顶点的新图。这个过程重复进行，直至剩余一个顶点时结束。显然，该算法每步涉及 $O(|E|)$ 次操作，在最坏情况下要执行 $\log|V|$ 步，因此复杂度为 $O(|E|\log|V|)$。

姚期智院士的最小生成树算法遵循 Sollin 算法的基本框架，但进行了如下改进：将与顶点 v 相关联的边集均匀地划分为 k 个权值逐渐增加的子集 $E_v^{(1)},E_v^{(2)},\cdots,E_v^{(k)}$，这样就可在 Sollin 算法的每一步中仅对一个子集 $E_v^{(i)}$ 中的边进行检查，从而使算法运行效率得以提高。该算法可称为按顶点对边的权值分级的最小生成树算法，如算法 8-8 所示。

该算法使用了 3 个集合 T、VS和ES，其中 T 用于收集最小生成树的边，VS 用于维护当前找到的各最小生成树子树的顶点集合，ES 为 VS 中的每个集合 W 维护其边集 E(W)。该算法还设置了参数 k，当前等级记录表 $1\leqslant \mathrm{l(v)}\leqslant \mathrm{k}+1$（$\mathrm{v}\in \mathrm{V}$），以及顶点的最低权值记录表 low(v)（$\mathrm{v}\in \mathrm{V}$）。

该算法整体分为两部分：第一部分（第 1～8 行）进行初始化；第二部分（第 10～25 行）对 Sollin 算法框架进行改进。

在第一部分中，第 1 行将集合 T、VS、ES 置空。接下来对图中的顶点以 v 进行遍历：第 3 行将单顶点集合 $\{\mathrm{v}\}$ 加入 VS；第 4 行将由单顶点 v 的所有边构成的集合 $\mathrm{E}(\{\mathrm{v}\})$ 加入 ES；第 5～6 行根据边的权值 cost 将集合 $\mathrm{E}(\{\mathrm{v}\})$ 中的边划分为数量相等的 k 个等级，得到一组按照权值递增的边的子集序列 $\mathrm{E}_\mathrm{v}^{(j)}(\mathrm{j}=1,2,\cdots,\mathrm{k})$；第 7 行将 $\mathrm{l(v)}$ 初始化为 1，即对每个顶点从第 1 级的边集 $\mathrm{E}_\mathrm{v}^{(1)}$ 开始遍历。

第二部分对顶点集合数（最小生成树子树数）大于 1 的 VS 进行循环。第 10 行从 VS 中取一个顶点集 W。接下来对 W 中的顶点以 v 进行遍历：第 12 行将 $\mathrm{low(v)}$ 初始化为∞，第 13 行以 while 循环对 v 的等级 $\mathrm{l(v)}$ 进行遍历，对于当前等级 $\mathrm{l(v)}$ 对应的边的子集 $\mathrm{E}_\mathrm{v}^{(\mathrm{l(v)})}$ 再用第 14 行的 for 循环以边 $\mathrm{e}=(\mathrm{v},\mathrm{v'})$ 进行遍历，如果 e 的终点 v′ 在 W 中（第 15 行），它就会带来环，因此不会是最小生成树中的边，将其从 $\mathrm{E}_\mathrm{v}^{(\mathrm{l(v)})}$ 中删除，如果 e 的终点 v′ 不在 W 中（第 16 行），则用 $\mathrm{low(v)}$ 记录并寻找最小的权值边。如果 $\mathrm{E}_\mathrm{v}^{(\mathrm{l(v)})}$ 中不存在最小权值边，即 for 循环结束后

$low(v)=\infty$，则再从下一个等级的边集中继续寻找（第 18 行），若在 $E_v^{(l(v))}$ 中找到了一条最小权值边，则第 13 行的 while 循环也会结束，算法会进入第 11 行的 for 循环，继续处理 W 中的下一个顶点。

算法 8-8　按顶点对边的权值分级的最小生成树算法

输入：V,E,K
输出：T
1. $T \leftarrow \varnothing; VS \leftarrow \varnothing; ES \leftarrow \varnothing;$
2. for each vertex $v \in V$ do
3. 　add the singleton set $\{v\}$ to VS
4. 　add the set $E(\{v\})=$ {all the edges incident with v} to ES
5. 　divide $E(\{v\})$ into k levels of equal size according to costs, i.e. obtain $E_v^{(1)}, E_v^{(2)}, \ldots, E_v^{(k)}$
6. 　with the property that $\bigcup_{j=1}^{k} E_v^{(j)} = E(\{v\})$ and $c(e) \leqslant c(e')$ if $e \in E_v^{(i)}, e' \in E_v^{(j)}$, and $i \leqslant j$;
7. 　set $l(v) \leftarrow 1$
8. end for
9. while $|VS|>1$ do
10. 　take a vertex set W from VS
11. 　for each vertex $v \in W$ do
12. 　　$low(v) \leftarrow \infty$
13. 　　while $low(v)=\infty$ and $l(v) \leqslant k$ do
14. 　　　for each edge $e=(v,v')$ in $E_v^{(l(v))}$ do
15. 　　　　if $v' \in W$ then delete e from $E_v^{(l(v))}$
16. 　　　　else $low(v) \leftarrow \min\{low(v), c(e)\}$
17. 　　　end for
18. 　　　if $low(v)=\infty$ then $l(v)=l(v)+1$
19. 　　end while
20. 　end for
21. 　find the edge $e=(v,v')$ in $E(W)$ whose cost is equal to $\min\{low(v) \mid v \in W\}$
22. 　In VS, repalce W and the vertex set W' containing v' by $W \cup W'$
23. 　In ES, repalce $E(W)$ and $E(W')$ by $E(W) \cup E(W')$
24. 　add e to T
25. end while
26. return T

当集合 W 中的顶点全部处理完，即第 11 行的 for 循环结束后，第 21 行从 E(W)中找出 W 中各顶点的最小权值边 $e=(v,v')$，则该边必为一条最小生成树边，第 22 行将 v' 所在的顶点集合 W' 合并到集合 W 中，第 23 行同步地将 $E(W')$ 中合并到 E(W)，第 24 行将 e 加入 T。当 VS 集合中的各个顶点集合都合并为一个集合时，T 便是图 G 的最小生成树，算法结束第 9 行的 while 循环，并在最后的第 26 行返回 T，即最小生成树的边集。

8.6.2 复杂度分析

显然，姚期智院士的最小生成树算法的复杂度由算法 8-8 中第 5、6 行，第 15、16 行，以及第 21～23 行决定。第 5、6 行可通过将 median-finding 算法反复应用到大小为$\left|E(\{v\})\right|/2^i$（$i=0,1,\cdots,\log k-1$）的$2^i$个集合上实现。由于$\sum\limits_{\cup}\left|\mathrm{E}(\{\mathrm{v}\})\right|=2|\mathrm{E}|$，且 median-finding 算法复杂度可以达到线性的cn，因此第 5～6 行带来的算法复杂度为$O(|E|\log k)$。

第 15 行的执行次数至多为$2|E|$，因为每条边(v,v')至多被剔除两次：一次是(v,v')，另一次是(v',v)。第 16、21 行的执行次数为$\log|V|\sum\limits_{v\in V}\dfrac{|E(\{v\})|}{k}$，这个式子的最坏情况是所有的$E(\{v\})$分成$k$个集合时最后一个集合中都只包含一个元素，即$|E(\{v\})|\bmod k=1$，$v\in V$的情况，此时$\left\lceil\dfrac{|E(\{v\})|}{k}\right\rceil=\dfrac{|E(\{v\})|+k-1}{k}=\dfrac{|E(\{v\})|}{k}+\left(1-\dfrac{1}{k}\right)$，即$\log|V|\sum\limits_{v\in V}\dfrac{|E(\{v\})|}{k}\leqslant\log|V|\left(\dfrac{2|E|}{k}+\left(1-\dfrac{1}{k}\right)|V|\right)$。

第 22、23 行的集合合并操作可以直接执行，所需的总操作次数为$O(|V|\log|V|)$。

综上，算法复杂度为$O\left(|E|\log k+\log|V|\dfrac{|E|}{k}+|V|\log|V|\right)$。

当$|E|\geqslant|V|\log|V|$时，若取$k=\log|V|$，则算法复杂度可达到$O(|E|\log\log|V|)$。

当$|E|<|V|\log|V|$时，我们先令$k=1$ 并执行上述最小生成树算法，直至 VS 中每个顶点集合的大小不小于$\log|V|$，这个过程将至多花费$\log\log|V|$次循环，因为每次循环都将 VS 中最小顶点集合中的顶点数量加倍，所以复杂度为$O(|E|\log\log|V|)$。这个过程的合并结果可看作一个新图$G'=(V',E')$，其中$|V'|\leqslant|V|/\log|V|$，$|E'|\leqslant|E|$。我们再将上述最小生成树算法应用到G'中，可以获得如下复杂度的最小生成树：

$$|E'|\log k+\log|V'|\frac{|E'|}{k}+|V'|\log|V'|\leqslant|E|\log k+\log|V|\frac{|E|}{k}+|V|\log|V|$$

综合两个步骤，当$k=\log|V|$时，依然会得到复杂度为$O(|E|\log\log|V|)$的最小生成树算法。

习题

1．以二维曲线图说明局部最优和全局最优。

2．贪心法包括哪两个基本特征？

3．说明贪心法与 DP 方法的相同点与不同点。

4．试证明图中最短路径的子路径也是最短路径。

5．扼要说明 Dijkstra 算法的贪心选择策略，并给出其正确性证明。

6．给出 Dijkstra 算法的思想描述，写出其伪代码，说明其复杂度。

7．针对 Dijkstra 算法的 CD-AV 演示，选择 2 个 7 个或以上顶点的图，对每个图分别进行两次 20%的交互练习，每次选择不同的起始顶点，保存交互结果。

8．编程实现 Dijkstra 算法，并以上题的图进行测试。

9．描述图的最小生成树问题的最优子结构性质，并给出其正确性证明。

10．扼要说明 Prim 算法的贪心选择策略，并给出其正确性证明。

11．给出 Prim 算法的思想描述，写出其伪代码，说明其复杂度。

12．针对 Prim 算法的 CD-AV 演示，选择 2 个 7 个或以上顶点的图，对每个图分别进行两次 20%的交互练习，每次选择不同的起始顶点，保存交互结果。

13．编程实现 Prim 算法，并以上题的图进行测试。

14．扼要说明 Kruskal 算法的贪心选择策略，并给出其正确性证明。

15．描述不相交集合的 Union 操作并给出其伪代码。

16．描述不相交集合的 Find 操作并给出其伪代码。

17．用一个实例说明现代版 C++中的 lambda 表达式及其支持的匿名函数的运用。

18．给出 Kruskal 算法的描述和主流程代码，并说明其复杂度。

19．针对 Kruskal 算法的 CD-AV 演示，选择 1 个 7 个或以上顶点的图，对该图进行两次 10%的交互练习，每次选择不同的起始顶点，保存交互结果。

20．编程实现 Kruskal 算法，并以上题的图进行测试。

21.为 Kruskal 算法中不相交集合的 Find 操作增加路径压缩功能，并基于该功能对 Kruskal 算法进行改进。

22．给出前缀编码的定义，给出一棵前缀编码树的例子，要求不少于 6 个叶节点，给出各叶节点的编码。

23．给出 Huffman 编码算法基本思想的描述，写出其主流程代码，并说明其复杂度。

24．描述最优前缀编码问题的最优子结构性质，并给出其正确性证明。

25．描述 Huffman 编码算法的贪心选择策略，并给出其正确性证明。

26．说明 Huffman 编码算法的基本思想，并给出其复杂度。

27．针对 Huffman 编码算法的 CD-AV 演示，选择 2 组数据，对每组数据分别进行 10%的交互练习，并保存交互结果。

28．编程实现 Huffman 编码算法，并给出 3 组以上数据的测试结果，每组数据中的字符数不少于 6 个。

参考文献

[1] Wikipedia. 艾兹赫尔·戴克斯特拉[EB/OL]. [2021-7-20].（链接请扫下方二维码）

[2] Wikipedia. Edsger W. Dijkstra[EB/OL]. [2021-7-20].（链接请扫下方二维码）

[3] Wikipedia. Shortest path problem[EB/OL]. [2021-7-23].（链接请扫下方二维码）

[4] DIJKSTRA E W. A note on two problems in connexion with graphs[J]. Numerische Mathematik，1959（1）：269-271.

[5] JOHNSON D B. Efficient algorithms for shortest paths in sparse networks[J]. Journal of the ACM，1977，24（1）：1-13.

[6] FREDMAN M L， TARJAN R E. Fibonacci heaps and their uses in improved network optimization algorithms[C]. 25th IEEE Annual Symposium on Foundations of Computer Science，1984：338-346.

[7] Wikipedia. Dijkstra's algorithm[EB/OL]. [2021-7-23].（链接请扫下方二维码）

[8] MEHLHORN K，SANDERS P. Algorithms and Data Structures：The Basic Toolbox[M]. Berlin：Springer，2008：199-200.

[9] MAKRAI G. Experimenting with Dijkstra's Algorithm[EB/OL].（2015-2-11）[2021-7-23].（链接请扫下方二维码）

[10] Baeldung. Understanding Time Complexity Calculation for Dijkstra Algorithm[EB/OL]. [2021-7-23].（链接请扫下方二维码）

[11] WANG C-H. Proof of Kruskal's Algorithm[EB/OL].（2009-6-18）[2021-7-28].（链接请扫下方二维码）

[12] CORMEN T H，LEISERSON C E，RIVEST R L，et al. 算法导论[M]. 第 3 版. 殷建平，徐云，王刚，等译. 北京：机械工业出版社，2013：366.

[13] Wikipedia. Huffman coding[EB/OL]. [2021-8-5].（链接请扫下方二维码）

[14] Stack Exchange. Optimal prefix code： full binary tree existence [EB/OL]. [2021-8-7].（链接请扫下方二维码）

[15] MCQUAIN W D. Full and Complete Binary Trees [EB/OL]. [2021-8-7].（链接请扫下方二维码）

[16] HUFFMAN D A. A Method for the Construction of Minimum-Redundancy Codes[J]. Proceedings of the IRE，1952，40（9）：1098-1101.

[17] CORMEN T H，LEISERSON C E，RIVEST R L，et al. 算法导论[M]. 第 3 版. 殷建平，徐云，王刚，等译. 北京：机械工业出版社，2013：248.

[18] YAO A C-C. AN $O(|E|\log\log|V|)$ Algorithm for Finding Minimum Spanning Trees[J]. Information Processing Letters，1975，4（1）：21-23.

[19] BERGE C，GHOUILA-HOURI A. Programming， Games and Transportation Networks [M]. New York：John Wiley and Sons，1965：179.

第 8 章

参考文献链接

第 9 章 算法的回溯设计方法

心底清静方为道，退步原来是向前。

[唐]布袋和尚，《插秧偈》

在第 4 章中我们结合 0-1 背包问题和 TSP 问题介绍过针对其状态空间树的递归穷举搜索算法。当时我们没有利用任何问题特征，通过完全的深度优先搜索遍历所有的状态空间树节点从而获得最优解。我们称这种状态空间树节点全遍历的穷举搜索算法为朴素穷举搜索算法。显然，如果我们能够利用问题的一些具体特征，在搜索过程中判断出不需要对状态空间树的一些分支或子树进行搜索，就能获得运行效率高于甚至远高于朴素穷举搜索算法的算法。本章介绍的回溯法（Backtracking）和第 10 章要介绍的分支限界法（Branch and Bound）就是这样的算法设计策略。回溯法是一种直接发展于朴素穷举搜索算法的算法设计策略，它将问题的特征设计为约束条件和限界条件，在深度优先搜索的过程中，找出不满足约束条件和限界条件的节点，并将以它们为根的子树排除在搜索操作之外，也就是实现对状态空间树的剪枝，由此便能实现对朴素穷举搜索算法复杂度的改进。本章将首先扼要介绍图的 DFS 算法，它是回溯法的基础；然后对回溯法进行基本的介绍；最后以 0-1 背包问题、*N*-皇后问题和 *K*-着色问题为例，介绍具体的回溯算法设计，其中还包括 *N*-皇后问题和 *K*-着色问题的 CD-AV 演示设计与操作介绍。

9.1 图的 DFS 算法

我们在数据结构课程中已经学习过图及图的深度优先搜索（Depth First Search，DFS）算法，鉴于回溯法以 DFS 为基础，我们先回顾一下该算法，并借助现代版 C++实现和 CD-AV 演示设计加深对该算法的理解和掌握。

9.1.1 图及其表示

我们在引入 TSP 问题时，曾经在 4.5.2 节介绍过图及带权图的表示。本节讨论的 DFS 不考虑图上的权，因此仅需要介绍基本的邻接矩阵和邻接表表示。

1．图的概念

图（Graph）是由顶点（Vertices）和连接顶点的边（Edges）构成的一个抽象数学模型。形式化地说，图 G 是由顶点的集合 V 和边的集合 E 构成的一个抽象数据结构，常记为 $G=(V,E)$ 或 $G(V,E)$。本节所介绍的图指的是边上没有权值的无权图，如图 9-1（a）所示。

2．无权图的表示

在 4.5.2 节中曾经介绍过带权图的权矩阵和带权邻接表，对于无权图来说，它们被简化为基本的邻接矩阵和邻接表。对于 n 个顶点的图 G，其邻接矩阵是一个 $n\times n$ 的矩阵 $\boldsymbol{A}$，其对角线元素为 0（假设图 G 中没有起点和终点为同一个顶点的边，即没有单个顶点的圈），其余的每个(i,j)元素对应一个顶点对，若顶点对间有边，则该元素取值为 1，否则取值为 0。邻接矩阵如图 9-1（b）所示。

图G的邻接表指的是与n个顶点对应的n个链表，顶点 v 对应的链表由它的各邻居顶点对应的节点组成，此外还包括一个由指向n个链表头的指针构成的数组H，H使得能够以$O(1)$的复杂度快速定位一个顶点对应的链表头。邻接表如图 9-1（c）所示。

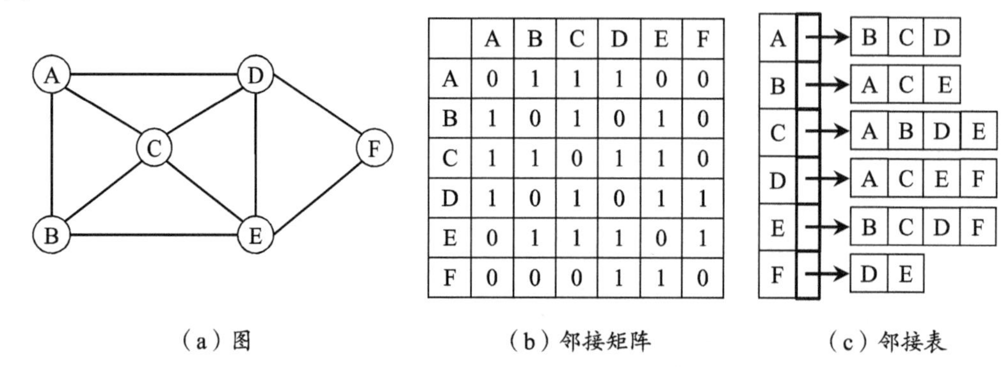

	A	B	C	D	E	F
A	0	1	1	1	0	0
B	1	0	1	0	1	0
C	1	1	0	1	1	0
D	1	0	1	0	1	1
E	0	1	1	1	0	1
F	0	0	0	1	1	0

（a）图　　（b）邻接矩阵　　（c）邻接表

图 9-1　图及其邻接矩阵和邻接表

9.1.2　图的 DFS 算法、DFS 树及拓扑排序

本节将给出图的 DFS 算法的基本思想和伪代码，DFS 树及 DFS 访问中边的类型，以及 DFS 前序号和后序号与顶点和边的关系，介绍基于 DFS 的拓扑排序，并分析 DFS 算法的复杂度。

1．图的 DFS 算法的基本思想和伪代码

对于给定的一个图，遍历其所有的顶点和边显然是一个很基本的理论和实践需求。DFS 算法采用先纵深后拓广的基本思想遍历其所有的顶点：对于一个给定的顶点 v，找到其第一个邻居顶点 u，将 u 看作当前顶点，继续查看 u 的邻居顶点，当 u 的所有邻居顶点都遍历完成后，再回到 v，之后继续以相同方式查看 v 的下一个邻居顶点。

算法 9-1　图的 DFS 算法

输入：图 G(V,E)，即顶点集合 V 和邻接表 E

输出：图中各顶点的 DFS 搜索前序号和后序号

```
1. Visited[|V|], PreOrder[|V|], PostOrder[|V|]
2. Order = 0
3. for all v∈V: Visitied[v] = false
4. for all v∈V
5.     if not Visited[v]: DFS(v)
6. DFS(v)
7.     Visited[v] = true
8.     PreOrder[++Order] = v
9.     for each edge (v,u)∈E
10.        if not Visited[u]: DFS(u)
11.    PostOrder[++Order] = v
```

算法 9-1 给出了图的 DFS 算法的伪代码。第 1 行定义了容量为顶点数的三个线性表 Visited、PreOrder 和 PostOrder，其中 Visited 记录顶点的访问状态，它由第 3 行的 for 循环将所有顶点状态初始化为 false，PreOrder 和 PostOrder 用于记录顶点访问的前序号和后序号，序号由第 2 行初始化的 Order 顺序生成。第 4 行对所有的顶点进行 for 遍历，对于 Visited 状态为 false 的未访问顶点 v 调用 DFS 函数启动搜索，这个 for 遍历可以保证找出图中所有的连通分量。第 6～11 行是对给定起始顶点 v 的 DFS 搜索，DFS 函数是一个递归函数。

DFS 函数先在第 7 行将顶点 v 的访问状态置为 true；然后在第 8 行用 PreOrder 记录其前序号，即首次访问该顶点的序号；接下来使

用第 9 行的 for 循环对以 v 为起始顶点的所有边(v,u)进行遍历，在循环中对于每个 Visited 状态为 false 的末端顶点 u 递归调用 DFS 函数进行深度优先遍历（第 10 行）；当 v 的所有邻居顶点遍历完成后，在第 11 行用 PostOrder 记录其后序号，即对 v 的访问完全结束的序号。

2. DFS 树及 DFS 访问中边的类型

DFS 的直接结果是产生一棵 DFS 树（注：这里指的是只有一个连通分量的有向图，对于有多个连通分量的图，算法会产生一个 DFS 森林），它是由 DFS 过程中所有父顶点到子顶点的边构成的树，该树的边就称为树边（Tree Edge）。图 9-2（b）给出了如图 9-2（a）所示的有向图以 A 为起始顶点时的 DFS 树。显然 DFS 树是图的一棵生成树。

DFS 还会将图的其他边进行分类，为此我们先明确几个相关的术语。一条树边的起始顶点称为其终止顶点的父顶点（Parents Vertex）；一条树边的终止顶点称为其起始顶点的子顶点（Child 或 Children Vertex）；DFS 树中从根顶点到某个顶点 v 的路径上的所有顶点称为 v 的祖先顶点（Ancestor Vertex），祖先顶点包括父顶点；DFS 树中从某个顶点 v 沿着搜索方向可达的所有顶点称为 v 的后裔顶点（Descendent Vertex），后裔顶点包括子顶点。

根据上述术语，可以将图中不是树边的边分成三类：一是前向边（Forward Edge），即由某个祖先顶点指向不是子顶点的后裔顶点的边；二是回边（Back Edge），即由某个后裔顶点指向某个祖先顶点（包括父顶点）的边；三是横跨边（Cross Edge），即由某个顶点 v 指向另一个已经完成 DFS，也就是已经获得了后序号的顶点 u 的边，或者说是顶点 v 指向既非其祖先顶点也非其后裔顶点的边。图 9-2（b）以不同的线型示意了上述 4 种类型的边。

注：无向图只有树边和回边两种类型的边。

3. DFS 的前序号和后序号与顶点和边的关系

由 DFS 的前序号和后序号可以确定顶点和边之间的一些关系。图 9-2（b）中各个顶点旁边括号内的一对数字就是它们所对应的前序号和后序号。为了更清楚地展示这些序号对间的关系，我们将它们表达在图 9-2（c）中。由图 9-2（c）可以看出，如果顶点 u 和 v 是祖先和后裔关系，它们的前序号和后序号就是一种包含关系，即 $pre(u)<pre(v)<post(v)<post(u)$，这时若存在从 u 到 v 的边，则该边是树边或前向边；若存在从 v 到 u 的边，则该边必为一条回边。如果顶点 u 和 v 之间没有祖先和后裔关系，它们的前序号和后序号之间就没有交叠的关系，即 $pre(u)<post(u)<pre(v)<post(v)$ 或 $pre(v)<post(v)<pre(u)<post(u)$，这时若存在从 u 到 v 或从 v 到 u 的边，则该边必为横跨边。

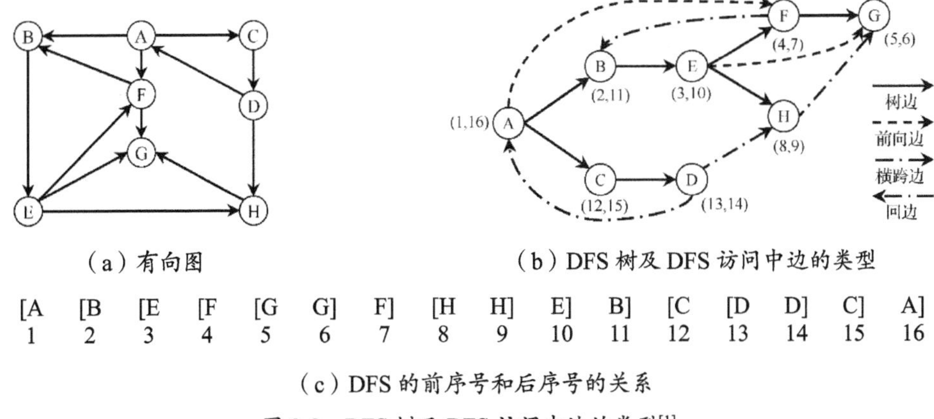

（a）有向图　　（b）DFS 树及 DFS 访问中边的类型

（c）DFS 的前序号和后序号的关系

图 9-2　DFS 树及 DFS 访问中边的类型[1]

4. 利用有向无环图上 DFS 后序号的逆序进行顶点的拓扑排序

有向无环图（Directed Acyclic Graph，DAG）是一类应用非常广泛的有向图，其定义如下。

定义 9-1（有向无环图）[2] DAG 是一种有向图，即它由顶点集合和有向边（也称为弧）的集合组成，每条边由一个顶点指向另一个顶点，其关键特征是从一个顶点出发，循着这些边走下去都不会再回到该顶点，即图中不存在环。

DAG 的典型应用是任务计划：当一个任务由若干个子任务组成，子任务间又存在完成次序的依赖关系时，这种依赖关系通常会抽象为 DAG，通过求取 DAG 的拓扑排序便可获得任务的执行次序计划。

定义 9-2（拓扑排序）[3] 拓扑排序（Topological Sort 或 Topological Ordering）指的是有向图中顶点的一个线性序，在该序中任何有向边的起始顶点都排在终止顶点之前。

DAG 具有由如下定理所描述的可拓扑排序性（证明从略）。

定理 9-1（DAG 的可拓扑排序性） 一个有向图为 DAG，当且仅当它的顶点可拓扑排序。

注：通常一个 DAG 的拓扑排序不是唯一的。

DFS 提供了一种求 DAG 拓扑排序的简便算法。

定理 9-2（DFS 的拓扑排序性） DAG 上 DFS 算法中顶点访问后序号的逆序就是 DAG 顶点的一个拓扑排序（证明参考《算法导论》[4]）。

图 9-3 所示为 DAG 上 DFS 算法的拓扑排序示例，其中图 9-3（b）的上部是图 9-3（a）的 DFS 搜索树、各种不同类型的边［参见图 9-2（b）中的说明］，以及各顶点的 DFS 前序号和后序号。图 9-3（b）的下部是图 9-3（a）的一个拓扑排序，这里将顶点水平排列同时绘出了图 9-3（a）中所有的边以形象地展示拓扑排序的线性和边的由前向后特征，此外还在顶点的旁边注明了 DFS 的后序号。

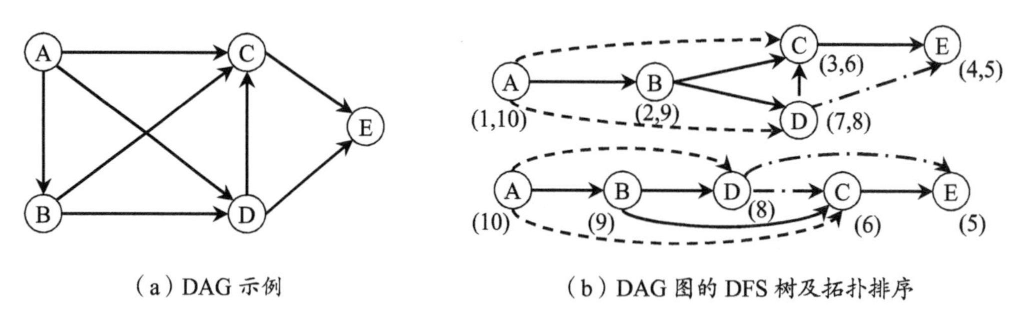

（a）DAG 示例　　（b）DAG 图的 DFS 树及拓扑排序

图 9-3 DAG 上 DFS 算法的拓扑排序示例

5. DFS 算法的复杂度分析

DFS 算法对图的每个顶点访问一次（进行一次递归调用）。当图以邻接表表示时，如果为有向图，则每条边会在算法 9-1 第 9 行检查 1 次；如果为无向图，则每条边会检查 2 次，因此 DFS 算法的复杂度 $T(|V|,|E|)=\Theta(|V|+|E|)$，即 DFS 算法是一个线性复杂度的算法。

注：当图以邻接矩阵表示时，将有 $|V|^2$ 次边的检查，因此 DFS 算法的复杂度 $T(|V|,|E|)=\Theta(|V|+|V|^2)=\Theta(|V|^2)$。

9.1.3　现代版 C++实现

我们用现代版 C++实现了图的 DFS 算法，有关代码参见附录 9-1。现代版 C++所提供的编程机制很简洁地实现了演示性图数据的表示，并解决了遍历过程中顶点序列的记录问题。

1．初始化

代码用 TestGraphDFS 函数（代码块 9）提供测试数据，其中以 vector<int>类型的变量 nv 定义多个图的顶点数，再以元素类型为 int 的三重 vector 列表 adjLists 表达多组图的邻接表（代码块 9 第 7～20 行），这可实现多组图数据的快速算法测试。具体的邻接表数据以现代版 C++的初始化列表方式定义。vector 类型结合初始化列表很好地解决了图的邻接表这种不等长二维表的表示问题。

TestGraphDFS 函数接收参数 v0 作为图的起始顶点（代码块 9 第 2 行），使用 for 循环以变量 i 遍历各个图（代码块 9 第 21 行）。对每个图，先判断 v0 顶点是否在图 i 的顶点范围内，如果超出范围，则以最大编号的顶点代替 v0 赋值于 u0 作为遍历的起始顶点（代码块 9 第 23 行）；然后以顶点数 nv[i]、邻接表 adjLists[i]和起始顶点 u0 为参数调用 GraphDFSCaller 函数（代码块 9 第 24 行）。

注：起始顶点的参数化使得可以查看 DFS 算法在给定图的不同起始顶点上的表现。

GraphDFSCaller 函数（代码块 2）先接收图的顶点数 n、邻接表 adjL 和起始顶点 v0 等参数，分别赋给全局变量 N、AdjL 和 V0；然后调用 OutputAdjacencyList 函数输出图的邻接表；接着调用 Initialization 函数进行初始化；然后调用 GraphDFS 函数进行 DFS；接着调用 OutputDFSVisitingOrder 函数输出遍历序列；最后调用 Finalization 函数释放动态创建的对象。

Initialization 函数（代码块 6）对全局变量 Order、PreOrder、PostOrder 和 Visited 进行了清空处理（代码块 6 第 3～6 行），这将避免多组数据运行时的副作用。其中，Order 是在代码块 2 第 5 行定义的 int 类型的全局变量，用于记录顶点的进入和离开次序；PreOrder 和 PostOrder 用于记录顶点的 DFS 前序号和后序号，它们是在代码块 2 第 3、4 行定义的元素类型为 pair<int, int>*的 vector 列表；Visited 是在代码块 2 第 2 行定义的 vector<bool>全局列表，用于标记顶点的访问，代码块 6 第 7、8 行的 for 循环将 Visited 列表中的各顶点状态初始化为 false，即未被访问。

注：现代版 C++提供了布尔数据类型 bool，它有两个取值，即 true 和 false，这使得编程中布尔量的处理大为方便，且具有更好的语义。

2．算法的主函数 GraphDFS

算法的主函数 GraphDFS（代码块 3）是一个递归函数，它接收顶点 v 作为起始顶点，先以 Visited[v] = true（代码块 3 第 3 行）将顶点 v 标记为已访问顶点，并在 PreOrder 中记录其前序号（代码块 3 第 4、5 行）。代码块 3 第 6 行的 for (auto u : AdjL[v]) 运用现代版 C++的自动数据类型 auto 和基于范围的 for 循环非常简约地实现了对顶点 v 的邻接表，也就是其所有邻居顶点的遍历，代码块 3 第 7、8 行进行判断，如果顶点 u 尚未被访问，则以 u 为参数进行 DFS 递归。代码块 3 第 9、10 行在 PostOrder 中记录顶点 v 在 DFS 中的后序号。

注 1：PreOrder 和 PostOrder 的元素类型为 pair<int, int>*，因此在 push_back 中需要传递以 new pair<int, int>(v, ++order)方式创建的指针对象。

注 2：这里的算法实现针对的是有一个连通分量的图，我们将有多个连通分量的情况作为习题留给读者练习。

3．输出设计

代码中的 OutputAdjacencyList 函数（代码块 4）用于输出图中各顶点的邻接表，以及 DFS 调用的起始顶点。OutputDFSVisitingOrder 函数（代码块 5）用于输出 DFS 遍历中各顶点的前序号和后序号。由于使用 pair 类型为其两个数据项分别定义了 first 和 second 属性，因此代码中使用 PreOrder[i]->first 和 PreOrder[i] ->second、PostOrder[i] ->first 和 PostOrder[i] –>second 分别输出顶点的编号和前序号及后序号。

4．Finalization 函数

由于 PreOrder 和 PostOrder 中的元素是用 new 动态创建的指针对象，因此需要设计 Finalization 函数（代码块 7）实现释放操作。Finalization 函数中再次运用了自动数据类型 auto 和基于范围的 for 循环 for (auto p: PreOrder)。如果没有自动数据类型 auto，那么循环变量 p 需要声明为 pair<int, int>* p，由此可见 auto 可使代码大为简化。

9.1.4 CD-AV 演示设计

我们在 CAAIS 中实现了 DFS 算法的 CD-AV 演示设计。通过 CD-AV 演示和交互操作，读者可从根本和细节上对 DFS 算法有更好的理解和掌握。

1．输入数据

CD-AV 演示窗口的控制面板上的“典型”下拉列表中提供了 18 个 5～12 个顶点的无向图，这些图均来自有代表性的教学资源，它们均是单连通图。选中一个图并单击“更新”按钮，下方的演示区中会给出该图的显示。在“顶点”下拉列表中可以选择 DFS 的起始顶点，这使得一个 n 顶点的图可以给出 n 种不同的 DFS 算法演示。在控制面板右侧的 Node label type 下拉列表中可选择图中顶点的标号方式，可以是大写字母、小写字母或数字。

2．基本的 CD-AV 演示设计

图 9-4 所示为 DFS 算法的 CD-AV 演示示例，该示例以 B 为起始顶点。

DFS 算法的 CD-AV 演示以丰富的颜色表示顶点和边的访问状态。如图 9-4（a）所示，当前 DFS 算法调用的参数 v 对应的顶点（顶点 D）以红色显示，当前遍历到的 v 的邻接表中的顶点 u（顶点 B）以浅蓝色显示，当前遍历的边（DB 边）以红色显示，已经遍历过的顶点和属于 DFS 树的边以紫色显示。

图 9-4（b）所示为演示临近结束的示例，已完成遍历的顶点以绿色显示，它们的邻接表全部遍历完成，因此获得了后序号 PostOrder，对它们的递归调用也宣告结束，以之为起始顶点的 DFS 树边也从紫色变为绿色。图 9-4（b）中还将非 DFS 树边的边显示为灰色。

注：灰色的边就是此前所说的回边。

3．递归调用栈的显示设计

为了更好地帮助读者理解算法的递归调用过程，CD-AV 演示在辅助区的 I/O 页中设计了算法运行过程中递归调用栈的演示，如图 9-4（c）右侧的 Call Stack 列所示，其示意的是图 9-4（a）中的图在正序演示时递归调用栈上的变量值。这里是指 DFS 算法主函数中的参数变量 v 和局部变量 u 的值，每行左侧冒号前的编号是对应的算法步骤，冒号后是所对应的算

法步骤上 Call Stack 中的变量序列（也就是栈框架序列），其中的一个括号对应一次递归调用，括号中若只有一个字母，则指的是刚开始一次递归调用时传入的参数 v 的值；若有两个字母，则第 1 个字母对应参数变量 v，第 2 个字母对应局部变量 u。

读者可根据算法过程推算该 Call Stack 列中数据的来历，以加深对 DFS 算法的理解。

4．I/O 设计

CD-AV 演示在辅助区的 I/O 页中进行了适宜的 I/O 设计，如图 9-4（c）左侧的 I/O 页所示。其中报告了输入图的邻接表和 DFS 的起始顶点。当算法结束时，其下方就会报告各顶点的前序号和后序号，其中前序号对应带“+”号的顶点，后序号对应带“-”号的顶点。

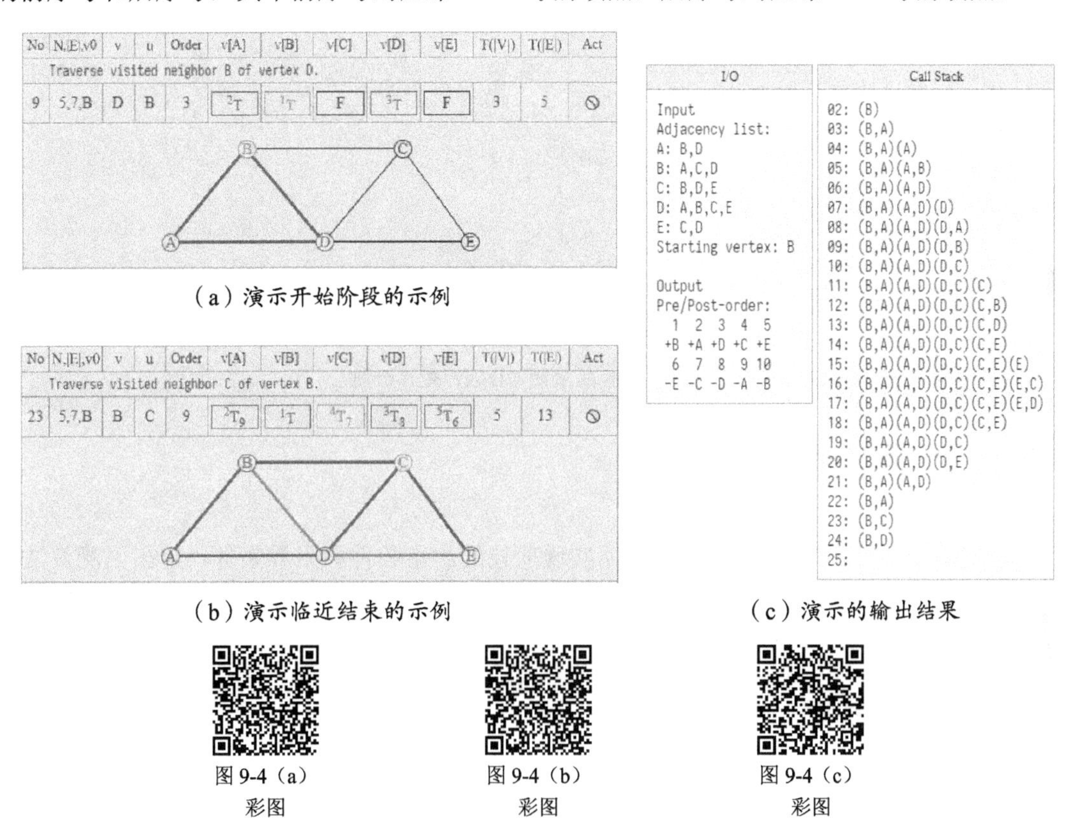

（a）演示开始阶段的示例

（b）演示临近结束的示例

（c）演示的输出结果

图 9-4（a）彩图　　图 9-4（b）彩图　　图 9-4（c）彩图

图 9-4　DFS 算法的 CD-AV 演示示例

5．交互设计

图 9-5 所示为 DFS 算法的 CD-AV 交互示例。

数据行上的三组数据项 v、u 和 Order 列，各顶点列 v[]，T(|V|)和 T(|E|)列都属于可交互列，但在同一个交互行上这三组数据项将以随机组合的方式进入交互输入状态。v、u 和 v[]列在输入时，字母不需要区分大小写；v[]列在输入时不用以 ${}^{pre}T_{post}$ 的角标形式输入，只要将角标 pre、字母 T 和角标 post 顺次输入即可，如对应数据 ${}^{3}T_{10}$ 可输入“3T10”或“3t10”。

输入完成后，单击交互行右侧的 Hand in 按钮，系统将自动进行评判，正确的输入将以绿色显示并打“✓”，错误的输入将以红色显示并打“✗”，该行右侧还将显示本行总交互空数与正确填空数的统计，如图 9-5 下部的 CD-AV 行所示。提交后还会显示当前交互行对应的正常 CD-AV 行，以方便比对，如图 9-5 上部的 CD-AV 行所示。

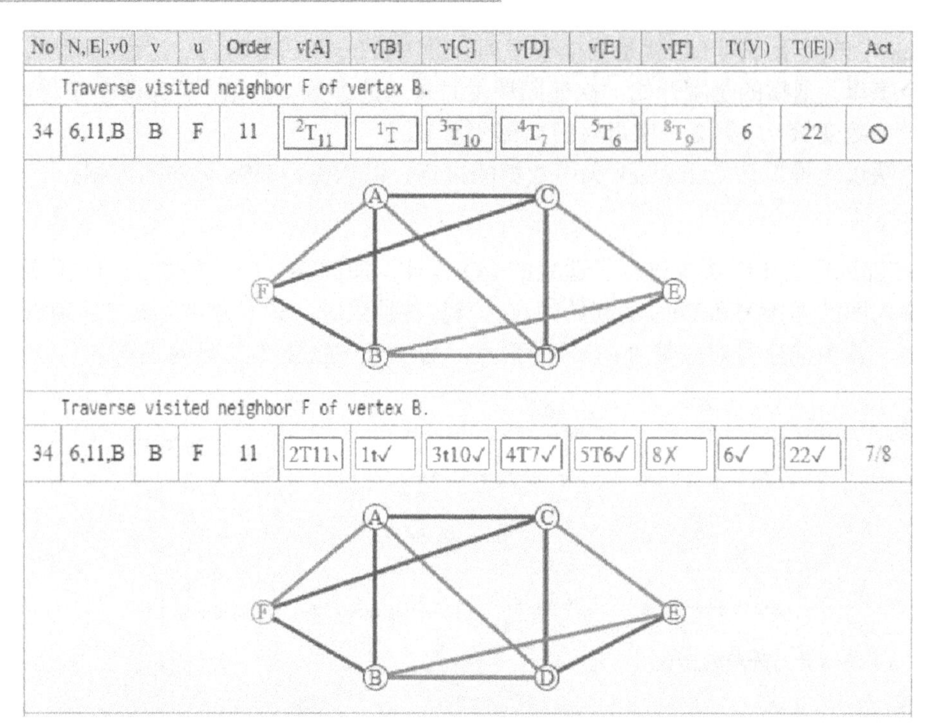

图 9-5
彩图

图 9-5 DFS 算法的 CD-AV 交互示例

9.2 回溯法概述

本节将阐述回溯法的基本思想，说明实现剪枝的约束条件和限界条件，给出回溯算法设计的基本步骤，说明活节点、扩展节点和死节点的概念，并给出抽象意义上的回溯算法的伪代码。

9.2.1 回溯法基础

1. 回溯法的基本思想

为了说明回溯算法设计方法，我们先来回顾一下 0-1 背包问题和 TSP 问题的穷举搜索算法。在第 4 章中，我们介绍过 0-1 背包问题和 TSP 问题的解都可以表达为 n 个分量的向量，即 $\boldsymbol{x}=(x_1,x_2,\cdots,x_n)$。其中，0-1 背包问题中解向量的各分量取值为 0 或 1，而 TSP 问题中解向量的各分量组成 $1,2,\cdots,n$ 的全排列中的一种排列，因此其状态空间树分别对应如图 9-6 所示的子集树和排列树。树的每个叶节点对应问题的一个可能的解，其所对应的解向量就是从根节点到叶节点路径上各个分量的值。第 4 章中介绍的关于这两个问题的朴素穷举算法，采用了深度优先的遍历方式，即找到这两棵树的所有叶节点，对每个叶节点先计算对应的解值，再通过比较找到最优解。

注：子集树和排列树在介绍算法的递归设计方法时曾分别示于图 4-2 和图 4-4，为便于阐述回溯法的基本思想我们将它们重新表示为图 9-6。

如果在对状态空间树进行 DFS 的过程中，能够在较高层的非叶节点处通过利用问题的具体特征判断出不用搜索一些分支的子树，即剪掉树的一些分支，我们就可以获得好于甚至远好于朴素穷举算法的算法。回溯法就是实现这个思路的一种算法设计策略。

回溯法（Backtracking）诞生于 20 世纪 50 年代。D. E. Knuth[5]认为 R. J. Walker[6]是其命名者，也有人[7]认为 D. H. Lehmer[8]是其命名者。

以如图 9-6（b）所示的排列树为例，如果当前搜索到了 H 节点，则根据 DFS 的算法模式，此时从栈底到栈顶依次压着 A、C 两个节点，如果此时 H 节点不满足约束条件或限界条件，则该节点被剪枝，算法将会从栈中弹出 C 节点，继续进行 A 节点的下一个子节点 D 的生成和处理。显然，这个过程被称为“回溯”很形象。

以如图 9-6（a）所示的子集树为例，假如物品多于 3 个，即第 3 层节点不是叶节点，如果当前搜索到了 K 节点，则根据 DFS 的算法模式，此时从栈底到栈顶依次压着 A、B、E 三个节点，如果此时 K 节点不满足约束条件或限界条件，则该节点被剪枝，算法将会从栈中弹出 E 节点，由于 E 节点是 B 节点的最后一个子节点，因此算法会继续从栈中弹出 B 节点，继续进行 A 节点的下一个子节点 C 的生成和处理，这个过程有更形象的“回溯”体现。

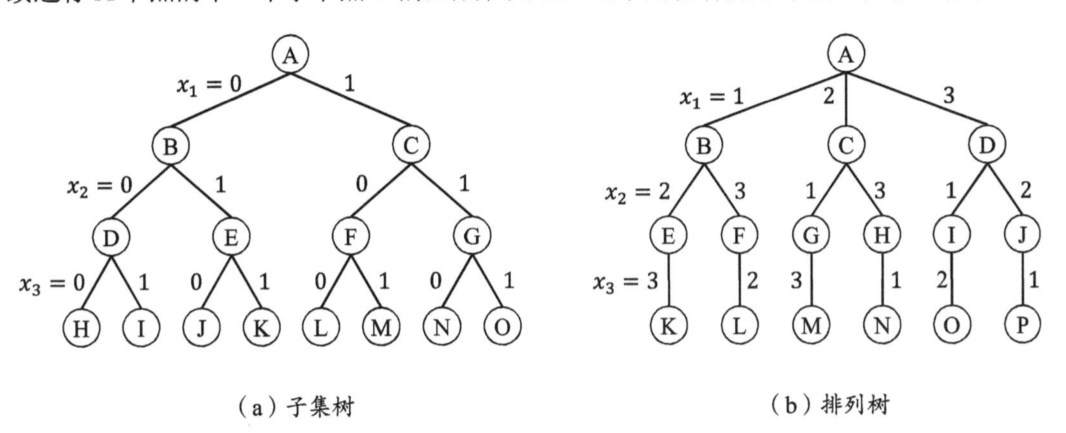

（a）子集树　　　　（b）排列树

图 9-6　作为状态空间树的子集树和排列树

2．实现剪枝的约束条件和限界条件

展现回溯法价值的剪枝操作是通过两种条件来实现的：第一种是约束（Constraint）条件，第二种是限界（Bound）条件。

约束指的是对问题解向量 $\boldsymbol{x}=(x_1,x_2,\cdots,x_n)$ 所施加的约束。它又包括显约束和隐约束两种情况。显约束是对分量 $x_i(i=1,2,\cdots,n)$ 的取值范围施加的约束，通常用来确定状态空间树的类型。例如，0-1 背包问题解的各个分量 x_i 的取值仅为 0 或 1，这决定了它的状态空间树是一棵子集树；TSP 问题解的各个分量是 $1,2,\cdots,n$ 的全排列中的一种排列，这决定了它的状态空间树是一棵排列树；本章后面将要介绍的 N-皇后问题要求不能在同一行上放置两个皇后，这就决定了其状态空间树是一棵满 N 叉树。

隐约束是在不同分量之间所施加的约束。例如，0-1 背包问题装入背包物品的总重量不能超过背包的容量，就是一种对解中的所有分量施加的约束，因此属于一种隐约束；本章后面将要介绍的 N-皇后问题要求不能在同一列上和对角线上放置两个皇后，这就属于隐约束。

限界是由目标函数的限度（或称为界）所带来的约束。它包括两个组成要素：一是当前节点可能达到的最优解值（限界值）的估算函数 $\text{Bound}(\boldsymbol{x})$，该函数被称为限界函数。$\text{Bound}(\boldsymbol{x})$ 函数应该是一个计算效率很高的函数，通常仅具有线性的复杂度。二是记录当前已知最优解值的变量 OptVt。以最小值问题为例，将 OptVt 初始化为 ∞（最大值问题要初始化为 0），此后每当一个节点的解值 CurV（对于非叶节点可以是部分解值）小于（对于最大值问题为大于）OptVt 时，就更新 OptVt，即令 OptVt = CurV。

有了上述两个要素后，就可以构造限界条件，即当一个节点以 Bound$(\boldsymbol{x})$ 估算的限界值不小于（对于最大值问题为不大于）OptVt 时，说明以该节点为根的子树上的所有节点的解值都不可能小于 OptVt，也就是不满足限界条件，因此该子树无须遍历，即可以剪枝。

3．回溯算法设计的基本步骤

我们曾经在 1.3.5 节将一般算法的设计过程分解为 6 个子过程，即问题定义、算法设计思想描述、算法的伪代码描述、算法的正确性证明、算法的复杂度分析，以及算法的实现及运行测试。作为一种特殊的算法设计策略，回溯算法的设计基本遵循上述过程，但也表现出其特殊性。为此，我们从实用的角度给出如下回溯算法设计的基本步骤。

（1）问题定义。

算法既然有像图灵机那样数学级严谨的形式化定义，它所要解决的问题自然也需要以严谨的方式来定义，如果能达到形式化水平是再好不过的。我们在第 4 章中给出的 0-1 背包问题和 TSP 问题的定义都是较为严谨的定义。实际上，本教材中所讲述的问题都是以较为严谨的方式来定义的。需要说明的是，回溯法所求解的问题属于搜索类问题，因此问题的解都可由 n 个分量的向量表示，即 $\boldsymbol{x}=(x_1,x_2,\cdots,x_n)$。

（2）确定解空间的组织结构。

对于搜索类问题，确定解空间的组织结构，即状态空间树的类型对于确定算法的搜索方式和效率非常关键，因为状态空间树一定程度的简化意味着算法复杂度的大幅降低。例如，对 TSP 问题如果不深入分析，就会得出路径上的每个城市都有 n 种选择的结论，由此构造的状态空间树是一棵满 n 叉树，其复杂度为 n^n，这比排列树的复杂度 $n!$ 要高得多。

（3）构造约束条件。

通过对具体问题的隐约束情况进行分析，构造出适宜的约束条件，这可能是一种函数计算，也可能是一种算法过程。

（4）构造限界条件。

构造限界条件需要先设计一个问题解值的估算函数，用它估算给定问题状态空间树中的一个节点，即给定问题的一个部分解，可能达到的最优解值。然后与已知最优解进行比较，构造限界条件，从而实现剪枝。

注意：对于非极值问题，如本章后面将要介绍的 N-皇后问题和 K-着色问题，不需要构造限界条件。

（5）构造搜索流程。

回溯算法搜索的基础流程是 DFS，9.3 节将会给出一个抽象算法，但需要根据具体问题进行具体的设计。递归是最基本的 DFS 流程的表达方式，但递归会占用过大的栈空间，当问题规模逐渐变大时，会遇到栈溢出问题。通常先用递归设计并在较小规模的问题上测试算法，然后将递归变换为直接的栈操作，这样便可在相同栈空间约束下求解规模更大的问题。

（6）算法的实现与运行测试。

本教材特别强调算法的实现，因为学生只有对算法进行了具体实现，才能实现对算法落地的掌握，也只有切身地进行了算法的实现，才能更深刻地理解算法，才能体会算法的一些本质特征。当然，我们所说的算法实现包括通过了运行测试的算法，而令人信服的运行测试包括许多组数据的尝试，这有时需要进行特别的输入数据设计，以尽可能测试算法代码在各种不同情况输入数据下的正确性。为使测试良好地进行和应对近乎无数次的测试运行，还需要设计尽可能专业、高效的辅助输入和输出代码。

9.2.2　问题解的形态与回溯算法的基本流程及相关的节点状态

本节将首先简要介绍问题解的不同形态，其次介绍较为一般和抽象意义上回溯算法的基本流程，它是具体问题回溯算法设计的基础，最后介绍回溯搜索过程中节点的不同状态，这些术语将会为搜索过程的表述带来方便。

1．问题解的不同形态

我们已经看到，搜索问题的解可表示为n个分量的向量，即$\boldsymbol{x}=\left(x_1,x_2,\cdots,x_n\right)$。前文已讨论过，解的分量会依问题特征有取值范围的限制，即显约束，这种约束界定了问题所有可能的解，即问题的解空间。例如，0-1 背包问题的解空间是$\overbrace{00\cdots0}^{n个}\sim\overbrace{11\cdots1}^{n个}$，共有 2^n 个取值；TSP 问题的解空间是$12\cdots n$或$01\cdots(n-1)$共n个数字的全排列，共有$n!$个取值。

问题的解空间通常可以用某种适宜的树的形态来表达，如 0-1 背包问题和 TSP 问题就分别可用子集树和排列树来表达，树的每个叶节点对应解空间中的一个解，每个内部节点表示到达某些解的中间阶段，这样的树形结构被称为问题的状态空间树。问题的状态空间树表达出了问题解的组织结构，这种组织结构是构造搜索算法的基础。

解空间中的解只有满足问题的（隐）约束条件才是有意义的解，才可能是所要求的解，这些解被称为可行解。可行解是解空间的子集，必定对应问题的状态空间树中的叶节点。

问题的状态空间树中的任何内部节点都是解向量$\boldsymbol{x}=\left(x_1,x_2,\cdots,x_n\right)$中的部分分量已经决策了的节点，这些值被确定的部分向量分量组称为问题的部分解。问题的部分解可能是从x_1开始连续的i个分量$x_1,x_2,\cdots,x_i(1\leqslant i\leqslant n)$，也可能是不连续的分量。我们将在 10.4 节 TSP 问题的分支限界算法中看到这种情况的一个例子。相对于部分解，全部n个分量均被决策的解向量称为完整解。显然，完整解必定是可行解，但可行解可能不是完整解，因为本章的回溯算法和第 10 章的分支限界算法可能会剪掉一部分可行解所在的子树。

使目标函数取得全局极值（极大或极小）的解称为问题的最优解。最优解必定是一个可行解，也必定是一个完整解。一个问题可能会有多个最优解，大部分时候我们只需要求其中的一个最优解，但有时也需要求问题的所有最优解。

2．回溯算法的基本流程

回溯算法以 DFS 为基础，通过构造约束条件和限界条件实现剪枝。对于求最优解的问题，还需要在叶节点上执行最优解的判断逻辑。因此，可以用如算法 9-2 所示的伪代码表示其基本流程。

回溯算法本质上是深度优先式的穷举搜索算法，因此其最坏情况复杂度与穷举搜索算法相同，即指数阶穷举搜索问题对应的回溯算法的最坏情况复杂度仍然是指数阶的。但由于回溯算法运用了约束条件和限界条件进行剪枝，因此对于许多问题实例可以实现远高于穷举搜索算法的运行效率。此外，回溯算法也是一种系统化的搜索方法，因此它一定能够找到问题的最优解。

算法 9-2 以递归方式表达，它接收一个表示状态空间树节点深度的参数 k，初始以 k = 1

调用。

第 1 行将算法中用到的量声明为全局变量，其中 n、x、OptV、OptX 分别表示问题的规模、部分解、已知最优解的值和已知最优解。其中，OptV 初始化为∞，表示算法以求最小值为例，如果要求最大值，则 OptV 应初始化为 0。使用全局变量的目的是减小递归调用的栈空间占用。

第 4～10 行处理非叶节点。第 4 行用 for 循环遍历当前节点下的所有节点，以 s(n, k)、e(n, k)分别表示当前节点下的首、尾节点。如果 i 节点满足约束条件 constraint 和限界条件 bound，则前进到 k+1 层的 DFS，否则 i 节点将被剪枝。第 9 行将 x[k]赋值为 null 以避免当回溯到较上层级时较下层级值的干扰。

第 12～14 行是叶节点上最优解值的获取逻辑。

算法 9-2　回溯算法

```
1. Global n, x, OptV = ∞, OptX
2. Backtrack(k)
3. if k < n then
4.     for i = s(n, k) to e(n, k)
5.       x[k] = i
6.       if constraint(x) and bound(x)
7.         Backtrack(k + 1)
8.       end if
9.       x[k] = null
10.    end for
11. else //reach a leaf node
12.    if Value(x) < OptV
13.       OptV = Value(x)
14.       OptX = x
15.    end if
16. end if
```

3．回溯搜索过程中节点的不同状态

在回溯算法的运行过程中，状态空间树中的节点会依搜索的进度表现为不同的状态。我们将这些状态分为当前节点、活节点、扩展节点、死节点和完结节点等。

1）当前节点

当前节点（简称为 c-节点）指的是当前正在处理的节点。它对应算法 9-2 中第 5 行和第 6 行处理的状态空间树的内部节点，以及第 12～15 行处理的叶节点。任何时候都只会有一个 c-节点。

2）活节点

活节点（简称为 l-节点）指的是满足约束条件和限界条件且所有子节点还未全部搜索完毕的节点。l-节点实际上就是 DFS 过程中压到堆栈中的节点。

3）扩展节点

扩展节点（简称为 e-节点）指的是当前正在搜索其子节点的节点。它对应算法 9-2 中第 4 行的 k 及相应的 x 所决定的节点。e-节点一定是一个 l-节点。同一时刻会有许多个 l-节点，但只会有一个 e-节点。

4）死节点

死节点（简称为 d-节点）指的是因不满足约束条件或限界条件而被剪枝的节点。

5）完结节点

完结节点（简称为 a-节点）指的是已经正常搜索完毕且不是 d-节点的节点，它是一个全部子树已经搜索完毕的内部节点或一个满足约束条件或限界条件的叶节点。

9.3　0-1 背包问题的回溯算法

本节我们将 0-1 背包问题作为一个典型的例子，对回溯算法的约束条件和限界条件，以及算法流程设计进行较为全面的介绍，并以一个典型的数据实例进行具体的解释。

9.3.1　约束条件和限界条件设计

本节将根据 0-1 背包问题的具体特征，设计适宜的约束条件和限界条件，为 0-1 背包问题的回溯算法设计打下基础。

1．0-1 背包问题及其解空间

为方便接下来的叙述和学习，我们在此重述一下 0-1 背包问题：给定重量和价值分别为 $w_1,w_2,\cdots,w_n$ 和 $v_1,v_2,\cdots,v_n$ 的 n 个物品，以及一个容量为 W 的背包，在物品不可分割的情况下，求装入哪些物品可以获得最大价值。

0-1 背包问题的解可以用一个 n 个分量的向量来描述：$\boldsymbol{x}=(x_1,x_2,\cdots,x_n)$，$x_i\in\{0,1\}$，$i=1,2,\cdots,n$。其中，$x_i$ 取 1 和 0 分别表示装入和不装入第 i 个物品，这样我们就可以用 n 个 0 到 n 个 1 之间全部的 n 个二进制数字构造其解空间，这个空间的结构可以用一棵高度为 n 的完美二叉树表示，这棵二叉树能够表达更基本的子集遍历问题，因此又被称为子集树。

2．约束条件设计

我们可以用 0-1 背包问题中背包容量的限制来构造其约束条件。既然节点的完整解需要满足背包容量的限制要求，那么其部分解也必定满足背包容量的限制要求。因此，当一个节点 N 的部分解为 $x_1,x_2,\cdots,x_i$ 时，我们可以将 $W_{\mathrm{N}}=\sum_{j=1}^{i}x_jw_j\leqslant W$ 作为约束条件，即如果部分解不满足此条件，则说明该节点不满足问题的约束条件，可以将以其为根的子树剪除。

3．限界函数及限界条件设计

对满足约束条件的部分解为 $x_1,x_2,\cdots,x_i$ 的节点，其背包容量中的 $W_{\mathrm{N}}=\sum_{j=1}^{i}x_jw_j$ 部分是已经被装入物品占据的部分，要估算该节点可以获得的最大价值，就要估算在剩余容量 $W_{\mathrm{R}}=W-W_{\mathrm{N}}$ 的背包中，装入剩余的第 $i+1,i+2,\cdots,n$ 个物品可以获得的最大价值。

为此，可用如下思路设计该节点的限界函数。作为预处理，在算法开始之前，先将所有物品按照价值重量比的倒序排序。这样，就可将剩余的第 $i+1,i+2,\cdots,n$ 个物品依次装入容量为 W_{R} 的背包。假设装入第 $i+1,\cdots,k$ 个物品后，第 $k+1$ 个物品不能全部装下，则将第 $k+1$ 个物品中重量正好为背包余下容量，即 $(W_{\mathrm{R}}-W_{\mathrm{N}})$ 的部分装入背包，由此我们就获得了 W_{R} 容量的背包可以获得的最大价值：$V_{\mathrm{R}}=\sum_{j=i+1}^{k}v_j+\left(W_{\mathrm{R}}-\sum_{j=i+1}^{k}w_j\right)\dfrac{v_{k+1}}{w_{k+1}}$。

注：更为完整的考虑还要包括 W_{R} 完全装下第 $i+1,i+2,\cdots,n$ 个物品的情况，读者可将此种情况补充进来。

整个节点的价值上界可用 $V_{\mathrm{Bound}}=V_{\mathrm{N}}+V_{\mathrm{R}}$ 获得，其中 $V_{\mathrm{N}}=\sum_{j=1}^{i}x_jv_j$ 是节点的部分解所实现的价值。上述 V_{Bound} 计算式即可作为 0-1 背包问题回溯算法的限界函数。

要构造限界条件，还需要一个记录当前已知最优解值的量 OptVt。由于 0-1 背包问题要求最大值，因此 OptVt 应初始化为 0。在搜索过程中，如果一个节点获得的价值 $\sum_{j=1}^{i}x_jv_j$ 大于 OptVt，不论它所对应的解是整体解还是部分解，则更新 OptVt。只要有了 OptVt，就可构造限界条件，即当一个节点的价值限界 V_{Bound} 不大于 OptVt 时，就将其剪枝。

9.3.2 0-1 背包问题回溯算法的伪代码及运行实例

本节将给出 0-1 背包问题回溯算法的伪代码，并以实例说明其运行过程。

1．0-1 背包问题回溯算法的伪代码及其解释

0-1 背包问题的状态空间树是一棵子集树，每个父节点下只有左右两个子节点，并且这两个子节点的处理方式有较大不同。针对这一特点，我们为其设计了适宜的回溯算法，如算法 9-3 所示。该算法与如算法 9-2 所示的通用回溯算法的主要区别是，父节点的左右两个子节点直接显式地分别处理，而不放到一个循环中处理。

算法 9-3 0-1 背包问题回溯算法

```
1. Global W, n, w[], v[]
2. Global VB, x[], WR=W, VN=0,
   OptV=0, OptX
3. BT0-1Knapsack(k)
4. if k <= n then
5.     //handle left child
6.     if WR > w[k]
7.        x.push(1)
8.        WR -= w[k]; VN += v[k]
9.        VB = VN + GetVR(WR, k+1)
10.       if VN > OptV
11.             OptV = VN; OptX = x
12.       end if
13.       if VB > OptV
14.          BT0-1Knapsack(k+1)
15.       end if
16.       VN -= v[k]; WR += w[k]
17.       x.pop()
18.    end if
19.    //handle right child
20.    x.push(0)
21.    VB = VN + GetVR(WR, k+1)
22.    if VB > OptV
23.       BT0-1Knapsack(k+1)
24.    end if
25.    x.pop()
26. end if
```

第 1 行以全局变量的方式声明算法的输入变量。第 2 行将算法中用到的量也声明为全局变量，其中 VB、x[]、WR、VN、OptV 和 OptX 分别表示限界值、部分解、背包剩余容量、部分解的价值和、已知最优解的值和已知最优解。其中，WR 初始化为背包容量 W，VN 和 OptV 初始化为 0。使用全局变量的目的是减小递归调用的栈空间占用。

算法以递归方式实现，在初始调用时应该传递参数 1，以表示从第 1 个物品开始。第 4 行表示当参数达到 n+1，即超出叶节点时，结束递归调用。

第 6～18 行为左子节点处理代码。其中，第 6 行进行约束条件判断，如果满足约束条件，则装入第 k 个物品。第 7～9 行依次更新部分解向量 x，剩余背包容量 WR，部分解的价值和 VN，并计算限界值 VB。如果 VN 大于当前最优解的值 OptV（第 10 行），则更新 OptV 和当前最优解 OptX（第 11 行）。第 13 行进行限界条件判断，如果满足限界条件，则执行递归调用（第 14 行）。左子节点处理结束后，要恢复 VN、WR 和 x（第 16～17 行），以便继续处理右子节点。

第 20～25 行为右子节点处理代码。第 21 行计算其限界值，注意这里的 WR 与第 8 行左子节点的 WR 不同，因此会得到不同的 VR 值。由于右子节点不增加物品，因此无须判断约束条件，由于其 VN 与父节点相同，因此也不需要执行第 10～12 行的 OptV 和 OptX 更新逻辑。

2．0-1 背包问题回溯算法运行示例

下面我们以如图 9-7 所示的数据为例，介绍 0-1 背包问题回溯算法的运行过程。图 9-7（a）所示为初始数据，图 9-7（b）所示为按价值重量比倒序排序后的数据。

算法基于如图 9-7 所示的数据的运行过程如图 9-8 所示，图 9-8 中的节点按搜索的次序以大写字母顺序标号，其中灰色背景的节点是被剪枝的节点，以没有标号的虚线表示的节点是因剪枝而不需要搜索的节点。节点右侧的三个数字分别对应算法伪代码中的剩余背包容量 WR、部分解的价值 VN 和限界值 VB。

i	1	2	3	4
v_i	9	10	15	8
w_i	3	5	4	2

（a）初始数据（W=7）

i	1	2	3	4
v_i	8	15	9	10
w_i	2	4	3	5

（b）按价值重量比倒序排序后的数据（W=7）

图 9-7　一个 0-1 背包问题的数据实例

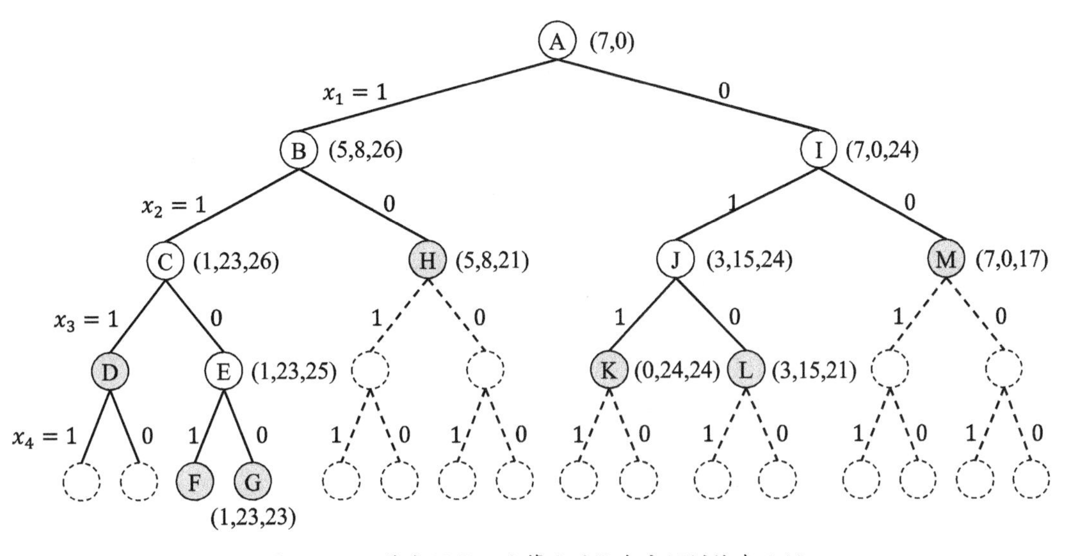

图 9-8　0-1 背包问题回溯算法的状态空间树搜索示例

图 9-9 给出了有关节点的数据，其中各列的标题含义与算法 9-3 中的变量含义基本一致：N 列为节点标号，x、WR、VN、VB、OV、OX 列分别是节点的部分解、剩余背包容量、部分解的价值和、限界值、已知最优解的值和已知最优解。

N	x	WR	VN	VB	OV	OX
A		7	0	-	0	
B	1	5	8	26	8	1
C	11	1	23	26	23	11
D	111	-	-	-	23	11
E	110	1	23	25	23	11
F	1101	-	-	-	23	11
G	1100	1	23	23	23	11

N	x	WR	VN	VB	OV	OX
H	10	5	8	21	23	11
I	0	7	0	24	23	11
J	01	3	15	24	23	11
K	011	0	24	24	24	011
L	010	3	15	21	24	011
M	00	7	0	17	24	011

图 9-9　0-1 背包问题回溯算法运行的示例数据

算法起始于图 9-8 中的根节点 A，此时 x 被初始化为空值、WR 被初始化为背包容量 7，VN 和 OptV（或 OV）均被初始化为 0。

接下来，A 成为 l-节点，同时也是 e-节点，深度搜索其第一个子节点，即左子节点 B，则 B 节点成为 c-节点。由于 WR = 7 > w[1] = 2，该节点满足约束条件，因此装入第 1 个物品：将 1 推入部分解 x，即 x 为 1，并将 WR 减去第 1 个物品重量 2 得 5，为 VN 增加第 1 个物品的价值 8 得 8，计算 B 节点的限界值 VB 得 26。由于 VN = 8 > OptV = 0，因此更新 OptV 为

8、OptX（或 OX）为 1。又由于 VB = 26 > OptV = 8，该节点满足限界条件，因此应继续深度搜索。

接下来，B 成为 l-节点，同时也是新的 e-节点，深度搜索其第一个子节点，即左子节点 C，则 C 节点成为 c-节点。由于 WR = 5 > w[2] = 4，该节点满足约束条件，因此装入第 2 个物品：将 1 推入部分解 x，即 x 为 11，并将 WR 减去第 2 个物品的重量 4 得 1，为 VN 增加第 2 个物品的价值 15 得 23，计算 C 节点的限界值 VB 得 26。由于 VN = 23 > OptV = 8，因此更新 OptV 为 23、OptX 为 11。又由于 VB = 26 > OptV = 23，该节点满足限界条件，因此应继续深度搜索。

接下来，C 成为 l-节点，同时也是新的 e-节点，深度搜索其第一个子节点，即左子节点 D，则 D 节点成为 c-节点。由于 WR = 1 < w[3] = 3，该节点不满足约束条件，因此被剪枝。

接下来，C 仍然是 e-节点，深度搜索其第二个子节点，即右子节点 E，则节点 E 成为 c-节点。由于 E 节点不增加新的物品，因此 WR 和 VN 保持其父节点 C 的值 1 和 23，并且不必判断约束条件，于是直接将 0 推入部分解 x 以标记不装入第 3 个物品，即 x 为 110，并计算 E 节点的限界值 VB 得 25。由于 VB = 25 > OptV = 23，该节点满足限界条件，因此应继续深度搜索。

接下来，E 成为 l-节点，同时也是新的 e-节点，深度搜索其第一个子节点，即左子节点 F，则 F 节点成为 c-节点。由于 WR = 1 < w[4] = 5，该节点不满足约束条件，因此被剪枝。

接下来，E 仍然是 e-节点，深度搜索其第二个子节点，即右子节点 G，则 G 节点成为 c-节点。由于 G 节点不增加新的物品，因此 WR 和 VN 保持其父节点 E 的值 1 和 23，并且不必判断约束条件，直接将 0 推入部分解 x 以标记不装入第 4 个物品，即 x 为 1100，并计算 G 节点的限界值 VB 得 23。由于 VB = 23 = OptV = 23，该节点不满足限界条件，因此被剪枝。

流程回到 E 节点，由于其所有的子节点均处理完毕，因此它成为 a-节点。

接下来，算法回溯到 C 节点，由于其所有的子节点均处理完毕，因此它也成为 a-节点。

接下来，算法回溯到 B 节点，使它再次成为 e-节点。流程将从算法 9-3 中第 15 行开始执行，将 WR 和 VN 恢复为 B 节点的值 5 和 8，并将部分解 x 恢复为 1。

接下来，深度搜索 B 节点的第二个子节点，即右子节点 H，于是 H 节点成为 c-节点。由于 H 节点不增加新的物品，因此 WR 和 VN 保持其父节点 B 的值 5 和 8，并且不必判断约束条件，直接将 0 推入部分解 x 以标记不装入第 2 个物品，即 x 为 10，并计算 H 节点的限界值 VB 得 21。由于 VB = 21 < OptV = 23，该节点不满足限界条件，因此被剪枝。

流程回到 B 节点，由于其所有的子节点均处理完毕，因此它成为 a-节点。

接下来，算法继续回溯到根节点 A，使它再次成为 e-节点。流程将从算法 9-3 中第 15 行开始执行，将 WR 和 VN 恢复为 A 节点的值 7 和 0，并将部分解 x 恢复为空。

接下来，深度搜索 A 节点的第二个子节点，即右子节点 I，于是 I 节点成为 c-节点。由于 I 节点不增加新的物品，因此 WR 和 VN 保持其父节点 A 的值 7 和 0，并且不必判断约束条件，直接将 0 推入部分解 x 以标记不装入第 1 个物品，即 x 为 0，并计算 I 节点的限界值 VB 得 24。由于 VB = 24 > OptV = 23，该节点满足限界条件，因此应继续深度搜索。

接下来，深度搜索 I 节点的第一个子节点，即左子节点 J，于是 J 节点成为 c-节点。由于 WR = 7 > w[2] = 4，该节点满足约束条件，因此装入第 2 个物品：将 1 推入部分解 x，即 x 为 01，并将 WR 减去第 2 个物品的重量 4 得 3，为 VN 增加第 2 个物品的价值 15 得 15，计算 J 节点的限界值 VB 得 24。由于 VN = 15 < OptV = 23，因此 OptV、OptX 不必更新。又由于 VB =

24 > OptV = 23，该节点满足限界条件，因此应继续深度搜索。

接下来，深度搜索 J 节点的第一个子节点，即左子节点 K，于是 K 节点成为 c-节点。由于 WR = 3 = w[3] = 3，该节点满足约束条件，因此装入第 3 个物品：将 1 推入部分解 x，即 x 为 011，并将 WR 减去第 3 个物品的重量 3 得 0，为 VN 增加第 3 个物品的价值 9 得 24，计算 K 节点的限界值 VB 得 24。由于 VN = 24 > OptV = 23，因此更新 OptV 为 24、OptX 为 011。又由于 VB = 24 = OptV = 24，该节点不满足限界条件，因此被剪枝。

接下来，J 节点仍然是 e-节点，深度搜索其第二个子节点，即右子节点 L，于是 L 节点成为 c-节点。由于 L 节点不增加新的物品，因此 WR 和 VN 保持其父节点 J 的值 3 和 15，并且不必判断约束条件，直接将 0 推入部分解 x 以标记不装入第 3 个物品，即 x 为 010，并计算 L 节点的限界值 VB 得 21。由于 VB = 21 < OptV = 24，该节点不满足限界条件，因此被剪枝。

流程回到 J 节点，由于其所有的子节点均处理完毕，因此它成为 a-节点。

接下来，算法回溯到 I 节点，使它再次成为 e-节点。流程将从算法 9-3 中第 15 行开始执行，将 WR 和 VN 恢复为 I 节点的值 7 和 0，并将部分解 x 恢复为 0。

接下来，深度搜索 I 节点的第二个子节点，即右子节点 M，于是 M 节点成为 c-节点。由于 M 节点不增加新的物品，因此 WR 和 VN 保持其父节点 I 的值 7 和 0，并且不必判断约束条件，直接将 0 推入部分解 x 以标记不装入第 2 个物品，即 x 为 00，并计算 M 节点的限界值 VB 得 17。由于 VB = 17 < OptV = 24，该节点不满足限界条件，因此被剪枝。

流程回到 I 节点，由于其所有的子节点均处理完毕，因此它成为 a-节点。

接下来，流程继续回到 A 节点，由于其所有的子节点均处理完毕，因此它也成为 a-节点。

至此，整个算法结束，最终得到最优解值 OptV 为 24，最优解 OptX 为 011。

注意：上述算法可能会导致最后得到的最优解 OptX 中的物品数少于物品总数 n，这时只要在后面补上足够个数的 0 即可，即本例最终的 OptX 应为 0110。

9.4　*N*-皇后问题的回溯算法

N-皇后问题是一个适宜用回溯算法求解的经典例子，本节将先对该问题及其回溯算法进行介绍，然后介绍其现代版 C++实现，最后介绍其 CD-AV 演示设计。

9.4.1　*N*-皇后问题的定义、解空间分析及约束条件设计

本节将先给出 *N*-皇后问题作为一个算法问题的定义，然后讨论其解的表示及其回溯算法的约束条件设计。

1．*N*-皇后问题的定义

1848 年，国际象棋棋手马克斯·贝瑟尔（Max Bezzel）提出了著名的八皇后谜题（Eight Queens Puzzle）[9]，该谜题后来被称为**八皇后问题**（Eight Queens Problem）。该问题表述为，在 8×8 格的国际象棋棋盘上摆放 8 个皇后，使其两两不能互相攻击，即任意两个皇后都不能处于同一行、同一列或同一条对角线上，问有多少种摆法？

注：这里的对角线指的是棋盘上所有 45° 角和 135° 角的斜线。

图 9-10 所示为八皇后摆法的两个示例，为方便表述我们在棋盘上标注了行号和列号。

注意：图 9-10（b）所示的摆法是所有摆法中唯一同时具有旋转对称性和反射对称性的一种[9]。

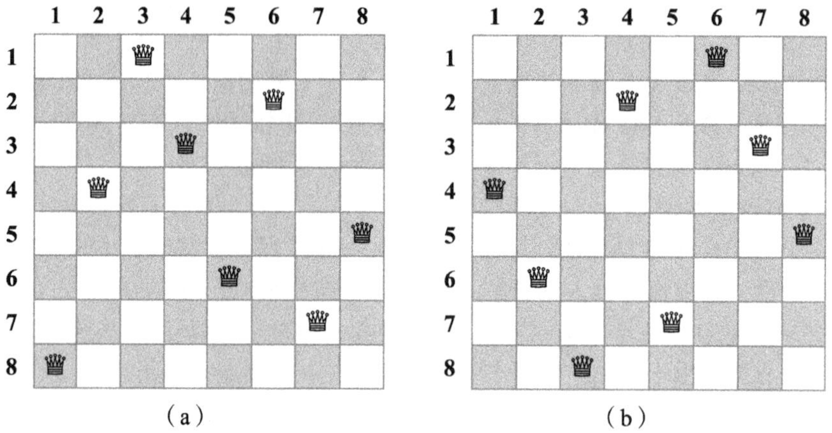

（a）　　　　（b）

图 9-10　八皇后摆法的两个示例

显然，八皇后问题本身并不是一个算法问题，将它泛化后的 N-皇后问题才是一个算法问题，它指的是在 $n \times n$ 格的棋盘上摆放 n 个皇后，求使其两两不发生攻击的摆法。也就是说，任意两个皇后不能在同一行、同一列或同一条对角线上。

注 1：基于行文方面的考虑以大写的 N 记“N-皇后问题”这一术语，以小写的 n 表示问题的规模，即当讨论特定个数的皇后问题时，它们在数值上是相等的。

注 2：当 $N=2$ 或 3 时，N-皇后问题是没有解的，因此 N-皇后问题常指 $N \geqslant 4$ 的情况。

2．*N*-皇后问题的解及解空间

基于 N-皇后问题每行上只允许摆放一个皇后的约束，我们将它的解用一个 n 个分量的向量，即 $\boldsymbol{x}=(x_1,x_2,\cdots,x_n)$ 表示，其中每个分量的值表示对应行上皇后的列位置，它们要取 $1,2,\cdots,n$ 中的值。例如，图 9-10（a）、（b）所示的两种八皇后摆法分别对应如下具体的解向量：$(3,6,4,2,8,5,7,1)$、$(6,4,7,1,8,2,5,3)$。

由上述对 N-皇后问题解向量的分析可见，其每个分量都有 $1,2,\cdots,n$ 的 n 个可能的取值，因此问题解空间的基本结构是一棵满 n 叉树，它共有 n^n 个叶节点。如果再考虑到每列上只允许摆放一个皇后的约束，则问题解中的每个分量都应取不同的值，即问题的一个解对应 $1,2,\cdots,n$ 的一个排列，因此问题解空间的结构便简化为一棵排列树，其叶节点数量由 n^n 个减少到 $n!$ 个。然而，N-皇后问题的特征决定了其不像 TSP 问题那样可构造出简单的排列树搜索算法，我们仍以满 n 叉树的解空间结构来构造和讨论其算法，通过剪枝对其简化。

3．回溯算法的约束条件设计

显然，N-皇后问题可以用基本的 DFS 进行求解，在提升为回溯算法后，通过约束条件进行剪枝可以大幅提高搜索效率。

由于 N-皇后问题不是一个最优化问题，因此设计回溯算法只需考虑约束条件设计，不必考虑限界条件设计。由于每行上只能摆放一个皇后的约束已经用于构造问题的解空间了，因此我们用每列和两个方向对角线上只能摆放一个皇后的约束构造回溯算法的约束条件。

对于每列上只能摆放一个皇后的约束，我们可以用 $x_i \neq x_j$，$1 \leqslant i$，$j \leqslant n$，$i \neq j$ 将其刻画为

约束条件。对于两个方向对角线上只能摆放一个皇后的约束，我们可以用$|x_i - x_j| \neq |i - j|$，$1 \leqslant i$，$j \leqslant n$，$i \neq j$将其刻画为约束条件。

上述约束条件在实际中需要用一段循环算法来实现。假设当前已经决策了部分解$x_1, x_2, \cdots, x_i$，现在决策x_{i+1}，那么可以将x_{i+1}的值从 1 到n进行遍历，对每个x_{i+1}的取值，再从 1 到i进行遍历，判断其与前面部分解中的各行上的皇后摆放是否满足约束条件。

9.4.2　现代版 C++实现

我们用现代版 C++实现了 *N*-皇后问题的回溯算法，有关代码参见附录 9-2。

1．初始化

代码将问题的规模记为全局变量 N（代码块 2 第 1 行）；将部分解，即各行上皇后的列号列表记为全局变量 Col（代码块 2 第 2 行），它是一个元素类型为 int 的 vector 类型的线性表。另外，设置了一个布尔型全局变量 Done（代码块 2 第 3 行），用于判断是否找到了一个解并结束搜索。将这些量设为全局变量，可以大大减小递归调用中的栈空间占用。

算法的调用函数 BTnQueensCaller（代码块 2）接收 n 作为问题的规模，在其中初始化 N、Col 和 Done 变量，接下来以参数 0，即第 0 行调用回溯搜索函数 BTnQueens。

注： BTnQueens 函数遵循计算机中从 0 开始的计数基础，因此将行号和列号范围设为 0～$n-1$。但在输出函数 Output（代码块 5）中，将皇后的行号和列号加 1，以使结果的报告形式符合直觉和自然的习惯。

2．算法的回溯流程函数 BtnQueens

算法的回溯流程由函数 BtnQueens（代码块 3）实现，它以递归方式实现回溯搜索。它接收行号参数 row，意图决策第 row 行上皇后的摆放位置。也就是说，到目前为止，0～row－1 各行上的皇后位置已经决策了，即 Col 中 0～row－1 的元素是到目前为止的部分解。

算法用一个 for 循环对第 row 行上皇后的摆放位置 col 从第 0 列到第 N－1 列进行尝试（代码块 3 第 3 行）。对于每个列号 col，算法调用约束条件判断函数 CheckPlacing 判断其是否与前面 0～row－1 行上皇后的摆放位置冲突，如果冲突，即 CheckPlacing 返回 false，则继续尝试下一个列号，如果所有 0～N－1 的列号均冲突，则算法回溯到上一行。如果某个列号与前面 0～row－1 行上皇后的摆放位置均不冲突，即 CheckPlacing 返回 true，则置部分解 Col 的 row 元素为 col（代码块 3 第 7 行），即将部分解扩展一个元素。

如果此时 row 为最后的第 N－1 行，则说明找到了一个解（代码块 3 第 8 行），将 Done 置为 true（代码块 3 第 9 行），这将使代码块 3 第 3 行的 for 循环结束并回溯，在回溯过程中，前面各行上的 for 循环也均将因为 Done 的值为 true 而结束，从而导致最终的算法结束。

如果此时 row 不是最后的第 N－1 行，则以递归的方式深度搜索下一行（代码块 3 第 10、11 行）。

3．约束条件函数 CheckPlacing

算法的约束条件由函数 CheckPlacing（代码块 4）实现，它接收摆放皇后的行号 row 和列号 col（代码块 4 第 1 行），检查如果在第 row 行的第 col 列摆放一个皇后，是否与前面 0～row－1 行上已经摆放的皇后冲突，并以 bool 值返回结果，true 表示不冲突，false 表示冲突。

检查的过程用一个 for 循环以循环变量 r 遍历第 0～row－1 行（代码块 4 第 3 行），对于每个 r，用代码块 4 第 4、5 行的 if 语句检查列约束和对角线约束，如果违反这两个约束中的任何一个，则结束 for 循环并返回 false（代码块 4 第 6 行）；如果所有 0～row－1 行上的皇后摆放均满足列约束和对角线约束，则返回 true（代码块 4 第 7 行）。

4．算法的复杂度分析

前已述及，在考虑到每行摆放一个皇后的约束后，*N*-皇后问题的状态空间树就是一棵满 *n* 叉树，该树的节点总个数为 $n^0+n^1+n^2+\cdots+n^n=\dfrac{n^{n+1}-1}{n-1}=O\left(n^n\right)$。也就是说，使用穷举法搜索的复杂度将会是 $O\left(n^n\right)$。回溯算法以列约束和对角线约束进行剪枝搜索，因此当搜索一个解时，复杂度会非常低。

9.4.3 CD-AV 演示设计

我们在 CAAIS 中实现了 *N*-皇后问题回溯算法的 CD-AV 演示设计，其特点是能够同步动态地演示各个皇后在棋盘上的摆放和状态空间树节点搜索的回溯过程，此外还提供了适度的交互。

1．输入数据

在 *N*-皇后问题回溯算法的 CD-AV 演示设计中，我们仅提供了两种输入，即 *N*＝4 和 *N*＝5 的输入，分别对应 4-皇后问题和 5-皇后问题。6-皇后及以上问题的 CD-AV 演示步骤数太多，已经超出了教学演示的限度，因此我们不作介绍。

注：读者应对规模为 10 甚至 20 及以上的问题进行测试，以获知运行时间随规模增大的趋势，从而深刻地体会算法的复杂度。同时，还应进行获取问题所有解的实验，以增强对 *N*-皇后问题解的全面理解。

2．数据行及交互设计

图 9-11 所示为 4-皇后问题的 CD-AV 演示示例。其中，数据行包括问题的规模 N、行号 row、列号 col，以及部分解 p[1]～p[N]等数据，其中 row 列、col 列及 p[1]～p[N]列属于可交互列。在交互时要注意，row、col 的值是直观的 1～N 的值；p[1]～p[N]属于已经决策了的部分解，要填入对应的决策值，而尚未决策的值则要填入“-”，这里决策了的值也是直观的 1～N 的值。

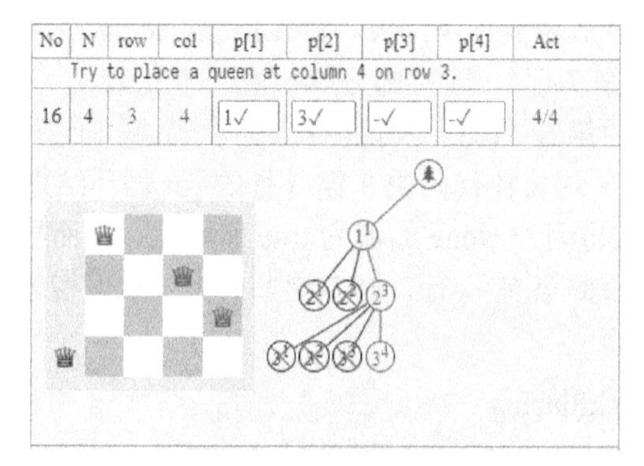

图 9-11
彩图

图 9-11　4-皇后问题的 CD-AV 演示示例

注：目前算法的实现代码中并没有考虑从第 i 行回溯到第 $i-1$ 行时，将 p[i]中的赋值清除的问题，但是 CD-AV 交互要求在这种情况下为 p[i]输入“-”，因为这样可以更好地理解算法。

3．皇后在棋盘上的摆放与状态空间树的动态显示

CD-AV 演示的图形区设计了跟随回溯算法的进程在棋盘上动态地摆放皇后和搜索状态空间树节点的过程。其中，暂时还没进行到摆放皇后的行对应的皇后显示在棋盘的最左侧，如图 9-11 中第 4 行所示。

注：CD-AV 演示会根据 N 值自动计算状态空间树中最大节点数的层，并依此绘制出布局合理的状态空间树结构。

状态空间树的根节点以一个树形符号“♠”表示，其下的各子节点则以 row^{col} 的形式表示，其中的 row 和 col 分别表示该节点所对应皇后位置的行号和列号。例如，图 9-11 中状态空间树的第 2 层节点 2^1～2^3 就分别对应棋盘第 2 行上第 1～3 列的皇后摆放。

状态空间树上的节点颜色与棋盘上皇后的颜色是一致的：当前正在处理的节点和皇后显示为亮红色；已经决策，即满足约束条件的节点和皇后显示为绿色。节点上的红色叉号“×”则表示 d-节点，即因不满足约束条件而被剪枝的节点。

4．结果报告

图 9-12 和图 9-13 所示分别为 4-皇后问题和 5-皇后问题的 CD-AV 运行结果，其中显示了整棵被剪枝的状态空间树，数据行上显示了所找到的一个问题的解。

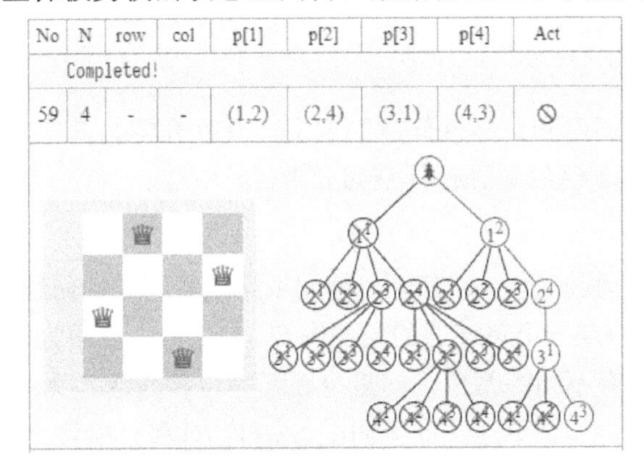

No	N	row	col	p[1]	p[2]	p[3]	p[4]	Act
Completed!								
59	4	-	-	(1,2)	(2,4)	(3,1)	(4,3)	⊘

图 9-12 彩图

图 9-12　4-皇后问题的 CD-AV 运行结果

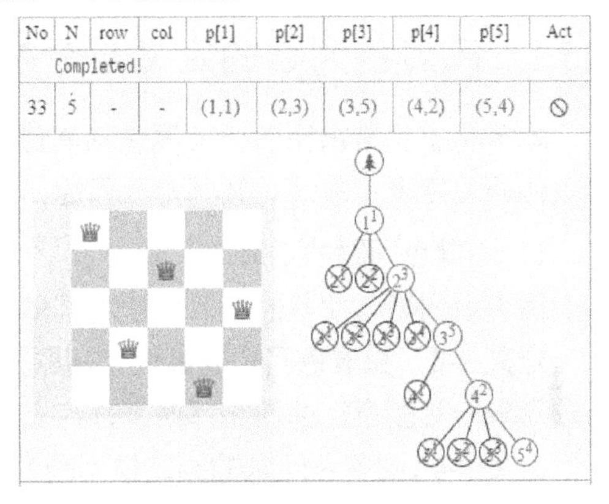

No	N	row	col	p[1]	p[2]	p[3]	p[4]	p[5]	Act
Completed!									
33	5	-	-	(1,1)	(2,3)	(3,5)	(4,2)	(5,4)	⊘

图 9-13 彩图

图 9-13　5-皇后问题的 CD-AV 运行结果

5．搜索效率计算

下面我们根据如图 9-12 和图 9-13 所示的 4-皇后问题和 5-皇后问题回溯剪枝的情况计算回溯算法相比穷举算法的搜索效率。

由图 9-12 可以看出，要搜索一个解，4-皇后问题的穷举法仅需对第 1 层上的前两棵子树进行搜索，其中第 1 棵子树要完全搜索，第 2 棵子树仅不用搜索第 3 层上的最后 3 棵子树外加第 4 层上的一个节点，因此穷举算法搜索的总节点个数为 $1+2\times\left(4^0+4^1+4^2+4^3\right)-3\times\left(1+4\right)-1=155$，而回溯算法搜索的总节点个数仅为 28，因此相较穷举算法的搜索效率为 $\dfrac{28}{155}\approx18\%$。同理，当仅搜索一个解时，可计算出 5-皇后问题回溯算法相对于穷举算法的搜索

效率为$\frac{16}{452}\approx 0.04\%$。

6．*N*-皇后问题解的数量

作为致力于算法教与学的演示，CD-AV 演示仅给出一个解即可达到目的，但 *N*-皇后问题会有许多解，而且由于其高度的对称性，不对称的解是很少的。表 9-1 所示为 *N* 值在 4～16 范围内 *N*-皇后问题解的数量[9]，可以看到解的数量随着 *N* 的增加而急剧地增加。

表 9-1　*N* 值在 4～16 范围内 *N*-皇后问题解的数量

N	4	5	6	7	8	9	10	11	12	13	14	15	16
不对称解/个	1	2	1	6	12	46	92	341	1787	9233	45 752	285 053	1 846 955
对称解/个	2	10	4	40	92	352	724	2680	14 200	73 712	365 596	2 279 184	14 772 512

9.5　*K*-着色问题的回溯算法

本节将先介绍图着色问题，给出其最优化问题和判定性问题的定义，然后针对其判定性问题，即 *K*-着色问题进行回溯算法设计，最后详述其现代版 C++实现及 CD-AV 演示设计。

9.5.1　图着色问题的定义与分析

本节将首先给出图着色问题包括其最优化问题和判定性问题的定义，其次介绍与其密切相关的四色定理，最后对其判定性问题，即 *K*-着色问题进行解空间分析。

1．图着色问题的定义

图着色问题与此前的 0-1 背包问题和 TSP 问题类似，也有一个最优化问题和判定性问题。

定义 9-3（图着色问题的最优化问题）　给定一个单连通的无向图$G=(V,E)$，要求为每个顶点着一种颜色，并使相邻两个顶点之间具有不同的颜色，问最少需要多少种颜色？

定义 9-4（图着色问题的判定性问题）　给定一个单连通的无向图$G=(V,E)$和正整数K，要求为每个顶点着一种颜色，并使相邻两个顶点之间具有不同的颜色，问是否可用K种颜色完成图的着色？

显然，图着色问题的最优化问题是求给定图的最小着色数的问题，图着色问题的判定性问题则是判定给定的图是否可用指定的K种颜色着色的问题。

本节重点讨论图着色问题的判定性问题的回溯求解算法，为简化描述，我们将该问题简称为 *K*-着色问题。

2．图着色问题的由来——四色定理

图着色问题源于地图的着色问题。地图的着色指的是给定一个划分了国家或区域的地图，要求为每个国家或区域着一种颜色，且相邻的国家或区域着不同的颜色，问最少需要多少种颜色？这里所说的“国家”和“区域”指的是一个有一定面积的连通地块。

地图的着色问题可以转化为图着色问题，只要将地图中的区域定义为图的顶点，而区域的相邻关系对应顶点间的一条边即可。图 9-14 所示为地图着色与图着色的对应[10]。其中，图 9-14（a）给出了一个包含 A～E 共 5 个区域的地图，每个区域着的颜色标在括号中。显然这个图可以用 4 种颜色着色。图 9-14（b）给出了对应的图论图，该图有 5 个顶点 A～E，它们分别对应图 9-14（a）中的 5 个区域，顶点之间的边表示图 9-14（a）中区域的邻接，顶点标号的上标字母表示顶点要着的颜色。

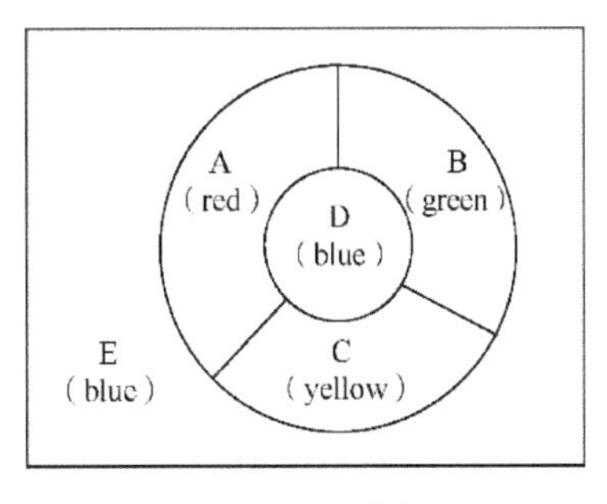

（a）地图着色

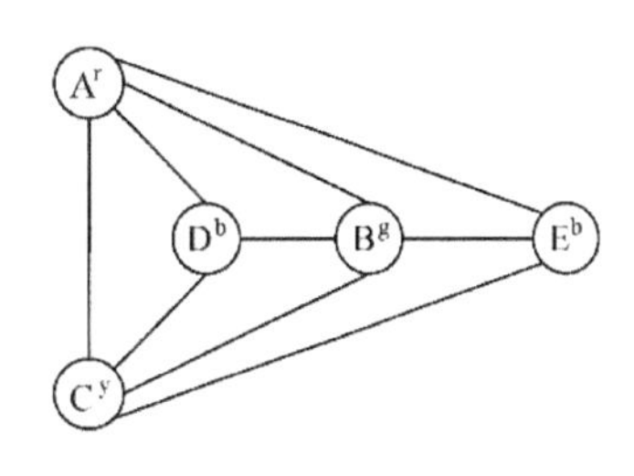

（b）图着色

图 9-14　地图着色与图着色的对应

任何地图，即平面图都可用 4 种或更少的颜色来着色，这已经被证明为四色定理。1852 年，英国地图师 F. Guthrie 提出了任何地图都可用 4 种颜色来着色的 4 色猜想问题[11]。1976 年，美国 Illinois 大学的 K. Appel 和 W. Haken 在计算机的帮助下证明了这个猜想[12]，使之成为著名的四色定理，即任何地图都可用 4 种颜色进行着色。Appel 和 Haken 的证明开创了以计算机辅助进行数学定理证明的先河。

3．K-着色问题的解空间分析

K-着色问题要对 n 个顶点的无向图 $G(V,E)$ 进行着色，为此它的解可用一个 n 元组 $(c_1,c_2,\cdots,c_n)$，$c_i \in \{1,2,\cdots,K\}$，$i \in \{1,2,\cdots,n\}$ 来描述，元组中的每个元素对应 G 中相应顶点的着色号，其取值范围为 1～K，因此 $(c_1,c_2,\cdots,c_n)$ 的取值范围就是 $\overbrace{11\cdots1}^{n个}\sim\overbrace{KK\cdots K}^{n个}$，即空间的大小为 K^n。

K-着色问题的解空间，即状态空间可以用一棵高度为 n 的完全 K 叉树表示，图 9-15 所示为一棵高度为 3 的完全 3 叉树。

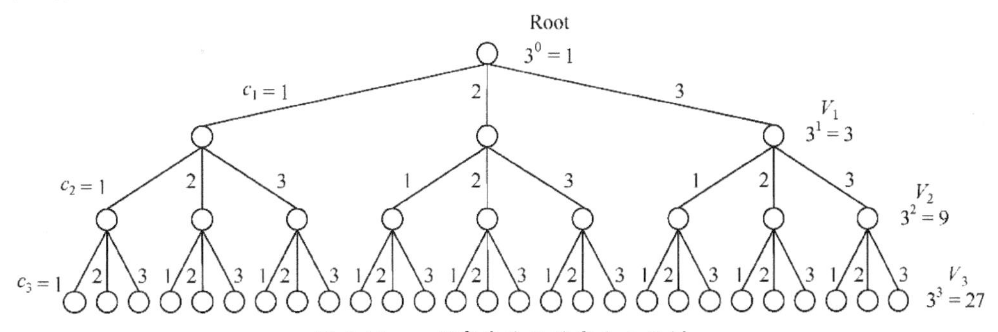

图 9-15　一棵高度为 3 的完全 3 叉树

除根节点以外，第 1～n 层的节点分别对应图中编号为 1～n 的顶点，在图上以 $V_1 \sim V_3$ 标记。树边上标记要着的颜色号，在图上以 $c_1 \sim c_3$ 标记。从根节点到第 1 层节点的各边对应 1 号顶点可能的着色，因此从根节点出发会有 K 条边，也就是第 1 层上会有 K 个节点。对应于 1 号顶点的每种颜色选择，2 号顶点都会有 K 种可能的颜色选择，因此第 2 层上会有 K^2 个节点。同理第 3 层上将会有 K^3 个节点，最后的第 n 层上将会有 K^n 个节点。显然，从根节点到任何一个叶节点路径上的 K 个颜色组合就是一个着色方案。状态空间树共有 K^n 个叶节点，也就

有 K^n 个不同的着色方案，我们需要根据图顶点的邻接性确定一个满足要求的着色方案。

注意： 这里的分析不要求 1～n 顶点在图中是顺次连接的。

显然，我们可以构造一个朴素的深度优先穷举搜索算法求解 K-着色问题。该算法对高度为 n 的完全 K 叉树进行遍历，每到达一个叶节点就对该叶节点对应的颜色组合 $(c_1,c_2,\cdots,c_n)$ 根据图顶点的邻接性进行可着色判断。判断过程可用如下的穷举算法完成：判断顶点 2 的颜色与顶点 1 是否有冲突，这需要 1 次检查；判断顶点 3 的颜色与顶点 1、2 是否有冲突，这需要 2 次检查；判断顶点 n 的颜色与顶点 1～$n-1$ 是否有冲突，这需要 $n-1$ 次检查。因此，总检查次数为 $1+2+\cdots+(n-1)=\dfrac{n(n-1)}{2}=O(n^2)$。朴素穷举算法在最坏情况下要对 K^n 种颜色组合进行上述检查，因此其复杂度为 $O(n^2K^n)$。

9.5.2 K-着色问题的回溯算法设计

显然，图着色问题也可以运用回溯法通过约束条件和限界条件对状态空间树进行剪枝来提高搜索效率。由于我们仅考虑 K-着色问题，因此接下来只分析约束条件的设计。

K-着色问题的约束条件来自“相邻顶点着不同颜色”这一要求，而这一要求是由图的具体结构，即顶点之间是否有边或是否邻接所决定的。图顶点的邻接性可由图的邻接矩阵 $\boldsymbol{A}$ 决定，$\boldsymbol{A}$ 中的元素 $a_{ij}(1\leqslant i,\ j\leqslant n,\ i\neq j)$ 取值为 0 表示 i 顶点与 j 顶点不邻接，取值为 1 则表示它们邻接，因此若 $a_{ij}=1$，则 i 顶点与 j 顶点不能着同一种颜色；若 $a_{ij}=0$，则 i 顶点与 j 顶点的着色不受限制。

根据上述分析，可以用如下方法构造约束条件：假设到目前为止已经决策了前 $i-1$ 个顶点的颜色 $c_1,c_2,\cdots,c_{i-1}$，接下来要决策 i 顶点是否可以用值为 c_i 的颜色着色，为此用 j 遍历 1～$i-1$，如果 $c_j=c_i$ 且 $a_{ij}=1$，则说明 i 顶点的颜色值 c_i 与 j 顶点的颜色值 c_j 冲突，也就是说，i 顶点不能着色为值为 c_i 的颜色，此时即可终止 j 循环，而如果 1～$i-1$ 的每个顶点的颜色值都不与 c_i 冲突，则说明 i 顶点可以着色为值为 c_i 的颜色。

假设将上述约束条件设计为函数 CheckColoring，则 K-着色问题回溯算法的搜索过程可简述如下。

首先，把所有顶点的颜色初始化为 0（表示未着色）。然后，从根节点开始进行深度优先搜索，当进行到第 $i(i\geqslant 1)$ 层，即要决策 i 顶点的颜色时，说明部分解 $c_1,c_2,\cdots,c_{i-1}$ 已经决策，对 i 顶点的颜色值 c_i 从 1～K 进行尝试，这实际就是遍历状态空间树当前节点下的各子节点。对于每个 c_i 均用 CheckColoring 函数进行约束条件判断，若不满足约束条件，则意味着进行了一次剪枝，继续进行下一个颜色的尝试；若满足约束条件，且此时已经到达叶节点，则说明给定的图 G 是可 K 着色的，否则深度优先搜索下一层的节点；若 c_i 取遍 1～K 的值未发现满足约束条件者，则回溯到上一层节点；如果回溯到根节点，且根节点的所有子节点均已经遍历完，则说明给定的图 G 是不可 K 着色的。

9.5.3 现代版 C++实现

我们用现代版 C++实现了 K-着色问题的回溯算法，有关代码参见附录 9-3，其中的回溯流程与附录 9-2 N-皇后问题的回溯算法中的回溯流程非常相似。

1．初始化

算法使用了全局变量以减小递归调用中的栈空间占用，包括问题的规模 N 和着色数 K（代码块 2 第 1 行），双重 vector 类型的邻接矩阵 AdjM（代码块 2 第 2 行），以 vector 定义的解向量 Colors（代码块 2 第 3 行），以及标志搜索结束的布尔型变量 Done（代码块 2 第 4 行）。

算法的回溯主体用递归函数 BTKColoring 实现，为此设计了 BTKColoringCaller 函数（代码块 2 第 5～17 行）来实现变量的初始化和对 BTKColoring 函数的初始调用。BTKColoringCaller 函数接收问题的规模 n、着色数 k 和图的邻接矩阵 adjM 这 3 个参数（代码块 2 第 5、6 行），并将它们赋值给对应的全局变量（代码块 2 第 8、9 行）。然后将 Done 初始化为 false（代码块 2 第 10 行），再将解向量 Colors 初始化为 N 个元素，并将各元素初始化为 0（代码块 2 第 11、12 行）。

为提高算法效率，BTKColoringCaller 函数将解向量 Colors 的前两个元素分别初始化为 1 和 2（代码块 2 第 13、14 行），也就是给 0 号和 1 号顶点（顶点从 0 开始编号）分别分配 1 号和 2 号颜色（颜色从 1 开始编号）。这里有一个要求，即 0 号和 1 号顶点必须是相邻的顶点。当它们相邻时，一定需要着不同的两种颜色，这共有 $K(K-1)$ 种组合，它们都是对称的，因此我们可以在将它们固定为 1 号和 2 号颜色的情况下，考虑其他顶点的着色。因此，接下来的深度搜索就可从编号为 2 的第 3 个顶点开始（代码块 2 第 15 行）。

注：为适应上述思路，*K*-着色问题回溯算法的 CD-AV 演示中所提供的作为输入数据的各个图起始的 A、B 顶点均是相邻的顶点。

2．算法的主函数 BTKColoring

算法的主流程由主函数 BTKColoring（代码块 3）实现。BTKColoring 函数接收顶点号参数 v，此时 0～v－1 的顶点已经全部着色，且满足约束条件，BTKColoring 函数要尝试对 v 顶点着色。

主函数用一个 for 循环以变量 c 遍历 1～K 的颜色号（代码块 3 第 3 行），并尝试用颜色 c 着色顶点 v（代码块 3 第 5 行），然后调用约束条件判断函数 CheckColoring（代码块 3 第 6 行）。如果该函数返回-1，则说明顶点 v 可以着色为颜色 c，此时若已经到达叶节点（代码块 3 第 7 行），则说明给定的图是 *K* 可着色的，置 Done 为 true（代码块 3 第 8 行），这样在结束本次 for 循环的同时，也会结束递归调用栈中各回溯节点有关的 for 循环，并最终结束算法。如果 CheckColoring 函数返回-1，但尚未到达叶节点，则深度搜索下一层节点（代码块 3 第 10 行）。如果 CheckColoring 函数返回的不是-1 而是某个值 u，则说明用颜色 c 对顶点 v 着色将与顶点 u 冲突，算法将回到 for 循环继续为 v 尝试下一种颜色。如果所有的 K 种颜色均不能为 v 着色，则算法将回溯到上一层调用，即尝试为前一个顶点着下一种颜色，如果算法回溯到根节点且根节点的各子节点均已搜索完毕，这时 Done 保持为 false，则说明给定的图是不可 K 着色的。

3．约束条件实现函数 CheckColoring

约束条件由 CheckColoring 函数实现（代码块 4）。它接收顶点参数 v（代码块 4 第 1 行），以检查它的着色 Colors[v]是否满足约束条件，此时 0～v－1 顶点均已着色且满足约束条件。CheckColoring 函数以变量 u 遍历 0～v－1 顶点（代码块 4 第 3 行），若发现 u 是 v 的邻居顶点且与 v 有相同的颜色（代码块 4 第 4 行），则说明它们的着色发生了冲突，结束 CheckColoring 函数，返回冲突的顶点号 u（代码块 4 第 5 行）；若所有 0～v－1 顶点都不与 v 的着色冲突，则说明顶点 v 的着色满足约束条件，返回-1。

4．I/O 设计

代码以现代版 C++的初始化列表初始化图的邻接矩阵（代码块 8），这为在代码中直接提供规模较小的图的邻接矩阵带来了极大方便，因此特别有益于教学性的编程实验。

代码设计了简洁、直观的图的邻接矩阵和运行结果输出函数 OutputAdjMatrix（代码块 5）和 Output（代码块 6），这为算法实验的有效进行提供了良好的辅助。

9.5.4 CD-AV 演示设计

我们在 CAAIS 中进行了 *K*-着色问题回溯算法的 CD-AV 演示设计，其特点是能够同时直观地演示算法在图上的回溯式着色过程和状态空间树节点的搜索过程，此外还提供了适度的交互。

1．输入数据

CD-AV 演示窗口的控制面板上的“典型”下拉列表中提供了 9 个 5～7 个顶点的无向图，它们都取自有代表性的教学资源，并且都是单连通的。5～7 个顶点的无向图足以满足教学需要，顶点数若再多，则会因算法执行步骤数过多而超出教学的限度。选择一个图并单击“更新”按钮，演示区内就会将该图显示出来。

CD-AV 演示提供了 *K*=3 和 *K*=4 两种着色选择，它们足以满足算法的教学需要。此外，CD-AV 演示还允许选择图中顶点的标记形式，即数字、大写字母或小写字母。以下叙述中我们将以大写字母标记顶点。

注：所有图起始的 A 和 B 顶点都是邻居顶点，这使得可以将它们以初始化的方式赋予颜色号 1（红色）和 2（绿色），从而使得算法可以从 C 顶点开始回溯着色过程，这一措施具有很好的实践意义。

2．图与状态空间树的动态 CD-AV 演示设计

CD-AV 演示的图形区设计了算法中图和状态空间树的动态演示过程。图 9-16（a）所示为典型的 CD-AV 行。图形区的左侧给出的是图中顶点回溯着色的动态过程，右侧给出的是状态空间树节点的动态搜索过程。图中尚未着色的顶点以淡蓝色表示，以红、绿、蓝、棕 4 种颜色标记 1～4 的着色号。

初始时，状态空间树显示以树形符号“”表示的根节点，以及固定为颜色号 1（红）和 2（绿）的前两个顶点 A 和 B 对应的节点。在设计上将这三个节点横向放置以节省纵向的空间。对应地，在图上也分别以红色和绿色标记顶点 A 和 B。

注：CD-AV 演示会根据所选择的图和 K 值自动计算状态空间树中最大节点数的层，并依此绘制出布局合理的状态空间树结构。

CD-AV 演示从第 3 个顶点 C 开始进行颜色尝试。在设计上用绿色虚线圈标识当前着色满足约束条件的节点，用红色叉号表示因着色违反约束条件而被剪枝的节点。

3．CD-AV 演示的数据行及交互设计

如图 9-16（a）所示，数据行上的 v、c 列分别对应算法代码中当前的顶点标号和颜色号，C[]列分别表示各顶点的着色号，即部分解 Colors 所记录的到目前为止各顶点的颜色号，其中以“-”表示尚未着色的情况。

注：目前算法代码中并没有考虑从某个顶点 Y 回溯到顶点 X 时，将 C[Y]中的颜色赋值清除的问题，但是 CD-AV 交互要求在这种情况下为 C[Y]输入“-”，因为这样可以更好地理解算法。

图 9-16（b）所示为典型的 CD-AV 交互行，其中 v、c 列会参与交互，当选择字母标记顶点时，v 列对应的框中允许输入大写或小写字母。在 C[]列中，由于 C[A]、C[B]列固定为颜色号 1、2，因此这两列不参与交互。

注：在交互时要注意颜色号是从 1 开始的，并且当前顶点后面的顶点对应的颜色要输入“-”。

4．CD-AV 演示的结果报告

当 CD-AV 运行结束时，CD-AV 演示会报告最终的可着色情况，如图 9-17 所示。其中，在不可着色情况下，除前两个顶点以外其余 C[]列均标记为“-”，如图 9-17 所示；在可着色情况下，C[]列标记相应的颜色号，如图 9-17（b）所示。

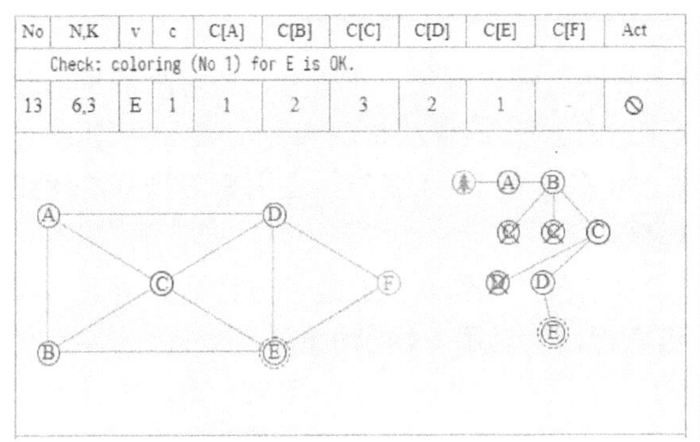

图 9-16（a）彩图

（a）典型的 CD-AV 行

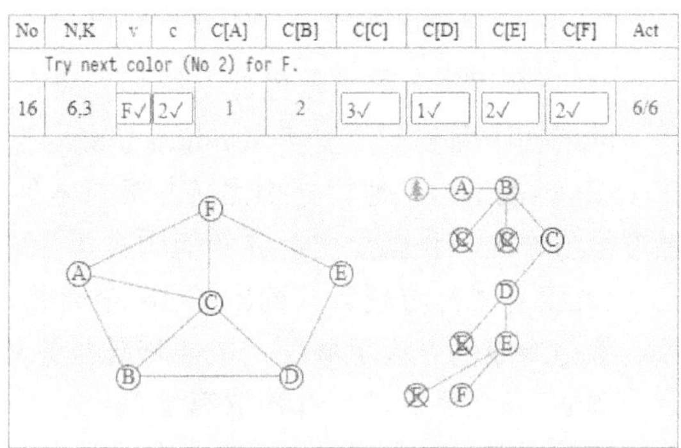

图 9-16（b）彩图

（b）典型的 CD-AV 交互行

图 9-16　图着色问题回溯算法的 CD-AV 演示示例

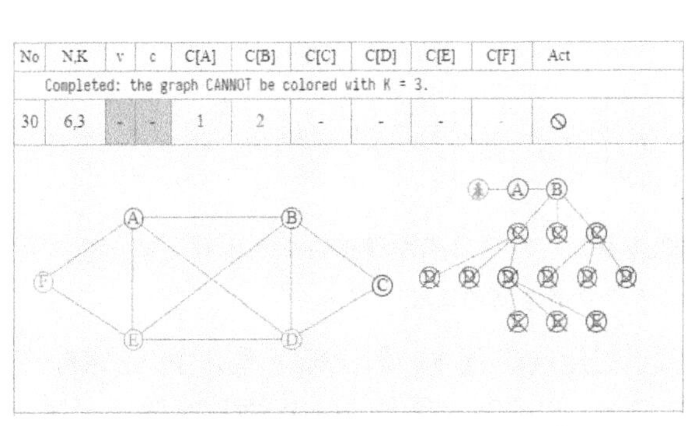

图 9-17（a）彩图

（a）不可着色情况

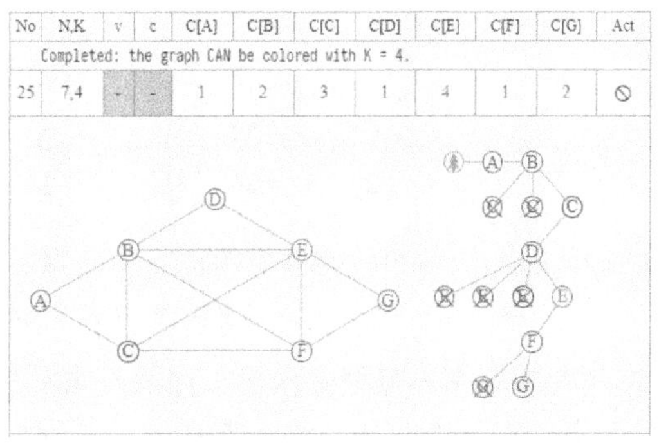

图 9-17（b）彩图

（b）可着色情况

图 9-17　图着色问题回溯算法的 CD-AV 运行结果

9.6 算法国粹——线性方程组的消元求解法

方程术是我国古代数学研究的一个重要分支。现在通用的“高斯消元法”其实是中国古法，它在公元一世纪的《九章算术》方程章中已具雏形[13]，最晚在公元 263 年刘徽注解《九章算术》时已完成，远早于德国数学家高斯（C. F. Gauss，1777—1855）生活的年代。

注：中国古代的方程对应于如今的线性方程组(System of Linear Equations)，而不是方程(Equation)。如今求方程正根的方法在中国古代统称为开方术。1859 年，李善兰（1811—1882）与 Alexander Wylie（1815—1887）合译了 Augustus De Morgan（1806—1871）的《代数学》(The Elements of Algebra，1837)，将其中的 Equation 译为方程，后由此沿用下来，并引入到近代数学教材中[14]。

9.6.1 中国古代数学家对线性方程组消元求解法的探索

《九章算术》方程术是世界上最早、最完整的线性方程组解法。在国外，该解法最早出现在 7 世纪初印度婆罗门笈多（Brahmagupta）的书中。在欧洲，该解法是法国数学家布丢（Buteo）在 1559 年提出的。他们分别比《九章算术》晚 600 多年和 1500 多年。在用矩阵排列法解线性方程组方面，我国要比世界其他国家早 1800 多年。

《九章算术》方程章共列出了 18 个问题，其中包含二元到六元的线性方程组。所谓方程术，就是指线性方程组解法，主要步骤是先列出方程，然后用方程术求解。

例如，《九章算术》方程章第 1 问[14]：“今有上禾三秉，中禾二秉，下禾一秉，实三十九斗；上禾二秉，中禾三秉，下禾一秉，实三十四斗；上禾一秉，中禾二秉，下禾三秉，实二十六斗。问上、中、下禾实一秉各几何？”。这里的“禾”是指“谷子”，“秉”是指“捆”，“实”是指“果实”，即谷米，问题是 1 捆上等禾、1 捆中等禾、1 捆下等禾各能打出多少斗谷米。其对应的线性方程组如图 9-18（a）所示。

古代方程以分离系数法表示，每行自上而下排列（与今横行竖列相反，古代通常是横列竖行，且自右向左），不必写出未知数名称，常数项放在最下方，如图 9-18（b）所示。由此可以发现，古代方程与现代方程组的矩阵表示已基本一致，如图 9-18（c）所示。

$$\begin{cases}3x+2y+z=39 & (1)\\ 2x+3y+z=34 & (2)\\ x+2y+3z=26 & (3)\end{cases}\qquad \begin{bmatrix}1 & 2 & 3\\ 2 & 3 & 2\\ 3 & 1 & 1\\ 26 & 34 & 39\end{bmatrix}\qquad \begin{bmatrix}3 & 2 & 1 & 39\\ 2 & 3 & 1 & 34\\ 1 & 2 & 3 & 26\end{bmatrix}$$

（a）线性方程组　　（b）古代方程　　（c）现代方程组的矩阵表示

图 9-18 《九章算术》方程章第 1 问的表示

《九章算术》方程章在第 1 问的答案后给出了对应的方程术：置上禾三秉，中禾二秉，下禾一秉，实三十九斗，于右方。中、左禾列如右方。以右行上禾遍乘中行而以直除。又乘其次，亦以直除。然以中行中禾不尽者遍乘左行而以直除。左方下禾不尽者，上为法，下为实。实即下禾之实。求中禾，以法乘中行下实，而除下禾之实。余如中禾秉数而一，即中禾之实。求上禾亦以法乘右行下实，而除下禾、中禾之实。余如上禾秉数而一，即上禾之实。实皆如法，各得一斗。

上述方程术中的前两句是指列方程，如图 9-19（a）所示。之后是指解方程，其中的“遍乘”[13]是指以一个不为零的数乘遍一行的所有项；“直除”是指将两行的对应数字连续相减，以达到消去其中一个数字的目的。刘徽的解释是“令少行减多行，反复相减，则头位必先尽”。

由此，《九章算术》方程章第 1 问的方程术求解过程可简述如下：先以右行上禾数 3 遍乘中行各项，然后以中行连续减去右行各对应项（以下简称对减）2 次，直至中行头位数为 0，如图 9-19（b）所示；中行头位消除后，以右行上禾数 3 遍乘左行各项，并以左行对减右行，直至左行头位数为 0，如图 9-19（c）所示；左行头位消除后，再以中行中禾数 5 遍乘左行各数，并以左行对减中行 4 次，至左行中禾数为 0，如图 9-19（d）所示。由此可得，左行 99 为下禾 36 捆之实，即下禾已解，上为法（分子），下为实（分母），以 9 约简，得下禾 4 捆之实为 11，法为 4，如图 9-19（e）左行所示；求中禾则以法 4 乘中行之实 24，再减去下禾之实 11，余数 24×4−11=85 除以中禾捆数 5，即得中禾 4 捆之实为 85÷5=17；求上禾则以法 4 乘右行之实 39，并减去下禾、中禾之实，余数 39×4−11−17×2=111 除以上禾捆数 3，即得上禾 4 捆之实为 111÷3=37；最后以各实除以法 4，即得下、中、上禾各一捆的斗数分别为 $\frac{11}{4}=2\frac{3}{4}$、$\frac{17}{4}=4\frac{1}{4}$、$\frac{37}{4}=9\frac{1}{4}$。

注：关于图 9-19（d）左行的法 36 与实 99 是否约减后再参与计算，各版本的资料说法不一，但都可得到正确结果。本书参考郭书春《九章算术译注》[14]，先约减再计算。

由此可见，《九章算术》方程术的核心是通过直除法消元，即对列出的方程施行“遍乘”与“直除”两种变换，以逐步减少未知数的个数及方程的行数，最终消成左行只剩一个未知数的形式，然后以代入法求第二、第三个未知数。刘徽则认为求出第一个未知数后，与其使用代入法，不如将遍乘直除之法进行到底，如图 9-19（e）～（h）所示，这样就可以将方程化为如图 9-19（i）所示的形式，从而直接得到答案。

注：图 9-19（e）所示的矩阵形式也因此被称为刘徽阶梯形矩阵。

	左行	中行	右行
上禾	1	2	3
中禾	2	3	2
下禾	3	1	1
实	26	34	39

（a）

左行	中行	右行
1	0	3
2	5	2
3	1	1
26	24	39

（b）

左行	中行	右行
0	0	3
4	5	2
8	1	1
39	24	39

（c）

左行	中行	右行
0	0	3
0	5	2
36	1	1
99	24	39

（d）

左行	中行	右行
0	0	3
0	5(×4)−0	2
法 4	1(×4)−4	1
实 11	24(×4)−11=85	39

（e）

左行	中行	右行
0	0	3
0	法 4	2
法 4	0	1
实 11	85÷5=17	39

（f）

左行	中行	右行
0	0	3(×4)−0−0(×2)
0	法 4	2(×4)−0−4(×2)
法 4	0	1(×4)−4−0(×2)
实 11	实 17	39(×4)−11−17(×2)=111

（g）

左行	中行	右行
0	0	法 4
0	法 4	0
法 4	0	0
实 11	实 17	111÷3=37

（h）

左行	中行	右行
0	0	1
0	1	0
1	0	0
$\frac{99}{36}=2\frac{3}{4}$	$\frac{153}{36}=4\frac{1}{4}$	$\frac{333}{36}=9\frac{1}{4}$

（i）

图 9-19 《九章算术》第 1 问的方程术计算[15]

刘徽以齐同原理阐释方程术的消元法。他认为，用甲行某未知数系数乘乙行是齐，即使乙行所有项与欲消去的项相齐；用甲行对减乙行至该系数为零是同，即使甲、乙两行的该未知数系数相同。也就是说，直除法符合齐同原理。刘徽进而指出“举率以相减，不害余数之课也”。意思是，以方程的整行与另一行相减，不影响方程的解。这是方程术消元的理论基础。此外，刘徽提出的“令每行为率”是指把方程的一行看成一个有序的，即有方向性的数组，大体相当于线性代数理论中行向量的概念。

刘徽在“牛羊直（同值）金”问中还创造了比直除法更简便的互乘相消法[16]。此问是“今有牛五、羊二，直金十两；牛二、羊五，直金八两。问牛、羊各直金几何？”该问所对应的线性方程组和古代方程如图 9-20 左侧所示。刘徽用右行牛的系数 5 乘左行，又用左行牛的系数 2 乘右行，如图 9-20 右侧所示，两行相减，得羊 21 金 20，即 $21y=20$，$y=20/21$。这里，令头位互乘以做到齐同之后再相减的方法，就是刘徽所创造的互乘相消法。

可惜刘徽的这一创造在 700 多年间未引起数学家们的重视。直到北宋贾宪才大量地使用互乘相消法为方程章题目作细草，但也同时使用直除法。到南宋秦九韶的《数书九章》中才完全废止了直除法，全部使用互乘相消法。

$$\begin{cases}5x+2y=10\\2x+5y=8\end{cases}$$

	左行	右行
牛	2	5
羊	5	2
金	8	10

⇨

	左行	右行
牛	10	10
羊	25	4
金	40	20

$$\begin{cases}10x+4y=20\\10x+25y=40\end{cases}$$

图 9-20　刘徽的互乘相消法

9.6.2　线性方程组求解的高斯消元法

高斯消元法是近代线性代数理论中的一个基本方法，可用来求解线性方程组，并可以求出矩阵的秩，以及可逆方阵的逆矩阵。该方法针对的是如下式所示的含有 n 个未知量、m 个方程的方程组。

$$\begin{cases}a_{11}x_1+a_{12}x_2+\cdots+a_{1n}x_n=b_1\\a_{21}x_1+a_{22}x_2+\cdots+a_{2n}x_n=b_2\\\cdots\cdots\\a_{m1}x_1+a_{m2}x_2+\cdots+a_{mn}x_n=b_m\end{cases}$$

式中，系数 a_{ij}、常数项 b_j 为已知数；x_i 为未知数。当常数项 $b_1,b_2,\cdots,b_m$ 不全为 0 时，称上式为非齐次线性方程组；当 $b_1=b_2=\cdots=b_m=0$ 时，称上式为齐次线性方程组。

非齐次线性方程组的矩阵表示形式为 $\boldsymbol{AX}=\boldsymbol{B}$，其中的 $\boldsymbol{A}$、$\boldsymbol{X}$、$\boldsymbol{B}$ 分别对应如图 9-21（a）、（b）、（c）所示的矩阵。称 $\boldsymbol{A}$ 为系数矩阵，$\boldsymbol{X}$ 为未知数矩阵，$\boldsymbol{B}$ 为常数矩阵。将系数矩阵 $\boldsymbol{A}$ 和常数矩阵 $\boldsymbol{B}$ 放在一起构成的矩阵为方程组的增广矩阵，如图 9-21（d）所示。显然，增广矩阵就对应于《九章算术》方程术中的中国古代方程表示。

$$\boldsymbol{A}=\begin{bmatrix}a_{11}&a_{12}&\cdots&a_{1n}\\a_{21}&a_{22}&\cdots&a_{2n}\\\vdots&\vdots&&\vdots\\a_{m1}&a_{m2}&\cdots&a_{mn}\end{bmatrix}\quad\boldsymbol{X}=\begin{bmatrix}x_1\\x_2\\\vdots\\x_m\end{bmatrix}\quad\boldsymbol{B}=\begin{bmatrix}b_1\\b_2\\\vdots\\b_m\end{bmatrix}\quad[A,B]=\begin{bmatrix}a_{11}&a_{12}&\cdots&a_{1n}&b_1\\a_{21}&a_{22}&\cdots&a_{2n}&b_2\\\vdots&\vdots&&\vdots&\vdots\\a_{m1}&a_{m2}&\cdots&a_{mn}&b_m\end{bmatrix}$$

（a）　（b）　（c）　（d）

图 9-21　方程组的增广矩阵表示

高斯消元法的理论基础是矩阵的初等变换。

定义 9-5（矩阵的初等行变换）　称下面三种变换为矩阵的初等行变换。

（1）交换两行，如交换 i、j 两行（记作 $r_i \leftrightarrow r_j$）。

（2）以非零常数 k 乘以某一行的所有元素，如第 i 行乘以 k（记作 $r_i \times k$）。

（3）将某一行所有元素的 k 倍加到另一行对应的元素上，如将第 j 行的 k 倍加第 i 行上（记作 $r_i + r_j \times k$）。

其中后两种变换也称为倍法变换或消法变换。显然，这两种变换就对应于《九章算术》方程术中的遍乘和直除法。

同理可定义矩阵的初等列变换（将记号 r 换为 c）。

定义 9-6（矩阵的初等变换）　矩阵的初等行变换与初等列变换统称为矩阵的初等变换。

高斯消元法的求解过程：先用初等行变换将增广矩阵逐步转换为行阶梯形矩阵，然后写出该阶梯形矩阵所对应的方程组，最后通过逐步回代求出方程组的解。其中，行阶梯形矩阵就对应于《九章算术》方程章中类似图 9-19（d）的方程图。

下面的定理确保了高斯消元法的正确性。

定理 9-3（初等行变换同解定理）　若用初等行变换将增广矩阵 $[\boldsymbol{AB}]$ 化成 $[\boldsymbol{CD}]$，则 $\boldsymbol{AX}=\boldsymbol{B}$ 与 $\boldsymbol{CX}=\boldsymbol{D}$ 是同解方程组（证明从略）。

由以上描述可见，中国古代数学家们发展的方程术早已是完善的高斯消元法。

习题

1．说明 DFS 算法的基本思想，给出其伪代码，并说明其复杂度。

2．给出图 9-2（a）的邻接矩阵和邻接表。

3．给出图 9-3（a）的邻接矩阵和邻接表。

4．举例说明为什么无向图的 DFS 不会有前向边和横跨边。

5．查阅资料，说明何为强连通图，并说明为什么图 9-2（a）不是强连通图。

6．针对 DFS 算法的 CD-AV 演示，选择 2 个 7 个或以上顶点的图，对每个图分别进行两次 20%的交互练习，每次选择不同的起始顶点，并保存交互结果，注意通过其中的调用栈演示理解 DFS 中的递归过程。

7．编程实现 DFS 算法，要求能够根据指定的起始顶点报告可能的 DFS 森林，并以图 9-1（a）、图 9-2（a）和图 9-3（a）进行测试。

8．为习题 7 的算法设计一个以起始顶点遍历图的所有顶点的调用程序，以图 9-2（a）进行测试，查看以哪些顶点为起始顶点可以到达所有的顶点，以哪些顶点为起始顶点不能到达所有的顶点。

9．修改上题所实现的 DFS 算术代码，使其能够报告有向图中的 4 种边，并用图 9-2（a）选择两个可达所有顶点的顶点作为起始顶点进行测试。

10．针对下图给出各顶点的 DFS 前序号和后序号，并根据后序号的倒序给出一个拓扑排序，并说明为什么不能用 DFS 的前序号进行拓扑排序。

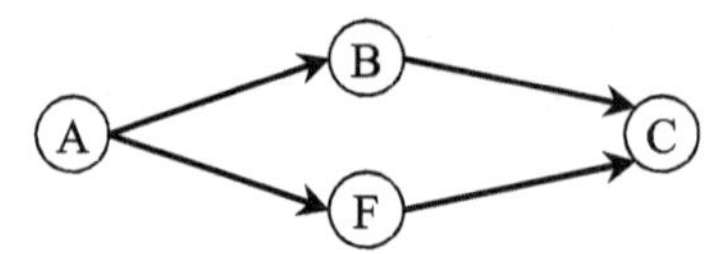

11．图 9-2（a）最少去掉哪几条边就可以成为 DAG？用所实现的 DFS 算法代码给出该 DAG 的一个拓扑排序。

12．给出图 9-3（a）不同于图 9-3（b）的一个拓扑排序，要求按照如图 9-3（b）所示的形式进行表达，特别要在 DFS 树中注明顶点的 DFS 前序号和后序号，在拓扑线性序中注明顶点的 DFS 后序号。

13．修改 DFS 算法代码使其可判断给定图是否为 DAG，如果为 DAG，则给出它的一个拓扑排序，并用图 9-2（a）和图 9-3（a）进行测试。

14．说明回溯法的基本思想和回溯算法设计所需要的两种条件。

15．给出回溯算法的伪代码。

16．说明回溯算法搜索过程中状态空间树节点的各种状态。

17．给出 0-1 背包问题回溯算法的约束条件和限界条件。

18．给出 0-1 背包问题回溯算法的伪代码。

19．给出 *N*-皇后问题的定义，说明其回溯算法的约束条件及其状态空间树的结构。

20．给出 *N*-皇后问题回溯算法的伪代码，说明其复杂度。

21．针对 *N*-皇后问题回溯算法的 CD-AV 演示，以 *N*=4 进行 20%的交互练习，并保存交互结果。

22．编程实现 *N*-皇后问题的回溯算法，使其对于给定的 *N* 报告所有可能的解。对规模为 4～10 的 *N* 进行求解，验证表 9-1 中不对称解的数量。

23．给出图着色问题的最优化问题和判定性问题的定义。

24．说明图的 *K*-着色问题回溯算法的约束条件，说明其状态空间树的结构。

25．针对 *K*-着色问题回溯算法的 CD-AV 演示，选择 6 个和 7 个顶点的图各 1 个，对每个图先选择一个顶点进行无交互练习，再选择一个不同的顶点进行 10%的交互练习，并保存交互结果。

26．编程实现 *K*-着色问题的回溯算法，针对上题中的两个图进行测试。

参考文献

[1] DASGUPTA S，PAPADIMITRIOU C，VAZIRANI U. 算法概论[M]. 王沛，唐扬斌，刘齐军，译. 北京：清华大学出版社，2011：101-105.

[2] Wikipedia. Directed acyclic graph[EB/OL]. [2021-10-5].（链接请扫下方二维码）

[3] Wikipedia. Topological sorting[EB/OL]. [2021-10-5].（链接请扫下方二维码）

[4] CORMEN T H，LEISERSON C E，RIVEST R L，et al. 算法导论[M]. 第 3 版. 殷建平，徐云，王刚，等译. 北京：机械工业出版社，2013：355-356.

[5] KNUTH D E. Estimating the Efficiency of Backtrack Programs[J]. Mathematics of Computation，1975，29（129）：121-136.

[6] WALKER R J. An enumerative technique for a class of combinatorial problems[J]. Proceedings

of Symposia in Applied Mathematics，1960，10：91-94.
[7] Wikipedia. Backtracking[EB/OL]. [2021-7-3].（链接请扫下方二维码）
[8] LEHMER D H. The machine tools of combinatorics [M]. New York：Wiley，1964：5-31.
[9] Wikipedia. Eight queens puzzle[EB/OL]. [2021-7-8].（链接请扫下方二维码）
[10] MathPages. The Four Color Theorem[EB/OL]. [2021-6-30].（链接请扫下方二维码）
[11] Wikipedia. Four color theorem[EB/OL]. [2021-7-12].（链接请扫下方二维码）
[12] APPEL K，HAKEN W. Every Planar Map is Four Colorable，Part I：Discharging[J]. Illinois Journal of Mathematics，1977，21（3）：429-490.
[13] 李文汉. 高斯消元法是中国古法[J]. 教材通讯，1992（1）：30-32.
[14] 郭书春. 九章筭术译注[M]. 上海：上海古籍出版社，2009：323-324.
[15] 百度文库.《九章算术》方程[EB/OL]. [2021-11-20].（链接请扫下方二维码）
[16] 郭书春. 中国古代数学[M]. 北京：商务印书馆，1997：94-96.

第 9 章

参考文献链接

第 10 章　算法的分支限界设计方法

沉舟侧畔千帆过，病树前头万木春。

[唐]刘禹锡，《酬乐天扬州初逢席上见赠》

分支限界法（Branch and Bound，BB）也是一种通过对状态空间树进行剪枝来提高穷举搜索效率的算法设计策略。与回溯法不同的是，分支限界法是在对状态空间树进行广度优先搜索（BFS）的过程中进行剪枝操作。与回溯法相似的是，分支限界法的剪枝操作也是通过构造和施行问题的约束条件和限界条件来实现的。但回溯法中限界的作用是判断一个节点是否保留，从而获取所有可行解；分支限界法中的限界条件用于选出具有最优价值的节点并优先展开，以快速获取最优解。根据状态空间树的构造方式不同，分支限界法可以分为两类：第一类直接在问题的状态空间树上进行 BFS；第二类从状态空间树的多个分支中取出一个最优分支进行 BFS，将其余分支组合为另一个分支。本章将先介绍图的 BFS 算法，它是分支限界法的基础，然后以 0-1 背包问题和 TSP 问题为例分别介绍两类分支限界法的运用，最后介绍其现代版 C++实现及 CD-AV 演示设计。

10.1　图的广度优先搜索

我们在数据结构课程中已经学习过图及图的广度优先搜索（Breadth First Search，BFS）算法，鉴于分支限界法以 BFS 算法为基础，我们先回顾一下该算法，并借助现代版 C++实现和 CD-AV 演示设计加深对该算法的理解和掌握。

注：鉴于 BFS 与第 9 章中的 DFS 有很多相似之处，为避免重复介绍，凡在介绍 DFS 时已经叙述过的内容本节将不再重述，读者可参考 DFS 有关的叙述学习本节内容。

10.1.1　图的 BFS 算法

本节将叙述图的 BFS 算法的基本思想与伪代码，给出必要的解释，并分析图的 BFS 算法的复杂度。

1．图的 BFS 算法的基本思想与伪代码

图的 BFS 算法也是一种遍历给定图的所有顶点和边的算法，与图的 DFS 算法相对的是它采用先拓广后纵深的基本思想：将起始顶点置为已访问状态，并将其推入先进先出（FIFO）队列 Q；对非空的 Q 进行循环，取出队首顶点 v，依次访问其所有未被访问过的邻居顶点，将这些邻居顶点置为已访问状态，并将它们依次推入 Q。

算法 10-1 给出了图的 BFS 算法的伪代码。算法第 1 行定义了容量为顶点数的两个线性表 Visited 和 BFSOrder，其中 Visited 记录顶点的访问状态，由第 3 行的 for 循环将其所有元素初始化为 false，BFSOrder 用于记录顶点访问的序号，即当 Visited 状态变为 true 时的序号，该序号由第 2 行初始化的 Order 顺序生成。第 1 行还初始化了 FIFO 队列 Q。第 4、5 行对所有的顶点进行 for 遍历，对于 Visited 状态为 false 的未被访问的顶点 v 调用 BFS 函数启动搜索，这个 for 遍历可以保证找出图中所有的连通分量。第 6～20 行是针对给定起始顶点 v 的 BFS 函数。

进入 BFS 函数后，先将起始顶点 v 的 Visited 状态置为 true（第 7 行），并记录其访问序号（第 8 行），然后将 v 推入 Q（第 9 行）。第 10 行对非空的 Q 进行 while 循环，每次循环取出队首顶点 u（第 11 行），然后对所有以 u 为起始顶点的边(u,w)进行遍历，如果 w 为未被访问的顶点（第 13 行），则将其访问状态置为 true（第 14 行），并记录其访问序号（第 15 行），并将 w 推入 Q（第 16 行）。如此，当 Q 变为空时，便结束第 10 行的 while 循环，也就完成了 v 所在连通分量的搜索。

图 10-1 所示为 BFS 的示例[1]。BFS 也会产生一棵以起始顶点为根的图的生成树，图 10-1（b）就是图 10-1（a）以 F 为起始顶点的 BFS 树，其中在每个顶点的旁边注出的是访问序号。

当图中边的权值都是 1 时，顶点间的距离便仅是其路径上边的数量，BFS 能够快速地找到离起始顶点最近的顶点，实际上这时 8.2 节中介绍的图中单源最短路径的 Dijkstra 算法就退化成了 BFS 算法，这是 BFS 算法优于 DFS 算法的重要特征之一。

算法 10-1　图的 BFS 算法

输入：图 G(V,E)，即顶点集合 V 和邻接表 E
输出：图中各顶点的 BFS 搜索序号

```
1. Visited[|V|], BFSOrder[|V|], Q[]
2. Order = 1
3. for all v∈V: Visitied[v] = false
4. for all v∈V
5.     if not Visited[v]: BFS(v)
6. BFS(v)
7.     Visited[v] = true
8.     BFSOrder[Order++] = v
9.     Q.enqueue(v)
10.      while !Q.empty()
11.        u = Q.dequeue()
12.        for each edge (u,w)∈E
13.           if not Visited[w]
14.              Visited[w] = true
15.              Order[Order++] = w
16.              Q.enqueue(w)
17.           end if
18.        end for
19.      end while
20. end
```

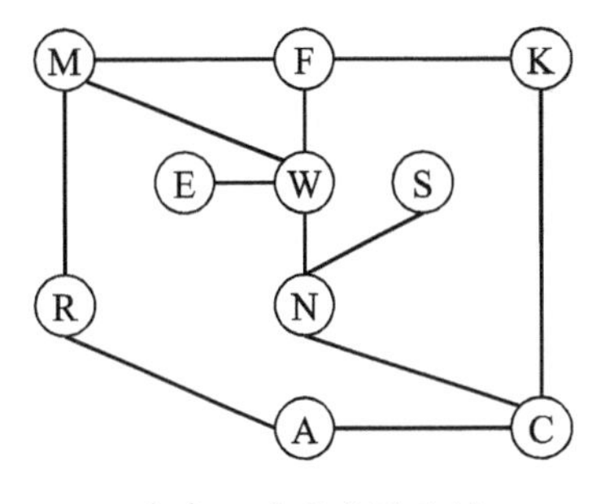

（a）一个无向图示例

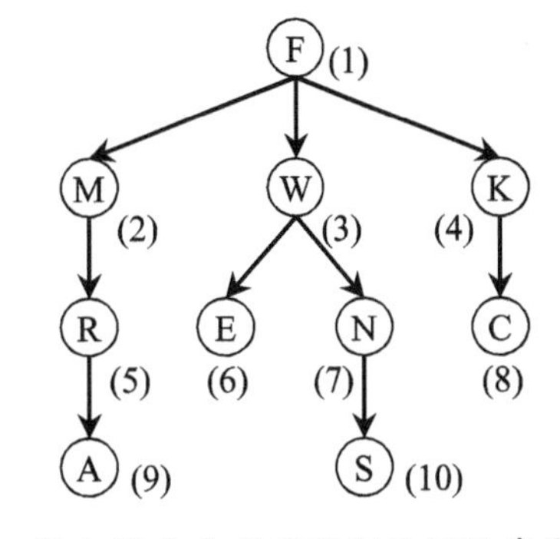

（b）图（a）的 BFS 树及 BFS 序号

图 10-1　BFS 的示例

2．图的 BFS 算法的复杂度分析

如算法 10-1 所示，图的 BFS 算法对图的每个顶点进行一次 enqueue 和 dequeue 操作。当图以邻接表表示时，如果是有向图，则每条边会在第 12 行检查 1 次；如果是无向图，则每条边会检查 2 次。因此，图的 BFS 算法的复杂度 $T(|V|,|E|)=\Theta(|V|+|E|)$。由此可见，与图的 DFS 算法相同，图的 BFS 算法也是一个线性复杂度的算法。

注：同样地，当图以邻接矩阵表示时，将有 $|V|^2$ 次边的检查，因此 $T(|V|,|E|)=\Theta(|V|+|V|^2)=\Theta(|V|^2)$。

10.1.2 现代版 C++实现

我们用现代版 C++实现了图的 BFS 算法，有关代码参见附录 10-1。其中部分与附录 9-1 相同的代码已注明，不再重复。鉴于图的 BFS 算法与 DFS 算法有极大的相似性，我们重点说明它与 DFS 算法在实现上的不同之处，读者可参照 9.1.3 节图的 DFS 算法实现的相关内容进行学习。

注：这里的算法实现针对的是仅有一个连通分量的图，有多个连通分量的情况作为习题留给读者练习。

1．初始化

图的 BFS 算法的现代版 C++实现中有关初始化的 TestGraphBFS、GraphBFSCaller 和 Initialization 函数与图的 DFS 算法中的对应函数很相似，不同之处是仅需要一个 vector<int>类型的 Order 表（对应伪代码中的 BFSOrder）记录顶点的访问顺序，并且直接使用了 vector 类型的 push_back 方法（代码块 2 第 5、15 行）依次加入各个访问到的顶点。由于不需要以 new 创建动态对象，因此不需要用 Finalization 函数释放动态对象。

2．算法的主函数 GraphBFS

算法的主函数 GraphBFS（代码块 2）同样接收顶点 v 作为遍历的起始顶点，不同的是它使用了现代版 C++提供的泛型 queue<int>类对象 q 作为 FIFO 队列，并使用其 push 操作（代码块 2 第 6、16 行）实现伪代码中的 enqueue，而 dequeue 则使用 v = q.front(); 和 q.pop();（代码块 2 第 9、10 行）两个操作来实现。GraphBFS 函数的其他代码与图的 BFS 算法的伪代码非常相似，此处不再赘述。

10.1.3 CD-AV 演示设计

图的 BFS 算法的 CD-AV 演示设计也与图的 DFS 算法的 CD-AV 演示设计相仿，图 10-2 所示为其 CD-AV 演示示例（起始顶点为 F）。有关解释可参考 9.1.4 节中图的 DFS 算法 CD-AV 演示设计部分，本节只介绍两个主要的不同点。

1．图顶点状态的标记

图的 BFS 算法 CD-AV 数据行上的顶点列也以“F”（未访问）标记初始状态。当一个顶点被访问时，它就以 $^{order}T$ 的形式显示，其中 T 表示状态已经转换为“已访问”，左上角标 order 表示访问的序号。

CD-AV 演示中的颜色运用也与图的 DFS 算法基本相同，只是图的 BFS 算法的树边首次被访问时便置为绿色，而不像图的 DFS 算法那样置为紫色。

2．FIFO 队列内容的动态显示

使用 FIFO 队列 q 存储和决定顶点的访问顺序是图的 BFS 算法的 CD-AV 演示设计的一个重要特征，在辅助区的 I/O 页中提供了 q 中顶点列表的动态可视化展示，如图 10-2（b）中的 Vertices Queue 列所示。该列展示的是图 10-2（a）中的图在起始顶点为 F 且正序演示时，整个算法运行过程中 q 的动态变化情况，该列随着算法的运行动态地展示顶点的入队和出队情况，这有助于学习者快速理解图的 BFS 算法。

如图 10-2（b）所示，I/O 页中还给出了算法的输入，即图的邻接表和起始搜索顶点，以及最后的输出，即算法各顶点的 BFS 访问序号。

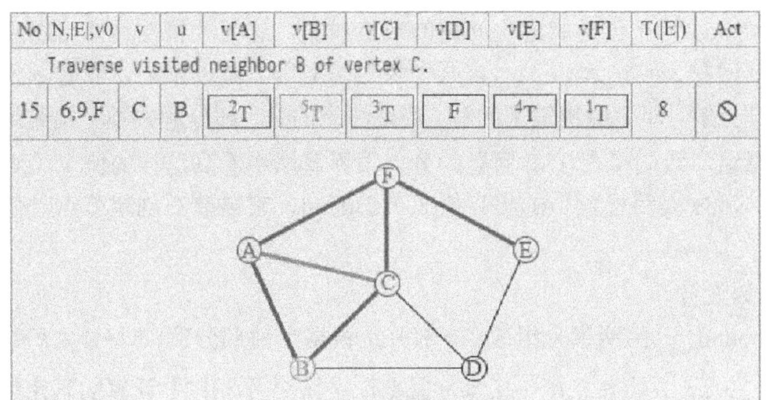

(a) 典型的 CD-AV 行

图 10-2（a）彩图

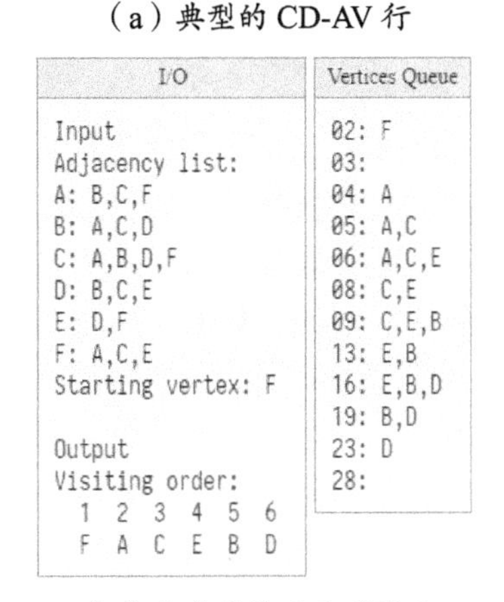

(b) 输出设计及队列演示

图 10-2　图的 BFS 算法的 CD-AV 演示示例

10.2　分支限界法概述

分支限界法也是一种利用问题的具体特点建立约束条件和限界条件，对状态空间树进行剪枝从而提高搜索效率的算法设计方法。不同于回溯法采用深度优先的搜索次序，分支限界法采用广度优先的搜索次序。基本的 BFS 将生成的待访问节点保存到一个 FIFO 队列中，依节点生成的也就是保存的次序进行访问。分支限界法根据问题的特点，先建立估算目标函数值的限界函数，为每个新生成的节点计算最大或最小限界，再将生成的节点依该限界插入优先队列，然后通过取队首元素达到快速获得最优解的目标。尽管分支限界法在最坏情况下会变为穷举式的 BFS 算法，即指数阶复杂度的算法，但在限界函数适当的情况下，分支限界法通常会实现线性级的高搜索效率。

10.2.1　分支限界算法设计的基本要领

针对一个问题设计分支限界算法的基本要领包括节点类设计、状态空间树的构造与搜索、限界函数设计、优先队列及操作、更新已知最优解及最优解值等。我们将在 10.2.2 节介绍状态空间树的构造与搜索的相关内容，本节介绍其余各要领。

1．节点类设计

节点类 ClsNode 用于创建状态空间树的节点对象，这需要根据具体问题进行设计。其基本数据成员是解向量 $\boldsymbol{x}=(x_1,x_2,\cdots,x_n)$，其中要包括对部分解的描述，能够区分解向量中的哪些分量构成了部分解，即已经决策了的解。需要注意的是，部分解并不一定是遵从 $x_1,x_2,\cdots,x_n$ 顺序的连续分量组，我们将在 TSP 问题的分支限界算法中看到这样的例子。对算法运行效率至关重要的 ClsNode 是目标函数的限界值成员 Bound，它需要在创建节点时使用限界函数计算出来。

2．限界函数设计

限界函数 $\text{bound}(\boldsymbol{x})$ 由两部分组成：一部分是根据当前部分解，即 $k(1\leqslant k\leqslant n)$ 个已经决策了的分量 $(x_{i_1},x_{i_2},\cdots,x_{i_k})$（$1\leqslant i_1,i_2,\cdots,i_k\leqslant n$ 且 $i_1,i_2,\cdots,i_k$ 各不相同）计算的确定性解值部分 V_{D}；另一部分是针对未决策的 $n-k$ 个分量给出的最大可能解值部分的估计 V_{E}，即 $\text{bound}(\boldsymbol{x})=V_{\text{D}}+V_{\text{E}}$。

V_{E} 的计算设计是分支限界法的核心，一方面要给出尽可能紧的界，以尽快地搜索到最优解；另一方面要计算简单，一般来说应该在线性时间内完成。需要说明的是，对于 NPC 或 NP 难问题，紧的限界函数通常会比松的限界函数能够实现更多的剪枝，从而能够更快地搜索到最优解，但是也不尽然，有些时候松的限界函数也许比紧的限界函数能够更快地搜索到最优解。由此带来了相关的理论问题，即对于给定的限界函数，它在什么样的类别或性质的问题上可以更快地搜索到最优解，或者对于给定类别和性质的问题，什么样的限界函数可以更快地搜索到最优解。这里提出这个问题是为了表明，分支限界法还有许多很深入的方向可以探索和研究，而本书仅给出基础性的介绍。

3．优先队列及操作

分支限界算法获得高于穷举算法的运行效率的另一个关键要素是使用优先队列 PQ 操作生成待处理节点。在现代编程中，PQ 通常用泛型实现。显然，优先队列的元素类型应为 ClsNode，而其键值应设定为 ClsNode 的成员 Bound。使用优先队列可以保证队列中限界值最优的节点首先被处理，这样就可能比基本 BFS 中的 FIFO 队列更快地搜索到最优解。根据前面的学习，我们已经知道二叉堆优先队列的插入及取最优解值的操作的复杂度仅是 $\log n$，而 Fibonacci 堆优先队列则可实现更低的复杂度。而且，它们给算法带来的额外开销却很小。

4. 更新已知最优解及最优解值

分支限界法需要设定当前已知最优解 OptSolt 和当前已知最优解值 OptVt，这两个量应在搜索过程中不断更新，并最终获得最优解及最优解值。OptVt 同时还是剪枝的依据，在搜索过程中通过比较节点的限界值 Bound 与 OptVt 实现剪枝。如果节点的限界值 Bound 不比 OptVt 更优，就可对以该节点为根节点的子树进行剪枝。对于求最小值的情况，OptVt 应被初始化为 ∞；对于求最大值的情况，OptVt 应被初始化为 0。

10.2.2 两类分支限界法

状态空间树的构造与搜索方式有两类：第一类为原始状态空间树方式；第二类为限界择优的二叉树方式。基于此，有两类分支限界法，本节将扼要介绍这两类分支限界法，并给出其搜索伪代码。

1．两类分支限界法概述

在第一类分支限界法中，状态空间树取自然的也就是原始的树形结构，如 0-1 背包问题取子集树结构、TSP 问题取排列树结构等，并对该状态空间树满足约束条件和限界条件的节点进行基于优先队列的 BFS。我们将以 0-1 背包问题为例介绍第一类分支限界法。

在第二类分支限界法中，当从优先队列 PQ 中取出一个节点时，并不直接生成其所有的子节点，而会根据特别设计的限界函数从其所有子节点中挑选一个限界值最优的节点作为搜索树的一个分支节点 left，而把去掉这个节点之后的其他子节点看作一个整体，构造为 left 的兄弟节点 right，若它们满足约束条件和限界条件，则将它们插入优先队列 PQ，并继续进行 BFS，若它们不满足约束条件和限界条件，则进行剪枝。我们将以 TSP 问题为例介绍第二类分支限界法。

分支限界法一般按照如下过程进行搜索：按照 BFS 的基本机制，先生成根节点，并将根节点插入优先队列 PQ。此后对非空的优先队列进行循环。每次从 PQ 中取出其中最优的节点 Node，将 Node.Bound 与当前最优解值 OptVt 进行比较，如果 Node.Bound 不优于 OptVt，则说明以 Node 为根节点的子树中不可能包括最优解，因此可以不用生成其子节点，即可以进行剪枝；否则，依次生成 Node 的各子节点，若某个子节点 Nodex 不满足约束条件或限界值 Bound 不优于 OptVt，则说明以 Nodex 为根节点的子树中不可能包括最优解，因此该节点不必插入优先队列，即可以进行剪枝。若 Nodex 是叶节点，则更新 OptVt 为 Nodex.Bound，同时更新最优解 OptSolt 为 Nodex.x；若 Nodex 不是叶节点，则将它插入优先队列 PQ。

针对具体问题的特点，搜索过程通常要进行适当的调整。

2．两类分支限界法的基本伪代码

前述两类分支限界法的基本伪代码分别如算法 10-2 和算法 10-3 所示，算法中以 B 简记限界值 Bound。

算法 10-2　第一类分支限界法的基本伪代码

```
1. Initialize OptVt, OptSolt, PQ
2. Create root node
3. PQ.Enqueue(root)
4. while PQ is not empty
5.     node = PQ.Dequeue()
6.     if node.B < OptVt
7.       for each nodex of node.children
8.         if constraint(nodex) and nodex.B<OptVt
9.           if nodex is a leaf node
10.             OptSolt = nodex.x
11.             OptVt = nodex.B
12.           else
13.             PQ.Enqueue(nodex)
14.           end if
15.         end if
16.       end for
17.     end if
18. end while
```

算法 10-3　第二类分支限界法的基本伪代码

```
1. Initialize OptVt, OptSolt, PQ
2. Create root node
3. PQ.Enqueue(root)
4. while PQ is not empty
5.     node = PQ.Dequeue()
6.     if node.B < OptVt
7.       left = min-bound(node.children)
8.       if constraint(left) and left.B < Opt
9.         if left is a leaf node
10.           OptSolt = left.x
11.           OptVt = left.B
12.         else
13.           PQ.Enqueue(left)
14.         end if
15.       end if
16.       generate right node from node.children
17.       if constraint(right) and right.B < OptVt
18.         PQ.Enqueue(right)
19.     end if
20. end while
```

两个算法的前 6 行相同，其中第 1 行初始化当前最优解 OptSolt、最优解值 OptVt 和优先队列 PQ，第 2 行创建根节点 root，第 3 行将根节点插入优先队列 PQ，第 4 行对非空的优先队列 PQ 进行遍历，第 5 行取优先队列中的最优节点 node，第 6 行判断 node 的限界值 B，若小于当前最优解值 OptVt，则进行生成其所有子节点的操作（注：这里以求最小值为例）。

对于第一类分支限界法，第 7～16 行的 for 循环遍历当前节点的所有子节点，其中第 8 行决策子节点 nodex 是否满足约束条件和限界条件，如果不同时满足这两个条件，则对其进行剪枝；如果同时满足这两个条件，则判断其是不是叶节点，如果是叶节点，则更新最优解 OptSolt 和最优解值 OptVt，如果不是叶节点，则将其插入优先队列 PQ。

对于第二类分支限界法，由于一个节点仅有两个子节点，而且两个子节点的处理方式又很不相同，因此我们不再使用 for 循环进行遍历，而直接对两个子节点分别进行处理。第 7～15 行处理左子节点，其中第 7 行从 node.children 中取最小限界值的节点作为左子节点 left。第 8 行进行判断，如果 left 不同时满足约束条件和限界条件，则对其进行剪枝；如果 left 同时满足这两个条件，则判断其是不是叶节点，如果是叶节点，则更新最优解 OptSolt 和最优解值 OptVt，如果不是叶节点，则将其插入优先队列 PQ。第 16 行将去除 left 节点的 node.children 生成一个右子节点 right。第 17 行进行判断，如果 right 不同时满足约束条件和限界条件，则对其进行剪枝；如果 right 同时满足这两个条件，则将其插入优先队列 PQ。

注：第二类分支限界法的状态空间树可以构造成没有叶节点形式的是右子节点，因为如果节点 node 只有一个子节点，第 7 行会将它置为 left，第 16 行就不会再生成一个 right 节点。

10.3 0-1 背包问题的分支限界算法

本节我们将以 0-1 背包问题为例介绍第一类分支限界法的一个具体运用。首先介绍 0-1 背包问题的约束条件和限界函数设计，然后介绍其分支限界算法的现代版 C++实现及相应的 CD-AV 演示设计。

10.3.1 约束条件和限界函数设计

本节我们将重述 0-1 背包问题的定义，并介绍其约束条件和限界函数设计，它们与回溯法中的设计基本相同。

1. 0-1 背包问题

0-1 背包问题的定义：给定重量分别为 $w_1, w_2, \cdots, w_n$、价值分别为 $v_1, v_2, \cdots, v_n$ 的 n 个不可分割的物品，以及容量为 W 的背包，问装入哪些物品可以获得最大的价值？

这个问题的解可以用一个 n 个分量的向量来描述：$\boldsymbol{x}=(x_1, x_2, \cdots, x_n)$，$x_i \in \{0,1\}$，$i=1,2,\cdots,n$。其中，$x_i$ 取 1 表示装入第 i 个物品，取 0 表示不装入第 i 个物品。由此可知，该问题的状态空间是由 n 个 0 到 n 个 1 的全部 2^n 个 n 位的二进制数字构成的，其状态空间树是一棵高度为 n 的完美二叉树。这与 n 个元素集合的所有子集遍历问题的状态空间相同，因此其状态空间树也称为子集树。

根据 0-1 背包问题的特点，我们可以运用第一类分支限界法设计一种分支限界搜索算法，通过使用约束条件和限界条件对状态空间树进行剪枝来获得优于穷举搜索算法的算法。

2．约束条件设计

0-1 背包问题的约束条件来自背包容量的限制，当生成一个节点 nodex 时，若其部分解为 $x_1,x_2,\cdots,x_i$，则可用 $\sum_{j=1}^{i}x_jw_j \leqslant W$ 作为约束条件，即如果 $\sum_{j=1}^{i}x_jw_j > W$，则说明该节点不满足约束条件，可对以其为根节点的子树进行剪枝。

对于 0-1 背包问题，在从优先队列 PQ 中取出一个部分解为 $x_1,x_2,\cdots,x_i$ 的节点 node 后，我们通常用 $x_{i+1}=1$ 构造左子节点 left，用 $x_{i+1}=0$ 构造右子节点 right，即右子节点 right 不增加背包容量，因此仅需对 left 判断约束条件。

3．限界函数设计

根据 0-1 背包问题的特点，可以按如下方法计算一个节点的限界值。预先将各物品按价值重量比的倒序排序。然后对部分解为 $x_1,x_2,\cdots,x_i$ 的节点 node 先计算剩余的背包容量 $W_{\text{R}}=W-\sum_{j=1}^{i}x_jw_j$，再估算剩余的 $i+1,i+2,\cdots,n$ 物品装入容量为 W_{R} 的背包所可能获得的最大价值。由于已经将物品按价值重量比的倒序进行了排序，因此剩余容量 W_{R} 可装入物品的最大价值 V_{R} 可按如下方法估算：假如在剩余的 W_{R} 容量内，依次可装入物品 $i+1,\cdots,k$ 及物品 $k+1$ 的一部分，那么 $V_{\text{R}}=\sum_{j=i+1}^{k}v_j+\left(W_{\text{R}}-\sum_{j=i+1}^{k}w_j\right)\frac{v_{k+1}}{w_{k+1}}$ 就是 W_{R} 容量内可装下物品的最大价值。

注：*更完整的计算公式还要包括 W_{R} 容量内完全装下 $i+1,i+2,\cdots,n$ 物品的情况，我们在算法实现中将会考虑到这一点。*

记节点 node 中已经装入物品的价值为 $V_{\text{C}}=\sum_{j=1}^{i}x_jv_j$，则可得节点 node 的限界值计算式，即 $V_{\text{Bound}}=V_{\text{C}}+V_{\text{R}}$。

10.3.2　现代版 C++实现

我们运用前述的约束条件和限界函数设计并结合二叉堆优先队列，依第一类分支限界法用现代版 C++实现了 0-1 背包问题的分支限界算法，有关代码参见附录 10-2。下面说明关键的实现技术，读者应对照附录 10-2 中的代码进行接下来的学习。

1．物品结构类

代码首先定义了物品结构类 stItem（代码块 1 第 8～11 行），它包括重量 w 和价值 v 两个成员变量。然后以 stItem 为元素类型定义了保存所有物品的 vector 变量 Items（代码块 2 第 3 行）。Initialization 函数用传入的重量和价值数组 w[]和 v[]构造 stItem 元素对 Items 进行初始化（代码块 9 第 4～6 行）。

需要注意的是，算法使用了泛型排序函数 sort 对 Items 中的物品按价值重量比的倒序进行排序（代码块 9 第 7～9 行）。sort 的前两个参数 Items.begin()和 Items.end()表示 Items 迭代器的起始和终止位置。第 3 个参数是用 lambda 表达式表示的匿名函数，该匿名函数用于说明排序依物品价值重量比的倒序进行。它接收两个 stItem 类型的参数 a 和 b，价值重量比由 a.v/a.w 和 b.v/b.w 表示，倒序则由这两个值之间的大于号实现，即较大者在前、较小者在后。

2. 节点结构类

代码中的节点类是由结构类 stNode 定义的（代码块 1 第 12～18 行），它包含成员变量 d、w、v、items、boundV 等。

d 是优先队列节点所对应的状态空间树节点的深度，也是到达该节点的边所对应物品的编号。w 和 v 分别是到目前为止装入物品的重量和价值总和。items 对应到目前为止物品的装入序列，也就是部分解。boundV 是当前节点的价值限界值。

stNode 同时也是优先队列 Q（由代码块 2 第 4 行定义）的元素类型。Q 在 Initialization 函数中初始化（代码块 9 第 10～12 行），即插入深度、价值和重量都为 0 的根节点，并调用 BoundV 函数计算根节点的限界值。

3. 算法的主函数 BB0_1Knapsack

算法的主流程由主函数 BB0_1Knapsack（代码块 3）实现。其中的 while (!Q.empty())循环实现基于优先队列的 BFS（代码块 3 第 4 行）。在每次循环中，首先用 q = ExtractMax()（代码块 3 第 6 行）取出 Q 中的最大价值节点 q，如果该节点的限界值 q.boundV 不大于当前已知的最优解 OptV，则进行剪枝；如果 q.boundV > OptV（代码块 3 第 7 行），则依次生成并处理其左子节点 left 和右子节点 right。

左子节点 left 的生成过程（代码块 3 第 9～24 行）：先将父节点 q 复制到 left（代码块 3 第 9 行）中，并将其深度增加 1（代码块 3 第 10 行），再将其 w 和 v 分别加上到达该节点的边所对应的物品的重量和价值（代码块 3 第 11、12 行），最后在部分解中增加一个装入下一个物品的标记 1（代码块 3 第 13 行）。

如果 left 不满足约束条件，即 left.w > W，则进行剪枝；如果 left 满足约束条件，即 left.w <= W（代码块 3 第 14 行），则以 left.v > OptV 判断它的部分解值是否比当前最优解值 OptV 更优，如果更优，则更新 OptV 和最优解 OptItems，这一更新能够实现最大限度的剪枝。接下来调用 BoundV 函数计算左子节点的限界值 left.boundV（代码块 3 第 21 行）。如果限界值 left.boundV 不大于已知最优解值 OptV，则进行剪枝；如果 left.boundV > OptV（代码块 3 第 22 行），则将 left 插入优先队列 Q（代码块 3 第 23 行）。InsertQ(stNode(left))将调用 stNode 的复制构造函数创建 left 节点的副本插入 Q（代码块 6 第 3 行），并触发 Q 的 SiftUp 操作（代码块 6 第 4 行）。

右子节点 right 的生成过程（代码块 3 第 25～30 行）较左子节点 left 的生成过程简单，先将父节点 q 复制到 right（代码块 3 第 25 行），再将其深度 d 增加 1（代码块 3 第 26 行），然后在部分解中增加不装入下一个物品的标记 0（代码块 3 第 27 行）。由于右子节点不装入下一个物品，因此不需要增加累计的物品重量和价值，也不需要进行约束条件的验证。接下来调用 BoundV 函数计算 right 的限界值（代码块 3 第 28 行）。同样地，若限界值 right.boundV 不大于已知最优解值 OptV，则进行剪枝；如果 right.boundV > OptV（代码块 3 第 29 行），则将 right 插入优先队列 Q（代码块 3 第 30 行）。

尽管算法的主流程中没有判断叶节点的逻辑，但如果在优先队列中插入了一个叶节点，则该节点必定是一个左子节点。因为右子节点的限界值与其父节点的物品价值相等，所以必定不会因大于 OptV 而被剪枝（代码块 3 第 22 行）。如果从优先队列中取出的是一个左子节点，则其限界值必定不会大于 OptV，因此也必定会被剪枝（代码块 3 第 7 行）。

上述情况会导致 BB0_1Knapsack 函数最后得到的最优解 OptItems 中的物品数可能少于物品总数 N，这时需要在后面补 0。Output 函数（代码块 12）中的第 4、5 行代码对此进行了实现。

4．限界函数 BoundV

限界函数 BoundV（代码块 8）接收类型为 stNode 的节点 node（代码块 8 第 1 行），并对前述的限界函数设计进行实现。

注： BoundV 函数中考虑了剩余背包容量完全装下剩余物品的情况，因此是一个全面的实现。

5．二叉堆优先队列操作的实现

代码以二叉堆的方式实现了优先队列的操作。其中，优先队列 Q 以元素类型为 stNode 的泛型类 vector 存储，以 ExtractMax（代码块 4）、SiftDown（代码块 5）、InsertQ（代码块 6）和 SiftUp（代码块 7）分别实现了抽取最大值节点、节点下移、插入节点和节点上移操作。

6．算法复杂度分析

0-1 背包问题的分支限界算法运用问题的约束条件和限界条件，并结合优先队列，在搜索过程中实现了对状态空间树的剪枝，通常情况下能够获得远高于穷举搜索算法的运行效率。作为一种系统化的搜索算法，它总能获得最优解。

然而，在最坏情况下它可能仅有极少的剪枝，这时其优先队列将达到约叶节点总数 2^n 的一半，即 2^{n-1} 的长度，即算法的空间复杂度 $S(n)=O\left(2^{n-1}\right)=O\left(2^n\right)$，时间复杂度 $T(n)=O\left(2^{n-1}\log 2^{n-1}\right)=O\left(n2^n\right)$。

10.3.3　CD-AV 演示设计

我们在 CAAIS 中实现了 0-1 背包问题分支限界算法的 CD-AV 演示设计，其最大特点是能够同时演示状态空间树和二叉堆优先队列树在不同输入数据下随算法运行过程的变化，此外还提供了适度的交互。

1．输入数据

为达到既能有一定的数据规模演示出 0-1 背包问题的分支限界算法的各种情况，又不至于使状态空间树过于庞大从而导致超出教学可接受的时间和实例规模限度，我们选定物品数量为 4 的 0-1 背包问题开展分支限界算法的 CD-AV 演示设计。因为 4 个物品的 0-1 背包问题的状态空间树是一棵高度为 4 的完美二叉树，其叶节点数量达到了 16 个，其规模既能充分演示算法，又满足教学上可操作的要求。

CD-AV 演示窗口的控制面板上的“典型”下拉列表中提供了十几组例子数据，控制面板上的数据框中以 $n;W;w_1,w_2,w_3,w_4;v_1,v_2,v_3,v_4$ 的格式显示选择的数据，如 4;11;3,8,3,1;4,10,5,3。该格式以分号分隔不同性质的数据，n 表示物品个数，W 表示背包的容量，w_1,w_2,w_3,w_4 表示各物品的重量，v_1,v_2,v_3,v_4 表示各物品的价值。

2．状态空间树与二叉堆优先队列树的 CD-AV 演示设计

CD-AV 演示的图形子行给出了算法涉及的两棵树，即状态空间树（搜索树）与二叉堆优先队列树的同步动态演示。图 10-3 所示为一个典型的 CD-AV 行，其图形子行的左侧为状态空间树，右侧为二叉堆优先队列树。

在 0-1 背包问题的分支限界算法的 CD-AV 演示过程中，自然地体现出非平凡的优先队列操作，是作者在 0-1 背包问题的分支限界算法可视化设计中的一个重要创造。

状态空间树的节点颜色设计如下：亮红色节点为当前正在处理的节点，暗红色节点为优

先队列中的节点，蓝色无背景节点为子节点已经全部生成的节点，蓝色灰背景节点为子树被剪枝的节点，以下画线标识的节点为当前已知最优解对应的节点。

二叉堆优先队列树中包括全部的暗红色节点和亮红色节点。

为使 CD-AV 演示设计具有良好的教学宜用性，我们在状态空间树的节点中示出了当前装入物品的总价值与总重量及价值的限界值，这样节点的形状就是一个长方形的框。如果把状态空间树设计为通常自上而下的纵向显示形式，则会导致屏幕窗口无法容纳的问题，因此我们特地将状态空间树设计为横向显示形式。这一方面达到了适宜的屏幕显示效果，另一方面方便了截图到幻灯片和 CD-AV 演示序列的输出打印。

状态空间树中的节点以 α:v,w,boundV 的形式显示信息，其中 α 是以大写字母依次按照创建顺序生成的节点标号，v、w 和 boundV 分别是当前装入物品的总价值与总重量及价值的限界值，boundV 以四舍五入的方式显示整数值，以避免节点框容不下。

状态空间树中的节点还运用了 HTML 的快捷提示（Tooltips）功能显示节点中的详细数据。图 10-3 中示出了 R 节点的详细数据快捷提示，可以看到其中增加了对节点部分解（Current X）的显示，同时限界值也以精确到两位小数的精度显示。

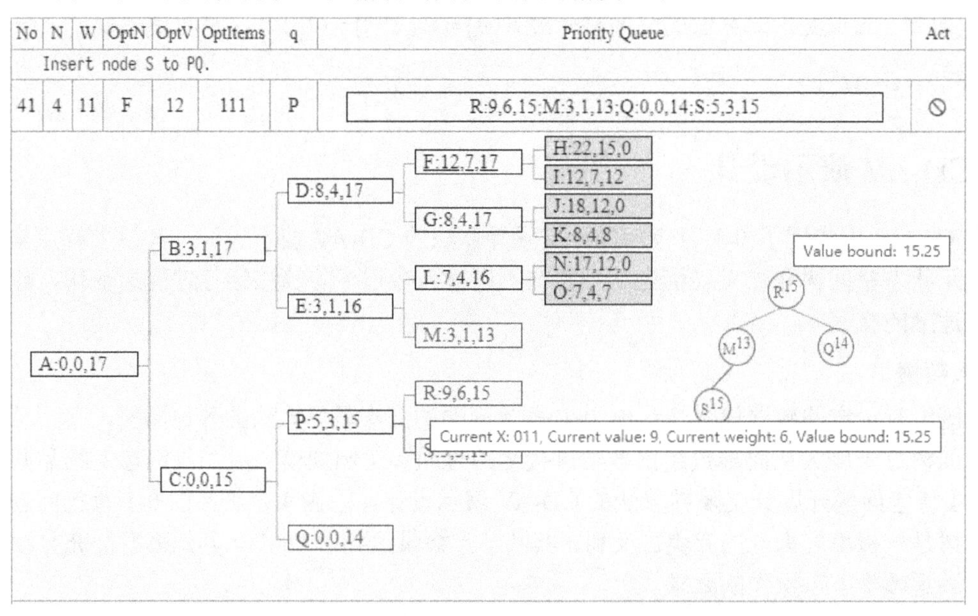

图 10-3
彩图

图 10-3　一个典型的 CD-AV 行

图形子行右侧是二叉堆优先队列树，它会随着算法步骤显示节点的插入和抽取，以及由此带来的节点上移和下移操作。这棵树中的节点采用了 α^{boundV} 的显示形式，其中 α 是与搜索树中的节点对应的字母，上角标是舍入到整数的节点限界值。这种在节点中标记限界值的方式达到了显示出最大堆性质的良好可视效果。这里同样运用了 HTML 的快捷提示功能，当鼠标指针悬浮在一个节点上时，将显示精确到两位小数的节点限界值。

3．CD-AV 的数据行设计

数据行上的 OptN、OptV 和 OptItems 列分别显示当前已知最优解对应的节点标号、已知最优解值和已知最优的部分解。q 列显示算法的主函数 BB0_1Knapsack 中 q 变量对应的节点标号，即该次 while 循环从优先队列中抽取出来的节点的标号。

数据行上特别值得注意的是 Priority Queue 列，该列显示顺序存放的二叉堆优先队列中各节点的数据。各节点数据间以分号分隔；每个节点的数据以与状态空间树中一致的格式，即 $\alpha:v,w,$boundV 的形式显示。当该数据项进入交互模式时，学习者要注意按正确的顺序和分隔符输入优先队列中全部节点的各项数据。

4．CD-AV 演示示例

为了帮助读者具体地理解 0-1 背包问题分支限界算法的运行和计算过程，我们截取了输入数据为“4;11;3,8,3,1;4,10,5,3”的 CD-AV 结束行，如图 10-4 所示。

图 10-4 中右侧的 Input & Output 部分是输入数据及运行结果报告。

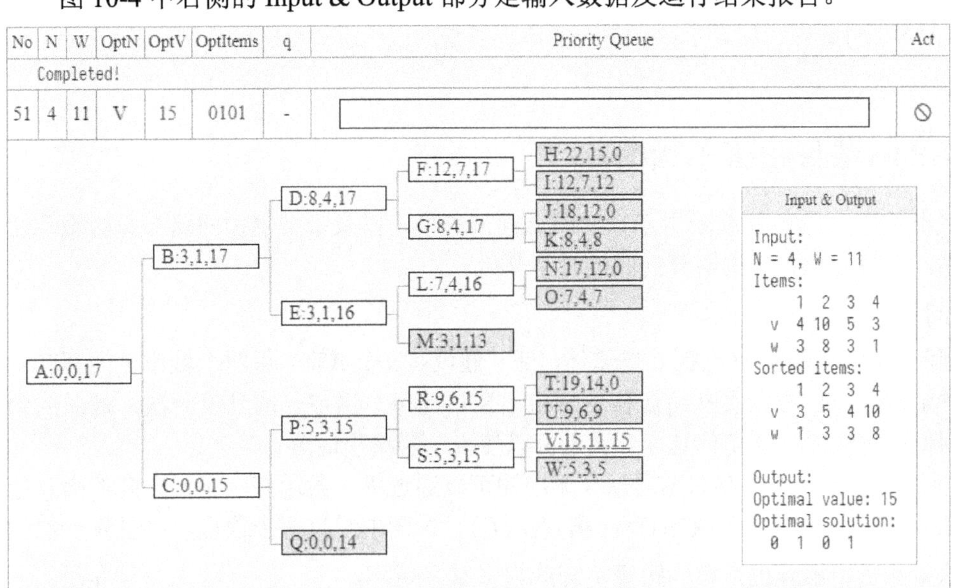

图 10-4 彩图

图 10-4　0-1 背包问题分支限界算法的 CD-AV 演示示例

表 10-1 所示为 0-1 背包问题分支限界算法的 CD-AV 运行过程记录。

表 10-1　0-1 背包问题分支限界算法的 CD-AV 运行过程记录

N	X	V	W	B	q	PQE	PQI	ON	OV	N	X	V	W	B	q	PQE	PQI	ON	OV
A		0	0	17	-	-	A	A	0	M	100	3	1	13	E	-	LCM	F	12
B	1	3	1	17	A		B	B	3	N	1011	17	12	0	L	CM	CM	F	12
C	0	0	0	15.25	A	-	BC	B	3	O	1010	7	4	7	L	-	CM	F	12
D	11	8	4	17	B	C	DC	D	8	P	01	5	3	15.25	C	M	PM	F	12
E	10	3	1	15.75	B	-	DCE	D	8	Q	00	0	0	14	C	-	PMQ	F	12
F	111	12	7	17	D	EC	FCE	F	12	R	011	9	6	15.25	P	QM	RMQ	F	12
G	110	8	4	16.75	D	-	FGEC	F	12	S	010	5	3	15	P	-	RSQM	F	12
H	1111	22	15	0	F	GCE	GCE	F	12	T	0111	19	14	0	R	SMQ	SMQ	F	12
I	1110	12	7	12	F	-	GCE	F	12	U	0110	9	6	9	R	-	SMQ	F	12
J	1101	18	12	0	G	EC	EC	F	12	V	0101	15	11	15	S	QM	QM	V	15
K	1100	8	4	8	G	-	EC	F	12	W	0100	5	3	5	S	-	QM	V	15
L	101	7	4	15.75	E	C	LC	F	12										

其中，N、X、V、W、B 列分别表示节点标号、部分解、价值累计值、重量累计值和限界值，q 列对应每次循环从优先队列中抽取出的节点，PQE 列表示抽取出 q 后优先队列中（调整后）的情况（该列仅对 q 的左子节点有效，空值对应空队列，“-”对应无效），PQI 列表示

插入 N 列的节点后优先队列（调整后）中的节点情况，ON 和 OV 列对应生成 N 列的节点后当前最优解对应的节点和最优解值。

10.4 TSP 问题的分支限界算法

本节将基于 TSP 问题的解与哈密尔顿回路之间的关系和费用矩阵的归约，介绍第二类分支限界法的一个具体运用[2]，内容包括 TSP 问题与哈密尔顿回路、费用矩阵及其归约矩阵上的哈密尔顿回路、分支限界条件设计，以及 TSP 问题分支限界算法的现代版 C++实现与相应的 CD-AV 演示设计。

10.4.1 TSP 问题与哈密尔顿回路

本节将给出 TSP 问题的解与哈密尔顿回路之间的关系，以及哈密尔顿回路与费用矩阵元素之间的关系，这将为理解费用矩阵的归约打下基础。

1．TSP 问题

TSP 问题此前已介绍过，这里扼要地重述一下：假设有 n 个城市，每两个城市之间都有一条给定长度的道路，一位推销员从所居住的城市出发访问每个城市一次且仅一次，最后回到出发城市，问他以怎样的次序访问这 n 个城市可以使得总的路程最短？

TSP 问题可以抽象为一个有向图问题（无向图可以通过将一条边变成相反方向的两条边转换为有向图），即给定费用矩阵 C 的有向图 $G(V,E)$，求图中经过每个顶点一次且仅一次的最短回路。这里的费用矩阵也常称为距离矩阵或权（重）矩阵。

2．图的哈密尔顿回路及其与 TSP 问题的解之间的关系

定义 10-1（图的哈密尔顿回路） 对于给定的图 $G(V,E)$，从一个顶点出发经过各顶点一次且仅一次的回路，称为图的哈密尔顿回路。

TSP 问题是寻找一个有向带权图 $G(V,E)$ 上从一个顶点出发经过各顶点一次且仅一次的距离最短的回路，因此可以看成寻找图的最短哈密尔顿回路问题。

3．哈密尔顿回路与费用矩阵元素之间的关系

假定 l 是费用矩阵为 C 的有向图 G 的一条哈密尔顿回路，则根据哈密尔顿回路的特性可知，l 和费用矩阵 C 中的元素之间有如下引理所描述的关系。

引理 10-1 令 $G=(V,E)$ 是一个有向带权图，l 是图 G 的一条哈密尔顿回路，C 是图 G 的费用矩阵，则回路 l 上的边对应于费用矩阵 C 中每行、每列各一个元素。

证明： 假设图 G 有 n 个顶点，则哈密尔顿回路 l 可表示为 $v_0v_1\cdots v_{n-1}v_0$，其中 $0\leqslant v_i\leqslant n-1$，$i\in\{0,n-1\}$，并且 $v_i\neq v_j$，$i,j\in\{0,n-1\}$，$i\neq j$。因此，构成回路的 n 条边对应于每个顶点有且仅有一条出边和一条入边，而费用矩阵 C 每行中的元素对应一个顶点的所有出边，每列中的元素对应一个顶点的所有入边。因此，费用矩阵 C 的每行中有且仅有一个元素与回路中顶点的出边一一对应，每列中有且仅有一个元素与回路中顶点的入边一一对应。

直观地说，图中的任一顶点 v_i 在回路中都只会有一条出边和一条入边，它们分别对应费用矩阵第 i 行和第 i 列中唯一的一个元素，因此回路上的各顶点必定分布于费用矩阵所有各行和各列上。图 10-5(a)、(b)分别示出了 5 个顶点的费用矩阵上 $l_1 = v_0v_1v_2v_4v_3v_0$ 和 $l_2 = v_0v_3v_2v_1v_4v_0$ 两条哈密尔顿回路对应的元素，各元素以上角标表示其在哈密尔顿回路中边的次序，边的编号遵循 0 起始规范。很明显，费用矩阵的每行和每列中均只有一个元素与回路的边对应。

	0	1	2	3	4
0	∞	13^0	24	19	15
1	4	∞	9^1	16	7
2	11	9	∞	6	3^2
3	8^4	25	12	∞	4
4	13	6	5	7^3	∞

（a）回路 $l_1 = v_0v_1v_2v_4v_3v_0$ 对应的费用矩阵元素

	0	1	2	3	4
0	∞	13	24	19^0	15
1	4	∞	9	16	7^3
2	11	9^2	∞	6	3
3	8	25	12^1	∞	4
4	13^4	6	5	7	∞

（b）回路 $l_2 = v_0v_3v_2v_1v_4v_0$ 对应的费用矩阵元素

图 10-5 哈密尔顿回路与费用矩阵元素的对应示例

10.4.2 费用矩阵及其归约矩阵上的哈密尔顿回路

本节将首先介绍费用矩阵的行归约与列归约，并由此引出费用矩阵的归约与归约常数。在此基础上介绍费用矩阵及其归约矩阵上哈密尔顿回路的费用关系，为建立一种 TSP 问题的限界条件打下基础。

1．费用矩阵的行归约与列归约

定义 10-2（费用矩阵的行归约与列归约） 将费用矩阵 $\boldsymbol{C}$ 第 i 行（或第 j 列）中的每个元素减去一个正常数 rR_i（或 cR_j），得到一个新的费用矩阵 $\overline{\boldsymbol{C}}$，使得 $\overline{\boldsymbol{C}}$ 第 i 行（或第 j 列）中的最小元素为 0，这个过程称为费用矩阵 $\boldsymbol{C}$ 的 i 行归约（或 j 列归约）。显然 $rR_i = \min\limits_{0 \leqslant j \leqslant n-1}\{c_{ij}\}$，$cR_j = \min\limits_{0 \leqslant i \leqslant n-1}\{c_{ij}\}$。$rR_i$ 和 cR_j 分别称为费用矩阵 $\boldsymbol{C}$ 第 i 行和第 j 列的归约常数。

图 10-6 所示为一个具体费用矩阵 $\boldsymbol{C}$ 的行归约和列归约示例。其中，图 10-6（a）示出了费用矩阵 $\boldsymbol{C}$ 各行的行归约常数，即各行的最小值 13、4、3、4、5；图 10-6（b）示出了 $\boldsymbol{C}$ 的行归约矩阵 $\overline{\boldsymbol{C}}_{\mathrm{r}}$，即 $\boldsymbol{C}$ 的各行减去行归约常数得到的矩阵，同时示出了矩阵 $\overline{\boldsymbol{C}}_{\mathrm{r}}$ 各列的列归约常数，即 0、0、0、2、0；图 10-6（c）示出了 $\overline{\boldsymbol{C}}_{\mathrm{r}}$ 的列归约矩阵 $\overline{\boldsymbol{C}}_{\mathrm{rc}}$，即 $\overline{\boldsymbol{C}}_{\mathrm{r}}$ 的各列减去列归约常数得到的矩阵。

注： 将费用矩阵的对角线元素设为 ∞ 将会为后续的处理带来方便，因为 ∞ 与其他数据（无论是非 ∞ 数据还是 ∞）相加的结果都是 ∞。对此的合理解释是，费用矩阵中的非对角线元素都可能是 TSP 问题路径上的一条边，而对角线元素不可能是路径上的一条边，将其费用设为 ∞ 就使其没有可能作为一条边加入 TSP 问题解的边集。

	0	1	2	3	4	**rR_i**
0	∞	13	24	19	15	**13**
1	4	∞	9	16	7	**4**
2	11	9	∞	6	3	**3**
3	8	25	12	∞	4	**4**
4	13	6	5	7	∞	**5**

（a）费用矩阵 $\boldsymbol{C}$ 及其行归约常数

	0	1	2	3	4
0	∞	0	11	6	2
1	0	∞	5	12	3
2	8	6	∞	3	0
3	4	21	8	∞	0
4	8	1	0	2	∞
cR_j	**0**	**0**	**0**	**2**	**0**

（b）$\boldsymbol{C}$ 的行归约矩阵 $\overline{\boldsymbol{C}}_{\mathrm{r}}$ 及其列归约常数

	0	1	2	3	4
0	∞	0	11	4	2
1	0	∞	5	10	3
2	8	6	∞	1	0
3	4	21	8	∞	0
4	8	1	0	0	∞

（c）$\overline{\boldsymbol{C}}_{\mathrm{r}}$ 的列归约矩阵 $\overline{\boldsymbol{C}}_{\mathrm{rc}}$

图 10-6 一个具体费用矩阵 $\boldsymbol{C}$ 的行归约和列归约示例

2．费用矩阵的归约与归约常数

定义 10-3（费用矩阵的归约与归约常数） 对费用矩阵 $\boldsymbol{C}$ 的每一行和每一列分别进行行归约和列归约，得到一个新的费用矩阵 $\bar{\boldsymbol{C}}$，使得 $\bar{\boldsymbol{C}}$ 中每一行和每一列都至少有一个元素为0，这个过程称为费用矩阵 $\boldsymbol{C}$ 的归约，归约得到的矩阵 $\bar{\boldsymbol{C}}$ 为费用矩阵 $\boldsymbol{C}$ 的归约矩阵，称所有行列归约常数之和 R 为矩阵 $\boldsymbol{C}$ 的归约常数。显然，$R=\sum_{i=0}^{n-1} rR_i+\sum_{j=0}^{n-1} cR_j$。

例如，对如图 10-6（a）所示的费用矩阵 $\boldsymbol{C}$ 进行归约，可得到如图 10-6（c）所示的归约矩阵 $\bar{\boldsymbol{C}}=\bar{\boldsymbol{C}}_{\text{rc}}$，归约常数为 $R=13+4+3+4+5+2=31$。

3．费用矩阵及其归约矩阵上哈密尔顿回路的费用关系

通过矩阵归约可将 TSP 问题的费用矩阵 $\boldsymbol{C}$ 等价转换为其归约矩阵 $\bar{\boldsymbol{C}}$。

定理 10-1（费用矩阵及其归约矩阵上哈密尔顿回路的费用关系） 令 $G=(V,E)$ 是一个有向带权图，$\boldsymbol{C}$ 是图 G 的费用矩阵，l 是图 G 的一条哈密尔顿回路，$w(l)$ 是费用矩阵 $\boldsymbol{C}$ 上回路 l 的费用。如果矩阵 $\bar{\boldsymbol{C}}$ 是费用矩阵 $\boldsymbol{C}$ 的归约矩阵，归约常数为 R，$\bar{w}(l)$ 是费用矩阵 $\bar{\boldsymbol{C}}$ 上回路 l 的费用，则有 $w(l)=\bar{w}(l)+R$。

证明 假定 c_{ij} 和 $\bar{c}_{ij}$ 分别是费用矩阵 $\boldsymbol{C}$ 及其归约矩阵 $\bar{\boldsymbol{C}}$ 第 i 行、第 j 列的元素，其中 $0\leqslant i,j\leqslant n-1$，则有 $c_{ij}=\bar{c}_{ij}+rR_i+cR_j$，其中 rR_i、cR_j 分别是 $\boldsymbol{C}$ 第 i 行、第 j 列的归约常数。

为方便叙述，记哈密尔顿回路 l 为 $v_0v_1\cdots v_{n-1}v_n$，其中 $0\leqslant v_i\leqslant n-1,\ i\in\{0,n\}$，并且 $v_i\neq v_j,\ i,j\in\{0,n-1\},\ i\neq j,\ v_n=v_0$，则 $\boldsymbol{C}$ 上哈密尔顿回路 l 的费用 $w(l)=\sum_{i=0}^{n-1} c_{v_iv_{i+1}}$，其中 $v_i,\ i\in\{0,n\}$ 为 l 中的顶点。同理，$\bar{\boldsymbol{C}}$ 上哈密尔顿回路 l 的费用 $\bar{w}(l)=\sum_{i=0}^{n-1}\bar{c}_{v_iv_{i+1}}$。

向 $w(l)$ 中代入 $c_{ij}=\bar{c}_{ij}+rR_i+cR_j$，得

$$w(l)=\sum_{i=0}^{n-1} c_{v_iv_{i+1}}=\sum_{i=0}^{n-1}\left(\bar{c}_{v_iv_{i+1}}+rR_{v_i}+cR_{v_{i+1}}\right)=\bar{w}(l)+R$$

4．费用矩阵及其归约矩阵上最短哈密尔顿回路的一致性

定理 10-2（费用矩阵及其归约矩阵上最短哈密尔顿回路的一致性） 令 $G=(V,E)$ 是一个有向带权图，$\boldsymbol{C}$ 是图 G 的费用矩阵，l 是图 G 的一条最短哈密尔顿回路。若矩阵 $\bar{\boldsymbol{C}}$ 是费用矩阵 $\boldsymbol{C}$ 的归约矩阵，$\bar{G}$ 是与归约矩阵 $\bar{\boldsymbol{C}}$ 相对应的图，则 l 也是图 $\bar{G}$ 的一条最短哈密尔顿回路。

证明（反证法） 假设图 $\bar{G}$ 存在一条比 l 更短的哈密尔顿回路 l^*，令 $\bar{w}(l)$ 和 $\bar{w}(l^*)$ 分别是 l 和 l^* 的费用，则有 $\bar{w}(l^*)<\bar{w}(l)$。

同时，由于图 G 和 $\bar{G}$ 有相同的顶点数，因此 l^* 也是图 G 的一条哈密尔顿回路，假设 $\boldsymbol{C}$ 到 $\bar{\boldsymbol{C}}$ 的归约常数为 R，则根据定理 10-1 有 $w(l^*)=\bar{w}(l^*)+R<\bar{w}(l)+R=w(l)$，即 l^* 是 G 中一条比 l 更短的哈密尔顿回路，这与前提矛盾，因此图 $\bar{G}$ 存在一条比 l 更短的哈密尔顿回路 l^* 的假设不正确。

由于图的最短哈密尔顿回路就是其 TSP 问题的解，因此定理 10-2 表明，费用矩阵及其归约矩阵上 TSP 问题的解是一致的，也就是说，求解费用矩阵上的 TSP 问题可以转化为求解其归约矩阵上的 TSP 问题。

10.4.3　基于费用矩阵归约的 TSP 问题的分支限界条件设计

前述的费用矩阵归约为 TSP 问题提供了一种设计分支限界算法的思路，这一思路使得我们可以构造一种第二类分支限界算法。

1．基于费用矩阵归约常数的限界值

按照定理 10-1 和定理 10-2，图 G 的任何一条哈密尔顿回路 l 在费用矩阵 $\boldsymbol{C}$ 及其归约矩阵 $\bar{\boldsymbol{C}}$ 上的费用 $w(l)$ 和 $\bar{w}(l)$ 存在关系 $w(l)=\bar{w}(l)+R$，其中 R 为归约常数。也就是说，费用矩阵 $\boldsymbol{C}$ 上任何可行的 TSP 问题的解值至少是 R，由此我们可以将 R 确定为费用矩阵 $\boldsymbol{C}$ 对应的状态空间树节点的 TSP 问题解的下界值。

2．选择一条有可能最快搜索到最优解的边

1）基本思路

我们拟以第二类分支限界法为 TSP 问题设计一种求解算法，基本思路是将 TSP 问题的解看成由边构成的集合 $\mathbb{E}$，先将费用矩阵 $\boldsymbol{C}$ 归约为 $\bar{\boldsymbol{C}}$，然后从 $\bar{\boldsymbol{C}}$ 中选择一条启发意义上最快搜索到最优解的边 e 作为当前节点的左子节点，并将 e 加入 $\mathbb{E}$，其余情况构造为当前节点的右子节点。当 $\mathbb{E}$ 中达到 n 条边时，即找到了 TSP 问题的一个解。

注： 这个算法向 $\mathbb{E}$ 中加入的边并不必须是顺次连接的边。

作为归约矩阵，$\bar{\boldsymbol{C}}$ 的每一行、每一列中都至少有一个不在对角线上的 0 值，选取费用为 0 的一条边是一种较好的启发式方法，因为这条边不增加新的费用，然而 $\bar{\boldsymbol{C}}$ 中有许多 0 值的边，我们需要从中找出一条启发结果最好的边。

上述算法设计思路表明，当沿着状态空间树的左分支前进时边集 $\mathbb{E}$ 将不断增大，而沿着右分支每前进一个节点，边集 $\mathbb{E}$ 并不会增大。根据这一特征，我们考虑如下启发策略：尽可能让搜索沿着左分支前进。这就意味着在从 BFS 的优先队列中（因为这里是最短回路，所以是最小优先队列）取节点时，尽量保证取出的是左分支的节点，也就是说，尽量使得左分支节点的限界值小一些、右分支节点的限界值大一些。我们将以此为准绳构造启发策略，选取当前费用矩阵中的 0 值边。

2）左分支的费用矩阵

对于给定的父节点 P，我们记其费用矩阵为 $\boldsymbol{C}_{\mathrm{P}}$，对应的归约矩阵为 $\bar{\boldsymbol{C}}_{\mathrm{P}}$，限界值为 P.B。分别记其左子节点和右子节点为 L 和 R，对应的费用矩阵分别为 $\boldsymbol{C}_{\mathrm{L}}$ 和 $\boldsymbol{C}_{\mathrm{R}}$，对应的归约矩阵分别为 $\bar{\boldsymbol{C}}_{\mathrm{L}}$ 和 $\bar{\boldsymbol{C}}_{\mathrm{R}}$，限界值分别为 L.B 和 R.B。

假设我们选择 $\bar{\boldsymbol{C}}_{\mathrm{P}}$ 中一个权值为 0 的 (i,j) 边构造其左子节点 L，则 TSP 问题回路的性质决定了以后 i 和 j 不可能再作为出边和入边，于是可以从 $\bar{\boldsymbol{C}}_{\mathrm{P}}$ 中删除第 i 行和第 j 列的所有元素构造规模小 1 的左子节点费用矩阵 $\boldsymbol{C}_{\mathrm{L}}$。另外，若 (i,j) 被选为 TSP 问题解的边，(j,i) 就不会是 TSP 问题解的边，否则这两条边就会构成一个局部的小回路，这将使得所构成的大回路不再是哈密尔顿回路。为此，我们需要将 (j,i) 边断开，即将 $\boldsymbol{C}_{\mathrm{L}}$ 中 (j,i) 边的权值置为 ∞。

注： 这里 (i,j) 边和 (j,i) 边中的 i 和 j 指的都是原始矩阵中的顶点序号值。

下面给出一个例子。假设 $\bar{\boldsymbol{C}}_{\mathrm{P}}$ 为如图 10-6（c）所示的归约矩阵，我们将它复制到图 10-7（a）中。现在选择(2,4)边构造左子节点 L，由于此后不可能再有顶点 2 的出边和顶点 4 的入边，

因此我们将 $\overline{C}_{\mathrm{P}}$ 的第 2 行和第 4 列删除构造 L 的费用矩阵 C_{L}，如图 10-7（b）所示。由于此后 TSP 问题解的边集中不可能有(4,2)边（否则它将与(2,4)边构成一个小回路），因此 C_{L} 中(4,2)边的费用被置为∞。

注意：我们特地将图 10-7（b）中 C_{L} 的行和列用原始的顶点号标记，以方便理解。图 10-7（c）中 C_{L} 的归约矩阵 $\overline{C}_{\mathrm{L}}$ 延续了这一标记。

图 10-7（b）还示出了 C_{L} 的归约常数。可以看出，只有顶点 3 对应的行和顶点 2 对应的列有不为 0 的归约常数，它们的值都是 4。因此，C_{L} 以归约常数 $R=4+4=8$ 归约为如图 10-7（c）所示的归约矩阵 $\overline{C}_{\mathrm{L}}$，L 节点的限界值也将比其父节点的限界值增加 8，即 $\mathrm{L.B}=\mathrm{P.B}+8$。

注：通常费用矩阵 C_{L} 有可能存在多个归约常数不为 0 的行和列。

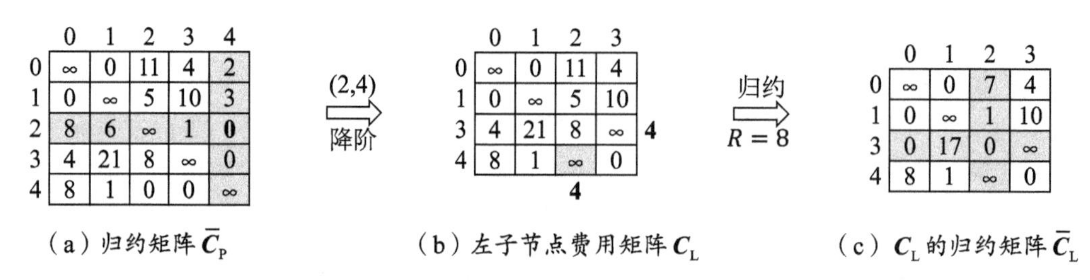

（a）归约矩阵 $\overline{C}_{\mathrm{P}}$　（b）左子节点费用矩阵 C_{L}　（c）C_{L} 的归约矩阵 $\overline{C}_{\mathrm{L}}$

图 10-7　左分支的费用矩阵构造及归约示例

3）右分支的费用矩阵

假设从父节点 P 的归约矩阵 $\overline{C}_{\mathrm{P}}$ 中选择了 (i,j) 边构造其左子节点 L，则其右子节点 R 对应的 TSP 问题的解中就不可能包括 (i,j) 边，因此其费用矩阵 C_{R} 的 (i,j) 元素的值应置为∞，此后再对 C_{R} 进行归约以获取 R 的限界值。由于 C_{R} 与 $\overline{C}_{\mathrm{P}}$ 不同之处仅是 (i,j) 元素的值变成了∞，而 $\overline{C}_{\mathrm{P}}$ 已经是归约矩阵，因此 C_{R} 仅可能在第 i 行和第 j 列中没有 0 元素，也就是说，C_{R} 的归约常数的计算很简单，仅是其第 i 行和第 j 列归约常数，即它们中的最小值的和。也就是说，R 的限界值可表示为 $\mathrm{R.B}=\mathrm{P.B}+cR_i+cR_j=\min\limits_{0\leqslant k\leqslant n-1,k\neq j}\left\{c_{P(i,k)}\right\}+\min\limits_{0\leqslant k\leqslant n-1,k\neq i}\left\{c_{P(k,j)}\right\}$。

图 10-8 所示为右分支的费用矩阵构造及归约示例。其中，图 10-8（a）所示为与图 10-7（a）相同的归约矩阵 $\overline{C}_{\mathrm{P}}$。我们还是为左子节点选择(2,4)边，则右子节点费用矩阵 C_{R} 就是将 $\overline{C}_{\mathrm{P}}$ 的(2,4)元素置为∞，如图 10-8（b）所示，在对它进行归约时只需考虑第 2 行和第 4 列，而它们的归约常数分别为 1 和 0，因此 C_{R} 的归约常数为 $R=1$，归约后的矩阵 $\overline{C}_{\mathrm{R}}$ 如图 10-8（c）所示。由此可得 R 节点的限界值，即 $\mathrm{R.B}=\mathrm{P.B}+1$。

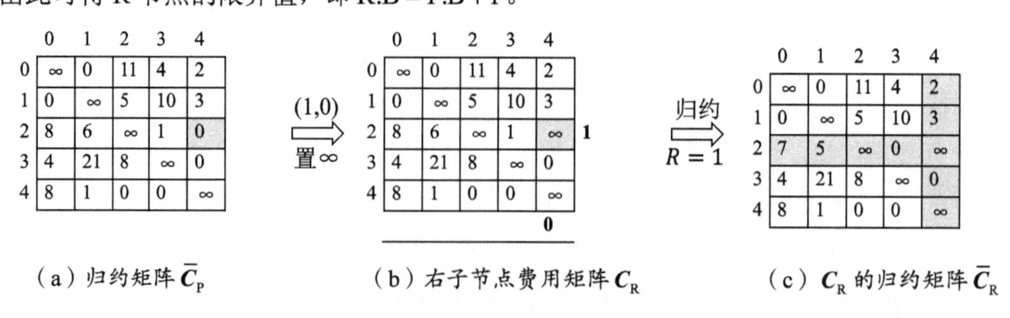

（a）归约矩阵 $\overline{C}_{\mathrm{P}}$　（b）右子节点费用矩阵 C_{R}　（c）C_{R} 的归约矩阵 $\overline{C}_{\mathrm{R}}$

图 10-8　右分支的费用矩阵构造及归约示例

4）左分支的选择

父节点归约矩阵中包含许多个 0 值。例如，图 10-8（a）中的 $\overline{C}_P$ 就包含 6 个 0 值，它们分别对应如下的边：(0,1)、(1,0)、(2,4)、(3,4)、(4,2)和(4,3)。前文已述及，我们希望有一种启发式选择 0 值边的方法，能够使得右分支节点的限界值尽量高，从而达到尽可能沿左分支搜索以尽快获得 TSP 问题解的目标。

由上述分析可见，对于给定父节点 P 的任意一个 0 值边 (i,j)，它所对应的右分支节点的限界值为 $\text{R.B} = \text{P.B} + cR_i + cR_j$。其中，$cR_i$ 和 cR_j 分别是右分支节点费用矩阵 C_R 第 i 行和 j 列的归约常数。各个 0 值边的 R.B 中 P.B 部分是相同的，不同的是 $cR_i + cR_j$ 部分，我们称其为限界值增量，并记为 $d_{(i,j)}$。这样，我们就可以对父节点归约矩阵中的每个 0 值边都计算右子节点限界值增量，增量值最大的 0 值边就是右分支节点限界值最高的边，也就是我们启发式选择的边。

图 10-9 所示为所有 0 值边的限界值增量计算示例，可以看到 $d_{(1,0)}$ 最大，即对于 $\overline{C}_P$ 矩阵来说，应选择(1,0)边作为左分支。

下面给出基于父节点归约矩阵 $\overline{C}_P$ 的 $d_{(i,j)}$ 表达式，基于效率的考虑，实际计算应基于 $\overline{C}_P$ 进行，而不必先生成右分支节点的费用矩阵。假设 $\overline{C}_P$ 的阶为 n，记其所有 0 值边的集合为 Z，$Z = \left\{(i,j) \mid \overline{c}_{P(i,j)} = 0, 0 \leqslant i,j \leqslant n-1\right\}$，其中 $\overline{c}_{P(i,j)}$ 为 $\overline{C}_P$ 第 i 行第 j 列的元素，则 $d_{(i,j)}$ 可表达为 $d_{(i,j)} = \min\limits_{0 \leqslant k \leqslant n-1, k \neq j}\left\{\overline{c}_{P(i,k)}\right\} + \min\limits_{0 \leqslant k \leqslant n-1, k \neq i}\left\{\overline{c}_{P(k,j)}\right\}$，$(i,j) \in Z$，而我们的启发式想法是找出所有 $d_{(i,j)}$ 中最大值对应的边 (k,l)，即 $D_{(k,l)} = \max\limits_{(k,l) \in Z}\left\{d_{(k,l)}\right\}$。

5）叶节点判断

当左分支节点的阶降到 2 时，可以直接求解，即到达了叶节点。这时节点的费用矩阵可以表示为如图 10-10 所示的形式。其中的行标号 i_1、i_2 和列标号 j_1、j_2 都是原始矩阵中的标号，也就是原始 TSP 问题中图的顶点标号。

	0	1	2	3	4
0	∞	0	11	4	2
1	0	∞	5	10	3
2	8	6	∞	1	0
3	4	21	8	∞	0
4	8	1	0	0	∞

（a）归约矩阵 $\overline{C}_P$

$$d_{(0,1)} = 2+1 = 3$$
$$d_{(1,0)} = 3+4 = 7$$
$$d_{(2,4)} = 1+0 = 1$$
$$d_{(3,4)} = 4+0 = 4$$
$$d_{(4,2)} = 0+5 = 5$$
$$d_{(4,3)} = 0+1 = 1$$

（b）所有 0 值边的限界值增量

图 10-9　所有 0 值边的限界值增量计算示例

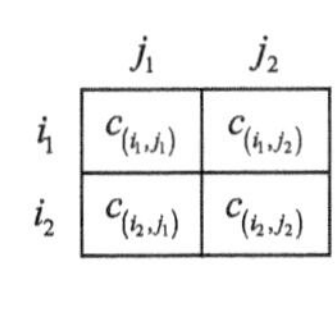

图 10-10　阶为 2 的费用矩阵

注：图 10-10 中 2×2 的费用矩阵是从起始费用矩阵开始每次删除一行和一列得来的，因此不能期望 $i_1 = j_1$ 和 $i_2 = j_2$，尽管它们可能相等。

根据 TSP 问题的解就是哈密尔顿回路的特点，费用矩阵同一行和同一列上只可能有一条边，因此图 10-10 中 2×2 的费用矩阵可能的解只有两种情况，即主对角线上的两条边构成的解 $L_1 = \left\{(i_1,i_1),(j_2,j_2)\right\}$ 和次对角线上的两条边构成的解 $L_2 = \left\{(i_1,j_2),(i_2,j_1)\right\}$，它们对应的路径长度分别是$l_1 = c_{(i_1,j_1)} + c_{(i_2,j_2)}$和$l_2 = c_{(i_1,j_2)} + c_{(i_2,j_1)}$，于是我们取这两种情况中路径长度的最小值，即$l = \min\limits_{k\in\{1,2\}}\{l_1,l_2\}$就可获得它的解。

注：上述计算过程中即使出现$i_1 = j_1$或$i_2 = j_2$的情况也是正常的，这时会有$c_{(i_1,i_1)} = \infty$或$c_{(i_2,i_2)} = \infty$。

6）算法复杂度分析

显然，TSP 问题的分支限界算法的计算代价可以分成两部分：一部分是最坏情况下要搜索的节点数；另一部分是最坏情况下节点的计算代价。我们仅对前者进行分析，因为它的结论就是$\Omega(2^n)$，即至少是指数级的。

对规模为n的问题，TSP 问题的分支限界算法先生成一个根节点，再根据选择的边(i,j)进行左子节点和右子节点 L 和 R 的处理。其中，左子节点 L 处理的是规模为$n-1$的 TSP 问题，但其费用矩阵与正常规模为$n-1$的 TSP 问题的费用矩阵相比，可能会多一个值为∞的元素（如果(j,i)边在 L 的费用矩阵中就会多，不在其中就不会多）。右子节点 R 处理的仍然是规模为n的 TSP 问题，但其费用矩阵与正常规模为n的 TSP 问题的费用矩阵相比，一定会多一个值为∞的元素（因为其(i,j)边的值一定会是∞）。我们之所以要关注值为∞的费用矩阵元素，是因为它会带来长度为∞的路径，也就会带来剪枝，从而能够带来算法复杂度的降低。

为分析 TSP 问题分支限界算法的复杂度，我们绘制了规模为 5 的 TSP 问题分支限界算法的部分状态空间树，如图 10-11 所示，其中以大写字母标识各个节点，每个节点右侧的$n\times n$示出的是节点费用矩阵的阶。图 10-11 中各节点费用矩阵的阶正是算法设计的体现，即左子节点费用矩阵的阶会比其父节点降 1，右子节点费用矩阵的阶会与其父节点相同，当左子节点费用矩阵的阶降到 2 时就到达了叶节点，不需要再继续生成左子节点和右子节点。

从图 10-11 中可以看到，深度最小的叶节点是从根节点开始一直沿左子节点向下搜索所到达的叶节点，即图中的 H 节点，对于规模$n=5$的 TSP 问题，该节点的深度是$5-2=3$。显然对于任意的n，叶节点的最小深度是$n-2$。

其次深的叶节点是与 H 深度相同的各个费用矩阵的阶为 3 的节点的左子节点，阶为 3 的节点包括 I、J 和 L，它们的左子节点均是阶为 2 的叶节点，深度比 H 节点的深度大 1。

由图 10-11 可以看出，由于右子节点的阶不变化，因此如果没有限制的话，状态空间树会不停地搜索下去。但实际上，右子节点每下降一个深度，费用矩阵中就会有一个新的元素的权值被置为∞。当阶为m的费用矩阵中不是∞的元素的个数减少到$m-1$时，该费用矩阵就不足以与此前的部分解构成一个哈密尔顿回路。我们可以用这个条件作为判断右分支节点到达叶节点的条件，但事实上，只要在算法实现过程中对∞的计算得当，就可以不用这个条件判断叶节点，因为这时甚至在更早时刻，会得到限界值为∞的右分支节点，正常用限界剪枝就可避免沿右分支无限搜索的问题。

回到算法复杂度分析，由图 10-11 可以进一步地看到，规模为n的 TSP 问题的分支限界算法的状态空间树至少是一棵高度为$n-2$的完美二叉树，此二叉树的节点总数为$2^{n-1}-1$，因此算法的时间复杂度$T(n)=\Omega(2^n)$，即至少是指数阶的。广度优先搜索的特点决定了最坏情况下优先队列中的节点数至少是完美二叉树中倒数第 2 层（第$n-3$层）上的节点数，因此算法的空间复杂度$S(n)=\Omega(2^n)$，也至少是指数阶的。

这个复杂度结论是合理的，因为分支限界算法也是一种系统化搜索算法，而 TSP 问题是

NP 难问题，所以普遍地认为不存在低于指数阶复杂度的系统化搜索算法。

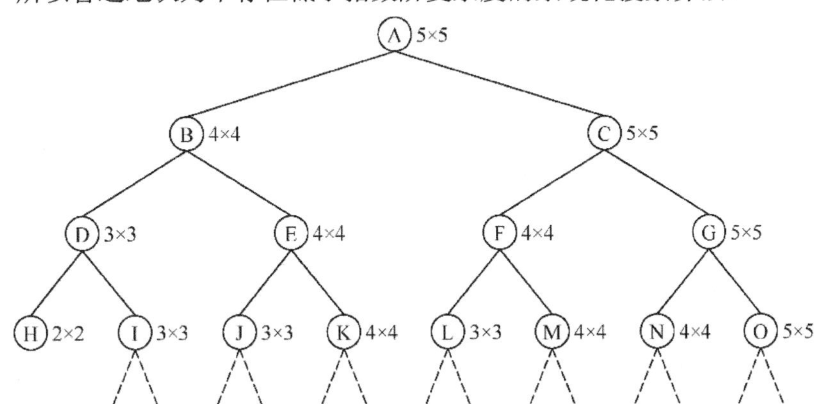

图 10-11　规模为 5 的 TSP 问题的分支限界算法的部分状态空间树

10.4.4　现代版 C++实现

我们用现代版 C++实现了 TSP 问题的分支限界算法，有关代码参见附录 10-3。鉴于这个算法涉及许多函数的计算，我们进行了颇为专业的 C++类设计。下面说明关键实现技术，读者应对照附录 10-3 中的代码进行接下来内容的学习。

注：代码块 1 第 11 行将 INF（无穷大）定义为（INT_MAX/2），使得某个初始化为 INF 的量 x 增加较小的数值后，可以用 x ≥ INF 的技巧判断其为无穷大，但附录 10-3 中的代码并未用到这一技巧。

1．节点类 ClsNode 的基本设计

节点类 ClsNode 的基本设计参见代码块 1 第 20～43 行，它的公有成员有 RowIdx、ColIdx、Path、W、n、Bound，构造函数 ClsNode，获取 Dkl 的函数 GetMaxD，以及生成左子节点的函数 GenLChild 和生成右子节点的函数 GenRChild 等。此外，它还有行归约 RowReduction、列归约 ColReduction、矩阵归约 Reduce，以及获取给定边的右子节点归约常数增量的 getd 等私有成员函数。

成员 RowIdx 和 ColIdx 是元素类型为 int 的 vector 类的线性表，用于维护归约后费用矩阵的行列号与初始费用矩阵行列号，即所对应图的顶点号。后面将会详细介绍相关的代码设计和细节。

成员 Path 用于记录到当前节点为止搜索过的边，它是元素类型为 pair<int,int>的线性表。每当调用 GenLChild 函数生成一个左子节点或到达叶节点时，就会向 Path 增加边，有关细节将在 GenLChild 函数中介绍。

成员 W 为当前节点的二维费用矩阵，它在根节点创建时由构造函数传入并赋值和取得阶的值 n（代码块 1 第 35 行）。后续的左子节点和右子节点则由复制构造函数从父节点对象复制而来（代码块 8 第 3 行和代码块 9 第 3 行），有关细节将在 GenLChild 和 GenRChild 两个函数中介绍。

Bound 为当前节点的限界值。在创建根节点 root（代码块 2 第 8 行）时，会在构造函数中通过调用归约函数 Reduce（代码块 1 第 38 行）计算该值。此后，它会在创建左子节点和右子节点的 GenLChild 和 GenRChild 函数中获得增量。

GetMaxD 函数（代码块 6）对归约的费用矩阵中每个权值为 0 的元素 (i,j) 计算归约增量，并返回其中增量值最大的元素边，有关细节将在后文介绍。

GenLChild 函数（代码块 8）和 GenRChild 函数（代码块 9）分别用于创建左子节点和右子节点，其内部的逻辑将实现前述第二类分支限界法的基本思路，有关细节将在后文介绍。

2．算法的主函数 BBTSP

算法的主流程由主函数 BBTSP（代码块 2）实现，它是对如算法 10-3 所示的第二类分支限界法基本伪代码的具体化。

1）C++中泛型优先队列类 priority_queue 的使用

BBTSP 函数中首先创建了优先队列 PQ（代码块 2 第 3～7 行）。这里我们没有像此前那样自己设计二叉堆优先队列，而是特别向读者示例了 C++中泛型优先队列类 priority_queue[3] 的使用，这会给读者带来新的知识和技能学习机会。

如代码块 2 第 6、7 行所示，声明 priority_queue 泛型对象需要三个类型，即元素类型 ClsNode、元素的容器类型 vector<ClsNode>和元素的比较函数类型 decltype(comp)，并传入比较函数 comp。其中，比较函数 comp 是用 lambda 表达式定义的（代码块 2 第 3～5 行），这会再次让读者体验一下现代版 C++中 lambda 表达式的使用方法。

比较函数 comp 是有两个类型为 ClsNode 的参数 lhs(left hand side)和 rhs(right hand side)的函数，它需要用这两个参数以关系表达式的方式告诉 priority_queue 队列元素的比较规则，priority_queue 根据这个比较规则决定其“优先”规则，即 PQ.top()函数每次取出的元素。

priority_queue 文档对这个比较规则有非常专业的解释[3]，我们在此仅给出好理解的解释：如果我们希望 priority_queue 提供的是最大优先队列，即 PQ.top()每次取出的是最大的元素，则需要以“<”给出 lhs 和 rhs 的比较式；如果我们希望 priority_queue 提供的是最小优先队列，即 PQ.top()每次取出的是最小的元素，则需要以“>”给出 lhs 和 rhs 的比较式。由于本算法要求 PQ.top()每次取出的是 TSP 问题路径长度限界值最小的节点，即需要的是最小优先队列，因此我们在 comp 函数体中以 return lhs.Bound > rhs.Bound;的形式给出 lhs 和 rhs 的比较式。

关于 priority_queue 的复杂度，我们未查到详尽的官方解释，但其文档报告 pop()和 push()的复杂度为 $\log n$，由一个线性表用构造函数创建优先队列的复杂度为 n，这些复杂度都与二叉堆优先队列非常相似。

2）根节点的创建

BBTSP 在进行 BFS 之前，需要先创建根节点 root（代码块 2 第 8 行），这是通过调用 ClsNode 的构造函数（代码块 1 第 33～39 行）完成的。

ClsNode 的构造函数接收 BBTSP 传入的初始费用矩阵 w，构造函数将其复制给公有成员 W 并计算阶 n（代码块 1 第 35 行）；接着初始化 RowIdx 和 ColIdx 为原始顶点号 0～$n-1$（代码块 1 第 36、37 行）；然后调用 Reduce 函数对 W 进行归约并将归约常数作为 root 的限界值 Bound（代码块 1 第 38 行）。

Reduce 函数（代码块 5）分别调用行归约函数 RowReduction（代码块 3）和列归约函数 ColReduction（代码块 4）进行计算，它们分别在对当前费用矩阵的各行和各列进行行归约和列归约后，以 vector<int>类型的列表返回各行和各列的归约常数，Reduce 函数通过对返回结果求和（代码块 5 第 6～10 行）计算出整个费用矩阵的归约常数 bound 并返回。

注： 目前实现的 RowReduction 和 ColReduction 函数中没有考虑整行或整列元素都是 ∞ 的情况，读者可考虑对此改进，并设计数据进行测试。

3）算法的主流程

分支限界算法以 BFS 为基础，因此算法的主流程是先向队列 PQ 中增加根节点 root（代码块 2 第 9 行），然后依据 PQ 非空执行 while 循环（代码块 2 第 10～33 行）。

在每次的 while 循环中，首先从 PQ 中取出限界值最小的节点 minNode（代码块 2 第 12、13 行）。如果 minNode 的限界值 Bound 不小于当前最优解值 OptimalDist，则忽略该节点，即进行剪枝（代码块 2 第 14、15 行）。如果 minNode 的限界值小于当前最优解值，则调用 minNode.GetMaxD（代码块 2 第 16 行）获取其左子节点要增加的边，该函数返回类型为 ClsDkl 的对象 maxDkl，其 D、K、L 成员分别对应 minNode 归约费用矩阵 0 值边中最大的归约费用增量和其所对应的行列号，即费用矩阵中第 K 行、第 L 列对应的边就是接下来左子节点对应的边。

其次生成和处理左子节点。调用 minNode.GenLChild(maxDkl.K, maxDkl.L)生成左子节点 left，若其限界值 left.Bound 不小于当前最优解值 OptimalDist，则进行剪枝。否则，若对应费用矩阵的阶是 2（代码块 2 第 21 行），left 就是一个叶节点，则更新最优解值和最优解（代码块 2 第 22～25 行）；若阶大于 2，则将 left 加入队列 PQ（代码块 2 第 26、27 行）。

最后生成和处理右子节点。调用 minNode.GenRChild (maxDkl.K, maxDkl.L)生成右子节点 right（代码块 2 第 29、30 行），若其限界值 left.Bound 不小于当前最优解的值 OptimalDist，则进行剪枝；否则，将其加入队列 PQ（代码块 2 第 31、32 行）。

3．GetMaxD 函数

GetMaxD 函数（代码块 6）用于实现 TSP 问题分支限界算法中的核心功能之一，即从当前节点归约矩阵权值为 0 的边中，找出最好的搜索方向（要搜索的边）。它用两重循环对当前节点的费用矩阵进行遍历（代码块 6 第 4、5 行），找出权值为 0 的边(i,j)（代码块 6 第 6 行），并调用 getd 函数获取不搜索该边，即右分支节点的费用限界。

getd 函数（代码块 7）获取费用矩阵第 i 行（形参改名为 r）和第 j 列（形参改名为 c）上除(i,j)边外的最小权值 rmin 和 cmin，并返回它们的和。GetMaxD 函数以变量 d 接收这个和（代码块 6 第 8 行），并实现求取最大 d 的逻辑（代码块 6 第 9、10 行），最后返回一个 ClsDkl 类型的对象。

ClsDkl 类型由代码块 1 第 14～19 行的 struct 定义，它包括三个公有成员 D、K、L，分别用来记录最大的 d 值和它所对应的搜索边(k,l)。

4．RowIdx 和 ColIdx 的维护与使用

RowIdx 和 ColIdx 的维护与使用是本算法实现中的一个需要认真理解的内容。在费用矩阵从初始的 C 归约降阶（删除原始费用矩阵 C 中的一些行和列）为某个 C_L 后，必须记录 C_L 的行列号与原始费用矩阵 C 的行列号的对应。这样在对 C_L 执行 GetMaxD 函数并选出一个搜索边(k,l)时，我们才能够知道此(k,l)边所对应的 C 中的行列号，也就是最初输入的图 G 上的顶点对，以便正确地构造 TSP 问题的回路。

RowIdx 和 ColIdx 是元素类型为 int 的 vector 类的线性表（代码块 1 第 27、28 行），它们在创建根节点 root（代码块 2 第 8 行）时由构造函数顺序地初始化为 0～$n-1$（代码块 1 第 36～37 行），即原始 TSP 问题图的顶点号。在生成左子节点的 GenLChild 函数中，当删除父节点费用矩阵的一行和一列时，会同步地删除 RowIdx 和 ColIdx 中对应的元素（代码块 8 第

14、15 行），以维护 RowIdx 和 ColIdx 中原始顶点号与降阶后费用矩阵中行与列的对应关系。

5．GenLChild 函数

GenLChild 函数（代码块 8）接收参数 k 和 l（代码块 8 第 1 行），即最大 d 值对应的当前归约化费用矩阵的行列号。然后调用复制构造函数将当前节点复制为 node（代码块 8 第 3 行），node 中的 W 就是要生成的 left 节点的父节点的费用矩阵 C_p，接下来通过修改 node 创建左子节点。

代码块 8 第 4～11 行是需要花些功夫来理解的代码，它实现如下功能：假如 (k,l) 边对应着原始费用矩阵 C 的 (i,j) 边，则将当前节点的父节点费用矩阵 C_p 中与原始矩阵 (j,i) 对应的边的权值置为∞。但在删除了一些行和列后，C_p 中的 (l,k) 边不一定对应 C 中的 (j,i) 边，甚至 C_p 可能已经不包括 C 中的 (j,i) 边。这是由于在当前节点之前，可能已经删除了包括 (j,i) 边的行或列。因此，这个置∞操作还需要判断 C_p 中是否还包含 C 中的 (j,i) 边。

代码块 8 第 4～7 行通过 RowIdx 和 ColIdx 获取 (j,i) 边，即 node.ColIdx[l]和 node.RowIdx[k] 在 C_p 中的行号 r 和列号 c，代码块 8 第 8～11 行判断，如果 r 和 c 是有效的值，即 C_p 中含有 (j,i) 边，则将其置为∞。

代码块 8 第 12、13 行将 (k,l) 对应的原始顶点对表述的边加入 left 节点的 TSP 问题路径列表 path，这里使用了 make_pair 泛型函数将这个边创建为 pair 对象。

代码块 8 第 14、15 行分别从 RowIdx 和 ColIdx 列表中移除 k 位置和 l 位置上的元素，以完成一致性维护。

代码块 8 第 16 行删除 W 即 C_p 的第 k 行，代码块 8 第 17、18 行删除其第 l 列，由此完成费用矩阵的降阶操作。代码块 8 第 19 行将矩阵的阶 n 降 1。

如果矩阵的阶 n 大于 2，则调用 Reduce 函数对其进行归约操作，并将归约常数加到当前节点的限界值 Bound 上（代码块 8 第 20、21 行）。

如果矩阵的阶 n 等于 2，则到达了叶节点，需要进行叶节点处理。代码块 8 第 24～29 行分别计算主对角线和次对角线上边的权值的和 DMain 和 DAux，这里需要特别注意的是无穷大（INF）的处理，即无穷大与任何数（包括无穷大）的和仍然是无穷大。

注：目前代码没有考虑 DMain 和 DAux 都是∞的情况，该情况下的叶节点将不能构成 TSP 问题解。读者可考虑对此进行改进，并设计数据进行测试。

代码块 8 第 30～45 行通过比较 DMain 和 DAux 的大小，决定将主对角线或次对角线上的边加入 node 的路径 Path 和限界值 Bound。这里向 Path 增加 pair 元素使用了与此前 make_pair 泛型函数不同的手法：直接使用现代版 C++中大括号格式的对象初始化列表功能。

代码块 8 第 47 行将 node 返回为左子节点。

6．GenRChild 函数

GenRChild 函数（代码块 9）同样接收参数 k 和 l（代码块 9 第 1 行），也用复制构造函数将当前节点复制为 node（代码块 9 第 3 行），此后通过修改 node 生成右子节点。

代码块 9 第 4 行将费用矩阵对应左子节点搜索边 (k,l) 的权值置为∞。代码块 9 第 5～11 行找出第 k 行的最小权值 minR，并将该行归约。代码块 9 第 12～18 行找出第 l 列的最小权值 minC，并将该列归约。代码块 9 第 19 行将限界值增加 minR 和 minC。

代码块 9 第 20 行将 node 返回为右子节点。

7. 路径输出

TSP 问题分支限界算法向路径 Path 中添加边的次序并不是沿着路径的顺序，因此最后得到的 OptimalPath 是路径上边的集合，但各条边不一定是顺序的。

代码块 12 第 20～41 行中包括按顺序输出路径的代码设计。代码块 12 第 28、29 行用泛型函数 sort 将 OptimalPath 中的边进行排序。在不指定排序规则的情况下，sort 函数将用 OptimalPath 中 pair 元素的第一个成员 first，即各条边的起始顶点作为排序关键字。在实际打印（代码块 12 第 31～39 行）时，用 k 记录边的起始顶点号，并将其初始化为 0，则其下一条边就是以其末端顶点（pair 对象的 second 成员）为起始顶点的边，因此只要将 k 赋为 OptimalPath[k].second，新的 OptimalPath[k]就是下一条边。

注意：即使用 sort 函数按照边的起始顶点对边集进行了排序，这些边的顺序通常也不是其在 TSP 问题路径中的次序，但是这可以为按路径顺序输出各条边提供实现上的方便。

10.4.5　CD-AV 演示设计

我们在 CAAIS 中实现了 TSP 问题分支限界算法的 CD-AV 演示设计，其显著特点包括能够同时演示状态空间树和优先队列在不同输入数据下随算法运行过程的变化，以及显示每个节点对应的归约化费用矩阵、限界值和部分解，此外还提供了适度的交互。

1. 输入数据

为达到既能有一定的数据规模演示 TSP 问题分支限界算法的各种情况，又不至于使状态空间树过于庞大从而导致超出教学可接受的时间和实例规模限度，我们选定顶点数为 5 的 TSP 问题来对其分支限界算法开展 CD-AV 演示设计。因为 5 个城市 TSP 问题的状态空间树是一棵高度至少为 3 的满二叉树，其规模既能充分演示算法，又满足在教学上可操作的要求。

CD-AV 演示窗口的控制面板上的“典型”下拉列表中提供了 8 组例子数据，数据框中以 $n;w_{11},w_{12},\cdots,w_{1n};\cdots;w_{n1},w_{n2},\cdots,w_{nn}$ 的格式显示选择的数据，其中第 1 个分号前是城市的个数 n，取固定值 5，接下来以分号分隔初始费用矩阵各行的数据，每一行上的数据以逗号分隔，取 99 表示∞，作为教学演示，边上的权值没有必要达到或超过 99。

2. 状态空间树与优先队列的 CD-AV 演示设计

图 10-12 所示为 TSP 问题分支限界算法的典型 CD-AV 行，其显著特点是图形子行的左侧为状态空间树，右侧以纵向列表棒的形式显示优先队列 PQ 中的节点，PQ 棒右侧显示节点的标号、限界值、部分解及归约化费用矩阵。

注：图 10-12 和图 10-13 示出的是前述 TSP 问题分支限界算法设计时所用的例子数据，即图 10-5～图 10-9 中所使用的费用矩阵数据。

1）数据子行设计

数据子行包括如下一些数据项：n 列为当前节点的费用矩阵阶；minNode 列为从优先队列中取出的节点；maxDkl 列为针对 minNode 的费用矩阵计算得出的右子节点限界值增量最大的 0 值边，该数值以 D_{kl} 的形式表达，其中 D 为最大的限界值增量，下角标 kl 表示该最大限界值对应的行号和列号；left 和 right 列以 X_B 的形式显示 minNode 的左子节点和右子节点，其中 X 为以大写字母表示的节点标号，下角标 B 表示该节点的限界值；OptD 列为当前已经获得的最优解的值；PQ 列显示优先队列中的节点，其顺序与 PQ 棒中的顺序一致，节点间以分号分隔，每个节点以标号后跟限界值的格式显示。

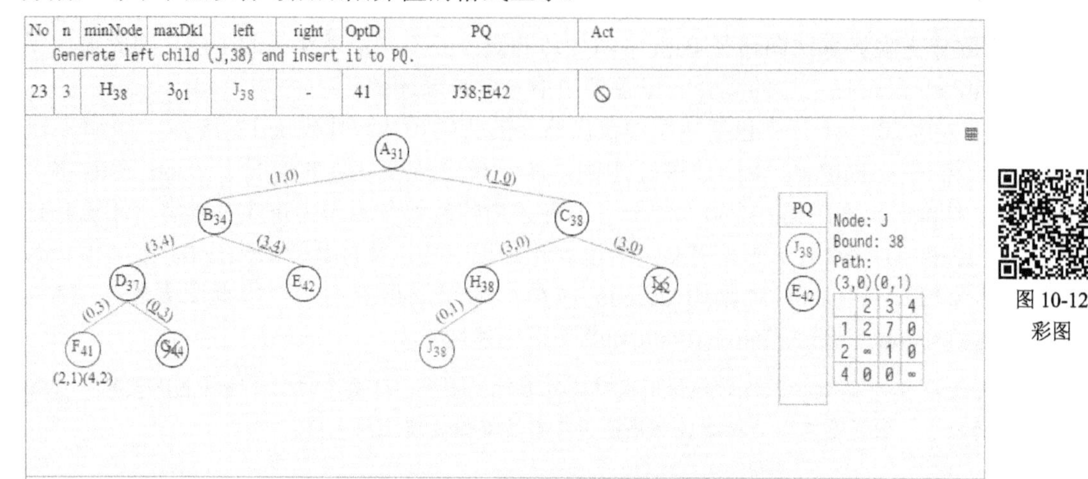

图 10-12 彩图

图 10-12　TSP 问题分支限界算法的典型 CD-AV 行

注意： 当进入交互状态时，应特别注意 PQ 列中数据的格式。

2）状态空间树设计

状态空间树中的节点以大写字母按照生成的顺序顺次标号，同时以下角标的形式给出节点的限界值。到左子节点的边上标记选择的边，到右子节点的边上以带下画线的方式表示去除的边。叶节点，如 F_{41}，下方显示其路径解对应的两条边。红色的节点表示当前算法步骤对应的节点，蓝色的节点表示已经生成的节点，它可能是优先队列中节点，也可能是已经从优先队列中取出的节点，绿色的节点对应当前的最优解节点，带有红色叉号的节点表示被剪枝的节点。

3）PQ 棒设计

由于算法使用了现代版 C++中的 priority_queue 优先队列 PQ，我们并不清楚该优先队列的具体实现算法，因此采用了一种简单的列表棒对其进行可视化。

每次 push 到 PQ 中的节点，如果限界值在 PQ 中是最小的，则将其放到顶部，并将其余节点下移；如果不是最小的，则将其加到最后面。

每次从 PQ 中 pop 出一个最小值的节点，则自动将剩余节点中限界值最小的节点调整到 PQ 棒的最上面。

4）节点费用矩阵等信息的显示

节点费用矩阵等信息的显示设计尤其展现出 CD-AV 演示在算法解析能力方面的探索。每次从优先队列中取出一个节点 minNode，或者生成一个 left 或 right 节点，PQ 棒右侧都会显示该节点的标号、限界值、部分解及归约化费用矩阵。

更重要的是，在 CD-AV 演示的当前工作行中，当将鼠标指针移到每个节点上时，无论是状态空间树中的节点，还是 PQ 棒中的节点，鼠标指针都会变成可以单击的手指形状。此时单击所指向的节点，PQ 棒右侧就会显示该节点的标号、限界值、部分解及归约化费用矩阵等有助于理解算法细节的信息，其中费用矩阵的行和列使用原始顶点号标记。进一步地，图形子行的右上角还提供了一个表格状图标“▦”，单击这个图标会在 PQ 棒右侧显示初始的费用矩阵。这些设计和实现使得费用矩阵这样含有许多数据元素的数据对象也能随算法运行过程得到透彻的变化细节显示，这是基于计算理论方法、软件思维和现代 Web 技术的可视化方法，在提升算法学习和理解效能方面进行了不可小觑的潜力挖掘和释放。

注： 上述节点单击功能仅在 CD-AV 当前工作行中有效，历史 CD-AV 行中不具有此功能。

5）算法的 CD-AV 结束行设计

图 10-13 所示为 TSP 问题分支限界算法的 CD-AV 结束行。可以看到，图形子行的左侧显示了完整的状态空间树，右侧上部给出了最优解值和最优解，下部给出了初始的费用矩阵。

该 CD-AV 结束行的图形子行中状态空间树的各个节点依然可进行鼠标单击操作，单击后会在右侧下部显示节点的标号、限界值、部分解及归约化费用矩阵。单击图形子行的右上角的表格状图标“▦”，会切换回初始的费用矩阵。

注： 当历史 CD-AV 行的显示方式是倒序时，最后的 CD-AV 结束行具有此功能；当历史 CD-AV 行的显示方式是正序时，最后的 CD-AV 结束行处在最顶端时会具有此功能，但当该行移到最底端时就不再提供该功能。

我们将图 10-13 中 CD-AV 结束行示例的初始费用矩阵，各节点的限界值、部分解，归约化费用矩阵，以及最终最优解值和最优解截图列到图 10-14 中，这将帮助读者结合手算具体地理解 TSP 问题分支限界算法的运行过程。

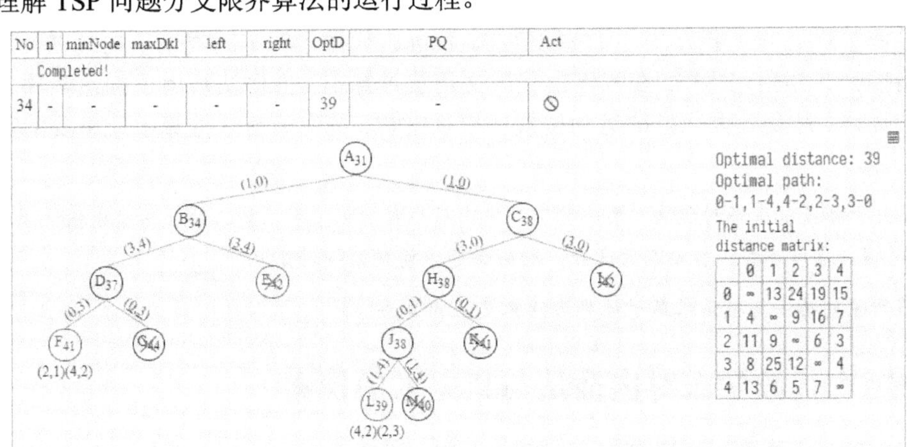

图 10-13 彩图

图 10-13　TSP 问题分支限界算法的 CD-AV 结束行

The initial
distance matrix:

	0	1	2	3	4
0	∞	13	24	19	15
1	4	∞	9	16	7
2	11	9	∞	6	3
3	8	25	12	∞	4
4	13	6	5	7	∞

Node: A
Bound: 31
Path:

	0	1	2	3	4
0	∞	0	11	4	2
1	0	∞	5	10	3
2	8	6	∞	1	0
3	4	21	8	∞	0
4	8	1	0	0	∞

Node: B
Bound: 34
Path: (1,0)

	1	2	3	4
0	∞	9	2	0
2	5	∞	1	0
3	20	8	∞	0
4	0	0	0	∞

Node: C
Bound: 38
Path:

	0	1	2	3	4
0	∞	0	11	4	2
1	∞	∞	2	7	0
2	4	6	∞	1	0
3	0	21	8	∞	0
4	4	1	0	0	∞

Node: D
Bound: 37
Path:
(1,0)(3,4)

	1	2	3
0	∞	7	0
2	4	∞	0
4	0	0	∞

Node: E
Bound: 42
Path: (1,0)

	1	2	3	4
0	∞	9	2	0
2	5	∞	1	0
3	12	0	∞	∞
4	0	0	0	∞

Node: F
Bound: 41
Path:
(1,0)(3,4)(0,3)
(2,1)(4,2)

	1	2
2	4	∞
4	0	0

Node: G
Bound: 44
Path:
(1,0)(3,4)

	1	2	3
0	∞	0	∞
2	4	∞	0
4	0	0	∞

图 10-14　TSP 问题分支限界算法的 CD-AV 运行示例

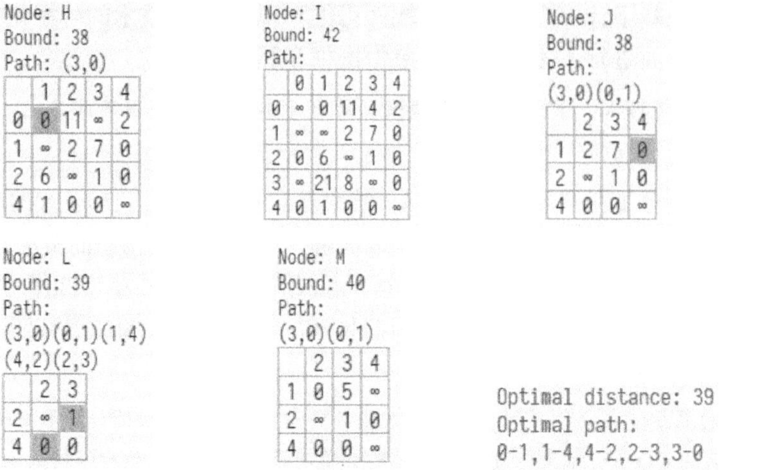

Node: H
Bound: 38
Path: (3,0)

	1	2	3	4
0	0	11	∞	2
1	∞	2	7	0
2	6	∞	1	0
4	1	0	0	∞

Node: I
Bound: 42
Path:

	0	1	2	3	4
0	∞	0	11	4	2
1	∞	∞	2	7	0
2	0	6	∞	1	0
3	∞	21	8	∞	0
4	0	1	0	0	∞

Node: J
Bound: 38
Path:
(3,0)(0,1)

	2	3	4
1	2	7	0
2	∞	1	0
4	0	0	∞

Node: K
Bound: 41
Path: (3,0)

	1	2	3	4
0	∞	9	∞	0
1	∞	2	7	0
2	5	∞	1	0
4	0	0	0	∞

Node: L
Bound: 39
Path:
(3,0)(0,1)(1,4)
(4,2)(2,3)

	2	3
2	∞	1
4	0	0

Node: M
Bound: 40
Path:
(3,0)(0,1)

	2	3	4
1	0	5	∞
2	∞	1	0
4	0	0	∞

Optimal distance: 39
Optimal path:
0-1,1-4,4-2,2-3,3-0

图 10-14 TSP 问题分支限界算法的 CD-AV 运行示例（续）

10.5 算法国粹——内插法与招差术

内插法是函数逼近的重要方法，又称插值法。我国古代数学家早就发明了内插法，并称其中的高次内插公式为招差术[4]。在我国古代天文历法推算中，内插法被用于构造多项式函数来近似地计算日、月及五大行星的运动位置和视行度数，是中国历法推算中最主要的数学方法。

注 1：学界关于招差术有多种说法，第一种是高次内插公式为招差术，第二种是高次内插法为招差术，第三种是内插法为招差术。本文不做区分，仅为讲述方便取第一种说法。

注 2：本节所述内插法与招差术属于计算方法意义上的算法。

10.5.1 中国古代数学家对内插法与招差术的探索

我国古代在天文历法方面的计算需求在很大程度上推动了内插法的发展[5]。公元 1 世纪《九章算术》中的“盈不足术”就相当于一次内插（线性内插）法；隋朝刘焯在《皇极历》中发明了二次差内插（抛物线内插）法；唐代僧一行在《太衍历》中发明了不等间距的二次差内插法；元代郭守敬等人在《授时历》中，为精确推算日、月及五大行星运行的速度和位置，根据“平、定、立”三差首次使用了三次差内插公式，即招差术，从而发明了三次差内插法，这是数学史上的重要创新；元代朱世杰对这类插值问题做了更深入的研究，并将垛积术的研究成果运用于内插法，得到了一般的插值公式，即垛积招差术。

垛积术[6]是与招差术密切相关的一类数学方法，它研究的是高阶等差级数的求和问题。高阶等差级数与一般等差级数不同，其前后两项之差并不相等，但是逐项差数之差或高次差相等。北宋沈括在《梦溪笔谈》中首创“隙积术”，开始研究某种物品（如酒坛、棋子等）按一定规律堆积起来求其总数问题，即高阶等差级数求和问题，并推算出长方台垛公式；南宋杨辉在《详解九章算法》和《算法通变本末》中丰富和发展了沈括的隙积术成果，并给出了二阶等差级数求和问题的垛积公式。此后对高阶等差级数的研究被统称为垛积术。

招差术与垛积术可以互相推演。通过对垛积术的进一步研究，朱世杰得到一系列重要的高阶等差级数求和公式，尤其掌握了三角垛公式，由此可以推导出一般的内插公式。另外，利用招差术也可解决高阶等差级数的求和问题。因此，朱世杰的垛积招差术将宋元数学家在这方面的研究成果推进到了更加完善的地步。

在朱世杰所作的《四元玉鉴》卷中“茭草形段”“如象招数”和卷下“果垛叠藏”三门 33 题中[7]，都是已知高阶等差级数总和求其项数的问题。为了解决这些问题，需要先按照各自的求和公式列出一个高次方程，然后用正负开方术求其根。在这些问题中，朱世杰提出了一系列著名的三角垛公式。

茭草垛（或茭草积）：

$$S_n=\sum_{r=1}^{n}r=1+2+3+\cdots+n=\frac{1}{2!}n(n+1)$$

三角垛（或落一形垛）：

$$S_n=\sum_{r=1}^{n}\frac{1}{2!}r(r+1)=1+3+6+\cdots+\frac{1}{2}n(n+1)=\frac{1}{3!}n(n+1)(n+2)$$

撒星形垛（或三角落一形垛）：

$$\begin{aligned}S_n&=\sum_{r=1}^{n}\frac{1}{3!}r(r+1)(r+2)=1+4+10+\cdots+\frac{1}{3!}n(n+1)(n+2)\\&=\frac{1}{4!}n(n+1)(n+2)(n+3)\end{aligned}$$

三角撒星形垛（或撒星更落一形垛）：

$$\begin{aligned}S_n&=\sum_{r=1}^{n}\frac{1}{4!}r(r+1)(r+2)(\mathrm{r}+3)\\&=1+5+15+\cdots+\frac{1}{4!}n(n+1)(n+2)(n+3)\\&=\frac{1}{5!}n(n+1)(n+2)(n+3)(n+4)\end{aligned}$$

三角撒星更落一形垛：

$$\begin{aligned}S_n&=\sum_{r=1}^{n}\frac{1}{5!}r(r+1)(r+2)(r+3)(r+4)\\&=1+6+21+\cdots+\frac{1}{5!}n(n+1)(n+2)(n+3)(\mathrm{n}+4)\\&=\frac{1}{6!}n(n+1)(n+2)(n+3)(\mathrm{n}+4)(n+5)\end{aligned}$$

由此可见，朱世杰已经掌握了三角垛的一般性公式，即

$$\sum_{r=1}^{n}\frac{1}{p!}r(r+1)(r+2)\cdots(r+p-1)=\frac{1}{(p+1)!}n(n+1)(n+2)\cdots(n+p)\qquad(10\text{-}1)$$

显然，上述 5 种三角垛公式就是式（10-1）中 $p=1,2,3,4,5$ 时的情况。由此可以看出，在三角垛公式中，前一种的结果恰好是后一种的一般项，也就是说，后式恰是以前式结果为一般项的新级数求和公式。这也是朱世杰常将后式称为前式的“落一形”的意义所在[8]。

注：在《四元玉鉴》中，朱世杰给出了三角垛和四角垛这两个基本的垛积系统，以及在这两个垛基础上产生的岚峰垛和四角岚峰垛，还解决了以四角垛之积为一般项的一系列高阶等差级数求和问题，以及岚峰垛等更复杂的级数求和问题。

进一步地，朱世杰利用上述三角垛公式建立了四次内插公式。《四元玉鉴》卷中“如象招数”门第五问后有朱氏自注，其中以立方招兵问题为例给出了垛积求和公式，即垛积招差术。其原文及简要释义如下[4]。

“或问还原。依立方招兵，初招方面三尺，次招方面转多一尺，得数为兵。今招一十五方。每人日支钱二百五十文。问招兵及支钱各几何？”该问可分为两个问题，一是（官府）按数列$3^3,4^3,5^3,\cdots$招兵，共招 15 日，求招兵总数；二是按上述数列招兵，共招 15 日，每人每日支钱 250 文，求支钱总数。

“术曰：求得上差二十七，二差三十七，三差二十四，下差六。求兵者：今招为上积，又今招减一为茭草底子积，为二积。又今招减二为三角底子积，为三积。又今招减三为三角落一积，为下积。以各差乘各积，四位并之，即招兵数也。所得，又以每日支钱乘之，即得支钱之数也。”

首先，这里的“上差”“二差”“三差”“下差”是逐级求差所得结果。设日数为r，$f(r)$为第r日共招兵数，则逐日招兵数为$(2+r)^3$，当$r=1,2,3,4,\cdots$时，$f(r)$的值及各差如图 10-15 所示，其中初日各差分别为上差Δ=27，二差Δ^2=37，三差Δ^3=24，下差Δ^4=6，且下差均为 6，由此可见逐日招兵人数之和是一个四阶等差级数的求和问题。

日数r	累日共招兵人数$f(r)$	Δ每日招兵人数（上差）			
1（初日）		$3^3=27$	（二差Δ^2）		
	27		37	（三差Δ^3）	
2（二日）		$4^3=64$		24	（四差Δ^4）
	91		61		6
3（三日）		$5^3=125$		30	
	216		91		6
4（四日）		$6^3=216$		36	
	432		127		6
5（五日）		$7^3=343$		42	
	775		169		……
6（六日）		$8^3=512$		……	
……	……	……	……		

图 10-15　立方招兵问题中的逐级差

其次，设n为今招，即上积，则二积为以$(n-1)$为底子的茭草垛积$\sum_{r=1}^{n-1}r=\frac{1}{2!}n(n-1)$，三积为以$(n-2)$为底子的三角垛积$\sum_{r=1}^{n-2}r(r+1)=\frac{1}{3!}n(n-1)(n-2)$，下积为以$(n-3)$为底子的三角落一形垛积$\sum_{r=1}^{n-3}r(r+1)(r+2)=\frac{1}{4!}n(n-1)(n-2)(n-3)$。

最后，“以各差乘各积，四位并之”即可得招兵总数，相当于列出了招差公式，即

$$f(n)=n\Delta+\frac{1}{2!}n(n-1)\Delta^2+\frac{1}{3!}n(n-1)(n-2)\Delta^3+\frac{1}{4!}n(n-1)(n-2)(n-3)\Delta^4 \quad (10\text{-}2)$$

注：其中$f(n)$表示n日招兵总数，现代内插法中常以Δ^k表示k阶差分，简称k差，Δ、Δ^2、Δ^3、Δ^4分别表示一差（上差）、二差、三差、四差（下差）。

将$n=15$代入式（10-2）可得

$$f(15)=15\times27+\frac{1}{2!}15\times14\times37+\frac{1}{3!}15\times14\times13\times24+\frac{1}{4!}15\times14\times13\times12\times6=23400$$

即 15 日招兵总数为 23400。

上述的 $f(n)$ 就是四次招差公式，这一公式在形式上已与现代通用的形式完全一致。朱世杰正确地指出了招差公式的各项系数恰好依次是各三角垛的“积”，根据这一点，有理由推断他完全有可能正确地写出任意高次的招差公式。

在欧洲，首先对招差术加以说明（1670 年）的是格列高里（J. Gregory），而普遍的招差术公式在牛顿的著作（1676 年）中才出现，比朱世杰的公式要晚 300 多年。

10.5.2　现代插值法

插值是在数学领域的数值分析中通过已知的离散数据求未知数据的过程或方法。

现代插值法的形式化定义是已知函数 $f(x)$ 在自变量是 $x_1,x_2,\cdots,x_n$ 时的对应值为 $f(x_1)$, $f(x_2),\cdots,f(x_n)$，求 $x_i \sim x_{i+1}$ 的函数值的方法。如果 x_i 是按等距离变化的，则称该方法为自变量等间距内插法；如果 x_i 是按不等距离变化的，则称该方法为自变量不等间距内插法。

当只知道函数在一些节点的位置却不知道函数具体的表达式时，可以利用插值法给出函数的近似表达式。常用的插值法有拉格朗日插值法、牛顿插值法、埃米尔特插值法及样条插值法等。下面简单介绍牛顿插值法。

首先，牛顿插值法是一种多项式插值法，其插值函数为多项式函数，它基于以下定理。

定理 10-3（多项式插值定理）　对于任意 $n+1$ 个插值点 $(x_i,f(x_i))(i=1,2,\cdots,n,n+1)$，存在唯一的多项式 $P(x)=a_0+a_1x+a_2x^2+\cdots+a_nx^n$，使得 $P(x_i)=f(x_i)$（证明从略）。

其次，牛顿插值法引入了差商的概念，这方便了插值节点增加时的计算。

假设已知 $f(x)$ 在点 x_1、x_2 处的值 $f(x_1)$、$f(x_2)$，求满足这两个点的函数 $P_1(x)$，则可令 $P_1(x)=f(x_1)+b_1(x-x_1)$，再代入 x_2，即 $P_1(x_2)=f(x_1)+b_1(x_2-x_1)=f(x_2)$，即可得到系数值 $b_1=\dfrac{f(x_2)-f(x_1)}{x_2-x_1}$，从而可求得插值函数 $P_1(x)=f(x_1)+\dfrac{f(x_2)-f(x_1)}{x_2-x_1}(x-x_1)$ 或 $P_1(x)=f(x_2)+\dfrac{f(x_2)-f(x_1)}{x_2-x_1}(x-x_2)$。

如果再增加一个点 $(x_3,f(x_3))$，求满足这三个点的函数 $P_2(x)$，则可令 $P_2(x)=P_1(x)+b_2(x-x_1)(x-x_2)$，再代入 x_3，即 $P_2(x_3)=P_1(x_3)+b_2(x_3-x_1)(x_3-x_2)=f(x_3)$，即可得系数值

$$b_2=\frac{f(x_3)-P_1(x_3)}{(x_3-x_1)(x_3-x_2)}=\frac{f(x_3)-f(x_2)-\dfrac{f(x_2)-f(x_1)}{x_2-x_1}(x_3-x_2)}{(x_3-x_1)(x_3-x_2)}=\frac{\dfrac{f(x_3)-f(x_2)}{x_3-x_2}-\dfrac{f(x_2)-f(x_1)}{x_2-x_1}}{x_3-x_1},$$

从而可求得插值函数 $P_2(x)=f(x_1)+\dfrac{f(x_2)-f(x_1)}{x_2-x_1}(x-x_1)+\dfrac{\dfrac{f(x_3)-f(x_2)}{x_3-x_2}-\dfrac{f(x_2)-f(x_1)}{x_2-x_1}}{x_3-x_1}(x-x_1)(x-x_2)$。

注：$P_1(x)$ 式中的 $(x-x_1)$ 可保证 $P_1(x_1)=f(x_1)$，同样地，$P_2(x)$ 式中的 $(x-x_1)(x-x_2)$ 可保证

$P_2(x_1)=f(x_1)$ 和 $P_2(x_2)=f(x_2)$。

由此可知，对于 $k+1$ 个插值节点 $x_1,x_2,\cdots,x_k,x_{k+1}$，可在 k 次多项式 $P_k(x)=P_{k-1}(x)+b_k(x-x_1)(x-x_2)\cdots(x-x_k)$ 中代入 x_{k+1}，求 b_k 并获得插值函数 $P_k(x)$。

定义 10-4（差商） 设 $f(x)$ 在 $x_1,x_2,\cdots,x_n,x_{n+1}$ 处有定义，则在其上所确定的 k 次插值多项式的首项系数（b_k）称作 $f(x)$ 在 $x_1,x_2,\cdots,x_k,x_{k+1}$ 处的 k 阶差商，记作 $f[x_1,x_2,\cdots,x_k,x_{k+1}]$。

例如，$f(x)$ 在点 x_1,x_2 处的一阶差商表示为 $f[x_1,x_2]=\dfrac{f(x_1)-f(x_2)}{x_1-x_2}$；在点 x_1,x_2,x_3 处的二阶差商表示为 $f[x_1,x_2,x_3]=\dfrac{f[x_1,x_2]-f[x_2,x_3]}{x_1-x_3}$……在点 $x_1,x_2,\cdots,x_k,x_{k+1}$ 处的 k 阶差商表示为 $f[x_1,x_2,\cdots,x_k,x_{k+1}]=\dfrac{f[x_1,x_2,\cdots,x_k]-f[x_2,\cdots,x_k,x_{k+1}]}{x_1-x_{k+1}}$。

将所有系数代入 $P_k(x)$，则有

$$\begin{aligned}P_k(x)=&f(x_1)+f[x_1,x_2](x-x_1)+f[x_1,x_2,x_3](x-x_1)(x-x_2)+\cdots\\&+f[x_1,x_2,\cdots,x_{k-1},x_k](x-x_1)(x-x_2)\cdots(x-x_{k-1})\\&+f[x_1,x_2,\cdots,x_k,x_{k+1}](x-x_1)(x-x_2)\cdots(x-x_k)\end{aligned}$$

显然，任意的 $x=x_i(i=1,2,\cdots,k,k+1)$ 都满足 $f(x)=P_k(x)$，且 $P_k(x)$ 的 x 次数不超过 k，因此，称 $P_k(x)$ 为 $f(x)$ 在 $x_1,x_2,\cdots,x_n,x_{n+1}$ 处的 k 次插值多项式，即 k 次牛顿插值多项式。

对任意的 $x\neq x_i$，通过计算 $f(x)$ 在 $x_1,x_2,\cdots,x_k,x_{k+1},x$ 处的 $k+1$ 阶差商，即

$$f[x_1,x_2,\cdots,x_k,x_{k+1},x]=\frac{f[x_1,x_2,\cdots,x_k,x]-f[x_2,\cdots,x_k,x_{k+1},x]}{x_1-x}$$

再依次展开代入所有系数（略），可得到 x 处的插值计算公式为

$$\begin{aligned}f(x)=&f(x_1)+f[x_1,x_2](x-x_1)+f[x_1,x_2,x_3](x-x_1)(x-x_2)+\cdots\\&+f[x_1,x_2,\cdots,x_k,x_{k+1}](x-x_1)(x-x_2)\cdots(x-x_k)\\&+f[x_1,x_2,\cdots,x_k,x_{k+1},x](x-x_1)(x-x_2)\cdots(x-x_k)(x-x_{k+1})\end{aligned}$$

式中，最后一项之前的式子就对应 k 次牛顿插值多项式 $P_k(x)$。由此可得 $f(x)$ 在 $x_1,x_2,\cdots,x_n,x_{n+1}$ 处的牛顿插值公式为

$$f(x)=P_k(x)+f[x_1,x_2,\cdots,x_k,x_{k+1},x]\prod_{i=1}^{k+1}(x-x_i)$$

式中，除 $P_k(x)$ 外的部分称为 k 次插值余项 $R_k(x)$，其中的差商 $f[x_1,x_2,\cdots,x_k,x_{k+1},x]$ 还满足如下定理。

定理 10-4（k 阶差商与导数的关系定理） 设 $f(x)$ 在区间 $[a,b]$ 内存在 k 阶导数，则 k 阶差商与导数的关系为 $f[x_1,x_2,\cdots,x_k,x_{k+1},x]=\dfrac{f^{k+1}(\xi)}{(k+1)!}$，其中 $\xi\in(a,b)$，$[a,b]$ 为包含 $x_1,x_2,\cdots,x_{k+1}$ 的区间（证明从略）。

如果点 x_i 是等间距的，即有 $x_{i+1}-x_i=h$，则牛顿插值公式可进一步简化。

定义 10-5（向前差分） 设 $f(x)$ 在等间距点 $x_i=a+ih(i=1,2,\cdots,n+1)$ 处的值为

$f_i = f(x_i)$，则称 $\Delta f_i = f_{i+1} - f_i$ 为函数 $f(x)$ 在点 x_i 处的一阶向前差分，简称差分，并称 $\Delta^k f_i = \Delta^{k-1} f_{i+1} - \Delta^{k-1} f_i$ 为函数 $f(x)$ 在点 x_i 处的 k 阶向前差分，简称 k 阶差分。

在等间距点条件下有 $f[x_1,x_2] = \dfrac{f(x_1)-f(x_2)}{x_1 - x_2} = \dfrac{1}{h}\Delta f_1$，$f[x_1,x_2,x_3] = \dfrac{f[x_1,x_2]-f[x_2,x_3]}{x_1 - x_3} = \dfrac{\frac{1}{h}\Delta f_2 - \frac{1}{h}\Delta f_1}{2h} = \dfrac{1}{2!h^2}\Delta^2 f_1, \cdots, f[x_1,x_2,\cdots,x_n] = \dfrac{1}{n!h^n}\Delta^n f_1$。

令 $x = x_1 + nh$，可得等间距时的 k 次牛顿插值多项式和插值余项为

$$P_k(x) = f(x_1) + \frac{n}{1!}\Delta f_1 + \frac{n(n-1)}{2!}\Delta^2 f_1 + \frac{n(n-1)(n-2)}{3!}\Delta^3 f_1 + \cdots + \frac{n(n-1)\cdots(n-k+1)}{k!}\Delta^k f_1$$

$$R_k(x) = \frac{f^{k+1}(\xi)}{(k+1)!} n(n-1)\cdots(n-k)h^{k+1},\ \ \xi \in (x_1, x_{k+1})$$

显然，当 k 取 4 时的 $P_k(x)$ 多项式与朱世杰的四次招差公式完全一致。易知，当 $f(x)$ 是一次函数时，二级差分是 0；当 $f(x)$ 是二次函数时，三级差分是 0；$f(x)$ 是 k 次函数时，$k+1$ 级差分是 0。若 $k+1$ 级差分为 0，则说明 $f(x)$ 是 k 次函数。因此，立方招兵问题中的 5 阶差分为 0 也就说明了朱世杰采用四次招差公式计算的正确性。

习题

1．说明图的 BFS 与 DFS 的异同。

2．给出图的 BFS 算法的伪代码，说明其复杂度。

3．针对 BFS 算法的 CD-AV 演示，选择 2 个 7 个或以上顶点的图，对每个图分别进行两次 20%的交互练习，每次选择不同的起始顶点，并保存交互结果，注意通过其中 FIFO 队列中顶点的变化理解 BFS 算法的运行过程。

4. 编程实现 BFS 算法，要求能够根据指定的起始顶点报告可能的 BFS 森林，以图 9-1（a）、图 9-2（a）和图 9-3（a）进行测试。

5．为上题算法设计以一个起始顶点遍历图的所有顶点的调用程序，以图 9-2（a）进行测试，查看以哪些顶点为起始顶点可以到达所有的顶点，以哪些顶点为起始顶点不能到达所有的顶点。

6．说明 C++中 vector 类的哪些方法可以实现 FIFO 队列的 enqueue 和 dequeue 操作。

7．说明分支限界法与回溯法的异同。

8．说明分支限界算法设计的基本要领。

9．说明从状态空间树的构造和搜索方式来看，分支限界法主要有哪两类？

10．分别给出上述两类分支限界法的基本伪代码。

11．给出 0-1 背包问题分支限界算法的约束条件和限界函数设计。

12．针对 0-1 背包问题分支限界算法的 CD-AV 演示，选择 2 组数据进行 20%的交互练习，并保存交互结果。

13．编程实现 0-1 背包问题的分支限界算法，并至少用 3 组数据进行测试，其中 1 组数据的物品个数至少为 10。

14. 给出 C++泛型函数 sort 的基本语法格式，针对 0-1 背包问题中的物品，说明用 sort 函数对物品按价值重量比的倒序进行排序的方法。

15. 说明 0-1 背包问题的分支限界算法的最坏情况复杂度，说明为什么该算法通常远好于穷举搜索算法。

16. 给出图的哈密尔顿回路的定义，说明它与 TSP 问题的关系。

17. 解释费用矩阵的行归约、列归约，以及费用矩阵的归约，选择 CAAIS 中 TSP 问题分支限界算法的 CD-AV 演示中的一个实例，给出其初始费用矩阵，先进行行归约，再进行列归约，并给出各行的行归约常数、各列的列归约常数，以及整个费用矩阵的归约常数。

18. 说明在基于费用矩阵归约的 TSP 问题分支限界算法中，左右分支的选择方法。

19. 说明泛型优先队列类 priority_queue 在基于费用矩阵归约的 TSP 问题分支限界算法中的运用，包括类对象的创建，以 lambda 表达式定义比较函数，取限界值最小元素的操作，以及插入元素的操作。

20. 说明 TSP 问题分支限界算法的最坏情况复杂度，说明为什么该算法通常远好于穷举搜索算法。

21. 分别给出现代版 C++中以 make_pair 泛型函数和大括号格式的对象初始化列表方式创建 pair 类对象的代码。

22. 针对 TSP 问题分支限界算法的 CD-AV 演示，选择 2 组数据进行 20%的交互练习，并保存交互结果。

23. 编程实现 TSP 问题的分支限界算法，并至少用 3 组数据进行测试，其中 1 组数据中图的顶点个数至少为 10。

参考文献

[1] Wikipedia. Breadth-first search[EB/OL]. [2021-10-6].（链接请扫下方二维码）
[2] 郑宗汉，郑晓明. 算法设计与分析（第 3 版）[M]. 北京：清华大学出版社，2017：254-270.
[3] cppreference.com. priority_queue[EB/OL]. [2021-6-28].（链接请扫下方二维码）
[4] 李兆华，程贞一. 朱世杰招差术探原[J]. 自然科学史研究，2000，19（1）：30-39.
[5] 百度百科. 内插法[EB/OL]. [2021-12-9].（链接请扫下方二维码）
[6] 白寿彝. 中国通史（第二版）：第八卷 中古时代·元时期（下册）[M]. 上海：上海人民出版社，2013.
[7] 郭书春. 中国古代数学[M]. 北京：商务印书馆，1997：143.
[8] 钱宝琮. 中国数学史[M]. 北京：商务印书馆，2019：236.

第 10 章

参考文献链接

第 11 章　RSA 算法

君不见，黄河之水天上来，奔流到海不复回。
[唐]李白，《将进酒》

由罗纳德·李维斯特（Ronald Rivest）、阿迪·萨莫尔（Adi Shamir）和伦纳德·阿德曼（Leonard Adleman）于 1977 年设计和发表的 RSA 算法是人类历史上的第一个公钥密码算法，它被广泛地应用于安全数据传输，是奠定如今互联网安全的基石之一。该算法涉及许多深刻的数论理论和算法，本章将以深入浅出的方式对这些理论和算法进行介绍，包括模运算基础、模幂运算的反复平方表示与算法、模同余的定义及其运算性质、模的乘法逆元及扩展 Euclid GCD 算法、关于素数的定理、费马小定理、Miller-Rabin 素性测试算法等，并在这些理论和算法的基础上阐述 RSA 算法。为使读者切身地体会 RSA 算法的魅力，本章最后还介绍了其现代版 C++实现及相关的 CD-AV 演示设计。

11.1　公钥密码学基础

本节将首先扼要介绍对称密钥的数据加密思路，然后阐明公钥密码学的基本思想。

11.1.1　凯撒加密

盖乌斯·尤利乌斯·凯撒（Gaius Julius Caesar）是最早以加密方式传递信息的人之一。本节就用凯撒加密（Caesar Cipher）（也称为凯撒密码）这一古老的加密体制引出数据加密的一些基本思路和概念。

1．凯撒的加密体制

凯撒加密使用的是一种简单的替换密码（Substitution Cipher），它将每个英文字母替换为其后面的第 3 个字母[1]（右移 3 位），即将 a 替换为 d，b 替换为 e，以此类推，直到 w 替换为 z，此后 x 绕回替换为 a，y 和 z 分别替换为 b 和 c，如图 11-1 所示。

图 11-1 还示出了凯撒加密的公式化表示，即将 26 个英文字母编号为 0～25，若以 p 和 c 分别表示明文和密文字母，则凯撒加密可用公式 $c=(p+3)\bmod 26$ 表示，其中 mod 表示模运算（这时的除数 26 称为模），简单理解就是取余数运算。

注 1：模运算的一般表达式是 $a \bmod n$，其中 a 为任意整数，n 为大于 1 的正整数，其结果是 a 除以 n 的余数，因此结果的范围是 $[0,n-1]$。

注 2：模运算巧妙地解决了绕回问题，使得对任何字母的加密均可用同一个统一简明的公式来计算。

注 3：模运算是密码学中普遍使用的一种运算，读者应熟练掌握。

在凯撒右移 3 位的加密体制下，明文 the quick brown fox jumps over the lazy dog 就会加密为如下密文：wkh txlfn eurzq ira mxpsv ryhu wkh odcb grj。

2．凯撒的解密体制

凯撒加密的解密过程很简单，其示意图如图 11-2 所示。对于右移 3 位的加密，只要左移 3 位便可解密，对应的解密公式为 $p=(c-3)\bmod 26$。由于被除数加上模的整数倍不影响模运算的结果，因此解密公式也可以表达为 $p=(c+23)\bmod 26$。

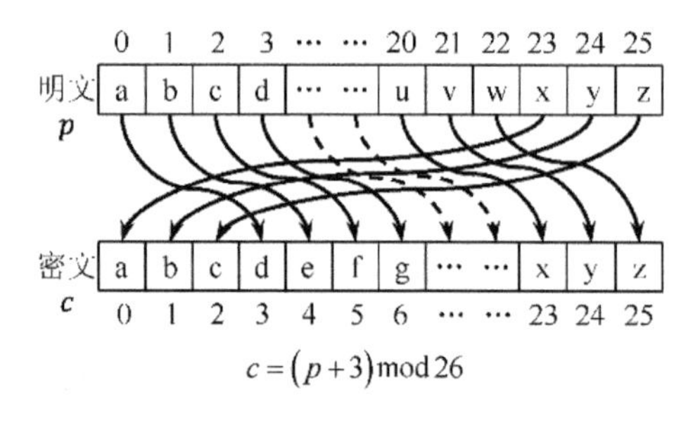

图 11-1　凯撒加密示意图

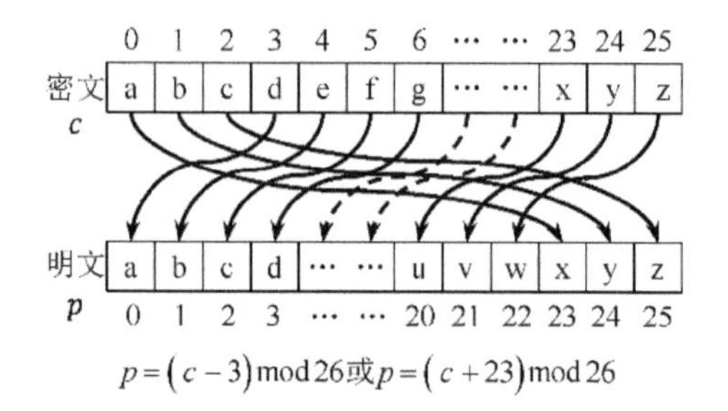

图 11-2　凯撒解密示意图

3．凯撒加密的密钥

凯撒加密可以用公式 $c=(p+k)\bmod 26$ 表达为一般的形式，其中 $1\leqslant k\leqslant 25$，称为加密密钥。相应地，其解密过程可以一般性地表达为 $p=(c+k')\bmod 26$，其中 $1\leqslant k'\leqslant 25$，称为解密密钥。显然，加密密钥和解密密钥间存在简单关系：$k+k'=26$。

当 $k=13$ 时 k' 也是 13，这时加密密钥和解密密钥相同，因此加密和解密的计算公式也完全相同，都是 $y=(x+13)\bmod 26$。这种情况称为对称密钥体制。

注：从广义上说，凡是能由加密密钥推得解密密钥的密钥体制都称为对称密钥体制。

4．凯撒加密的破解

由于凯撒加密仅对字母进行处理，不对空格及其他符号进行处理，因此使用常识就可实现对它的破解。我们接下来介绍具有可推广性的通用破解方法。

一种破解方法是穷举破解或蛮力破解，即用 1～25 的所有可能密钥对一小部分密文进行解密变换，观察获得的字符序列，当字符序列是有意义的文字时，便找到了解密密钥，即实现了破解。由于解密计算仅是简单的模运算，要尝试的密钥数量很有限，所选的密文也可以很短，因此尽管要进行穷举，也可能在很短的时间里实现破解。

另一种破解方法是使用字符频度破解。考虑到英文字母在一般语言表达中出现的频率不同这一事实，可以找出密文中出现频率最高或最低的一个或几个字符，借用一般语言表达中字符的统计规律进行快速的解密密钥推测。这种方法通常比上述的穷举破解效率要高一些。

11.1.2　对称密钥体制

数据加密通常用来实现安全通信，其基本过程如下。通信的发起方 Bob 先将明文，如“Hello Alice!”，通过某种加密算法以选定的加密密钥，如“8X03p9Ew”，变换为不可识别的密文，如 7BC5860418F42EC5（十六进制），然后以某种通信信道传递给接收者 Alice，Alice 通过使用与发送者的加密算法和密钥相适应的解密算法和密钥将密文解密，获得明文“Hello Alice!”，如图 11-3 所示。

图 11-3 所示的对称密钥体制就是最基本的数据加密体制，该体制下加密和解密的算法和

密钥都相同。

图 11-3　对称密钥加密示意图

加密通信的通信信道被假定为是没有安全保障的，即信道中的信息可能会被窃取者 Eve 完整地获取。

公共密码学领域的安全理念普遍地遵循柯克霍夫原则（Kerckhoffs's Principle），即由荷兰密码学家奥古斯特·柯克霍夫（Auguste Kerckhoffs）于 19 世纪提出的原则[2]：密码系统的任何细节均可公之于众，应达到只要密钥未泄露就能确保安全的目标。信息论的发明人，也就是加密通信理论的奠基人，美国数学家克劳德·香农于 1949 年将该原则重述（也可认为是独立地表述）为“香农格言”[3]：就让敌方悉知系统（the Enemy Knows the System）。

基于柯克霍夫原则和香农格言，公共领域的加密算法研究均在如下共识下进行：加密、解密算法公开，只要密钥未泄露，窃取者便无法破解密文。

注：用于政府或军事领域的一些保密通信仍选择隐秘式安全理念，即采用不公开方式设计和实现的密码学算法。

柯克霍夫原则和香农格言意味着，窃取者可以截获通信的密文，并详知所采用的加密算法的所有细节，但无法以可以接受的代价仅由密文反推出密钥，也就无法直接反推出明文。

显然，前述的凯撒加密不符合上述原则，因为至少存在可以快速由密文反推出密钥的蛮力破解方法。

目前密码学家们已经开发出了一系列迄今被证明是安全的对称密钥加密算法，如 3DES、AES（Rijndael）、RC4、IDEA、Twofish、Blowfish、Serpent、Camellia、Salsa20、ChaCha20、CAST5、Kuznyechik、Skipjack、Safer 等[4]。

然而对称密钥体制存在着很大的问题，即密钥传递问题：通信的双方必须使用一种与密文通信不同的安全通信方式传递密钥。为此，密码学家们提出了公钥体制，这从根本上解决了安全通信问题。

11.1.3　公钥密码学简介

公钥密码学（Public-Key Cryptography），又称为非对称密码学（Asymmetric Cryptography）或公钥密码体制（简称为公钥体制），是人类顶级的智慧成就之一。

公钥体制是一类具有两个密钥的加密通信体制，其中一个称为私钥（Private Key），另一个称为公钥（Public Key），它们是数学上相关的，因此称为一个密钥对。期望进行加密通信者，如 Alice，首先要通过一个密钥生成算法生成她的公钥（P_A）/私钥（S_A）对，该算法需要一个随机大整数作为输入，如图 11-4（a）所示。密钥生成算法要具备生成容易、破解不可行的特征，即仅由一个密钥无法以可接受的代价推出另一个密钥。Alice 将其私钥 S_A 安全地保存，而公开其公钥 P_A。

公钥体制还包括一个加密算法E和一个解密算法D，它们与公钥/私钥对相结合，不仅可以用于数据加密传输和数字签名，还可以解决对称密钥体制中的密钥传递问题，实现理想的安全信息加密通信。公钥体制是如今互联网安全通信的基石。

若一个人，如 Bob，要以加密方式给 Alice 发送信息，则他可用加密算法E以 Alice 的公钥P_A将其明文P_T加密为密文C_T，即$C_T = E(P_T, P_A)$，Alice 收到C_T后，用解密算法D以她的私钥S_A进行解密便可获得明文P_T，即$P_T = D(C_T, S_A)$，如图 11-4（b）所示。除 Alice 外的任何人，包括 Bob，都可以获取到密文C_T，但由于他们都不掌握公钥P_A对应的私钥S_A，因此都无法将C_T解密为明文P_T。

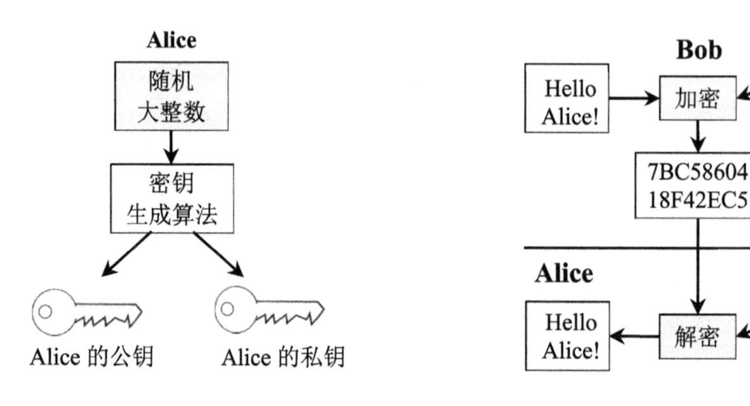

（a）公钥体制的密钥生成算法　　（b）公钥体制的加密与解密过程示意

图 11-4　公钥体制[5]

公钥体制可用于防止信息伪造，即数字签名。如果 Alice 希望接收者能确定接收到的信息是她发送的，那么她可以将信息的明文P_T用她自己的私钥S_A加密为密文，即$C_T = E(P_T, S_A)$，由于接收到C_T的任何人只有用 Alice 的公钥P_A才能以$P_T = D(C_T, P_A)$获得明文，因此接收者和 Alice 都可确定信息是由 Alice 发出而非伪造的。

公钥体制还可用于安全地传递对称密钥。由于公钥系统中的加密和解密算法运行效率远低于对称密钥系统中的加密和解密算法，因此实际的安全通信常采取先用公钥系统传递对称密钥，再用对称密钥系统进行实际信息的加密、通信和解密的方式。

传递对称密钥需要用到通信双方的公钥/私钥对。设 Bob 的公钥和私钥分别是P_B和S_B，若 Alice 要将对称密钥P_W传递给 Bob，则她可先以自己的私钥加密P_W得到$P'_W = E(P_W, S_A)$，再用 Bob 的公钥加密P'_W得到$P''_W = E(P'_W, P_B) = E(E(P_W, S_A), P_B)$。这样接收到$P''_W$的 Bob 就可先后用自己的私钥和 Alice 的公钥对P''_W进行两次解密得出 Alice 设定的对称密钥$P_W = D(D(P''_W, S_B), P_A)$。任何人都可以获取到$P''_W$，但是只有 Bob 能用其私钥将其解密为$P'_W = D(P''_W, S_B)$，Bob 再进一步地用 Alice 的公钥解密$P'_W$得到$P_W = D(P'_W, P_A)$，并可据此确定$P_W$是由 Alice 而不是其他人发来的。

公钥密码学的想法非常有智慧，也确实能够实现理想的安全通信，但要将它真正用于实际，还需要有具体落地的公钥算法。由 MIT 的罗纳德・李维斯特（Ronald Rivest）、阿迪・萨莫尔（Adi Shamir）和伦纳德・阿德曼（Leonard Adleman）三位密码学家于 1977 年提出的 RSA 算法就是第一个具体实现公钥密码学的算法[6]，他们也因为这个巨大贡献获得了 2002 年的图灵奖。RSA 算法一直是应用最广泛的公钥算法之一。

RSA 算法以大整数分解的困难性为基础，即不存在计算上可接受的算法，能够将已知是两个大素数乘积的一个大整数分解为构成它的那两个大素数。RSA 算法以此作为由密钥对中的任何一个密钥不能以可接受的代价推得另一个密钥的保证。

本章将以扼要和务实的方式给出 RSA 算法的解析。首先介绍 RSA 算法所涉及的三个基础算法，即模幂运算的反复平方算法、求模的乘法逆元的扩展 Euclid GCD 算法和 Miller-Rabin 素性测试算法，在此基础上给出 RSA 算法；然后介绍 RSA 算法的现代版 C++实现；最后介绍 RSA 算法的 CD-AV 演示设计。《算法导论》对 RSA 算法及其数论基础进行了权威和透彻的解析，想深入学习 RSA 算法及其基础理论的读者可研读《算法导论》的“数论算法”章[7]。

11.2 模幂运算的反复平方算法

模幂运算是 RSA 算法中的核心运算之一，其高效的反复平方算法是奠定 RSA 算法计算可行性的基础算法之一。本节将在简要介绍模运算的基础上，详细阐述模幂运算的反复平方算法。

11.2.1 模运算基础

模运算是 RSA 算法的基础，因此本节将给出模运算的定义，并扼要说明模运算的性质，以及模加法和模乘法运算的算法复杂度。

1．模运算的定义

定义 11-1（模运算） x 模 N（x modulo N 或 $x \bmod N$）定义为 x 除以 N 的余数，即如果 $x = pN + r$，$0 \leqslant r < N$，则 $x \bmod N = r$。其中，x 可为任意整数，p 为 x 除以 N 的商，N 为正整数。N 称为模数或模。

例如，$3 \bmod 7 = 3$，$10 \bmod 7 = 3$，$11 \bmod 7 = 4$。

为简化讨论，我们主要考虑 x 为 0 或正整数的情况，对于 N 则考虑大于 1 的情况，因为任何数模 1 的结果都是 0，所以 $N = 1$ 属于平凡的情况。

几乎所有的程序设计语言均提供了模运算符号或函数，如 C/C++、Java/JavaScript 和 C#中的%运算符，VB 中的 Mod 运算符，以及 MS Excel 中的 MOD()函数等。

2．模运算的性质

模运算结果受限于区间 $[0, N-1]$ 的特点决定了其具有一些特别的性质，这些性质能够将模运算有关计算的中间值尽最大可能限制在 $[0, N-1]$ 的范围内，这能够避免大数计算，因而可获得较高的运算效率。

1）模加法运算性质

两数和的模等于两数模的和的模，即 $(x+y) \bmod N = (x \bmod N + y \bmod N) \bmod N$。

证明： 令 $x = pN + r$，$y = qN + s$，则 $x + y = (p+q)N + r + s$，即 $(x+y) \bmod N = (r+s) \bmod N$，而 $(x \bmod N + y \bmod N) \bmod N = (r+s) \bmod N$。

注： 下面的各性质均可参照上述方法进行证明。

2）模减法运算性质（证明从略）

两数差的模等于两数模的差的模，即 $(x-y) \bmod N = (x \bmod N - y \bmod N) \bmod N$。

3）模乘法运算性质（证明从略）

两数积的模等于两数模的积的模，即 $(x \cdot y) \bmod N = ((x \bmod N) \cdot (y \bmod N)) \bmod N$。

4）模幂运算的性质

幂的模等于底数模的幂的模，即 $x^y \bmod N = (x \bmod N)^y \bmod N$。

证明： 令 $x = pN + r$，则根据二项式定理有 $x^y = (pN+r)^y = \sum_{k=0}^{y} \binom{y}{k} (pN)^k r^{y-k}$，显然此展开式中除 $k=0$ 的项 r^y 以外，其余各项均含因子 N，因此 $x^y \bmod N = r^y \bmod N$，即得 $(x \bmod N)^y \bmod N = r^y \bmod N$。

5）模加法具有结合律（证明从略）

$((x+y) \bmod N + z \bmod N) \bmod N = (x \bmod N + (y+z) \bmod N) \bmod N$。

6）模乘法具有结合律（证明从略）

$((x \cdot y) \bmod N \cdot z \bmod N) \bmod N = (x \bmod N \cdot ((y \cdot z) \bmod N)) \bmod N$。

7）模加法具有交换律（证明从略）

$(x+y) \bmod N = (y+x) \bmod N$。

8）模乘法具有交换律（证明从略）

$(x \cdot y) \bmod N = (y \cdot x) \bmod N$。

9）模乘法具有分配律（证明从略）

$(x(y+z) \bmod N) \bmod N = (xy \bmod N + xz \bmod N) \bmod N$。

3．模加法和模乘法运算的算法复杂度

接下来我们分析一下模加法和模乘法这两种基本模运算的算法复杂度。

这里所说的模加法运算指的是 $(x \bmod N + y \bmod N) \bmod N$ 运算，其中括号内的两项需要从结果算起，即不讨论括号里的 mod 运算。该运算要先将两个 0～N-1 的数相加，如果结果小于或等于 $N-1$，则括号外的 mod 运算就是一个无操作的运算；如果结果大于 $N-1$，也一定不会超过 $2N-2$，则括号外的 mod 运算也仅需要执行一次减去 N 的减法运算。因此，该运算至少进行一次 N 大小数的加法运算，至多额外加一次 N 大小数的减法运算，因此模加法运算是算法复杂度为 $O(n)$ 的位运算，其中 $n = \lceil \log N \rceil$，是 N 的二进制位数。

这里的模乘法运算指的是 $(x \bmod N \cdot y \bmod N) \bmod N$，其中括号内的两项也需要从结果算起，即不讨论括号里的 mod 运算。该运算要先对两个 0～N-1 的数相乘，再将乘积除以 N，因此模乘法运算可以用复杂度为 $O(n^2)$ 的位运算完成。

11.2.2　模幂运算的反复平方表示与算法

本节我们将先根据模运算的性质将模幂运算表示为反复平方的形式，然后基于该形式给出模幂运算的反复平方算法。

1. 模幂运算的反复平方表示

在 RSA 及其他密码学相关的算法中，经常会进行形如 $a^b \bmod N$ 的模幂运算，如 $7^{560} \bmod 561$。如果先将幂运算的结果计算出来，再对结果进行模运算，则会因数字越来越大而带来严重的时间和空间效率问题。

模幂运算的反复平方算法则充分地运用前述模乘法运算和模幂运算的性质，实现了高效率的计算。

为解释反复平方算法，我们先介绍二进制数的 Horner 表示法[参见 7.6.2 节的式(7-10)]。假设 b 是一个 4 位的二进制数 $b=(b_3b_2b_1b_0)_2$，则有 $b=b_3 2^3+b_2 2^2+b_1 2^1+b_0$，我们将它写为 Horner 形式，即 $b=2\big(2(2b_3+b_2)+b_1\big)+b_0$。

将二进制数 b 表示为上述的 Horner 形式后，我们就可以运用幂运算的特点将 a^b 表示为反复平方的形式，即

$$a^{2(2(2b_3+b_2)+b_1)+b_0}=a^{2(2(2b_3+b_2)+b_1)}a^{b_0}=\left(a^{2(2b_3+b_2)+b_1}\right)^2a^{b_0}=\left(a^{2(2b_3+b_2)}a^{b_1}\right)^2a^{b_0}$$

$$=\left(\left(a^{2b_3+b_2}\right)^2a^{b_1}\right)^2a^{b_0}=\left(\left(a^{2b_3}a^{b_2}\right)^2a^{b_1}\right)^2a^{b_0}=\left(\left(\left(a^{b_3}\right)^2a^{b_2}\right)^2a^{b_1}\right)^2a^{b_0}$$

为便于初始化，我们在 b 的最高有效位前加上 1 位 0，即在上述例子中保证 $b_2=1$，而让 $b_3=0$ 是额外加上的 0 位，则有 $a^b=\left(\left((1)^2a^{b_2}\right)^2a^{b_1}\right)^2a^{b_0}$。

于是，运用模乘法运算和模幂运算的性质可得

$$a^b \bmod n=\left(\left((1)^2a^{b_2}\right)^2a^{b_1}\right)^2a^{b_0} \bmod n$$

$$=\left(\left(\left(\left(\left((1)^2 \bmod n\right)a^{b_2} \bmod n\right)^2 \bmod n\right)a^{b_1} \bmod n\right)^2 \bmod n\right)a^{b_0} \bmod n \tag{11-1}$$

式（11-1）很形象表达了一个由内到外反复平方的计算结构，我们将借用此结构设计模幂运算的反复平方算法。

2. 模幂运算的反复平方算法

根据式（11-1），我们可以设计如算法 11-1 所示的模幂运算的反复平方算法（Repeated Squaring for MOD Exponentiation）。

算法 11-1 模幂运算的反复平方算法

输入：正整数 a,b,n

输出：$a^b \bmod n$

```
1. RS4ME(a, b, n)
2. d = 1
3. let b = b_k b_{k-1} ··· b_0
4. for i = k downto 0
5.     d = (d * d) mod n
6.     if b_i = 1
7.         d = (d * a) mod n
8.     end if
9. end for
10. return d
```

算法的第 2 行将 d 初始化为 1，第 4 行对 b 的二进制位以循环变量 i 由高位到低位进行循环。循环体中的第 5 行对当前的 d 求平方并执行 mod n 运算。在首轮循环中，d 的值为 1，第 5 行的 d*d 对应式（11-1）中最内层的 1^2，在接下来的循环中，该行的 d*d 对应式（11-1）中其他层上的平方项。当 b 的第 i 位 b_i 为 1 时，$a^{b_i}=a$，算法会执行第 7 行的运算，将 d 乘上 a 并执行 mod n 运算；当 b 的第 i 位 b_i 为 0 时，

$a^{b_i}=1$，算法不需要进行额外的计算。

算法的基本思路是将模幂运算的值 d 初始化为 1，对 a^b 中有 k+1 个二进制位的 b 以 i 由高位到低位进行遍历，对每个 i 执行当前模幂值 d 的平方和 mod n 运算，如果 b_i 的值为 1，则再将 d 乘上一个 a，并再执行一次 mod n 运算。这样就在计算过程中实现了最大限度的 mod n 运算，也就达到了最高的运算效率。

表 11-1 所示为模幂运算的反复平方算法计算示例，该示例计算的是 $16^{53} \bmod 299$，即 $a=16$，$b=53_{10}=110101_2$，$n=299$。根据算法，d 的初值为 1，循环从 b 的最高位（b_5）遍历到最低位（b_0），每次循环都要计算 d^2 和 $d^2 \bmod n$，如果 b_i 的值为 1，则需要计算 $d \cdot a$ 和 $da \bmod n$。最终的结果是 $16^{53} \bmod 299=100$。由此可以看出，每一轮中的 $d^2 \bmod n$ 和 $da \bmod n$ 计算都及时地将 d 的中间结果降低到 $0 \sim n-1$ 范围内，避免了过大整数的运算。

表 11-1　模幂运算的反复平方算法计算示例

i	5	4	3	2	1	0
b_i	1	1	0	1	0	1
d^2	1	256	43681	729	9	81
$d^2 \bmod n$	1	256	27	131	9	81
$d \cdot a$	16	4096	—	2096	—	1296
$da \bmod n$	16	209	—	3	—	100

下面我们来分析一下模幂运算反复平方算法的复杂度。假如 a、b、n 都是 β 位的数，则第 4 行的 for 循环会执行 β 次，而第 5 行和第 7 行的乘法运算和 mod n 运算都将花费 $O(\beta^2)$ 的位运算，因此该算法的复杂度是 $O(\beta^3)$。

11.3 模同余、模的乘法逆元及扩展 Euclid GCD 算法

本节将由模同余引出模的乘法逆元的概念，这一概念是 RSA 算法的一个重要支撑，之后阐述古老的 Euclid GCD 算法可以扩展为求模的乘法逆元的高效算法。

11.3.1 模同余的定义及其运算性质

模同余是模运算的一个重要深化，它在密码学领域中有非常广泛的应用。本节将介绍模同余的基本概念，并扼要介绍其常用的运算性质。

1．模同余的定义

对于给定的 $N>1$ 的正整数，任意整数 y 经过模 N 运算后其结果均为 0 到 $N-1$ 之间的 N 个整数值之一，因此可以说模 N 运算将所有的整数划分成了 0 到 $N-1$ 之间的 N 个类。例如，对于模 3 运算，整数 0、±3、±6 等属于“0”类，因为它们模 3 的结果都是 0。同理，−5、−2、1、4、7 等属于“1”类，−4、−1、2、5、8 等属于“2”类。显然，这 3 个类包括了所有的整数。

定义 11-2（模同余）　如果两个整数 x 和 y 关于 N 的模运算结果相同，则说 x 与 y 模 N 同余，记为 $x \equiv y \pmod N$。

例如，$3 \equiv 10 \pmod 7$，$10 \equiv 17 \pmod 7$。

显然，若 x 与 y 模 N 同余，则其差一定可以被 N 整除，因为 $x=pN+r$，

$y=qN+r \Rightarrow x-y=(p-q)N$，反之亦然，即 $x \equiv y(\bmod N) \Leftrightarrow N \mid (x-y)$。

模同余是一种等价关系，因为它具有自反性、对称性和传递性。

自反性：$x \equiv x(\bmod N)$。

对称性：$x \equiv y(\bmod N) \Rightarrow y \equiv x(\bmod N)$。

传递性：若 $x \equiv y(\bmod N)$，$y \equiv z(\bmod N)$，则 $x \equiv z(\bmod N)$。

证明：由于 $x-y=pN$，$y-z=qN$，故有 $x-z=(p+q)N$，因此 $x \equiv z(\bmod N)$。

2．**模同余的运算性质**

模同余的加法、乘法与指数运算是模同余的常用运算，本节我们就介绍这 3 种运算的基本性质。

1）模同余的加法运算性质

两个整数的和与其模同余的和模同余，即若 $x \equiv x'(\bmod N)$，$y \equiv y'(\bmod N)$，则 $x+y \equiv x'+y'(\bmod N)$。

证明：$\because$ $x \equiv x'(\bmod N)$，$y \equiv y'(\bmod N)$。

$\therefore$ $x=pN+r$，$x'=p'N+r$，$y=qN+s$，$y'=q'N+s$。

$\therefore$ $x+y=(p+q)N+r+s$，$x'+y'=(p'+q')N+r+s$。

$\therefore x+y \equiv x'+y'(\bmod N)$。

2）模同余的乘法运算性质（证明从略）

两个整数的积与其模同余的积模同余，即若 $x \equiv x'(\bmod N)$，$y \equiv y'(\bmod N)$，则 $xy \equiv x'y'(\bmod N)$。

3）模同余的指数运算性质

一个整数的指数与其模同余的指数模同余，即若 $x \equiv x'(\bmod N)$，则 $x^k \equiv (x')^k (\bmod N)$，$k=2,3,\cdots$。

证明：$\because$ $x \equiv x'(\bmod N)$。

$\therefore$ 根据模同余的乘法运算性质有，$x^2 \equiv (x')^2 (\bmod N)$。

同理，$x^k \equiv (x')^k (\bmod N)$，$k=3,4,\cdots$。

下面我们来验证一下这个性质。显然，$7 \equiv 2(\bmod 5)$。

$\because 7^2=49=9\times5+4=9\times5+2^2$。$\therefore 7^2 \equiv 2^2 (\bmod 5)$。

$\because 7^3=343=67\times5+8=67\times5+2^3$。$\therefore 7^3 \equiv 2^3 (\bmod 5)$。

模同余的指数运算性质使得当一个数 x 与 1 模 N 同余，即 $x \equiv 1(\bmod N)$ 时，可以立即得出 x 的任何整数次幂都与 1 模 N 同余，即 $x^k \equiv 1^k (\bmod N) \equiv 1(\bmod N)$。

例如，$6 \equiv 1(\bmod 5)$。$\because 6^2=36=7\times5+1$。$\therefore 6^2 \equiv 1(\bmod 5)$。$\because 6^3=216=43\times5+1$。$\therefore 6^3 \equiv 1(\bmod 5)$。$\because 6^6=6^3\times6^3=(43\times5+1)(43\times5+1)=x\times5+1$。$\therefore 6^6 \equiv 1(\bmod 5)$。

再举一个运用的例子：$2^{345} \equiv ?(\bmod 31)$。

$\because 2^{345}=\left(2^5\right)^{69}=32^{69}$，而 $32 \equiv 1(\bmod 31) \Rightarrow 32^{69} \equiv 1^{69} (\bmod 31)=1(\bmod 31)$。

$\therefore 2^{345} \equiv 1(\bmod 31)$。

11.3.2 模的乘法逆元及扩展 Euclid GCD 算法

模的乘法逆元在 RSA 算法中起着重要作用，本节将对该概念进行介绍，并对 Euclid GCD 算法进行扩展，以获得求模的乘法逆元的高效算法。

1．模的乘法逆元

定义 11-3（模的乘法逆元） 对于给定的正整数 a 和 N，如果存在一个 x 满足 a 与 x 的积与 1 模 N 同余，即 $ax \equiv 1(\text{mod } N)$，则称 x 为 a 模 N 的乘法逆元，记为 $a^{-1} \equiv x(\text{mod } N)$。

模的乘法逆元与普通乘法中的倒数有相似的性质。在普通乘法中，若 $3x=1$，我们就说 x 是 3 的倒数，即 $x=\frac{1}{3}=3^{-1}$，也说 x 是 3 的乘法逆。有了乘法逆后，除法运算就可以转换为对除数的逆的乘法运算，如 $5 \div 3 = 5 \times 3^{-1}$。与普通乘法相同的是，0 元素没有模的乘法逆元。

模的乘法逆元与普通乘法的逆也有很大的不同。在普通乘法中，大于 1 的数 a 的逆 a^{-1} 是小于 1 的，而 a 模 N 的乘法逆元 a^{-1} 的取值范围与 a 的取值范围相同，都是 1～$N-1$ 的整数。例如，由于 $3 \times 4 = 12 \equiv 1(\text{mod } 11)$，我们说 4 是 3 模 11 的乘法逆元，即 $3^{-1} \equiv 4(\text{mod } 11)$。当然它们之间是互逆的，因为我们也可以说 3 是 4 模 11 的乘法逆元，即 $4^{-1} \equiv 3(\text{mod } 11)$。

并非任意的 a 都有模 N 的乘法逆元。例如，当 $a=2$、$N=6$ 时就不存在 x，使 $ax \equiv 1(\text{mod } 6)$。因为对于任何的整数 x，ax 都是偶数，所以对 6 进行模运算的结果不可能是奇数，也就不可能是 1。

模的乘法逆元的存在性可由模的除法定理确定。

定理 11-1（模的除法定理） 对于任意的 $a \text{ mod } N$，a 有一个模 N 的乘法逆元，当且仅当 a 与 N 互素。

a 与 N 互素指的是 a 与 N 之间没有大于 1 的公共因子，也就是说它们之间的最大公约数为 1，即 $\text{GCD}(a,N)=1$。由此可见，模的乘法逆元与最大公约数 GCD 有关。我们在第 1 章中就介绍过，求 GCD 有一个号称人类历史上第一个算法的高效率的 Euclid GCD 算法。接下来我们通过对 Euclid GCD 算法进行扩展，以获得求模的乘法逆元的扩展 Euclid GCD 算法。

2．GCD 的检验

如果有人说 d 是 a 和 b 的 GCD，那么我们怎样检验这个说法是不是正确的呢？显然，仅验证 d 能整除 a 和 b 是不够的，因为 a 和 b 之间可能有许多公因子。下面的引理给出了一种检验 GCD 的方法。

引理 11-1（GCD 检验的 Bézout 等式法） 如果 d 能整除 a 和 b，同时存在整数 x 和 y，使 $d=ax+by$，则必定有 $d=\text{GCD}(a,b)$。其中，公式 $d=ax+by$ 称为 Bézout 等式。

例如，21 能整除 252 和 105，而且 $21=252\times(-2)+105\times5$，这样就可以确定 21 是 252 和 105 的 GCD，即 $\text{GCD}(252,105)=21$。

下面我们不直接从数学上证明引理 11-1，而通过将 Euclid GCD 算法修改为扩展的 Euclid GCD 算法，阐述其不仅可以返回 GCD 的值 d，还可以返回 Bézout 等式中的 x 和 y，来间接地证明其正确性。

在 1.1 节，我们就介绍了 Euclid GCD 算法源自 Euclid GCD 定理：$\text{GCD}(a,0)=a$；$\text{GCD}(a,b)=\text{GCD}(b,a \text{ mod } b)$。

为方便接下来的讨论，我们将 Euclid GCD 算法的伪代码（算法 1-1）复制为如下的算法 11-2，并以表 11-2 给出 $a=105$、$b=252$ 时的计算表。表 11-2 中列出了每个步骤上 a 除以 b 的商 q，尽管 Euclid GCD 算法并不需要计算这个商，但是我们可以看到，这个商可以用于构造扩展 Euclid GCD 算法以求模的乘法逆元。

算法 11-2 Euclid GCD 算法

输入：整数 $a>0, b\geqslant 0$

输出：a 与 b 的 GCD

1. while $b \neq 0$
2. $r = a \bmod b$；$a=b$；$b=r$
3. end while
4. return a

表 11-2 Euclid GCD 算法的计算示例

No	a	b	$q=\lfloor a/b \rfloor$	r
1	105	252	0	105
2	252	105	2	42
3	105	42	2	21
4	42	21	2	0
5	21	0		

下面我们通过分析和计算表 11-2 来说明，由 Euclid GCD 算法确实可以获得 Bézout 等式 $d=ax+by$ 中的 x 和 y。

由表 11-2 中的第 5 行显然可得到 $d=21=a_5\cdot 1+b_5\cdot 0$，即 $x_5=1$，$y_5=0$。对于前面的某行 i，有 $a_i=q_ib_i+r_i$，而根据欧氏算法有 $a_{i+1}=b_i$，$b_{i+1}=r_i=a_i-q_ib_i$。这样只要将上述的 a_{i+1} 和 b_{i+1} 式子从最后一行开始不断地往回代入 d 表达式，并将各行 q_i 及时地以表 11-2 中的值代入以简化计算，当回到第 1 行时就能得到 Bézout 等式：

$$
\begin{aligned}
d=21&=a_5\cdot 1+b_5\cdot 0=b_4\cdot 1+\left(a_4-q_4b_4\right)\cdot 0=b_4\cdot 1\\
&=\left(a_3-q_3b_3\right)\cdot 1=a_3\cdot 1+b_3\cdot(-2)=b_2\cdot 1+\left(a_2-q_2b_2\right)\cdot(-2)\\
&=a_2\cdot(-2)+b_2\cdot 5=b_1\cdot(-2)+\left(a_1-q_1b_1\right)\cdot 5=a\cdot 5+b\cdot(-2)
\end{aligned}
$$

注： *为方便讨论，我们将算法中的 a 和 b 加上下标以标识不同轮次的计算值。*

由 Euclid GCD 算法的这一解析可以看出，对执行完成的 Euclid GCD 算法进行回推，并借助每个步骤 i 上 a_i 与 b_i 的商值 q_i，就可以获得关于 a 和 b 的 Bézout 等式 $d=ax+by$，也就获得了等式中的 x 和 y。

这个过程一方面证明了引理 11-1 的正确性，另一方面给出了求 Bézout 等式中 x 和 y 的方法。也就是说，如果已经获得了第 $i+1$ 步上的 Bézout 等式 $d_{i+1}=a_{i+1}x_{i+1}+b_{i+1}y_{i+1}$，那么根据欧氏算法 $a_{i+1}=b_i$ 和 $b_{i+1}=r_i=a_i-q_ib_i$ 的特点，就可以推得第 i 步上的 Bézout 等式 $d_i=d_{i+1}=b_ix_{i+1}+\left(a_i-q_ib_i\right)y_{i+1}$，即 $d_i=a_iy_{i+1}+b_i\left(x_{i+1}-q_iy_{i+1}\right)$。也就是说，第 i 行上 Bézout 等式中的 x_i 和 y_i 可以由第 $i+1$ 行上的 x_{i+1} 和 y_{i+1} 借助第 i 行上的商 q_i 计算得到，即 $x_i=y_{i+1}$，$y_i=x_{i+1}-q_iy_{i+1}$。

3. 扩展 Euclid GCD 算法

上述的 Euclid GCD 算法解析可以表述为如算法 11-3 所示的扩展 Euclid GCD 算法。

由于要回推，因此算法设计成递归形式。其中的第 2 行是 Euclid GCD 算法的最后一步，它返回 d=a，x=1，y=0。第 3 行按前述的 Euclid GCD 算法解析获取第 i+1 步上的 d、x、y。第 4 行将第 i+1 步上的 d_{i+1}、x_{i+1}、y_{i+1} 通过公式 $x_i=y_{i+1}$ 和 $y_i=x_{i+1}-q_iy_{i+1}$ 转

算法 11-3 扩展 Euclid GCD 算法

输入：整数 $a>0, b\geqslant 0$

输出：满足 d = ax+by 的 d,a,b 值

1. ExtEuclidGCD(a, b)
2. if b = 0 return (a, 1, 0)
3. (d, x, y) = ExtEuclidGCD(b, a mod b)
4. return (d, y, x - $\lfloor a/b \rfloor$y)

化为第 i 步上的 d_i、x_i、y_i 并返回，即 d_{i+1}，y_{i+1}，$x_{i+1}-\lfloor a_i/b_i \rfloor y_{i+1}$，其中 a_i/b_i 的商 q_i 用其底函数 $\lfloor a_i/b_i \rfloor$ 表示。

下面介绍扩展 Euclid GCD 算法的复杂度。与 Euclid GCD 算法相比，算法 11-3 多出来的运算就是每个步骤上要进行的求商运算，即第 4 行中的 $\lfloor a/b \rfloor$ 运算。Euclid GCD 算法在每个步骤上也都要进行第 3 行中的 a mod b 运算，a mod b 运算就是除法运算，因此我们可以在计算 a mod b 时记下商值 q，这样第 4 行中的 $\lfloor a/b \rfloor$ 就不会带来额外的计算量，因此扩展 Euclid GCD 算法的复杂度与 Euclid GCD 算法相同，根据 3.4 节的分析，这个复杂度是 $O(\log a \log b)$。

4．用扩展 Euclid GCD 算法求模的乘法逆元

前已述及，只有当 a 与 N 互素，即 $\text{GCD}(a,N)=1$ 时，才存在 a 模 N 的乘法逆元。因此，我们可以对给定的 a 和 N，执行扩展 Euclid GCD 算法。这一方面可以根据返回的 GCD 值是否为 1 判断 a 和 N 是否互素；另一方面如果它们互素，则可以根据返回的 Bézout 等式 $d=1=ax+Ny$，获得 a 模 N 的乘法逆元 x。

若 $d=1=ax+Ny$，则 $ax=-Ny+1$，这表示 a 与 x 的积是 N 的整数倍加 1，也就是说 a 与 x 的积模 N 的结果是 1，或者说 a 与 x 的积与 1 模 N 同余，即 $ax\equiv 1(\text{mod } N)$。因此，$x$ 就是 a 模 N 的乘法逆元，即 $a^{-1}\equiv x(\text{mod } N)$。

注：如果求出的 x 小于 0，则要将它加上 N 以调整到 0～$N-1$ 的范围内。

11.4 Miller-Rabin 素性测试算法

RSA 算法的另一个重要支柱是快速获得大素数，Miller-Rabin 素性测试算法为此提供了支持。本节将首先介绍关于素数有无穷个的 Euclid 素数定理和足够密的素数分布定理，然后介绍基于费马小定理的费马素性测试算法，以及克服其缺陷的 Miller-Rabin 素性测试算法。

11.4.1 关于素数的定理

素数（也称为质数）在密码学中起着非常关键的作用，本节将介绍与 RSA 算法密切相关的两个重要性质，即关于素数有无穷多个的 Euclid 素数定理和足够密的素数分布定理。

1．Euclid 素数定理

定理 11-2（Euclid 素数定理） 素数有无穷多个。

注：该定理一般被称为 Euclid 定理（Euclid's Theorem）[8]，但由于以 Euclid 命名的定理有许多，因此本教材将其取名为“Euclid 素数定理”，以凸显其内涵和便于区分。

证明（反证法）：假设素数有有限的 n 个，则可按从小到大的顺序记为 $p_1,p_2,\cdots,p_n$，我们用它们的积加 1 构造一个整数 $P=p_1p_2\cdots p_n+1$。若 P 是一个素数，则它是一个比 p_n 还要大的素数，推出矛盾，故原命题正确；若 P 是一个合数，则由于 $p_1,p_2,\cdots,p_n$ 都除不尽 P，因此 P 必定存在 $p_1,p_2,\cdots,p_n$ 之外的素因子，也推出矛盾，故原命题正确。

注：根据算术基本定理，每个合数都能以唯一的形式被写成素（质）数的乘积，此即分解质因数。

2．素数分布定理

素数的密度是怎样的呢？1896 年法国数学家雅克・哈达马（Jacques Hadamard）和比利时数学家查尔斯・金・德・拉・瓦莱・普森（Charles Jean de la Vallée Poussin）各自独立提出的素数分布定理[9]给出了回答。

定理 11-3（素数分布定理）　假设小于或等于实数 x 的素数由分布函数 $\pi(x)$ 描述，则有 $\lim\limits_{x\to\infty}\dfrac{\pi(x)}{x/\ln x}=1$。

注：该定理的英文名称是 Prime Number Theorem（PNT），意为素数个数定理，但中文常简化翻译为素数定理，本教材取名为素数分布定理以更好地表达其含义。

法国数学家狄利克雷（Dirichlet）于 1838 年提出一个关于素数分布更好的近似表达式[9]，即 $\lim\limits_{x\to\infty}\dfrac{\pi(x)}{\mathrm{Li}(x)}=1$，其中 $\mathrm{Li}(x)=\int_2^x\dfrac{\mathrm{d}x}{\ln x}=\mathrm{li}(x)-\mathrm{li}(2)$ 为欧拉对数积分函数（也称为偏移对数积分函数），而 $\mathrm{li}(x)=\int_0^x\dfrac{\mathrm{d}x}{\ln x}$ 称为对数积分函数。

图 11-5 示出了 $\dfrac{\pi(x)}{x/\ln x}$ 和 $\dfrac{\pi(x)}{\mathrm{Li}(x)}$ 的渐近曲线形态。尽管 $\mathrm{Li}(x)$ 对 $\pi(x)$ 有更好的近似，但由于 $\dfrac{x}{\ln x}$ 有更好的可解释性，因此 $\pi(x)\sim\dfrac{x}{\ln x}$ 的形式在实际应用中被更广泛地采用。

注：图 11-5 中曲线绘制的数据来源于文献[10]。$f(x)\sim g(x)$ 表示 $\lim\limits_{x\to\infty}\dfrac{f(x)}{g(x)}=1$。

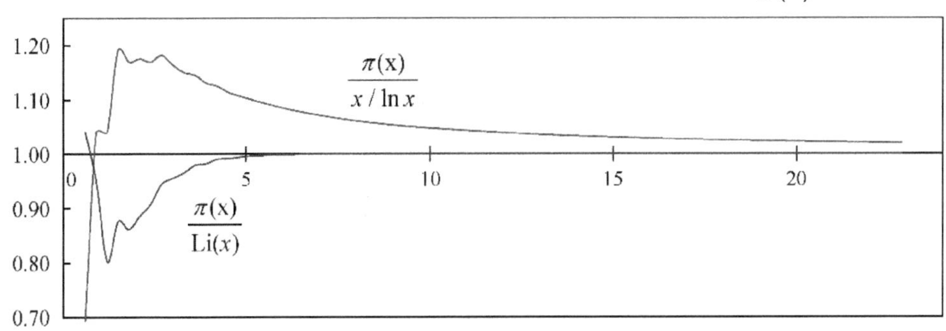

图 11-5　素数的分布函数

对于给定的整数 x，由 $\pi(x)\sim\dfrac{x}{\ln x}$ 可知，小于或等于 x 的素数的平均间隔为 $\dfrac{x}{\pi(x)}\sim\ln x=\dfrac{\log x}{\log \mathrm{e}}\approx 0.7\log x$。也就是说，在 k 个二进制位的范围内，平均每 $0.7k$ 个数中就会有一个素数。例如，在 1024 位的范围内（10^{308} 范围内），平均大约连续 710（$0.7\times1024\approx710$）个数内就会有一个素数。

素数分布定理说明素数足够密，因此如果要找一个 k 位的素数，可以令 x 取初值 $2^{k-1}+r$，其中 r 为一个随机的奇数，以步长 2 的增量对 x 进行素性测试（只需测试奇数），平均大约测试 $0.35k$ 次就可以获得一个素数。

11.4.2 费马小定理及相关的素性测试算法

本节我们将先说明素性测试的试除算法的不可行性，然后介绍费马小定理，并由此引出一种概率性的素性测试算法，并说明该算法的局限性。

1．素性测试的试除算法的不可行性

定义 11-4（素性测试） 素性测试是测试一个数是否为素数的测试。

在 2.2.2 节中，我们曾基于穷举法设计过素性测试的试除算法（算法 2-5），即用 2～$\sqrt{n}$ 的数对 n 进行试除，如果发现有一个数能除尽 n，则说明 n 为合数，如果所有 2～$\sqrt{n}$ 的数都除不尽 n，则说明 n 是一个素数。

然而，该算法是一个指数阶复杂度的算法，即 $T(\beta)=O\left(\sqrt{n}\right)=O\left(2^{\frac{\beta}{2}}\right)$，其中 $\beta=\lfloor\log n\rfloor+1$ 是 n 的二进制位数，也就是说，该算法是一个计算上不可行的算法。因此，要构造可行的密码学算法，必须寻找其他高效率的素性测试算法。

2．费马小定理

费马小定理揭示了素数很重要且很有用的一个性质，它是高效率概率性素性测试的基础。

定理 11-4（费马小定理） 如果 p 是一个素数，那么对于任意的 $1\leqslant a<p$，有 $a^{p-1}\equiv 1(\mathrm{mod}\ p)$。

注：关于费马小定理的证明可参考《算法导论》中深奥的基于群论的高等证明[11]，或《算法概论》中较易理解的初等证明[12]。

我们可以用 $p=5$ 来验证一下。此时 $p-1=4$，a 可取值 1～4，于是有

$$a=1，\ 1^4=1\equiv 1(\mathrm{mod}\ 5)$$

$$a=2，\ 2^4=16=3\times 5+1\equiv 1(\mathrm{mod}\ 5)$$

$$a=3，\ 3^4=81=16\times 5+1\equiv 1(\mathrm{mod}\ 5)$$

$$a=4，\ 4^4=256=51\times 5+1\equiv 1(\mathrm{mod}\ 5)$$

费马发现的这个素数性质极其令人惊讶。例如，已知 9973 是一个素数，则 $1^{9972},2^{9972},\cdots,9972^{9972}$，即 1～9972 的这 9972 个数中，每个数的 9972 次方都与 1 模 9973 同余。

3．基于费马小定理的费马素性测试算法

费马小定理提供了一种不用进行因子分解和穷举而以大概率获得素数的高效率算法，即费马素性测试算法。其基本思想是，对于给定的奇数 n，在 2～$n-2$ 的范围内选取一个称为“基”的值 a，计算 $a^{n-1}\ \mathrm{mod}\ n$，如果结果为 1，即测试通过，则认为 n 是素数；如果测试不通过，则认为 n 是合数，如图 11-6 所示[13]。

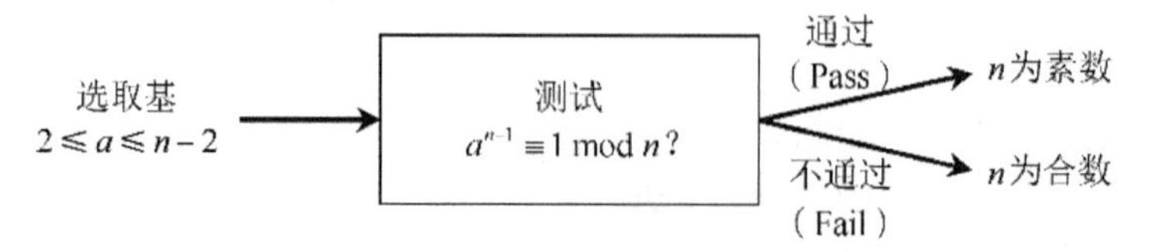

图 11-6 基于费马小定理的素性测试

注： 当 n 是奇数时，$(n-1)^{n-1}$ 必定与 1 模 n 同余，因为若将 $(n-1)^{n-1}$ 以二项式展开，则除最后一项为 1 以外其余各项中均含有因子 n，所以不需要对 $a=n-1$ 进行测试。

显然，费马素性测试算法的主要计算是 $a^{n-1} \bmod n$，而该计算可以用模幂运算的反复平方算法（算法 11-1）完成，因此费马素性测试算法的复杂度就是模幂运算的反复平方算法的复杂度，即 $O\left((\log n)^3\right)$，这说明费马素性测试算法是一个计算上可行的算法。

然而，费马素性测试算法并不是一个确定性的算法。当选定的基 a 使 $a^{n-1} \neq 1 \bmod n$ 时，我们可以断定 n 是一个合数，这时称 a 为 n 是合数的**费马见证数**（Fermat Witness）。

当选定的基 a 使 $a^{n-1} \equiv 1 \bmod n$ 时，n 却不一定是真的素数。例如，设 $n=15$，若取 $a=4$，则 $4^{14} \bmod 15 = \left(4^2\right)^7 \bmod 15 = \left(4^2 \bmod 15\right)^7 \bmod 15 = 1 \bmod 15$，即 $4^{14} \equiv 1 \pmod{15}$，因此费马素性测试会错误地断定 15 为素数；若取 $a=2$，则 $2^{14} \bmod 15 = 4^7 \bmod 15 = 4^{6+1} \bmod 15 = 4 \bmod 15$，即 $2^{14} \equiv 4 \pmod{15}$，因此费马素性测试会正确地断定 15 为合数。如果一个基 a 导致合数 n 错误地通过了费马素性测试，则称 a 为**费马伪证数**（Fermat Liar），相应的 n 称为**费马伪素数**（Fermat Pseudoprime）。

费马素性测试获得费马伪素数的可能性有多大呢？下面的引理说明费马素性测试具有可行性。

引理 11-2（费马素性测试的可行性）　如果某个与 n 互素的 a（$\mathrm{GCD}(a,n)=1$）是 n 为合数的费马见证数，即 $a^{n-1} \neq 1 \bmod n$，那么 $\mathbb{Z}_n^1 = \{1,2,\cdots,n-1\}$ 中有至少一半的可能取值 b 会是 n 为合数的费马见证数，即 $b^{n-1} \neq 1 \bmod n$。

证明： 对于 $i,j \in \mathbb{Z}_n^1$，$i<j$，以及满足 $\mathrm{GCD}(a,n)=1$ 的 a，有 $a \cdot i \neq a \cdot j \pmod n$。这是由于 $\mathrm{GCD}(a,n)=1$ 说明不存在 $u \in \mathbb{Z}_n^1$ 使得 $au=kn$，$k \in \mathbb{Z}_n^1$，因为若 $k=1$，则 $au=n$，这与 $\mathrm{GCD}(a,n)=1$ 相矛盾。若 $k>1$，则 a 或 u 中会含有因子 k，如果 a 中含有因子 k，则令 $a=kv$，有 $vu=n$，这说明 a 和 n 中均含有因子 v，这也与 $\mathrm{GCD}(a,n)=1$ 相矛盾；如果 u 中含有因子 k，则令 $u=kv$，有 $av=n$，这也与 $\mathrm{GCD}(a,n)=1$ 相矛盾。以上论述说明 $a(j-i)$ 不会是 n 的整数倍，也就是说，$a \cdot i \neq a \cdot j \pmod n$。由此可以断定，$a$ 与 $\mathbb{Z}_n^1$ 中的所有元素相乘的积模 n 会得到 $\mathbb{Z}_n^1$，只是其中的元素排列顺序不同而已。

假如存在某个 $c \in \mathbb{Z}_n^1$ 通过了费马素性测试，即 $c^{n-1} \equiv 1 \bmod n$，则 $(a \cdot c)^{n-1} \bmod n = \left(a^{n-1} \bmod n\right) \cdot \left(c^{n-1} \bmod n\right) \bmod n = a^{n-1} \bmod n$，也就是说，$(a \cdot c)^{n-1} \neq 1 \bmod n$，这说明 $b = a \cdot c \bmod n$ 是一个费马见证数。

设 $c_1, c_2 \in \mathbb{Z}_n^1$ 均通过了费马素性测试，则上述分析意味着存在费马见证数 $b_1 = ac_1 \bmod n$、$b_2 = ac_2 \bmod n$，且 $b_1 \neq b_2 \pmod n$。也就是说，每个通过费马素性测试的 $c \in \mathbb{Z}_n^1$，都存在一个唯一的不会通过费马素性测试的费马见证数 $b \in \mathbb{Z}_n^1$，因此 $\mathbb{Z}_n^1$ 中的费马见证数至少与通过费马素性测试的数一样多，或者说 $\mathbb{Z}_n^1$ 中至少有一半的数是费马见证数。

引理 11-2 说明，只要 $\mathbb{Z}_n^1$ 中存在一个与 n 互素的费马见证数，那么费马素性测试算法就会有如式（11-2）所示的良好概率表现，即一次测试中将合数误认为是素数的概率小于或等于$\frac{1}{2}$。

$$\begin{cases} P(\text{当}n\text{为素数时，算法返回Pass})=1 \\ P(\text{当}n\text{为合数时，算法返回Pass})\leqslant\frac{1}{2} \end{cases} \tag{11-2}$$

注：并不需要找出一个与 n 互素的费马见证数。

根据上述概率表现，我们可以通过对 n 进行多轮的费马素性测试来降低获得费马伪素数的概率：对给定的 n，连续取 k 个不同的 a 对其进行费马素性测试，如果这 k 次测试都通过，则认为 n 是素数。这一改进不会影响 n 为素数时的结果，但是会使 n 为合数时返回 Pass（输出费马伪素数）的概率降为$\frac{1}{2^k}$。例如，当 $k=10$ 时，获得费马伪素数的概率降到约$\frac{1}{1000}$。

然而，数的复杂性注定使得素性测试的道路崎岖。费马素性测试的良好概率表现基于一个假定，即 $\mathbb{Z}_n^1$ 中存在一个与 n 互素的费马见证数。现实中却存在一类罕见的合数 n，即 Carmichael 数[14]，对所有与 n 互素的 a，n 都将通过费马素性测试，即这类合数不存在与 n 互素的费马见证数，也就无法保证费马素性测试的良好概率表现。

前 7 个 Carmichael 数为 561，1105，1729，2465，2821，6601，8911。现已证明存在无穷个 Carmichael 数[15]。因此，我们还需要寻求费马素性测试的改进方法，以排除或至少概率性地排除 Carmichael 数。

11.4.3 Miller-Rabin 素性测试算法详解

Miller-Rabin 素性测试[16]算法是对费马素性测试算法的实质性改进，它以与费马素性测试相同的计算复杂度，实现了一次随机测试中给定 $n\geqslant 3$ 的奇合数被误判为素数的概率减小到不足$\frac{1}{4}$，不论 n 是不是 Carmichael 数。Gary L. Miller 于 1976 年发现了该算法的确定性版本，但其正确性基于目前尚未被证明的扩展黎曼猜想。Michael O. Rabin 于 1980 年将该算法修改为无条件的概率算法。时至今日，此概率算法依然是实践中广泛应用的已知最简单和快速的素性测试算法之一。

1．Miller-Rabin 素性测试算法主函数 MRPT 的设计

Miller-Rabin 素性测试算法的主函数如算法 11-4 所示，算法的输入是待测试的 $\mathrm{n}\geqslant 3$ 的奇数和测试的轮次 k。函数第 2～5 行计算 n－1 中因子 2 的个数 t，从而得到表达式 $\mathrm{n}-1=2^{\mathrm{t}}\mathrm{u}$，其中 $\mathrm{t}\geqslant 1$，u 为奇数。第 6～9 行进行循环 k 次的测试，每次随机取一个 2～$n-2$ 范围内的基 a，然后以参数 a,n,t,u 调用 Miller-Rabin 合数见证函数 Witness；如果 Witness 函数判断某个基 a 是 n 为合数的见证者，则 MRPT 函数终止进一步的测试并返回 false 以表明 n 不是素数（第 8 行）；如果对随机的 k 个基 Witness 函数均未发现 n 为合数的见证者，则 MRPT 函数返回 true 以表明 n 是“素数”（第 10 行）。

注 1：这里的“素数”放在引号中，是因为还是有将合数判断为伪素数的可能。

注 2：主函数 MRPT 与见证函数 Witness 中返回的 true 和 false 对于 n 的素性描述采用了相反的逻辑值，这是为了分别表达 n 的“素性”和 a 的合数见证性两个不同的语义。

2．Miller-Rabin 合数见证函数 Witness 的设计

Miller-Rabin 素性测试算法的核心是如算法 11-5 所示的 Miller-Rabin 合数见证函数 Witness，它接收基 a、待测试的奇数 $n \geqslant 3$ 、$n-1$ 中因子 2 的个数 t 和 $n-1$ 去除所有因子 2 后剩余的奇数 u 这 4 个参数。下面先对 Witness 函数进行解释，后文将分析其合数见证能力。

函数第 2 行调用模幂运算的反复平方算法计算 $x = a^u \bmod n$ ，如果结果为 1 或−1，则在第 3 行返回 false，以表明 a 不是 n 为合数的见证者。否则，以循环变量 i 执行第 4～8 行至多 $t-1$ 次的 for 循环。每次循环将上一次的模 n 值 x 平方后再模 n，如果发现 x 的值为 1，则可断定 a 是 n 为合数的见证者，于是终止 for 循环并返回 true（第 6 行）；如果 x 的值为−1，则可断定 a 不是 n 为合数的见证者，于是终止 for 循环并返回 false（第 7 行）；当 $x \neq \pm 1$ 时继续循环；如果 for 循环正常结束，则可断定 a 是 n 为合数的见证者，于是在第 9 行返回 true。

算法 11-4　Miller-Rabin 素性测试主函数

输入：奇数 $n \geqslant 3$，测试轮次 $k \geqslant 1$

输出：n 为“素数”（true）或合数（false）

```
1. MRPT(n, k)
2.  u = n-1;  t = 0
3. while u is even
4.     t = t+1;  u = u/2
5. end while
6. for  i = 1  to k
7.     a =  Random(2,  n-2)
8.     if Witness(a,n,t,u) then return false
9. end for
10. return true
```

算法 11-5　Miller-Rabin 合数见证函数

输入：基 $2 \leqslant a \leqslant n-2$，奇数 $n \geqslant 3$，u，t

输出：a 是否为 n 是合数的见证者

```
1. Witness(a,n,t,u)
2.  x = RS4ME(a,u,n)
3. if  x = ±1  then return false
4. for  i = 1 to  t-1
5.     x = x^2 mod n
6.     if  x = 1 then return true
7.     if  x = -1 then return false
8. end for
9. return true
```

3．Miller-Rabin 素性测试算法的分析

Miller-Rabin 素性测试算法具有远超费马素性测试算法的合数见证能力，这主要体现在其合数见证函数 Witness 的设计中。其中的关键是将 $n-1$ 表达为 $2^t u$ 并计算出 $x_0 = a^u \bmod n$ ，并在此后计算 $x_i = a^{2^i u} \bmod n$，$i = 1,2,\cdots,t$ 。也就是计算 $\left(a^u\right)^2, \left(a^{2u}\right)^2, \cdots, \left(a^{2^{t-1}u}\right)^2$ 对 n 的模运算，即依次对 $x_0, x_1, \cdots, x_{t-1}$ 的平方进行模 n 运算 $x_i = x_{i-1}^2 \bmod n$ ，因此 $x_0, x_1, \cdots, x_{t-1}$ 就分别是 $x_1, x_2, \cdots, x_t$ 模 n 运算的平方根。

注：为方便讨论，我们将算法中的 x 加上下标以标识不同轮的计算值。

首先，Witness 函数的第 2 行计算 $x_0 = a^u \bmod n$ ，如果这个结果是±1，那么接下来的 $x_1 = x_0^2 \bmod n$ 的结果必定是 1，即 $x_1 \equiv 1 \pmod n$，后续的 $x_2, x_3, \cdots, x_t$ 也必定都会与 1 模 n 同余，且由于 $t \geqslant 1$，因此必定会有 $a^{n-1} \equiv 1 \pmod n$，也就是说，a 不会是 n 为合数的见证者。这个分析说明我们不需要进行进一步的计算，仅凭 $x_0 = \pm 1$ 就可以做出返回 false 的决定。

注：由对于 $n-1 \equiv -1 \pmod n$，实际实现中若模运算取 0～$n-1$ 的结果，则等于 −1 的判断可修改为等于 $n-1$ 的判断。

其次，如果在 for 循环中发现某个 x_i 为 1（第 6 行），那么根据 Witness 函数的算法逻辑，x_{i-1} 就不会是±1，也就是说，值为 1 的 x_i 有一个不是±1 的，即非平凡的模 n 平方根。下面的引理说明，有这样性质的 n 必定是合数，也就是说 a 是 n 为合数的见证者。

引理 11-3（合数的非平凡模运算平方根性质） 如果对模 n 存在 1 的非平凡平方根，则 n 为合数。

注： 证明参见文献[17]。

例如，$6^2 \equiv 1(\bmod 35)$，说明 6 是 1 模 35 的非平凡平方根，则 35 是一个合数。

合数的非平凡模运算平方根性质的运用是 Miller-Rabin 素性测试最为关键的部分，它能为 Carmichael 数找到合数证据。以第 1 个 Carmichael 数 561 为例，当取 2 为测试基时，$2^{560} \bmod 561 = 1$，这说明基 2 能够通过费马素性测试，即它不是 561 的费马素性测试合数见证数。

由于 $560 = 2^4 \times 35$，即 $u = 35$、$t = 4$，因此 $x_0 = 2^{35} \bmod 561 = 263$，$x_1 = 263^2 \bmod 561 = 166$，$x_2 = 166^2 \bmod 561 = 67$，$x_3 = 67^2 \bmod 561 = 1$，由此可见 2 是 Miller-Rabin 素性测试中 561 的合数见证者。

再次，如果在 for 循环中发现某个 $\mathrm{x_i}$ 为-1（第 7 行），则接下来的 $\mathrm{x_{i+1} = x_i^2 \bmod n}$ 的值必定为 1，而 for 循环的次数为 $\mathrm{t-1}$ 决定了这样的 $\mathrm{x_{i+1}}$ 必定存在，说明基 a 对 n 可以通过费马素性测试，因此可以断定 a 不是 n 为合数的见证者，由此可结束 Witness 函数，不必再进行接下来的计算。

最后，如果 $\mathrm{t-1}$ 次的 for 循环正常结束，那么必定有 $\mathrm{x_{t-1} \neq \pm 1}$，这时不用计算 $\mathrm{x_t}$ 就可断定 a 是 n 为合数的见证者。因为如果 $\mathrm{x_t \neq 1}$，a 就没有通过费马素性测试，所以它必定是 n 为合数的见证者；如果 $\mathrm{x_t = 1}$，那么 $\mathrm{x_{t-1} \neq \pm 1}$，说明模 n 存在 1 的非平凡平方根，根据引理 11-3 也可以断定 a 必定是 n 为合数的见证者。

Rabin 证明[18]，对于给定的奇合数 n，Miller-Rabin 素性测试算法至少会使所有可能（$[1, \mathrm{n}-1]$的范围内）的基的$\dfrac{3}{4}$成为合数见证数，因此在 k 轮测试后，一个合数被误认为素数的概率至多为$\dfrac{1}{4^k}$。

Miller-Rabin 素性测试算法还是一个具有很高运算效率的算法。设 n 是一个 β 位的数，则 Witness 函数中 RS4ME 算法的复杂度为 $O(\beta^3)$，循环至多执行 $t = O(\beta)$ 次，每次计算 x^2 及其模 n 运算，会带来 $O(\beta^2)$ 的复杂度，因此循环的总体复杂度也为 $O(\beta^3)$。总之，见证函数 Witness 的复杂度为 $O(\beta^3)$。由此可知，在进行 k 轮测试的情况下，Miller-Rabin 素性测试算法的复杂度为 $O(k\beta^3)$。前述的素数分布定理表明，对于 β 位的素数，平均每 0.35β 个奇数中就会有一个素数，这使 Miller-Rabin 素性测试算法的平均复杂度成为 $O(0.35\beta^4) = O(\beta^4)$。

注 1： 2002 年 8 月 6 日，印度坎普尔理工学院（Indian Institute of Technology Kanpur）的 3 位计算机科学家 Manindra Agrawal、Neeraj Kayal 和 Nitin Saxena 发表了关于素性测试的划时代论文《素数是多项式的》（*PRIMES is in P*）[19]，他们首次发现了一个证明一个数 N 为素数或合数的确定性算法，该算法的复杂度为多项式时间的 $\tilde{O}(n^{12})$，其中 $n = \log N$ 为 N 的二进制位数。2005 年，Lenstra 和 Pomerance[20]将该算法复杂度改进到 $\tilde{O}(n^6)$。

注 2： 算法复杂度中的 $\tilde{O}$ 符号为"软 O"（Soft O）记法[21]，它用来表示 $f(n) = O(g(n)\log^k g(n))$ 的情况，其中 $\log^k g(n) = (\log g(n))^k$。

11.5 RSA 算法的基本原理与实现

本节将以简明的方式介绍 RSA 算法的基本原理，并从实用的角度介绍算法的现代版 C++ 实现及 CD-AV 演示设计。如果想深入学习 RSA 算法，可阅读《算法导论》中的 31.7 节 RSA 公钥加密系统。

11.5.1 RSA 算法的基本原理

本节我们将首先给出 RSA 的基本算法，其次对 RSA 算法的加密与解密体制进行解析，再次说明 RSA 算法的计算可行性和不可攻破性，最后给出 RSA 算法示例。

1．RSA 的基本算法

前面学习的各算法为 RSA 算法的构造打下了良好的基础，算法 11-6 给出了 RSA 算法的伪代码，其中每个步骤都给出了所用到的基本算法。

算法 11-6 RSA 算法

1. 取两个素数 p 和 q：Miller-Rabin 素性测试算法。
2. 计算 $n = pq$，$\phi(n) = (p-1)(q-1)$：大整数乘法算法。
3. 取一个与偶数 $\phi(n)$ 互素的数 e：Euclid GCD 算法。
4. 计算 $e \bmod \phi(n)$ 的乘法逆元 d：扩展 Euclid GCD 算法。
5. 置 $P = (e,n)$ 为 RSA 公钥，$S = (d,n)$ 为 RSA 私钥。
6. 对 $0 \leqslant P \leqslant n-1$ 加密，$C = P^d \bmod n$：模幂运算的反复平方算法。
7. 对 C 解密，$P = C^e \bmod n$：模幂运算的反复平方算法。

第 1～5 步是密钥对生成步骤。其中，第 1 步用 Miller-Rabin 素性测试算法取两个素数 p 和 q，在练习中可以取较小的值，但是在真正的实践应用中需要取 2048 甚至更高位数的值，这需要整个 RSA 算法都要以特别设计的大整数表示及运算为计算基础。

第 2 步计算 $n = pq$ 和 $\phi(n) = (p-1)(q-1)$。在实践中这需要运用大整数乘法算法。我们在 6.2 节曾经作为典型的分治算法介绍过复杂度为 $O\left(n^{\log_2 3}\right) \approx O\left(n^{1.58}\right)$ 的 Karatsuba 乘法算法，但是在 Karatsuba 算法发明之后，大整数乘法算法又有了显著的改进。目前实际中使用的是 3.3.3 节提到的复杂度至少低到 $O\left(n^{\log_3 5}\right) \approx O\left(n^{1.465}\right)$ 的 Toom-Cook 乘法算法，以及复杂度更低的 Schönhage-Strassen 算法，其复杂度为 $O\left(n \log n 2^{2\log^* n}\right)$。

第 3 步取一个与偶数 $\phi(n)$ 互素的数 e。可以从某个奇数 e_0 开始按步长 2 以 e_x 进行递增循环，每次对 $(e_x, \phi(n))$ 执行 Euclid GCD 算法，直至找到一个 $\mathrm{GCD}(e_x, \phi(n))$ 为 1 的 e_x。

第 4 步计算 $e \bmod \phi(n)$ 的乘法逆元 d。对 $(e, \phi(n))$ 施行扩展 Euclid GCD 算法即可。

第 5 步根据前面的计算结果，设定公钥 $P = (e,n)$ 和私钥 $S = (d,n)$。由于它们是互逆的，因此可以随便选择一个作为公钥，另一个作为私钥。

有了密钥对后，就可以在第 6 步用 $C = P^d \bmod n$ 将 $0 \leqslant P \leqslant n-1$ 的明文加密，再在第 7 步用 $P = C^e \bmod n$ 将密文 C 解密为明文 P。

2．RSA 算法的加密与解密机制

RSA 算法的加密与解密的机制是$\left(x^{e}\right)^{d} \equiv x \bmod n$。该式使得我们可以用$y=x^{e} \bmod n$将$x$加密为$y$，而用$y^{d} \bmod n$将$y$解密回$x$。下面给出证明。

证明：由于e和d模$\phi(n)=(p-1)(q-1)$互逆，因此$ed \equiv 1 \bmod (p-1)(q-1)$，即存在整数$k$使$ed=(p-1)(q-1)k+1$，将$ed$置为$x$的指数可得，$x^{ed}-x=x\left(x^{(p-1)(q-1)k}-1\right)$。

由于p为素数，根据费马小定理有$x^{p-1} \equiv 1 \bmod p$，因此$\left(x^{(p-1)}\right)^{(q-1)k} \bmod p=\left(x^{(p-1)} \bmod p\right)^{(q-1)k} \bmod p=(1 \bmod p)^{(q-1)k} \bmod p=1 \bmod p$，也就是说，$x^{(p-1)(q-1)k}-1$能够被$p$整除。同理可证，$x^{(p-1)(q-1)k}-1$也能够被$q$整除。

以上推导说明，$x^{(p-1)(q-1)k}-1$可以被$n=pq$整除，从而可得$x^{ed}-x$可以被n整除，即$\left(x^{e}\right)^{d} \equiv x \bmod n$。

3．RSA 算法的计算可行性

RSA 算法涉及的各子算法均是度数较低的多项式时间算法，因此 RSA 算法总体上是计算可行的。

设大素数p、q是β位的数，则获取p、q可以通过运行$O\left(\beta^{4}\right)$复杂度的 Miller-Rabin 素性测试算法完成；大整数乘法运算$n=pq$和$(p-1)(q-1)$可以在接近$O(\beta \log \beta)$的时间内完成；找一个与$(p-1)(q-1)$互素的整数e可用 Euclid GCD 算法在$O\left(\beta^{2}\right)$时间内完成；求e的模$(p-1)(q-1)$的乘法逆d可以用扩展 Euclid GCD 算法在$O\left(\beta^{2}\right)$时间内完成；计算$x^{e} \bmod n$、$y^{d} \bmod n$可以用模幂运算的反复平方算法在$O\left(\beta^{3}\right)$时间内完成。

总之，RSA 算法的复杂度为$O\left(\beta^{4}\right)$，因此其是计算上可行的。

4．RSA 算法的不可攻破性

使用 RSA 算法的人将d作为私钥保存，而公开e和n。加密者用$x^{e} \bmod n=y$将信息x加密为y，解密者用$y^{d} \bmod n=\left(x^{e}\right)^{d} \bmod n=x$进行解密，或者反之。

攻击者可获得的信息是e、n和y，攻击者要想获得d，就必须获得$\phi(n)=(p-1)(q-1)$，即要由n分解出p和q，也就是需要对大整数n进行因子分解，而截至目前整数因子分解尚没有可行的算法，而且人们相信整数因子分解不存在可行的多项式时间算法。

5．RSA 算法示例

下面我们用一个简单的示例来介绍一下 RSA 算法的运行过程。

取两个素数$p=13$、$q=23$，则有$n=13 \times 23=299$、$\phi(n)=12 \times 22=264$。显然 264 中没有因子 5，即 5 与 264 互素，因此取$e=5$。使用扩展 Euclid GCD 算法可得$5 \equiv 53(\bmod 264)$，这可用$5 \times 53 \bmod 264=265 \bmod 264=1$来验证，于是取$d=53$。

由此可得，公钥$P=(5,299)$、私钥$S=(53,299)$。

设明文为 10，则其密文为$10^{5} \bmod 299=134$，也很容易验证$134^{53} \bmod 299=10$。

11.5.2 现代版 C++实现

我们在 CAAIS 中实现了 RSA 算法，有关代码参见附录 11-1。本节将对其进行实现方面的介绍，该代码进行了一些工程实现方面的自动化考虑，因此对于理解 RSA 算法的真正实现有较好的帮助。当然这里的实现还是练习意义上的，因为使用的是标准整数类型，实际的 RSA 算法实现要考虑大整数的表示和计算问题。

1. 算法的主函数 RSA

算法的主流程由主函数 RSA（代码块 2）实现，这个过程与如算法 11-6 所示的过程相同，重点体现的是算法过程的自动化机制，即 RSA 函数仅接收待加密的明文参数 m，密钥对生成及加密与解密过程均以自动化方式进行。

代码块 2 第 2 行调用 Get_p 函数获取第 1 个素数 p。第 3 行调用 Get_q 函数获取第 2 个素数 q。第 4、5 行分别计算 n 和 phi_n。第 6 行初始化 e、d 为 0。第 7 行调用 Get_ed 函数获取模 phi_n 互逆的 e 和 d，从而得到公钥 (e,n) 和私钥 (d,n)。第 8 行调用模幂运算的反复平方算法函数 RS4ME 以公钥 (e,n) 将明文 m 加密为 c。第 9 行再次调用 RS4ME 函数以私钥 (d,n) 对密文 c 进行解密验证。

2. Get_p 函数

Get_p 函数（代码块 3）用于获取第一个素数 p。代码块 3 第 2、3 行在 3～31 范围内随机取一个数（使 $n = pq$ 可容纳一字节，但又不至于太大）。第 4 行进行判断，如果 p 为偶数，则将其加 1，以保证其为奇数。第 5 行在 while 循环中调用 Miller-Rabin 素性测试函数 MRPT，测试以 p 开始的连续奇数，以获得一个素数。

3. Miller-Rabin 素性测试算法的实现函数 MRPT

Miller-Rabin 素性测试算法由函数 MRPT（代码块 6）实现，它接收输入参数 n 和 s，对 n 进行最多 s 轮的测试，s 的默认值是 MRPT_S，预定义为 3（代码块 1 第 7 行）。

代码块 6 第 2 行调用 GetUniqueRandNums 函数获取 2～n-2 范围内随机的、不重复的 s 个测试值，返回结果存放到 vector<int>类型的列表 v 中。第 3 行用 for (auto a: v)循环对 v 中的各个值以 a 为循环变量进行遍历。第 4 行调用见证函数 Witness(a, n)，如果发现一个 a 是 n 为合数的见证者，则返回 false，表示 n 不是素数；如果 v 中所有的 a 都不是 n 为合数的见证者，则第 5 行返回 true，表示 n 是素数。

注：这里的实现采用了与 11.4.3 节中的算法 11-4 有些不同的方式，即将 $n-1=2^t u$ 的计算移到了见证函数中。

4. 获取不重复随机数的 GetUniqueRandNums 函数

GetUniqueRandNums(low, high, k)函数由代码块 11 实现，它返回 k 个 low～high 范围内不重复的随机数，要处理好以下三种情况。

一是 low > high 的情况。这种情况只发生在 n=3 时，此时 2～n-2 的范围就成了 2～1，即 low = 2 > high = 1，这只需在 v 中放入 low 值（2）即可（代码块 11 第 4、5 行）。

二是 high - low + 1 <= k 的情况。这时 low～high 范围内至多有 k 个数，直接将其中的所有数加到 v 中即可（代码块 11 第 8～11 行）。

三是一般情况，即 low～high 范围内的数多于 k 的情况。这时要从中随机选取 k 个数，而且不能重复。代码块 11 第 13～16 行在 do … while 循环中调用 a=d(e)返回[low, high]范围内的随机数，并在 while 条件中用泛型的 find 函数确保 a 与 v 中已有的数不重复。

5．Miller-Rabin **合数见证算法的实现函数** Witness

Miller-Rabin 合数见证算法由函数 Witness（代码块 7）实现。

注：这里采用了与 11.4.3 节中的算法 11-5 有些不同的方式。一是包括了 $n-1=2^t u$ 的计算，这会使 Witness 函数更具独立性一些，但对于多轮测试会牺牲一点效率；二是在判断合数的非平凡模运算平方根性质（引理 11-3）时，采用了更直截了当的方式，即记录连续的 x_{i-1} 和 x_i，用 $x_i=1$ 和 $x_{i-1}\neq\pm1$ 判断存在合数的非平凡模运算平方根，如此的实现也将有助于 CD-AV 演示设计，但不如算法 11-5 的设计灵巧。

代码块 7 第 2 行将函数返回值变量 ret 初始化为 false。第 3 行调用 Get_t 函数（代码块 8）获得 t 值。Get_t 接收参数 n-1 到形参 n_1 中，并用 while 循环计算 t 值，在 while 条件中以位运算 n_1 & 1 对 n_1 的最后一位进行判断，如果为 0，就说明 n_1 是偶数，将 t 加 1，并用右移一位实现 n_1 除以 2 的更新计算。第 4 行完成 u 值的计算，只要将 n-1 右移 t 位即可。第 5 行调用模幂运算的反复平方算法函数 RS4ME 完成 a^u mod n 的计算，结果赋给变量 x0。第 6 行记 x0 为 xi_1 并声明 xi。

接下来以循环变量 i 的 for 循环对 1～t 进行遍历(第 7 行)，每次循环以 xi = (xi_1 * xi_1)% n 计算 xi_1 的平方对 n 的模（第 8 行）。最关键的是第 9 行，该行以 xi ==1&&xi_1 ! = 1 && xi_1 != n - 1 判断非平凡模运算平方根，如果该条件满足，则说明 a 是 n 为合数的见证者，于是第 10 行将 ret 置为 true 并终止循环。否则，第 11 行用 xi 更新 xi_1。

当 for 循环正常结束时，如果 xi 的值不是 1，那么根据费马小定理，n 必为合数，第 13 行将 ret 置为 true。

如果第 10 行和第 13 行均未将 ret 置为 true，则说明 a 不是 n 为合数的见证者，ret 将保持初始值 false。

6．Get_q **函数**

Get_q 函数（代码块 4）用于获取与第 1 个素数 p 不同的第 2 个素数 q。为使练习有效进行，本 RSA 算法实现将 n = pq 限制在不小于 256 但又不超过 256 太多的范围内。

代码块 4 第 3 行确保待尝试的 q 初值使 $n=pq>256$。第 4 行确保 q 是一个奇数。第 5 行以增量为 2 的 while 循环调用 Miller-Rabin 素性测试函数 MRPT，确保 q 是素数且不等于 p。

7．Get_ed **函数**

代码实现中将获取 e 和 d 的计算合并到一个 Get_ed 函数（代码块 5）中，该函数以 phi_n 和待返回的 e、d 为参数。

代码块 5 第 2 行将 e 初始化为 3。第 3 行首次调用扩展 Euclid GCD 算法函数 ExtEuclidGCD(e, phi_n)返回对象 dxy。第 4 行的 while 循环判断 dxy.d，即 GCD(e, phi_n)是否为 1，如果不是 1，则说明 e 不与 phi_n 互素，将 e 加 2，继续调用 ExtEuclidGCD(e, phi_n)进行互素测试，直至找到一个使 dxy.d = 1 的 e，此时 dxy.x 的值就是 e 模 phi_n 的乘法逆元。第 8 行将 dxy.x 赋给 d 以便返回，第 9 行保证 d 在 1～phi_n – 1 的范围内。

8．RS4ME **函数**

RS4ME 函数(代码块 9)是模幂运算反复平方算法的实现。代码块 9 第 2 行调用了 GetBits 函数获取 b 的二进制位串 bits。第 4～11 行的 for 循环从 b 的高位到低位进行遍历。

需要特别要注意的是，第 7 行的 if (bits[bits.size() - 1 - k])，该行测试第 k 高的二进制位。由于在 vector<int>类型的位串 bits 中最高位是其最左侧索引号为 0 的位，因此需要将 k 值进行颠倒计算，即最高位 bits.size() - 1 应取 bits 中的 0 号元素，最低位应取 bits 中的最后一个序号为 bits.size() - 1 的元素，而一般的 k 要取第 bits.size() - 1 - k 位置上的元素。

注：代码中设置了一个 c 变量用来记录 b 的 Horner 表示的计算过程，它的最终值将会是 b 的值。

9．GetBits 函数

GetBits 函数（代码块 10）接收 int 类型的参数 b，并将 b 的二进制位串 bits 返回到 vector<int>类型的列表中。代码块 10 第 3～5 行的 while(b)循环从 b 的低位顺序取到高位：先以二进制与运算 b & 1 获取当前的最低位，再以 bits.insert(bits.begin(), b & 1)将取出的位值插入 bits 的最左边，然后用右移运算 b >>= 1 移走刚刚取出的位。

10．ExtEuclidGCD 函数

ExtEuclidGCD 函数（代码块 12）用于扩展 Euclid GCD 算法的实现。由于算法需要返回 d、x、y 三个数值，因此以 struct 定义了一个包含这三个成员变量的类 Clsdxy（代码块 1 第 20～24 行），并使 ExtEuclidGCD 函数返回该类的对象。

ExtEuclidGCD 函数以递归方式实现。代码块 12 第 2 行进行判断，如果 b 不为 0，则第 3 行以 b 和 a%b 为参数进行递归计算，并返回 Clsdxy 对象 dxyp。第 4、5 行实现算法 11-3 中由第 i+1 步的 d,x,y 向第 i 步 d,x,y 倒推的操作。当 b 为 0 时，执行第 7 行，终止递归并返回 d,x,y 值为 a,1,0 的 Clsdxy 对象。

11.5.3　CD-AV 演示设计

我们在 CAAIS 中实现了 RSA 算法的 CD-AV 演示设计，同时设计了模幂运算的反复平方算法、扩展 Euclid GCD 算法和 Miller-Rabin 素性测试算法对应的 CD-AV 演示，以详细解析 RSA 算法的运行过程。

1．RSA 算法的 CD-AV 演示设计

RSA 算法的 CD-AV 演示设计遵循前述的现代版 C++实现思路，即突出自动化过程。为此 CD-AV 演示窗口的控制面板中仅提供了选择或输入待加密的明文参数 m 的功能，密钥对生成及加密与解密过程均以自动化方式进行。

图 11-7 所示为 RSA 算法的 CD-AV 演示示例，此 CD-AV 演示也具有交互功能，由于相关过程都较简单，此处不再详述。

2．模幂运算反复平方算法的 CD-AV 演示设计

图 11-8 和图 11-9 所示为 CAAIS 中模幂运算反复平方算法的 CD-AV 演示设计。CD-AV 演示窗口的控制面板中提供的是 $a^b \bmod n$ 运算的 3 个参数 a、b 和 n。

图 11-8（a）和（b）所示分别为初始化行和一个有代表性的中间行。数据子行中包括参数 a、b 和 n 对应的 3 列，它们的数据在整个计算过程中不发生变化。k、b_k、c 和 d 列分别对应循环计算中 b 的第 k 个二进制位、该位的值，以及算法实现中的 c 和 d 变量。

在初始化时，数据行上的 c 和 d 列将显示初始的值 0 和 1，数据行下面会显示 b 的二进制表示形式，如 $37_2 = 100101$。中间的某行，如图 11-8（b）显示的第 2 行，k、b_k、c 和 d 列将分别显示对应循环轮次的值，数据行下面 b 的二进制位串中对应的第 k 位标为红色。

No	m	p	q	n	φ(n)	e	d	c	dc	Act
	Initial state.									
0	100	-	-	-	-	-	-	-	-	⊘
	Get p.									
1	100	13	-	-	-	-	-	-	-	⊘
	Get q.									
2	100	13	23	-	-	-	-	-	-	⊘
	Calculate n.									
3	100	13	23	299	-	-	-	-	-	⊘

图 11-7（a）彩图

（a）第 0～3 步

No	m	p	q	n	φ(n)	e	d	c	dc	Act
	Calculate φ(n).									
4	100	13	23	299	264	-	-	-	-	⊘
	Get e and d.									
5	100	13	23	299	264	5	53	-	-	⊘
	Encrypt m to c.									
6	100	13	23	299	264	5	53	16	-	⊘
	Decrypt c to dc.									
7	100	13	23	299	264	5	53	16	100	⊘

图 11-7（b）彩图

（b）第 4～7 步

图 11-7　RSA 算法的 CD-AV 演示示例

图 11-8（a）彩图

No	a	b	n	k	b_k	c	d	Act
	Initialization.							
1	3	37	53	-	-	0	1	⊘
	$37_2 = 1\,0\,0\,1\,0\,1$　3^{37} (mod 53) = ?							

（a）初始化行

图 11-8（b）彩图

No	a	b	n	k	b_k	c	d	Act
	Process b_5: 1.							
2	3	37	53	5	1	1	3	⊘
	$37_2 = 1\,0\,0\,1\,0\,1$　3^{37} (mod 53) = ?							

（b）一个有代表性的中间行

图 11-8　CAAIS 中模幂运算的反复平方算法的 CD-AV 演示示例（一）

图 11-9（a）所示为结束行，该行中数据子行下面给出了运算的结果，如 $3^{37} \bmod 53 = 32$。图 11-9（b）所示为一个典型的交互行，学习者应该在 k、b_k、c 和 d 列对应的输入框中输入当前步骤对应的数据，提交后系统将给出正确和错误的判定，并显示正确的数据行。

No	a	b	n	k	b_k	c	d	Act
	Completed!							
8	3	37	53	-	-	-	-	⊘
	$37_2 = 1\,0\,0\,1\,0\,1$　3^{37} (mod 53) = 32							

（a）结束行

No	a	b	n	k	b_k	c	d	Act
	Process b_3: 0.							
4	3	37	53	3√	0√	2X	28√	3/4
	$37_2 = 1\,0\,0\,1\,0\,1$　3^{37} (mod 53) = ?							

（b）一个典型的交互行

图 11-9　CAAIS 中模幂运算的反复平方算法的 CD-AV 演示示例（二）

3．扩展 Euclid GCD 算法的 CD-AV 演示设计

图 11-10～图 11-13 所示为扩展 Euclid GCD 算法的 CD-AV 演示设计步骤。数据子行中的 a、b 列为当前递归层中进行 GCD 运算的两个数据，d′、x′、y′ 列为当前递归层返回的 Clsdxy 对象的属性值，d、x、y 列为由第 i+1 步的 d、x、y（d′、x′、y′ 列的值）构造的第 i 步

d、x、y，$T(n)$ 列为模运算的计次。

图 11-10 所示为扩展 Euclid GCD 算法的 CD-AV 演示设计——典型递归步，即正常 Euclid GCD 算法递归计算 GCD 的步骤。

No	a	b	d'	x'	y'	d	x	y	T(n)	Act
	Recurse.									
3	4278	46	-	-	-	-	-	-	2	⃠
Call stack: [4278,8602,#X][8602,4278,#6][4278,46,#6]										

图 11-10 扩展 Euclid GCD 算法的 CD-AV 演示设计——典型递归步

注： 为了展示算法的递归运行过程，在数据子行的下面给出了递归调用栈（Call stack）示意。每一对方括号中的内容表示一次递归调用的压栈信息，前两个值为 a,b，第 3 个以#开头的数表示返回地址，首次递归调用的返回地址以#X 表示，后续递归调用的返回地址都是#6，因为 ExtEuclidGCD 函数仅在其第 6 行有一次递归调用。

图 11-11 所示为扩展 Euclid GCD 算法的 CD-AV 演示设计——含交互的递归结束步，这时 b=0，因此 a 值就是所求的 GCD 值。这一步骤将以属性 d=a,x=1,y=0 返回初始的 Clsdxy 对象。

注： 扩展 Euclid GCD 算法的 CD-AV 演示的交互进行了务实的设计，即仅含有意义值的数据列（值不为"-"的列）才变为可输入的交互框。

No	a	b	d'	x'	y'	d	x	y	T(n)	Act
	End recursing: d=46, x=1, y=0.									
5	46√	0√	-	-	-	46√	1√	0√	3	5/5
Call stack: [4278,8602,#X][8602,4278,#6][4278,46,#6][46,0,#6]										

图 11-11 扩展 Euclid GCD 算法的 CD-AV 演示设计——含交互的递归结束步

图 11-12 所示为扩展 Euclid GCD 算法的 CD-AV 演示设计——含交互的典型递归返回步，也就是 Euclid GCD 从第 i+1 步返回 Clsdxy 对象的情况，该对象的 d、x、y 属性值显示在数据行的 d′、x′、y′ 列中。

No	a	b	d'	x'	y'	d	x	y	T(n)	Act
	Return from recursing: d'=46, x'=1, y'=-2.									
10	4278√	8602√	46√	1√	-2√	-	-	-	3	5/5
Call stack: [4278,8602,#X]										

图 11-12 扩展 Euclid GCD 算法的 CD-AV 演示设计——含交互的典型递归返回步

图 11-13 所示为扩展 Euclid GCD 算法的 CD-AV 演示设计 — Bézout 等式参数构造步，是由第 i+1 步的 d′、x′、y′（以及第 i 步的 a、b）构造第 i 步的 d、x、y 的情况，即完成 $d = d', x = y', y = x' - \lfloor b/a \rfloor y'$ 的计算。

No	a	b	d'	x'	y'	d	x	y	T(n)	Act
	Construct dxy and return: d=46, x=-2, y=1.									
11	4278	8602	46	1	-2	46	-2	1	3	⃠
Call stack: [4278,8602,#X]										

图 11-13 扩展 Euclid GCD 算法的 CD-AV 演示设计——Bézout 等式参数构造步

CD-AV 结束行中将以 Bézout 等式 $d = ax + by$ 的形式报告最终的算法结果。

4. Miller-Rabin 素性测试算法的 CD-AV 演示设计

我们在 CAAIS 中实现了 Miller-Rabin 素性测试算法的 CD-AV 演示设计，该设计所依赖的代码是 11.5.2 节中所述 Miller-Rabin 素性测试算法的现代版 C++实现版本，即附录 11-1 中代码块 6 和 7 所示的算法主函数 MRPT 和合数见证函数 Witness。此外，还提供了确定性的试除素性判定算法的实现函数 TrialDivPT，以便在 CD-AV 演示结束时给出 Miller-Rabin 素性测试算法正确性的验证。

CD-AV 演示窗口的控制面板中提供了两个输入数据：一个是待测试的整数，从“典型”下拉列表中选择，或单击“输入”按钮输入（注：只允许输入奇数），其中“典型”下拉列表中提供了前 3 个 Carmichael 数，即 561、1105 和 1729，以方便学习者验证 Miller-Rabin 素性测试算法对 Carmichael 数的合数见证能力；另一个是测试的轮次，从“轮次”下拉列表中选择，系统预置了 1～4 个轮次，对于较小的练习级数字，2 个轮次后就几乎不会出现伪素数的情况。

图 11-14 所示为 Miller-Rabin 素性测试算法的 CD-AV 演示设计——典型素数测试。数据子行中包括待测试的奇数 n，最大测试轮次 s，当前测试轮次 j，随机选取的测试基 a，$n-1=2^t a^u$ 中的 t、u 值，平方计次变量 i，第 i 次平方前及第 i 次平方所获得的模 n 值 x_{i-1} 和 x_i，以及见证函数 Witness 的返回值变量 ret。其中，ret 列中以 T 和 F 分别简记 true（a 是 n 为合数的见证者）和 false（a 不是 n 为合数的见证数）。

图 11-14 示出的是对 n=83 的 2 轮测试。2 轮分别随机地选取了 55 和 70 做为测试基 a，它们的 CD-AV 演示过程分别对应图 11-14（a）中的第 2～4 步和图 11-14（b）中的第 6～8 步。当 a=55 时，第 3 步计算得 $x_0 = 82 = 83-1 = n-1$，而第 4 步得 $x_1 = x_0^2 \bmod n = 1$，即找到了一个模 83 的平凡平方根，因此 55 不是 83 为合数的见证者。当 a=70 时，第 7 步计算得 $x_0 = 1$，第 8 步得 $x_1 = x_0^2 \bmod n = 1$，即再次找到了一个模 83 的平凡平方根，因此 70 也不是 83 为合数的见证者。根据这 2 轮测试，可以概率性地断定 83 为一个素数。试除法的计算结果也断定 83 为一个素数。

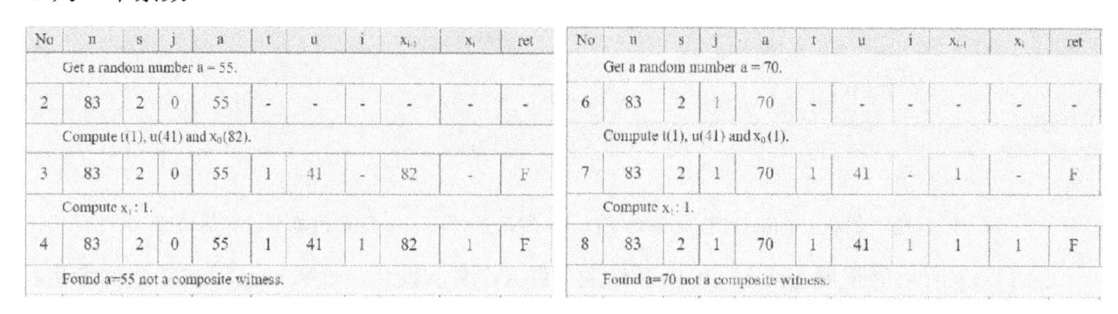

No	n	s	j	a	t	u	i	x_{i-1}	x_i	ret
	Get a random number a = 55.									
2	83	2	0	55	-	-	-	-	-	-
	Compute t(1), u(41) and x_0(82).									
3	83	2	0	55	1	41	-	82	-	F
	Compute x_1: 1.									
4	83	2	0	55	1	41	1	82	1	F
	Found a=55 not a composite witness.									

（a）结束行

No	n	s	j	a	t	u	i	x_{i-1}	x_i	ret
	Get a random number a = 70.									
6	83	2	1	70	-	-	-	-	-	-
	Compute t(1), u(41) and x_0(1).									
7	83	2	1	70	1	41	-	1	-	F
	Compute x_1: 1.									
8	83	2	1	70	1	41	1	1	1	F
	Found a=70 not a composite witness.									

（b）交互行

图 11-14 Miller-Rabin 素性测试算法的 CD-AV 演示设计——典型素数测试

图 11-15 所示为 Miller-Rabin 素性测试算法的 CD-AV 演示设计——Carmichael 数的测试，具体地说，是对第 2 个 Carmichael 数 1105 的测试。在第 2 步选取了随机的测试基 a=854，第 3 步计算得 $x_0 = 599$，第 4 步得 $x_1 = x_0^2 \bmod n = 781$，第 5 步得 $x_2 = x_1^2 \bmod n = 1$，即找到了一个模 1105 的非平凡平方根，因此 854 是 1105 为合数的见证者。由此可见，Miller-Rabin 素性测试算法确实能够很容易地找到 Carmichael 数的合数见证者。

No	n	s	j	a	t	u	i	x_{i-1}	x_i	ret	Act
	Get a random number a = 854.										
2	1105	2	0	854	-	-	-	-	-	-	⊘
	Compute t(4), u(69) and x_0(599).										
3	1105	2	0	854	4	69	-	599	-	F	⊘
	Compute x_1: 781.										
4	1105	2	0	854	4	69	1	599	781	F	⊘
	Compute x_2: 1.										
5	1105	2	0	854	4	69	2	781	1	F	⊘
	Found a=854 a composite witness: x_2=1, x_1=781 (≠1, ≠1105-1).										
6	1105	2	0	854	4	69	2	781	1	F	⊘

图 11-15　Miller-Rabin 素性测试算法的 CD-AV 演示设计——Carmichael 数的测试

11.6　算法国粹——中国余数算法

中国余数算法指的是求解一次同余方程组的算法，它源自中国余数定理或中国剩余定理（Chinese Remainder Theorem）。由于该算法或定理源自公元 3 世纪到 5 世纪成书的《孙子算经》，因此它也被称为孙子算法或孙子定理。其一般性方法，即大衍总数术及所含的大衍求一术，却是由南宋著名数学家秦九韶在其 1247 年所著的《数书九章》中确立的。在西方，相同的工作直到 1801 年才由数学家高斯发表在其著作《算术探究》（*Disquisitiones Arithmeticae*）中。中国余数定理是中国古代数学的最高成就之一，它历久弥新，不但在 RSA 算法和快速傅里叶算法等如今普遍在用的算法中有实质性的应用，而且被证明在任何主理想域（Principal Ideal Domain）中成立，并可推广到任何的交换环（Commutative Ring）中[22]。

11.6.1　《孙子算经》中的中国余数算法

中国余数算法的最早描述见于《孙子算经》中的“物不知数”问题及其求解方法，该问题的描述为“今有物不知其数，三三数之剩二，五五数之剩三，七七数之剩二，问物几何？答曰：二十三”。

《孙子算经》中同时给出了解法，术文如下[23]。

术曰：三三数之剩二置一百四十，五五数之剩三置六十三，七七数之剩二置三十，并之得二百三十三，以二百十减之，即得。凡三三数之剩一则置七十，五五数之剩一则置二十一，七七数之剩一则置十五。一百六以上，以一百五减之，即得。

用现代文描述就是，今有一次同余方程组：

$$\begin{cases} x \equiv 2(\bmod 3) \\ x \equiv 3(\bmod 5) \\ x \equiv 2(\bmod 7) \end{cases} \tag{11-3}$$

其求解方法如下：模 3 余 2 记 140，模 5 余 3 记 63，模 7 余 2 记 30，将上述 3 个数相加得 233，减去 210，即得结果 23。凡是模 3 余 1 的记 70，模 5 余 1 的记 21，模 7 余 1 的记 15，用各个实际的余数乘所记的数并求和，如果和为 106 或以上，则不断减 105，直至小于 106。

仅就上述具体的“物不知数”问题来说，用很简单的初等数学技巧即可口算得出结果，但

《孙子算经》中的求解方法（术文）的伟大之处在于提出了一般化的方法，即先求对每个模数取模为 1 的“魔数”（术文中的 70、21、15），再用这些“魔数”与实际余数的线性表达式求得“总魔数”，然后从“总魔数”中去除 105 的倍数得最后的结果。

注：为表达“70、21、15”的神奇，我们以“魔数”称之，下文中会不断地解析它们的由来。

正是术文中求模为 1 的“魔数”的方法使《孙子算经》中的“物不知数”问题的求解法被誉为中国余数定理或孙子定理。

定理 11-5（中国余数定理，即孙子定理）[24] 设正整数 $n_1,n_2,\cdots,n_k$ 两两互质，则一次同余方程组：

$$\begin{cases} x \equiv a_1 \pmod{n_1} \\ x \equiv a_2 \pmod{n_2} \\ \cdots\cdots \\ x \equiv a_k \pmod{n_k} \end{cases} \tag{11-4}$$

有解 x，且在 $x \bmod n$ 下是唯一的，其中 $n=n_1n_2\cdots n_k$ 。

我们不给出该定理的证明，感兴趣的读者可参阅有关文献，如《算法导论》[25]，下面直接讨论秦九韶给出的普适求解方法。

11.6.2 秦九韶关于中国余数算法的普适设计

秦九韶在其《数书九章》中对一次同余方程组的求解算法，即中国余数算法，给出了普适且深刻的描述。他的思路和方法可概括为如下所示的步骤。

第 1 步：设式（11-4）的解为 $x=\sum_{i=1}^{k}u_i$，其中每个 u_i 满足 $u_i \equiv a_i \pmod{n_i}$ 且 $u_i \equiv 0\left(\bmod n_j\right)$，$i,j=1,2,\cdots,k$ 但 $i \neq j$ 。显然这样的 x 必定满足式（11-4）中的每个方程，因此是整个方程组的解。

第 2 步：令每个 u_i 中含有因子 a_i ，即 $u_i=a_iv_i$，$i=1,2,\cdots,k$ ，则 v_i 满足 $v_i \equiv 1\left(\bmod n_i\right)$ 且 $v_i \equiv 0\left(\bmod n_j\right)$，$i,j=1,2,\cdots,k$ 但 $i \neq j$ 。这一步的抽象非常关键，它将问题转化为求解与 a_i 无关的 v_i 的问题，这使得 $x=\sum_{i=1}^{k}a_iv_i$ 。

第 3 步：当 $i \neq j$ 时，$v_i \equiv 0\left(\bmod n_j\right)$，说明 v_i 以除 n_i 外的其他各 n_j 为因子。由此构造 $M=n_1n_2\cdots n_k$ 和 $m_i=\dfrac{M}{n_i}$，$i=1,2,\cdots,k$ 。上述分析说明，v_i 以 m_i 为因子，由此可令 $v_i=m_iw_i$，问题进一步转化为求 $m_iw_i \equiv 1\left(\bmod n_i\right)(i=1,2,\cdots,k)$ 中的 w_i，此时有 $x=\sum_{i=1}^{k}a_im_iw_i$ 。

第 4 步：$m_iw_i \equiv 1\left(\bmod n_i\right)$，$i=1,2,\cdots,k$ 说明 w_i 与 m_i 模 n_i 互逆，即 $w_i \equiv m_i^{-1}\left(\bmod n_i\right)$，因此问题最终转化为求 m_i 模 n_i 的乘法逆元问题。

总之，秦九韶针对余数问题给出了如式（11-5）所示的解：

$$x \bmod n=\sum_{i=1}^{k}a_im_im_i^{-1}\left(\bmod n_i\right) \tag{11-5}$$

秦九韶将他的方法称为大衍总数术，将 $M = n_1 n_2 \cdots n_k$ 称为衍母，将 $m_i = \dfrac{M}{n_i}$ 称为衍数，将 w_i 称为乘率，该方法的核心是求乘率[26]。为此，他提出了大衍求一术，即求一个与衍数 m_i 的积模 n_i 为 1 的数的方法。他的术文如下。

大衍求一术云：置奇右上，定居右下，立天元一于左上。先以右上除右下，对得商数与左上一相生，入左下。然后乃以右行上下，以少除多，递互除之，所得商数，随即递互累乘，归左行上下，须使右上末后奇一而止。乃验左上所得，以为乘率。或奇数已见单一者，便为乘率。

有关该术文的详细诠释可参考相关文献[24,26]。需要说明的是，秦九韶独立地设计了求 GCD 的辗转相除法，并通过对各轮与商数有关的计算最终获得了求乘率 w_i 的大衍求一术算法，同时可求 m_i 模 n_i 的乘法逆元，从而宣告为一次同余方程组提供了完整、系统、普适的求解算法。算法 11-7 所示为中国余数算法的主流程。

算法 11-7 中国余数算法的主流程

输入：$a_1, a_2, \cdots, a_k$， $n_1, n_2, \cdots, n_k$

输出：由输入构成的一次同余方程组的解 x

1. 计算衍母 $M = n_1 n_2 \cdots n_k$；
2. 计算衍数 $m_i = M / n_i$，$i = 1, 2, \cdots, k$；
3. 计算乘率 $m_i^{-1} (\text{mod } n_i)$，$i = 1, 2, \cdots, k$；
4. 计算 $c_i = m_i \left(m_i^{-1} \text{ mod } n_i \right)$，$i = 1, 2, \cdots, k$；
5. 计算 $A = \sum_{i=1}^{k} a_i c_i$；
6. 计算 $x = A \text{ mod } M$。

我们曾经在 11.3.2 节介绍过，扩展 Euclid GCD 算法可以求模的乘法逆元。然而，扩展 Euclid GCD 算法是英国数学家 Nicholas Saunderson 于 1740 年发表的[27]，他将该算法的诞生归功于同样来自英国的数学家 Roger Cotes（1682—1716），该算法的诞生比秦九韶的大衍求一术晚了约 450 年，尽管秦九韶的方法与扩展 Euclid GCD 算法有所不同，但两者都能高效地求解模的乘法逆元。

11.6.3 中国余数算法的现代版 C++实现及 CD-AV 演示设计

为帮助学习者具体地理解和实践中国余数算法，我们以现代版 C++实现了该算法，并在 CAAIS 中设计了相应的 CD-AV 演示。

1. 中国余数算法的现代版 C++实现

附录 11-2 给出了中国余数算法的现代版 C++实现代码，其中的主函数 ChnRA（代码块 2）是遵循算法 11-7 设计的。该实现体现了现代版 C++编程的一个重要进展，即运用强大的累积函数 accumulate、变换函数 transform 和内积函数 inner_product 尽最大可能避免循环编程，使代码简洁。可以看到，ChnRA 函数中就完全没有使用循环。

ChnRA 函数接收 vector<int>类型的 a 和 n 作为一次同余方程组的参数（代码块 2 第 1 行），用 a.size()获取方程的个数 N（代码块 2 第 3 行），以 vector<int>定义计算的中间量（代码块 2 第 4 行），包括衍数表 m、乘率（衍数逆）表 m_inv，以及衍数与乘率积的表 c。

代码块 2 第 5、6 行调用累积函数 accumulate 计算衍母 M。accumulate 函数的基本功能是对给定表中的数据求和，这里我们用的是它更强大的延伸功能，即求积运算功能。函数的前 2 个参数以迭代器成员方法 n.begin()和 n.end()说明待累积的表及元素范围；第 3 个参数说明累积的初始值，这里用 1 实现对 n 中各元素的乘法运算；第 4 个参数 multiplies<int>()说明累积的基本运算为乘法运算。

代码块 2 第 7、8 行调用变换函数 transform 计算衍数表 m。transform 函数的前 2 个参数仍然以迭代器成员方法 n.begin()和 n.end()说明待变换的表及元素范围；第 3 个参数以 m.begin()说明变换后数据存放的表及起始位置；第 4 个参数说明变换的操作方式。这里进一步用到了现代版 C++的重要增强功能，即 bind 函数功能，其中的 divides<int>()说明变换的基本运算是除法运算，该运算需要 2 个参数，其第 1 个参数为被除数，即衍母 M，第 2 个参数为除数，以“_1”表示。bind 函数实现了将 M 和“_1”置为绑定对象（divides 函数）的 2 个参数的功能。其中，“_1”是在命名空间 placeholders 中定义的占位符，这里的意思是将 bind 函数返回的函数对象的第 1 个值用作 divides 的第 2 个参数，这个值就是 transform 函数前 2 个参数确定的列表中的元素。由此可见，这一系列现代版 C++高级功能的运用使得我们以非循环的方式实现了衍数表的计算。

注：具体地说，bind(divides<int>,M,_1)函数将返回一个函数对象 dividesM，该函数调用 divides，并将 M 作为 divides 的第 1 个参数，将自己的第 1 个参数作为 divides 的第 2 个参数。dividesM 自己的第 1 个参数是由外层的 transform 函数传来的，即由 transform 函数前 2 个参数确定的列表 n 中的元素。

代码块 2 第 9、10 行再次调用变换函数 transform 计算乘率表 m_inv。乘率实际上就是模的乘法逆元，这是由 GetMODInverse 函数（代码块 3）调用扩展 Euclid GCD 函数 ExtEuclidGCD 实现的。GetMODInverse 函数发现返回的 a 对 N 的乘法逆 inv 小于 0 时就加 N（代码块 3 第 5 行），以确保其在 0～N－1的范围内。这里的 transform 函数调用需要 3 个列表，前 2 个参数以迭代器成员方法 m.begin()和 m.end()说明 GetMODInverse 的第 1 个参数，即衍数表 m 中的元素；第 3 个参数用 n.begin()说明模数表及起始元素，该表中的元素也将成为 GetMODInverse 的第 2 个参数；第 4 个参数用 m_inv.begin()说明变换的结果，即乘率所要存放的表及起始位置。

代码块 2 第 11、12 行又一次调用变换函数 transform 计算衍数与乘率积表 c。这里的情况与上面计算乘率表的情况相似，只是所涉及的 3 个表分别是衍数表 m、乘率表 m_inv 和衍数与乘率积表 c，所涉及的变换是以 multiplies<int>()表示的乘法运算。

代码块 2 第 13、14 行调用内积函数 inner_product 计算 a 和 c 中对应元素积的和，其中第 4 个参数 0 是求和计算的初始值。求和计算完成后，还应对 M 取模以获得最终的结果。

2．中国余数算法的 CD-AV 演示设计

中国余数算法的 CD-AV 演示示例如图 11-16 所示，所用算例就是《孙子算经》中的例子。

为了体现计算的详细过程，该 CD-AV 演示对应的代码并未完全采用上文所介绍的完全没有使用循环的现代版 C++代码，计算衍数、乘率和衍数乘率积的过程均以循环方式进行。

数据行设计很简单，只有方程个数 N 和循环变量 i 两个数据列，其中 N 列中的数据固定不变化。

整体上以表格方式设计，可视化行的左侧给出同余方程组，右侧以表格形式显示算法的计算过程。表格共有 7 行，其中第 1（i）行是索引行，第 2（a_i）和 3（n_i）行是同余方程组的参数行，第 4（m_i）、5（m_i^{-1}）和 6（c_i）行分别是衍数行、乘率行和衍数与乘率积行。第 7（a）行只有一个有效的数据列，即算法的最终运行结果。CD-AV 演示结束时算法的最终运行结果也会显示在左侧同余方程组表达式的下面。

该 CD-AV 演示也提供了一定程度的交互。选择交互比例后，系统会随机地将 m_i、m_i^{-1} 和 c_i 行上的当前数据设为交互填写状态，用户填好数据后，单击 Hand in 按钮，系统将自动判断所填数据的正误，并以绿色背景表示填写正确的数据，以红色背景表示填写错误的数据（但此时给出的是正确的数据）。

No	N	i	Act
Completed!			
12	-	-	

The equations:

$a \equiv 2 \pmod 3$

$a \equiv 3 \pmod 5$

$a \equiv 2 \pmod 7$

Result: $a = 23$.

i	0	1	2
a_i	2	3	2
n_i	3	5	7
m_i	35	21	15
m_i^{-1}	2	1	1
c_i	70	21	15
a	23		

图 11-16
彩图

图 11-16　中国余数算法的 CD-AV 演示示例

11.6.4　中国余数算法在加快 RSA 解密运算中的应用

时至今日，中国余数算法依然焕发着耀眼的光芒。RSA 实验室的#1 公钥密码学标准（Public-Key Cryptography Standards #1PKCS #1）（2012 年 10 月 27 日）[28]就采用了中国余数算法来提高解密运算的效率。

注： PKCS #1 已经交由 Internet 工程任务组（IETF）接管，其最新版为 2016 年 11 月的 RFC8017[29]。

由于解密要对大量的数据重复进行，因此解密效率的微小提高就会带来不小的收益。PKCS #1 运用中国余数算法[6, 30]使单次解密运算的效率得到了一定程度的提高，考虑到 RSA 算法应用的普遍性，这一提高所带来的整体收益是巨大的。

PKCS #1 的基本思路是将密文 C 的解密计算 $P = C^d \bmod n$ 转化为 $C^d \bmod p$ 和 $C^d \bmod q$ 的计算，其中 $n = pq$，目的是获得一个一次同余方程组，从而借用中国余数算法求 P 值。这可将对 n 的模幂运算降低为对 p 和 q 的模幂运算，从而获得运算效率上的提高。

假设以私钥 (d,n) 对密文 C 进行解密，则按如算法 11-6 所示的基本流程需要计算 $P = C^d \bmod n$。考虑到 n 是两个大素数 p 和 q 的积，我们将计算调整为 $C_p = C^d \bmod p$ 和 $C_q = C^d \bmod q$。令 $d_p \equiv d \bmod (p-1)$，则有 $d = k(p-1) + d_p$，其中 k 为一个整数，于是 $C_p = C^{k(p-1)+d_p} \bmod p = \left(\left(C^{p-1} \bmod p\right)^k \cdot C^{d_p}\right) \bmod p$。由于 p 是素数，根据费马小定理有 $C^{p-1} \bmod p = 1$，因此 $C_p = C^{d_p} \bmod p$。

另外，根据 RSA 密钥生成算法，$ed \equiv 1 \bmod (p-1)(q-1)$，有 $ed = k(p-1)(q-1)+1$，也就是 $ed \equiv 1 \bmod (p-1)$，即 e、d 模 $p-1$ 也互逆，因此 $d_p = e^{-1}\left(\bmod (p-1)\right)$。

同理可令 $d_q \equiv d \bmod (q-1)$，并得 $C_q = C^{d_q} \bmod q$ 且 $d_q = e^{-1}\left(\bmod (q-1)\right)$。

综上所述：

$$\begin{cases} C_p = C^d \bmod p = C^{d_p} \bmod p \\ C_q = C^d \bmod q = C^{d_q} \bmod q \end{cases} \tag{11-6}$$

式中，

$$\begin{cases} d_p = e^{-1}\left(\bmod\left(p-1\right)\right) \\ d_q = e^{-1}\left(\bmod\left(q-1\right)\right) \end{cases} \tag{11-7}$$

由此我们就得到了关于 C^d 的一次同余方程组：

$$\begin{cases} C^d \equiv C_p \bmod p \\ C^d \equiv C_q \bmod q \end{cases} \tag{11-8}$$

根据式（11-5）可得式（11-8）的解如下：

$$C^d \bmod pq = C^d \bmod n = \left(C_p qq^{-1}\left(\bmod p\right) + C_q pp^{-1}\left(\bmod q\right)\right) \bmod n \tag{11-9}$$

Harvey L. Garner 于 1959 年对中国余数算法进行了细致的改进，设计了更适合在现代计算机上迭代计算的 Garner 算法[31]，并进一步地提高了计算效率。PKCS #1 采用的就是 Garner 算法。

当线性同余方程组中仅包括如式（11-8）所示的两个方程时，Garner 算法就简化为如下形式：

$$P = \left(C_q + hq\right) \bmod n,\quad h = q^{-1}\left(\bmod p\right)\left(C_p - C_q\right) \tag{11-10}$$

在上述 Garner 算法中，式（11-7）中的 d_p、d_q 和式（11-10）中的 $q^{-1}\left(\bmod p\right)$ 都是与密文 C 无关的，可以事先计算出来，因此主要的计算代价就是式（11-6）中的 $C^{d_p} \bmod p$ 和 $C^{d_q} \bmod q$。由于 RSA 算法中选取的 p、q 是位数相同的大素数，因此它们的位数会是 n 的位数 β 的一半，即 $\frac{\beta}{2}$。基本的 RSA 算法中要计算 1 次 β 位数的模幂运算，因此复杂度为 $O\left(\beta^3\right)$，而使用 Garner 算法后，RSA 解密需要 2 次 $\frac{\beta}{2}$ 位数的模幂运算，因此复杂度为 $O\left(2\left(\frac{\beta}{2}\right)^3\right) = O\left(\frac{\beta^3}{4}\right)$，即计算代价大约减小为原来的 $\frac{1}{4}$。

需要说明的是，应用中国余数算法后，RSA 算法的私钥变为如下的 5 元组：$\left(p, q, d_p, d_q, q_{\text{inv}}\right)$。其中 d_p、d_q 如式（11-7）所示，$q_{\text{inv}} = q^{-1}\left(\bmod p\right)$。

下面我们以 11.5.1 节中的 RSA 算法示例演示一下上述算法的计算过程。该示例中，$p = 13$，$q = 23$，$n = 299$，$e = 5$，$d = 53$，以公钥 $\left(e, n\right) = \left(5, 299\right)$ 对明文 $P = 10$ 加密得密文 $C = 134$。

该实例 PKCS#中的私钥值为：$p = 13$，$q = 23$，$d_p = 5^{-1}\left(\bmod 12\right) = 5$，$d_q = 5^{-1}\left(\bmod 22\right) = 9$，$q_{\text{inv}} = 23^{-1}\left(\bmod 13\right) = 4$。

当 $C = 134$ 时，$C_p = 134^5 \bmod 13 = 10$，$C_q = 134^9 \bmod 23 = 10$，$h = 4 \times \left(10 - 10\right) = 0$，因此 $P = \left(10 + 0 \times 23\right) \bmod 299 = 10$。

设明文 $P = 100$，则密文为 $C = 100^5 \bmod 299 = 16$。

此时 $C_p = 16^5 \bmod 13 = 9$，$C_q = 16^9 \bmod 23 = 8$，$h = 4 \times \left(9 - 8\right) = 4$，于是 $P = \left(9 + 4 \times 23\right) \bmod 299 = 100$。

注：OpenSSL、Java 及.NET 等流行的 RSA 实现均采用了上述 PKCS #1 中的快速解密算法。

习题

1. 解释对称秘钥体制。
2. 解释公钥体制。
3. 证明模乘法运算性质。
4. 说明模加法和模乘法运算的复杂度。
5. 给出模幂运算的反复平方算法的伪代码，说明其复杂度。
6. 用表 11-1 以反复平方算法计算$14^7 \bmod 33$。
7. 针对模幂运算的反复平方算法的 CD-AV 演示，选择 2 组数据进行 20%的交互练习，并保存交互结果。
8. 编程实现模幂运算的反复平方算法，并用 3 组以上的数据进行测试。
9. 写出 $a \equiv b \pmod{N}$ 的读法。
10. 证明模同余的乘法运算性质。
11. 给出模的乘法逆元的定义，说明模的乘法逆元存在的充要条件。
12. 说明检验 GCD 的 Bézout 等式法。
13. 给出扩展 Euclid GCD 算法的伪代码，说明其复杂度。
14. 解释扩展 Euclid GCD 算法可以获得检验 GCD 的 Bézout 等式。
15. 说明为什么扩展 Euclid GCD 算法可以用来求模的乘法逆元。
16. 给出针对 $a=423$、$b=128$ 的 Euclid GCD 算法手算表，格式同表 11-2，然后用该表回推出 Bézout 等式，最后给出 423 模 128 的乘法逆元。
17. 针对扩展 Euclid GCD 算法的 CD-AV 演示，选择 2 组数据进行 20%的交互练习，并保存交互结果。
18. 编程实现扩展 Euclid GCD 算法，并用 3 组以上的数据进行测试。
19. 叙述 Euclid 素数定理，并给出其证明。
20. 分别给出素数分布的 Hadamard-Poussin 和 Dirichlet 表达式，并根据素数分布说明在 k 个二进制位的范围内，平均大约连续测试多少个数就可以获得一个素数。
21. 给出费马小定理，并以素数 5 进行验证，再以 6 验证合数不满足费马小定理。
22. 编程通过循环调用 Euclid GCD 算法找出与第 1 个 Carmichael 数 561 互素的 20 个数，再用前面实现的模幂运算的反复平方算法验证它们均是 561 的费马伪证数。
23. 描述合数的非平凡模运算平方根性质，并举例说明。
24. 给出 Miller-Rabin 素性测试算法的主函数和见证函数的伪代码，说明其在 k 轮测试后的合数见证能力，并说明其计算复杂度。
25. 针对 Miller-Rabin 素性测试算法的 CD-AV 演示，选择 2 组数据进行 20%的交互练习，并保存交互结果。
26. 编程实现 Miller-Rabin 素性测试算法，取 k=3 进行实验，验证第 1 个 Carmichael 数不是素数，并从 563 开始找出 3 个通过 Miller-Rabin 素性测试的数，再以确定性的试除算法验证它们确实是素数。
27. 给出 RSA 算法的伪代码，说明其复杂度。
28. 给出关于 RSA 加密与解密核心机制 $\left(x^e\right)^d \equiv x \bmod n$ 的证明。

29. 说明 RSA 算法的计算可行性和不可攻破性。

30. 针对 RSA 算法的 CD-AV 演示，选择 2 组数据进行 30%的交互练习，并保存交互结果。

31. 令 $p=3$、$q=11$，以手算方式进行 RSA 算法的实验计算，包括计算 n、$\phi(n)$，手工确定与 $\phi(n)$ 互素的 e，用第 16 题的手算过程计算 e 模 $\phi(n)$ 的乘法逆元 d（要求 $e \neq d$），并用公钥 (e,n) 和私钥 (d,n) 对 30 进行加密和解密实验验证，加密和解密的模幂运算过程要求用如表 11-1 所示的手算表格计算。

32. 编程实现 RSA 算法，并用 3 组以上的数据进行测试。

33. 叙述中国余数定理。

34. 简要叙述秦九韶求解余数问题的大衍总数术。

35. 给出中国余数算法伪代码的现代表达。

36. 针对中国余数算法的 CD-AV 演示，选择 2 组数据进行 20%的交互练习，并保存交互结果。

37. 简要说明现代版 C++中除法运算函数 divides、乘法运算函数 multiplies、绑定函数 bind、累积函数 accumulate、变换函数 transform 和内积函数 inner_product 的功能和用法。

38. 编程实现中国余数算法，并用 3 组以上的数据进行测试。

39. 简要说明利用中国余数算法加快 RSA 解密计算的 Garner 算法，解释它对计算效率的提高。

40. 在 RSA 中，取 $p=31$，$q=11$，$n=341$，$e=7$，$d=43$，以公钥 $(e,n)=(7,341)$ 对明文 $P=100$ 进行加密得密文 $C=276$。试给出 PKCS #1 中的各私钥元素，并以基于 Garner 算法进行解密计算。再设明文 $P=10$，计算其密文 $C=175$，以 Garner 算法进行解密验算。

参考文献

[1] Wikipedia. Caesar cipher[EB/OL]. [2021-11-7].（链接请扫下方二维码）

[2] Wikipedia. Kerckhoffs's principle[EB/OL]. [2021-11-7].（链接请扫下方二维码）

[3] SHANNON C E. Communication theory of secrecy systems[J]. The Bell System Technical Journal，1949，28（4）：656-715.

[4] Wikipedia. Symmetric-key algorithm[EB/OL]. [2021-11-8].（链接请扫下方二维码）

[5] Wikipedia. Public-key cryptography[EB/OL]. [2021-11-8].（链接请扫下方二维码）

[6] Wikipedia. RSA（cryptosystem）[EB/OL]. [2021-11-9].（链接请扫下方二维码）

[7] CORMEN T H，LEISERSON C E，RIVEST R L，et al. 算法导论[M]. 第 3 版. 殷建平，徐云，王刚，等译. 北京：机械工业出版社，2013：543-574.

[8] Wikipedia. Euclid's theorem[EB/OL]. [2021-11-10].（链接请扫下方二维码）

[9] Wikipedia. Prime number theorem[EB/OL]. [2021-11-10].（链接请扫下方二维码）

[10] Silva T O e. The first 76 values of pi（2^k）[EB/OL].（2012-11-20）[2021-11-10].（链接请扫下方二维码）

[11] CORMEN T H，LEISERSON C E，RIVEST R L，et al. 算法导论[M]. 第 3 版. 殷建平，徐云，王刚，等译. 北京：机械工业出版社，2013：559，552.

[12] DASGUPTA S，PAPADIMITRIOU C，VAZIRANI U. 算法概论[M]. 王沛，唐扬斌，刘齐军，译. 北京：清华大学出版社，2011：28-35.
[13] CORMEN T H，LEISERSON C E，RIVEST R L，et al. 算法导论[M]. 第 3 版. 殷建平，徐云，王刚，等译. 北京：机械工业出版社，2013：565-571.
[14] Wikipedia. Carmichael number[EB/OL]. [2021-11-11].（链接请扫下方二维码）
[15] ALFORD W R，GRANVILLE A J，POMERANCE C B. There are Infinitely Many Carmichael Numbers[J]. Annals of Mathematics，1994，140（3）：703-722.
[16] Wikipedia. Miller-Rabin primality test[EB/OL]. [2021-11-11].（链接请扫下方二维码）
[17] CORMEN T H，LEISERSON C E，RIVEST R L，et al. 算法导论[M]. 第 3 版. 殷建平，徐云，王刚，等译. 北京：机械工业出版社，2013：560.
[18] RABIN M O. Probabilistic algorithm for testing primality[J]. Journal of Number Theory，1980，12（1）：128-138.
[19] AGRAWAL M，KAYAL N，SAXENA N. PRIMES is in P[J]. Annals of Mathematics，2002，160（2）：781-793.
[20] Lenstra Jr H W，Pomerance C B.（2005-7-20）[2021-11-19].（链接请扫下方二维码）
[21] Wikipedia. Big O notation[EB/OL]. [2021-11-15].（链接请扫下方二维码）
[22] Wikipedia. Chinese remainder theorem[EB/OL]. [2021-11-21].（链接请扫下方二维码）
[23] 李子愚. “大衍求一术”探秘[J]. 怀化师专学报（理科版），1986（1-2）：54-59.
[24] 万哲先. 孙子定理和大衍求一术[J]. 数学通报，1987（1）：32-34.
[25] CORMEN T H，LEISERSON C E，RIVEST R L，et al. 算法导论[M]. 第 3 版. 殷建平，徐云，王刚，等译. 北京：机械工业出版社，2013：556-558.
[26] 郭书春. 《中国古代数学》第十章 不定问题 第四节 大衍总数术与大衍求一术[EB/OL]. 励志网. [2021-11-21].（链接请扫下方二维码）
[27] Wikipedia. Euclidean algorithm[EB/OL]. [2021-1-29].（链接请扫下方二维码）
[28] Wikipedia. PKCS 1[EB/OL]. [2021-11-23].（链接请扫下方二维码）
[29] IETF Datatracker. PKCS #1：RSA Cryptography Specifications Version 2.2 [EB/OL]. [2021-11-23].（链接请扫下方二维码）
[30] DI Management Home. Using the CRT with RSA [EB/OL].（2019-12-5）[2021-11-24].（链接请扫下方二维码）
[31] GARNER H L. The Residue Number System[C]. Papers of the Western Joint Computer Conference，San Francisco，1959：146-153.

第 11 章

参考文献链接

第 12 章　NP 理论

江畔何人初见月？江月何年初照人？

[唐]张若虚，《春江花月夜》

本章将对算法领域中的高深内容进行基本介绍，以使读者能够从较高层面上领略计算的本质。首先介绍一个经典的不可计算问题——停机问题，并说明由该抽象问题所引出的一些现实性的不可解问题，以及另一个影响深远的不可解问题——希尔伯特第十问题，并由此说明乔姆斯基形式语言谱系。其次介绍易解问题与难解问题，并以非确定性算法为基础介绍基本的 NP 理论，其中将包括对 P？= NP 这一重要问题的说明。再次介绍 NP 完全性理论所涉及的基本内容，包括多项式时间归约，通过定义证明的 NP 完全问题 SAT、CNF-SAT 和 CIRCUIT-SAT，以及通过多项式归约证明的 NP 完全问题（包括团、顶点覆盖及哈密尔顿回路等问题）。最后扼要介绍问题复杂性类间的关系。

12.1　算法不可解的问题

本教材此前介绍的都是可以设计算法来求解的问题，本节我们将以停机问题和希尔伯特第十问题为例介绍不存在求解算法的问题，这将使我们对于计算能力，即算法能力有一个升华性的认识。

12.1.1　停机问题的不可计算性

阿兰·图灵不仅于 1936 年提出了计算的图灵机模型，而且证明了存在图灵机上无法求解的停机问题（Halting Problem，HALT）[1]，这也是最早被证明为算法不可解或不可计算的问题之一。

定义 12-1（停机问题 HALT）　给定程序参数 P 及其输入参数 I，问是否存在一个以 P 和 I 为输入参数的程序 H，判断 P 在 I 上是停机还是无限循环。

注：我们也以 P 表示它的程序编码。

定理 12-1（HALT 的算法不可解性）　不存在通用的求解所有程序/输入对(P,I)的 HALT 算法。

证明（反证法）：假设存在一个求解 HALT 的算法程序 H(P, I)，使得当 P 在 I 上停机时输出 true，当 P 在 I 上无限循环时输出 false，这样就可以设计一个如右所示的程序 D(X)，它同时以 X 为程序参数 P 及其输入参数 I，调用 H，当 H(X, X)返回 true 时 D(X)进入无限循环，当 H(X, X)返回 false 时 D(X)停机。

```
Program D(X)
if H(X, X) = true then
   loop forever
else
   halt
```

现在我们将 D 程序本身作为参数输入 D，即执行 D(D)，则 D 程序的设计决定了 D(D)只会有两种可能：停机，或者无限循环。假如 D(D)是停机的，H(D, D)会返回 true，D(D)中 if 语句的条件就是成立的，D(D)就会进入无限循环，这显然自相矛盾；假如 D(D)是无限循环的，H(D, D)会返回 false，D(D)中 if 语句的条件就是不成立的，D(D)会执行 else 部分，因此会停机，这也自相矛盾。

由于 D(X)程序仅依赖存在求解 HALT 的算法程序 H(P, I)，这说明 H(P, I)的存在假设是错误的，因此定理 12-1 得证。

HALT 的不可解性可引出一些不那么抽象的、具有一定现实性的不可解问题。例如，“一个程序是否完成了特定函数的计算”“两个程序是否计算了相同的函数”“验证给定程序是否完成了规格说明书的要求”[2, 3]等都是不可计算问题。它们都可通过归约或归谬法进行证明，即假如它们可计算，HALT 就是可计算的。

事实上，美国数学家 Henry Gordon Rice 于 1951 年证明了如下的普适定理[4]。

定理 12-2（Rice **定理**）　任何非平凡的程序语义性质都是不可计算的。

注：本节讨论的是不存在求解 HALT 及上述问题的通用算法，但不排除存在判定某一特定类型算法是否可停机的算法。

HALT 的不可计算性这一理论成果具有重要的实践意义。它说明追求编程、程序测试乃至软件工程的完全自动化是不可行的，我们所可以追求的是在一些特殊实例或在某些约束条件下开展软件有关的自动化探索和实践。

12.1.2 希尔伯特第十问题的不可计算性

除了 HALT 问题，还有一个著名的不可计算问题，即希尔伯特第十问题（H10），它是德国数学家大卫·希尔伯特（David Hilbert）在 1900 年巴黎数学大会上提出的 23 个数学问题中的第 10 个，这 23 个问题的探索和求解对 20 世纪的数学界乃至科学界产生了深远影响。

H10 问题表述如下：针对丢番图方程（Diophantine Equation），即有限个未知数的整系数多项式方程，寻找一个判定该方程是否存在整数解的通用算法。

例如，$x^2 - y^3 - 1 = 0$ 存在整数解 $x = 3$、$y = 2$，$3x^2 - 2xy - y^2z - 7 = 0$ 存在整数解 $x = 1$、$y = 2$、$z = -2$，而 $x^2 + y^2 + 1 = 0$、$x^3 - y^3 - 6 = 0$ 等就不存在整数解。

该问题经过美国数学家 Julia Hall Bowman Robinson、Martin David Davis、Hilary Whitehall Putnam 等的不懈努力，最终于 1970 年由俄罗斯数学家 Yuri Vladimirovich Matiyasevich 解决。然而，解决的结果却不是希尔伯特料想的，即不存在求解 H10 问题的通用算法。

定理 12-3（Matiyasevich **定理，也称为** Matiyasevich-Robinson-Davis-Putnam **定理或** MRDP **定理**）　每一个递归可枚举集合（或计算可枚举集合）都是丢番图的，反之亦然。

注：令人惊讶的是，MRDP 定理的证明过程中用到了中国余数定理，而且 Matiyasevich 的最终证明还以 Fibonacci 数列作为关键支撑。

MRDP 定理是一个深奥的、涉及计算本质的定理，H10 的不可解性是它的推论。MRDP 定理的证明非常深奥，感兴趣的读者可以阅读 Davis 1973 年的总结性文章“Hilbert's Tenth Problem is Unsolvable”[5]。本节基于可计算性的乔姆斯基形式语言谱系来说明由 MRDP 定理是如何推出 H10 的不可解性的。

注：形式语言（Formal Language）是刻画自动机及可计算性的理论方法。

图 12-1 所示为乔姆斯基形式语言谱系的一个版本[6]，其中各椭圆中的形式语言之间是相互包含关系，即图灵可识别语言（Turing Recognizable Language）包括图灵可判定语言（Turing Decidable Language），图灵可判定语言包括上下文无关语言（Context Free Languange，CFL），上下文无关语言包括正则语言（Regular Language，REG），而最外层的图灵不可识别语言（Turing Nonrecognizable Language）与图灵可识别语言间之间是互补关系。

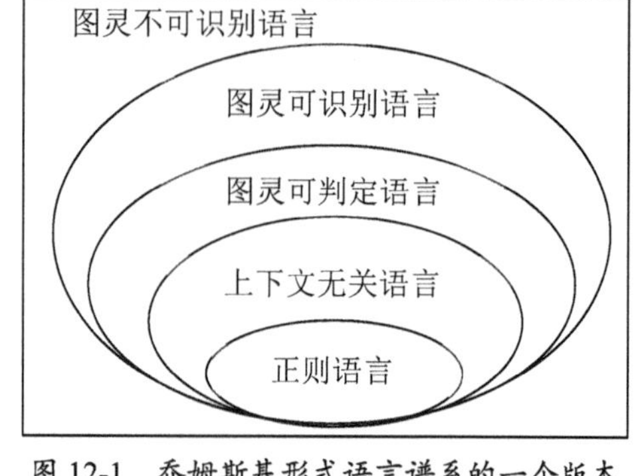

图 12-1　乔姆斯基形式语言谱系的一个版本

理解了图 12-1 中的图灵可识别语言和图灵可判定语言，就能理解 MRDP 定理对 H10 的推论。图灵可判定语言对应的是最终以“接受”或“拒绝”状态停机的图灵机，也就是最终可以给出运算结果的算法，而图灵可识别语言对应的是最终可能以“接受”或“拒绝”状态停机，也可能一直循环下去永不停机的图灵机，也就是可能给出运算结果，也可能一直循环不停的“算法”。图灵可识别语言与递归可枚举集合等价，而 MRDP 定理又证明丢番图方程，即有限个未知数的整系数多项式方程与递归可枚举集合等价，于是可以推论：丢番图方程中有一部分可以判定是否有整数解，但一定存在无法判定是否有整数解的情况，因此 H10 问题也就不存在通用求解算法。

注： 我们将图灵可识别语言对应的“算法”加了引号，是因为该语言对应的计算过程不满足 Knuth 算法特性中的有穷性。

12.2　易解问题与难解问题、NP 理论基础

本节将先阐述多项式时间可求解的问题是易解问题，指数时间可求解的问题是难解问题。然后介绍 NP 理论基础，包括判定性问题、确定性算法与 P 类判定性问题、非确定性算法与 NP 问题及 P?=NP 问题等。

12.2.1　易解问题与难解问题

本节将先给出易解问题与难解问题的定义，然后从计算资源随问题规模增加的需求方面说明易解问题与难解问题定义的合理性。

1．易解问题与难解问题的定义

此前我们学习了许多问题的求解算法，尽管看起来它们的复杂度有很大不同，但是可以将它们分成两大类，即多项式时间算法和指数时间算法。根据算法的这一特征，我们可以对问题进行相应的分类。

定义 12-2（多项式时间问题）　设 Π 是任意一个问题，如果对 Π 存在一个时间复杂度为 $O(n^k)$ 的算法（其中 n 是输入规模，k 是非负整数），就称问题 Π 是一个多项式时间问题。

注： 多项式时间算法包括复杂度为对数阶或含有对数阶成分的算法，如复杂度为 $O(\log n)$、$O(n\log n)$ 等的算法均属于多项式时间算法。

GCD、素性测试、整数乘法、排序、图中的最短路径、图的最小生成树等问题都存在多项式时间算法，这些问题都是多项式时间问题。

定义 12-3（指数时间问题）　设 Π 是任意一个问题，如果目前已知的求解 Π 的算法的时间复杂度至少为 $O(2^n)$（其中 n 是输入规模），就称问题 Π 是一个指数时间问题。

注：这里较谨慎地用了“目前已知的求解 Π 的算法的时间复杂度至少为 $O(2^n)$”的表述，是因为后文要介绍存在未定结论的 P?=NP 问题，即目前看来为指数时间算法的问题，尚不能断定一定不存在多项式时间算法。

针对 0-1 背包问题、TSP 问题、图着色问题等，尽管我们用穷举、动态规划、回溯、分支限界等方法进行了探索，但是所得到算法的最坏情况复杂度都是指数阶的，因此它们都属于指数时间问题。

2．易解问题与难解问题随规模增加而带来的计算资源需求

在算法界有一个普遍的共识：多项式时间问题是易解问题，而指数时间问题是难解问题。

这个共识基于以下考虑：多项式时间算法可通过以可承受的方式增加计算资源来扩大可求解问题的规模，而指数时间算法则不能。

上述考虑以计算资源计算能力的线性特征为基础，即假如 1 台给定计算资源的机器 M 单位时间内具有 C 的计算能力，则 n 台相同计算资源的 M 单位时间内将具有 nC 的计算能力。

对于线性复杂度 $O(n)$、二次复杂度 $O(n^2)$ 和三次复杂度 $O(n^3)$ 的多项式时间算法，当问题规模加倍为 $2n$ 时，计算量将分别增大到 $O(2n)$、$O(4n^2)$ 和 $O(8n^3)$。如果 M 单位时间内能解决规模为 n 的问题，则根据上述计算能力的线性特征，仅需将计算资源分别增大到 2 个 M、4 个 M 和 8 个 M，即可在单位时间内完成 $2n$ 规模问题的求解。这里计算资源的增加量是与 n 无关的。

然而，指数时间算法很不同。复杂度为 $O(2^n)$ 的算法，当问题规模加倍为 $2n$ 时，相应的计算量将增大到 $O(2^{2n})=O(2^n\times 2^n)$，即增大为规模为 n 时的 2^n 倍。这个倍数与 n 相关且也是指数阶的，当 $n=10$ 时，需要将计算资源增加到 2^{10}，即约 1000 个 M，而当 $n=20$ 时，需要将计算资源增加到 2^{20}，即约 10^6 个 M，显然这是不可承受的。因此，指数时间问题，即使只具有适度的规模，用人类最大限度可以利用的计算资源也需要数万年甚至更长的时间才能解出，因此计算界有一个普遍的共识：指数时间算法是难的算法，是计算上不可行的算法。

12.2.2　NP 理论基础

关于问题及算法复杂度的理论核心是 NP 理论，该理论的严谨表述是形式语言方法和图灵机理论，本节我们将以非形式语言和不深入涉及图灵机理论的方式从较浅的层次上对其进行介绍，内容将包括判定性问题、确定性算法与 P 类判定性问题、非确定性算法与 NP 问题及 P ? = NP 问题等。

1．判定性问题与最优化问题的定义及示例

计算理论主要以判定性问题为讨论对象，而最优化问题却是更接近实际的问题。为此我们给出这两类问题的定义，并简单讨论它们之间的关系。

定义 12-4（判定性问题） 称结果为 yes 或 no 的问题为判定性问题。

定义 12-5（最优化问题） 称求取极值的问题（包括极大值和极小值）为最优化问题。

我们此前在介绍 0-1 背包问题、TSP 问题和图着色问题时均分别给出了它们的判定性问题和最优化问题定义。为方便接下来的讨论，我们将它们重述如下。

定义 12-6（0-1 背包问题的判定性问题） 给定 n 个重量分别为 $w_1,w_2,\cdots,w_n$、价值分别为 $v_1,v_2,\cdots,v_n$ 且不可分割的物品和一个容量为 W 的背包，其中 $W \leqslant \sum_{i=1}^{n} w_i$，问是否存在价值不低于某个给定价值 V_0、总重量不超过 W 的物品组合？

定义 12-7（0-1 背包问题的最优化问题） 给定 n 个重量分别为 $w_1,w_2,\cdots,w_n$、价值分别为 $v_1,v_2,\cdots,v_n$ 且不可分割的物品和一个容量为 W 的背包，其中 $W \leqslant \sum_{i=1}^{n} w_i$，问装入哪些物品可以获得最大的价值？

定义 12-8（TSP 问题的判定性问题） 给定 n 个顶点的权矩阵为 $\boldsymbol{W}$ 的无向或有向带权图 $G(V,E)$，求一条包括各顶点一次且仅一次、长度不大于 L_0 的回路。

定义 12-9（TSP 问题的最优化问题） 给定 n 个顶点的权矩阵为 $\boldsymbol{W}$ 的无向或有向带权图 $G(V,E)$，求一条包括各顶点一次且仅一次的最短回路。

定义 12-10（图着色问题的判定性问题） 给定一个单连通的无向图 $G=(V,E)$ 和正整数 K，要求为每个顶点着一种颜色，并使相邻两个顶点之间具有不同的颜色，问是否可用 K 种颜色完成图的着色？

定义 12-11（图着色问题的最优化问题） 给定一个单连通的无向图 $G=(V,E)$，要求为每个顶点着一种颜色，并使相邻两个顶点之间具有不同的颜色，问最少需要多少种颜色？

相比最优化形式，问题的判定性形式更加简化，且又不失问题的内涵，因此更适用于探索问题计算本质的理论研究。

需要注意的是，不止上述最优化问题有对应的判定性问题，普通的算法问题也都有对应的判定性问题，如排序问题就可用如下方式定义其对应的判定性问题。

定义 12-12（排序问题的判定性问题） 给定一个全序（两两之间均可比较大小）的元素集合，问是否可以按非降顺序排列所有的元素？

最短路径问题可用如下方式定义其对应的判定性问题。

定义 12-13（最短路径问题的判定性问题） 给定正权值的赋权图 $G=(V,E)$、正整数 k 及两个顶点 $s,t \in V$，问是否存在一条由 s 到 t、长度至多为 k 的路径？

上述讨论说明，所有的算法问题均可转化为判定性问题，因此可以通过对判定性问题的研究来探索算法和计算的本质。

2．判定性问题与最优化问题的算法相关性

就上述的判定性/最优化问题对来说，如果为一个问题的判定性问题找到了多项式时间算法，我们就可以使用二分方法构造出其对应的最优化问题的多项式时间算法。

算法 12-1 针对图着色问题给出了示例。假如图着色问题的判定性问题存在多项式时间算法 DColoringP(K)，即 DColoringP(K)能够以多项式时间 $O(d(n))$ 判断顶点数为 n 的图 G（以全局变量表示）是否可 K 着色，我们就可以用二分方法设计如算法 12-1 所示的图着色问题最优化问题的多项式时间算法 OColoringP(Low, High)，即在[Low, High]的颜色中寻找到图 G 的最少着色数。由于一定可以用 n 种颜色为图 G 着色，最少着色数一定在$[1, n]$范围内，因此可以用 OColoringP$(1, n)$进行初始调用。每次调用先计算 Low 与 High 的中间值 Mid（第 3 行），然后以 DColoringP 判断图 G 是否可以 Mid 着色（第 4 行），如果可以 Mid 着色，而且 Mid = Low，则说明最优着色数就是此 Mid，于是结束算法并返回 Mid（第 5～6 行）；否则，继续在[Low, Mid]中递归搜索（第 8 行）。如果第 4 行判断图 G 不可 Mid 着色，那么最优着色数必定在[Mid + 1, High]中，于是在该范围中继续进行递归搜索（第 11 行）。

OColoringP 将会调用 DColoringP $O(\log n)$ 次，因此其复杂度 $T(n)=O(d(n)\log n)$，由于 $d(n)$ 是多项式的，因此 $T(n)$ 也会是多项式的。

算法 12-2 所示为 0-1 背包问题最优化问题的多项式时间算法。假如 0-1 背包问题的判定性问题存在多项式时间算法 DKnapsackP(V)，即 DKnapsackP(V)能够以多项式时间 $O(d(n))$ 判断物品数为 n 的 0-1 背包问题是否存在价值不低于 V 的解，我们就可以用二分方法设计如算法 12-2 所示的 0-1 背包问题最优化问题的多项式时间算法 OKnapsackP(Low, High)，即在[Low, High]的价值中寻找给定 0-1 背包问题的最优解。记 $\mathrm{VH}=\sum_{i=1}^{n} v_i$，即 VH 为所有物品价值的和（作为整数考虑），则最优解的值必定在[0,VH]范围内，因此可以用 OKnapsackP(0,VH)进行初始调用。OKnapsackP 的二分过程与图着色问题的 OColoringP 的二分过程相似，此处不再赘述。

算法 12-1 图着色问题最优化问题的多项式时间算法

```
1. Global G
2. OColoringP(Low, High)
3. Mid = (Low + High) / 2
4. if DColoringP (Mid)
5.     if Mid = Low
6.         return Mid
7.     else
8.         return OColoringP(Low, Mid)
9.     end if
10. else
11.     return OColoring(Mid + 1, High)
12. end if
```

算法 12-2 0-1 背包问题最优化问题的多项式时间算法

```
1. Global v[], w[], W
2. OKnapsackP(Low, High)
3. Mid = (Low + High) / 2
4. if DKnapsackP (Mid)
5.     if Mid = High
6.         return Mid
7.     else
8.         return OKnapsackP (G, Mid, High)
9.     end if
10. else
11.     return OKnapsackP(Low, Mid - 1)
12. end if
```

显然 OKnapsackP 的时间复杂度为 $T(n)=O(d(n)\log(\mathrm{VH}))$。设每个物品价值的输入规模为 k，则有 $\mathrm{VH}=n2^k$，因此有 $T(n)=O(d(n)(k+\log n))$，即 $T(n)$ 为输入规模的多项式函数。

3．确定性算法与 P 类判定性问题

有了判定性问题的概念，我们接下来讨论算法在判定性问题上的分类，其中最基本的是确定性算法与 P 类判定性问题。

定义 12-14（确定性算法） 设 A 是问题 Π 的一个算法，如果 A 在处理问题 Π 的实例 I 的整个执行过程中，每一步只有一个确定的选择，就说算法 A 是确定性算法。

本教材截至目前所讨论的算法都是确定性算法。对于确定性算法，如果用同一个输入实例 I 重复运行，总会得到相同的结果。

注 1：费马和 Miller-Rabin 素性测试算法似乎是例外，因为它们都采用了随机方式获取起始的测试整数。然而，在实践中要使用伪随机函数实现其随机性，而伪随机函数也是以某种确定性算法实现的，从这个意义上说，费马和 Miller-Rabin 素性测试算法均可看成确定性算法。

有了确定性算法的概念，就可定义 P 类判定性问题。

定义 12-15（P 类判定性问题） 如果对某个判定性问题 Π 存在一个非负整数 k，使得对输入规模为 n 的实例 I，能够以 $O\left(n^k\right)$ 的时间运行一个确定性算法得到 yes 或 no 的答案，则称判定性问题 Π 是一个 P 类判定性问题。

注 1：P 指的是多项式（Polynomial），因此 P 类判定性问题是多项式复杂度判定性问题的简称。

注 2：定义 12-2 给出的多项式时间问题的定义属于比较直觉的定义，这里的 P 类判定性问题的定义是基于确定性算法和判定性问题的定义，因此更具理论的严谨性和价值。

根据 Cobham 论题（也称为 Cobham-Edmonds 论题），只有当计算问题可在给定的计算设备上以多项式时间求解，也就是说属于 P 类问题时，才可说该问题是计算上可行的[7]。我们在 12.2.1 中的分析也具体地支持了这一论题。

4．非确定性算法与 NP 问题

在 P 类问题之外，还有许多问题目前尚没有找到 P 类水平的算法，为了对这些问题进行理论探索，我们需要定义非确定性算法，并在此基础上定义 NP 问题。

定义 12-16（非确定性算法） 非确定性算法是研究判定性问题的一个理论方法，它由两个阶段组成：推测阶段（Guessing Phase）和验证阶段（Verifying Phase）。在推测阶段，它以非确定性的 Guesser 由规模为 n 的输入实例 x 推测一个字符串 y 作为问题的“解”，这个解称为“证书”（Certificate）；在验证阶段，它以一个确定性的 Verifier 验证所推测的证书是不是问题的解，如果是则返回 yes，如果不是则返回 false。

注：非确定性算法是一种理论上的方法，并不像确定性算法那样可用于解决现实问题。

Guesser 的非确定性表现在每次运行所得到的证书是不同且不相关的，而且证书的形式也很可能不是问题解的形式。Verifier 的验证包括两个阶段，第一个阶段验证 Guesser 的证书是不是解的形式，如果不是则返回 false，如果是则进行第二个阶段的验证，即判断是不是问题的解，如果是问题的解则返回 true，否则返回 false。

注：证书的长度应该是 $O(n)$，不能是毫无意义的过长甚至无限长的。

例如，对于 4 个物品的 0-1 背包问题，Guesser 输出可能不是 4 位的 0、1 序列，而是 101、01011 等；对于 4 个城市（不包括出发城市）的 TSP 问题，Guesser 输出可能不是 1～4 的全排列，而是 23、1332 等。这些证书就都不是问题解的形式。

有了非确定性算法的定义，我们就可以给出 NP 问题的定义。

定义 12-17（非确定性多项式时间问题，即 NP 问题 能够用非确定性算法在多项式时间里求解的问题称为 NP 类问题，简称为 NP 问题。

显然，求解 NP 问题的非确定性算法的两个阶段都应该是多项式时间的，即 Guesser 和 Verifier 的复杂度应分别是 $T_{\mathrm{G}}=O\left(n^{g}\right)$ 和 $T_{\mathrm{V}}=O\left(n^{v}\right)$，其中 g 和 v 均是非负整数。这样，总的复

杂度便是$T_{\text{NP}}=\max(T_{\text{G}},T_{\text{V}})=O(n^k)$，其中$k=\max(g,v)$。

Guesser 的推测过程可能会在$O(n)$甚至$O(1)$的时间里完成，但由于证书是长度为$O(n)$的串，其输出过程总需要$O(n)$的时间，因此 Guesser 的复杂度通常是$O(n)$。

对于大多数 NP 问题，Verifier 的复杂度通常也是$O(n)$。

例如，对于 0-1 背包问题的判定性问题，如果 Guesser 给出了一个证书$(x_1x_2\cdots x_k)$，则 Verifier 检查它是不是解的正确形式需要$O(n)$的时间，这包括检查k是否等于n的$O(1)$时间和检查每个分量是否为 0、1 的$O(n)$时间。如果证书的形式正确，则判断它是否满足约束条件，即$\sum_{i=1}^{n}x_iw_i\leqslant W$，需要进行$n$次乘法和$n-1$次加法运算，当满足约束条件时，判断价值是否不小于$V_0$，即$\sum_{i=1}^{n}x_iv_i\geqslant V_0$，也需要进行$n$次乘法和$n-1$次加法运算。由此可见，Verifier 的复杂度是$O(n)$。

对于 TSP 问题的判定性问题，如果 Guesser 给出了一个证书$(x_1x_2\cdots x_k)$，则 Verifier 检查它是否具有正确的形式需要$O(n)$的时间，包括检查k是否等于n的$O(1)$时间和通过将$x_1x_2\cdots x_k$向编号为 1～n 的线性表中存放以检查是否有重复项的$O(n)$时间。如果证书的形式正确，则判断它构成的环路长度是否不大于L_0，即$\sum_{i=1}^{n-1}d_{x_ix_{i+1}}+d_{x_nx_1}\leqslant L_0$，其中$d_{x_ix_{i+1}}$为从城市$x_i$到城市$x_{i+1}$的距离，需要进行$n$次乘法和$n$次加法运算。由此可见，Verifier 的复杂度也是$O(n)$。

注：Guesser 的简单性使得 NP 问题的复杂度主要决定于确定性算法 Verifier，因此人们常将 NP 问题表述为“多项式时间可验证的问题”。

5. P ? = NP 问题

从 P 类判定性问题和 NP 问题的定义来看，P 类判定性问题一定是 NP 问题。因为 P 类判定性问题具有确定性的多项式时间求解算法A_{P}，如果以非确定性算法对它进行求解，那么当多项式时间的 Guesser 给出一个证书$(x_1x_2\cdots x_k)$后，我们总可以先以多项式时间确定该证书是否具有正确的形式，再使用确定性的A_{P}求出问题的解$(y_1y_2\cdots y_n)$，最后用$O(n)$的时间判定$(x_1x_2\cdots x_k)$是否与$(y_1y_2\cdots y_n)$一致，即总可以找到确定性的多项式时间验证算法 Verifier。

由此，我们可以得出一个直觉性的结论$\text{P}\subset\text{NP}$。然而，P 和 NP 的关系却没有直观上这么简单，P 类判定性问题是否一定是 NP 问题的真子集是不能凭直觉来回答的，这个问题由于对计算机科学的重要性，被誉为计算机科学中的顶级问题之一。事实上，克雷数学研究所（Clay Mathematics Institute，CMI）于 2000 年 5 月 24 日发布的 7 个千年数学大奖问题（Millennium Prize Problems）[8]中就包括 P vs. NP 或 P ? = NP 问题，即是否多项式时间可验证的问题也能以多项式时间求解？

P ? = NP 问题至今仍是一个未解问题，即至今没人给出$\text{P}=\text{NP}$或$\text{P}\neq\text{NP}$的证明，也没人给出 P ? = NP 不可证明的证明，尽管人们相信$\text{P}\neq\text{NP}$。

12.3 NP 完全性理论

NP 完全性理论是计算机科学领域的重大成就之一，它深刻地揭示了问题的内在计算特征。本节我们将对该理论进行一些入门性的介绍，内容包括判定性问题的多项式时间归约，通过定义证明的 NP 完全问题，通过多项式归约证明的 NP 完全问题，以及问题复杂性类间的关系，这些介绍将为计算理论学习乃至研究打下良好的基础。

12.3.1 判定性问题的多项式时间归约

在问题求解过程中，将一个问题 Π_A 变换为另外一个问题 Π_B，通过对 Π_B 进行求解实现对 Π_A 的求解是一个常用的方法。对于计算领域中的判定性问题来说，这个方法被发展为归约，将问题 Π_A 归约为问题 Π_B 的示意图如图 12-2 所示。

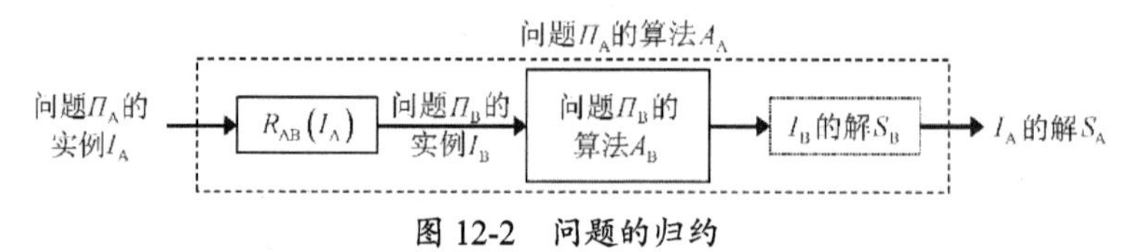

图 12-2　问题的归约

定义 12-18（判定性问题的归约）　假定判定性问题 Π_B 有求解算法 A_B，如果问题 Π_A 的所有实例 I_A 都能使用算法 R_{AB} 转换为问题 Π_B 的实例 I_B，且 A_B 对 I_B 的求解结果 S_B 就是问题 Π_A 在实例 I_A 上的求解结果 S_A，就说问题 Π_A 可以归约为问题 Π_B，记为 $\Pi_A \leqslant \Pi_B$，称 R_{AB} 为归约算法。

$\Pi_A \leqslant \Pi_B$ 说明可以像图 12-2 那样借用 Π_B 的求解算法 A_B 构造 Π_A 的求解算法 A_A。下面分析算法 A_A 的复杂度。设 I_A 的规模为 n_A，R_{AB} 的复杂度为 $\tau_R(n)$，A_B 的复杂度为 $T_B(n)$，则 A_A 的复杂度为 $T_A(n_A)=\tau_R(n_A)+T_B(n_B)$，其中 n_B 为 I_B 的规模。由于 I_B 是 $R_{AB}(I_A)$ 的输出，因此其最大可能的是 $R_{AB}(I_A)$ 的每一个步骤均产生一个输出位，也就是说，$n_B=O(\tau_R(n_A))$，于是有 $T_A(n_A)=\tau_R(n_A)+T_B(\tau_R(n_A))$。

由于归约算法 R_{AB} 的复杂度是归约的关键，因此我们给予其一个专门的术语定义。

定义 12-19（归约复杂度）　归约算法 R_{AB} 的复杂度称为 $\Pi_A \leqslant \Pi_B$ 的归约复杂度。

在所有可能的归约中，我们关心的是归约复杂度为多项式时间复杂度的情况，因为它使得易解问题仍归约为易解问题，难解问题仍归约为难解问题。

定义 12-20（判定性问题的多项式时间归约）　如果判定性问题 $\Pi_A \leqslant \Pi_B$ 的归约复杂度是多项式时间的，就称该归约为多项式时间归约，记为 $\Pi_A \leqslant_p \Pi_B$。

$\Pi_A \leqslant_p \Pi_B$ 意味着 R_{AB} 的复杂度 $\tau_R(n_A)$ 为多项式函数 $p(n_A)=O(n_A^{i_R})$（i_R 为正整数）。这时如果 Π_B 是易解问题，即 $T_B=O(n_B^{i_B})$（i_B 为正整数），就有 $T_A(n_A)=p(n_A)+T_B(p(n_A))=O(n_A^{i_R})+O\left(\left(n_A^{i_R}\right)^{i_B}\right)=O(n_A^{i_B i_R})$，即 Π_A 也存在多项式时间算法 A_A，因此该问题也是易解问题。

如果 Π_B 是难解问题，即其复杂度为 $T_B=O(2^{n_B})$，则当 $\Pi_A \leqslant_p \Pi_B$ 时，$T_A(n_A)=O(n_A^{i_R})+O\left(2^{n_A^{i_R}}\right)=O\left(2^{n_A^{i_R}}\right)$，即求解 Π_A 的算法 A_A 也是指数阶的。

多项式时间归约中的一个特殊情况是归约复杂度为线性的，即 $\tau_{\mathrm{R}}(n)=O(n)$ 的情况，这时归约的两个问题具有相同的复杂度。

$\Pi_{\mathrm{A}} \leqslant_{\mathrm{p}} \Pi_{\mathrm{B}}$ 的一个寻常结论是如果 Π_{B} 是易解的问题，那么 Π_{A} 也是易解问题。然而，它还有一个不寻常的结论：如果已经证明了 Π_{A} 是难解问题，那么 Π_{B} 也必定是一个难解问题。这一结论是证明 NP 完全问题的法宝。此外，$\Pi_{\mathrm{A}} \leqslant_{\mathrm{p}} \Pi_{\mathrm{B}}$ 还具有传递性，这一传递性为证明 NP 完全问题提供了进一步的便利。

定理 12-4（多项式归约的传递性）　令 Π_{A}、Π_{B} 和 Π_{C} 是 3 个判定性问题，若有 $\Pi_{\mathrm{A}} \leqslant_{\mathrm{p}} \Pi_{\mathrm{B}}$ 及 $\Pi_{\mathrm{B}} \leqslant_{\mathrm{p}} \Pi_{\mathrm{C}}$，则必有 $\Pi_{\mathrm{A}} \leqslant_{\mathrm{p}} \Pi_{\mathrm{C}}$（证明从略）。

12.3.2　通过定义证明的 NP 完全问题

本节将首先介绍 NP 难题及 NP 完全问题，然后介绍通过定义证明的 NP 完全问题，即布尔可满足性问题（SAT）、CNF 可满足性问题（CNF-SAT）及布尔电路可满足性问题（CIRCUIT-SAT）。

1．NP 难题及 NP 完全问题

12.3.1 节关于多项式归约及其传递性的介绍使得我们能够进一步地认识判定性问题的难度本质及分类。

定义 12-21（NP 难题）　令 Π 是一个判定性问题，如果对 NP 问题中的每个问题 $\Pi' \in \mathrm{NP}$ 都有 $\Pi' \leqslant_{\mathrm{p}} \Pi$，则称判定性问题 Π 是一个 NP 难题。

NP 问题中的所有问题都能够多项式地归约到 NP 难题中，说明 NP 难题至少与 NP 问题中最难的问题一样难。

定义 12-22（NP 完全问题，即 NPC 问题）　令 Π 是一个判定性问题，如果 $\Pi \in \mathrm{NP}$，且对 NP 中的每个问题 $\Pi' \in \mathrm{NP}$ 都有 $\Pi' \leqslant_{\mathrm{p}} \Pi$，则称判定性问题 Π 是一个 NP 完全问题。

NP 问题中的所有问题都能够多项式地归约到 NP 完全问题中，说明 NP 完全问题是 NP 问题中最难的问题。定理 12-4 所示的多项式归约的传递性直接导致了 NP 完全问题的传递性。

定理 12-5（NP 完全问题的传递性）　令 Π 和 Π' 是 NP 问题中的两个问题，且有 $\Pi \leqslant_{\mathrm{p}} \Pi'$，如果 Π 是 NP 完全问题，则 Π' 也是 NP 完全问题（证明从略）。

2．通过定义证明的 NP 完全问题：SAT、CNF-SAT 及 CIRCUIT-SAT

NP 完全问题的传递性定理使得只要证明了第一个 NP 完全问题，就可以运用该定理，即多项式归约的方法证明其他的 NP 完全问题。然而，第一个 NP 完全问题必须通过定义来证明。

令人惊叹的是，加拿大多伦多大学的计算机科学家斯蒂芬·库克（Stephen Arthur Cook）于 1971 年首次通过定义证明了 SAT 和 3-CNF-SAT 是 NP 完全问题[9]，他也因为这项了不起的贡献获得了 1982 年的图灵奖。前苏联的数学家和计算机科学家莱昂纳德·莱文（Leonid Levin，后来移居美国）于 1973 年独立地通过定义证明了铺砖问题（Tiling Problem）也是一个 NP 完全问题[10]。

1）SAT 及 CNF-SAT 问题的 NP 完全性

库克证明了布尔可满足性问题（Boolean Satisfiability Problem，SAT）是 NP 完全的。该问题源自布尔公式（Boolean Formula），即由布尔变量及布尔运算符和括号连接而成的运算式，其中最基本的布尔运算符是与（AND）、或（OR）、非（NOT）。布尔公式中通常将与运算以连续书写的运算对象（像普通代数乘法运算那样）来表示，将或运算以“+”表示，将非运算以加上画线的形式表示。布尔公式是由最基本的布尔变量构成的，因此也可以看成一种函数。下面是两个以函数形式表达的布尔公式：

$$\phi_1(x_1,x_2,x_3)=x_1\overline{x_2}+x_2x_3(x_2+\overline{x_3}),\quad \phi_2(x_1,x_2,x_3,x_4,x_5)=\left(x_1\left(\overline{\overline{x_2}x_4+x_3}\right)+\overline{x_2\overline{x_3}}\right)\overline{x_5}$$

如果一个布尔公式对于布尔变量的某一组取值的结果为 true，我们就说该布尔公式是可满足的。

例如，上面的 ϕ_1 对于包括 $x_2=\text{true}$、$x_3=\text{true}$ 的任何 x_1,x_2,x_3 的值都会得到 true 的结果，也就是说 ϕ_1 是可满足的；ϕ_2 对于包括 $x_2=\text{false}$、$x_5=\text{false}$ 的任何 x_1,x_2,x_3,x_4,x_5 的取值都会得到 true 的结果，也就是说 ϕ_2 也是可满足的。另外，$\phi_3(x_1)=x_1\overline{x_1}$ 是一个平凡的不可满足的例子，而 $\phi_4(x_1,x_2)=(x_1+x_2)(x_1+\overline{x_2})(\overline{x_1}+x_2)(\overline{x_1}+\overline{x_2})$ 是一个非平凡的不可满足的例子，该式对于任何 x_1,x_2 的取值都会得到 false 的结果。

注： 术语布尔表达式（Boolean Expression）通常用于表述程序设计中的逻辑条件，也称为逻辑表达式（Logical Expression），读者应注意不要将这个概念与这里的布尔公式相混淆。

判断任意布尔公式的可满足性成为一个典型且意义深远的计算问题。

定义 12-23（布尔可满足性问题，SAT） 对于任意给定的布尔公式，是否存在一组变量的赋值使得它是可满足的？

由于任意的布尔公式都可以转换为一种称为合取范式（Conjunctive Normal Form，CNF）的限定形式，而 CNF 具有简单一致的结构，因此对 SAT 的研究便转化为对其 CNF 的研究。下面我们扼要地说明一下 CNF。

设 $X=\{x_1,x_2,\cdots,x_n\}$ 是 n 个布尔变量的集合，即 $x_i\in\{\text{T},\text{F}\}$，$i=1,2,\cdots,n$，其中 T 和 F 分别表示“真值”和“假值”。设 $x\in X$ 为 X 中的任一元素，则 x 和 $\overline{x}$ 均称为 X 上的文字，其中 $\overline{x}$ 为 x 的逻辑非。X 上的子句 C 是由 X 上的文字构成的析取式（由或运算符“$\vee$”连接 X 上的文字构成的式子），如 $C_1=x_2\vee x_3\vee x_5$、$C_2=x_1\vee x_3\vee\overline{x_4}\vee x_5$、$C_3=\overline{x_2}\vee\overline{x_3}\vee x_4$ 就是 5 个布尔变量的集合 X 上的 3 个子句。X 上的 CNF 指的是由有限个子句的合取（由与运算符“$\wedge$”连接的子句）构成的式子，如由上述 3 个子句可以构成如下所示的 CNF：

$$\phi_5(x_1,x_2,x_3,x_4,x_5)=(x_2\vee x_3\vee x_5)\wedge(x_1\vee x_3\vee\overline{x_4}\vee x_5)\wedge(\overline{x_2}\vee\overline{x_3}\vee x_4)$$

注 1： 运用德摩根定律（De Morgan's laws）（也称为对偶律）可以将任意表达形式的 SAT 转换为 CNF。德摩根定律最早源于集合论，它包括两条定律：$\overline{A\cup B}=\overline{A}\cup\overline{B}$，$\overline{A\cup B}=\overline{A}\cap\overline{B}$。后来推广到逻辑代数中：$\neg(p\wedge \text{q})\equiv(\neg p)\vee(\neg q)$，$\neg(p\vee \text{q})\equiv(\neg p)\wedge(\neg q)$。然而，基于德摩根定律将任意 SAT 转换为 CNF 的算法是一种指数阶复杂度的算法。

注 2： Tseytin 变换[11]可以在线性时间内将任意形式的 SAT 转换为 CNF。

与一般意义上的 SAT 类似，如果 CNF 中一组变量的赋值使得其结果取真值 true，则称该 CNF 是可满足的。由此带来了 CNF 可满足性问题。

定义 12-24（CNF 可满足性问题，CNF-SAT） 对于给定的 CNF 布尔公式，是否存在一组变量的赋值使得它是可满足的？

接下来我们看一下 CNF-SAT 的求解难度。假设 n 个布尔变量的 $x_1,x_2,\cdots,x_n$ 的 CNF-SAT

由 k 个子句组成，即 $\phi(x_1,x_2,\cdots,x_n)=C_1\wedge C_2\wedge\cdots\wedge C_k$，则检查 ϕ 的可满足性就是检查是否每个子句中都至少包括一个取值为 true 的文字。由于每个子句中至多包括 n 个文字，如果以穷举算法检查，则最坏情况下需要检查 $x_1,x_2,\cdots,x_n$ 所有可能的 2^n 种取值，因此最坏情况复杂度为 $O(kn2^n)$，该复杂度是指数阶的。CNF-SAT 与 0-1 背包问题和 TSP 问题一样，至今没有找到最坏情况复杂度低于指数阶的求解算法。

库克根据定义证明了任意的 NP 问题都可以多项式地归约到 CNF-SAT 中，说明 CNF-SAT 是 NP 完全的。由于以任意形式表达的 SAT 都可用 Tseytin 变换[11]在线性时间内转换为 CNF，因此 CNF-SAT 是 NP 完全的，也就意味着 SAT 是 NP 完全的[12]。因此，库克和莱文的成果常被简化地描述为 SAT 是 NP 完全的。

定理 12-6（库克定理，Cook 定理，也称为 Cook-Levin 定理） SAT 是 NP 完全的。

限于本教材的知识范围，我们不给出该定理的证明，感兴趣的读者可参考权威著作《计算机和难解性：NP 完全性理论导引》[13]或《计算理论导引》[14]进行学习。

2）CIRCUIT-SAT 的 NP 完全性

在 Cook-Levin 定理发布后，人们发现电路可满足性问题（CIRCUIT-SAT）是一个比 SAT 更基本的 NP 问题。该问题源于布尔电路（Boolean Circuit），即由基本的逻辑与（AND）、或（OR）、非（NOT）门组成的逻辑电路，该电路有有限个值为 0、1 的输入端和一个值为 0、1 的输出端，而且没有环路，如图 12-3 所示[15]。

注 1：布尔电路是一种很强大的数学模型，并非一种实际的电子电路。它既是数字逻辑电路的一种形式化工具，也是计算理论中形式语言研究的一种重要工具。

注 2：一般意义上的布尔电路可以有有限个值为 0、1 的输出端，但在 NP 问题研究中只关注有一个输出端的情况。

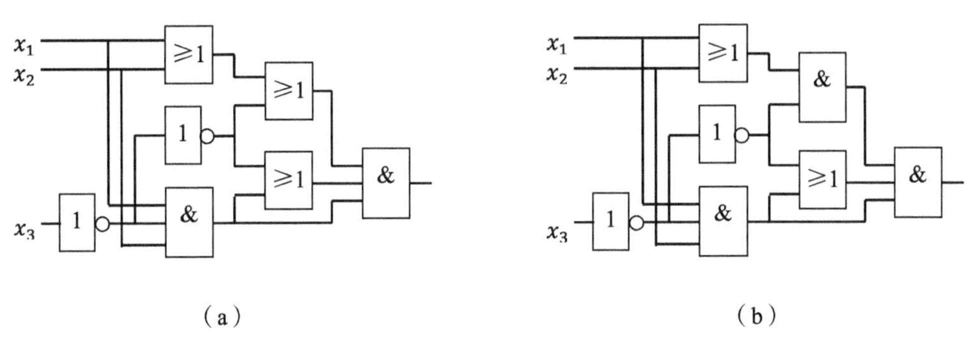

图 12-3 布尔电路示例[15]

如果布尔电路对于一组输入值使得输出结果为 1，则称该电路是可满足的。由此带来了布尔电路可满足性问题。

定义 12-25（布尔电路可满足性问题，CIRCUIT-SAT） 对于给定的布尔电路，是否存在一组输入值使得它的输出结果为 1？

图 12-3（a）所示的布尔电路当 x_1,x_2,x_3 取值为 1,1,0 时输出结果为 1，因此是可满足的；图 12-3（b）所示的电路对于任何的 x_1,x_2,x_3 取值都不会输出 1，因此是不可满足的。

显然，每个布尔电路都对应一个布尔公式。例如，图 12-3（a）所示的电路就对应布尔公

式 $\phi(x_1,x_2,x_3)=\left(x_1+x_2+\overline{\overline{x_3}}\right)\left(x_1x_2\overline{x_3}+\overline{\overline{x_3}}\right)x_1x_2\overline{x_3}$。针对任意的布尔公式我们总能设计出对应的布尔电路。布尔电路的特性决定着 CIRCUIT-SAT 是一个比 SAT 更基本的 NP 问题，而且研究表明它是一个更容易通过定义证明具有 NP 完全性的问题，因此 Cook-Levin 定理后来也通过 CIRCUIT-SAT 来证明。《算法导论》[15]和《计算理论导引》[16]均给出了 CIRCUIT-SAT 的 NP 完全性证明。

定理 12-7（CIRCUIT-SAT 的 NP 完全性） CIRCUIT-SAT 是 NP 完全的。

注 1：*也有学者将该定理认定为 Cook-Levin 定理*[17]。

注 2：*Tseytin 变换可以在线性时间内将 CIRCUI-SAT 转换为 CNF-SAT*[18]。

12.3.3 通过多项式归约证明的 NP 完全问题

在库克发表了证明 SAT 和 CNF-SAT 是 NP 完全问题的论文之后，理查德·卡普（Richard M. Karp）紧接着于 1972 年根据 NP 完全问题的传递性证明了 21 个重要的 NP 问题是 NP 完全的[18]，他也因为这个里程碑式的贡献获得了 1985 年的图灵奖。本节将扼要地介绍几个通过多项式归约证明的 NP 完全问题。

1．NP 完全问题的归约树

根据 12.3.2 节的学习，我们已经知道 CIRCUIT-SAT、SAT 和 CNF-SAT 都是可通过定义证明的 NP 完全问题，基于这些已经证明为 NP 完全问题的问题，理查德·卡普证明了它们可以多项式地归约到另外 21 个 NP 问题[18]中，因此这 21 个 NP 问题也都是 NP 完全问题。这种归约关系就构成了一棵 NP 完全问题的归约树。图 12-4 所示为基本的 NP 完全问题的归约树。为便于理解，图 12-4 中分别给出了以英文缩写描述的问题名称和以中文描述的问题名称两个版本。

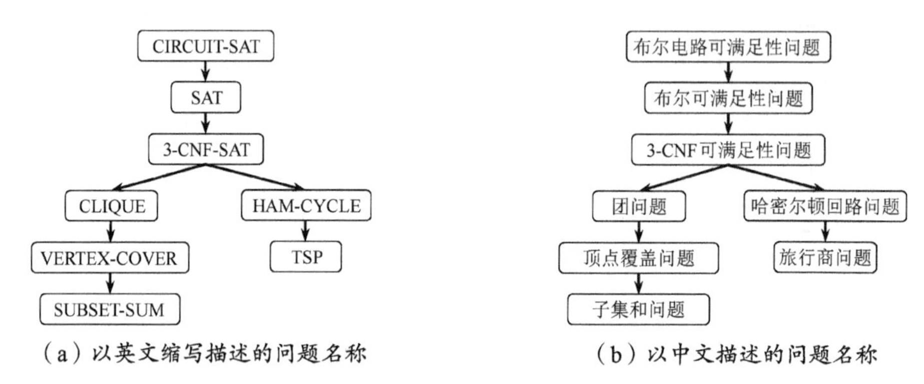

图 12-4 基本的 NP 完全问题的归约树[19]

2．一般 CNF-SAT 到 3-CNF-SAT 的多项式时间归约

当 CNF 公式中的每个子句都严格地包括 3 个文字时就称该公式为 3-CNF 公式，由此带来了 3-CNF-SAT。

定义 12-26（3-CNF 可满足性问题，3-CNF-SAT） 对于给定的 3-CNF 公式，是否存在一组变量的赋值使得它是可满足的？

显然 3-CNF 属于 NP 问题，因为对于含有 k 个子句的 3-CNF，给定一组变量的赋值，我们通过对公式中的所有 $3k$ 个文字进行一一检查就能确定是否每个子句中都包括一个取值为

true 的文字，从而能够判定它的可满足性。接下来我们分析将任意形式的 CNF 公式变换为 3-CNF 公式的多项式时间算法。

我们将给定 CNF 公式中的子句分成三类：一是少于 3 个文字的，二是正好 3 个文字的，三是多于 3 个文字的。

对于少于 3 个文字的情况，我们只要将其中的某个文字重复 1 或 2 次即可将其变换为 3 个文字。例如，如果一个子句是$x_1 \vee \overline{x_2}$，则我们将其变换为$x_1 \vee \overline{x_2} \vee x_1$就可使其成为 3 个文字的子句，使得新的子句是可满足的当且仅当原来的子句是可满足的。

正好 3 个文字的情况显然不用变换。

对于多于 3 个文字的情况，我们可以先取出其前两个文字，并引入一个新的变量来构造等价的包括两个子句合取的可满足公式。例如，如果一个子句是$C_x = x_1 \vee \overline{x_2} \vee x_3 \vee \overline{x_4}$，则引入变量$y_1$将其变换为$C_y = \left(x_1 \vee \overline{x_2} \vee y_1\right) \wedge \left(\overline{y_1} \vee x_3 \vee \overline{x_4}\right)$。如果$C_x$是可满足的，也就是存在一组$x_1, x_2, x_3, x_4$的赋值使得$C_x$为 true，则在该组赋值下$x_1, \overline{x_2}, x_3, \overline{x_4}$中至少有一个为 true。若$x_1, \overline{x_2}$中至少有一个为 true、$x_3, \overline{x_4}$均为 false，则可令$y_1$为 false 使$C_y$是可满足的；若$x_1, \overline{x_2}$均为 false、$x_3, \overline{x_4}$中至少有一个为 true，则可令$y_1$为 true 使$C_y$是可满足的；若$x_1, \overline{x_2}$和$x_3, \overline{x_4}$中分别至少有一个为 true，则不管$y_1$取什么值，$C_y$总是可满足的。另外，如果$C_y$是可满足的，则其两个子句都应是可满足的，而由于引入的变量y_1在两个子句中分别以y_1和$\overline{y_1}$出现，两个子句中至少有一个既不是y_1也不是$\overline{y_1}$的文字取值为 true，因此C_x必定是可满足的，也就是说，C_x是可满足的当且仅当C_y是可满足的。

由于一个 CNF 子句中最多包括n个文字，上述过程对每个 CNF 子句最多重复$n-3$次，因此对于包含k个子句的 CNF 该归约算法的复杂度为$O\left(k\left(n-3\right)\right)$，即是多项式的。

上述过程说明，任意的 CNF 公式可以多项式地归约为 3-CNF 公式，而 CNF-SAT 是 NP 完全的，因此 3-CNF-SAT 也是 NP 完全的。

注：3-CNF 可推广到 k-CNF（$k \geqslant 1$），即每个子句中都严格包括k个文字的 CNF 公式，由此也带来了 k-CNF-SAT。显然，$k=1$属于平凡的情况。$k=2$时的 2-CNF-SAT 是存在多项式求解算法的问题[20]。$k>3$时的 k-CNF-SAT 不会比 3-CNF-SAT 容易，也不会比一般的 CNF 难，因此都是 NP 完全的[21]。

3．3-CNF-SAT 到 CLIQUE 的多项式时间归约

对于给定的无向图$G=\left(V,E\right)$，如果其顶点集合V存在一个大小为$k \geqslant 1$的子集V'，即$V' \subseteq V$、$k=\left|V'\right|$，使得V'中的顶点构成一个完全图，就说图G中含有一个大小为k的团（Clique）。求图G中的最大团就是一个最优化问题，此问题有许多实际的应用，如找出一个对象集合中两两之间都相互关联的最大的对象子集。

定义 12-27（团问题的最优化问题，即最大团问题）　对于给定的无向图$G=\left(V,E\right)$，求其中规模最大的团。

该问题也存在一个对应的判定性问题。

定义 12-28（团问题的判定性问题，CLIQUE）　对于给定的无向图$G=\left(V,E\right)$，问该图中是否存在规模不小于k的团？

下面说明 CLIQUE 是一个 NP 完全问题。

对于给定的图$G=(V,E)$，如果说k个顶点的子集V'是一个团，那么我们只需要检查V'中的所有顶点对，看它们是否在E中。当E以邻接矩阵表示时，运算量仅是$\frac{1}{2}k(k-1)$，即存在多项式时间的验证算法，因此 CLIQUE 是一个 NP 问题。

接下来说明任一 3-CNF 公式ϕ都可以多项式地归约为 CLIQUE[22]。

对于含有k个子句的公式ϕ，构造一个由k组顶点组成的图G，每组顶点对应ϕ中的一个子句，子句中的每个文字对应顶点组中的一个顶点。

图G的边用以下方式构造：同一组顶点间没有边；不同组中的两个顶点如果对应的文字不是同一个变量及其非，则设一条边。例如，对应公式$\phi(x_1,x_2,x_3,x_4)=(x_1 \vee x_2 \vee \overline{x_3}) \wedge (x_2 \vee x_3 \vee \overline{x_4})(\overline{x_1} \vee \overline{x_2} \vee x_4)$的图如图 12-5 所示。其中，$C_1$组中的$x_1$顶点与$C_2$组中的$\overline{x_1}$顶点之间没有边，而与其$\overline{x_2}$顶点和$x_4$顶点之间均有边，读者可查看其他顶点及边的构造情况。

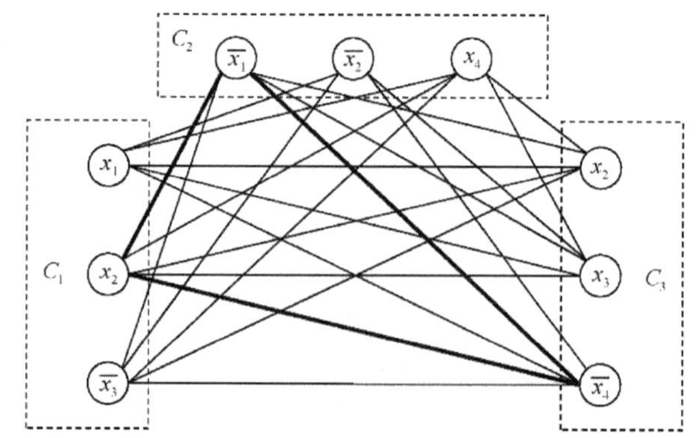

图 12-5　3-CNF 归约为 CLIQUE 的示意图

设ϕ中包括k个子句，则图G中会有$3k$个顶点和最多$\frac{3}{2}k(3k-1)$条边，因此将ϕ归约为图G的算法是多项式复杂度的。

如果图G中的两个顶点之间存在一条边，那么它们对应的ϕ中的两个文字就可以同时设为 true，因为这两个文字不是同一个布尔变量及其非。

上述特征导致了如下结论：图G中含有一个规模为k的团（k-CLIQUE），当且仅当ϕ是可满足的。

一方面，如果图G中含有k-CLIQUE，则由于同一个顶点组中的顶点间没有边，因此该k-CLIQUE 必定包括每个顶点组中的一个且仅一个顶点，由于这些顶点中不同时含有同一个变量及其非所对应的文字，因此可以将这些顶点所对应的文字全部取值为 true，这能使ϕ的每个子句中均包括一个取值为 true 的文字，故ϕ是可满足的。

另一方面，如果ϕ是可满足的，则对于其变量的一组可满足的赋值，其每个子句中至少会有一个文字取值为 true，我们从每个子句中取一个值为 true 的文字构成一个大小为k的顶点集合U，则U中必定不会包括同一个变量及其非所对应的文字，即U中的任何顶点对间都会有一条图G中的边，也就是说U中的顶点构成了图G的一个k-CLIQUE。

例如，图 12-5 对应的布尔公式当$x_1=\text{false}$、$x_2=\text{true}$、$x_4=\text{false}$时是满足的，它所对应的 3-CLIQUE 如图中的粗线所示。

综上所述，我们找到了一种将 3-CNF-SAT 归约到 CLIQUE 的多项式时间算法，而 3-CNF-SAT 是 NP 完全的，因此 CLIQUE 也是 NP 完全的。

4．CLIQUE 到 VERTEX-COVER 的多项式时间归约

对于给定的无向图$G=(V,E)$，如果其顶点集合的一个子集$V' \subseteq V$满足如下性质，即对于任意的$(u,v) \in E$都有$u \in V'$或$v \in V'$，或者两者同时成立，就称V'是图G的一个顶点覆盖

（Vertex Cover）。通俗地说，顶点覆盖指的是图的顶点集合的一个子集，该子集中的顶点关联着图的每一条边，也就是说子集中的顶点覆盖了图的所有边。

实现顶点覆盖的子集 V' 的大小，即顶点数称为顶点覆盖的规模。显然，求给定图的最小规模的顶点覆盖具有很实际的应用价值，如以最少的监控摄像头覆盖一个给定的路径网络。由此带来了顶点覆盖问题的最优化问题。

定义 12-29（**顶点覆盖问题的最优化问题，即最小顶点覆盖问题**） 对于给定的无向图 $G=(V,E)$，求其中规模最小的顶点覆盖。

该问题也存在一个对应的判定性问题。

定义 12-30（**顶点覆盖问题的判定性问题，**VERTEX-COVER） 对于给定的无向图 $G=(V,E)$，问该图中是否存在规模不大于 k 的顶点覆盖？

下面说明 VERTEX-COVER 是一个 NP 完全问题。

对于给定的无向图 $G=(V,E)$，如果说 k 个顶点的子集 V' 是一个顶点覆盖，那么我们可以用下面的方法验证其正确性：建立一个规模为 n（n 为图中顶点的个数）的元素类型为布尔型的列表 L，将 V' 中包括的顶点对应的元素赋值为 true，其余元素赋值为 false，以邻接矩阵 M 表示 E 中的边。于是可以对 M 的上三角元素进行遍历，每发现一条边就检查它的两个顶点对应的 L 中的元素值是否为 true，如果所有边的顶点都对应 L 中的 true 元素，则验证通过。显然这个计算过程是多项式的，因此 VERTEX-COVER $\in$ NP。

接下来说明任一 CLIQUE 都可以多项式地归约到 VERTEX-COVER[23]，思路是将含有 k-CLIQUE 的图多项式地归约到一个具有 $n-k$ 规模的顶点覆盖的图。

我们利用“补图”方法实现上述目标。给定一个无向图 $G=(V,E)$，定义其补图 $\bar{G}=(V,\bar{E})$，其中 $\bar{E}=\{(u,v):u,v\in V,u\neq v,(u,v)\notin E\}$，即补图 $\bar{G}$ 与原图 G 具有相同的顶点集合 V，但其边集 $\bar{E}$ 包括的是所有不在 E 中的边。图 12-6 所示为图及其补图示意图。

根据补图的特征，若图 G 有一个对应顶点集 $V'\subseteq V$ 的 k-CLIQUE，则对于 $\bar{E}$ 中任意的边 (u,v) 有 $(u,v)\notin E$，又由于 V' 中的任意顶点对间均有边，因此 u 和 v 中至少有一个不属于 V'，这也就意味着 u 和 v 中至少有一个属于 $V\setminus V'$（注：“\”为集合的差运算符号），也就是说 $V\setminus V'$ 覆盖边 (u,v)，而 (u,v) 是 $\bar{E}$ 中任意的边，因此 $V\setminus V'$ 覆盖 $\bar{E}$，它是图 $\bar{G}$ 的一个规模为 $n-k$ 的顶点覆盖。

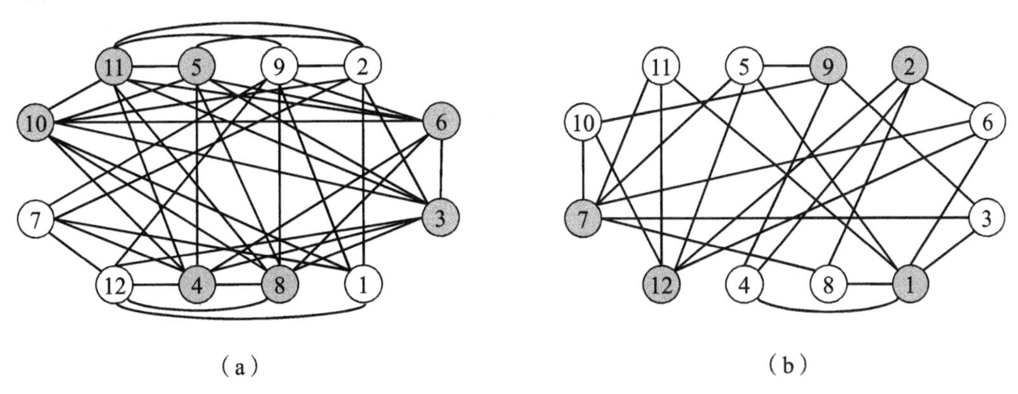

图 12-6 图及其补图示意图[24]

假定图 $\bar{G}$ 中有一个规模为 $n-k$ 的顶点覆盖 V''，则令 $V'=V\setminus V''$，于是对于所有的 $u,v\in V'$

且$u \neq v$，必定有$(u,v) \in E$，因为假如有$(u,v) \notin E$，则必有$(u,v) \in \bar{E}$，而这条$\bar{E}$中的边却不被V''覆盖，从而矛盾。

例如，图 12-6（a）中包括一个$V' = \{3,4,5,6,8,10,11\}$的 7-CLIQUE，其补图，即图 12-6（b）中就包括一个$V'' = \{1,2,7,9,12\}$的 5-VERTEX-COVER。

上述分析说明，图G中有一个k-CLIQUE 当且仅当其补图$\bar{G}$中有一个$n-k$的顶点覆盖，构造补图$\bar{G}$的算法就是一个将 CLIQUE 归约到 VERTEX-COVER 的算法，显然该算法是$O(n^2)$复杂度的，因为只要对图G的邻接表进行遍历就能实现该算法。

由此可见，存在将 CLIQUE 归约到 VERTEX-COVER 的多项式时间算法，因此 VERTEX-COVER 也是一个 NP 完全问题。

5．3-CNF-SAT 到 HAM-CYCLE 的多项式时间归约

图的哈密尔顿回路问题是另一个重要的判定性问题，我们曾经在 10.4.1 节进行过介绍，为了便于本节的叙述，我们重复给出其定义。

定义 12-31（图的哈密尔顿回路） 对于给定的图$G(V,E)$，从一个顶点出发经过各顶点一次且仅一次的回路，称为图的哈密尔顿回路。

哈密尔顿回路带来了如下的哈密尔顿回路的判定性问题。

定义 12-32（哈密尔顿回路的判定性问题，HAM-CYCLE） 对于给定的图$G=(V,E)$，问该图中是否存在一条哈密尔顿回路？

下面说明 HAM-CYCLE 也是一个 NP 完全问题。

给定一个n个顶点的图上的一个声称为哈密尔顿回路的顶点序列，我们可以很简单地判定其是否包括n个顶点，如果包括n个顶点，则通过将其编号依次填入元素编号为 1～n 的线性表来判断是否有重复的顶点，如果包括n个顶点且不重复，则可进一步检查相邻顶点是否在图的邻接矩阵中有对应的边。显然上述验证过程是$O(n^2)$复杂度的，因此 HAM-CYCLE$\in$NP。

接下来说明任一 3-CNF-SAT 都可以多项式地归约到 HAM-CYCLE，这是通过将 3-CNF-SAT 巧妙地构造为一种含有2^n个哈密尔顿回路的图来完成的[25]。我们以一个具体的 3-CNF 公式$\phi(x_1,x_2,x_3,x_4) = (x_1 \vee x_2 \vee \overline{x_3}) \wedge (\overline{x_2} \vee x_3 \vee x_4) \wedge (x_1 \vee \overline{x_2} \vee x_4)$为例来说明该构造过程，图 12-7 给出了该公式的转换图。

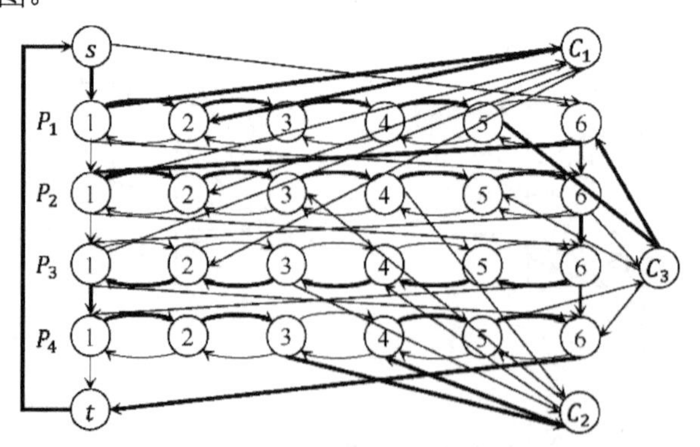

图 12-7 3-CNF-SAT 到 HAM-CYCLE 的归约示例[25]

设 3-CNF 有n个变量、k个公式，对应每个变量设计一个包括$2k$个顶点的子图，如图 12-7

中的 $P_1 \sim P_4$ 所示，子图中的顶点以 1～2k 编号，相邻顶点设两条反向的有向边；$P_1 \sim P_{n-1}$ 各行的 1 号和 $2k$ 号顶点分别设一条指向下一行上 1 号和 $2k$ 号顶点的有向边；设一个起始顶点 s，使它有两条指向 P_1 中 1 号和 $2k$ 号顶点的有向边；设一个末端顶点 t，使它有两条以 P_n 的 1 号和 $2k$ 号顶点为起始顶点的有向边；设一条从末端顶点 t 指向起始顶点 s 的有向边。记依此构造的图为 H，则该图的连接结构表明它会有 2^n 条哈密尔顿回路，因为每个 P 行都有一条由左向右和由右向左的路径。若让 P_i 行从左向右和从右向左的路径分别对应 3-CNF 公式中变量 x_i 的两个值 true 和 false，那么这 2^n 条回路就对应 n 个变量 $x_1, x_2, \cdots, x_n$ 的所有 2^n 种赋值。

接下来为 3-CNF 公式中的每个子句向图 H 中添加一个对应的顶点，并以 $C_1, C_2, \cdots, C_k$ 表示。对于每个 C_i 中的一个文字 l_j，选定 P_j 行中的 $2i-1$ 号和 $2i$ 号顶点，如果文字 l_j 对应布尔变量 x_j，就从 $2i-1$ 号顶点引一条边到 C_i，再从 C_i 引一条边到 $2i$ 号顶点；如果文字 l_j 对应布尔变量 x_j 的非，即 $\overline{x_j}$，就从 $2i$ 号顶点引一条边到 C_i，再从 C_i 引一条边到 $2i-1$ 号顶点。例如，前述公式中的子句 $C_3 = x_1 \vee \overline{x_2} \vee x_4$ 中含有文字 x_1，则从 P_1 的 5 号顶点引一条边到 C_3，再从 C_3 引一条边到 P_1 的 6 号顶点；对于 C_3 中的文字 $\overline{x_2}$，要从 P_2 的 6 号顶点引一条边到 C_3，再从 C_3 引一条边到 P_2 的 5 号顶点。

记上面构造的图为 G，我们来分析 3-CNF 公式可满足性与图 G 的哈密尔顿回路间的对应关系。假设 3-CNF 公式存在一种可满足的 $x_1, x_2, \cdots, x_n$ 赋值，那么公式中的每个子句中至少有一个文字将取值为 true。若子句 C_i 中的 l_j 文字取值为 true，则在 P_j 行的路径中加入 C_i 顶点，如果 l_j 文字对应布尔变量 x_j，则 P_j 取从左到右的路径；如果 l_j 文字对应布尔变量 x_j 的非，即 $\overline{x_j}$，则 P_j 取从右到左的路径。由于 x_j 的取值是确定的，因此 x_j 及其非对应的文字只会有一个取值为 true，也就不会存在某个与 C_i 不同的子句对应的顶点在 P_j 行路径方向上的冲突。也就是说，上述方法可以将所有子句对应的顶点以出现一次的方式加入图 H 中使 3-CNF 公式满足的 $x_1, x_2, \cdots, x_n$ 赋值对应的哈密尔顿回路，使该回路成为图 G 的一条哈密尔顿回路。

如果图 G 中存在一条哈密尔顿回路 h，那么 h 必定包括 $P_j(j=1,2,\cdots,n)$ 中一条从左到右或从右到左的路径，并包括每个 $C_i(i=1,2,\cdots,k)$ 顶点一次且仅一次。于是我们可令路径从左到右的 P_j 对应的布尔变量 x_j 取值为 true，而令路径从右到左的 P_j 对应的布尔变量 x_j 取值为 false。这样对于任意的 $C_i(i=1,2,\cdots,k)$ 顶点，如果它加入的是 P_j 行上的路径，那么它对应的子句中的 l_j 文字的值就必定是 true，因此它必定是可满足的，从而说明整个布尔公式是可满足的。

例如，图 12-7 对应的布尔公式当 x_1、x_2、x_4 三个变量取值为 true 时是满足的，它所对应的哈密尔顿回路如 12-7 图中的粗线所示。

由此可见，我们以图 12-7 的方式构造的图 G 具有如下特征：图 G 中存在一条哈密尔顿回路当且仅当所对应的布尔公式是可满足的。由于图 G 的顶点数是 $(2n+1)k+2$，因此其构造算法是多项式的。这就说明，我们实现了 3-CNF-SAT 到 HAM-CYCLE 的多项式时间归约，因此 HAM-CYCLE 也是 NP 完全的。

12.3.4　问题复杂性类间的关系

前文介绍了 P 类判定性问题、NP 问题、NP 完全问题和 NP 难题，这些知识使得我们对 12.2.2 节中所述的 P vs. NP 或 $\mathrm{P} ?= \mathrm{NP}$ 问题有了进一步的认识。尽管我们相信 $\mathrm{P} \neq \mathrm{NP}$，但是此问题至今没有答案。因此，出于科学的严谨，对于问题复杂性类间的关系就需要考虑 $P = NP$ 和 $P \neq NP$ 两种情况，图 12-8 就分这两种情况给出了问题复杂性类间的关系图[19]。

假如最终证明了 $P = NP$，则问题复杂性类间的关系将简化为图 12-8 右侧的情况，即 NP 中的所有问题都存在多项式时间算法，问题从计算复杂性上就仅包括两类，即容易计算的 NP 问题（它是 NP 难题的真子集）和 NP 难题中不属于 NP 问题的难解问题。

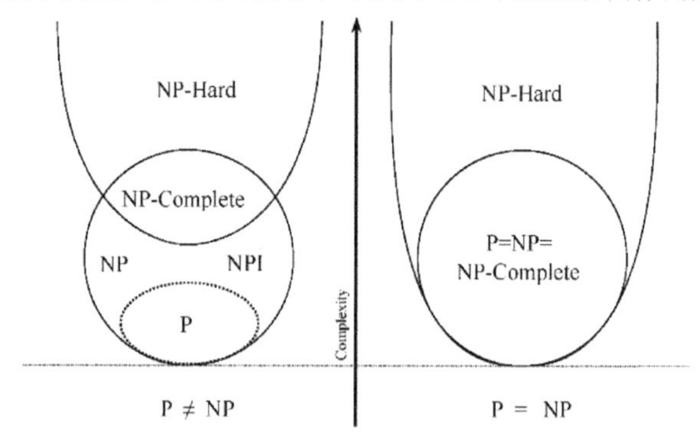

图 12-8　问题复杂性类间的关系图[19]

在 $P \neq NP$ 的假设下，问题复杂性类间的关系将如图 12-8 左侧所示，注意其中 NP 的范围是整个圆圈。这时，NP 问题中将包括容易计算的 P 类判定性问题、不容易计算的 NP 完全问题及 NP 中档（NP-Intermediate，NPI）问题。Richard E. Ladner 于 1975 年证明[26]，如果 $P \neq NP$，那么 NPI 不是空集。常见的整数因子分解问题和离散对数计算问题等被认为是 NPI 中的代表性问题。

对 P 类判定性问题和 NP 完全问题我们已经进行了较为充分的介绍，也给出了许多例子，下面扼要介绍一下 NP 难题。一般地，一个 NP 完全问题如果有对应的最优化问题，那么该最优化问题就是一个 NP 难题。

例如，TSP 问题的最优化问题就是一个 NP 难题，因为假如有人声称获得了该问题的解，我们只有求出该问题的最优解才能验证他的解是否正确，而求解 TSP 问题的最优化问题截至目前尚没有在所有问题实例上的多项式时间算法，也就是说无法在多项式时间内验证 TSP 问题的最优化问题的解，因此它不属于 NP 问题。

典型的 NP 难题但非 NP 完全问题的判定性问题是停机问题 HALT[27]，这是由于 SAT 可以多项式地归约到 HALT，但 HALT 不属于 NP 问题，因为它是不可判定的。

真量化布尔公式（True Quantified Boolean Formulas，TQBF）语言被认为不是 NP 完全问题但可判定的 NP 难题[27]，因为它在多项式空间（PSPACE）中可判定，但不是非确定性多项式时间可判定的（除非 $NP = PSPACE$）。

12.4　算法国粹——姚期智院士的百万富翁问题

百万富翁问题（Yao's Millionaires' Problem）是姚期智院士于 1982 年首次提出的著名的多方安全计算问题（Secure Multi-party Computation，SMC）[28]，该问题讨论的是两个百万富翁希望在无任何可信第三方同时不暴露各自财富的情况下，得出谁更富有的结论。这个问题后来演变成一般性的多方安全计算问题。

12.4.1　多方安全计算简介

多方安全计算有很多实际应用，本节我们将给出两个入门级的例子，它们都是很有趣味性也很容易理解的例子[29]。

1．安全的平均值计算

第一个例子是如何在不暴露每个人工资的情况下求出工资的平均值。一种方法是使用公钥系统，设有 Alice、Bob、Carol 和 Dave 四个人，他们可以用如下的多方安全计算协议进行保密的平均工资计算。

（1）Alice 先选择一个大的随机整数 n，并将自己的工资加到该整数上，然后用 Bob 的公钥加密后发送给 Bob。

（2）Bob 收到 Alice 的密文后，先用他的私钥解密为明文，然后将他的工资与该明文数字相加，再用 Carol 的公钥对结果进行加密后发送给 Carol。

（3）Carol 收到 Bob 的密文后，先用她的私钥解密为明文，然后将她的工资与该明文数字相加，再用 Dave 的公钥对结果进行加密后发送给 Dave。

（4）Dave 收到 Carol 的密文后，先用他的私钥解密为明文，然后将他的工资与该明文数字相加，再用 Alice 的公钥对结果进行加密后发给 Alice。

（5）Alice 收到 Dave 的密文后，先用她的私钥解密为明文，然后减去她在开始的步骤（1）中所选择的随机大整数 n，从而得到四个人的工资总和。

（6）Alice 将结果除以总人数（本例为 4）并宣布平均工资结果。

注： 多方安全计算问题是与通信过程交织在一起的计算问题，因此其求解过程不单纯是一个算法过程，还包括通信过程，所以需要以“协议”的方式来表达。

2．匿名付账单

第二个例子是匿名付账单问题。假设有三位密码学家（Alice、Bob、Carol）在某餐厅用晚餐，其中可能会有一位密码学家匿名买单，也可能是他们的工作单位买单。三位密码学家彼此尊重匿名付款的个人意愿，但他们想确定是他们中的某位买单，还是他们的工作单位买单。此问题的一种解决方案是采用与上述平均工资计算相似的多方安全计算协议。

（1）Alice 先选择一个随机正整数 n。

（2）如果是 Alice 买单，则她会在这个数字上加 1，如果不是则加 2，Alice 用 Bob 的公钥加密该数字并将其发送给 Bob。

（3）Bob 接收 Alice 发来的数据，解密后遵循相同的规则修改数字，并用 Carol 的公钥加密修改后的数字并将其发送给 Carol。

（4）Carol 接收 Bob 发来的数据，解密后遵循相同的规则修改数字，并用 Alice 的公钥加密修改后的数字并将其发送给 Alice。

（5）Alice 接收 Carol 发来的数据，解密后将数字减去她在开始时取的随机正整数 n 得到结果 m。

（6）Alice 根据 m 的奇偶性宣布结果：如果 m 是偶数则宣布是他们的工作单位买单，如果 m 是奇数则宣布是他们中的某位买单。

然而，该方案要求密码学家以加密方式顺序传递数据，这一方面因加密和解密过程导致计算效率的降低，另一方面协议的顺序执行会随着人数的增加而变慢。该问题还有一个可并行快速执行的多方安全计算协议。

（1）每个密码学家都在他和他右边的密码学家之间掷一枚无偏硬币（以菜单遮挡），因此只有他们两人才能看到结果。

（2）每位密码学家以数字 0 或 1 广播与左右邻居所掷的两枚硬币是同面还是不同面。

（3）如果其中一位密码学家是付款人，他便广播与实际看到的结果相反的信息，即同面和反面分别广播数字 1 和 0。

（4）各位密码学家广播完后，就可以对所有的广播信息求和，如果结果为奇数则说明是他们中的某位买单，如果结果为偶数则说明是他们的工作单位买单。

注：我们将上述协议的正确性留作习题供读者思考和练习。

显然，上述协议能够保证在某位密码学家买单时，其他人无法由该协议推测出具体谁是买单者。

12.4.2 百万富翁问题及其求解协议

我们在 12.4.1 节以两个趣味性的例子引出了多方安全计算问题，多方安全计算问题研究作为一个既具广泛实用性又有丰富理论内涵的新领域，却是由姚期智院士于 1982 年发表的论文“Protocols for Secure Computation”（安全计算协议）[28]中提出的。姚期智院士在该论文中提出了著名的百万富翁问题，首次引入了双方安全计算的概念，并提出了一种可行的求解协议。

1．百万富翁问题及姚期智院士的初始解决方案

百万富翁问题概述：设 Alice 和 Bob 两人都是百万富翁，其身价分别是 1 到 10 百万美元，在实际财产保密的情况下，Alice 和 Bob 如何确定他们中谁更富有？

姚期智院士在其论文中给出了一个初始的双方安全计算求解协议，具体如下。

假设 Alice 有 i 百万美元，Bob 有 j 百万美元，其中 $i, j \in \{1,2,\cdots,10\}$。令 E_{a} 和 D_{a} 分别为 Alice 的公钥和私钥，则下面的协议可让他们在互相得不到 i 和 j 的具体值的情况下获得 i 和 j 大小关系的结论。

（1）Bob 随机选择一个 N 位整数 x，以 $E_{\mathrm{a}}(x)$ 加密 x，并记结果为 k。

（2）Bob 向 Alice 发送数字 $m = k-(j-1)$。

（3）Alice 收到 m 后以 D_{a} 解密以下 10 个数的值：$y_u = D_{\mathrm{a}}(m+u)$，其中 $u = 0,1,2,\cdots,9$。

（4）Alice 选择一个 $N/2$ 位的随机素数 p，计算各 y_u 对 p 的模，即 $z_u = y_u \bmod p$，其中 $u = 0,1,2,\cdots,9$，然后检查是否对于所有的 $u \neq v$，都有 $|z_u - z_v| \geqslant 2$，如果是则停止，否则选择另一个随机素数再次尝试，直至通过检查。

（5）Alice 向 Bob 发送顺序的数字序列：$z_0, z_1, \cdots, z_i, z_{i-1}+1, z_i+1, \cdots, z_9+1, p$。

（6）Bob 收到上述 11 个数字后，检查其中的第 $j-1$ 个数字，如果它等于 $w = x \bmod p$，则确定 $i > j$，否则 $i \leqslant j$。

（7）Bob 告诉 Alice 最终的结论。

下面分析该协议的安全性。由于 $1 \leqslant i, j \leqslant 10$，因此有 $0 \leqslant i-1, j-1 \leqslant 9$；第（3）步 Alice 收到 m 后，尽管她不知道 k 和 j 的值是多少，但是她知道 $k = m+(j-1)$，即 $m \leqslant k \leqslant m+9$，因此她解密 m～$m+9$ 得到的 10 个数字 y_0～y_9 中必定包括 Bob 的 x（实际上是 y_{j-1}，但 Alice 无从知道）；第 6 步 Bob 收到的前 10 个数字 w_0～w_9 中，w_{j-1} 就是用他的 x 对 p 进行模运算的，如果 $j < i$，则必有 $w_{j-1} = w$，否则必有 $w_{j-1} = w+1$，即通过判断 w 与 w_{j-1} 是否相等就可得

到 i 和 j 的大小关系。

然而，姚期智院士这一初始的百万富翁问题解决方案的时间复杂度和空间复杂度均是指数阶的[30]，后续的研究表明该问题可以在线性时间内解决。

2．多方安全计算问题的进一步研究

姚期智院士在百万富翁问题论文发表的 4 年后，又发表了一篇名为 *How to Generate and Exchange Secrets*（《如何生成和交换秘密》）的论文[31]。该论文是双方安全计算研究中的又一次重大理论突破，其关键成果是证明了只要有整数因子分解困难性的假设，就一定存在确保有效性（Validity）、私密性（Privacy）、公平性（Fairness）和最小信息传递（Minimum Knowledge Transfer）的双方安全计算协议。该成果为绝大部分的双方安全计算问题提供了统一的解决方案。

姚期智院士在报告该论文研究成果时，以口头方式提出了混淆电路（Garbled Circuit）协议[32]，该协议已经成为多方安全计算理论研究和实践应用中的一种重要工具[33]，硬件性能的不断提高使得该协议已经被用于解决一些大规模的多方安全计算问题。

注：实际上，姚期智院士的《安全计算协议》和《如何生成和交换秘密》论文中，均隐含着混淆电路的思想和方法。

对于百万富翁问题，2003 年 Ioannidis 和 Grama[34]使用 1-2 不经意传输方法（1-2 Oblivious Transfer）实现了二次复杂度的百万富翁问题求解协议。2005 年，Lin 和 Tzeng[35]提出了使用乘法同态加密求解百万富翁问题的协议，尽管这从渐近复杂度上与基于加法或 XOR 的同态加密方法相同，但由于乘法同态加密有更高的效率，因此该协议在具体实践上有显著的效率提升。

习题

1. 叙述 HALT，给出其不可解的证明。
2. 说明由 HALT 的不可解性可以推出哥德巴赫猜想的计算不可解。
3. 叙述 H10 及 MRDP 定理，并以 MRDP 定理解释 H10 的不可解性。
4. 给出乔姆斯基形式语言谱系的图示。
5. 从算法复杂度的角度说明什么样的问题是易解问题，什么样的问题是难解问题。
6. 给出判定性问题和最优化问题的定义。
7. 假设 TSP 问题的判定性问题存在多项式时间算法 DTSPP，试基于该算法给出一个求解 TSP 的最优化问题的多项式时间算法 OTSPP。
8. 给出确定性算法和 P 类判定性问题的定义。
9. 给出非确定性算法和 NP 问题的定义。
10. 叙述 P？= NP 问题。
11. 给出判定性问题的多项式时间归约的定义。
12. 给出 NP 难题的定义。
13. 给出 NP 完全问题的定义。
14. 给出 SAT 和 CNF-SAT 的定义。
15. 叙述 Cook-Levin 定理。
16. 写出如图 12-3（b）所示的布尔电路对应的布尔公式，给出其真值计算表，并说明它是不可满足的。

17. 画出基本的 NP 完全问题归约树，写出其中所涉及问题的中文名称。

18. 任意长度大于 3 的 CNF 子句可以通过引入变量的方式归约为 3-CNF 子句，请说明无法使用该方法将任意长度大于 2 的 CNF 子句归约为 2-CNF 子句。

19. 给出 VERTEX-COVER 到 SUBSET-SUM 的多项式归约方法。

20. 给出 HAM-CYCLE 到 TSP 问题的多项式归约方法。

21. 画出问题复杂性类间的关系图。

22. 简要解释什么是多方安全计算问题。

23. 说明密码学家安全付账的掷硬币解决方案的正确性。

24. 叙述百万富翁问题，给出姚期智院士的初始解决方案。

参考文献

[1] Wikipedia. Halting problem[EB/OL]. [2021-11-28].（链接请扫下方二维码）

[2] SHAFFER C A. Data Structures and Algorithm Analysis，Edition 3.2（C++ Version），P571. [EB/OL]. [2021-11-28]. https://people.cs.vt.edu/shaffer/Book/C++3e20130328.pdf.

[3] SIPSER M. 计算理论导引[M]. 第 3 版. 段磊，唐常杰，译. 北京：机械工业出版社，2015：108.

[4] Wikipedia. Rice's theorem[EB/OL]. [2021-11-28].（链接请扫下方二维码）

[5] DAVIS M. Hilbert's Tenth Problem is Unsolvable[J]. The American Mathematical Monthly，1973，80（3）：233-269.

[6] RAO R. Are There Languages That Are Not Even Recognizable[EB/OL].（2004-6-4）[2021-11-30].（链接请扫下方二维码）

[7] Wikipedia. Cobham's thesis[EB/OL]. [2021-12-1].（链接请扫下方二维码）

[8] Wikipedia. Millennium Prize Problems[EB/OL]. [2021-12-5].（链接请扫下方二维码）

[9] COOK S A. The complexity of theorem-proving procedures[C]. STOC '71：Proceedings of the Third Annual ACM Symposium on Theory of Computing，1971：151-158.

[10] LEVIN L. Universal search problems（in Russian）[J]. Problems of Information Transmission，1973，9（3）：115-116.

[11] Wikipedia. Tseytin transformation[EB/OL]. [2021-12-17].（链接请扫下方二维码）

[12] Wikipedia. Boolean satisfiability problem[EB/OL]. [2021-12-13].（链接请扫下方二维码）

[13] GAREY M，JOHNSON D S. 计算机和难解性：NP 完全性理论导引[M]. 张立昂，沈泓，毕源章，译. 北京：科学出版社，1990.

[14] SIPSER M. 计算理论导引[M]. 第 3 版. 段磊，唐常杰，译. 北京：机械工业出版社，2015：192-196.

[15] CORMEN T H，LEISERSON C E，RIVEST R L，et al. 算法导论[M]. 殷建平，徐云，王刚，等译. 北京：机械工业出版社，2013：626-633.

[16] SIPSER M. 计算理论导引[M]. 第 3 版. 段磊，唐常杰，译. 北京：机械工业出版社，2015：215-220.

[17] GE R. More reductions[EB/OL]. [2021-12-19].（链接请扫下方二维码）
[18] KARP R M. Reducibility among Combinatorial Problems[M]. Boston：Springer，1972.
[19] Wikipedia. NP-completeness[EB/OL]. [2021-12-20].（链接请扫下方二维码）
[20] Wikipedia. 2-satisfiability[EB/OL]. [2021-12-20].（链接请扫下方二维码）
[21] Wikipedia. Boolean satisfiability problem[EB/OL]. [2021-12-13].（链接请扫下方二维码）
[22] 28.15.1. Reduction of 3-SAT to Clique[EB/OL]. [2021-12-20].（链接请扫下方二维码）
[23] CORMEN T H，LEISERSON C E，RIVEST R L，et al. 算法导论[M]. 殷建平，徐云，王刚，等译. 北京：机械工业出版社，2013：640-641.
[24] 28.17.1. Independent Set to Vertex Cover[EB/OL]. [2021-12-21].（链接请扫下方二维码）
[25] 28.18.1. 3-SAT to Hamiltonian Cycle[EB/OL]. [2021-12-22].（链接请扫下方二维码）
[26] LADNER R E. On the Structure of Polynomial Time Reducibility[J]. Journal of the ACM，1975，22（1）：155-171.
[27] Wikipedia. NP-hardness[EB/OL]. [2021-12-22].（链接请扫下方二维码）
[28] YAO A C. Protocols for Secure Computations[C]. 23rd Annual Symposium on Foundations of Computer Science（SFCS 1982），1982（1）：160-164.
[29] ORTIZ J，SADOVSKY A，RUSSAKOVSKY O. Secure Multiparty Computation[EB/OL].（2004-9）[2021-12-6].（链接请扫下方二维码）
[30] Wikipedia. Yao's Millionaires' problem[EB/OL].[2021-12-8].（链接请扫下方二维码）
[31] YAO A C. How to Generate and Exchange Secrets[C]. 27th Annual Symposium on Foundations of Computer Science（SFCS 1986），1986：162-167.
[32] Wikipedia. Garbled Circuit[EB/OL]. [2021-12-29].（链接请扫下方二维码）
[33] YAO A C. A.M. Turing Award Winner [EB/OL]. [2021-5-15].（链接请扫下方二维码）
[34] IOANNIDIS I，GRAMA A. An efficient protocol for Yao's millionaires' problem[C]. Proceedings of the 36th IEEE Annual Hawaii International Conference on System Sciences，2003：1-6.
[35] LIN H Y，TZENG W G. An Efficient Solution to the Millionaires' Problem Based on Homomorphic Encryption[J]. Applied Cryptography and Network Security，2005：456-466.

第 12 章

参考文献链接

附录：教材算法的现代版 C++实现及计算教学论简介

本附录列出了教材算法的现代版 C++实现，它们对应的电子版代码可以通过 CAAIS 中的链接下载。出于书面排版的需要，本教材在格式上进行了一些微调，因此与对应的 CD-AV 动态跟踪代码和下载的代码会有点不同，但功能相同。

附录 1-1　Euclid GCD 算法

#1

```
1.  #include <stdio.h>
2.  namespace NS_EuclidGCD {
```

#2

```
1.  int EuclidGCD(int a, int b)
2.  {
3.      int r;
4.      while (b) {
5.          r = a % b;
6.          a = b;
7.          b = r;
8.      }
9.      return a;
10. }
```

#3

```
1.  } //namespace NS_EuclidGCD
```

#4

```
1.  using namespace NS_EuclidGCD;
2.  void TestEuclidGCD()
3.  {
4.  #define N 3
5.      int ab[N][2] = {
6.          //Wikipedia
7.          { 252, 105 },
8.          //Introduction to Algorithms
9.          { 30, 21 },
10.         { 99, 78 },
11.     };
12.     for (int i = 0; i < N; i++) {
13.         int a = ab[i][0];
14.         int b = ab[i][1];
15.         int gcd = EuclidGCD(a, b);
16.         printf("The GCD of %d and %d is %d\n",
17.             a, b, gcd);
```

```
18.     }
19. }
```

附录 2-1　洗牌算法

#1

```
1.  #include <vector>
2.  #include <utility>  //swap
3.  #include <stdlib.h> //rand
4.  #include <time.h>
5.  namespace NS_Shuffle {
6.  using namespace std;
7.  int RandIntRange(int low, int high);
```

#2

```
1.  void Shuffle(vector<int>& a, int n) {
2.    int p;
3.    for (int i = n - 1; i >= 1; i--) {
4.      p = RandIntRange(0, i);
5.      if (p != i) swap(a[p], a[i]);
6.    }
7.  }
```

#3

```
1.  //Generate a random integer in [low, high]
2.  int RandIntRange(int low, int high)
3.  {
4.    return rand() % (high - low + 1) + low;
5.  }
```

#4

```
1.  } //namespace NS_Shuffle
```

#5

```
1.  using namespace NS_Shuffle;
2.  void TestShuffle(int n) {
3.    srand((unsigned)time(NULL));
4.    vector<int> a(n);
5.    printf("Testing shuffle n = %d\n", n);
6.    for (int i = 0; i < n; i++) a[i] = i + 1;
7.    printf("Before shuffle:\n");
8.    for (int i = 0; i < n; i++) printf("%d ", a[i]);
9.    printf("\n");
10.   Shuffle(a, n);
11.   printf("After shuffle:\n");
12.   for (int i = 0; i < n; i++) printf("%d ", a[i]);
13.   printf("\n");
14. }
```

附录 2-2 顺序搜索算法

#1

```
1. #include <vector>
2. #include <random>
3. namespace NS_SequentialSearch {
4. using namespace std;
```

#2

```
1. int SequentialSearch(vector<int> a,
2.   int n, int x)
3. {
4.   int p = 0;
5.   while ( p < n && x != a[p])
6.     p++;
7.   if (p == n)
8.     p = -1;
9.   return p;
10. }
```

#3

```
1. } //namespace NS_SequentialSearch
```

#4

```
1. using namespace NS_SequentialSearch;
2. void TestSequentialSearch(int n)
3. {
4.   random_device rdev{};
5.   default_random_engine e{ rdev() };
6.   vector<int> a(n);
7.   int m = 3 * n / 2;
8.   uniform_int_distribution<int> rnd{1, m};
9.   for (int i = 0; i < n; i++) a[i] = rnd(e);
10.  int x = rnd(e);
11.  int p = SequentialSearch(a, n, x);
12.  printf("顺序搜索测试:\n");
13.  for (int i = 0; i < n; i++)
14.    printf("%d ", a[i]);
15.  printf("\n");
16.  printf("待搜索元素:%d,位置:%d\n",x,p);
17. }
```

附录 4-1 子集遍历问题的递归穷举算法

#1

```
1. #include <vector>
2. namespace NS_Subsetting {
3. using namespace std;
4. void OutputOneSubsetBinary();
5. void OutputOneSubset();
```

#2

```
1.  static vector<int> x;
2.  void Subsetting(int n)
3.  {
4.     if (n > 0) {
5.        x.push_back(0);
6.        Subsetting(n - 1);
7.        x.pop_back();
8.        x.push_back(1);
9.        Subsetting(n - 1);
10.       x.pop_back();
11.    }
12.    else {
13.       OutputOneSubsetBinary();
14.       OutputOneSubset();
15.       printf("\n");
16.    }
17. }
```

#3

```
1.  void OutputOneSubsetBinary()
2.  {
3.     static int cnt = 0;
4.     printf("%03d: ", ++cnt);
5.     for (int i = x.size() - 1; i >= 0; i--)
6.        printf("%d", x[i]);
7.  }
```

#4

```
1.  void OutputOneSubset()
2.  {
3.     printf("; {");
4.     int k = 0;
5.     for (int i = x.size() - 1; i >=0; i--) {
6.        if (x[i] == 1) {
7.           if (k > 0)
8.              printf(",");
9.           printf("%d", x.size() - i);
10.          k++;
11.       }
12.    }
13.    printf("}");
14. }
```

#5

```
1.  } //namespace NS_Subsetting
```

#6

```
1.  using namespace NS_Subsetting;
2.  void TestSubsetting(int n)
3.  {
4.     x.clear();
5.     Subsetting(n);
6.  }
```

附录 4-2 全排列遍历问题的递归穷举算法

#1

```
1.  #include <vector>
2.  #include <utility> //swap
3.  namespace NS_Permuting {
4.  using namespace std;
5.  void Permuting(int i);
6.  void OutputOnePermutation();
```

#2

```
1.  static vector<int> x;
2.  static int N;
3.  void PermutingCaller(int n) {
4.    N = n;
5.    for (int i = 0; i < n; ++i)
6.      x.push_back(i + 1);
7.    Permuting(0);
8.  }
```

#3

```
1.  void Permuting(int i) {
2.    if (i < N - 1) {
3.      for (int j = i; j < N; ++j) {
4.        swap(x[i], x[j]);
5.        Permuting(i + 1);
6.        swap(x[i], x[j]); }
7.    } else OutputOnePermutation();
8.  }
```

#4

```
1.  void OutputOnePermutation() {
2.    static int cnt = 0;
3.    printf("%03d: ", ++cnt);
4.    for (auto x : x) printf("%d", x);
5.    printf("\n");
6.  }
```

#5

```
1.  } //namespace NS_Permuting
```

#6

```
1.  using namespace NS_Permuting;
2.  void TestPermuting(int n) {
3.    x.clear(); PermutingCaller(n);
4.  }
```

附录 5-1 冒泡排序算法

#1

```
1.  #include <utility>
```

```
2.  #include <random>
3.  namespace NS_BubbleSort {
4.  using namespace std;
```

#2

```
1.  void BubbleSort(int a[], int n) {
2.    for (int i = n; i >= 2; i--) {
3.      bool hasSwap = false;
4.      for (int j = 0; j < i - 1; j++) {
5.        if (a[j]> a [j + 1]) {
6.          swap(a[j], a[j + 1]);
7.          hasSwap = true;
8.        }
9.      }
10.     if (!hasSwap) break;
11.   }
12. }
```

#3

```
1.  } //namespace NS_BubbleSort
```

#4

```
1.  using namespace NS_BubbleSort;
2.  void TestBubbleSort(int n) {
3.    random_device rdev{};
4.    default_random_engine e{ rdev() };
5.    int m = n <= 20 ? 99 : n * 10 - 1;
6.    uniform_int_distribution<int> rnd{0, m};
7.    int* a = new int[n];
8.    for (int i = 0; i < n; i++) a[i] = rnd(e);
9.    printf("测试冒泡排序算法: n = %d\n", n);
10.   for (int i = 0; i < n; i++) printf("%d ", a[i]);
11.   printf("\n");
12.   BubbleSort(a, n);
13.   printf("排序后数组:\n");
14.   for (int i = 0; i < n; i++) printf("%d ", a[i]);
15.   printf("\n");
16.   delete[]a;
17. }
```

附录 5-2　插入排序算法

#1

```
1.  #include <random>
2.  namespace NS_InsertionSort {
3.  using namespace std;
```

#2

```
1.  void InsertionSort(int a[],int n)
2.  {
3.    int x, j;
4.    for (int i = 1; i < n; i++) {
```

```
5.      x = a[i];
6.      j = i - 1;
7.      while (j >= 0 && a[j] > x) {
8.        a[j+1] = a[j];
9.        j--;
10.     }
11.     a[j+1] = x;
12.   }
13. }
```

#3

```
1.  } //namespace NS_InsertionSort
```

#4

```
1.  using namespace NS_InsertionSort;
2.  void TestInsertionSort(int n) {
3.    random_device rdev{};
4.    default_random_engine e{ rdev() };
5.    int m = n <= 20 ? 99 : n * 10 - 1;
6.    uniform_int_distribution<int> rnd{0, m};
7.    int* a = new int[n];
8.    for (int i = 0; i < n; i++) a[i] = rnd(e);
9.    printf("测试插入排序算法: n = %d\n", n);
10.   for (int i = 0; i < n; i++) printf("%d ", a[i]);
11.   printf("\n");
12.   InsertionSort(a, n);
13.   printf("排序后数组:\n");
14.   for (int i = 0; i < n; i++) printf("%d ", a[i]);
15.   printf("\n");
16.   delete[]a;
17. }
```

附录 5-3 堆排序算法

#1

```
1.  #include <utility>
2.  #include <random>
3.  namespace NS_HeapSort {
4.  using namespace std;
5.  void MakeHeap(int H[], int n);
6.  void SiftDown(int H[], int n, int k);
```

#2

```
1.  void HeapSort(int H[], int n)
2.  {
3.      MakeHeap(H, n);
4.      for (int i = n - 1; i > 0; i--) {
5.          swap(H[0], H[i]);
6.          SiftDown(H, i, 0);
7.      }
8.  }
```

#3

```
1.  void MakeHeap(int H[], int n)
2.  {
3.      for (int j = n / 2 - 1; j >= 0; j--) {
4.          SiftDown(H, n, j);
5.      }
6.  }
```

#4

```
1.  void SiftDown(int H[], int n, int k)
2.  {
3.      bool done = false;
4.      while (!done && (k = 2 * k + 1) < n) {
5.          if (k + 1 < n && H[k + 1] > H[k])
6.              k = k + 1;
7.          if (H[(k - 1) / 2] < H[k])
8.              swap(H[(k - 1) / 2], H[k]);
9.          else done = true;
10.     }
11. }
```

#5

```
1.  } //namespace NS_HeapSort
```

附录 6-1 归并排序算法

#1

```
1.  #include <random>
2.  namespace NS_MergeSort {
3.  using namespace std;
4.  void TwoWayMerge(int a[], int p, int q, int r);
```

#2

```
1.  void MergeSort(int a[], int low, int high)
2.  {
3.      if (low < high) {
4.          int mid = (low + high)/2;
5.          MergeSort(a, low, mid);
6.          MergeSort(a, mid + 1, high);
7.          TwoWayMerge(a, low, mid, high);
8.      }
9.  }
```

#3

```
1.  void TwoWayMerge(int a[],
2.      int p, int q, int r)
3.  {
4.      int *b = new int[r + 1];
5.      int i = p, j = q + 1, k = p;
6.      while (i <= q && j <= r) {
7.          if (a[i] < a[j])
8.              b[k++] = a[i++];
```

```
9.         else
10.            b[k++] = a[j++];
11.     }
12.     if (i == q + 1)
13.         for (; j <= r; j++)
14.             b[k++] = a[j];
15.     else
16.         for (; i <= q; i++)
17.             b[k++] = a[i];
18.     for (i = p; i <= r; i++)
19.         a[i] = b[i];
20.     delete[] b;
21. }
```

#4

```
1.  } //namespace NS_MergeSort
```

附录 6-2 快速排序算法

#1

```
1.  #include <utility>
2.  #include <random>
3.  namespace NS_QuickSort {
4.  using namespace std;
5.  int partition(int a[], int low, int high);
```

#2

```
1.  void QuickSort(int a[],
2.      int low, int high)
3.  {
4.      if (low < high) {
5.          int p = partition(a, low, high);
6.          QuickSort(a, low, p - 1);
7.          QuickSort(a, p + 1, high);
8.      }
9.  }
```

#3

```
1.  /* N. Lomuto Scheme */
2.  int partition(int a[], int low, int high)
3.  {
4.      int pivot = a[high];
5.      int i = low - 1;
6.      for (int j = low; j <= high - 1; j++) {
7.          if (a[j] < pivot) {
8.              i = i + 1;
9.              if (i < j)
10.                 swap(a[i], a[j]);
11.         }
12.     }
13.     if (a[high] < a[i + 1])
14.         swap(a[high], a[i + 1]);
```

```
15.     return i + 1;
16. }
```

#4

```
1.  } //namespace NS_QuickSort
```

附录 7-1 Levenshtein 编辑距离问题的 DP 算法

#1

```
1.  #include <string>
2.  #include <vector>
3.  #include <algorithm>
4.  namespace NS_LSEditDist {
5.  using namespace std;
6.  void Initialization(string&x, string&y);
7.  int DPLSEditDist(string &x, string &y);
8.  void GetLSEdits(string &x, string &y);
9.  void Output(string&x,string&y, int OptD);
10. void OutputE(string &x, string &y);
11. void OutputP(string &x, string &y);
12. static int m, n; static string xe, ye;
13. static vector<vector<int>> E;
14. static vector<vector<char>> P;
```

#2

```
1.  void LSEditDistCaller(string&x,string&y)
2.  {
3.    Initialization(x, y);
4.    int OptD = DPLSEditDist(x, y);
5.    GetLSEdits(x, y); Output(x, y, OptD);
6.  }
```

#3

```
1.  int DPLSEditDist(string &x, string &y)
2.  {
3.    for (int i = 1; i <= m; i++)
4.      for (int j = 1; j <= n; j++) {
5.        E[i][j] = min(E[i - 1][j] + 1,
6.          min(E[i][j - 1] + 1, E[i - 1][j - 1]
7.            + (x[i - 1] != y[j - 1])));
8.        if (E[i][j] == E[i - 1][j] + 1)
9.          P[i][j] = 'U';
10.       else if (E[i][j] == E[i][j - 1] + 1)
11.         P[i][j] = 'L';
12.       else if (x[i - 1] != y[j - 1])
13.         P[i][j] = '1';
14.     }
15.   return E[m][n];
16. }
```

#4

```
1.  void GetLSEdits(string &x, string &y)
```

```
2.  {
3.    int i = m, j = n;
4.    while (i > 0 || j > 0)
5.    {
6.      if (P[i][j]=='0' || P[i][j]=='1')
7.      {
8.        xe.insert(0, 1, x[i - 1]);
9.        ye.insert(0, 1, y[j - 1]);
10.       i--; j--;
11.     }
12.     else if (P[i][j] == 'U')
13.     {
14.       xe.insert(xe.begin(), x[i - 1]);
15.       ye.insert(ye.begin(), '-');
16.       i--;
17.     }
18.     else
19.     {
20.       xe.insert(xe.begin(), '-');
21.       ye.insert(ye.begin(), y[j - 1]);
22.       j--;
23.     }
24.   }
25. }
```

#5

```
1.  void Initialization(string &x, string &y)
2.  {
3.    m = x.length();
4.    n = y.length();
5.    E.clear();
6.    E.resize(m+1, vector<int>(n + 1, 0));
7.    P.clear();
8.    P.resize(m+1, vector<char>(n + 1, '0'));
9.    for (int j = 1; j <= n; j++)
10.   {
11.     E[0][j] = j;
12.     P[0][j] = 'L';
13.   }
14.   for (int i = 1; i <= m; i++)
15.   {
16.     E[i][0] = i;
17.     P[i][0] = 'U';
18.   }
19.   xe.clear();
20.   ye.clear();
21. }
```

#6

```
1.  void Output(string &x, string &y, int OptD)
2.  {
3.    printf("Levenshtein distance: \n");
4.    printf("Strings: %s, %s\n\n",
```

```
5.      x.c_str(), y.c_str());
6.    OutputE(x, y);
7.    OutputP(x, y);
8.    printf("Distance: %d\n", OptD);
9.    printf("Edited strings:\n");
10.   for (auto c : xe)
11.     printf("%2c", c);
12.   printf("\n");
13.   for (auto c : ye)
14.     printf("%2c", c);
15.   printf("\n\n");
16. }
```

#7

```
1.  void OutputE(string &x, string &y)
2.  {
3.    printf(" E  ");
4.    for (int j = 0; j < n; j++)
5.      printf("%2c", y[j]);
6.    printf("\n");
7.    for (int i = 0; i <= m; i++)
8.    {
9.      if (i == 0)
10.       printf("  ");
11.     else
12.       printf("%2c", x[i - 1]);
13.     for (int j = 0; j <= n; j++)
14.       printf("%2d", E[i][j]);
15.     printf("\n");
16.   }
17.   printf("\n");
18. }
```

#8

```
1.  void OutputP(string &x, string &y) {
2.    printf(" P  ");
3.    for (int j = 0; j < n; j++)
4.      printf("%2c", y[j]);
5.    printf("\n");
6.    for (int i = 0; i <= m; i++){
7.      if (i == 0) printf("  ");
8.      else printf("%2c", x[i - 1]);
9.      for (int j = 0; j <= n; j++)
10.       printf("%2c", P[i][j]);
11.     printf("\n");
12.   }
13.   printf("\n");
14. }
```

#9

```
1.  } //namespace NS_LSEditDist
```

#10

```
1.  using namespace NS_LSEditDist;
2.  void TestLSEditDist() {
```

```
3.    vector<vector<string>> abs = {
4.      { "SUNNY", "SNOWY" },
5.      { "EXPONENTIAL", "POLYNOMIAL" },
6.      { "popular", "people" },
7.    };
8.    for (auto ab : abs) {
9.      string a = ab[0];
10.     string b = ab[1];
11.     LSEditDistCaller(a, b);
12.   }
13. }
```

附录 7-2　矩阵链相乘问题的 DP 算法

#1

```
1.  #include <stdio.h>
2.  #include <vector>
3.  #include <string>
4.  using namespace std;
5.  namespace NS_DPMatrixChain {
6.  #define INF INT_MAX
7.  void DPMatrixChain(vector<int> p);
8.  void GenOrder(int i, int j);
9.  void Initialization();
10. void ShowInput(vector<int> p);
11. void Show_mMatrix();
12. void Show_sMatrix();
13. void ShowResult();
14. static int n;
15. static vector<vector<int>> m, s;
16. static vector<string> order;
```

#2

```
1.  void DPMatrixChain(vector<int> p)
2.  {
3.    for (int i = 0; i < n; i++)
4.      m[i][i] = 0;
5.    for (int l = 2; l <= n; l++)
6.      for (int i = 0; i <= n - l; i++)
7.      {
8.        int j = i + l - 1;
9.        m[i][j] = INF;
10.       for (int k = i; k <= j - 1; k++)
11.       {
12.         int q = m[i][k] + m[k + 1][j]
13.                  + p[i]*p[k + 1] * p[j + 1];
14.         if (q < m[i][j])
15.         { m[i][j] = q; s[i][j] = k; }
16.       }
17.     }
18.   GenOrder(0, n - 1);
```

```
19. }
```

#3

```
1.  void DPMatrixChainCaller(vector<int> p)
2.  {
3.    n = p.size() - 1;
4.    ShowInput(p);
5.    Initialization();
6.    DPMatrixChain(p);
7.    Show_mMatrix();
8.    Show_sMatrix();
9.    ShowResult();
10. }
```

#4

```
1.  void GenOrder(int i, int j)
2.  {
3.    if (i == j)
4.      order.push_back(string("A")
5.        + to_string(i));
6.    else
7.    {
8.      int k = s[i][j];
9.      order.push_back("(");
10.     GenOrder(i, k);
11.     GenOrder(k + 1, j);
12.     order.push_back(")");
13.   }
14. }
```

#5

```
1.  void Initialization()
2.  {
3.    m.resize(n);
4.    for (auto &a : m)
5.      a.resize(n, 0);
6.    s.resize(n);
7.    for (auto &a : s)
8.      a.resize(n, 0);
9.    order.clear();
10. }
```

#6

```
1.  void ShowInput(vector<int> p)
2.  {
3.    printf("n: %d\n", n);
4.    printf("Dimensions:");
5.    for (int i = 0; i <= n; i++)
6.    {
7.      if (i > 0)
8.        printf(",");
9.      printf(" %d", p[i]);
10.   }
11.   printf("\n");
12. }
```

#7

```
1.  void Show_mMatrix()
2.  {
3.    int k = to_string(m[0][n - 1]).length();
4.    printf("The m matrix:\n");
5.    printf("%3c", ' ');
6.    for (int i = 0; i < n; i++)
7.      printf(" %*d", k, i);
8.    printf("\n");
9.    for (int i = 0; i < n; i++)
10.   {
11.     printf("%3d", i);
12.     for (int j = 0; j < i; j++)
13.       printf(" %*c", k, '-');
14.     for (int j = i; j < n; j++)
15.       printf(" %*d", k, m[i][j]);
16.     printf("\n");
17.   }
18. }
```

#8

```
1.  void Show_sMatrix()
2.  {
3.    printf("The s matrix:\n");
4.    printf("%3c", ' ');
5.    for (int i = 0; i < n; i++)
6.      printf(" %d", i);
7.    printf("\n");
8.    for (int i = 0; i < n; i++)
9.    {
10.     printf("%3d", i);
11.     for (int j = 0; j <= i; j++)
12.       printf(" %c", '-');
13.     for (int j = i + 1; j < n; j++)
14.       printf(" %d", s[i][j]);
15.     printf("\n");
16.   }
17. }
```

#9

```
1.  void ShowResult()
2.  {
3.    printf("The optimal value: %d\n",
4.          m[0][n - 1]);
5.    printf("The optimal solution: ");
6.    for (auto s : order)
7.      printf("%s", s.c_str());
8.    printf("\n");
9.  }
```

#10

```
1.  } //namespace NS_DPMatrixChain
```

#11

```
1.  using namespace NS_DPMatrixChain;
```

```
2.  void TestDPMatrixChain()
3.  {
4.    vector<vector<int>> MatDim =
5.    {
6.      //来源：《算法导论》第 3 版
7.      { 30, 35, 15, 5, 10, 20, 25 },
8.      { 5, 10, 3, 12, 5, 50, 6 }
9.    };
10.   printf("Test Matrix Chain DP:\n");
11.   //int k = 1;
12.   int k = MatDim.size();
13.   for (int i = 0; i < k; i++) {
14.     printf("No: %d\n", i);
15.     DPMatrixChainCaller(MatDim[i]);
16.   }
17. }
```

附录 7-3　0-1 背包问题的 DP 算法

#1

```
1.  #include <vector>
2.  using namespace std;
3.  namespace NS_DP0_1Knapsack {
4.  int DP0_1Knapsack(int n, int W, int *w, int *v);
5.  void Output(int n, int W, int *w,
6.              int *v, int OptV);
```

#2

```
1.  static vector<vector<int>> V;
2.  static vector<int> x;
3.  void DP0_1KnapsackCaller(int n,
4.    int W,int *w,int *v) {
5.    V.clear();
6.    V.resize(n + 1, vector<int>(W + 1, 0));
7.    x.resize(n + 1);
8.    int OptV = DP0_1Knapsack(n, W, w, v);
9.    Output(n, W, w, v, OptV);
10. }
```

#3

```
1.  int DP0_1Knapsack(int n,
2.    int W, int *w, int *v) {
3.    for (int i = 1; i <= n; i++)
4.      for (int j = 1; j <= W; j++)
5.        if (j < w[i - 1])
6.          V[i][j] = V[i - 1][j];
7.        else if (V[i - 1][j] >=
8.          V[i - 1][j - w[i - 1]] + v[i - 1])
9.          V[i][j] = V[i - 1][j];
10.       else
11.         V[i][j] = V[i - 1][j - w[i - 1]]
```

```
12.                 + v[i - 1];
13.   int j = W;
14.   for (int i = n; i > 0; i--)
15.     if (V[i][j] == V[i - 1][j])
16.       x[i] = 0;
17.     else
18.     {  x[i] = 1; j -= w[i - 1];  }
19.   return V[n][W];
20. }
```

#4

```
1.  void Output(int n, int W,
2.    int *w, int *v, int OptV) {
3.    printf("DP to solve 0-1 knapsack:\n");
4.    printf("items: %d, capacity: %d.\n", n , W);
5.    printf("%-6s: ", "Weight");
6.    for (int i=0; i<n; i++) printf("%3d", w[i]);
7.    printf("\n%-6s: ", "Value");
8.    for (int i = 0; i < n; i++) printf("%3d", v[i]);
9.    printf("\n\nThe value matrix:\n");
10.   printf("  ");
11.   for (int j = 0; j <= W; j++) printf("%3d", j);
12.   for (int i = 0; i <= n; i++) {
13.     printf("\n%2d", i);
14.     for (int j = 0; j <= W; j++)
15.       printf("%3d", V[i][j]);
16.   }
17.   printf("\n\nThe optimal value: %d\n", OptV);
18.   printf("The optimal solution:\n");
19.   for (int i = 1; i <= n; i++) printf("%2d", x[i]);
20.   printf("\n\n");
21. }
```

#5

```
1.  } //namespace NS_DP0_1Knapsack
```

#6

```
1.  using namespace NS_DP0_1Knapsack;
2.  void TestDP0_1Knapsack() {
3.    vector<int> N = { 4, 4 };
4.    vector<int> W = { 16, 8 };
5.    vector<vector<int>> w = {
6.      { 2, 5, 10, 5 },
7.      { 5, 4, 3, 2 }
8.    };
9.    vector<vector<int>> v = {
10.     { 40, 10, 50, 30 },
11.     {15, 10, 6, 2 }
12.   };
13.   for (int i = 0; i < N.size(); i++)
14.     DP0_1KnapsackCaller(N[i], W[i],
15.       &w[i][0], &v[i][0]);
16. }
```

附录 7-4 TSP 问题问题的 DP 算法

#1

```
1.  #include <stdio.h>
2.  #include <vector>
3.  #include <set>
4.  #include <map>
5.  using namespace std;
6.  namespace NS_DPTSP {
7.  #define INF INT_MAX
8.  void DPTSP(vector<vector<int>>& w);
9.  void Initialization(vector<vector<int>>& w);
10. void Output();
11. //List of subsets in size 0-n
12. static vector<vector<set<int>>> Subsets;
13. //Solution table for subproblems
14. static map<pair<set<int>,int>,
15.   pair<int,int>> Cost;
16. static int N, n; //n = N - 1
17. static int OptimalDist;
18. static vector<int> OptimalTour;
```

#2

```
1.  void DPTSPCaller(vector<vector<int>> &w)
2.  {
3.    Initialization(w);
4.    DPTSP(w);
5.    Output();
6.  }
```

#3

```
1.  void DPTSP(vector<vector<int>> &w)
2.  {
3.    //Stage 1: Dynamic programming
4.    //i: subset size
5.    for (int i = 2; i <= n; i++)
6.    {
7.      //ss_is: subsets of size i
8.      vector<set<int>> ss_is;
9.      //ss_i_1: a subset of size i - 1
10.     for (auto &ss_i_1 : Subsets[i - 1])
11.     {
12.       //c: city to be added to subset ss_i_1
13.       for(int c = *prev(ss_i_1.end()) + 1; c <= n; c++)
14.       {
15.         //ss_i: a new subset of size i
16.         auto ss_i = ss_i_1;
17.         ss_i.insert(c);
18.         ss_is.push_back(ss_i);
19.         //let each city e in ss_i as end city
20.         //i.e. let (ss_i, e) be a subproblem
21.         for (auto e : ss_i)
```

```
22.         {
23.           //ss_i_e: subset of ss_i excluding e
24.           auto ss_i_e = ss_i;
25.           ss_i_e.erase(e);
26.           //p,d temp optimal dist and prev city
27.           int p = -1, d = INF;
28.           //traverse ss_i_e with
29.           //each of its city as previous of e
30.           for (auto pc = ss_i_e.cbegin();
31.                pc != ss_i_e.cend(); pc++)
32.           {
33.             int dx = Cost[{ss_i_e, *pc}]
34.                      .second + w[*pc][e];
35.             if (dx < d)
36.             {
37.               p = *pc;
38.               d = dx;
39.             }
40.           }
41.           Cost.insert({{ss_i,e},{p,d}});
42.         } //for e
43.       } //for c
44.     } //for ss_i_1
45.     Subsets.push_back(ss_is);
46.   } //for i
47.   //DP Completed
48.   //Stage 2: Search last city in optimal tour
49.   //sn: the complete set of 1 to n
50.   auto sn = Subsets[n][0];
51.   int d = INF, c = -1;
52.   for (int i = 1; i <= n; i++)
53.   {
54.     int dx = Cost[{sn, i}].second + w[i][0];
55.     if (dx < d)
56.     {
57.       d = dx;
58.       c = i;
59.     }
60.   }
61.   OptimalDist = d;
62.   //Stage 3: Get optimal tour by tracing back
63.   OptimalTour.insert(OptimalTour.begin(), c);
64.   while (c != 0)
65.   {
66.     auto solution = Cost[{sn, c}}];
67.     sn.erase(c);
68.     c = solution.first;
69.     OptimalTour.insert(OptimalTour.begin(),c);
70.   }
71. }
```

#4

```
1.  void Initialization(vector<vector<int>>& w)
```

```
2. {
3.   N = w.size();
4.   n = N - 1;
5.   OptimalTour.clear();
6.   Cost.clear();
7.   Subsets.clear();
8.   Subsets.push_back(vector<set<int>>());
9.   vector<set<int>> s_1;
10.  for (int i = 1; i <= n; i++)
11.  {
12.    s_1.push_back({ i });
13.    Cost.insert({{{{i}, i}, {0, w[0][i]}}});
14.  }
15.  Subsets.push_back(s_1);
16. }
```

#5

```
1. void Output() {
2.   printf("Optimal dist: %d\n", OptimalDist);
3.   printf("Optimal tour: ");
4.   for (auto i : OptimalTour) printf("%d-", i);
5.   printf("0\n");
6. }
```

#6

```
1. void OutputW(vector<vector<int>> & w) {
2.   printf("The distance matrix:\n");
3.   printf("%3c", ' ');
4.   for (int i = 0; i < w.size(); i++)
5.     printf("%3d", i);
6.   printf("\n");
7.   for (int i = 0; i < w.size(); i++) {
8.     printf("%3d", i);
9.     for (int j = 0; j < w.size(); j++)
10.      if (w[i][j] == INF) printf("%3c", '*');
11.      else printf("%3d", w[i][j]);
12.    printf("\n"); }
13. }
```

#7

```
1. } //namespace NS_DPTSP
```

#8

```
1. using namespace NS_DPTSP;
2. void TestDPTSP() {
3.   vector<vector<vector<int>>> w = {
4.     //Foundations of Algorithms
5.     { { INF, 14,   4,  10,  20 },
6.       {  14, INF,   7,   8,   7 },
7.       {   4,   5, INF,   7,  16 },
8.       {  11,   7,   9, INF,   2 },
9.       {  18,   7,  17,   4, INF } },
10.  };
11.  printf("TestDPTSP is working ...\n");
12.  for (int i = 0; i < w.size(); i++) {
```

```
13.     printf("No: %d\n", i);
14.     OutputW(w[i]); DPTSPCaller(w[i]);
15.   }
16. }
```

附录 8-1 Dijkstra 最短路径算法

#1

```
1.  #include <stdio.h>
2.  #include <vector>
3.  namespace NS_DijkstraSSSP {
4.  using namespace std;
5.  void DijkstraSSSP();
6.  void Initialization(int v0);
7.  void GenAdjList();
8.  int ExtractMin();
9.  void SiftDown(int i);
10. void SiftUp(int i);
11. void InsertQ(int w);
12. void OutputDistMatrix();
13. void Output(int v0);
14. #define INF INT_MAX
15. static int n;
16. static vector<vector<int>> W, AdjList;
17. static vector<int> Dist, Prev, Q;
18. //-1: Free, -2: Finished, >=0: Position in Q
19. static vector<int> S;
```

#2

```
1.  void DijkstraSSSPCaller(int an,
2.      vector<vector<int>> &w, int v0)
3.  {
4.    n = an;
5.    W = w;
6.    OutputDistMatrix();
7.    Initialization(v0);
8.    DijkstraSSSP();
9.    Output(v0);
10. }
```

#3

```
1.  void InsertQ(int w)
2.  {
3.    Q.push_back(w);
4.    int k = int(Q.size() - 1);
5.    S[w] = k;
6.    SiftUp(k);
7.  }
```

#4

```
1.  void DijkstraSSSP()
```

```
2. {
3.   int v, d;
4.   while (!Q.empty())
5.   {
6.     v = ExtractMin();
7.     for (auto u: AdjList[v])
8.       if (S[u] != -2)
9.       {
10.        d = Dist[v] + W[v][u];
11.        if (d < Dist[u])
12.        {
13.          Dist[u] = d;
14.          Prev[u] = v;
15.          if (S[u] >= 0)
16.            SiftUp(S[u]);
17.          else
18.            InsertQ(u);
19.        }
20.      }
21.  }
22. }
```

#5

```
1.  int ExtractMin()
2.  {
3.    swap(Q.front(), Q.back());
4.    S[Q.front()] = 0;
5.    int w = Q.back();
6.    S[w] = -2;
7.    Q.pop_back();
8.    if (!Q.empty())
9.      SiftDown(0);
10.   return w;
11. }
```

#6

```
1.  void SiftDown(int i)
2.  {
3.    while ((i = (i << 1) + 1) < Q.size()) {
4.      if (i + 1 < Q.size() && Dist[Q[i + 1]] < Dist[Q[i]])
5.        i++;
6.      int p = i - 1 >> 1;
7.      if (Dist[Q[p]] > Dist[Q[i]])
8.      {
9.        S[Q[p]] = i;
10.       S[Q[i]] = p;
11.       swap(Q[p], Q[i]);
12.     }
13.     else break;
14.   }
15. }
```

#7

```
1.  void SiftUp(int i)
```

```
2.  {
3.    int p;
4.    while (i > 0 && Dist[Q[i]] < Dist[Q[p = i - 1 >> 1]]){
5.      S[Q[i]] = p;
6.      S[Q[p]] = i;
7.      swap(Q[i], Q[p]);
8.      i = p;
9.    }
10. }
```

#8

```
1.  void Initialization(int v0)
2.  {
3.    GenAdjList();
4.    Dist.clear();
5.    Dist.resize(n, INF);
6.    Dist[v0] = 0;
7.    Prev.clear();
8.    Prev.resize(n, -1);
9.    Q.clear();
10.   Q.push_back(v0);
11.   S.clear();
12.   S.resize(n, -1);
13.   S[v0] = 0;
14. }
```

#9

```
1.  void GenAdjList()
2.  {
3.    AdjList.clear();
4.    for (int i = 0; i < n; i++)
5.    {
6.      AdjList.push_back(vector<int>());
7.      for (int j = 0; j < n; j++)
8.        if (W[i][j] && W[i][j] != INF)
9.          AdjList[i].push_back(j);
10.   }
11. }
```

#10

```
1.  void OutputDistMatrix()
2.  {
3.    printf("n = %d\n", n);
4.    printf("The distance matrix:\n");
5.    printf("%3c", ' ');
6.    for (int j = 0; j < n; j++)
7.      printf("%3d", j + 1);
8.    printf("\n");
9.    for (int i = 0; i < n; i++)
10.   {
11.     printf("%3d", i + 1);
12.     for (auto j : W[i])
13.       if (j < INF) printf("%3d", j);
14.       else printf("%3c", '*');
```

```
15.     printf("\n");
16.   }
17. }
```

#11

```
1.  void OutputPath(int u)
2.  {
3.    if (Prev[u] == -1) printf("%d", u + 1);
4.    else
5.    {
6.      OutputPath(Prev[u]);
7.      printf("-%d", u + 1);
8.    }
9.  }
```

#12

```
1.  void Output(int v0)
2.  {
3.    printf("Starting vertex: %d\n", v0 + 1);
4.    for (int u = 0; u < n; u++)
5.      if (u != v0)
6.      {
7.        printf("%3d: ", u + 1);
8.        printf("%d;", Dist[u]);
9.        OutputPath(u);
10.       printf("\n");
11.     }
12.   printf("\n");
13. }
```

#13

```
1.  } //namespace NS_DijkstraSSSP
```

#14

```
1.  using namespace NS_DijkstraSSSP;
2.  void TestDijkstraSSSP(int v0 = 0) {
3.    vector<vector<vector<int>>> w = {
4.      //https://www.geeksforgeeks.org/
5.      { {   0,   2,INF,   6,INF },
6.        {   2,   0,   3,   8,   5 },
7.        { INF,   3,   0,INF,   7 },
8.        {   6,   8,INF,   0,   9 },
9.        { INF,   5,   7,   9,   0 }
10.     },
11.   };
12.   int k = w.size();
13.   for (int i = 0; i < k; i++) {
14.     if (v0 > w[i].size() - 1)
15.       v0 = w[i].size() - 1;
16.     DijkstraSSSPCaller(w[i].size(), w[i], v0);
17.   }
18. }
```

附录 8-2 Prim 算法

#1

```
1.  #include <stdio.h>
2.  #include <vector>
3.  namespace NS_PrimMST {
4.  using namespace std;
5.  void PrimMST();
6.  void Initialization(int v0);
7.  void GenAdjList();
8.  int ExtractMin();
9.  void MinHeapify(int i);
10. void DecreaseKey(int i);
11. void EnQueue(int w);
12. void OutputWMatrix();
13. void Output(int v0);
14. #define INF INT_MAX
15. static int n;
16. static vector<vector<int>> WMatrix, AdjList;
17. static vector<int> Dist, Prev, Q;
18. //-1: Free, -2: Finished, >=0: Position in Q
19. static vector<int> S;
```

#2

```
1.  void PrimMSTCaller(int an,
2.    vector<vector<int>> &wMatrix, int v0)
3.  {
4.    n = an;
5.    WMatrix = wMatrix;
6.    OutputWMatrix();
7.    Initialization(v0);
8.    PrimMST();
9.    Output(v0);
10. }
```

#3

```
1.  void EnQueue(int w)
2.  {
3.    Q.push_back(w);
4.    int k = int(Q.size() - 1);
5.    S[w] = k;
6.    DecreaseKey(k);
7.  }
```

#4

```
1.  void PrimMST()
2.  {
3.    int v;
4.    while (!Q.empty())
5.    {
6.      v = ExtractMin();
7.      for (auto u: AdjList[v])
8.        if (S[u] != -2)
```

```
9.        {
10.         if (WMatrix[v][u] < Dist[u])
11.         {
12.           Dist[u] = WMatrix[v][u];
13.           Prev[u] = v;
14.           if (S[u] >= 0)
15.             DecreaseKey(S[u]);
16.           else
17.             EnQueue(u);
18.         }
19.       }
20.   }
21. }
```

#5

```
1.  int ExtractMin()
2.  {
3.    swap(Q.front(), Q.back());
4.    S[Q.front()] = 0;
5.    int w = Q.back();
6.    S[w] = -2;
7.    Q.pop_back();
8.    if (!Q.empty())
9.      MinHeapify(0);
10.   return w;
11. }
```

#6

```
1.  void MinHeapify(int i)
2.  {
3.    while ((i = (i << 1) + 1) < Q.size()) {
4.      if (i + 1 < Q.size() && Dist[Q[i + 1]] < Dist[Q[i]])
5.        i++;
6.      int p = i - 1 >> 1;
7.      if (Dist[Q[p]] > Dist[Q[i]])
8.      {
9.        S[Q[p]] = i;
10.       S[Q[i]] = p;
11.       swap(Q[p], Q[i]);
12.     }
13.     else break;
14.   }
15. }
```

#7

```
1.  void DecreaseKey(int i)
2.  {
3.    int p;
4.    while (i > 0 && Dist[Q[i]] < Dist[Q[p = i - 1 >> 1]]){
5.      S[Q[i]] = p;
6.      S[Q[p]] = i;
7.      swap(Q[i], Q[p]);
8.      i = p;
9.    }
```

```
10. }
```

#8

```
1.  void Initialization(int v0)
2.  {
3.    GenAdjList();
4.    Dist.clear(); Dist.resize(n,INF); Dist[v0]=0;
5.    Prev.clear(); Prev.resize(n,-1);
6.    Q.clear(); Q.push_back(v0);
7.    S.clear(); S.resize(n, -1); S[v0] = 0;
8.  }
```

#9

```
1.  void GenAdjList()
2.  {
3.    AdjList.clear();
4.    for (int i = 0; i < n; i++)
5.    {
6.      AdjList.push_back(vector<int>());
7.      for (int j = 0; j < n; j++)
8.        if (WMatrix[i][j] && WMatrix[i][j] != INF)
9.          AdjList[i].push_back(j);
10.   }
11. }
```

#10

```
1.  void OutputWMatrix()
2.  {
3.    printf("n = %d\n", n);
4.    printf("The weight matrix:\n");
5.    printf("%3c", ' ');
6.    for (int j = 0; j < n; j++)
7.      printf("%3d", j + 1);
8.    printf("\n");
9.    for (int i = 0; i < n; i++) {
10.     printf("%3d", i + 1);
11.     for (auto j : WMatrix[i])
12.       if (j < INF) printf("%3d", j);
13.       else printf("%3c", '*');
14.     printf("\n");
15.   }
16. }
```

#11

```
1.  void OutputPath(int u)
2.  {
3.    if (Prev[u] == -1) printf("%d", u + 1);
4.    else {
5.      OutputPath(Prev[u]);
6.      printf("-%d", u + 1);
7.    }
8.  }
```

#12

```
1.  void Output(int v0)
2.  {
```

```
3.    int wSum = 0;
4.    for (int i = 0; i < n; i++)
5.      wSum += Dist[i];
6.    printf("Total MST weight: %d\n", wSum);
7.    printf("MST paths from vertex %d:\n",v0+1);
8.    for (int u = 0; u < n; u++)
9.      if (u != v0) {
10.       printf("%3d: ", u + 1);
11.       OutputPath(u);
12.       printf("\n");
13.     }
14.   printf("The MST edges:\n");
15.   printf("Edge Weight\n");
16.   for (int u = 0; u < n; u++)
17.     if (u != v0)
18.       printf(" %d-%d  %d\n",
19.         Prev[u] + 1, u + 1, Dist[u]);
20.   printf("\n");
21. }
```

#13

```
1.  } //namespace NS_PrimMST
```

#14

```
1.  using namespace NS_PrimMST;
2.  void TestPrimMST(int v0 = 0) {
3.    vector<vector<vector<int>>> w = {
4.      // Dijkstra's algorithm on Wikipedia
5.      { {   0,  7,  9,INF,INF, 14 },
6.        {   7,  0, 10, 15,INF,INF },
7.        {   9, 10,  0, 11,INF,  2 },
8.        { INF, 15, 11,  0,  6,INF },
9.        { INF,INF,INF,  6,  0,  9 },
10.       {  14,INF,  2,INF,  9,  0 },
11.     },
12.   };
13.   int k = w.size();
14.   for (int i = 0; i < k; i++) {
15.     if (v0 > w[i].size() - 1)
16.       v0 = w[i].size() - 1;
17.     PrimMSTCaller(w[i].size(), w[i], v0);
18.   }
19. }
```

附录 8-3 Kruskal 算法

#1

```
1.  #include <stdio.h>
2.  #include <vector>
3.  #include <algorithm>
4.  namespace NS_KruskalMST {
```

```
5.  using namespace std;
6.  void KruskalMST();
7.  int FindSet(int u);
8.  void UnionSets(int u, int v);
9.  void Initialization();
10. void GenEdges();
11. void MakeSets();
12. void Output(int v0);
13. #define INF INT_MAX
14. static int n;
15. static vector<vector<int>> WMatrix;
16. static vector<pair<pair<int, int>, int>>
17.   Edges;
18. //Node struct for the disjoint set
19. struct DJSNode {
20.   int Parent; int Rank;
21.   DJSNode(int p) : Parent(p), Rank(0) {}
22. };
23. static vector<DJSNode> DisjointSet;
24. static vector<pair<int, int>> MST;
25. //The adjacency list for MST
26. static vector<vector<int>> MSTList;
27. static vector<int> Prev;
```

#2

```
1.  void KruskalMSTCaller(int an,
2.    vector<vector<int>> &wMatrix, int v0)
3.  {
4.    n = an;
5.    WMatrix = wMatrix;
6.    Initialization();
7.    KruskalMST();
8.    Output(v0);
9.  }
```

#3

```
1.  void KruskalMST()
2.  {
3.    for (auto &e: Edges)
4.    {
5.      int u = e.first.first;
6.      int v = e.first.second;
7.      int setU = FindSet(u);
8.      int setV = FindSet(v);
9.      if (setU != setV)
10.     {
11.       MST.push_back(e.first);
12.       if (MST.size() == n - 1)
13.         break;
14.       UnionSets(setU, setV);
15.     }
16.   }
17. }
```

#4

```
1.  int FindSet(int u)
2.  {
3.    while (u != DisjointSet[u].Parent)
4.      u = DisjointSet[u].Parent;
5.      //For path compression:
6.      //DisjointSet[u].Parent =
7.      //  FindSet(DisjointSet[u].Parent);
8.    return u;
9.  }
```

#5

```
1.  void UnionSets(int u, int v)
2.  {
3.    if (DisjointSet[u].Rank >=
4.      DisjointSet[v].Rank)
5.        DisjointSet[v].Parent = u;
6.    else
7.      DisjointSet[u].Parent = v;
8.    if (DisjointSet[u].Rank ==
9.      DisjointSet[v].Rank)
10.       DisjointSet[u].Rank++;
11. }
```

#6

```
1.  void Initialization()
2.  {
3.    GenEdges();
4.    sort(Edges.begin(), Edges.end(),
5.      [](pair<pair<int, int>, int>a,
6.        pair<pair<int, int>, int>b)
7.      {return a.second < b.second; });
8.    MakeSets();
9.    MST.clear();
10. }
```

#7

```
1.  void GenEdges()
2.  {
3.    Edges.clear();
4.    //Traverse upper triangle of WMatrix
5.    for (int i = 0; i < n - 1; i++)
6.    {
7.      for (int j = i + 1; j < n; j++)
8.        if (WMatrix[i][j] != INF)
9.          Edges.push_back({ {i, j},
10.           WMatrix[i][j] });
11.   }
12. }
```

#8

```
1.  void MakeSets()
2.  {
3.    DisjointSet.clear();
4.    for (int i = 0; i < n; i++)
```

```
5.     DisjointSet.push_back(DJSNode(i));
6.  }
```

#9

```
1.  void OutputWMatrix()
2.  {
3.    printf("n = %d\n", n);
4.    printf("The weight matrix:\n");
5.    printf("%3c", ' ');
6.    for (int j = 0; j < n; j++)
7.      printf("%3d", j + 1);
8.    printf("\n");
9.    for (int i = 0; i < n; i++)
10.   {
11.     printf("%3d", i + 1);
12.     for (auto j : WMatrix[i])
13.       if (j < INF)
14.         printf("%3d", j);
15.       else
16.         printf("%3c", '*');
17.     printf("\n");
18.   }
19. }
```

#10

```
1.  void OutputPath(int u)
2.  {
3.    if (Prev[u] == -1)
4.      printf("%d", u + 1);
5.    else
6.    {
7.      OutputPath(Prev[u]);
8.      printf("-%d", u + 1);
9.    }
10. }
```

#11

```
1.  void GenMSTList()
2.  {
3.    MSTList.clear();
4.    MSTList.resize(n);
5.    for (auto &e: MST)
6.    {
7.      MSTList[e.first].push_back(e.second);
8.      MSTList[e.second].push_back(e.first);
9.    }
10. }
```

#12

```
1.  void GenPrev(int v)
2.  {
3.    for (auto &u : MSTList[v])
4.      if (u != -1)
5.      {
6.        Prev[u] = v;
```

```
7.       auto w = find(MSTList[u].begin(),
8.         MSTList[u].end(), v);
9.       MSTList[u][w - MSTList[u].begin()]=-1;
10.      GenPrev(u);
11.    }
12. }
```

#13

```
1.  void Output(int v0)
2.  {
3.    printf("Kruskal's MST algorithm\n");
4.    OutputWMatrix();
5.    int wSum = 0;
6.    for (int i = 0; i < n - 1; i++)
7.      wSum +=
8.        WMatrix[MST[i].first][MST[i].second];
9.    printf("The MST edges:\n");
10.   printf("Edge Weight\n");
11.   for (auto &e : MST)
12.     printf(" %d-%d  %d\n",
13.       e.first+1, e.second+1,
14.       WMatrix[e.first][e.second]);
15.   printf("Total MST weight: %d\n", wSum);
16.   GenMSTList();
17.   Prev.clear();
18.   Prev.resize(n);
19.   Prev[v0] = -1;
20.   GenPrev(v0);
21.   printf("MST paths from %d:\n", v0+1);
22.   for (int u = 0; u < n; u++)
23.     if (u != v0)
24.     {
25.       printf("%3d: ", u + 1);
26.       OutputPath(u);
27.       printf("\n");
28.     }
29.   printf("\n");
30. }
```

#14

```
1.  } //namespace NS_KruskalMST
```

#15

```
1.  using namespace NS_KruskalMST;
2.  void TestKruskalMST(int v0 = 0)
3.  {
4.    vector<vector<vector<int>>> w = {
5.      //https://www.geeksforgeeks.org/
6.      //Kruskal's MST
7.      {
8.       {  0,  4,INF,INF,INF,INF,INF,  8,INF},
9.       {  4,  0,  8,INF,INF,INF,INF, 11,INF},
10.      {INF,  8,  0,  7,INF,  4,INF,INF,  2},
11.      {INF,INF,  7,  0,  9, 14,INF,INF,INF},
```

```
12.     {INF,INF,INF,  9,  0, 10,INF,INF,INF},
13.     {INF,INF,  4, 14, 10,  0,  2,INF,INF},
14.     {INF,INF,INF,INF,INF,  2,  0,  1,  6},
15.     {  8, 11,INF,INF,INF,INF,  1,  0,  7},
16.     {INF,INF,  2,INF,INF,INF,  6,  7,  0},
17.    },
18.   };
19.   int k = w.size();
20.   for (int i = 0; i < k; i++)
21.   {
22.     if (v0 > w[i].size() - 1)
23.     v0 = w[i].size() - 1;
24.     KruskalMSTCaller(w[i].size(), w[i], v0);
25.   }
26. }
```

附录 8-4 Huffman 编码算法

#1

```
1.  #include <stdio.h>
2.  #include <vector>
3.  #include <algorithm>
4.  namespace NS_HuffmanCoding {
5.  using namespace std;
6.  void BuildHuffmanTree();
7.  void Initialization
8.        (vector<pair<char, int>> chars);
9.  void Finalization();
10. struct HFMNode {
11.   char Ch; int Freq;
12.   HFMNode* Left, * Right;
13.   HFMNode(char pCh, int pFreq, HFMNode* pLeft,
14.     HFMNode* pRight) : Ch(pCh), Freq(pFreq),
15.       Left(pLeft), Right(pRight) {}
16.   HFMNode(char pCh, int pFreq)
17.     : HFMNode(pCh, pFreq, NULL, NULL) {}
18. };
19. void MinHeapify(vector<HFMNode*>& H);
20. void InsertH(vector<HFMNode*>& H,
21.              HFMNode* node);
22. void SiftDown(vector<HFMNode*>& H, int i);
23. void SiftUp(vector<HFMNode*>& H, int i);
24. HFMNode* ExtractMin(vector<HFMNode*>& H);
25. void DeleteANode(HFMNode* node);
26. void ShowInput(vector<pair<char, int>> chars);
27. void Output();
28. static vector<HFMNode*> Q;
```

#2

```
1.  void HuffmanCodingCaller
```

```
2.       (vector<pair<char, int>> chars)
3.  {
4.    ShowInput(chars);
5.    Initialization(chars);
6.    BuildHuffmanTree();
7.    Output();
8.    Finalization();
9.  }
```

#3

```
1.  void BuildHuffmanTree()
2.  {
3.    char C = 'A';
4.    while (Q.size() > 1)
5.    {
6.      HFMNode* x = ExtractMin(Q);
7.      HFMNode* y = ExtractMin(Q);
8.      HFMNode* z = new HFMNode(C++,
9.        x->Freq + y->Freq, x, y);
10.     InsertH(Q, z);
11.   }
12. }
```

#4

```
1.  HFMNode* ExtractMin(vector<HFMNode*>& H)
2.  {
3.    swap(H.front(), H.back());
4.    HFMNode* p = H.back();
5.    H.pop_back();
6.    if (!H.empty())
7.      SiftDown(H, 0);
8.    return p;
9.  }
```

#5

```
1.  void SiftDown(vector<HFMNode*>& H, int i)
2.  {
3.    while ((i = (i << 1) + 1) < H.size()) {
4.      if ((i + 1 < H.size()) &&
5.        (H[i + 1]->Freq < H[i]->Freq))
6.          i = i + 1;
7.      if (H[(i - 1) >> 1]->Freq > H[i]->Freq)
8.        swap(H[(i - 1) >> 1], H[i]);
9.      else break;
10.   }
11. }
```

#6

```
1.  void InsertH(vector<HFMNode*>& H,
2.              HFMNode* node)
3.  {
4.    H.push_back(node);
5.    SiftUp(H, H.size() - 1);
6.  }
```

#7

```
1.  void SiftUp(vector<HFMNode*>& H, int i)
2.  {
3.    while (i > 0 && H[i]->Freq <
4.      H[(i - 1) >> 1]->Freq) {
5.      swap(H[i], H[(i - 1) >> 1]);
6.      i = (i - 1) >> 1;
7.    }
8.  }
```

#8

```
1.  void MinHeapify(vector<HFMNode*>& H)
2.  {
3.    for (int i = H.size() >> 1) - 1; i >= 0; i--){
4.      SiftDown(H, i);
5.    }
6.  }
```

#9

```
1.  void Initialization(vector<pair<char,
2.                      int>> chars)
3.  {
4.    Q.clear();
5.    for (auto ch : chars)
6.      Q.push_back(new HFMNode(ch.first,
7.                  ch.second));
8.    MinHeapify(Q);
9.  }
```

#10

```
1.  void Finalization()
2.  {
3.    DeleteANode(Q[0]);
4.  }
```

#11

```
1.  void DeleteANode(HFMNode* node)
2.  {
3.    if (node->Left)
4.    {
5.      DeleteANode(node->Left);
6.      DeleteANode(node->Right);
7.    }
8.    delete node;
9.  }
```

#12

```
1.  void ShowInput(vector<pair<char, int>> chars)
2.  {
3.    printf("Huffman coding input: \n");
4.    for (auto c : chars)
5.      printf("%c,%d; ", c.first, c.second);
6.    printf("\n");
7.  }
```

#13

```
1.  static vector<char> coding;
2.  static vector<pair<char, vector<char>>>
3.    codingList;
4.  void GetHuffmanCoding(HFMNode* node)
5.  {
6.    if (node->Left)
7.    {
8.      coding.push_back('0');
9.      GetHuffmanCoding(node->Left);
10.     coding.pop_back();
11.     coding.push_back('1');
12.     GetHuffmanCoding(node->Right);
13.     coding.pop_back();
14.   }
15.   else
16.   {
17.     codingList.push_back(pair<char,
18.       vector<char>>(node->Ch, coding));
19.   }
20. }
```

#14

```
1.  void Output()
2.  {
3.    printf("Huffman coding:\n");
4.    coding.clear();
5.    codingList.clear();
6.    GetHuffmanCoding(Q[0]);
7.    sort(codingList.begin(), codingList.end());
8.    for (auto c1 : codingList)
9.    {
10.     printf("  %c: ", c1.first);
11.     for (auto c2 : c1.second)
12.       printf("%c", c2);
13.     printf("\n");
14.   }
15.   printf("\n");
16. }
```

#15

```
1.  } //namespace NS_HuffmanCoding
```

#16

```
1.  using namespace NS_HuffmanCoding;
2.  void TestHuffmanCoding() {
3.    vector<vector<pair<char, int>>>
4.      charLists = {
5.        //Introduction to Algorithms
6.       {  {{'a',40},{'b',13},{'c',12},
7.          {'d',16},{'e', 9},{'f', 5}},
8.       },
9.       //严蔚敏《数据结构》
10.      {  {{'a', 5},{'b',29},{'c',7},{'d', 8},
```

```
11.         {'e',14},{'f',23},{'g',3},{'h',11}},
12.     },
13.   };
14.   int n = charLists.size();
15.   for (int i = 0; i < n; i++)
16.     HuffmanCodingCaller(charLists[i]);
17. }
```

附录 9-1　图遍历的 DFS 算法

#1

```
1. #include <stdio.h>
2. #include <vector>
3. namespace NS_GraphDFS {
4. using namespace std;
5. void GraphDFS(int u);
6. void OutputAdjacencyList();
7. void OutputDFSVisitingOrder();
8. void Initialization();
9. void Finalization();
```

#2

```
1. static vector<vector<int>> AdjL;
2. static vector<bool> Visited;
3. static vector<pair<int, int>*> PreOrder;
4. static vector<pair<int, int>*> PostOrder;
5. static int N, V0, Order;
6. void GraphDFSCaller(int n,
7.   vector<vector<int>> &adjL, int v0)
8. {
9.   N = n; V0 = v0;
10.  AdjL = adjL;
11.  OutputAdjacencyList();
12.  Initialization();
13.  GraphDFS(v0);
14.  OutputDFSVisitingOrder();
15.  Finalization();
16. }
```

#3

```
1. void GraphDFS(int v)
2. {
3.   Visited[v] = true;
4.   PreOrder.push_back(new pair<int, int>
5.     (v, ++Order));
6.   for (auto u: AdjL[v])
7.     if (!Visited[u])
8.       GraphDFS(u);
9.   PostOrder.push_back(new pair<int, int>
10.    (v, ++Order));
11. }
```

#4

```
1.  void OutputAdjacencyList()
2.  {
3.    printf("N = %d\n", N);
4.    printf("The adjacency list:\n");
5.    for (int i = 0; i < N; i++)
6.    {
7.      printf("%3d: ", i + 1);
8.      for (auto j : AdjL[i])
9.        printf("%2d", j + 1);
10.     printf("\n");
11.   }
12.   printf("Starting vertex: %d\n", V0 + 1);
13. }
```

#5

```
1.  void OutputDFSVisitingOrder()
2.  {
3.    printf("DFS preorder: \n");
4.    for (int i = 0; i < N; i++)
5.    {
6.      if (i != 0)
7.        printf(",");
8.      printf("(%d, %d)", PreOrder[i]->first + 1,
9.        PreOrder[i]->second);
10.   }
11.   printf("\n");
12.   printf("DFS postorder: \n");
13.   for (int i = 0; i < N; i++)
14.   {
15.     if (i != 0)
16.       printf(",");
17.     printf("(%d, %d)", PostOrder[i]->first + 1,
18.       PostOrder[i]->second);
19.   }
20.   printf("\n\n");
21. }
```

#6

```
1.  void Initialization()
2.  {
3.    Order = 0;
4.    PreOrder.clear();
5.    PostOrder.clear();
6.    Visited.clear();
7.    for (int i = 0; i < N; i++)
8.      Visited.push_back(false);
9.  }
```

#7

```
1.  void Finalization()
2.  {
3.    for (auto p : PreOrder) delete p;
4.    for (auto p : PostOrder) delete p;
```

```
5.  }
```

#8

```
1.  } //namespace NS_GraphDFS
```

#9

```
1.  using namespace NS_GraphDFS;
2.  void TestGraphDFS(int v0)
3.  {
4.    //number of vertices
5.    vector<int> nv = { 6, 9 };
6.    //adjacency lists
7.    vector<vector<vector<int>>> adjLists = {
8.      // Dijkstra's algorithm on Wikipedia
9.      {
10.       { 1, 2, 5 }, { 0, 2, 3 },
11.       { 0, 1, 3, 5 }, { 1, 2, 4 },
12.       { 3, 5 }, { 0, 2, 4 },
13.     },
14.     //ZH-Zheng's graph traversal demo
15.     {
16.       { 1, 2, 3 }, { 0, 4, 5 }, { 0, 3 },
17.       { 0, 2, 4 }, { 1, 3, 5, 7 }, { 1, 4, 8 },
18.       { 7, 8 }, { 4, 6, 8 }, { 5, 6, 7 },
19.     },
20.   };
21.   for (int i = 0; i < nv.size(); i++)
22.   {
23.     int u0 = v0 < nv[i] ? v0 : nv[i] - 1;
24.     GraphDFSCaller(nv[i], adjLists[i], u0);
25.   }
26. }
```

附录 9-2　*N*-皇后问题的回溯算法

#1

```
1.  #include <vector>
2.  namespace NS_BTnQueens {
3.  using namespace std;
4.  void BTnQueens(int row);
5.  bool CheckPlacing(int row, int col);
6.  void Output();
```

#2

```
1.  static int N;
2.  static vector<int> Col;
3.  static bool Done;
4.  void BTnQueensCaller(int n)
5.  {
6.      N = n;
7.      Col.resize(N);
8.      Done = false;
```

```
9.      BTnQueens(0);
10.     Output();
11. }
```

#3

```
1.  void BTnQueens(int row)
2.  {
3.      for (int col = 0; !Done && col < N; col++)
4.      {
5.          if (CheckPlacing(row, col))
6.          {
7.              Col[row] = col;
8.              if (row == N - 1)
9.                  Done = true;
10.             else {
11.                 BTnQueens(row + 1);
12.             }
13.         }
14.     }
15. }
```

#4

```
1.  bool CheckPlacing(int row, int col)
2.  {
3.      for (int r = 0; r < row; r++)
4.          if (Col[r] == col ||
5.              abs(Col[r] - col) == abs(r - row))
6.              return false;
7.      return true;
8.  }
```

#5

```
1.  void Output()
2.  {
3.      printf("Placement for %d-Queens: \n", N);
4.      for (int row = 0; row < N; row++)
5.          printf("(%d, %d)\n", row + 1, Col[row] + 1);
6.  }
```

#6

```
1.  } //namespace NS_BTnQueens
```

#7

```
1.  using namespace NS_BTnQueens;
2.  void TestBTnQueens(int n)
3.  {
4.    BTnQueensCaller(n);
5.  }
```

附录 9-3　*K*-着色问题的回溯算法

#1

```
1.  #include <vector>
```

```
2. namespace NS_BTKColoring {
3. using namespace std;
4. void BTKColoring(int v);
5. int CheckColoring(int v);
6. void Output();
```

#2

```
1. static int N, K;
2. static vector<vector<int>> AdjM;
3. static vector<int> Colors;
4. static bool Done;
5. void BTKColoringCaller(int n, int k,
6.   vector<vector<int>> &adjM)
7. {
8.   N = n; K = k;
9.   AdjM = adjM;
10.  Done = false;
11.  Colors.clear();
12.  Colors.resize(N);
13.  Colors[0] = 1;
14.  Colors[1] = 2;
15.  BTKColoring(2);
16.  Output();
17. }
```

#3

```
1. void BTKColoring(int v)
2. {
3.   for (int c = 1; !Done && c <= K; c++)
4.   {
5.     Colors[v] = c;
6.     if (CheckColoring(v) == -1)
7.       if (v == N - 1)
8.          Done = true;
9.       else {
10.        BTKColoring(v + 1);
11.      }
12.    }
13. }
```

#4

```
1. int CheckColoring(int v)
2. {
3.   for (int u = 0; u < v; u++)
4.     if (AdjM[v][u] && Colors[u] == Colors[v])
5.       return u;
6.   return -1;
7. }
```

#5

```
1. void OutputAdjMatrix()
2. {
```

```
3.    printf("N = %d.\n", N);
4.    printf("The adjacency matrix:\n");
5.    printf("%3c", ' ');
6.    for (int j = 0; j < N; j++)
7.      printf("%3d", j + 1);
8.    printf("\n");
9.    for (int i = 0; i < N; i++)
10.   {
11.     printf("%3d", i + 1);
12.     for (auto j : AdjM[i])
13.       printf("%3d", j);
14.     printf("\n");
15.   }
16. }
```

#6

```
1.  void Output()
2.  {
3.    printf("Backtracking for K-coloring\n");
4.    printf("The input graph:\n");
5.    OutputAdjMatrix();
6.    printf("K = %d.\n", K);
7.    printf("The result:\n");
8.    if (!Colors[N - 1])
9.    {
10.     printf("The graph can't be colored ");
11.     printf("with %d colors.\n", K);
12.   }
13.   else
14.   {
15.     printf("The graph can be colored ");
16.     printf("with %d colors:\n", K);
17.     for (int v = 0; v < N; v++)
18.       printf("(%d,%d)", v, Colors[v]);
19.     printf("\n");
20.   }
21. }
```

#7

```
1.  } //namespace NS_BTKColoring
```

#8

```
1.  using namespace NS_BTKColoring;
2.  void TestBTKColoring(int K = 3)
3.  {
4.    vector<vector<vector<int>>> adjM = {
5.      //Wikipedia: Dijkstra's algorithm
6.      {
7.          { 0, 1, 1, 0, 0, 1 },
8.          { 1, 0, 1, 1, 0, 0 },
9.          { 1, 1, 0, 1, 0, 1 },
10.         { 0, 1, 1, 0, 1, 0 },
11.         { 0, 0, 0, 1, 0, 1 },
12.         { 1, 0, 1, 0, 1, 0 },
```

```
13.     },
14.   };
15.   for (size_t i=0; i < adjM.size(); i++)
16.     BTKColoringCaller(adjM[i].size(),
17.       K, adjM[i]);
18. }
```

附录 10-1 图的 BFS 算法

#1

```
1.  #include <stdio.h>
2.  #include <vector>
3.  #include <queue>
4.  namespace NS_GraphBFS {
5.  using namespace std;
6.  void GraphBFS(int v);
7.  void OutputAdjacencyList();
8.  void OutputBFSVisitingOrder();
9.  void Initialization();
10. static vector<vector<int>> AdjL;
11. static vector<bool> Visited;
12. static vector<int> Order;
13. static int N, V0;
```

#2

```
1.  void GraphBFS(int v)
2.  {
3.    queue<int> q;
4.    Visited[v] = true;
5.    Order.push_back(v);
6.    q.push(v);
7.    while (!q.empty())
8.    {
9.      v = q.front();
10.     q.pop();
11.     for (auto u : AdjL[v])
12.       if (!Visited[u])
13.       {
14.         Visited[u] = true;
15.         Order.push_back(u);
16.         q.push(u);
17.       }
18.   }
19. }
```

#3

```
1.  void GraphBFSCaller(int n,
2.    vector<vector<int>> &adjL, int v0)
3.  {
4.    N = n;
5.    V0 = v0;
```

```
6.   AdjL = adjL;
7.   OutputAdjacencyList();
8.   Initialization();
9.   GraphBFS(v0);
10.  OutputBFSVisitingOrder();
11. }
```

#4

```
1. void OutputAdjacencyList()
2. { //参见 GraphDFS }
```

#5

```
1. void OutputBFSVisitingOrder() {
2.   printf("BFS visiting order: ");
3.   for (int i = 0; i < N; i++) {
4.     if (i != 0) printf(",");
5.     printf("%d", Order[i] + 1);
6.   }
7.   printf("\n\n");
8. }
```

#6

```
1. void Initialization() {
2.   Visited.clear();
3.   Order.clear();
4.   for (int i = 0; i < N; i++)
5.     Visited.push_back(false);
6. }
```

#7

```
1. } //namespace NS_GraphBFS
```

#8

```
1. using namespace NS_GraphBFS;
2. void TestGraphBFS(int v0) {
3.   //nv 及 adjLists 定义参见 GraphDFS
4.   for (int i = 0; i < nv.size(); i++) {
5.     int u0 = v0 < nv[i] ? v0 : nv[i] - 1;
6.     GraphBFSCaller(nv[i], adjLists[i], u0);
7.   }
8. }
```

附录 10-2　0-1 背包问题的分支限界算法

#1

```
1. #include <stdio.h>
2. #include <vector>
3. #include <algorithm>
4. namespace NS_BB0_1Knapsack {
5. using namespace std;
6. void BB0_1Knapsack();
7. void Initialization(int *v, int *w);
8. struct stItem {
```

```
9.      int w; int v;
10.     stItem(int pw, int pv) : w(pw), v(pv) {}
11. };
12. struct stNode {
13.     int d; int w; int v; vector<int>items;
14.     double boundV;
15.     stNode() : d(0), w(0), v(0) {}
16.     stNode(int pd, int pw, int pv) :
17.         d(pd), w(pw), v(pv) {}
18. };
19. stNode ExtractMax();
20. void SiftDown(int i);
21. void SiftUp(int i);
22. void InsertQ(stNode r);
23. double BoundV(const stNode& node);
24. void ShowInput(int *w, int *v);
25. void ShowSortedInput();
26. void Output();
```

#2

```
1.  static int N, W, OptV;
2.  static vector<int> OptItems;
3.  static vector<stItem> Items;
4.  static vector<stNode> Q;
5.  void BB0_1KnapsackCaller
6.    (int n, int pW, int *w, int *v)
7.  {
8.    N = n; W = pW;
9.    Initialization(w, v);
10.   OptV = 0;
11.   OptItems.clear();
12.   BB0_1Knapsack();
13.   Output();
14. }
```

#3

```
1.  void BB0_1Knapsack()
2.  {
3.    stNode q, left, right;
4.    while (!Q.empty())
5.    {
6.      q = ExtractMax();
7.      if (q.boundV > OptV)
8.      {
9.        left = q;
10.       left.d++;
11.       left.w += Items[left.d - 1].w;
12.       left.v += Items[left.d - 1].v;
13.       left.items.push_back(1);
14.       if (left.w <= W)
15.       {
16.         if (left.v > OptV)
17.         {
```

```
18.         OptV = left.v;
19.         OptItems = vector<int>(left.items);
20.       }
21.       left.boundV = BoundV(left);
22.       if (left.boundV > OptV)
23.         InsertQ(stNode(left));
24.     }
25.     right = q;
26.     right.d++;
27.     right.items.push_back(0);
28.     right.boundV = BoundV(right);
29.     if (right.boundV > OptV)
30.       InsertQ(stNode(right));
31.   }
32.  }
33. }
```

#4

```
1.  stNode ExtractMax()
2.  {
3.    swap(Q.front(), Q.back());
4.    stNode q = Q.back();
5.    Q.pop_back();
6.    if (!Q.empty())
7.      SiftDown(0);
8.    return q;
9.  }
```

#5

```
1.  void SiftDown(int i)
2.  {
3.    bool done = false;
4.    while (!done && (i = i<<1) + 1) < Q.size()) {
5.      if(i + 1 < Q.size() && Q[i + 1].boundV > Q[i].boundV)
6.        i++;
7.      int p = i - 1 >> 1;
8.      if (Q[p].boundV < Q[i].boundV)
9.        swap(Q[p], Q[i]);
10.     else done = true;
11.   }
12. }
```

#6

```
1.  void InsertQ(stNode r)
2.  {
3.    Q.push_back(r);
4.    SiftUp(Q.size() - 1);
5.  }
```

#7

```
1.  void SiftUp(int i)
2.  {
3.    int p;
4.    while(i>0 && Q[i].boundV>Q[p=i-1>>1].boundV){
5.      swap(Q[i], Q[p]);
```

```
6.     i = p;
7.   }
8. }
```

#8

```
1. double BoundV(const stNode& node)
2. {
3.   double bv;
4.   if (node.w > W)
5.     bv = 0;
6.   else
7.   {
8.     bv = node.v;
9.     int bw = node.w;
10.    int i = node.d + 1;
11.    while (i <= N && bw + Items[i - 1].w < W)
12.    {
13.      bw += Items[i - 1].w;
14.      bv += Items[i - 1].v;
15.      i++;
16.    }
17.    if (i <= N)
18.      bv += (double)(W - bw) * Items[i - 1].v
19.        / Items[i - 1].w;
20.  }
21.  return bv;
22. }
```

#9

```
1. void Initialization(int *w, int *v)
2. {
3.   ShowInput(w, v);
4.   Items.clear();
5.   for (int i = 0; i < N; i++)
6.     Items.push_back(stItem(w[i], v[i]));
7.   sort(Items.begin(), Items.end(),
8.     [](stItem a, stItem b)
9.   {return (double)a.v / a.w > (double)b.v / b.w;});
10.  Q.clear();
11.  Q.push_back(stNode(0, 0, 0));
12.  Q[0].boundV = BoundV(Q[0]);
13.  ShowSortedInput();
14. }
```

#10

```
1. void ShowInput(int *w, int *v)
2. {
3.   printf("Branch bound for 0-1 knapsack:\n");
4.   printf("N: %d, W: %d\n", N, W);
5.   printf("Items:\n");
6.   printf("%3c", 'i');
7.   for (int i = 0; i < N; i++)
8.     printf("%3d", i + 1);
9.   printf("\n%3c", 'v');
10.  for (int i = 0; i < N; i++)
```

```
11.     printf("%3d", v[i]);
12.   printf("\n%3c", 'w');
13.   for (int i = 0; i < N; i++)
14.     printf("%3d", w[i]);
15.   printf("\n");
16. }
```

#11

```
1.  void ShowSortedInput()
2.  {
3.    printf("Sorted items:\n");
4.    printf("%3c", 'i');
5.    for (int i = 0; i < N; i++)
6.      printf("%3d", i + 1);
7.    printf("\n%3c", 'v');
8.    for (int i = 0; i < N; i++)
9.      printf("%3d", Items[i].v);
10.   printf("\n%3c", 'w');
11.   for (int i = 0; i < N; i++)
12.     printf("%3d", Items[i].w);
13.   printf("\n");
14. }
```

#12

```
1.  void Output()
2.  {
3.    printf("The optimal value: %d\n", OptV);
4.    for (int i = OptItems.size(); i < N; i++)
5.      OptItems.push_back(0);
6.    printf("The optimal solution:\n");
7.    for (int i = 0; i < N; i++)
8.      printf("%3d", OptItems[i]);
9.    printf("\n\n");
10. }
```

#13

```
1.  } //namespace NS_BB0_1Knapsack
```

#14

```
1.  using namespace NS_BB0_1Knapsack;
2.  void TestBB0_1Knapsack()
3.  {
4.    vector<int> N = { 4, 4, 4, 4, 5, 5, 4, 7 };
5.    vector<int> W = { 11, 16, 7, 10, 10, 15, 8, 15 };
6.    vector<vector<int>> w = {
7.      { 1, 3, 3, 8 },
8.      { 2, 5, 10, 5 },
9.      { 3, 5, 2, 1 },
10.     { 5, 4, 6, 3 },
11.     { 2, 2, 6, 5, 4 },
12.     { 12, 2, 1, 4, 1 },
13.     { 3, 5, 2, 4 },
14.     { 2, 3, 5, 7, 1, 4, 1 }
15.   };
16.   vector<vector<int>> v = {
```

```
17.     { 3, 5, 4, 10 },
18.     { 40, 10, 50, 30 },
19.     { 9, 10, 7, 4 },
20.     { 10, 40, 30, 50 },
21.     { 6, 3, 5, 4, 6 },
22.     { 4, 2, 1, 10, 2 },
23.     { 6, 15, 2, 10 },
24.     { 10, 5, 15, 7, 6, 18, 3 }
25.   };
26.   int m = (int)N.size();
27.   for (int i = 0; i < m; i++)
28.   {
29.     BB0_1KnapsackCaller(N[i], W[i],
30.       &w[i][0], &v[i][0]);
31.   }
32. }
```

附录 10-3 TSP 问题的分支限界算法

#1

```
1.  #include <stdio.h>
2.  #include <iostream>
3.  #include <vector>
4.  #include <queue>
5.  #include <utility>
6.  #include <cstring>
7.  #include <climits>
8.  #include <tuple>
9.  namespace NS_BBTSP {
10. using namespace std;
11. #define INF (INT_MAX / 2)
12. static int OptimalDist = INF;
13. static vector<pair<int , int>> OptimalPath;
14. struct ClsDkl {
15.   int D; int K; int L;
16.   ClsDkl() : D(-1), K(0), L(0) {}
17.   void Set(int d, int k, int l) {
18.     D = d; K = k; L = l; }
19. };
20. class ClsNode
21. {
22.   vector<int> RowReduction();
23.   vector<int> ColReduction();
24.   int Reduce();
25.   int getd(int r, int c);
26. public:
27.   vector<int> RowIdx;
28.   vector<int> ColIdx;
29.   vector<pair<int, int>> Path;
```

```
30.   vector<vector<int>> W;
31.   int n, Bound;
32.   ClsNode() : n(0), Bound(0) {}
33.   ClsNode(vector<vector<int>> w) : ClsNode()
34.   {
35.     W = w; n = W.size();
36.     for (int i = 0; i < n; i++)
37.     { RowIdx.push_back(i); ColIdx.push_back(i); }
38.     Bound = Reduce();
39.   }
40.   ClsDkl GetMaxD();
41.   ClsNode GenLChild(int k, int l);
42.   ClsNode GenRChild(int k, int l);
43. };
```

#2

```
1.  void BBTSP(vector<vector<int>> w)
2.  {
3.    auto comp = [](const ClsNode& lhs,
4.      const ClsNode& rhs)
5.        { return lhs.Bound > rhs.Bound; };
6.    priority_queue <ClsNode,vector<ClsNode>,
7.      decltype(comp)> PQ(comp);
8.    ClsNode root(w);
9.    PQ.push(root);
10.   while (!PQ.empty())
11.   {
12.     auto minNode = PQ.top();
13.     PQ.pop();
14.     if (minNode.Bound >= OptimalDist)
15.       continue;
16.     auto maxDkl = minNode.GetMaxD();
17.     auto left =
18.       minNode.GenLChild(maxDkl.K, maxDkl.L);
19.     if (left.Bound < OptimalDist)
20.     {
21.       if (left.n == 2)
22.       {
23.         OptimalDist = left.Bound;
24.         OptimalPath = left.Path;
25.       }
26.       else
27.         PQ.push(left);
28.     }
29.     auto right =
30.       minNode.GenRChild(maxDkl.K, maxDkl.L);
31.     if (right.Bound < OptimalDist)
32.       PQ.push(right);
33.   }
34. }
```

#3

```
1.  vector<int> ClsNode::RowReduction()
2.  {
```

```
3.    vector<int> row(n, INF);
4.    for (int i = 0; i < n; i++)
5.      for (int j = 0; j < n; j++)
6.        if (W[i][j] < row[i])
7.          row[i] = W[i][j];
8.    for (int i = 0; i < n; i++)
9.      for (int j = 0; j < n; j++)
10.       if (W[i][j] != INF && row[i] != INF)
11.         W[i][j] -= row[i];
12.   return row;
13. }
```

#4

```
1.  vector<int> ClsNode::ColReduction()
2.  {
3.    vector<int> col(n, INF);
4.    for (int i = 0; i < n; i++)
5.      for (int j = 0; j < n; j++)
6.        if (W[i][j] < col[j])
7.          col[j] = W[i][j];
8.    for (int i = 0; i < n; i++)
9.      for (int j = 0; j < n; j++)
10.       if (W[i][j] != INF && col[j] != INF)
11.         W[i][j] -= col[j];
12.   return col;
13. }
```

#5

```
1.  int ClsNode::Reduce()
2.  {
3.    auto row = RowReduction();
4.    auto col = ColReduction();
5.    int bound = 0;
6.    for (int i = 0; i < n; i++)
7.    {
8.      bound += (row[i] != INF) ? row[i] : 0;
9.      bound += (col[i] != INF) ? col[i] : 0;
10.   }
11.   return bound;
12. }
```

#6

```
1.  ClsDkl ClsNode::GetMaxD()
2.  {
3.    ClsDkl t;
4.    for (int i = 0; i < n; i++)
5.      for (int j = 0; j < n; j++)
6.        if (W[i][j] == 0)
7.        {
8.          int d = getd(i, j);
9.          if (d > t.D)
10.           t.Set(d, i, j);
11.       }
12.   return t;
```

```
13. }
```

#7

```
1.  int ClsNode::getd(int r, int c)
2.  {
3.    int rmin = INF;
4.    for (int i = 0; i < n; i++)
5.      if (i != c && W[r][i] < rmin)
6.        rmin = W[r][i];
7.    int cmin = INF;
8.    for (int i = 0; i < n; i++)
9.      if (i != r && W[i][c] < cmin)
10.       cmin = W[i][c];
11.   return rmin + cmin;
12. }
```

#8

```
1.  ClsNode ClsNode::GenLChild(int k, int l)
2.  {
3.    auto node = *this;
4.    auto r = find(node.RowIdx.begin(),
5.      node.RowIdx.end(), node.ColIdx[l]);
6.    auto c = find(node.ColIdx.begin(),
7.      node.ColIdx.end(), node.RowIdx[k]);
8.    if (r != node.RowIdx.end()
9.      && c != node.ColIdx.end())
10.     node.W[r - node.RowIdx.begin()]
11.       [c - node.ColIdx.begin()] = INF;
12.   node.Path.push_back(make_pair(
13.     node.RowIdx[k], node.ColIdx[l]));
14.   node.RowIdx.erase(node.RowIdx.begin()+k);
15.   node.ColIdx.erase(node.ColIdx.begin()+l);
16.   node.W.erase(node.W.begin() + k);
17.   for (auto& x : node.W)
18.     x.erase(x.begin() + l);
19.   node.n--;
20.   if (node.n > 2)
21.     node.Bound += node.Reduce();
22.   else
23.   {
24.     int DMain = INF;
25.     if (node.W[0][0] != INF && node.W[1][1] != INF)
26.       DMain = node.W[0][0] + node.W[1][1];
27.     int DAux = INF;
28.     if (node.W[0][1] != INF && node.W[1][0] != INF)
29.       DAux = node.W[0][1] + node.W[1][0];
30.     if (DMain < DAux)
31.     {
32.       node.Path.push_back({ node.RowIdx[0],
33.         node.ColIdx[0] });
34.       node.Path.push_back({ node.RowIdx[1],
35.         node.ColIdx[1] });
36.       node.Bound += DMain;
```

```
37.     }
38.     else
39.     {
40.       node.Path.push_back({ node.RowIdx[1],
41.         node.ColIdx[0] });
42.       node.Path.push_back({ node.RowIdx[0],
43.         node.ColIdx[1] });
44.       node.Bound += DAux;
45.     }
46.   }
47.   return node;
48. }
```

#9

```
1.  ClsNode ClsNode::GenRChild(int k, int l)
2.  {
3.    auto node = *this;
4.    node.W[k][l] = INF;
5.    int minR = INF;
6.    for (auto& x : node.W[k])
7.      if (x < minR)
8.        minR = x;
9.    for (auto& x : node.W[k])
10.     if (x != INF && minR != INF)
11.       x -= minR;
12.   int minC = INF;
13.   for (auto& x : node.W)
14.     if (x[l] < minC)
15.       minC = x[l];
16.   for (auto& x : node.W)
17.     if (x[l] != INF && minR != INF)
18.       x[l] -= minC;
19.   node.Bound += minR + minC;
20.   return node;
21. }
```

#10

```
1.  void OutputW(vector<vector<int>> const& w)
2.  {
3.    printf("The distance matrix:\n");
4.    printf("%3c", ' ');
5.    for (int i = 0; i < w.size(); i++)
6.      printf("%3d", i);
7.    printf("\n");
8.    for (int i = 0; i < w.size(); i++)
9.    {
10.     printf("%3d", i);
11.     for (int j = 0; j < w.size(); j++)
12.       if (w[i][j] == INF)
13.         printf("%3c", '*');
14.       else
15.         printf("%3d", w[i][j]);
16.     printf("\n");
```

```
17.    }
18. }
```

#11

```
1.  } //namespace NS_BBTSP
```

#12

```
1.  using namespace NS_BBTSP;
2.  void TestBBTSP()
3.  {
4.    vector<vector<vector<int>>> w =
5.    {
6.      //Typical
7.      //Optimal dist: 39
8.      //Optimal path: 0-1,1-4,4-2,2-3,3-0
9.      //Depth : 4, LastNode : M, QLength: 3
10.     { //0
11.       { INF,  13,  24,  19,  15 },
12.       {   4, INF,   9,  16,   7 },
13.       {  11,   9, INF,   6,   3 },
14.       {   8,  25,  12, INF,   4 },
15.       {  13,   6,    5,   7, INF }
16.     },
17.   };
18.   printf("TestBBTSP is working ...\n");
19.   int n = w.size();
20.   for (int i = 0; i < n; i++) {
21.     OptimalDist = INF;
22.     OptimalPath.clear();
23.     printf("No: %d\n", i);
24.     OutputW(w[i]);
25.     BBTSP(w[i]);
26.     printf("Optimal dist: %d\n",
27.       OptimalDist);
28.     sort(OptimalPath.begin(),
29.       OptimalPath.end());
30.     printf("Optimal path:\n");
31.     int k = 0;
32.     for (int j=0;j<OptimalPath.size();j++)
33.     {
34.       if (j > 0)
35.         printf(",");
36.       printf("%d-%d", OptimalPath[k].first,
37.         OptimalPath[k].second);
38.       k = OptimalPath[k].second;
39.     }
40.     printf("\n");
41.   }
42. }
```

附录 11-1 RSA 算法

#1

```
1.  #include <stdio.h>
2.  #include <vector>
3.  #include <random>
4.  #include <algorithm>
5.  namespace NS_RSA {
6.  using namespace std;
7.  #define MRPT_S 3
8.  random_device rdev{};
9.  default_random_engine e{ rdev() };
10. int Get_p();
11. int Get_q(int p);
12. void Get_ed(int phi_n, int& e, int& d);
13. int RS4ME(int a, int b, int n);
14. bool MRPT(int n, int s);
15. vector<int> GetUniqueRandNums(int low,
16.   int high, int n);
17. bool Witness(int a, int n);
18. int Get_t(int n_1);
19. vector<int> GetBits(int b);
20. struct Clsdxy {
21.   int d; int x; int y;
22.   Clsdxy(int ad, int ax, int ay) :
23.     d(ad), x(ax), y(ay) {}
24. };
25. Clsdxy ExtEuclidGCD(int a, int b);
```

#2

```
1.  void RSA(int m) {
2.    int p = Get_p();
3.    int q = Get_q(p);
4.    int n = p * q;
5.    int phi_n = (p - 1) * (q - 1);
6.    int e = 0, d = 0;
7.    Get_ed(phi_n, e, d);
8.    int c = RS4ME(m, e, n);
9.    int dc = RS4ME(c, d, n);
10.   printf("RSA demonstration:\n");
11.   printf("\tp=%d, q=%d\n", p, q);
12.   printf("\tn=%d, phi(n)=%d\n",n,phi_n);
13.   printf("\te=%d, d=%d\n", e, d);
14.   printf("\tm=%d, c=%d, dc=%d\n",m,c,dc);
15.   printf("\n");
16. }
```

#3

```
1.  int Get_p() {
2.    uniform_int_distribution<int> d{3,31};
3.    int p = d(e);
4.    if (p % 2 == 0) p++;
```

```
5.    while (!MRPT(p, MRPT_S)) p += 2;
6.    return p;
7.  }
```

#4

```
1.  int Get_q(int p) {
2.    //ceiling with pure integer operations
3.    int q = (256 + p - 1) / p;
4.    if (q % 2 == 0) q++;
5.    while (q == p || !MRPT(q, MRPT_S)) q += 2;
6.    return q;
7.  }
```

#5

```
1.  void Get_ed(int phi_n, int& e, int& d) {
2.    e = 3;
3.    auto dxy = ExtEuclidGCD(e, phi_n);
4.    while (dxy.d != 1) {
5.      e += 2;
6.      dxy = ExtEuclidGCD(e, phi_n);
7.    }
8.    d = dxy.x;
9.    if (d < 0) d += phi_n;
10. }
```

#6

```
1.  bool MRPT(int n, int s) {
2.    auto v = GetUniqueRandNums(2, n - 2, s);
3.    for (auto a: v)
4.    { if (Witness(a, n)) return false; }
5.    return true;
6.  }
```

#7

```
1.  bool Witness(int a, int n) {
2.    bool ret = false;
3.    int t = Get_t(n - 1);
4.    int u = (n - 1) >> t;
5.    int x0 = RS4ME(a, u, n);
6.    int xi_1 = x0, xi = 0;
7.    for (int i = 1; i <= t; i++) {
8.      xi = (xi_1 * xi_1) % n;
9.      if (xi==1 && xi_1!=1 && xi_1!=n-1)
10.     { ret = true; break; }
11.     xi_1 = xi;
12.   }
13.   if (xi != 1) ret = true;
14.   return ret;
15. }
```

#8

```
1.  int Get_t(int n_1) {
2.    int t = 0;
3.    while (!(n_1 & 1)) {
4.      t++;
5.      n_1 >>= 1;
```

```
6.    }
7.    return t;
8.  }
```

#9

```
1.  int RS4ME(int a, int b, int n) {
2.    auto bits = GetBits(b);
3.    int c = 0, d = 1;
4.    for (int k = bits.size() - 1; k >= 0; k--) {
5.      c *= 2;
6.      d = d * d % n;
7.      if (bits[bits.size() - 1 - k]) {
8.        c++;
9.        d = d * a % n;
10.     }
11.   }
12.   return d;
13. }
```

#10

```
1.  vector<int> GetBits(int b) {
2.    vector<int> bits;
3.    while (b) {
4.      bits.insert(bits.begin(), b & 1);
5.      b >>= 1;
6.    }
7.    return bits;
8.  }
```

#11

```
1.  vector<int> GetUniqueRandNums(int low,
2.    int high, int k) {
3.    vector<int> v;
4.    if (low > high)
5.    { v.push_back(low); return v; }
6.    uniform_int_distribution<int> d{low, high};
7.    int a;
8.    if (high - low + 1 <= k) {
9.      for (int i = low; i <= high; i++)
10.       v.push_back(i);
11.   } else
12.     for (int i = 0; i < k; i++) {
13.       do {
14.         a = d(e);
15.       } while(find(v.begin(), v.end(), a)
16.               != v.end());
17.       v.push_back(a);
18.     }
19.   return v;
20. }
```

#12

```
1.  Clsdxy ExtEuclidGCD(int a, int b) {
2.    if (b != 0) {
3.      auto dxyp = ExtEuclidGCD(b, a % b);
```

```
4.      Clsdxy dxy(dxyp.d, dxyp.y,
5.               dxyp.x-a/b*dxyp.y);
6.      return dxy;
7.    } else return Clsdxy(a, 1, 0);
8.  }
```

#13

```
1.  } //namespace NS_RSA
```

#14

```
1.  using namespace NS_RSA;
2.  void TestRSA(int mx = 0, int my = 20)
3.  {
4.    for (int m = mx; m < my; m++)
5.      RSA(m);
6.  }
```

附录 11-2 中国余数算法

#1

```
1.  #include <stdio.h>
2.  #include <vector>
3.  #include <numeric>
4.  #include <algorithm>
5.  namespace NS_ChnRA {
6.  using namespace std;
7.  using namespace placeholders;
8.  struct Clsdxy {
9.    int d; int x; int y;
10.   Clsdxy(int ad, int ax, int ay) :
11.     d(ad), x(ax), y(ay) {}
12. };
13. Clsdxy ExtEuclidGCD(int a, int b);
14. int GetMODInverse(int a, int N);
```

#2

```
1.  int ChnRA(vector<int>& a, vector<int>& n)
2.  {
3.    int N = a.size();
4.    vector<int> m(N), m_inv(N), c(N);
5.    int M = accumulate(n.begin(), n.end(), 1,
6.      multiplies<int>());
7.    transform(n.begin(), n.end(), m.begin(),
8.      bind(divides<int>(), M, _1));
9.    transform(m.begin(), m.end(), n.begin(),
10.     m_inv.begin(), GetMODInverse);
11.   transform(m.begin(), m.end(), m_inv.begin(),
12.     c.begin(), multiplies<int>());
13.   int A = inner_product(a.begin(), a.end(),
14.     c.begin(), 0) % M;
15.   return A;
```

```
16. }
```

#3

```
1.  //a, N must be coprime
2.  int GetMODInverse(int a, int N) {
3.    auto dxy = ExtEuclidGCD(a, N);
4.    int inv = dxy.x;
5.    if (inv < 0) inv += N;
6.    return inv;
7.  }
```

#4

```
1.  Clsdxy ExtEuclidGCD(int a, int b) {
2.    if (b != 0) {
3.      auto dxyp = ExtEuclidGCD(b, a % b);
4.      Clsdxy dxy(dxyp.d, dxyp.y,
5.                 dxyp.x - a/b * dxyp.y);
6.      return dxy;
7.    }
8.    else return Clsdxy(a, 1, 0);
9.  }
```

#5

```
1.  } //namespace NS_ChnRA
```

#6

```
1.  using namespace NS_ChnRA;
2.  void TestChnRA() {
3.    vector<vector<int>> a = {
4.      {2, 3}, //CLRS, Sec. 31.5, example; 42
5.      {2, 3, 2}, //《孙子算经》第二十六题; 23
6.    };
7.    vector<vector<int>> n =
8.      { {5, 13}, {3, 5, 7}, };
9.    int N = a.size();
10.   for (int i = 0; i < N; i++) {
11.     printf("%2d: \n", i + 1);
12.     printf(" a:");
13.     for (int j = 0; j < a[i].size(); j++)
14.       printf("%3d", a[i][j]);
15.     printf("\n");
16.     printf(" n:");
17.     for (int j = 0; j < n[i].size(); j++)
18.       printf("%3d", n[i][j]);
19.     printf("\n");
20.     int A = ChnRA(a[i], n[i]);
21.     printf(" A: %d\n\n", A);
22.   }
23. }
```

附录 12 计算教学论简介

计算教学论（Computational Didactics）是作者在探索以计算理论和计算机技术显著改进教学的过程中所提出的一种学说，该学说以“计算教学论——从算法之教学启程”为题发表于《中国计算界学会通讯》2021 年第 17 卷第 3 期。它的宗旨是探索计算对教与学的显著性改进。

计算教学论遵循“计算的归计算，智人的归智人”的理念，其基本思想是充分发挥计算机对可计算问题远超人类的解决能力，将教学内容中的复杂逻辑型知识的表达与解析，最大限度地由计算机自动化、高效率、长足性地实现，且这种实现在从代价上必须是教学上可以接受的。

为使计算教学论学说具有实践上的可行性，作者自主研发了支持计算教学论的算法可视化（Computational Didactics Algorithm Visualization，CD-AV）工具，并对 30 多个经典算法进行了深度和创新性的 CD-AV 设计与实现。为使所研发的 CD-AV 具可生存性、可持续性、高可用性和可扩展性，作者还为之开发了承载和支持软件系统，即计算机辅助的算法可视化系统（Computer Supported Algorithm Visualization System，CAAIS）。这些工作已经在多年的算法设计与分析课程的教学中进行了逐步应用，并取得了良好的教学效果。

计算教学论将教学中的可计算内容尽可能地交由计算机完成，这便使教育者能够将更多宝贵的精力和时间投入到诸如“立德树人”、“教书育人”、科学思维与方法传授、创新意识培养等必须靠人的智慧来完成的教学乃至教育的大任务中。

鉴于逻辑型知识在理工科各专业和课程中的普遍性，计算教学论是一个具有普适性的学说，其在理工学科中的推广和应用，必将会为新工科建设做出一定的贡献。

读者可扫描下面的二维码，获取“计算教学论——从算法之教学启程”的原文。

计算教学论——
从算法之教学启程

反侵权盗版声明

举报电话：（010）88254396；（010）88258888
传　　真：（010）88254397
E-mail：dbqq@phei.com.cn
通信地址：北京市万寿路 173 信箱
　　　　　电子工业出版社总编办公室
邮　　编：100036